工业和信息化部“十四五”规划教材

力学材料与设计

上 册

○ 主 编 吴林志
○ 副主编 毛继泽 杨丽红

中国教育出版传媒集团
高等教育出版社·北京

内容简介

本书是工业和信息化部“十四五”规划教材。全书共三篇，分为上、下两册，上册即第一篇静力学，共 11 章，主要内容包括静力学基础、平面力系、空间力系、拉伸(压缩)与剪切、扭转、平面弯曲、压杆的稳定性、应力状态理论和强度理论、组合变形、应变能法、超静定结构分析。下册含第二篇和第三篇，第二篇运动学和动力学，共 9 章，主要内容包括点的运动学和刚体的简单运动、点的合成运动、刚体平面运动、质点动力学基本定律、动量定理及动量矩定理、动能定理、达朗贝尔原理、分析力学基础、单自由度系统的振动；第三篇工程材料与力学设计，共 3 章，主要内容包括工程材料概述、工程材料的失效、工程装备力学设计。

本书可作为高等院校力学类、海洋工程类、航空航天类、能源动力类、机械类和土木类专业的力学综合理论课程教材，也可作为电气、电子信息、自动化等电类专业集中学习力学相关知识的参考书。

图书在版编目(CIP)数据

力学材料与设计. 上册/吴林志主编 ；毛继泽，杨丽红副主编. --北京：高等教育出版社，2024.6

ISBN 978-7-04-061712-2

Ⅰ. ①力… Ⅱ. ①吴… ②毛… ③杨… Ⅲ. ①力学-材料科学-高等学校-教材 Ⅳ. ①TB3

中国国家版本馆 CIP 数据核字(2024)第 038995 号

LIXUE CAILIAO YU SHEJI

策划编辑 安 莉　责任编辑 安 莉　封面设计 裴一丹　版式设计 杨 树
责任绘图 杨伟露　责任校对 高 歌　责任印制 刁 毅

出版发行	高等教育出版社	网　　址	http://www.hep.edu.cn
社　　址	北京市西城区德外大街 4 号		http://www.hep.com.cn
邮政编码	100120	网上订购	http://www.hepmall.com.cn
印　　刷	三河市华润印刷有限公司		http://www.hepmall.com
开　　本	787mm × 1092mm　1/16		http://www.hepmall.cn
印　　张	22		
字　　数	540 千字	版　　次	2024 年 6 月第 1 版
购书热线	010-58581118	印　　次	2024 年 6 月第 1 次印刷
咨询电话	400-810-0598	定　　价	46.00 元

物 料 号　61712-00

新形态教材网使用说明

力学材料与设计

上　册

1　计算机访问https://abooks.hep.com.cn/61712，或手机扫描下方二维码，访问新形态教材网小程序。

2　注册并登录，进入“个人中心”，点击“绑定防伪码”。

3　输入教材封底的防伪码（20位密码，刮开涂层可见），或通过新形态教材网小程序扫描封底防伪码，完成课程绑定。

4　在“个人中心”→“我的图书”中选择本书，开始学习。

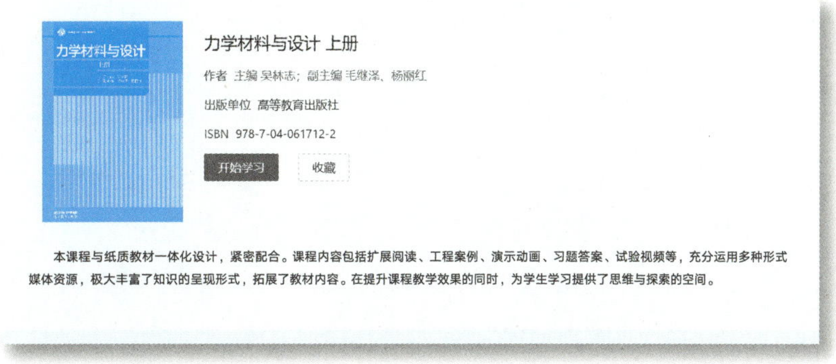

绑定成功后，课程使用有效期为一年。受硬件限制，部分内容无法在手机端显示，请按提示通过计算机访问学习。

如有使用问题，请发邮件至abook@hep.com.cn。

https://abooks.hep.com.cn/61712

前言

本书是工业和信息化部“十四五”规划教材，是哈尔滨工程大学力学授课团队在多年理论力学、材料力学和工程力学教学实践、教材建设和教学改革基础上，为工科类专业本科生编写的教材。

以学生的创新能力培养为目标，本书在知识体系方面具有以下主要特点：

(1) 系统完整。将材料力学、理论力学、工程材料与力学设计的有关内容进行系统设计，剪裁重复和冗余的内容。

(2) 交叉融合。将材料力学和理论力学知识进行有机融合，形成静力学、运动学和动力学两篇知识架构。

(3) 理实贯通。将力学基础理论与具有工程背景的实践训练项目相结合，培养学生解决复杂工程问题的能力。

(4) 特色鲜明。选取突出船舶海洋特色的甲板板架结构、船舶航行轨迹、波浪能装置等作为工程案例进行力学设计。

本书在编写过程中力求讲述清楚，在阐述基本概念和基本理论的基础上，列举工程实例帮助读者理解概念，掌握理论，提高分析问题和解决问题的能力。书中每章后配有相当数量的习题，适用于课堂教学和课后自学。

本书采用国际单位制，图中尺寸的单位未注明时均为 mm。

本书由哈尔滨工程大学吴林志、毛继泽、李鸿、杨丽红、夏培秀、于国财、何晓和中国船舶科学研究中心魏子天编写。第 1、4、5 章由吴林志编写；第 2、3、12 章由毛继泽编写；第 6、7、8 章由杨丽红编写；第 9、10、11 章由于国财编写；第 13、14、15 章由夏培秀编写；第 16、17、18 章由李鸿编写；第 19、21、22 章由何晓编写；第 20、23 章由魏子天编写。全书由吴林志教授主持编写和统稿。本书实际工程案例由魏子天提供，参加编写工作的还有哈尔滨工程大学宋乐颖、靳洋、杜雪娇和中国船舶科学研究中心张彤彤。

本书借鉴了哈尔滨工程大学力学教学团队编写的《理论力学》《材料力学》《工程力学》和《静力学及材料力学》教材。在此特别感谢各位作者的辛苦付出。

本书承蒙哈尔滨工业大学孙毅教授和西南交通大学沈火明教授审阅。两位审稿专家提出了许多宝贵意见，为提高本书的质量做出了重要贡献，谨此致谢。

限于编者的水平，书中难免存在疏漏、不当之处，敬请广大师生和读者批评指正。

编者

2023 年 5 月

目录

第一篇　静　力　学

第一篇
静　力　学

第1章 静力学基础

静力学(statics)的基本概念、公理及物体的受力分析是研究静力学的基础。本章将介绍力、力矩、力系、刚体、变形体等基本概念及静力学公理,并阐述工程中常见的约束和约束力。

1.1 力学基本概念

1. 力和力矩的概念

(1) 力

力(force)是静力学中的一个重要的概念,是指物体间的相互机械作用,其作用效果使物体的机械运动状态发生变化(称为外效应)或使物体产生变形(称为内效应)。

力对物体的作用效应取决于力的三要素:力的大小、力的方向和力的作用点(point of action)。如图1-1所示,力矢量 $\boldsymbol{F}$ 是一个有向线段,矢量 $\boldsymbol{F}$ 的模表示力的大小(可用 F 表示),箭头方向表示力矢量 $\boldsymbol{F}$ 的方向,始端或末端表示力矢量 $\boldsymbol{F}$ 的作用点,而与线段重合的直线表示力的作用线,则力矢量 $\boldsymbol{F}$ 可写成

$$\boldsymbol{F}=F\boldsymbol{F}^0$$

式中 $\boldsymbol{F}^0$ 表示沿力矢量 $\boldsymbol{F}$ 方向的单位矢量,即力矢量可用它的大小(即力矢量的模)和单位矢量的乘积表示。

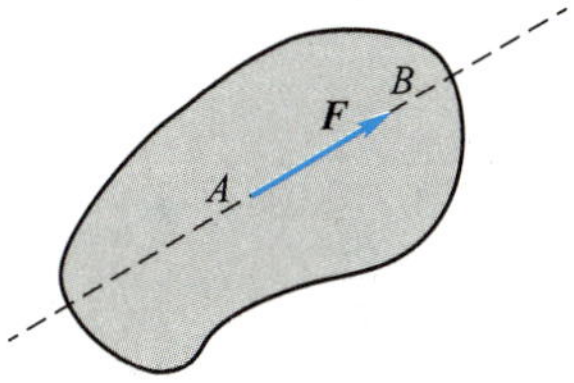

图1-1

如图1-2所示,力 $\boldsymbol{F}$ 与平面直角坐标系 Oxy 的 x、y 轴的夹角分别为 α、β,则力 $\boldsymbol{F}$ 在 x、y 轴上的投影分别为

$$\left.\begin{aligned}F_x&=F\cos\alpha\\F_y&=F\cos\beta\end{aligned}\right\}\qquad(1-1)$$

即力在某轴上的投影为代数量,等于力的大小乘以力与该轴正向间夹角的余弦。当力与轴正向间夹角为锐角时,其值为正;当力与轴正向间夹角为钝角时,其值为负。

由图1-2可知,力 $\boldsymbol{F}$ 沿 x、y 轴可分解为两个分力 $\boldsymbol{F}_x$、$\boldsymbol{F}_y$,分力和两个投影之间的关系为 $\boldsymbol{F}_x=F_x\boldsymbol{i}$,$\boldsymbol{F}_y=F_y\boldsymbol{j}$,其中,$\boldsymbol{i}$、$\boldsymbol{j}$ 分别为沿 x、y 轴的单位矢量,即力沿轴的分力 $\boldsymbol{F}_x$、$\boldsymbol{F}_y$ 为矢量。

力的解析表达式可表示为

$$\boldsymbol{F}=\boldsymbol{F}_x+\boldsymbol{F}_y=F_x\boldsymbol{i}+F_y\boldsymbol{j}\qquad(1-2)$$

若已知力 $\boldsymbol{F}$ 在两个正交坐标轴上的投影为 F_x、F_y，则该力的大小和方向余弦分别为

$$\left.\begin{aligned}&F=\sqrt{F_x^2+F_y^2}\\&\cos(\boldsymbol{F},\boldsymbol{i})=\frac{F_x}{F},\quad \cos(\boldsymbol{F},\boldsymbol{j})=\frac{F_y}{F}\end{aligned}\right\}\tag{1-3}$$

如图 1－3 所示，在非正交的坐标系中力在 x、y 轴上的投影与沿两轴的分力 $\boldsymbol{F}_x$、$\boldsymbol{F}_y$ 的大小不相等。

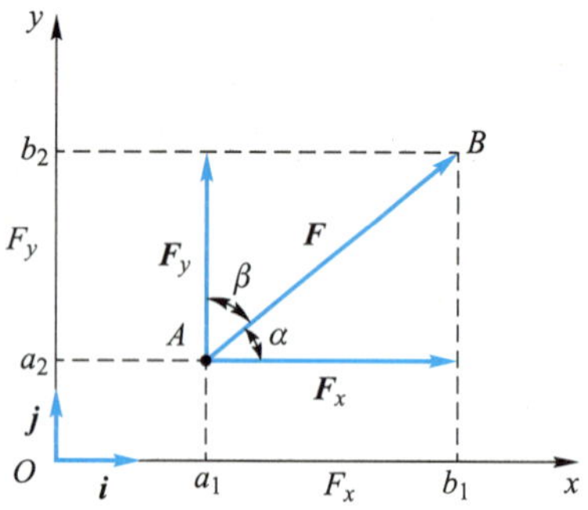

图 1－2

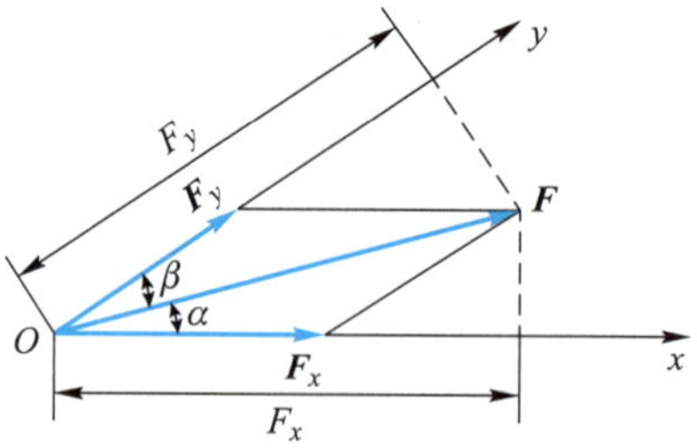

图 1－3

如图 1－4a 所示，在空间直角坐标系 $Oxyz$ 中，力 $\boldsymbol{F}$ 与 x、y、z 轴的夹角分别为 φ、θ、γ，则力 $\boldsymbol{F}$ 在 x、y、z 轴上的投影分别为

$$F_x=F\cos\varphi,\quad F_y=F\cos\theta,\quad F_z=F\cos\gamma \tag{1-4}$$

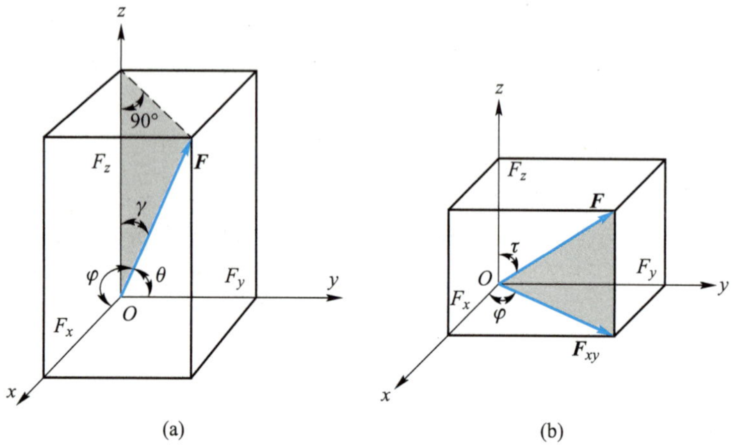

图 1－4

称此为直接投影法（或一次投影法）。如图 1－4b 所示，当已知角度 φ、τ，可采用间接投影法（或二次投影法），此时力 $\boldsymbol{F}$ 的投影为

$$F_x=F\sin\tau\cos\varphi,\quad F_y=F\sin\tau\sin\varphi,\quad F_z=F\cos\tau \tag{1-5}$$

若以 $\boldsymbol{F}_x$、$\boldsymbol{F}_y$、$\boldsymbol{F}_z$ 表示力 $\boldsymbol{F}$ 沿坐标轴 x、y、z 的三个正交分力，$\boldsymbol{i}$、$\boldsymbol{j}$、$\boldsymbol{k}$ 分别为 x、y、z 轴的单位矢量，则力可表示为

$$\boldsymbol{F}=\boldsymbol{F}_x+\boldsymbol{F}_y+\boldsymbol{F}_z=F_x\boldsymbol{i}+F_y\boldsymbol{j}+F_z\boldsymbol{k} \tag{1-6}$$

力 $\boldsymbol{F}$ 的正交分力和在坐标轴上的投影之间的关系为

$$\boldsymbol{F}_x=F_x\boldsymbol{i},\quad \boldsymbol{F}_y=F_y\boldsymbol{j},\quad \boldsymbol{F}_z=F_z\boldsymbol{k} \tag{1-7}$$

若已知力 $\boldsymbol{F}$ 在三个正交坐标轴上的投影，则该力的大小和方向余弦分别为

$$\left.\begin{aligned} F=\sqrt{F_x^2+F_y^2+F_z^2} \\ \cos(\boldsymbol{F},\boldsymbol{i})=\frac{F_x}{F},\quad \cos(\boldsymbol{F},\boldsymbol{j})=\frac{F_y}{F},\quad \cos(\boldsymbol{F},\boldsymbol{k})=\frac{F_z}{F}\end{aligned}\right\} \tag{1-8}$$

(2) 力对点的矩

如图 1-5 所示，在力 $\boldsymbol{F}$ 所在的平面内任取一点 O，称为矩心，点 O 到力的作用线的垂直距离 h 称为力臂，则力 $\boldsymbol{F}$ 对点 O 的矩以 $M_O(\boldsymbol{F})$ 表示，计算公式为

$$M_O(\boldsymbol{F})=\pm Fh \tag{1-9}$$

平面问题中力对点的矩的定义为：**力对点的矩是一个代数量，它的绝对值等于力的大小与力臂的乘积，力使物体绕矩心逆时针转动时力对点的矩为正值，反之为负值。**

由图 1-5 可以看出，力 $\boldsymbol{F}$ 对点 O 的矩的大小也可用 $\triangle OAB$ 的面积的两倍表示，即 $M_O(\boldsymbol{F})=\pm 2S_{\triangle OAB}$。

由式(1-9)可知，当力的作用线通过矩心，力臂为零，该力对矩心的矩等于零。

在平面问题中，力与矩心所在的平面(称为力矩作用面)是固定不变的，用代数量就可以概括其全部要素。而在空间问题中，力的作用线与矩心所确定的力矩作用面可以是任意方位，对物体的作用效应也不同。例如，作用在飞机尾部铅垂舵上的力能使飞机转弯，而作用在水平舵上的力能使飞机发生俯仰。所以，在空间问题中，不仅要考虑力矩的大小、转向，还要考虑力矩作用面的方位。空间力对点的矩可以用一个矢量表示：**矢量的模等于力的大小与矩心到力的作用线的垂直距离 h(力臂)的乘积；矢量方位和该力与矩心组成的平面的法线方位相同；矢量的指向按右手螺旋定则确定，或从这个矢量的末端来看，物体由该力所引起的转动为逆时针转向。**如图 1-6 所示，力 $\boldsymbol{F}$ 对点 O 的矩用力矩矢 $\boldsymbol{M}_O(\boldsymbol{F})$ 表示：

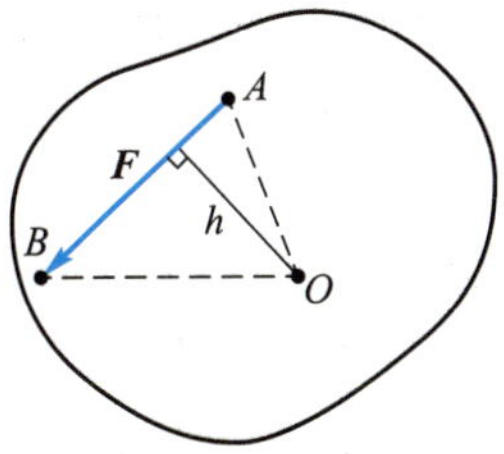

图 1-5

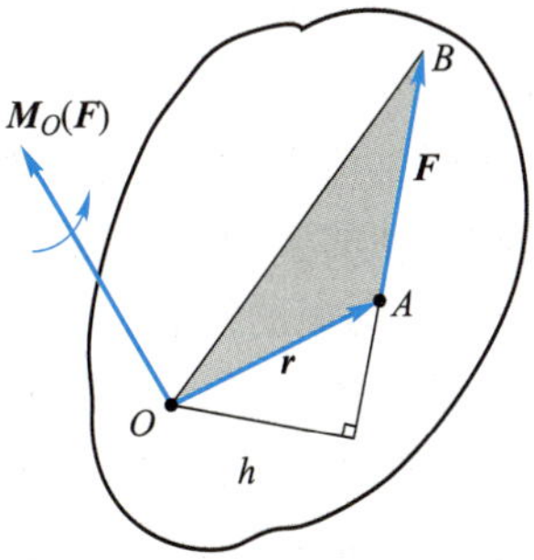

图 1-6

$$\boldsymbol{M}_O(\boldsymbol{F})=\boldsymbol{r}\times\boldsymbol{F} \tag{1-10}$$

即空间问题中，力对点的矩等于矩心到该力作用点的矢径与该力的矢量积，力矩矢的大小为 $|\boldsymbol{M}_O(\boldsymbol{F})|=2S_{\triangle OAB}$。

如图 1-7 所示，若以矩心 O 为原点，建立直角坐标系 $Oxyz$，坐标轴的单位矢量为 $\boldsymbol{i}$、$\boldsymbol{j}$、$\boldsymbol{k}$。力的作用点 A 的坐标为(x,y,z)，力在三个坐标轴上的投影分别为 F_x、F_y、F_z，则矢径 $\boldsymbol{r}=x\boldsymbol{i}+y\boldsymbol{j}+z\boldsymbol{k}$，力矢 $\boldsymbol{F}=F_x\boldsymbol{i}+F_y\boldsymbol{j}+F_z\boldsymbol{k}$，将其代入式(1-10)得

$$\begin{aligned}\boldsymbol{M}_O(\boldsymbol{F})=\boldsymbol{r}\times\boldsymbol{F}&=\begin{vmatrix}\boldsymbol{i}&\boldsymbol{j}&\boldsymbol{k}\\x&y&z\\F_x&F_y&F_z\end{vmatrix}\\&=(yF_z-zF_y)\boldsymbol{i}+(zF_x-xF_z)\boldsymbol{j}+(xF_y-yF_x)\boldsymbol{k}\end{aligned} \tag{1-11}$$

式(1-11)是力对点的矩的解析表达式，由该式可知，单位矢量 $\boldsymbol{i}$、$\boldsymbol{j}$、$\boldsymbol{k}$ 前面的系数分别表示力矩矢 $\boldsymbol{M}_O(\boldsymbol{F})$在三个坐标轴上的投影，即

$$\left.\begin{aligned}[\boldsymbol{M}_O(\boldsymbol{F})]_x&=yF_z-zF_y\\ [\boldsymbol{M}_O(\boldsymbol{F})]_y&=zF_x-xF_z\\ [\boldsymbol{M}_O(\boldsymbol{F})]_z&=xF_y-yF_x\end{aligned}\right\} \tag{1-12}$$

由于力 $\boldsymbol{F}$ 对点 O 的矩的大小和方向都与矩心 O 的位置有关，故力矩矢 $\boldsymbol{M}_O(\boldsymbol{F})$的始端必须在矩心 O，不可任意移动，这种矢量称为定位矢量。

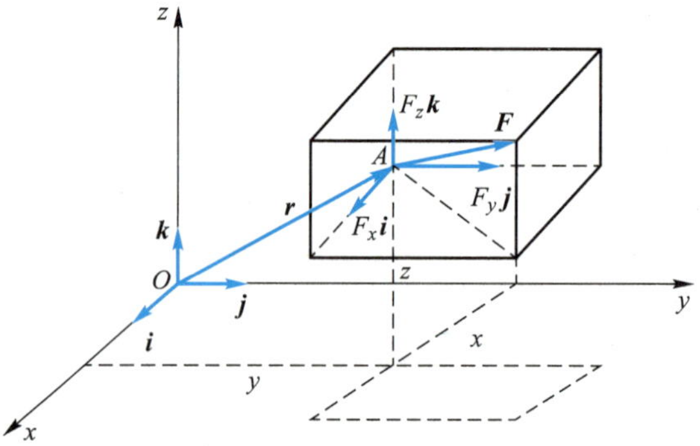

图 1-7

(3) 力对轴的矩

在工程问题和实际生活中，经常遇到物体绕某轴转动的情况，如日常生活中的开窗、关门等都是力使物体绕某轴转动的实例。作用在物体上的力使物体的转动状态发生改变，为了度量这种转动效应，引入力对轴的矩的概念。

如图 1-8 所示，设刚体上有一轴线 Oz，力 $\boldsymbol{F}$ 的作用线既不平行也不垂直于该轴线。考虑力 $\boldsymbol{F}$ 使物体绕 Oz 轴转动的效应，将力 $\boldsymbol{F}$ 分解为 $\boldsymbol{F}_z$ 和 $\boldsymbol{F}_{xy}$ 两个分力。分力 $\boldsymbol{F}_z$ 平行于 z 轴，它对刚体不产生绕 z 轴的转动效应；只有 $\boldsymbol{F}_{xy}$ 才能使物体转动。因此，力 $\boldsymbol{F}$ 使刚体绕 z 轴转动的效应可以用分力 $\boldsymbol{F}_{xy}$ 对于点 O 的矩来度量。而分力 $\boldsymbol{F}_{xy}$ 就是力 $\boldsymbol{F}$ 在 Oxy 平面上的投影，由此定义：**力对轴的矩是一个代数量，其绝对值等于该力在垂直于该轴的平面上的投影对这个平面与该轴交点**

的矩，记为 $M_z(\boldsymbol{F})$，表示力 $\boldsymbol{F}$ 对 z 轴的矩，即

$$M_z(\boldsymbol{F})=M_O(\boldsymbol{F}_{xy})=\pm F_{xy}h=\pm 2S_{\triangle OAb} \tag{1-13}$$

式中，h 为点 O 至力 $\boldsymbol{F}_{xy}$ 的垂直距离，力矩的正、负由右手螺旋定则确定，拇指指向与该轴正向一致为正，反之为负。或从轴的正向看，若力使刚体绕该轴逆时针转为正，反之为负。

由力对轴的矩的定义可知，当力与轴相交（$h=0$）或力与轴平行（$F_{xy}=0$）时，力对轴的矩等于零。

力对轴的矩也可用解析式表示。如图 1-9 所示，在直角坐标系 $Oxyz$ 中，设力 $\boldsymbol{F}$ 的作用点的坐标为 $A(x,y,z)$，力在三个坐标轴上的投影为 F_x、F_y、F_z。则有 $M_z(\boldsymbol{F})=M_O(\boldsymbol{F}_{xy})=M_O(\boldsymbol{F}_x)+M_O(\boldsymbol{F}_y)$，即

$$M_z(\boldsymbol{F})=xF_y-yF_x$$

同理可求出力 $\boldsymbol{F}$ 对 x、y 轴的矩。力 $\boldsymbol{F}$ 对 x、y、z 轴的矩表示为

$$\left.\begin{aligned}M_x(\boldsymbol{F})&=yF_z-zF_y\\M_y(\boldsymbol{F})&=zF_x-xF_z\\M_z(\boldsymbol{F})&=xF_y-yF_x\end{aligned}\right\} \tag{1-14}$$

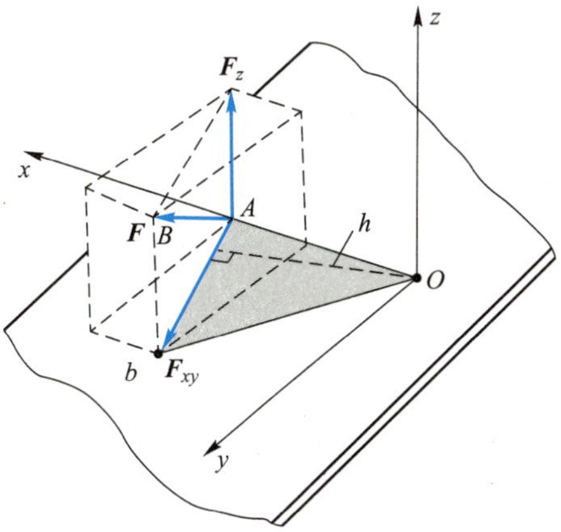

图 1-8

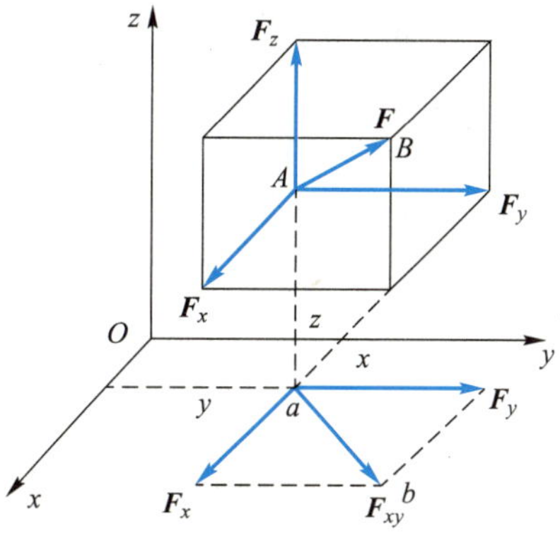

图 1-9

比较式(1-12)和式(1-14)可得

$$\left.\begin{aligned}[\boldsymbol{M}_O(\boldsymbol{F})]_x&=M_x(\boldsymbol{F})\\[\boldsymbol{M}_O(\boldsymbol{F})]_y&=M_y(\boldsymbol{F})\\[\boldsymbol{M}_O(\boldsymbol{F})]_z&=M_z(\boldsymbol{F})\end{aligned}\right\} \tag{1-15}$$

即**力对点的矩在通过该点的某轴上的投影等于力对该轴的矩**。

式(1-15)建立起了力对点的矩与力对轴的矩之间的关系，可通过计算力对轴的矩来计算力对点的矩；也可通过计算力对点的矩来计算力对轴的矩。如已知力对通过点 O 的直角坐标轴 x、y、z 的矩，则可求得该力对点 O 的矩的大小和方向余弦，即

$$\left.\begin{aligned}&|\boldsymbol{M}_O(\boldsymbol{F})|=\sqrt{M_x^2(\boldsymbol{F})+M_y^2(\boldsymbol{F})+M_z^2(\boldsymbol{F})}\\&\cos\alpha=\frac{M_x(\boldsymbol{F})}{|\boldsymbol{M}_O(\boldsymbol{F})|},\quad \cos\beta=\frac{M_y(\boldsymbol{F})}{|\boldsymbol{M}_O(\boldsymbol{F})|},\quad \cos\gamma=\frac{M_z(\boldsymbol{F})}{|\boldsymbol{M}_O(\boldsymbol{F})|}\end{aligned}\right\} \tag{1-16}$$

式中，α、β、γ 分别为力矩矢 $\boldsymbol{M}_O(\boldsymbol{F})$ 与坐标轴 x、y、z 间的夹角。

2. 约束和约束力

工程和实际生活中的大多数物体，其位移往往受到周围物体的限制。例如，桌面上的球，垂直桌面向下的位移受到桌面的限制；用吊绳悬挂的吊灯，因绳不能伸长，故吊灯在沿绳伸长的方向的位移受到吊绳的限制；铁轨在垂直轨道方向限制了火车的位移等。球、吊灯、火车这样的物体称为非自由体(non-free body)。而在空间不受任何限制，可以在空间任意运动的物体称为自由体(free body)，如飞行中的子弹，航行中的飞船。

对非自由体的某些位移起限制作用的周围物体称为约束(constraint)，则桌面是球的约束，吊绳是吊灯的约束，铁轨是火车的约束。约束对物体的作用实质上就是力的作用，约束作用在物体上的力称为约束力，一般为未知力。物体除受约束力作用外，还受重力、推力，以及各种机械的动力和载荷等主动改变物体运动状态的力的作用，这类力称为主动力。在静力学问题中，约束力和物体受到的主动力组成平衡力系，因此可用平衡条件求出未知的约束力。

下面介绍几种工程中常见的约束类型和确定约束力方向(方位)的方法。

(1) 柔索(各种绳索、带、链条、钢丝绳等)约束

由不计自重、相对柔软的绳索、带、链条、钢丝绳等构成的约束称为柔索。柔索约束的特点是限制了物体沿柔索伸长方向的位移，只能承受拉力，不能承受压力。因此，柔索对物体的约束力作用在与物体的接触点上，方向沿着柔索背离物体，恒为拉力，常用 $\boldsymbol{F}$ 或 $\boldsymbol{F}_{\mathrm{T}}$ 表示，如图 1-10a 所示。

链条或带绕在轮子上，对轮子的约束力沿轮缘的切线方向，如图 1-10b 所示。

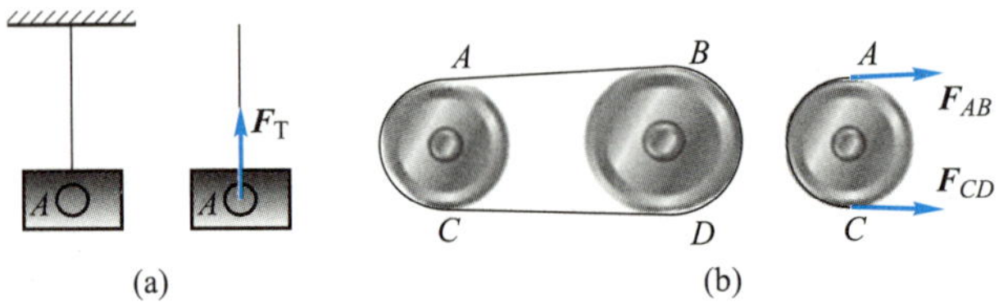

图 1-10

(2) 光滑(点、线、面)接触面约束

例如，支承面(图 1-11a)、啮合齿轮的齿面、机床的导轨等，当摩擦忽略不计时，都属于这类约束。

这类约束不能限制物体沿接触处切线方向的位移，也不能限制沿接触面法线方向脱离接触面的位移，只能限制沿接触面法线并指向约束方向的位移。所以，光滑接触面约束力，作用在接触点处，方向沿接触面的公法线(物体的法线或约束的法线)，并指向受力物体，且恒为压力，这种约束力又称为法向约束力，常用 $\boldsymbol{F}_{\mathrm{N}}$ 表示，如图 1-11 所示。

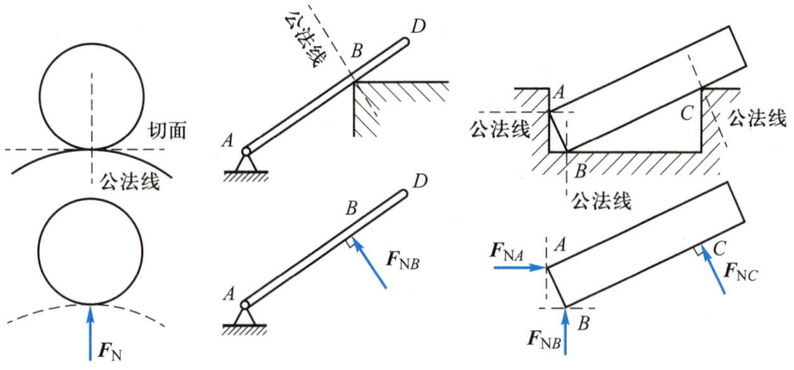

(a) (b) (c)

图 1-11

(3) 光滑铰链(圆柱销、固定铰支座等)约束

圆柱销是工程中用来连接构件的一种常见约束。如图 1-12a 所示,将两个要连接的构件在连接处钻同样大小的圆孔,然后用圆柱销穿入圆孔将两个构件连接起来,图 1-12b 为其简图。连接的两个构件可以任意转动,也可沿圆柱销的轴线移动,但圆柱销限制了构件沿径向向外的位移。当构件与圆柱销在某处接触且忽略摩擦时,圆柱销对构件的约束力 $\boldsymbol{F}$ 作用在接触处,且沿公法线指向圆柱销的轴心,如图 1-12c 所示。由于构件所受的主动力的不同,构件与圆柱销的接触可在圆柱销圆周的任意位置,因此约束力的方向事先不能确定。但无论约束力的方向如何,其作用线总是垂直于圆柱销的轴线,且通过轴心。为了计算方便,方向不能确定的约束力通常用通过轴心的两个大小未知的正交分力 $\boldsymbol{F}_x$、$\boldsymbol{F}_y$ 来表示,且方向可以任意假设,如图 1-12d 所示。

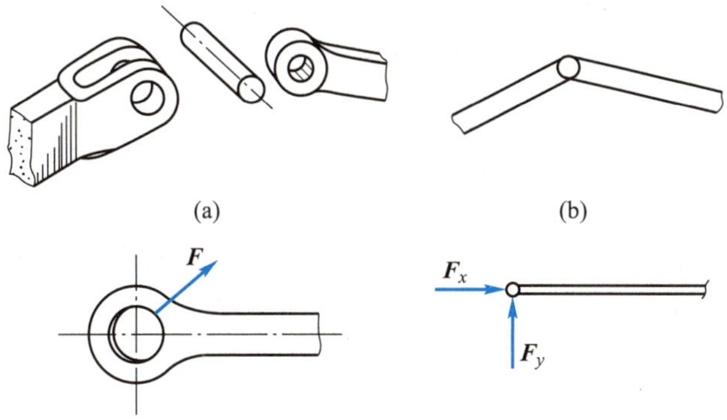

(a) (b)
(c) (d)

图 1-12

如图 1-13a、b 所示,用圆柱销连接的两个构件中,若其中一个构件与底座连接,则此构件成为另一个构件的支座,称为**固定铰支座**。固定铰支座是工程中常见的约束,其约束性质和圆柱销相同,简化表示和约束力表示分别如图 1-13c、d 所示。

如图 1-14a 所示,在桥梁、屋架等结构中经常采用可动铰支座约束。这种支座是在固定铰支座的底部安装一排辊轴,可使支座沿固定支承面滚动,又称辊轴支座,图 1-14b 为其简图。它

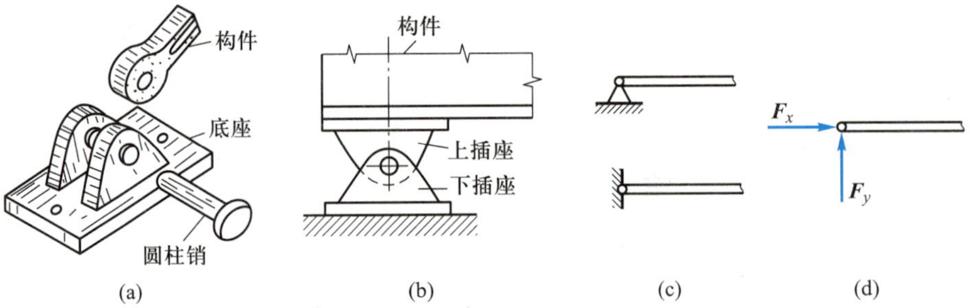

图 1-13

可以沿着支承面移动,其约束性质与光滑面约束相同,约束力必垂直于支承面,且通过铰链中心。常用 $\boldsymbol{F}_N$ 表示法向约束力,如图 1-14c 所示。

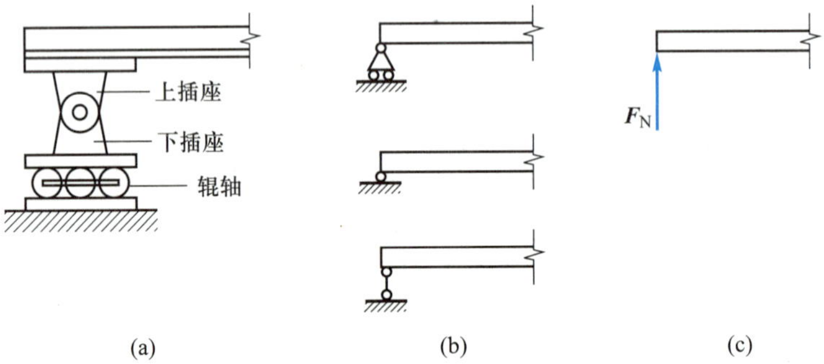

图 1-14

(4) 轴承(径向轴承、止推轴承)

图 1-15a 所示为**轴承约束**,在机器中常见到这类约束,图 1-15b 为这种轴承的简图。轴可以在孔内任意转动,也可沿孔的中心线移动,轴承阻碍着轴沿径向向外的位移,该类轴承称为径向轴承。当轴和轴承在某点 A 光滑接触时,轴承对轴的约束力 $\boldsymbol{F}_A$ 作用在接触点 A,且沿公法线指向轴心。随着轴所受的主动力不同,轴和孔接触点的位置也在变化。所以,当主动力尚未确定时,约束力的方向预先不能确定。但无论约束力朝向何方,它的作用线必垂直于轴线并通过轴心。方向不能确定的约束力,可用通过轴心的两个大小未知的正交分力 $\boldsymbol{F}_{Ax}$、$\boldsymbol{F}_{Ay}$ 来表示,如图 1-15c 所示。

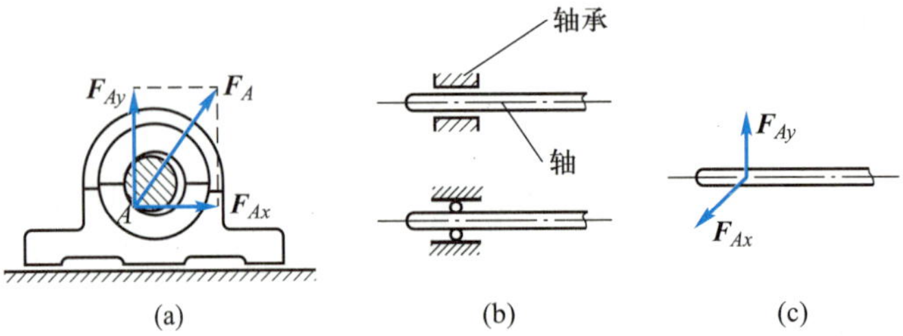

图 1-15

止推轴承与径向轴承不同，它既能限制轴的径向位移，还能限制轴的轴向位移。因此，它比径向轴承多了一个沿轴向的约束力，即三个正交分量 $\boldsymbol{F}_{Ax}$、$\boldsymbol{F}_{Ay}$、$\boldsymbol{F}_{Az}$，止推轴承的简图和约束力如图 1－16 所示。

(5) 球铰链

将固结于物体一端的球体嵌入球窝内的约束称为**球铰链支座**，简称**球铰链**，其构造如图 1－17a 所示。球铰链限制物体的球心沿空间任何方向的移动，但不限制物体绕球心的转动。若忽略摩擦力，球铰链约束力必是通过球心但方向不能预先确定的一个空间力，通常用相互垂直的三个分力 $\boldsymbol{F}_x$、$\boldsymbol{F}_y$、$\boldsymbol{F}_z$ 表示，其简图及约束力分别如图 1－17b 和图 1－17c 所示。

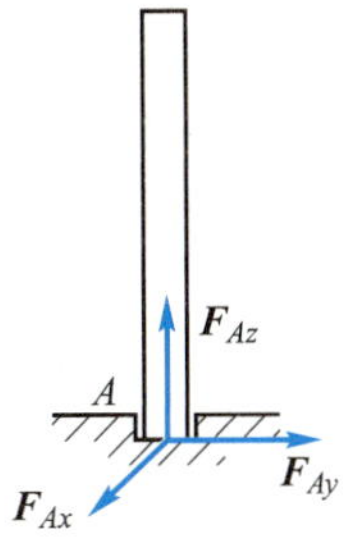

图 1－16

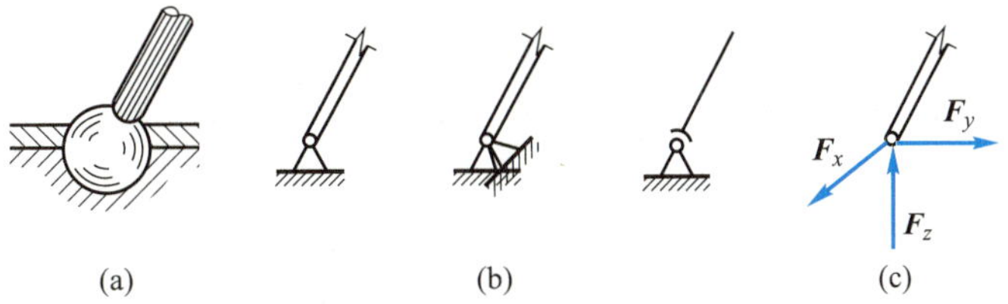

图 1－17

3. 力系的概念

作用在物体上的一群力称为力系(force system)。**如果一个力系作用于刚体而不改变其运动状态，称为平衡力系**(balanced force system)。如果两个力系分别作用于同一物体，且作用效应相同，这两个力系称为**等效力系**。若一个力和一个力系等效，称这个力是这个**力系的合力**，合力用 $\boldsymbol{F}_{\mathrm{R}}$ 表示，合力对刚体的作用与原力系对该刚体的作用等效，而该力系中的每个力称为这个**合力的分力**。对于一个比较复杂的力系，求与它等效的简单力系的过程称为**力系的简化**。

按照力系中各力作用线在空间分布的情况，可将力系进行分类。如果各力作用线在同一平面内，该力系称为**平面力系**；否则称为**空间力系**。如果各力作用线汇交于一点，称该力系为**汇交力系**。如果各力作用线彼此平行，称该力系为**平行力系**。如果各力作用线任意分布，称该力系为**一般力系或任意力系**。

4. 力偶的概念

(1) 平面力偶

由大小相等、方向相反、平行但不共线的两个力组成的力系称为**力偶**(force couple)，如图 1－18a 所示，记作($\boldsymbol{F}$，$\boldsymbol{F}'$)。力偶中的两力之间的垂直距离 d 称为**力偶臂**，力偶所在的平面称为**力偶的作用面**。在工程问题和日常生活中，常见到物体受力偶作用的情况，如汽车司机转动方向盘(图 1－18b)，两手旋转铰杠在工件上攻螺纹(图 1－18c)等。

在力偶作用面内，力偶中力的大小 F 与力偶臂 d 的乘积，称为力偶矩，用公式表示为

$$M = \pm F \cdot d = \pm 2S_{\triangle ABC} \tag{1-17}$$

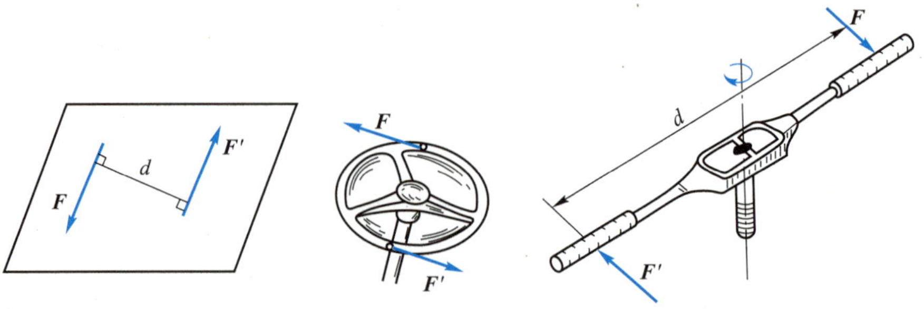

(a) (b) (c)

图 1-18

力偶使物体逆时针转动为正，反之为负，力偶矩的大小也等于△ABC 面积的 2 倍，如图 1-19 所示。力偶矩的单位和力矩的单位相同。

因此，在平面中，力偶使物体转动的效果取决于两个要素：力偶矩的大小和力偶使物体转动的方向。

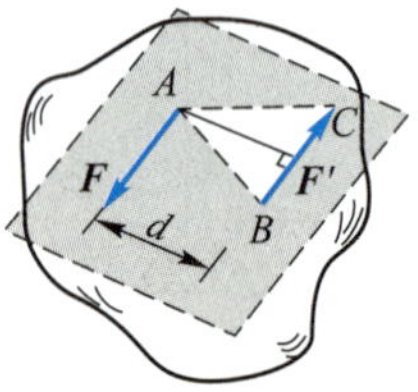

图 1-19

(2) 空间力偶

在空间中，力偶对物体的作用效应还与力偶的作用面有关。如图 1-20a 所示，同一力偶作用在平面 $ABCD$ 内和平面 $CDEF$ 内，力偶对物体的作用效应不同，这是由于力偶作用面不同所致。由此可知，在空间中，力偶对刚体的作用效应取决于力偶矩的大小、力偶的转向和力偶的作用面这三个要素。空间力偶用一个矢量表示为

$$\boldsymbol{M}(\boldsymbol{F},\boldsymbol{F}')=\boldsymbol{r}_{BA}\times\boldsymbol{F} \tag{1-18}$$

称 $\boldsymbol{M}(\boldsymbol{F},\boldsymbol{F}')$ 为力偶矩矢，方向可用右手螺旋定则确定，如图 1-20b 所示，其大小也可用式(1-17)计算。

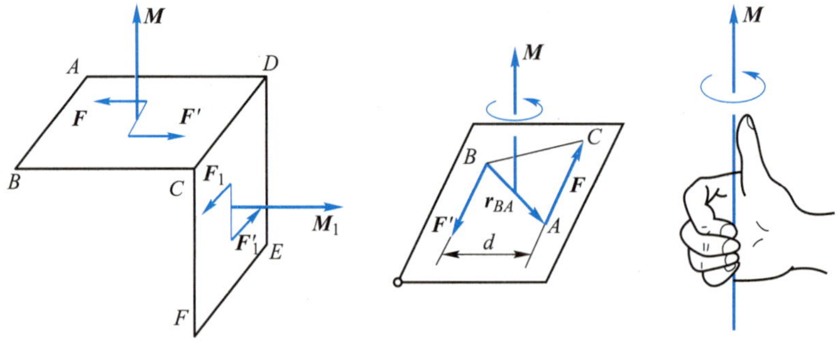

(a) (b)

图 1-20

5. 刚体和变形体的概念

(1) 刚体

刚体(rigid body)是指在力作用下不变形的物体，即刚体内部任意两点间距离保持不变。这是一个理想化的力学模型。实际物体在力的作用下会产生不同程度的变形。如果物体变形不大

或变形对所研究物体的平衡问题不起主要作用，可略去不计，将物体抽象为刚体，可使问题的研究大大简化。

(2) 变形体

如果变形对所研究构件（组成工程结构或机构设备的零部件）的受力问题起主要影响作用，则必须把构件看成变形体(deformable body)。变形体的微观结构和力学性质都很复杂，为达到简化分析并运用数学工具的目的，针对变形体进行力学分析时一般忽略一些微观因素的影响，对变形体作如下几个基本假设：

① 连续性假设(continuity assumption)

认为构件在其整个几何容积内连续地、毫无空隙地充满了物质。根据这一假设，可认为物体内部的物理量，如变形、位移等都是连续变化的，可以用空间坐标的连续函数来表示。

② 均匀性假设(homogenization assumption)

认为构件中各点处的力学性能完全相同。根据这一假设，可以从物体中取出任何微小部分进行分析，所得到的结论能应用于整个物体。同时用大尺寸试样在试验中测得的材料的力学性能，也能应用于物体的任何微小部分。

③ 各向同性假设(isotropy assumption)

认为构件材料沿任何方向都具有相同的力学性能。常用的工程材料，如金属、玻璃及浇筑得很好的混凝土等都可以认为是各向同性的。本教材在针对变形体进行分析时，一般都把材料假设为各向同性材料。

6. 平衡的概念

平衡(equilibrium)是指物体相对惯性参考系静止或做匀速直线平动。它是物体机械运动的一种特殊状态。在工程技术问题中，常把固连于地球上的参考系视为惯性参考系，所以平衡常指物体相对于地球处于静止或做匀速直线运动的状态。

1.2 静力学基本公理

静力学基本公理是人们通过大量实践逐步认识到的力的最普遍、最一般的规律，其正确性已被大量实践所证明。

公理1 二力平衡公理

作用在刚体上的两个力使刚体处于平衡的充分必要条件是这两个力的大小相等，方向相反，且作用在同一直线上。如图1-21所示，即

$$\boldsymbol{F}_1=-\boldsymbol{F}_2$$

公理1表明了作用于刚体上的最简单力系平衡时所必须满足的条件。图1-21表示满足公理1的两种情况，需要强调的是这个公理只适用于刚体。

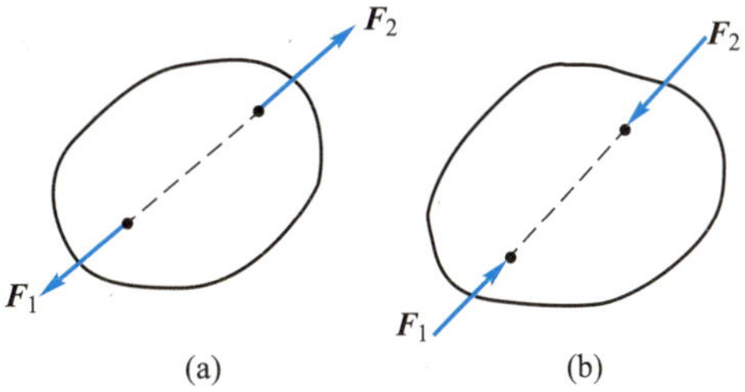

图1-21

在实际工程中，常常会遇到只受两个力作用而平衡的构件或杆件，称其为二力构件或二力杆。对

物体系进行静力学分析时，找出二力构件对问题的研究是非常方便的。

如图 1-22a 所示，不计刚杆 AB 自重，刚杆 AB 即为**二力杆**。根据二力平衡公理，作用在二力杆两端的约束力的作用线必然通过两个铰点，如图 1-22b 所示，$\boldsymbol{F}_A$ 和 $\boldsymbol{F}_B$ 的作用线通过 A、B 两点。二力杆是物体的约束，它给物体的约束力 $\boldsymbol{F}'_A$ 显然与 $\boldsymbol{F}_A$ 反向，即约束力 $\boldsymbol{F}'_A$ 的作用线通过铰点 A 和 B。$\boldsymbol{F}'_A$ 的指向可能是指向物体(图 1-22b)，也可能是背离物体(图 1-22c)。

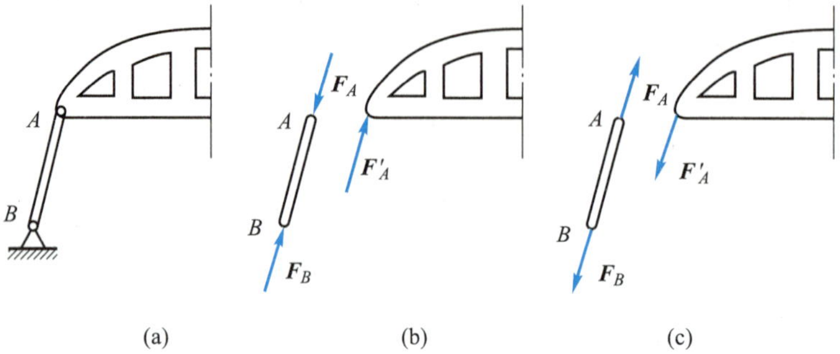

图 1-22

二力杆也可以是曲杆(图 1-23a)，这时作用于物体上的约束力的作用线仍然通过两个铰点，如图 1-23b 所示。

公理 2　加减平衡力系公理

在已知力系上增加或减去任意平衡力系，并不改变原力系对刚体的作用。该公理是研究力系等效替换的重要依据。

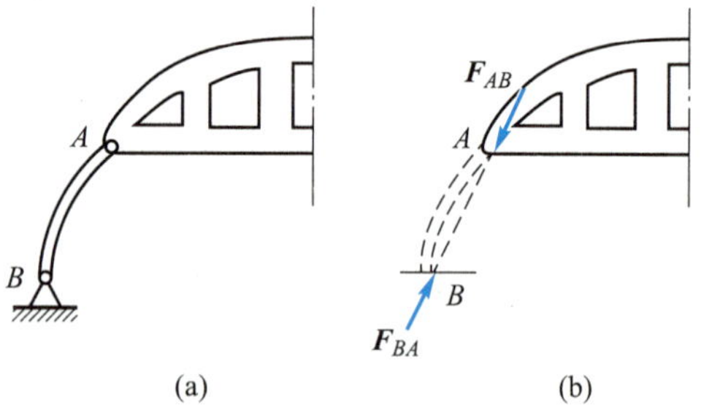

图 1-23

推论 1　力的可传性(transmissibility of force)

作用于刚体上某点的力，可以沿其作用线移到刚体内任意一点，不改变该力对刚体的作用，该性质称为力的可传性。

证明：如图 1-24a 所示，在刚体上点 A 作用一力 $\boldsymbol{F}$。根据加减平衡力系公理，在力 $\boldsymbol{F}$ 的作用线上任取一点 B，并加上一对平衡力 $\boldsymbol{F}_1$ 和 $\boldsymbol{F}_2$，这三个力的大小相等，方向如图 1-24b 所示。由加减平衡力系公理知，图 1-24a 与图 1-24b 所示力系等效。由于 $\boldsymbol{F}$ 和 $\boldsymbol{F}_1$ 也是一个平衡力系，故可去掉，只剩下一个力 $\boldsymbol{F}_2$，如图 1-24c 所示，即原来的力 $\boldsymbol{F}$ 沿其作用线等效移到了点 B。

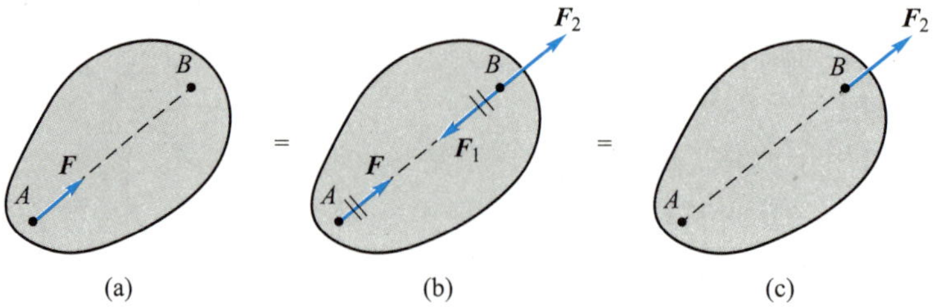

图 1-24

也就是说力对刚体的作用效应与力的作用点在其作用线上的位置无关，因此，对于刚体来说力是**滑移矢量**，力的三要素为：**力的大小、方向和作用线**(line of action)。

公理 3 力平行四边形定则

作用在物体上同一点的两个力，可以合成一个合力，合力的作用点也在该点，合力的大小和方向由以这两个力为边构成的平行四边形的对角线确定，如图 1－25a 所示，写成矢量表达式为

$$\boldsymbol{F}_{R}=\boldsymbol{F}_{1}+\boldsymbol{F}_{2}$$

即合力 $\boldsymbol{F}_R$ 等于力 $\boldsymbol{F}_1$ 和 $\boldsymbol{F}_2$ 的矢量和，$\boldsymbol{F}_1$、$\boldsymbol{F}_2$ 称为合力 $\boldsymbol{F}_R$ 的分力。

如图 1－25b 所示，将力 $\boldsymbol{F}_1$ 和 $\boldsymbol{F}_2$ 首尾相接，然后连接 $\boldsymbol{F}_1$ 的始端和 $\boldsymbol{F}_2$ 的末端，所得到的矢量即为合力 $\boldsymbol{F}_R$，这种求合力的作图规则称为**力三角形定则**。如图 1－25c 所示，先作 $\boldsymbol{F}_2$，再作 $\boldsymbol{F}_1$，同样可得到合力 $\boldsymbol{F}_R$，这说明合力与两分力的作图次序无关。力的三角形图只表示各力矢，并不表示力的作用位置。

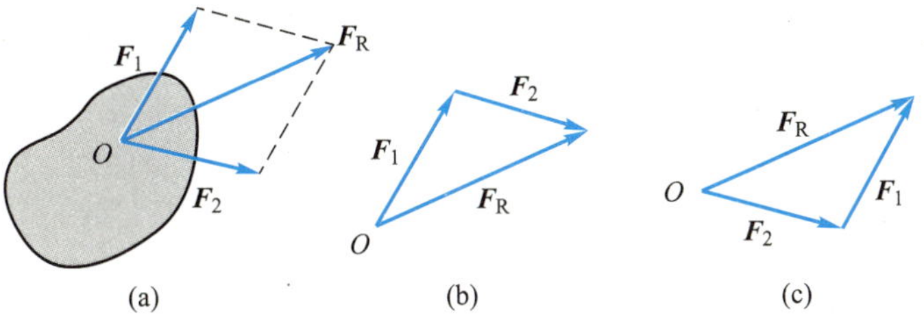

图 1－25

此公理表明了交于一点的简单力系的合成规律，是复杂力系的简化(合成)基础。

推论 2 三力平衡汇交定理

刚体在三个力作用下平衡，若其中两个力的作用线汇交于一点，则第三个力的作用线必通过汇交点，且此三个力共面。

证明：如图 1－26 所示，在刚体的 A、B、C 三点上，分别作用三个力 $\boldsymbol{F}_1$、$\boldsymbol{F}_2$ 和 $\boldsymbol{F}_3$，且刚体平衡。已知 $\boldsymbol{F}_1$ 和 $\boldsymbol{F}_2$ 的作用线汇交于点 O。根据力的可传性，将力 $\boldsymbol{F}_1$ 和 $\boldsymbol{F}_2$ 移至汇交点 O，并由力平行四边形定则求得合力 $\boldsymbol{F}_{12}$。由二力平衡公理知，力 $\boldsymbol{F}_{12}$ 与 $\boldsymbol{F}_3$ 平衡，则力 $\boldsymbol{F}_{12}$、$\boldsymbol{F}_3$ 必共线，即力 $\boldsymbol{F}_3$ 通过汇交点 O，且力 $\boldsymbol{F}_3$ 位于力 $\boldsymbol{F}_1$、$\boldsymbol{F}_2$ 所在的平面内，三个力共面，推论 2 得证。

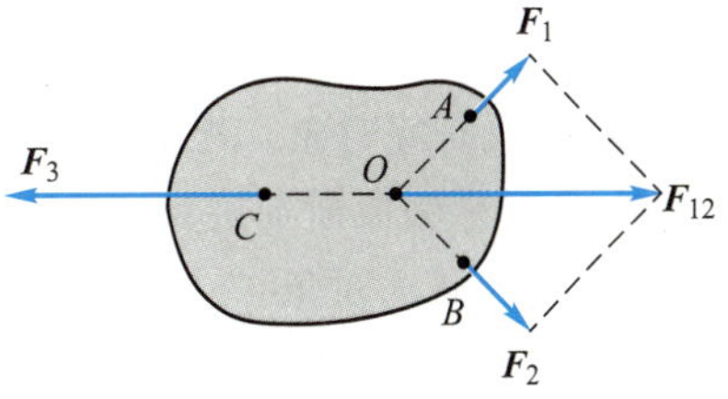

图 1－26

公理 4 作用和反作用公理(定律)

作用力和反作用力(reacting force)**同时存在，两力的大小相等，方向相反，沿同一直线，分别作用在两个相互作用的物体上。**

作用力与反作用力是相互依存、同时出现、共同消失的。因此，在分析物体受力时，必须明确施力物体和受力物体。这与同一刚体上作用两个相互平衡的力不同，不能把作用力和反作用力视为一组平衡力。在分析多个物体组成的物体系统的受力问题时，根据公理 4 可以把其中一个物体的受力分析与相邻物体的受力分析联系起来。

公理5 刚化原理

变形体在某力系作用下平衡，如将此变形体刚化为刚体，其平衡状态保持不变。

公理5指出，变形体平衡时可用刚体的平衡条件来处理变形体的平衡问题。需要指出的是，刚体的平衡条件只是变形体平衡的必要条件而不是充分条件。例如，柔性绳在两端的拉力 $\boldsymbol{F}_{T1}$ 和 $\boldsymbol{F}_{T2}$ 作用下平衡，根据刚化公理，柔性绳刚化为刚性杆，该杆在原来的 $\boldsymbol{F}_{T1}$ 和 $\boldsymbol{F}_{T2}$ 作用下仍平衡，如图1-27a所示。根据二力平衡公理，$\boldsymbol{F}_{T1}$ 和 $\boldsymbol{F}_{T2}$ 大小相等，方向相反且共线。如图1-27b所示，如果该二力是指向绳内的压力，则绳将失去平衡。

工程实际中的带、绳索、链条、梁等变形体在平衡时可视为刚体，另外由若干个刚体组成的物体系统在平衡时也可视为一个刚体。

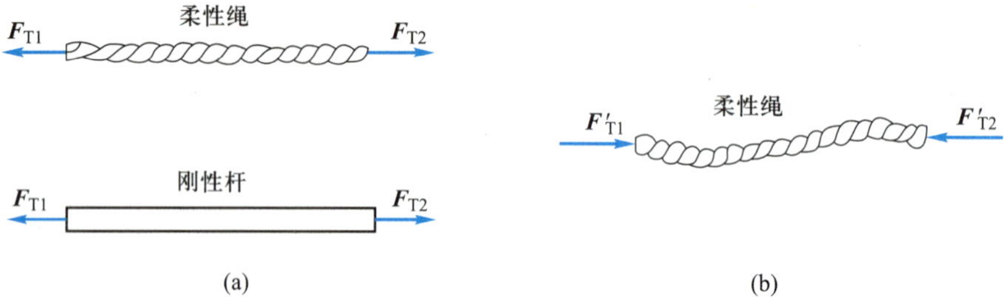

图1-27

1.3 物体的受力分析和受力图

在工程实际中，作用在物体上的力可分为两类：一类是主动力，一般是已知的，例如物体的重力、气体压力等；另一类是约束对于物体的约束力，其大小和方向一般是未知的。为了求出未知的约束力，首先要确定物体受了几个力，每个力的作用位置和作用方向，这个过程称为物体的受力分析，然后再应用平衡条件求解未知的约束力。进行物体受力分析的步骤通常如下：

(1) 选取研究对象。把需要研究的物体(称为受力体)从周围的物体(称为施力体)中分离出来，这个步骤称为取研究对象或取分离体。根据求解问题的需要，可以取单个物体或由多个物体组成的系统为研究对象。

(2) 画出作用在研究对象上的全部主动力(一般是已知的)。

(3) 逐一画出各个约束对研究对象的约束力。一个物体往往受到几个约束的作用，约束力的方向应按约束类型确定。有些约束力能预知方向(例如柔索的约束力，光滑接触面的约束力)，有些约束力则仅能预知作用线通过某已知点，其方向在画受力图时用大小未知的正交分力表示(例如圆柱铰链的 $\boldsymbol{F}_x$、$\boldsymbol{F}_y$，球铰链的 $\boldsymbol{F}_x$、$\boldsymbol{F}_y$、$\boldsymbol{F}_z$)。把施力物体对研究对象的作用力(主动力和约束力)全部画出来的图形，称为受力图，不同研究对象的受力图是不同的。

(4) 画受力图时应遵循作用和反作用定律。当分析两物体间的相互作用力时，作用力的方向一经假定，反作用力的方向应与之相反。由于内力成对出现，对整个系统而言构成平衡力系，因此不必画出，只需画出全部外力。

正确的受力分析和画物体的受力图，是分析和解决力学问题的前提和关键。下面举例说明。

例 1-1 图 1-28a 所示为等腰三角形框架，杆 AB 与杆 BC 等长，并在 B 处铰接，A 处及 C 处为固定铰链支座，在杆 AB 的中点 D 作用一水平力 $\boldsymbol{F}$，不计两杆重，试画出杆 AB 与杆 BC 的受力图。

解 (1) 先分析杆 BC 的受力，取杆 BC 为研究对象(隔离体)。由于杆 BC 自重不计，因此杆 BC 只在铰链 B、C 处受有两个约束力 $\boldsymbol{F}_B$ 和 $\boldsymbol{F}_C$。根据光滑铰链的性质，这两个约束力必定通过铰链 B、C 的中心，方向暂不确定。考虑到杆 BC 只在 $\boldsymbol{F}_B$ 和 $\boldsymbol{F}_C$ 两个力作用下平衡，根据二力平衡公理，这两个力必定沿同一直线，且等值、反向。由此可确定 $\boldsymbol{F}_B$ 和 $\boldsymbol{F}_C$ 的作用线应沿铰链中心 B 和 C 的连线，受力如图 1-28b 所示。

(2) 取杆 AB 为研究对象。它受有主动力 $\boldsymbol{F}$ 作用。在 A 处受固定铰支座约束给它的约束力作用，可用两个正交的分力 $\boldsymbol{F}_{Ax}$ 和 $\boldsymbol{F}_{Ay}$ 表示。杆 AB 在 B 处受有杆 BC 给它的约束力 $\boldsymbol{F}'_B$ 的作用。根据作用力和反作用力定律，$\boldsymbol{F}'_B=-\boldsymbol{F}_B$。杆 AB 的受力图如图 1-28c 所示。

杆 AB 在 A 处受到的两个正交的约束力 $\boldsymbol{F}_{Ax}$ 和 $\boldsymbol{F}_{Ay}$ 可合成一个合力 $\boldsymbol{F}_A$，则杆 AB 是在三个力作用下平衡，因此由三力平衡汇交定理可知，这三个力处于同一平面内并汇交于一点。由于主动力 $\boldsymbol{F}$ 和约束力 $\boldsymbol{F}'_B$ 汇交于一点，则 A 处的约束力 $\boldsymbol{F}_A$ 一定通过该汇交点。此时，杆 AB 的受力图如图 1-28d 所示。

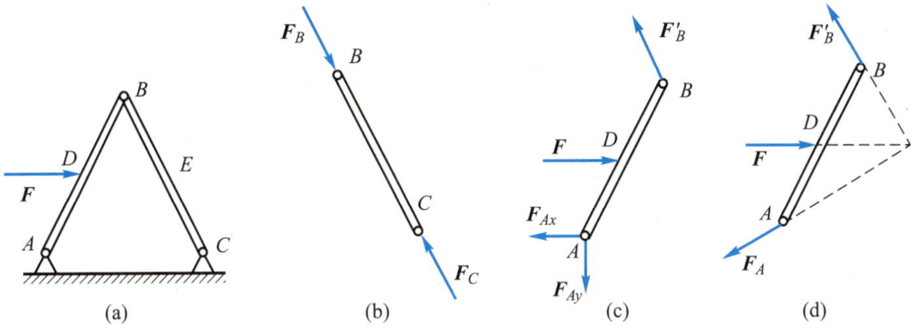

图 1-28

例 1-2 如图 1-29a 所示，重力为 $\boldsymbol{P}_1$ 的均质圆球 A 静止于倾角为 α 的光滑斜面上，一绳索通过滑轮 C 连接圆球及另一重力为 $\boldsymbol{P}_2$ 的物体 B，不计滑轮 C 及绳索重，画出每个平衡物体的受力图。

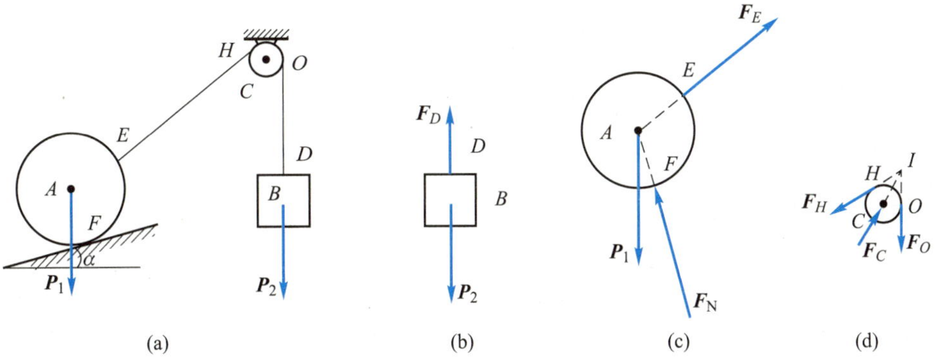

图 1-29

解 (1) 取物体 B 为研究对象，它受重力 $\boldsymbol{P}_2$ 及 D 处绳子对它的拉力 $\boldsymbol{F}_D$ 两个力作用，受力图如图 1-29b 所示。

(2) 再取圆球为研究对象，它受重力 $\boldsymbol{P}_1$、E 处绳子的拉力 $\boldsymbol{F}_E$ 及光滑斜面的法向约束力 $\boldsymbol{F}_N$ 三个力的作用，受力图如图 1-29c 所示。由三力平衡汇交定理可知，这三个力处于同一平面内并汇交于一点。由于重力 $\boldsymbol{P}_1$ 和

约束力 $\boldsymbol{F}_N$ 汇交于球心点 A，则 E 处绳子的拉力 $\boldsymbol{F}_E$ 一定通过该汇交点 A。

(3) 取滑轮 C 为隔离体。在 H 处受绳子的拉力 $\boldsymbol{F}_H$，根据作用和反作用定律，$\boldsymbol{F}_H=-\boldsymbol{F}_E$。在 O 处受绳子的拉力 $\boldsymbol{F}_O$，根据作用和反作用定律，$\boldsymbol{F}_O=-\boldsymbol{F}_D$，$\boldsymbol{F}_H$ 和 $\boldsymbol{F}_O$ 汇交于点 I。滑轮在 C 处受固定铰支座的约束力 $\boldsymbol{F}_C$ 作用，由于滑轮受三个力而平衡，故这三个力应在同一平面内并汇交于一点，所以 $\boldsymbol{F}_C$ 一定通过点 I。滑轮 C 的受力图如图 1-29d 所示。

1.4 构件的分类及杆件的基本变形形式

1. 构件的分类

工程中的构件是多种多样的，若按其几何形状划分，可将工程构件分为杆件、板壳和块体三类。

(1) 杆件

杆件(bar)是指长度远大于横截面尺寸的构件。杆件的两个主要几何特征是横截面(cross section)和轴线(axis)。横截面是指垂直于杆件长度方向的截面，轴线是指各横截面形心的连线。轴线是直线的杆件称为直杆(图 1-30a)，轴线为曲线的杆件称为曲杆(图 1-30b)。

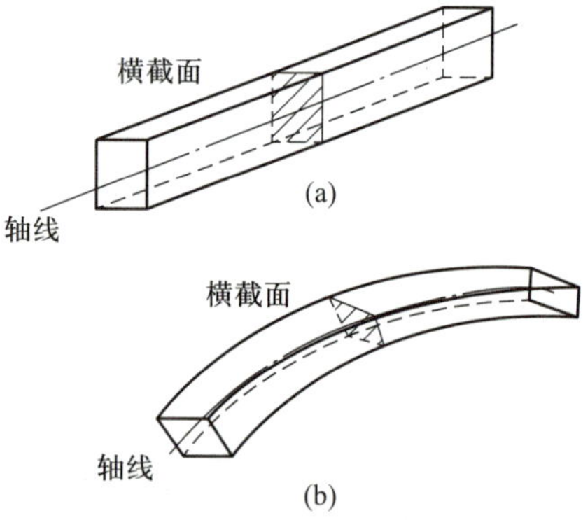

图 1-30

(2) 板壳

板壳是指厚度方向尺寸比其他两个方向尺寸小得多的构件。板壳的两个主要几何特征是中面(平分厚度的面，middle plane)和垂直于中面方向的厚度(thickness)。中面为平面的称为板(plate)，中面为曲面的称为壳(shell)。

(3) 块体

块体(body) 是指长、宽、高三个方向尺寸相当的构件。

本教材在研究变形体的受力问题时，主要研究杆件。

2. 杆件的基本变形形式

在不同形式外力作用下，构件的变形形式一般是不同的。对于杆件，其受力后的变形有如下几种基本形式。

(1) 轴向拉伸和压缩(axial tension and axial compression)

杆件在一对大小相等、方向相反、作用线与其轴线重合的外力作用下，变形表现为杆件沿其轴线方向的伸长或缩短(图 1-31a、b)。

(2) 剪切(shear)

杆件在一对大小相等、方向相反、作用线与其轴线垂直且相距很近的横向力作用下，变形表现为受剪杆件的两部分沿外力作用方向发生相对错动(图 1-31c)。

(3) 扭转(torsion)

杆件在一对大小相等、转向相反、作用面与其轴线垂直的外力偶作用下，变形表现为杆件任意两个横截面发生绕轴线的相对转动(图 1－31d)。

(4) 平面弯曲(plane bending)

杆件在垂直于其轴线的横向力或作用面与其轴线平行的外力偶作用下，变形表现为杆件轴线由直线变成平面曲线(图 1－31e)。

图 1－31f 中杆 AB 为平面弯曲和扭转的组合变形。

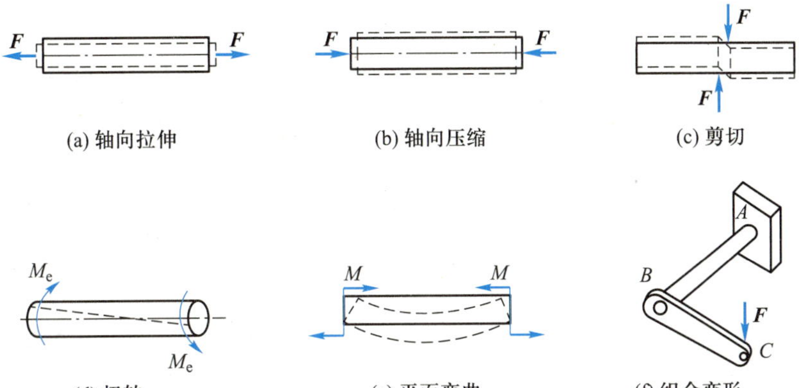

图 1－31

实际工程中的构件可能同时承受多种形式的外力，从而发生比较复杂的变形。但任何复杂的变形在一定的条件下都可以看成是上述几种基本变形的组合。

如果构件的变形与其原始尺寸相比可以忽略不计，这样的变形称为小变形。一般来说，工程构件的变形都是小变形，故本教材只研究发生小变形的杆件，对构件变形这一限制称为小变形条件。小变形条件不仅具有工程意义，也为计算提供了方便。由于变形很小，一般情况下(稳定问题除外)为使问题简化，在作受力分析、建立平衡方程、计算构件的变形或位移时，都可以以原始尺寸为依据。在确定点的位移时，还可以以切线代替弧线。例如，在计算图 1－32 所示结构固定端约束力时，无须用 $M=F(l-\Delta)$ 计算，而可以忽略 Δ，用 $M=Fl$ 计算。

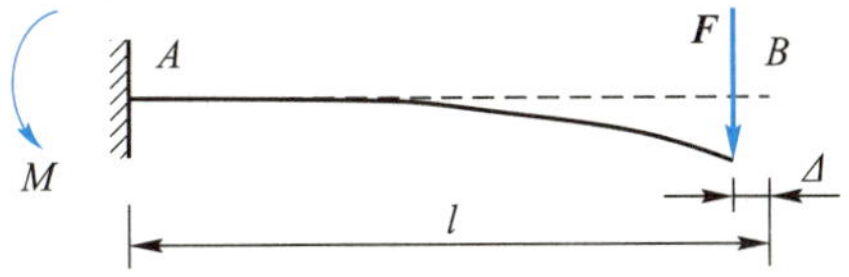

图 1－32

1.5　构件的承载能力

当工程结构或机械工作时，各构件会受到载荷作用。载荷大到一定程度时构件将会发生过度变形或断裂，从而丧失工作能力。为保证工程结构或机械正常工作，构件应具有足够的承受载荷的能力。

1. 构件应具有足够的强度

所谓强度(strength)是指构件在载荷作用下抵抗破坏的能力。破坏通常指构件在载荷作用下发生断裂或产生塑性变形。构件受载后都会产生变形,若载荷卸除后变形能随之消除,这种变形称为弹性变形(elastic deformation);若载荷卸除后变形不能随之消除,称为塑性变形(plastic deformation)。任何构件在使用期间都不允许发生破坏。例如,起重机的吊索不允许断裂;齿轮相互接触时齿面不允许出现压坑等。

2. 构件应具有足够的刚度

所谓刚度(stiffness)是指构件在载荷作用下抵抗弹性变形的能力。工程中,有时尽管构件没发生强度破坏,但是产生的弹性变形却很大,超出了正常工作允许的范围。如图1-33a所示的齿轮传动轴,当齿轮受力过大,从而导致齿轮轴变形过大时,就会出现如图1-33b所示的情况。由于齿轮不能正常啮合,不仅不能正常传动,还会导致轴颈的严重磨损,甚至引起强烈振动。因此,必须要求构件产生的变形不超过允许值,即要求构件具有足够的刚度。

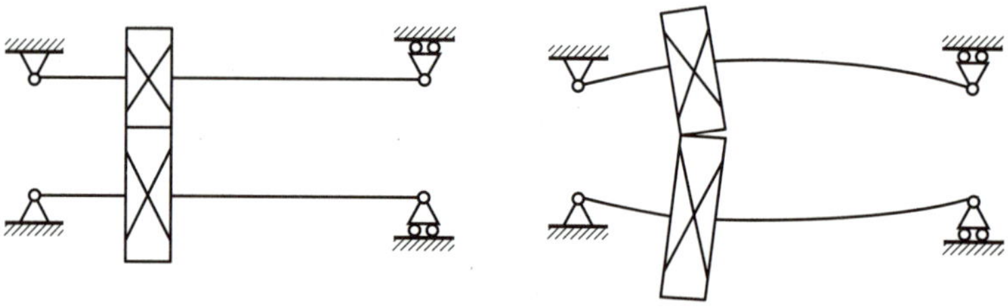

(a) (b)

图1-33

3. 构件应具有足够的稳定性

所谓稳定性(stability)是指构件在载荷作用下保持其原有平衡形式的能力。受轴向压力作用的细长直杆(如厂房的柱子、千斤顶的螺杆、内燃机的挺杆等),当压力较小时,能始终保持其原有的直线平衡形式。但当压力超过某一数值时,这些构件可能在干扰力的作用下突然变弯,干扰力去除后构件也不能恢复到原有平衡形式。这种突然改变原有平衡形式的现象称为丧失稳定性,简称失稳(buckling)。为使这类构件正常工作,必须使它能保持原有的平衡形式,即要求构件具有足够的稳定性。

不同的构件,对强度、刚度和稳定性的要求程度有所不同。例如,储气罐不能破裂,因而主要是保证强度;车床主轴则主要是保证刚度;受压的活塞杆则主要是保证稳定性。构件满足强度、刚度和稳定性要求的能力,称为构件的承载能力。

工程中,除了应使构件满足强度、刚度和稳定性要求外,还应考虑如何合理地使用和节省材料,即应考虑经济方面的要求。一般而言,前者要求用较多较好的材料,后者要求少用材料,二者常常是矛盾的。静力学理论就是在满足强度、刚度和稳定性要求的前提下,为设计既经济又安全的构件提供必要的理论基础和计算方法。

习题

1-1 如图所示，圆柱直齿轮受到啮合力 $\boldsymbol{F}$ 的作用。设 $F=1\ 400$ kN，压力角 $\alpha=20°$，齿轮的节圆（啮合齿）半径 $r=60$ mm，试计算力 $\boldsymbol{F}$ 对轴心 O 的力矩。

1-2 如图所示，立柱 OA 的顶端受到绳子的拉力 $F_T=10$ kN。求力 $\boldsymbol{F}_T$ 在坐标轴上的投影，以及对点 O 和三个坐标轴的矩（大小和方向）。

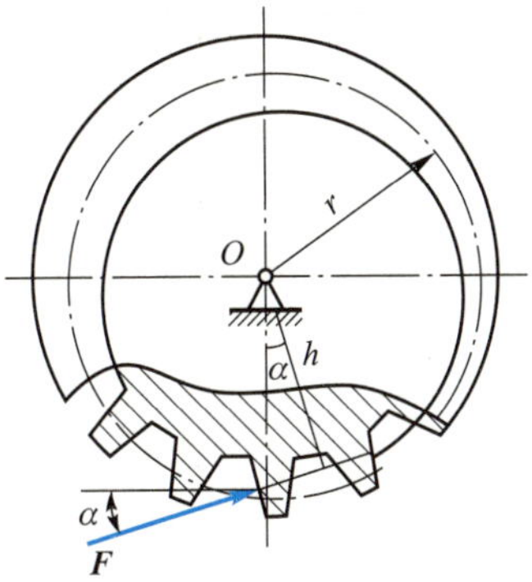

题 1-1 图

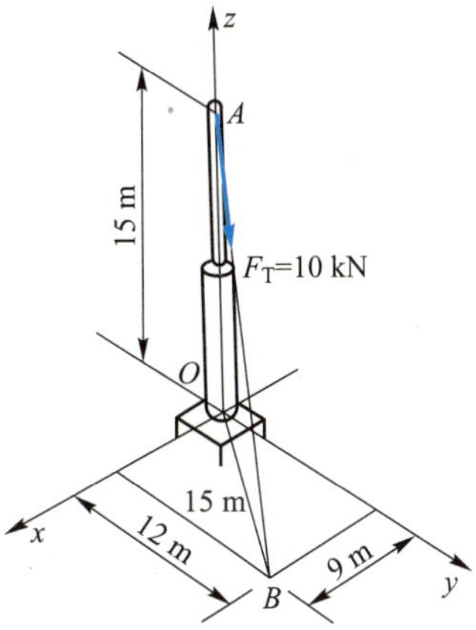

题 1-2 图

1-3 如图所示，求力 $\boldsymbol{F}$ 对点 A 的矩。

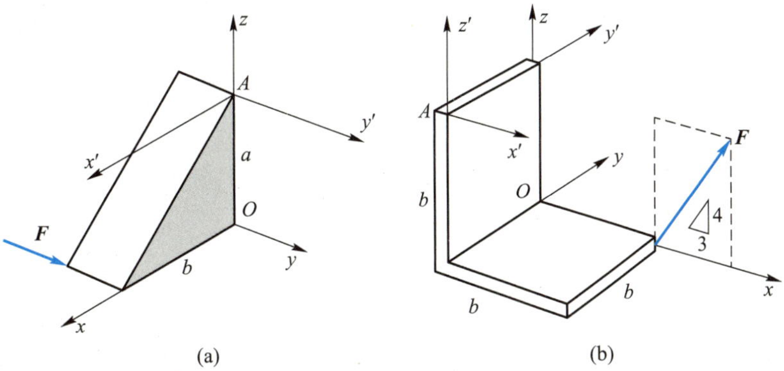

题 1-3 图

1-4 钢丝绳 AB 用螺栓拉紧，已知其拉力为 1.2 kN。求：(1) 钢丝绳作用于点 A 的力沿三个坐标轴的分力。(2) 钢丝绳作用于点 A 的力对点 O 和三个坐标轴的矩。

1-5 如图所示，已知 $F_1=F_2=F_3=F_4=10$ N，写出各力的解析表达式和各力对点 O 的力矩解析表达式。

1-6 如图所示，已知 $F=1\ 000$ N，求力 $\boldsymbol{F}$ 对于 z 轴的矩 $M_z(\boldsymbol{F})$的大小。

1-7 如图所示，已知 $\boldsymbol{F}$，α，θ，$CD=a$，求力 $\boldsymbol{F}$ 对 AB 轴的矩 $M_{AB}(\boldsymbol{F})$。

1-8 画出图示物体 A、ABC 或构件 AB、BC 的受力图。未画重力的物体的重量均不计，所有接触处均为光滑接触。

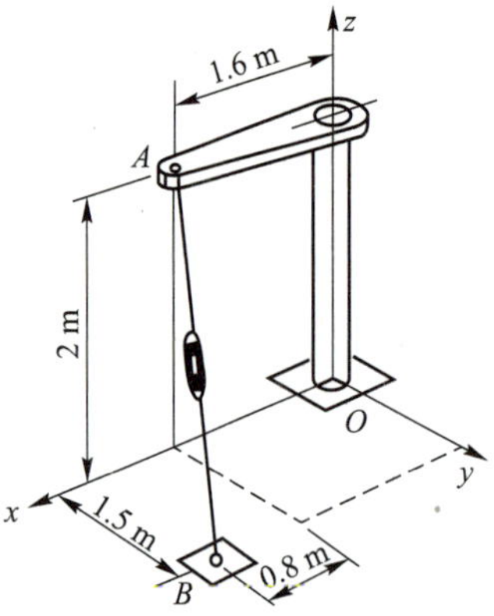

题 1-4 图

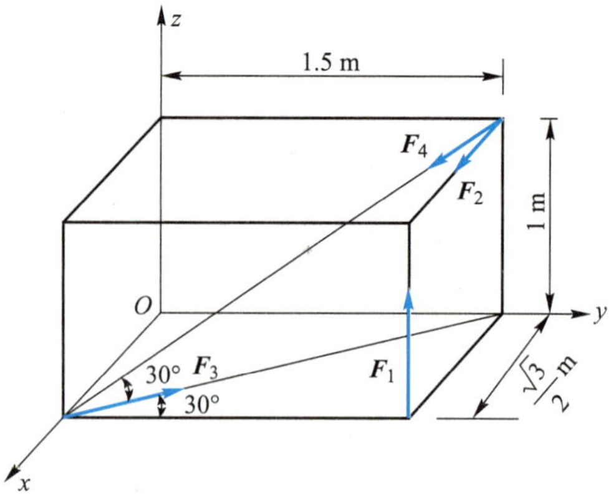

题 1-5 图

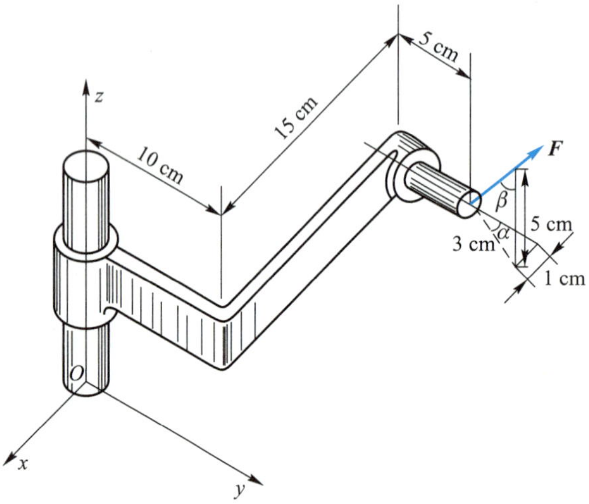

题 1-6 图

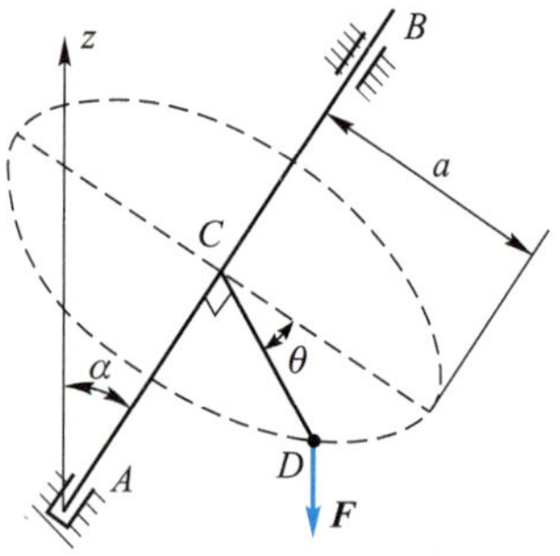

题 1-7 图

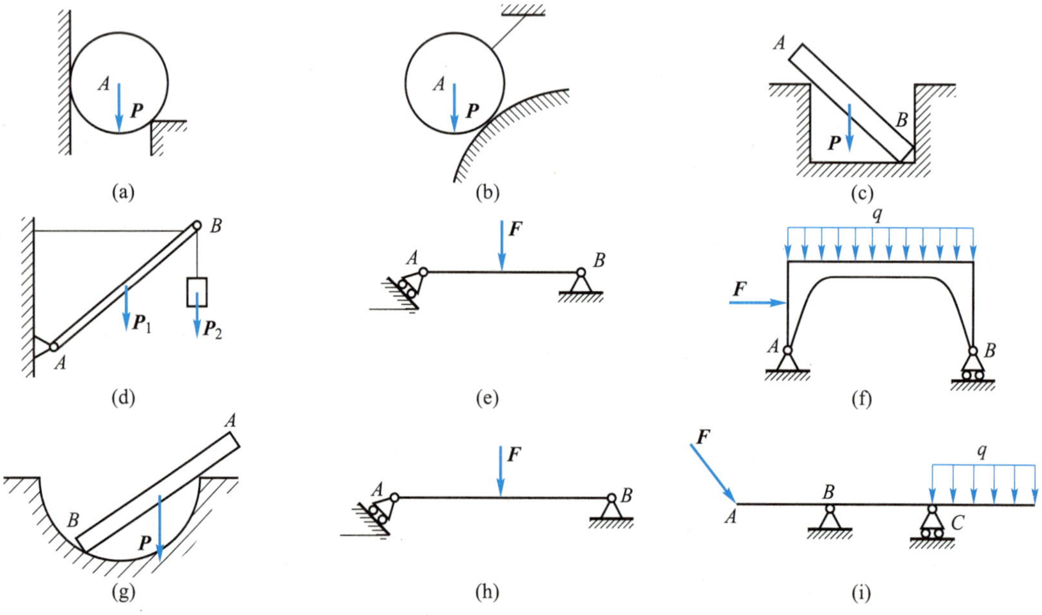

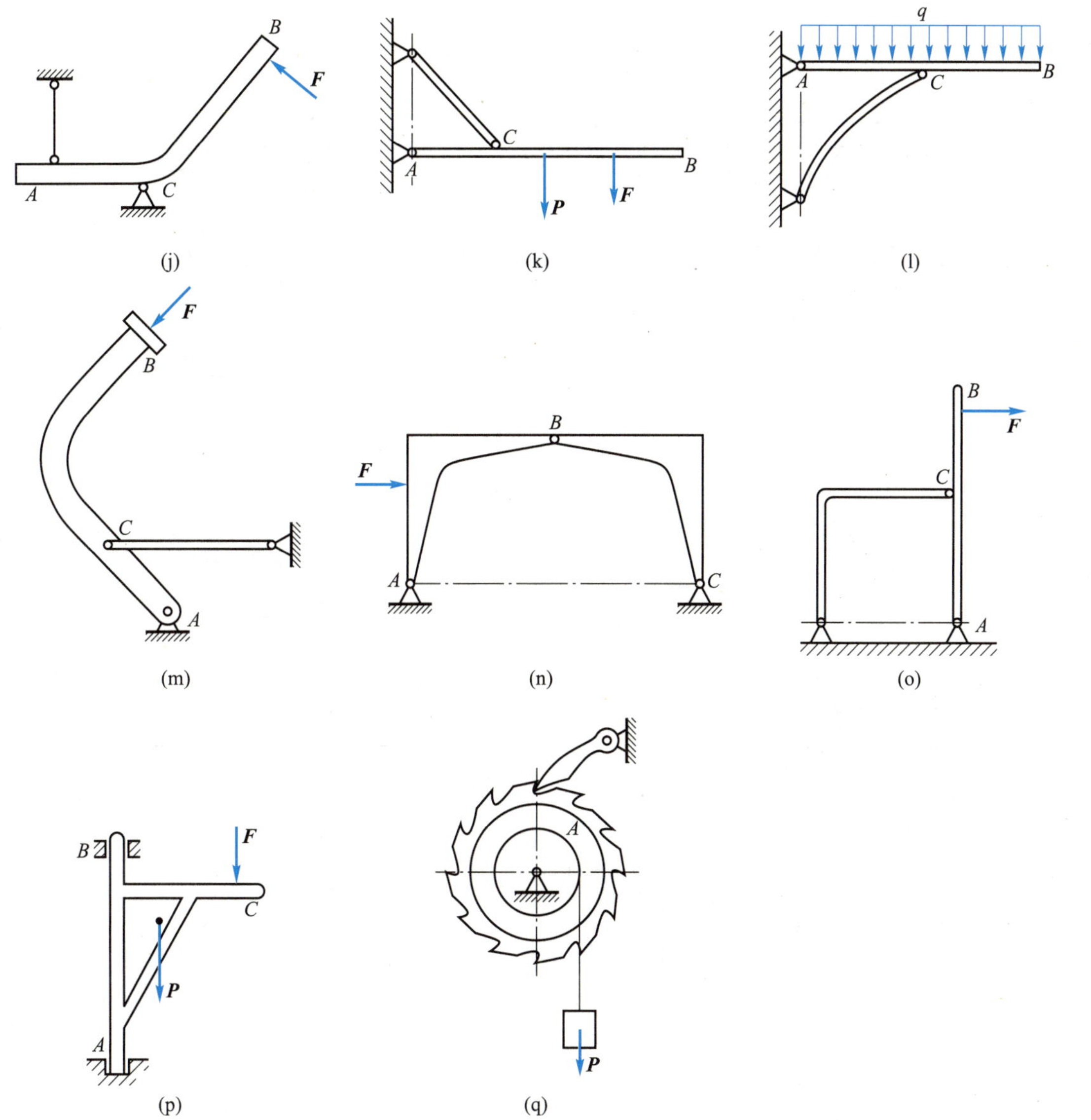

题 1－8 图

1－9 画出图示每个标注字符的物体的受力图及整体受力图。图中未画重力的物体的重量均不计，所有接触均为光滑接触。

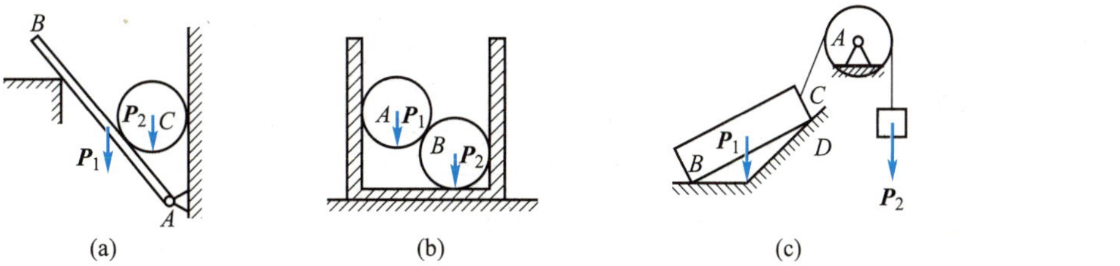

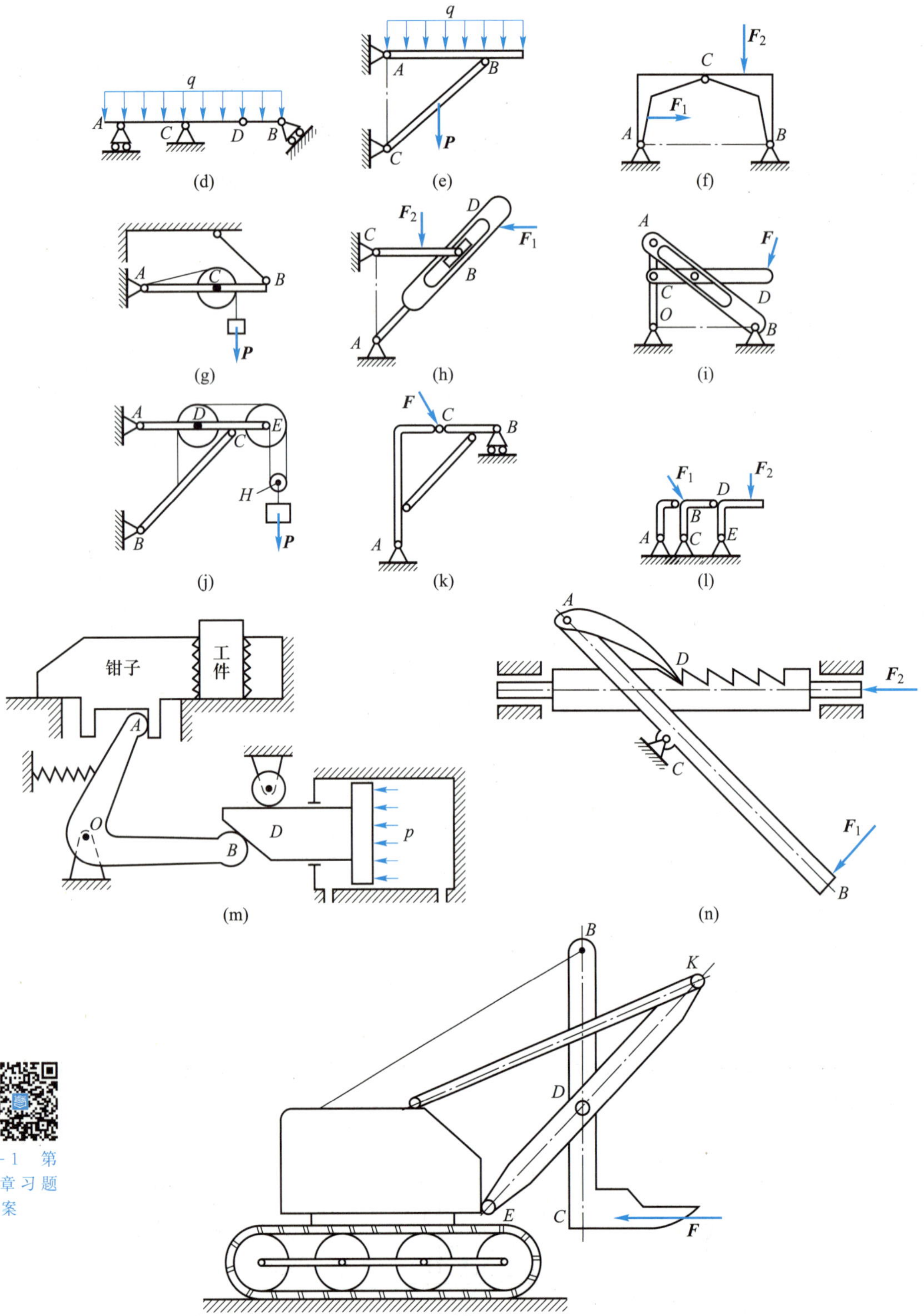

(o)

题 1-9 图

1-1 第1章习题答案

第2章 平面力系

平面力系中，若各力的作用线汇交于一点，则该力系称为**平面汇交力系**；若各力的作用线相互平行，则该力系称为**平面平行力系**；若各力的作用线既不汇交于一点也不平行，则该力系称为**平面一般力系**。若同一平面内作用多个力偶，则该力系称为**平面力偶系**。

本章将详述平面力系的简化和平衡问题，并介绍平面简单桁架的内力计算。

2.1 平面汇交力系的简化与平衡

1. 平面汇交力系的合成与平衡的几何法

设一刚体受到由 $\boldsymbol{F}_1$、$\boldsymbol{F}_2$、$\boldsymbol{F}_3$、$\boldsymbol{F}_4$ 组成的平面汇交力系作用，各力作用线汇交于点 A（图 2-1a），根据力的可传性，将力沿各自作用线移至点 A，形成**共点力系**。为了合成此力系，用力平行四边形定则将这四个力依次合成，得到一个通过点 A 的合力 $\boldsymbol{F}_R$。或者利用力三角形定则，先求出 $\boldsymbol{F}_1$、$\boldsymbol{F}_2$ 的合力 $\boldsymbol{F}_{R1}$，再求 $\boldsymbol{F}_{R1}$、$\boldsymbol{F}_3$ 的合力 $\boldsymbol{F}_{R2}$，最后合成 $\boldsymbol{F}_{R2}$、$\boldsymbol{F}_4$ 的合力 $\boldsymbol{F}_R$，如图 2-1b 所示。多边形 $abcde$ 称为此平面汇交力系的**力多边形**，矢量 $\boldsymbol{ae}$ 即表示此平面汇交力系的合力 $\boldsymbol{F}_R$，而合力 $\boldsymbol{F}_R$ 的作用线仍通过汇交点 A。

用**力多边形**求合力 $\boldsymbol{F}_R$ 的**几何法**作图规则为：各力沿着环绕力多边形边界的同一方向首位相接，力多边形有一缺口，而沿首力起点与尾力终点连接此缺口即为合力，构成力多边形的封闭边。根据矢量相加的交换规律，任意变换各力的作图顺序，可得形状不同的力多边形，但合力不变，如图 2-1c 所示。

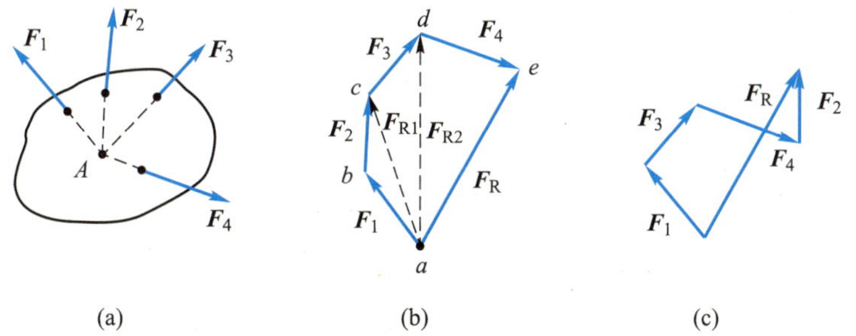

图 2-1

上述几何法可推广到由 n 个力组成的平面汇交力系，即把力系中各个力首尾相接得到一个不封闭的力多边形，然后再连接第一个力的始端和最后一个力的末端得到的封闭边即为合力。总之，**平面汇交力系可以合成一个合力，合力的作用线通过汇交点，合力的大小及方向由力多边形的封闭边来表示，即合力等于各分力的矢量和**，则有

$$\boldsymbol{F}_{\mathrm{R}}=\boldsymbol{F}_1+\boldsymbol{F}_2+\cdots+\boldsymbol{F}_n \tag{2-1}$$

合力 $\boldsymbol{F}_{\mathrm{R}}$ 对刚体的作用与原力系对刚体的作用等效。

平面汇交力系的合力是以各力为边构成的力多边形的封闭边。若合力等于零，则表明力多边形中最后一个力的末端与第一个力的始端重合，即**力多边形自行封闭**，这就是平面汇交力系平衡的几何条件。

如图 2-2 所示，由 $\boldsymbol{F}_1$、$\boldsymbol{F}_2$、$\boldsymbol{F}_3$、$\boldsymbol{F}_4$ 四个力组成的汇交力系，力多边形自行封闭，表明该力系平衡。

由于平面汇交力系可用其合力来代替，**平面汇交力系平衡的充分必要条件是力系中各力构成的力多边形自行封闭，或各力的矢量和等于零**，即

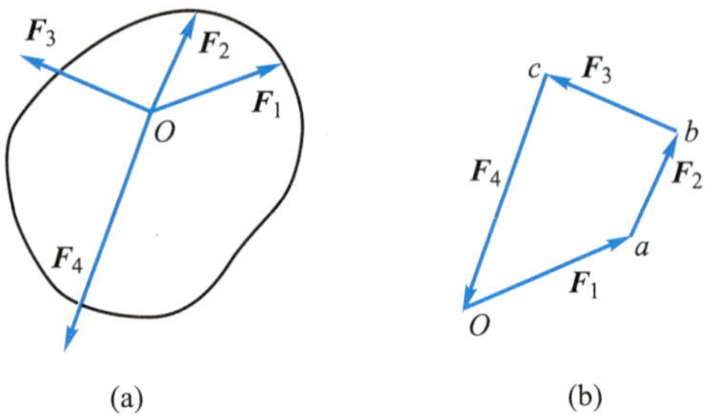

图 2-2

$$\boldsymbol{F}_{\mathrm{R}}=\boldsymbol{F}_1+\boldsymbol{F}_2+\cdots+\boldsymbol{F}_n=\boldsymbol{0} \tag{2-2}$$

用几何法求解平面汇交力系的合成与平衡问题时，可作图求解，即按比例先画出封闭的力多边形，再用尺和量角器在图上量得所要求的未知量；或根据图形的几何关系，用三角形公式计算出所要求的未知量。

例 2-1 图 2-3a 所示为一刹车机构。已知 $F=212\mathrm{N}$，$\alpha=45^{\circ}$。不计各构件自重，试求杆 BC 所受的力。

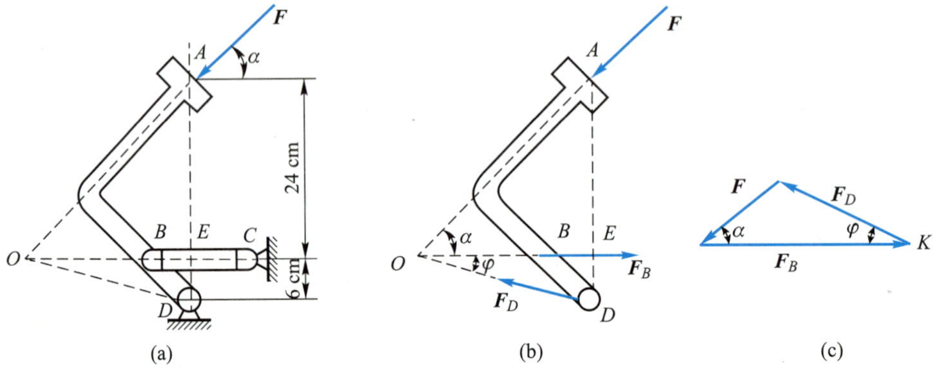

图 2-3

解 取曲杆 ABD 为研究对象，进行受力分析（图 2-3b），作封闭的力多边形（图 2-3c），由图 2-3b 的几何关系有

$$OE=EA=24\mathrm{cm},\quad \tan\varphi=\frac{DE}{OE}=\frac{1}{4},\quad \varphi=\arctan\frac{1}{4}=14.04^{\circ}$$

由图 2-3c 中的三角形关系可得

$$F_B=749.3\ \mathrm{N}$$

2. 平面汇交力系的合成与平衡的解析法

如图 2-4 所示，设 $\boldsymbol{F}_1$、$\boldsymbol{F}_2$、$\boldsymbol{F}_3$、$\boldsymbol{F}_4$ 组成作用于刚体上的平面汇交力系，自任选点 a 作力多边形，则封闭边 ae 表示该力系的合力 $\boldsymbol{F}_R$。取坐标系 Oxy，将所有力矢投影到 x 轴及 y 轴上，可见

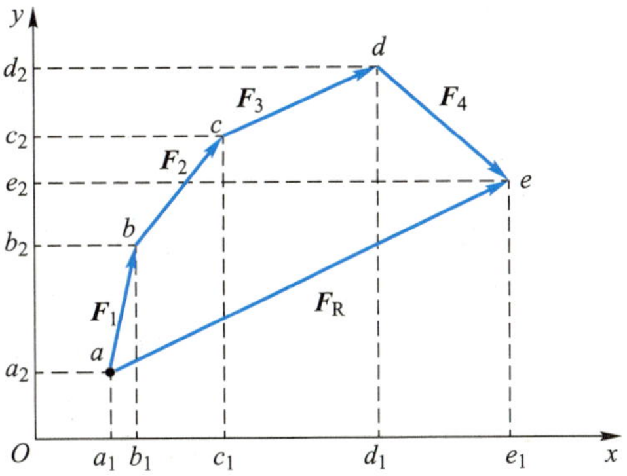

图 2-4

$$\left.\begin{aligned} a_1e_1 &= a_1b_1 + b_1c_1 + c_1d_1 + d_1e_1 \\ a_2e_2 &= a_2b_2 + b_2c_2 + c_2d_2 + d_2e_2 \end{aligned}\right\}$$

即

$$\left.\begin{aligned} F_{Rx} &= F_{1x} + F_{2x} + F_{3x} + F_{4x} \\ F_{Ry} &= F_{1y} + F_{2y} + F_{3y} + F_{4y} \end{aligned}\right\}$$

将上述合力投影与分力投影的关系推广到由 n 个力组成的平面汇交力系中，则有

$$\left.\begin{aligned} F_{Rx} &= F_{1x} + F_{2x} + \cdots + F_{nx} = \sum_{i=1}^{n} F_{ix} \\ F_{Ry} &= F_{1y} + F_{2y} + \cdots + F_{ny} = \sum_{i=1}^{n} F_{iy} \end{aligned}\right\} \tag{2-3}$$

即平面汇交力系的合力在某一轴上的投影等于各分力在同一轴上投影的代数和，称为合力投影定理。

平面汇交力系的合力 $\boldsymbol{F}_R$ 的解析表达式为

$$\boldsymbol{F}_R = F_{Rx}\boldsymbol{i} + F_{Ry}\boldsymbol{j} \tag{2-4}$$

根据式(2-3)可求得合力的大小和方向余弦为

$$\left.\begin{aligned} & F_R = \sqrt{F_{Rx}^2 + F_{Ry}^2} = \sqrt{\left(\sum_{i=1}^{n} F_{ix}\right)^2 + \left(\sum_{i=1}^{n} F_{iy}\right)^2} \\ & \cos(\boldsymbol{F}_R, \boldsymbol{i}) = \frac{F_{Rx}}{F_R}, \quad \cos(\boldsymbol{F}_R, \boldsymbol{j}) = \frac{F_{Ry}}{F_R} \end{aligned}\right\} \tag{2-5}$$

平面汇交力系平衡的充分必要条件是：**该力系的合力 F_R 等于零**。由式(2-5)应有

$$F_R=\sqrt{\left(\sum_{i=1}^{n}F_{ix}\right)^2+\left(\sum_{i=1}^{n}F_{iy}\right)^2}=0 \tag{2-6}$$

式(2-6)成立必须同时满足

$$\left.\begin{aligned}\sum_{i=1}^{n}F_{ix}=0\\ \sum_{i=1}^{n}F_{iy}=0\end{aligned}\right\} \tag{2-7}$$

所以，平面汇交力系平衡的充分必要条件是：**各力在两个坐标轴上投影的代数和分别等于零**，式(2-7)称为平面汇交力系的平衡方程。这是两个独立的方程，可以求解两个未知量。为减少平衡方程中未知量的数目，应尽量选取与未知力垂直的轴作为投影轴，投影可以不正交，但不能互相平行。

例 2-2 图2-5所示为作用于物体上点 O 的一平面汇交力系，$F_1=200$ N，$F_2=300$ N，$F_3=100$ N，$F_4=250$ N。试确定该力系合力的大小和方向。

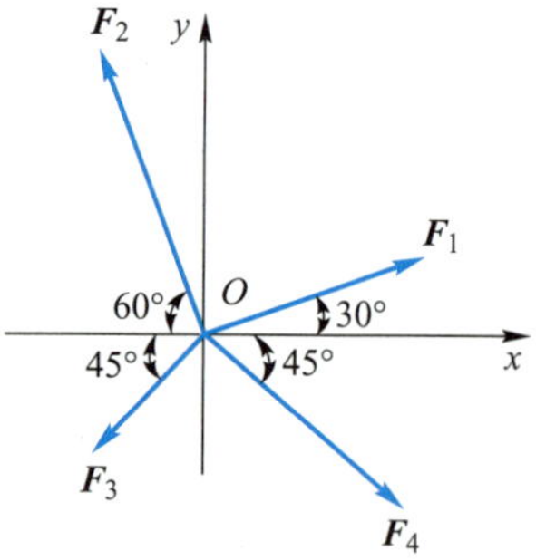

图2-5

解 由平面汇交力系的合力投影定理得

$$F_{Rx}=\sum_{i=1}^{n}F_{ix}=F_1\cos30^\circ-F_2\cos60^\circ-F_3\cos45^\circ+F_4\cos45^\circ=129.3\ \text{N}$$

$$F_{Ry}=\sum_{i=1}^{n}F_{iy}=F_1\sin30^\circ+F_2\sin60^\circ-F_3\sin45^\circ-F_4\sin45^\circ=112.3\ \text{N}$$

根据式(2-5)可求得合力的大小和方向余弦为

$$F_R=\sqrt{F_{Rx}^2+F_{Ry}^2}=171.3\ \text{N}$$

$$\cos\alpha=\frac{F_{Rx}}{F_R}=0.755,\quad \cos\beta=\frac{F_{Ry}}{F_R}=0.656$$

$$\alpha=41^\circ,\quad \beta=49^\circ$$

例 2-3 重量为20 kN的物体由绳子通过滑轮静止悬挂于图2-6a所示框架上，不计滑轮尺寸和框架重量，试确定杆 AB 和杆 CB 受到的力。

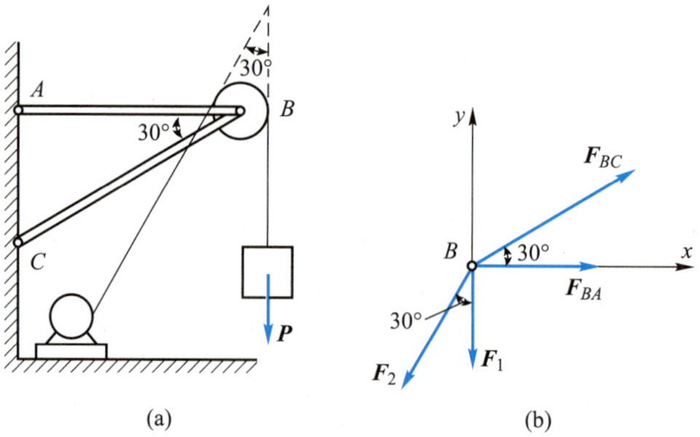

图2-6

解 (1) 取滑轮 B 为研究对象。杆 AB、杆 BC 都是二力杆，为了求出这两根杆的约束力，假设两杆均受压。

(2) 滑轮 B 的受力图如图 2-6b 所示。滑轮 B 受到绳子的拉力 $\boldsymbol{F}_1$ 和 $\boldsymbol{F}_2$，且 $F_1=F_2=P$；杆 AB 和杆 BC 对滑轮的约束力 $\boldsymbol{F}_{BA}$ 和 $\boldsymbol{F}_{BC}$ 的大小未知。由于滑轮尺寸忽略不计，故此四个力组成平面汇交力系。

(3) 列平衡方程，即

$$\sum_{i=1}^{n} F_{ix}=0,\quad F_{BA}+F_{BC}\cos 30^\circ-F_2\sin 30^\circ=0 \tag{a}$$

$$\sum_{i=1}^{n} F_{iy}=0,\quad F_{BC}\sin 30^\circ-F_2\cos 30^\circ-F_1=0 \tag{b}$$

(4) 求解方程。

由式(b)解得 $F_{BC}=74.64\ \text{kN}$。代入式(a)，解得 $F_{BA}=-54.64\ \text{kN}$。

F_{BA} 为负值，说明图 2-6b 中 $\boldsymbol{F}_{BA}$ 的方向与实际方向相反，即杆 AB 受拉；F_{BC} 为正值，说明图 2-6b 中 $\boldsymbol{F}_{BC}$ 的假设方向与实际方向相同，即杆 BC 受压。

2.2 平面力偶系的简化与平衡

1. 力偶的性质

力偶是由两个力组成的特殊力系，力偶中每个力仍具有一般力的性质，但它作为一个整体作用于刚体时，则有一些特殊性质。

(1) 力偶中的两个力在任意轴上的投影的代数和为零。因此，力和力偶是静力学的两个基本要素。

(2) 力偶没有合力。力偶不能用一个力等效替换，也不能用一个力来平衡，只能用力偶平衡。

(3) 力偶中的两个力对空间任意一点的矩的矢量和都等于力偶矩矢。

如图 2-7 所示，组成力偶的两个力 $\boldsymbol{F}$、$\boldsymbol{F}'$ 对空间任一点 O 的矩的矢量和为

$$\boldsymbol{M}_O(\boldsymbol{F})+\boldsymbol{M}_O(\boldsymbol{F}')=\boldsymbol{r}_A\times\boldsymbol{F}+\boldsymbol{r}_B\times\boldsymbol{F}'$$

式中，$\boldsymbol{r}_A$、$\boldsymbol{r}_B$ 分别为点 O 到 $\boldsymbol{F}$、$\boldsymbol{F}'$ 作用点 A、B 的矢径。因为 $\boldsymbol{F}=-\boldsymbol{F}'$，所以

$$\boldsymbol{M}_O(\boldsymbol{F})+\boldsymbol{M}_O(\boldsymbol{F}')=\boldsymbol{r}_A\times\boldsymbol{F}-\boldsymbol{r}_B\times\boldsymbol{F}=(\boldsymbol{r}_A-\boldsymbol{r}_B)\times\boldsymbol{F}=\boldsymbol{r}_{BA}\times\boldsymbol{F}$$

由式(1-18)可知

$$\boldsymbol{M}_O(\boldsymbol{F})+\boldsymbol{M}_O(\boldsymbol{F}')=\boldsymbol{M}(\boldsymbol{F},\boldsymbol{F}')=\boldsymbol{r}_{BA}\times\boldsymbol{F}$$

即力偶中的两个力对空间任一点的矩的矢量和等于力偶矩矢。

(4) 作用在同一平面内的两个力偶，若其力偶矩相等，则两力偶彼此等效，即两力偶对刚体的作用效应相同。

如图 2-8 所示，设在同平面内有两个力偶$(\boldsymbol{F},\boldsymbol{F}')$和$(\boldsymbol{F}_1,\boldsymbol{F}_1')$的力偶矩相等，两力偶中力的作用线交于点 A 和点 B。将 $\boldsymbol{F}$、$\boldsymbol{F}'$ 分别沿它们的作用线移到点 A 和点 B，再将这两个力分别沿 AB 连线和力偶$(\boldsymbol{F}_1,\boldsymbol{F}_1')$中的两个力的作用线方向进行分解，得到 $\boldsymbol{F}_0$、$\boldsymbol{F}_0'$、$\boldsymbol{F}_2$、$\boldsymbol{F}_2'$ 四个力。由于 $\boldsymbol{F}_0$ 与 $\boldsymbol{F}_0'$ 等值、反向、共线，是一对平衡力，可以去掉。剩下的两个力 $\boldsymbol{F}_2$、$\boldsymbol{F}_2'$ 等值、反向、相互平行，组成一新力偶$(\boldsymbol{F}_2,\boldsymbol{F}_2')$，并与原力偶$(\boldsymbol{F},\boldsymbol{F}')$等效。连接 BC 和 BD，两个力偶的力偶矩分别为

$$M(\boldsymbol{F},\boldsymbol{F}')=2S_{\triangle ABD}$$

$$M(\boldsymbol{F}_2,\boldsymbol{F}_2')=2S_{\triangle ABC}$$

因为 CD 平行于 AB，$S_{\triangle ABD}=S_{\triangle ABC}$，所以有

$$M(\boldsymbol{F},\boldsymbol{F}')=M(\boldsymbol{F}_2,\boldsymbol{F}_2')$$

又因为

$$M(\boldsymbol{F},\boldsymbol{F}')=M(\boldsymbol{F}_1,\boldsymbol{F}_1')$$

所以有

$$M(\boldsymbol{F}_1,\boldsymbol{F}_1')=M(\boldsymbol{F}_2,\boldsymbol{F}_2')$$

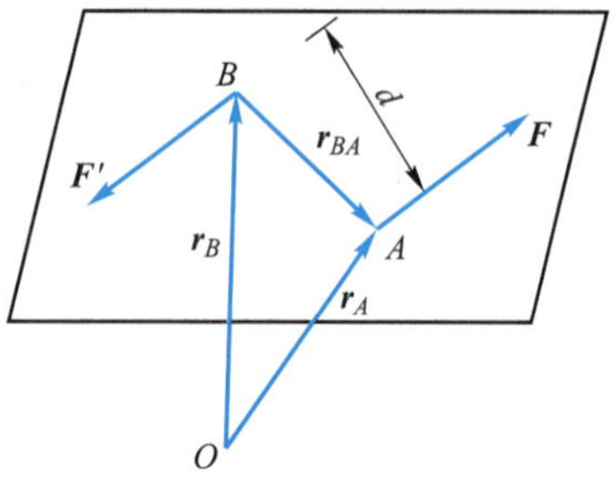

图 2-7

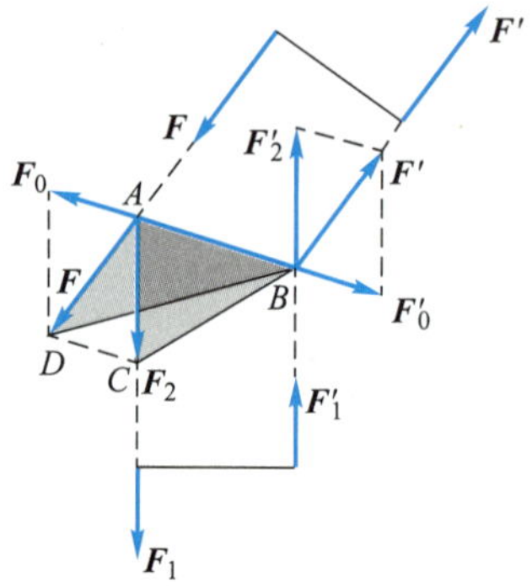

图 2-8

由图 2-8 可见，力偶$(\boldsymbol{F}_1,\boldsymbol{F}_1')$和$(\boldsymbol{F}_2,\boldsymbol{F}_2')$有相等的力偶臂和相同的转向，于是有

$$\boldsymbol{F}_1=\boldsymbol{F}_2,\quad \boldsymbol{F}_1'=\boldsymbol{F}_2'$$

可见力偶$(\boldsymbol{F}_1,\boldsymbol{F}_1')$和$(\boldsymbol{F}_2,\boldsymbol{F}_2')$完全等效。所以，力偶$(\boldsymbol{F},\boldsymbol{F}')$和$(\boldsymbol{F}_1,\boldsymbol{F}_1')$等效。

由这一性质可得出以下推论：

① 力偶可以在它的作用面内任意移动，而不改变它对刚体的作用效果。

② 只要保持力偶矩的大小和力偶的转向不变，可以同时改变力偶中力的大小和力偶臂的长短，而不改变力偶对刚体的作用效应。

(5) 只要保持力偶矩矢不变，空间力偶可从一个平面等效移至刚体内与此平面平行的另一平面内，而不改变其对刚体的作用效应。

如图 2-9 所示，设有力偶$(\boldsymbol{F},\boldsymbol{F}')$作用于刚体的平面Ⅰ内，其力偶臂为 AB，作与平面Ⅰ平行的任一平面Ⅱ，并在该平面内取线段 A_1B_1，使其与 AB 平行且相等。在 A_1、B_1 两点各加一对平衡力 $\boldsymbol{F}_1$、$\boldsymbol{F}_2'$和 $\boldsymbol{F}_1'$、$\boldsymbol{F}_2$，令各力与原力偶中的两个力平行且大小相等。由加减平衡力系原理可知，这六个力组成的力系与原力偶$(\boldsymbol{F}$、$\boldsymbol{F}')$等效。连接 A、A_1 及 B、B_1 得平行四边形 ABB_1A_1，平行四边形对角线的交点为 O。将 $\boldsymbol{F}$、$\boldsymbol{F}_2$ 合成得一合力 $\boldsymbol{F}_{\mathrm{R}}$，且 $F_{\mathrm{R}}=2F$，其作用线通过点 O；同样，将 $\boldsymbol{F}'$、$\boldsymbol{F}_2'$合成得一合力 $\boldsymbol{F}_{\mathrm{R}}'$，且 $F_{\mathrm{R}}'=2F'$，其作用线也通过点 O。可知 $\boldsymbol{F}_{\mathrm{R}}$ 和 $\boldsymbol{F}_{\mathrm{R}}'$是作用在点 O 的一对平衡力，可去掉。此时，只剩下的作用于 A_1、B_1 两点的力 $\boldsymbol{F}_1$、$\boldsymbol{F}_1'$，两力构成一新力偶$(\boldsymbol{F}_1,\boldsymbol{F}_1')$，

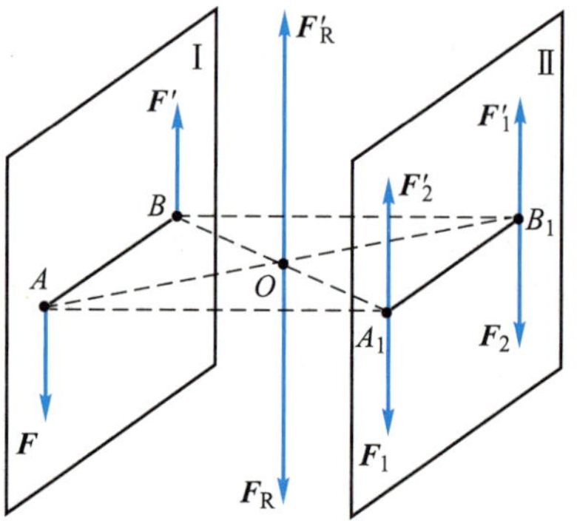

图 2-9

显然它与原力偶($\boldsymbol{F},\boldsymbol{F}'$)等效，并从平面Ⅰ移至与之平行的任一平面Ⅱ内。

综上所述，力偶的等效条件可叙述为：两个力偶的力偶矩矢相等，则它们等效。

2. 力偶系的合成与平衡

设在同一平面内有两个力偶($\boldsymbol{F}_1,\boldsymbol{F}_1'$)和($\boldsymbol{F}_2,\boldsymbol{F}_2'$)，力偶臂分别为 d_1 和 d_2，如图 2-10a 所示，它们的力偶矩分别为 $M_1=F_1d_1$ 和 $M_2=-F_2d_2$，现讨论它们的合成结果。

在保持力偶矩不变的条件下，将这两个力偶在平面内移转，使力的作用线重合，同时改变这两个力偶的力的大小和力偶臂的长短，使它们具有相同的力偶臂 d，如图 2-10b 所示，得到的新力偶($\boldsymbol{F}_3,\boldsymbol{F}_3'$)和($\boldsymbol{F}_4,\boldsymbol{F}_4'$)与原力偶等效。$\boldsymbol{F}_3$ 和 $\boldsymbol{F}_4$ 的大小为

$$F_3=\frac{M_1}{d},\quad F_4=-\frac{M_2}{d}$$

将图 2-10b 中作用在点 A 的两个力合成得到力 $\boldsymbol{F}$，作用在点 B 的两个力合成得到力 $\boldsymbol{F}'$。力 $\boldsymbol{F}$ 和 $\boldsymbol{F}'$的大小为

$$F=F_3-F_4,\quad F'=F_3'-F_4'$$

显然有 $F=F'$，力 $\boldsymbol{F}$ 和 $\boldsymbol{F}'$相互平行，组成了与原力偶系等效的合力偶($\boldsymbol{F},\boldsymbol{F}'$)，如图 2-10c 所示。用 M 表示合力偶矩，得

$$M=Fd=(F_3-F_4)d=F_3d-F_4d=M_1+M_2$$

若物体的同一平面内作用有 n 个力偶，可以按照上述方法进行合成，则有

$$M=M_1+M_2+\cdots+M_n=\sum_{i=1}^{n}M_i \tag{2-8}$$

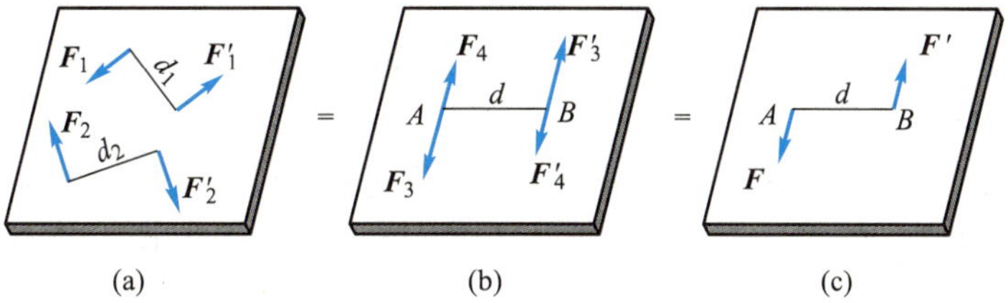

图 2-10

由此可知，同一平面内的任意 n 个力偶可合成一个合力偶，合力偶矩等于各力偶矩的代数和。

由合成的结果可知，力偶系平衡时，其合力偶矩等于零。因此，平面力偶系平衡的充分必要条件是：所有力偶矩的代数和等于零，即

$$\sum_{i=1}^{n}M_i=0 \tag{2-9}$$

例 2-4　如图 2-11 所示，梁长度为 l，梁上作用一力偶 M。B 处为固定铰支座，A 处通过圆柱铰链与杆 AD 相连，杆 AD 为二力杆，梁自重不计，试确定 A、B 处的约束力。

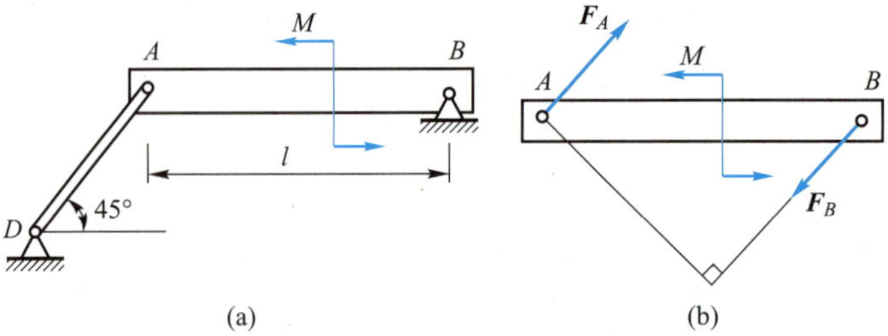

图 2-11

解 取梁 AB 为研究对象，画受力图，如图 2-11b 所示。因杆 AD 为二力杆，故其作用于梁 AB 上的力的作用线沿 AD 连线。由于力偶只能跟力偶平衡，所以 B 处约束力的作用线应与 A 处约束力的作用线平行，且与 A 处约束力构成力偶与力偶 M 平衡。由平面力偶系的平衡方程得

$$\sum_{i=1}^{n} M_i = 0, \quad M - F_A l \cos 45^\circ = 0$$

解得 $F_A = F_B = \dfrac{\sqrt{2}M}{l}$。

2.3 平面一般力系的简化与平衡

1. 力的平移定理(theorem of translation of a force)

作用在刚体上的力，其作用点可沿其作用线移动，而不改变该力对刚体的作用效应。如果将力平移到该力作用线以外的任一点，该力对刚体的作用效应则将发生改变。

定理：作用于刚体上的力，可以平移到刚体上任一点，但同时必须附加一个力偶，附加力偶的力偶矩等于原力对新作用点的矩。

证明： 图 2-12 中，设力 $\boldsymbol{F}$ 作用于刚体的点 B，现把力 $\boldsymbol{F}$ 平移到其作用线以外的任一点 A，条件是不改变力 $\boldsymbol{F}$ 对刚体的作用效应。在点 A 施加一对平衡力 $\boldsymbol{F}'$ 和 $\boldsymbol{F}''$，且 $\boldsymbol{F}=\boldsymbol{F}'=-\boldsymbol{F}''$。显然，$\boldsymbol{F}$、$\boldsymbol{F}'$、$\boldsymbol{F}''$三个力组成的新力系与原力系等效，而 $\boldsymbol{F}$、$\boldsymbol{F}''$恰好形成一个力偶，即这三个力可看作是一个作用在点 A 的力 $\boldsymbol{F}'$和一个力偶($\boldsymbol{F}$,$\boldsymbol{F}''$)。这样就把作用在点 B 上的力 $\boldsymbol{F}$ 平移到点 A，同时附加一个力偶，附加力偶的力偶矩为

$$M = Fd$$

式中，d 为点 A 到力 $\boldsymbol{F}$ 作用线的垂直距离，该力偶矩也等于力 $\boldsymbol{F}$ 对点 A 的矩，即 $M=M_A(\boldsymbol{F})$。

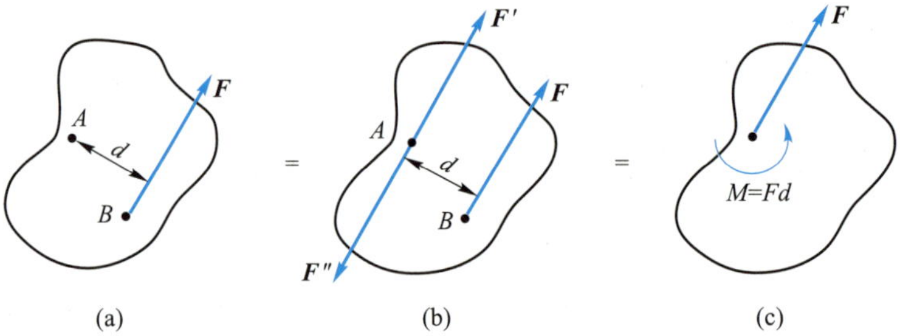

图 2-12

力的平移定理表明，平面内一点的力可以与平面内另一点的力和一个力偶等效替换。反过来，平面内一点的力和一个力偶也可以与平面内另一点的力等效替换。

2. 平面一般力系的简化

下面应用力的平移定理来研究平面一般力系的简化问题。

如图 2-13 所示，设刚体上作用由 n 个力组成的平面一般力系 $\boldsymbol{F}_1,\boldsymbol{F}_2,\cdots,\boldsymbol{F}_n$，在力系的作用面内任取一点 O，该点称为简化中心。根据力的平移定理，将力系中的每个力平移到点 O，就可以得到一个作用线都通过点 O 的平面汇交力系 $\boldsymbol{F}'_1,\boldsymbol{F}'_2,\cdots,\boldsymbol{F}'_n$ 和附加力偶组成的一个平面力偶系 $M_1,M_2,\cdots,M_n$。这样，平面一般力系就等效为平面汇交力系和平面力偶系两个基本力系。然后，再分别合成这两个力系。

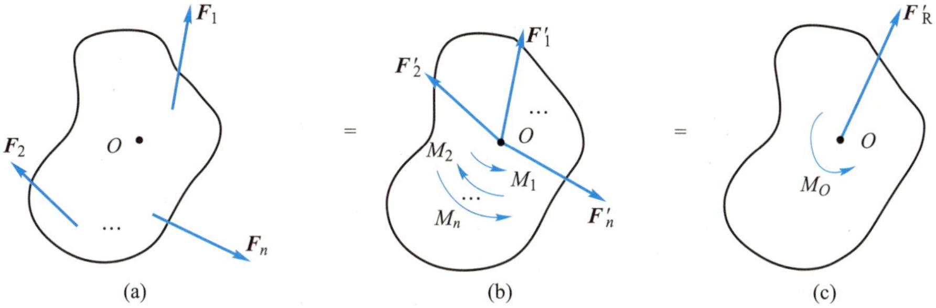

图 2-13

平面汇交力系 $\boldsymbol{F}'_1,\boldsymbol{F}'_2,\cdots,\boldsymbol{F}'_n$ 可以合成一个通过简化中心点 O 的合力，即

$$\boldsymbol{F}'_{\mathrm{R}}=\boldsymbol{F}'_1+\boldsymbol{F}'_2+\cdots+\boldsymbol{F}'_n=\boldsymbol{F}_1+\boldsymbol{F}_2+\cdots+\boldsymbol{F}_n=\sum_{i=1}^{n}\boldsymbol{F}_i \tag{2-10}$$

平面力偶系 $M_1,M_2,\cdots,M_n$ 可以合成一个合力偶，即

$$M_O=M_1+M_2+\cdots+M_n=\sum_{i=1}^{n}M_O(\boldsymbol{F}_i) \tag{2-11}$$

即**矢量 $\boldsymbol{F}'_{\mathrm{R}}$ 等于平面一般力系中所有力的矢量和，称为该力系的主矢**(principal vector)；**M_O 等于平面一般力系中所有力对点 O 的矩的代数和，称为该力系的主矩**(principal moment)。

这里应注意，力系的主矢不是一个力，只是一个矢量，没有作用点，也没有作用效应，而且与简化中心的选择无关。由式(2-11)可知选择不同的简化中心会有不同的主矩，如果主矩是力偶应当对任意点的矩都相同。主矩不是一个力偶，它只是一个单纯的代数量，没有作用效应。

类似于平面汇交力系，主矢 $\boldsymbol{F}'_{\mathrm{R}}$ 的解析表达式为

$$\boldsymbol{F}'_{\mathrm{R}}=\boldsymbol{F}'_{\mathrm{R}x}+\boldsymbol{F}'_{\mathrm{R}y}=\left(\sum_{i=1}^{n}F_{ix}\right)\boldsymbol{i}+\left(\sum_{i=1}^{n}F_{iy}\right)\boldsymbol{j} \tag{2-12}$$

主矢的大小和方向余弦为

$$F'_{\mathrm{R}}=\sqrt{\left(\sum_{i=1}^{n}F_{ix}\right)^2+\left(\sum_{i=1}^{n}F_{iy}\right)^2} \tag{2-13}$$

$$\cos(\boldsymbol{F}'_R,\boldsymbol{i})=\frac{\sum_{i=1}^{n}F_{ix}}{F'_R},\quad \cos(\boldsymbol{F}'_R,\boldsymbol{j})=\frac{\sum_{i=1}^{n}F_{iy}}{F'_R} \tag{2-14}$$

力系对简化中心 O 的主矩的解析表达式为

$$M_O=\sum_{i=1}^{n}M_O(\boldsymbol{F}_i)=\sum_{i=1}^{n}(x_iF_{iy}-y_iF_{ix}) \tag{2-15}$$

力系向一点简化的方法是适用于任何复杂力系简化的普遍方法，力系的简化并不随刚体的具体运动状态而变化，对静力学和动力学都是有效的。现利用平面一般力系的简化方法来分析固定端约束的约束力。

物体的一端固嵌于另一物体上所构成的约束称为固定端约束（或插入端支座）。如图 2-14 所示，车床上的工件和车刀被卡盘、刀架夹持，建筑物的阳台楼板一端插入墙内固定，以及输电线的电杆、焊接在立柱上的托架等所受的约束都是固定端约束。

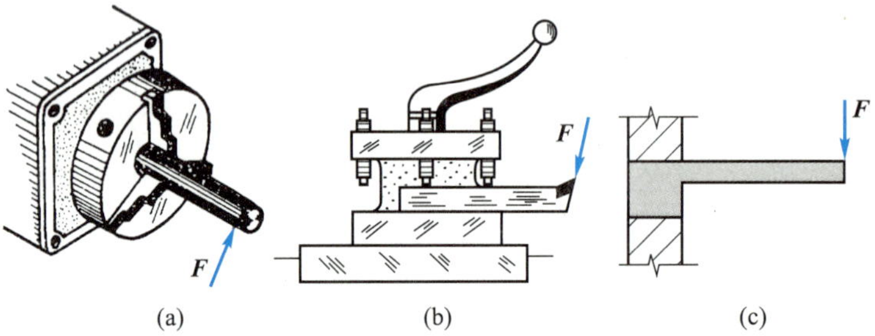

图 2-14

固定端约束与物体的接触面间的约束力是任意分布的一组力，在平面问题中，当主动力为一平面力系时，这组力为一平面一般力系，如图 2-15a 所示。将该力系向点 A 简化，可得到一个力 $\boldsymbol{F}_A$ 和一个力偶 M_A，如图 2-15b 所示。一般情况下，$\boldsymbol{F}_A$ 的大小和方向未知，可用两个正交的分力 $\boldsymbol{F}_{Ax}$ 和 $\boldsymbol{F}_{Ay}$ 表示。因此，在平面力系的情况下，固定端 A 处的约束力可简化为两个约束力 $\boldsymbol{F}_{Ax}$、$\boldsymbol{F}_{Ay}$ 和一个力偶 M_A，如图 2-15c 所示。固定端约束力向点 A 简化的结果表明，它不仅限制了物体的移动，还限制了物体的转动。

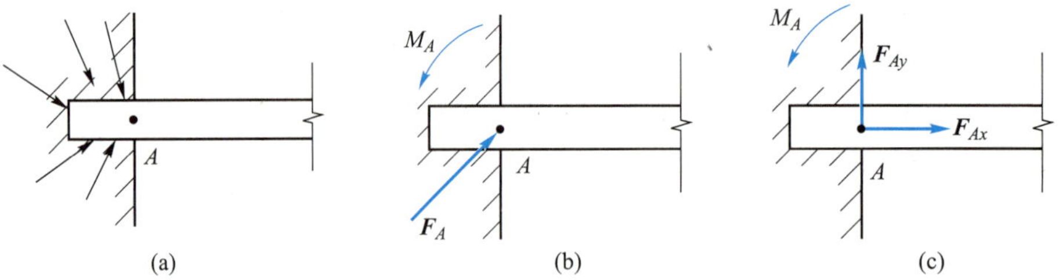

图 2-15

3. 平面一般力系的简化结果分析

平面一般力系向平面内一点简化的结果可能出现以下四种情况。

(1) 主矢不等于零，主矩也不等于零，即 $\boldsymbol{F}'_{\mathrm{R}}\neq\boldsymbol{0}$，$M_O\neq 0$。

如图 2-16a 所示，现将主矩 M_O 的力偶用两个力 $\boldsymbol{F}_{\mathrm{R}}$ 和 $\boldsymbol{F}''_{\mathrm{R}}$表示，令 $\boldsymbol{F}'_{\mathrm{R}}=\boldsymbol{F}_{\mathrm{R}}=-\boldsymbol{F}''_{\mathrm{R}}$（图 2-16b），$\boldsymbol{F}'_{\mathrm{R}}$和 $\boldsymbol{F}''_{\mathrm{R}}$为一对平衡力，可去掉，简化结果进一步合成一合力 $\boldsymbol{F}_{\mathrm{R}}$（图 2-16c），其大小和方向与 $\boldsymbol{F}'_{\mathrm{R}}$相同。合力的作用线并不通过简化中心，而与简化中心之间的距离 d 为

$$d=\frac{M_O}{|\boldsymbol{F}_{\mathrm{R}}|} \tag{2-16}$$

图 2-16c 中合力 $\boldsymbol{F}_{\mathrm{R}}$ 对点 O 的矩为

$$M_O(\boldsymbol{F}_{\mathrm{R}})=F_{\mathrm{R}}d=M_O$$

由式(2-15)知 $M_O=\sum_{i=1}^{n}M_O(\boldsymbol{F}_i)$，所以有

$$M_O(\boldsymbol{F}_{\mathrm{R}})=\sum_{i=1}^{n}M_O(\boldsymbol{F}_i) \tag{2-17}$$

式(2-17)表明，**平面一般力系如果可以合成一个合力，该合力对作用面内任一点的矩等于力系中各力对同一点的矩的代数和，这就是平面一般力系的合力矩定理。**

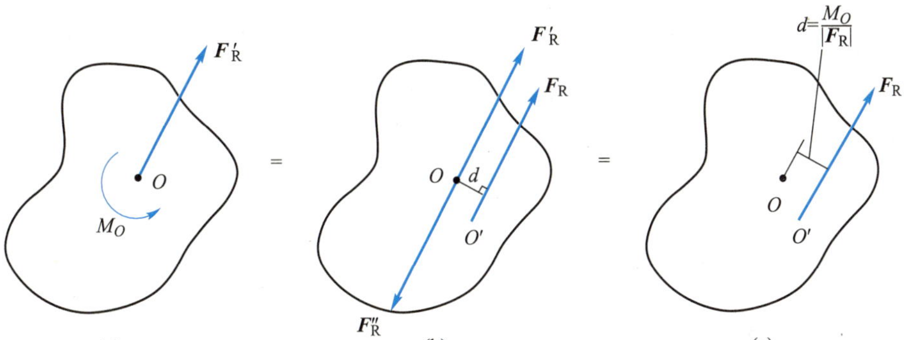

图 2-16

(2) 主矢不等于零，主矩等于零，即 $\boldsymbol{F}'_{\mathrm{R}}\neq\boldsymbol{0}$，$M_O=0$。

主矢不等于零，主矩等于零，说明附加力偶系 $M_1,M_2,\cdots,M_n$ 为平衡力系，只有一个力 $\boldsymbol{F}'_{\mathrm{R}}$与原力系等效，即 $\boldsymbol{F}'_{\mathrm{R}}$为原力系的合力，该合力的作用线恰好通过简化中心，其大小和方向由主矢 $\boldsymbol{F}'_{\mathrm{R}}$决定。

(3) 主矢等于零，主矩不等于零，即 $\boldsymbol{F}'_{\mathrm{R}}=\boldsymbol{0}$，$M_O\neq 0$。

主矢等于零，主矩不等于零，说明作用于简化中心的汇交力系 $\boldsymbol{F}'_1,\boldsymbol{F}'_2,\cdots,\boldsymbol{F}'_n$为平衡力系。但附加的力偶系 $M_1,M_2,\cdots,M_n$ 并不平衡，可以合成一个合力偶，与原力系等效，即原力系可以合成一合力偶，合力偶矩等于原平面一般力系的主矩，即为 $M_O=\sum_{i=1}^{n}M_O(\boldsymbol{F}_i)$。当平面一般力系合成一个力偶时，因为力偶对平面内任一点的矩都等于力偶矩，所以主矩与简化中心无关，无论力系向哪一点简化，力系的简化结果都是力偶矩相同的一个力偶。

(4) 主矢和主矩都等于零，即 $\boldsymbol{F}'_{\mathrm{R}}=\boldsymbol{0}$，$M_O=0$。

主矢和主矩都等于零，则原力系平衡，这种情况将在下一节详细讨论。

例 2-5 如图 2-17 所示，重力坝上作用一平面一般力系，设 $P_1=450\text{ kN}$，$P_2=200\text{ kN}$，$F_1=300\text{ kN}$，$F_2=70\text{ kN}$。试求该力系向点 O 简化的主矢和主矩。

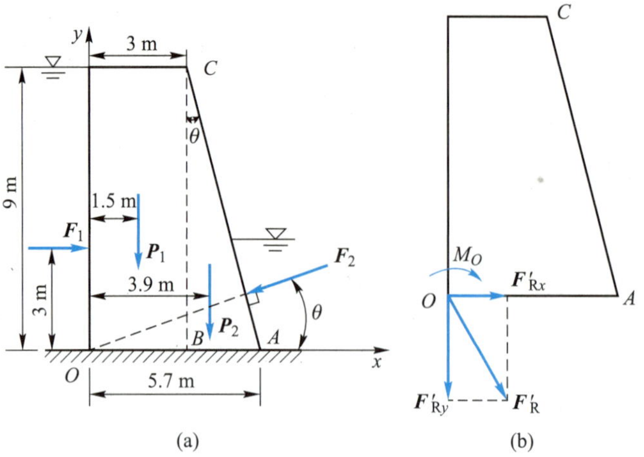

图 2-17

解 根据式(2-13)和式(2-14)，先求该力系的主矢大小和方向余弦。图中

$$\theta=\angle ACB=\arctan\frac{AB}{CB}=16.7^\circ$$

主矢在 x、y 轴上的投影为

$$F'_{Rx}=\sum_{i=1}^{n}F_{ix}=F_1-F_2\cos\theta=233.0\text{ kN}$$

$$F'_{Ry}=\sum_{i=1}^{n}F_{iy}=-P_1-P_2-F_2\sin\theta=-670.1\text{ kN}$$

主矢的大小

$$F'_R=\sqrt{F'^2_{Rx}+F'^2_{Ry}}=709.5\text{ kN}$$

主矢的方向余弦

$$\cos(\boldsymbol{F}'_R,\boldsymbol{i})=\frac{F'_{Rx}}{F'_R}=0.328\ 4,\quad \cos(\boldsymbol{F}'_R,\boldsymbol{j})=\frac{F'_{Ry}}{F'_R}=-0.944\ 5$$

所以有

$$\angle(\boldsymbol{F}'_R,\boldsymbol{i})=-70.83^\circ,\quad \angle(\boldsymbol{F}'_R,\boldsymbol{j})=-160.83^\circ$$

根据式(2-15)计算力系的主矩

$$M_O=\sum_{i=1}^{n}M_O(\boldsymbol{F}_i)=-3\text{ m}\cdot F_1-1.5\text{ m}\cdot P_1-3.9\text{ m}\cdot P_2=-2\ 355\text{ kN}\cdot\text{m}$$

向点 O 简化得主矢和主矩，两者都不为零，该力系还可以进一步简化得一合力，该合力距点 O 的距离 d 根据式(2-16)得

$$d=\frac{M_O}{|\boldsymbol{F}'_R|}=\frac{2\ 355\text{ kN}\cdot\text{m}}{709.5\text{ kN}}=3.32\text{ m}$$

4. 平面一般力系的平衡条件和平衡方程

现在讨论 $\boldsymbol{F}'_R=\boldsymbol{0}$，$M_O=0$，即主矢和主矩都等于零的情况。

平面一般力系向平面内一点简化得到主矢和主矩都等于零时，表明作用于简化中心点 O 的汇交力系为一平衡力系，附加力偶系也是平衡力系，因此平面一般力系必为平衡力系。$\boldsymbol{F}'_R=\mathbf{0}$，$M_O=0$ 是平面一般力系平衡的充分条件。

主矢 $\boldsymbol{F}'_R$和主矩 M_O 中有一个不为零，那么力系的简化结果是合力或合力偶；主矢 $\boldsymbol{F}'_R$和主矩 M_O 都不为零，那么力系可进一步简化为一合力。上述情况下力系都不能平衡，只有当主矢$\boldsymbol{F}'_R$和主矩 M_O 都为零时，力系才能平衡。$\boldsymbol{F}'_R=0$，$M_O=0$ 是平面一般力系平衡的必要条件。

于是得出，平面一般力系平衡的充分必要条件是力系的主矢和对平面内任一点的主矩恒等于零，即

$$\left.\begin{aligned}\boldsymbol{F}'_R&=\mathbf{0}\\ M_O&=0\end{aligned}\right\} \tag{2-18}$$

这些平衡条件可用解析式表示，将式(2-11)和式(2-12)代入式(2-18)，可得

$$\left.\begin{aligned}\sum_{i=1}^{n}F_{ix}&=0\\ \sum_{i=1}^{n}F_{iy}&=0\\ \sum_{i=1}^{n}M_O(\boldsymbol{F}_i)&=0\end{aligned}\right\} \tag{2-19}$$

式(2-19)即为平面一般力系的平衡方程。由此得出，平面一般力系平衡的充分必要条件是：力系中各力在任选的平面直角坐标系的两个坐标轴上投影的代数和等于零，各力对任一点的矩的代数和也等于零。三个平衡方程相互独立，可求解三个未知量。

应该指出，坐标轴和矩心是可以任意选取的。但选取适当的坐标轴和矩心可以减少平衡方程中未知量的个数。因而，矩心尽量选在未知力的交点上，而坐标轴尽量与多数未知力垂直。

平面一般力系的平衡方程还有其他两种形式，它们和平衡方程式(2-19)是等价的，现讨论如下。

二矩式平衡方程：三个平衡方程中有两个力矩方程和一个投影方程，即

$$\left.\begin{aligned}\sum_{i=1}^{n}F_{ix}&=0\\ \sum_{i=1}^{n}M_A(\boldsymbol{F}_i)&=0\\ \sum_{i=1}^{n}M_B(\boldsymbol{F}_i)&=0\end{aligned}\right\} \tag{2-20}$$

式中，A、B 是平面内任意两点，且 A、B 两点的连线不能垂直于 x 轴。

平衡方程式(2-20)也满足平面一般力系平衡的充分必要条件。这是因为，由平面一般力系的简化结果可知，若力系满足 $\sum_{i=1}^{n}M_A(\boldsymbol{F}_i)=0$，则力系的简化结果不可能是一个力偶，但可能是一个通过点 A 的合力或为平衡力系；如果力系又满足 $\sum_{i=1}^{n}M_B(\boldsymbol{F}_i)=0$，那么力系的合成结果是

通过 A、B 两点连线的一个合力或为平衡力系；但当力系同时又满足 $\sum_{i=1}^{n}F_{ix}=0$，且 A、B 两点的连线不能垂直于 x 轴这样一个附加条件时，就排除了力系简化为一个合力的可能。这就表明，只要满足式(2-20)的三个方程且 A、B 两点的连线不垂直于 x 轴，则力系必为平衡力系。

三矩式平衡方程：三个平衡方程均为力矩方程，即

$$\left.\begin{aligned}\sum_{i=1}^{n}M_A(\boldsymbol{F}_i)=0\\\sum_{i=1}^{n}M_B(\boldsymbol{F}_i)=0\\\sum_{i=1}^{n}M_C(\boldsymbol{F}_i)=0\end{aligned}\right\}\tag{2-21}$$

式中，A、B、C 三点不能共线，这一附加条件读者可自行证明。

上述三组平衡方程式(2-19)、式(2-20)、式(2-21)都可以解决平面一般力系的平衡问题。但在解决平面问题时可根据具体条件选取平衡方程的某一种形式。灵活选用不同形式的平衡方程，有助于简化静力学的求解计算过程。但应注意，对于平面一般力系，只能建立三个独立的平衡方程，求解三个未知量。任何其他方程都是前三个方程的线性组合，是不独立的，但可以利用这样的方程来校核计算结果。

例 2-6 如图 2-18a 所示，外伸梁的尺寸为 $l_1=1.5$ m，$l_2=2.5$ m，所受载荷为 $F_1=2$ kN，$F_2=1.5$ kN，$M=1.2$ kN·m。试求支座 A 及支座 B 的约束力。

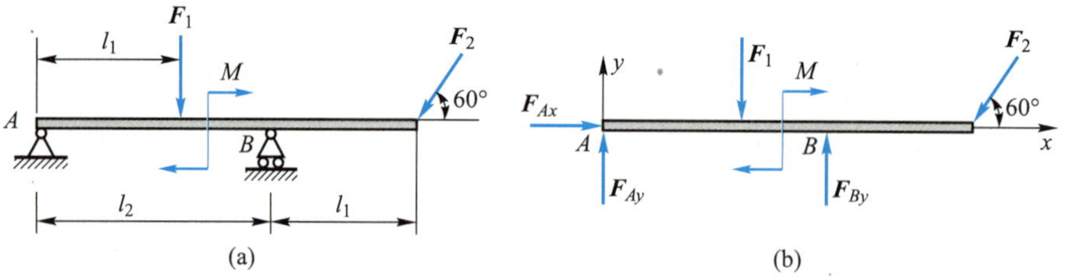

图 2-18

解 取外伸梁为研究对象，其受力分析如图 2-18b 所示。A 处为固定铰支座约束，设约束力为两个正交分力 $\boldsymbol{F}_{Ax}$，$\boldsymbol{F}_{Ay}$，B 处为可动铰支座，约束力 $\boldsymbol{F}_{By}$ 垂直于支承面竖直向上。主动力为集中力 $\boldsymbol{F}_1$、$\boldsymbol{F}_2$，主动力偶为 M。

取坐标系如图 2-18b 所示，则平面一般力系的平衡方程为

$$\sum_{i=1}^{n}F_{ix}=0,\quad F_{Ax}-F_2\cos 60^\circ=0$$

$$\sum_{i=1}^{n}F_{iy}=0,\quad F_{Ay}+F_{By}-F_1-F_2\sin 60^\circ=0$$

$$\sum_{i=1}^{n}M_A(\boldsymbol{F}_i)=0,\quad -F_1l_1-M+F_{By}l_2-F_2\sin 60^\circ\times(l_1+l_2)=0$$

联立方程解得

$$F_{Ax}=0.75\text{ kN},\quad F_{Ay}=-0.46\text{ kN},\quad F_B=3.76\text{ kN}$$

5. 平面平行力系的平衡方程

如图 2-19 所示，设刚体上作用有一平面平行力系 $\boldsymbol{F}_1,\boldsymbol{F}_2,\cdots,\boldsymbol{F}_n$，各力的作用点分别为 A_1，$A_2,\cdots,A_n$，将该力系向平面内任一点简化。取平面内一点 O 为简化中心，并以点 O 为原点建立直角坐标系，且令 y 轴与各力的作用线平行，则有 $\sum_{i=1}^{n} F_{ix}$ 恒为 0。所以，平面平行力系只有两个独立的平衡方程，即

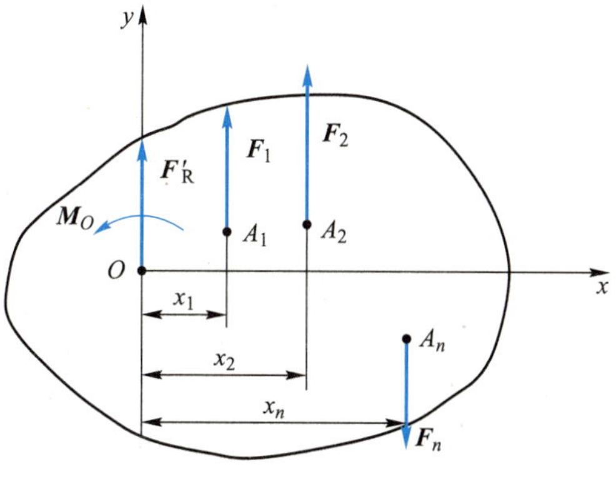

图 2-19

$$\left.\begin{aligned}\sum_{i=1}^{n} F_{iy}=0\\ \sum_{i=1}^{n} M_O(\boldsymbol{F}_i)=0\end{aligned}\right\} \tag{2-22}$$

平面平行力系的平衡方程也可表示为二矩式的形式，即

$$\left.\begin{aligned}\sum_{i=1}^{n} M_A(\boldsymbol{F}_i)=0\\ \sum_{i=1}^{n} M_B(\boldsymbol{F}_i)=0\end{aligned}\right\} \tag{2-23}$$

式中，A、B 两点的连线不得与各力的作用线平行。

例 2-7 如图 2-20 所示的水平梁 AB 受三角形分布载荷力系的作用，载荷的最大集度为 q，水平梁 AB 的长度为 l。求三角形分布载荷力系的合力及合力作用点的位置。

解 作用于物体表面的风载荷、流体压力等均为分布载荷。

如图 2-20 所示，沿水平梁 AB 的长度方向建立坐标轴 Ax，在距 A 端为 x 的微段 $\mathrm{d}x$ 上，载荷集度为 $q(x)=\dfrac{q}{l}x$，作用力的大小为 $q(x)\mathrm{d}x$。因此，分布载荷的合力大小为

$$F_\mathrm{R}=\int_0^l q(x)\mathrm{d}x \tag{2-24}$$

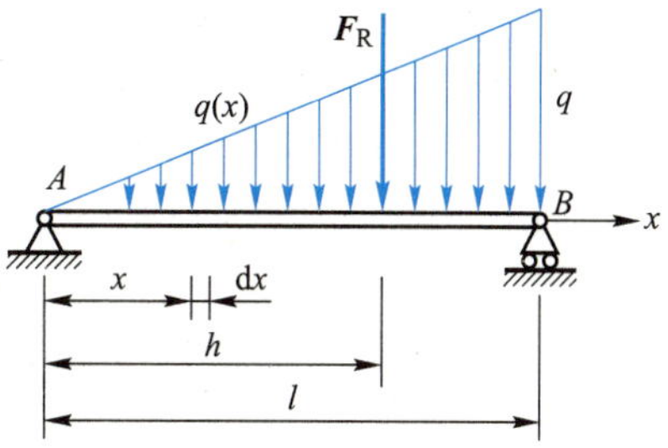

图 2-20

解得 $F_\mathrm{R}=\dfrac{1}{2}ql$。

设合力作用线的位置距 A 端的距离为 h，在微段 $\mathrm{d}x$ 上的作用力对点 A 的矩为 $q(x)\mathrm{d}x\cdot x$。全部载荷对点 A 的矩的代数和可用积分求出，由合力矩定理得

$$F_\mathrm{R}\cdot h=\int_0^l q(x)\mathrm{d}x\cdot x$$

所以有

$$h=\frac{\int_0^l q(x)\mathrm{d}x\cdot x}{\int_0^l q(x)\mathrm{d}x} \tag{2-25}$$

解得 $h=\frac{2}{3}l$。

这样，就将一个三角形分布载荷等效为一个作用在距离 A 端 $\frac{2}{3}l$ 处的集中力，其大小为 $\frac{1}{2}ql$。

考虑如图 2-21 所示的水平梁 AB 受均匀分布载荷作用，水平梁 AB 的长度为 l，载荷均匀分布，集度为 q，将载荷集度 q 代入式(2-24)和式(2-25)得

$$F_R=ql, \quad h=\frac{1}{2}l$$

这样，就将一个均匀分布载荷等效为一个作用在距离 A 端 $\frac{1}{2}l$ 处的集中力，其大小为 ql。

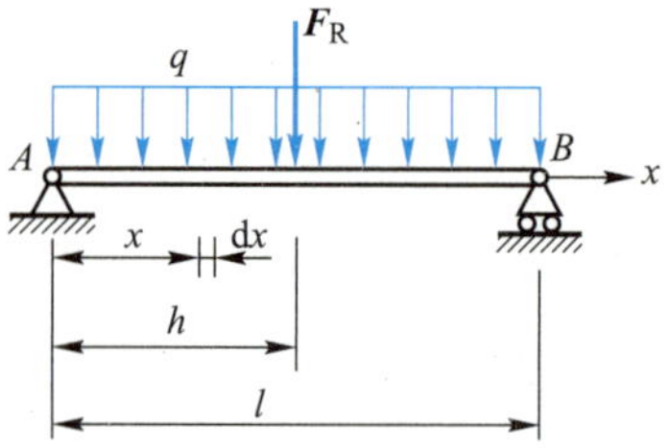

图 2-21

例 2-8 如图 2-22a 所示的水平均质梁，A 处支承在固定铰支座上，C 处支承在可动铰支座上。在梁的 D 端作用一铅直向下的集中力 $\boldsymbol{F}$，在梁的 AC 段作用有均布载荷 q，设 $F=2qa$，试求固定铰支座 A 处及可动铰支座 C 处的约束力。

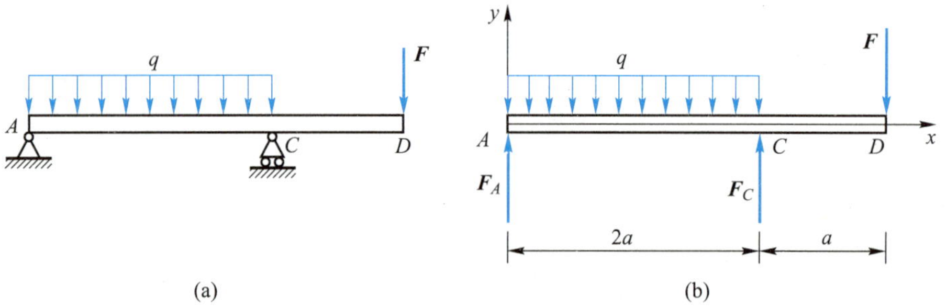

图 2-22

解 取梁 AD 为研究对象，其受力分析如图 2-22b 所示。建立坐标系 Axy，因为作用于梁上所有主动力均在 xy 平面内，且力的作用线均平行于 y 轴，所以固定铰支座 A 处及可动铰支座 C 处约束力的作用线也平行于 y 轴。对于该平面平行力系可列两个平衡方程式，即

$$\sum_{i=1}^{n} F_{iy}=0, \quad F_A+F_C-F-q\cdot 2a=0$$

$$\sum_{i=1}^{n} M_A(\boldsymbol{F}_i)=0, \quad F_C\cdot 2a-F\cdot 3a-q\cdot 2a\cdot a=0$$

联立方程解得 $F_A=0, F_C=4qa$。

由两个或两个以上的物体组成的系统称为**物体系统**(body system)，如组合钢架、三铰拱等结构。物体系统平衡时，组成该系统的每个物体或由若干个物体组成的局部也都平衡。一个由 n 个物体组成的物体系统处于平衡状态时，若每个物体受平面一般力系作用，则共有 $3n$ 个独立平衡方程。**若系统中未知力的数目等于或小于独立平衡方程的数目，所有未知力都能由平衡方程求出，则该系统为静定系统。若系统中未知力的数目多于独立平衡方程的数目，未知力不能全部由平衡方程求出，则该系统为超静定系统。**

工程实际中，为了使结构具有更高的强度、刚度和稳定性，多采用超静定结构。例如，图 2-23a 所示的悬臂梁，未知的约束力有三个，而其受平面一般力系作用，有三个独立平衡方程，因此该梁是静定梁。在梁的自由端增加一个可动铰支座，如图 2-23b 所示，原来静定的悬臂梁就变成了超静定梁，但比起原来的梁更安全可靠。

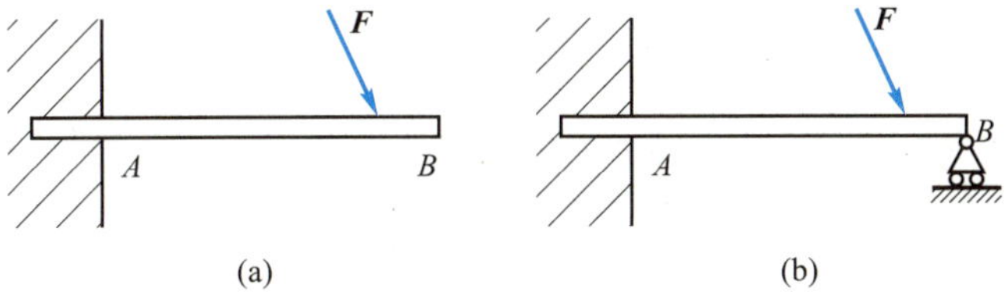

图 2-23

在研究物体系统的平衡问题时，可选取整个系统为研究对象，建立平衡方程，这样的方程不包含内力，未知量较少，解出部分未知力，再取系统中某些物体或某一物体为研究对象，列平衡方程，进而解出全部未知力。也可选每个物体为研究对象，列出全部平衡方程，然后求解。

例 2-9 组合梁的 C 处为固定端约束，B 处为光滑铰链约束，A 处为可动铰支座，尺寸如图 2-24a 所示。已知均布载荷集度 $q=15\ \mathrm{kN/m}$，集中力偶的力偶矩 $M=20\ \mathrm{kN\cdot m}$。试计算 A、C 处约束力及作用于销轴 B 上的力。

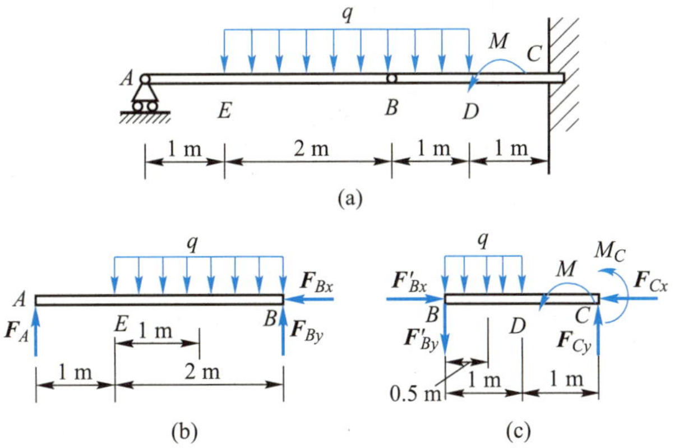

图 2-24

解 (1) 首先取梁 AB 为研究对象。梁 AB 受平面一般力系作用，包括均布载荷，可动铰支座的约束力 $\boldsymbol{F}_A$ 和销轴 B 处的两个正交分力 $\boldsymbol{F}_{Bx}$、$\boldsymbol{F}_{By}$，其受力分析如图 2-24b 所示。列平衡方程，即

$$\sum_{i=1}^{n} F_{ix}=0,\quad F_{Bx}=0$$

$$\sum_{i=1}^{n} F_{iy}=0,\quad F_A+F_{By}-q\cdot 2\ \mathrm{m}=0$$

$$\sum_{i=1}^{n} M_B(\boldsymbol{F}_i)=0,\quad q\cdot 2\ \mathrm{m}\cdot 1\ \mathrm{m}-F_A\cdot 3\ \mathrm{m}=0$$

解得 $F_A=10\ \mathrm{kN}$，$F_{Bx}=0$，$F_{By}=20\ \mathrm{kN}$。

(2) 取梁 BC 为研究对象，其受力分析如图 2-24c 所示。B 处所受的力与 $\boldsymbol{F}_{Bx}$、$\boldsymbol{F}_{By}$ 互为作用力和反作用力，C 处为固定端约束，包括两个正交的分力和一个力偶，主动力为均布载荷。列平衡方程，即

$$\sum_{i=1}^{n} F_{ix} = 0, \quad F'_{Bx} - F_{Cx} = 0$$

$$\sum_{i=1}^{n} F_{iy} = 0, \quad F_{Cy} - F'_{By} - q \cdot 1\ \text{m} = 0$$

$$\sum_{i=1}^{n} M_C(\boldsymbol{F}_i) = 0, \quad M_C + F'_{By} \cdot 2\ \text{m} + M + q \cdot 1\ \text{m} \cdot 1.5\ \text{m} = 0$$

解得 $M_C = -82.5\ \text{kN}\cdot\text{m}$，$F_{Cx}=0$，$F_{Cy}=35\ \text{kN}$。

此题也可先取梁 AB 为研究对象，列 3 个平衡方程，求出 A 处的约束力及作用于销轴 B 上的力；再取整体为研究对象，列 3 个平衡方程，求出 C 处约束力，请读者自解，并做比较。

例 2-10 由直杆 BC、CD 及直角弯杆 AB 组成的构件如图 2-25a 所示，各杆自重不计，载荷分布和尺寸如图所示。销 B 穿透 AB 及 BC 两构件，在销 B 上作用一集中载荷 $\boldsymbol{F}$。已知 q、a、M，且 $M=qa^2$。求固定端 A 的约束力及销 B 对杆 BC、杆 AB 的作用力。

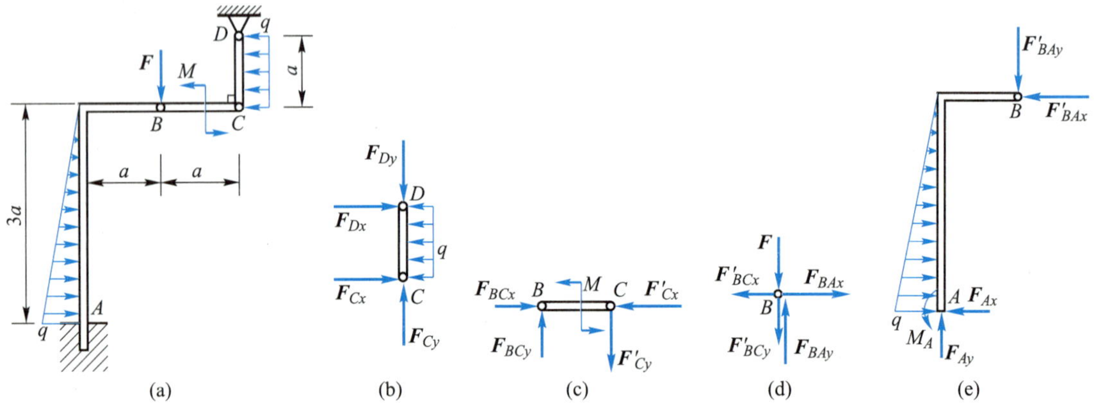

图 2-25

解 (1) 取杆 CD 为研究对象，受力分析如图 2-25b 所示。杆 CD 受平面一般力系作用，可列三个平衡方程，但有四个未知量，由对点 D 的取矩方程可求出 $\boldsymbol{F}_{Cx}$ 的大小，即

$$\sum_{i=1}^{n} M_D(\boldsymbol{F}_i) = 0, \quad F_{Cx} \cdot a - qa \cdot \frac{a}{2} = 0$$

解得 $F_{Cx} = \frac{1}{2}qa(\rightarrow)$。

(2) 取杆 BC（不含销 B）为研究对象，受力分析如图 2-25c 所示。杆 BC 受平面一般力系作用，可列三个平衡方程，恰有三个未知量，$\boldsymbol{F}_{BCx}$、$\boldsymbol{F}_{BCy}$ 为销 B 对杆 BC 的约束力，根据题意只需列出两个平衡方程，即

$$\sum_{i=1}^{n} F_{ix} = 0, \quad F_{BCx} - F'_{Cx} = 0$$

$$\sum_{i=1}^{n} M_C(\boldsymbol{F}_i) = 0, \quad M - F_{BCy}a = 0$$

解得销 B 对杆 BC 的约束力为 $F_{BCx} = \frac{1}{2}qa(\rightarrow)$，$F_{BCy} = qa(\uparrow)$。

(3) 取销 B 为研究对象，受力分析如图 2-25d 所示。销 B 受平面汇交力系作用，可列两个平衡方程，恰有两个未知量。$\boldsymbol{F}_{BAx}$、$\boldsymbol{F}_{BAy}$ 为杆 AB 对销 B 的约束力，与销 B 对杆 AB 的约束力 $\boldsymbol{F}'_{BAx}$、$\boldsymbol{F}'_{BAy}$ 互为作用力和反作用

力。列平衡方程，有

$$\sum_{i=1}^{n} F_{ix} = 0, \quad F_{BAx} - F'_{BCx} = 0$$

$$\sum_{i=1}^{n} F_{iy} = 0, \quad F_{BAy} - F'_{BCy} - F = 0$$

解得 $F_{BAx} = \frac{1}{2}qa(\rightarrow)$，$F_{BAy} = F + qa(\uparrow)$。

所以，销 B 对杆 AB 的约束力为 $F'_{BAx} = \frac{1}{2}qa(\leftarrow)$，$F'_{BAy} = F + qa(\downarrow)$。

(4) 取杆 AB（不含销 B）为研究对象，其受力分析如图 2-25e 所示。杆 AB 受平面一般力系作用，可列三个平衡方程，恰有三个未知量，$\boldsymbol{F}_{Ax}$、$\boldsymbol{F}_{Ay}$、M_A 为固定端 A 处的约束力。列平衡方程，即

$$\sum_{i=1}^{n} F_{ix} = 0, \quad -F_{Ax} + \frac{1}{2} \cdot q \cdot 3a - F'_{BAx} = 0$$

$$\sum_{i=1}^{n} F_{iy} = 0, \quad F_{Ay} - F'_{BAy} = 0$$

$$\sum_{i=1}^{n} M_A(\boldsymbol{F}_i) = 0, \quad M_A - \frac{1}{2} \cdot q \cdot 3a \cdot a + F'_{BAx} \cdot 3a - F'_{BAy} \cdot a = 0$$

解得 $F_{Ax} = qa(\leftarrow)$，$F_{Ay} = F + qa(\uparrow)$，$M_A = (F + qa)a$（逆时针）。

例 2-11 如图 2-26a 所示，在由杆 AB、杆 DC 及滑轮 D 组成的机构中，A 处、C 处为固定铰支座，B 处为光滑铰链，物体 M 自重为 P，通过绳子绕过滑轮连于杆 AB 上的点 E，忽略所有构件自重，试求 A、C 处的约束力。

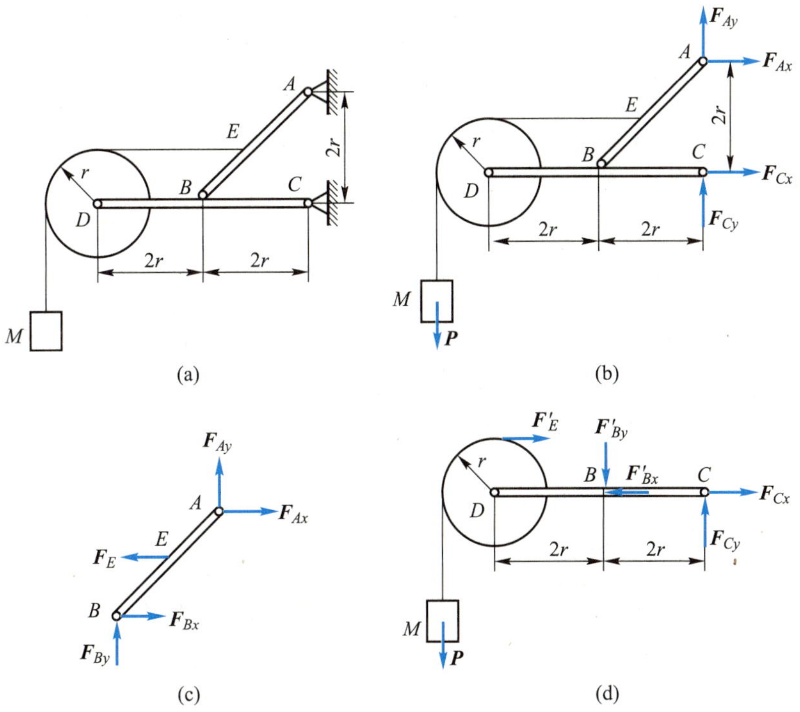

图 2-26

解 取整体为研究对象，受平面一般力系作用，可列三个平衡方程，包含四个未知量，不能全部求出，需要再取单个物体为研究对象，列平衡方程联立求解。

(1) 取整体为研究对象，受力分析如图 2-26b 所示。列平衡方程，即

$$\sum_{i=1}^{n} F_{ix} = 0,\quad F_{Ax} + F_{Cx} = 0 \tag{1}$$

$$\sum_{i=1}^{n} F_{iy} = 0,\quad F_{Ay} + F_{Cy} - P = 0 \tag{2}$$

$$\sum_{i=1}^{n} M_A(\boldsymbol{F}_i) = 0,\quad F_{Cx}\cdot 2r + P\cdot 5r = 0 \tag{3}$$

由式(1)、式(3)解得 $F_{Ax}=\dfrac{5P}{2}(\rightarrow)$，$F_{Cx}=-\dfrac{5P}{2}(\leftarrow)$。

(2) 取杆 AB 为研究对象，受力分析如图 2-26c 所示，图中 $F_E=P$。杆 AB 受平面一般力系作用，可列三个平衡方程，包含三个未知量 F_{Ay}、F_{Bx}、F_{By}，能解出全部未知量。根据题意只需列对点 B 的取矩方程即可求出 F_{Ay}，再根据式(2)求出 F_{Cy}，即

$$\sum_{i=1}^{n} M_B(\boldsymbol{F}_i) = 0,\quad F_E\cdot r + F_{Ay}\cdot 2r - F_{Ax}\cdot 2r = 0 \tag{4}$$

联立式(2)、式(4)解得 $F_{Ay}=2P(\uparrow)$，$F_{Cy}=-P(\downarrow)$。

本步骤还可取带滑轮 D 的杆 CD 为研究对象，受力分析如图 2-26d 所示，受平面一般力系作用，可列三个平衡方程，包含三个未知量 F_{Cy}、F'_{Bx}、F'_{By}，能解出全部未知量，图中 $F'_E=P$。如果仅取杆 CD 为研究对象，D 处又多出两个未知量，无法求解，还需再取其他物体进行分析。列对点 B 的取矩方程，即

$$\sum_{i=1}^{n} M_B(\boldsymbol{F}_i) = 0,\quad P\cdot 3r + F_{Cy}\cdot 2r - F'_E\cdot r = 0 \tag{5}$$

联立式(2)、式(5)同样可解得 $F_{Ay}=2P(\uparrow)$，$F_{Cy}=-P(\downarrow)$。

在求解物体系统问题时，应根据已知条件和待求的未知量，选取适当的系统或物体为研究对象，并列适当的平衡方程，尽量使一个方程能够求解出一个未知量。

6. 平面静定桁架

桁架是由一些杆件彼此在两端用铰链连接而组成的一种工程结构，它在受力后几何形状不变。所有杆件都在同一平面内的桁架称为平面桁架。桁架中杆件的铰接点称为**节点**。桁架结构具有使用材料经济合理、质量小等特点，在工程中有着广泛的应用。例如，房屋的屋架、桥梁的拱架、起重机悬臂和高压输电线塔架等都是桁架结构。图 2-27 所示的厂房屋架就是一个典型的桁架。

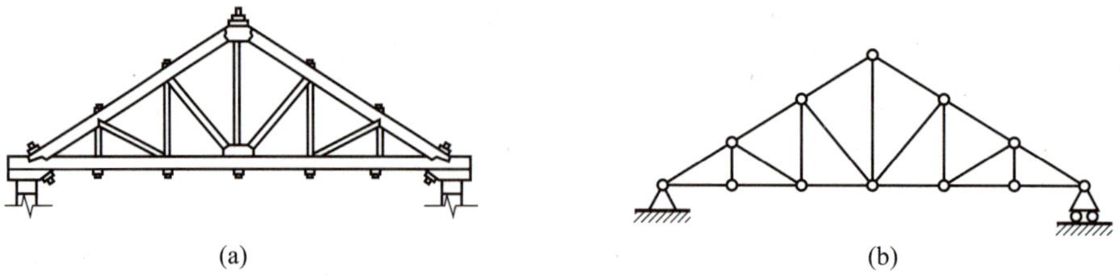

图 2-27

工程上为了简化平面静定桁架杆件的受力计算，对其作如下基本假设：

(1) 所有杆件自重不计或平均分配在杆件两端的节点上；

(2) 所有杆件用理想光滑的铰链连接；

(3) 桁架所受的外力都作用在节点上，且在桁架平面内；

(4) 所有杆件都是直的，每一杆件均可看作二力杆。

满足上述基本假设的桁架称为理想桁架。根据这些假设，桁架的杆件都看成只是两端受力的作用的二力杆，因此各杆件所受的力必定沿着杆的方向，只受拉力或压力。

下面介绍平面静定桁架杆件的受力的两种计算方法：节点法和截面法。

1. 节点法(method of joints)

桁架中每个节点均受平面汇交力系的作用，须从只包含两个未知力的节点开始，依次列出每个节点的平衡方程或作封闭的力多边形，即可由已知力求出杆件的受力，这种计算桁架杆件的受力的方法称为节点法。计算时，假定各杆均受拉，若计算结果为正，则杆件受拉，反之杆件受压。

例 2-12 平面桁架的尺寸如图 2-28a 所示，在节点 D 处受集中载荷 $F=10$ kN 的作用，用节点法求桁架各杆件的受力。

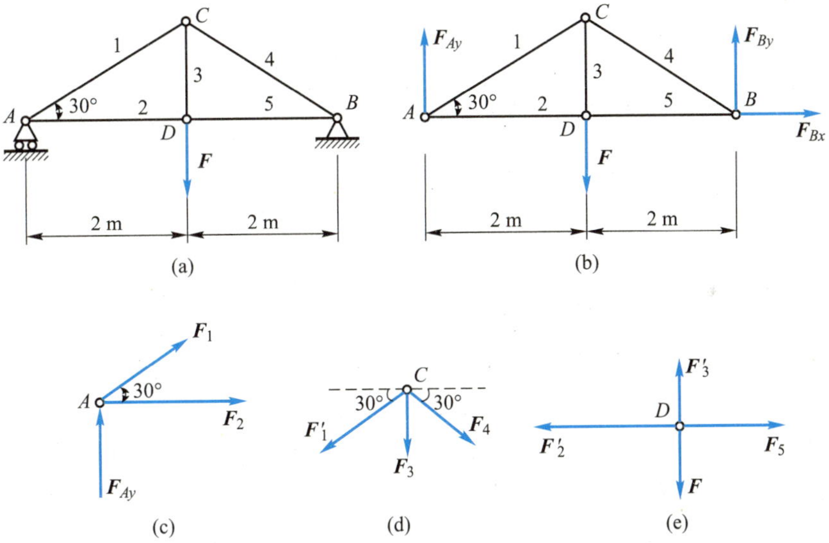

图 2-28

解 (1) 求支座 A、B 处的约束力。

取整体为研究对象，其受力分析如图 2-28b 所示，列平衡方程，即

$$\sum_{i=1}^{n} F_{ix}=0,\quad F_{Bx}=0$$

$$\sum_{i=1}^{n} F_{iy}=0,\quad F_{Ay}+F_{By}-F=0$$

$$\sum_{i=1}^{n} M_B(\boldsymbol{F}_i)=0,\quad F\cdot 2\ \text{m}-F_{Ay}\cdot 4\ \text{m}=0$$

解得 $F_{Ay}=5$ kN，$F_{Bx}=0$，$F_{By}=5$ kN。

(2) 依次取节点为研究对象，计算各杆所受的力。

首先取节点 A 为研究对象，其受力分析如图 2-28c 所示。列平衡方程，即

$$\sum_{i=1}^{n} F_{ix} = 0, \quad F_2 + F_1 \cos 30^\circ = 0$$

$$\sum_{i=1}^{n} F_{iy} = 0, \quad F_{Ay} + F_1 \sin 30^\circ = 0$$

解得 $F_1 = -10$ kN(受压)，$F_2 = 8.66$ kN(受拉)。

然后取节点 C 为研究对象，其受力分析如图 2-28d 所示。列平衡方程，即

$$\sum_{i=1}^{n} F_{ix} = 0, \quad F_4 \cos 30^\circ - F_1' \cos 30^\circ = 0$$

$$\sum_{i=1}^{n} F_{iy} = 0, \quad -F_3 - (F_1' + F_4) \sin 30^\circ = 0$$

由 $F_1' = F_1$ 解得 $F_3 = 10$ kN(受拉)，$F_4 = -10$ kN(受压)。

最后取节点 D 为研究对象，其受力分析如图 2-28e 所示。只有杆 5 所受力的大小 F_5 未知，只需列一个平衡方程即可求出，由

$$\sum_{i=1}^{n} F_{ix} = 0, \quad F_5 - F_2' = 0$$

解得 $F_5 = 8.66$ kN(受拉)。

可用尚未列出的节点平衡方程校核已得的结果，例如，可对节点 D 列出另一个平衡方程，即

$$\sum_{i=1}^{n} F_{iy} = 0, \quad F - F_3' = 0$$

解得 $F_3 = 10$ kN(受拉)，与已求得的值相同，可知计算结果无误。

2. 截面法(method of sections)

截面法就是用一适当的截面假想地将桁架截开，取其中的一部分为研究对象，即可由已知力求出被截杆件的受力。该部分所受的外力与被截杆件截面上的作用力(该力与杆件所受的拉力或压力平衡)构成一平面一般力系，共有三个平衡方程，因而只能求解三根杆件的受力。

例 2-13 平面桁架的尺寸如图 2-29a 所示，在节点 C 处受竖直力 $F_C = 4$ kN 的作用，在节点 E 处受水平力 $F_E = 2$ kN 的作用。用截面法求桁架杆件 FE、CE、CD 所受的力。

解 首先求支座 A、B 处的约束力。取整体为研究对象，受力分析如图 2-29b 所示，列平衡方程，即

$$\sum_{i=1}^{n} F_{ix} = 0, \quad F_{Ax} + F_E = 0$$

$$\sum_{i=1}^{n} F_{iy} = 0, \quad F_{Ay} + F_B - F_C = 0$$

$$\sum_{i=1}^{n} M_A(\boldsymbol{F}_i) = 0, \quad F_B \cdot 3a - F_C \cdot a - F_E \cdot a = 0$$

解得 $F_{Ax} = -2$ kN，$F_{Ay} = 2$ kN，$F_B = 2$ kN。

再用一假想截面 m—m(图 2-29c)将 FE、CE、CD 三根杆件截断，选取左半部分为研究对象，其受力分析如图 2-29d 所示，为一平面一般力系，列三个平衡方程，即

$$\sum_{i=1}^{n} F_{ix} = 0,\quad F_{CD} + F_{Ax} + F_{FE} + F_{CE}\cos 45^\circ = 0$$

$$\sum_{i=1}^{n} F_{iy} = 0,\quad F_{Ay} - F_{C} + F_{CE}\sin 45^\circ = 0$$

$$\sum_{i=1}^{n} M_C(\boldsymbol{F}_i) = 0,\quad -F_{FE}\cdot a - F_{Ay}\cdot a = 0$$

解得 $F_{CE}=2\sqrt{2}$ kN，$F_{CD}=2$ kN，$F_{FE}=-2$ kN。

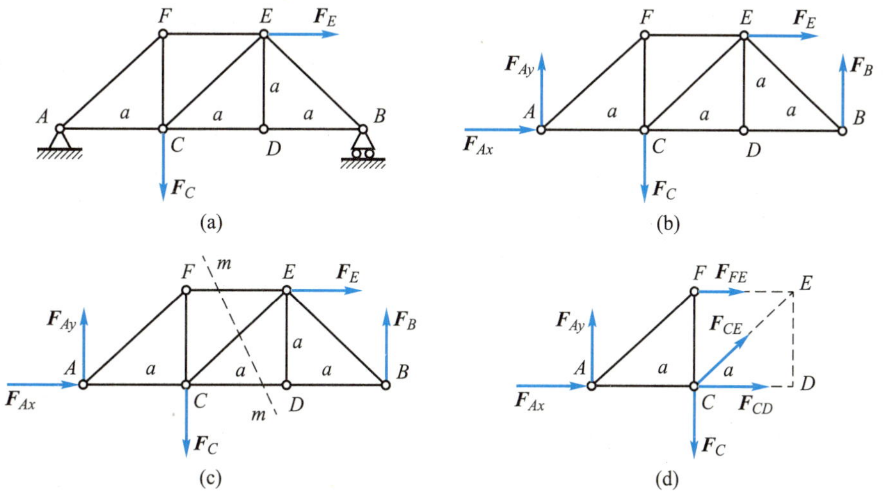

图 2-29

2.4 摩　　擦

摩擦是一种普遍存在于机械运动中的自然现象，人行走、车行驶、机械运转无一不存在摩擦。前面所讨论的物体的平衡问题均未考虑摩擦的存在，认为物体间的接触都是光滑的，这是对实际问题的一种理想化。在物体间的接触面足够光滑或有较好的润滑时，这种理想化所产生的误差并不大。然而在工程实际中，摩擦力对物体的平衡与运动有着重要的影响。例如，机床的卡盘靠摩擦带动夹紧的工件，带靠摩擦传递运动，制动器靠摩擦刹车等，这些例子都反映了摩擦有利的一面；相反摩擦也会给机械带来阻力，使机械发热，引起零部件的磨损、消耗能量、降低机械的效率和使用寿命，这是摩擦不利的一面。

摩擦是自然界中普遍存在的现象，摩擦的物理本质是非常复杂的。一般认为摩擦产生的原因是：① 相互接触的两物体接触面间细微的凹凸相互咬合、互相挤压，当两接触面有相对滑动或相对滑动趋势时，在接触面上就产生了摩擦阻力；② 如接触面非常光洁平滑，即当两接触面上的分子间的距离很小时，则两接触面上分子的相互吸引力或分子凝聚力具有阻碍表面间的相对滑动的作用。

学习摩擦的目的，就是要掌握摩擦的规律及其对物体平衡及运动的影响，积极利用其有利的一面，而减少其不利的一面。本章主要讨论静摩擦的情形，重点研究在发生静摩擦时物体的平衡问题。

1. 滑动摩擦

两个相互接触的表面粗糙物体，当其接触表面之间有相对滑动或相对滑动趋势时，在接触处的公切面内就产生了阻碍彼此相对滑动或相对滑动趋势的力，该力称为滑动摩擦力。在两物体开始相对滑动之前的摩擦力，称为静滑动摩擦力，简称静摩擦力，常以 $\boldsymbol{F}_s$ 表示；滑动之后的摩擦力，称为动滑动摩擦力，简称动摩擦力，常以 $\boldsymbol{F}_d$ 表示。

如图 2-30a 所示，设一重力为 $\boldsymbol{P}$ 的物体放置在粗糙的水平面上，则物体在重力 $\boldsymbol{P}$ 和支承面的约束力 $\boldsymbol{F}_N$ 的作用下处于平衡状态。当在物体水平方向作用一力 $\boldsymbol{F}$ 时，物体与水平面间则有相对滑动趋势。当力 $\boldsymbol{F}$ 由零值逐渐增加但不是很大时，物块仍保持静止，如图 2-30b 所示，此时，在接触面之间存在阻碍物体向右滑动的切向力，即静摩擦力 $\boldsymbol{F}_s$，方向向左。物体处于平衡状态，静摩擦力 $\boldsymbol{F}_s$ 的大小可由静力学平衡方程确定，即

$$\sum_{i=1}^{n} F_{ix}=0, \quad F-F_s=0, \quad F_s=F$$

$$\sum_{i=1}^{n} F_{iy}=0, \quad F_N-P=0, \quad F_N=P$$

可见，物块只要静止，静摩擦力就等于水平力 $\boldsymbol{F}$。当水平力 $\boldsymbol{F}$ 增大时，静摩擦力 $\boldsymbol{F}_s$ 也随之增大，但静摩擦力 $\boldsymbol{F}_s$ 并不随力 $\boldsymbol{F}$ 的增大而无限度地增大。当力 $\boldsymbol{F}$ 的大小达到一定数值时，物块处于将要滑动但尚未滑动的临界状态，此时静摩擦力达到最大值，即为最大静摩擦力，记为 $\boldsymbol{F}_{smax}$，如图 2-31a 所示。

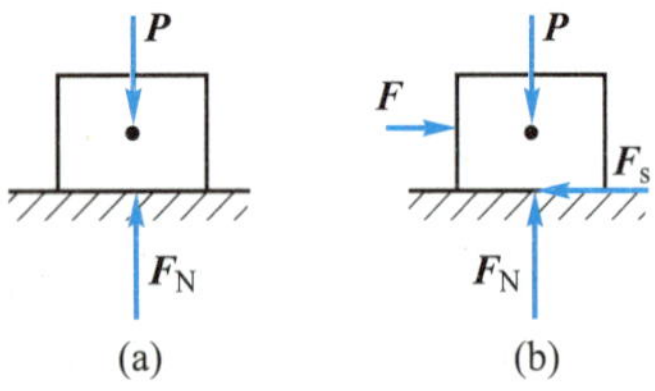

图 2-30

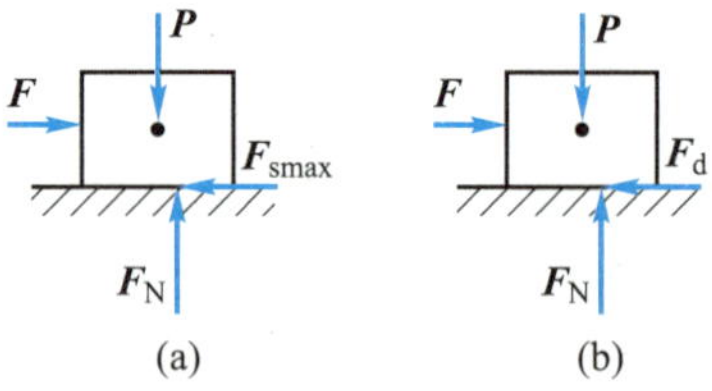

图 2-31

可见，静摩擦力 $\boldsymbol{F}_s$的方向与两个接触物体的相对滑动趋势方向相反，其大小随主动力的情况而改变。静摩擦力 $\boldsymbol{F}_s$ 的取值介于零与最大静摩擦力 $\boldsymbol{F}_{smax}$之间，即

$$0 \leqslant F_s \leqslant F_{smax} \tag{2-26}$$

大量的实验证明，最大静摩擦力的大小与两物体间的正压力 $\boldsymbol{F}_N$（法向约束力）成正比，即

$$F_{smax}=fF_N \tag{2-27}$$

式中，f 为静摩擦因数，它的量纲为一，式(2-27)称为静摩擦定律（又称库仑定律）。

静摩擦因数 f 主要与接触物体的材料和表面状况（如粗糙度、温度、湿度和润滑情况等）有关，可由实验测定，也可在《机械工程手册》中查到。应该指出，式(2-27)只是一个近似公式，它远不能完全反映出静摩擦的复杂现象。但由于它比较简单，计算方便，并且所得结果又有足够的准确性，故在工程实际中仍被广泛应用。

部分常用材料的静摩擦因数见表 2-1。

表 2-1 部分常用材料的静摩擦因数

钢与钢	钢与青铜	钢与铸铁	皮革与铸铁	木材与木材	砖与混凝土
0.15	0.15	0.3	0.4	0.6	0.76

当静摩擦力达到最大静摩擦力时，若力 $\boldsymbol{F}$ 继续增大，接触面对物块的摩擦力无法让物块继续保持平衡状态而发生滑动，如图 2-31b 所示。此时的摩擦力称为动摩擦力，记为 $\boldsymbol{F}_d$，它的方向与物体间相对滑动的方向相反。实验表明，动摩擦力的大小与接触物体间的正压力成正比，即

$$F_d = f'F_N \tag{2-28}$$

式中，f'为动摩擦因数，与接触物体的材料和表面情况有关。式(2-28)称为动摩擦定律。

动摩擦力与静摩擦力不同，基本上没有变化范围。一般动摩擦因数小于静摩擦因数，即

$$f' < f$$

动摩擦因数还与接触物体间相对滑动的速度大小有关。一般来说，动摩擦因数随相对速度的增大而减小。当相对速度不大时，可近似地认为 f'是个常数，动摩擦因数 f'也可在《机械工程手册》中查到。

2. 摩擦角和自锁现象

(1) 摩擦角

静摩擦力也是一种约束力，可称为切向约束力，需要用平衡方程来确定它的大小，但又与一般的约束力不同，它不能随着外力的增大而无限增大。

当考虑摩擦时，物块所受到的接触面的约束力包括法向约束力 $\boldsymbol{F}_N$ 和切向约束力 $\boldsymbol{F}_s$，两个约束力 $\boldsymbol{F}_N$ 和 $\boldsymbol{F}_s$ 的合力 $\boldsymbol{F}_R$ 称为全约束力(图 2-32a)。全约束力与接触面的公法线成一偏角 φ，由力平行四边形定则可以看出，夹角 φ 随着静摩擦力 $\boldsymbol{F}_s$ 的增大而增大。当物块处于滑动的临界状态时，静摩擦力 $\boldsymbol{F}_s$ 达到最大值 $\boldsymbol{F}_{smax}$，夹角 φ 也达到最大值，将临界状态下全约束力与接触面法线间的夹角称为摩擦角，记为 φ_m(图 2-32b)。

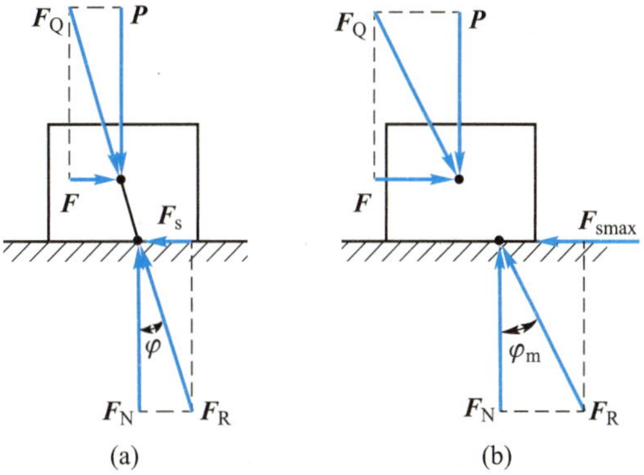

图 2-32

由摩擦角的定义，有

$$\tan\varphi_m = \frac{F_{smax}}{F_N} = \frac{fF_N}{F_N} = f \tag{2-29}$$

由此可见，摩擦角的正切等于静摩擦因数。

利用式(2-29)可以很方便地用实验方法来测定两物体间的静摩擦因数。

把要测定的两种材料分别贴在物块和平板倾斜的表面上。将物块放在平板倾斜的表面上，起初平板的倾角为 α（图 2-33a），物块处于静止状态。这时物块所受的重力 $\boldsymbol{P}$ 与全约束力 $\boldsymbol{F}_R$ 应大小相等，方向相反。全约束力 $\boldsymbol{F}_R$ 与平板斜面法线间的夹角就等于平板斜面倾角 α（图 2-33b），即 $\varphi=\alpha$。故要测定 φ 角的极值，只要逐渐增大斜面的倾角，直至物块达到将要下滑的临界平衡状态，此时平板斜面的倾角 $\alpha_{max}=\varphi_m$（图 2-33c）。因此量出平板斜面的倾角 α_{max}，利用式（2-29）求出其正切值，就是静摩擦因数，即

$$f=\tan\varphi_m=\tan\alpha_{max} \tag{2-30}$$

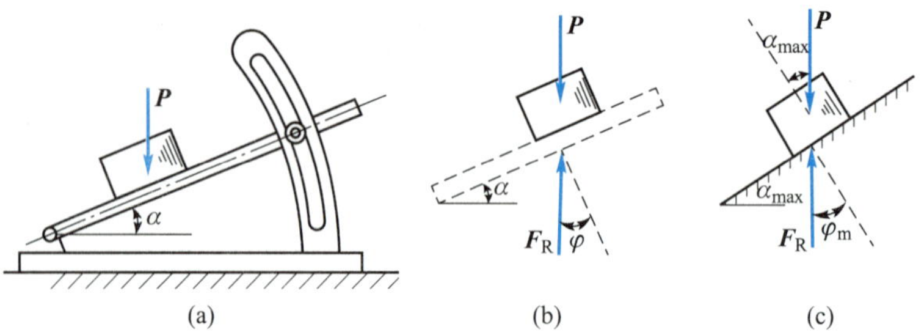

图 2-33

由上述实验可知，物块达到临界平衡状态时，平板斜面的倾角与物块的质量无关。

（2）自锁现象

物块静止时，静摩擦力总是小于或等于最大静摩擦力，因而全约束力 $\boldsymbol{F}_R$ 与接触面法线间的夹角 φ 总是小于或等于摩擦角 φ_m。根据二力平衡条件，物块静止时作用于物块上的主动力 $\boldsymbol{F}$ 和 $\boldsymbol{P}$ 的合力 $\boldsymbol{F}_Q$ 必与全约束力 $\boldsymbol{F}_R$ 等值、反向、共线，$\boldsymbol{F}_Q$ 与接触面法线间的夹角必为 φ，且 $\varphi\leqslant\varphi_m$。当主动力的合力 $\boldsymbol{F}_Q$ 的作用线与接触面的公法线间的夹角 φ 满足 $\varphi\leqslant\varphi_m$ 时，无论主动力的合力 $\boldsymbol{F}_Q$ 怎样增大，物块始终保持静止，这种现象称为**自锁现象**。

如图 2-34 所示，当主动力的合力 $\boldsymbol{F}_Q$ 与接触面法线间的夹角为 φ 时，则其水平分量的大小为

$$F=F_Q\sin\varphi\leqslant F_Q\sin\varphi_m \tag{2-31}$$

此时最大静摩擦力为

$$F_{smax}=F_N\cdot f=F_Q\cos\varphi\cdot f=F_Q\cos\varphi\tan\varphi_m \tag{2-32}$$

由式（2-32）可知，当 φ 增大到 φ_m 时，F_{smax} 取最小值 $F_Q\sin\varphi_m$，这时由式（2-31）可知主动力的水平分量小于接触面所能提供的最大静摩擦力的最小值。也就是说，当主动力的合力作用线与接触面法线间的夹角 φ 小于摩擦角 φ_m 时，就有 $F\leqslant F_{smax}$，而与合力 $\boldsymbol{F}_Q$ 大小变化无关。

但无论主动力的合力 $\boldsymbol{F}_Q$ 多么小，由式（2-31）可知，只要 $\varphi>\varphi_m$，就有 $F>F_{smax}$。也就是说，主动力的合力 $\boldsymbol{F}_Q$ 水平方向的分力总是大于接触面所能提供的最大静摩擦力，物块就要滑动。

因此，当主动力的合力与接触处公法线间夹角 $\varphi\leqslant\varphi_m$ 时物块处于平衡状态，且这种平衡与主动力的大小无关，仅与摩擦角有关。条件 $\varphi\leqslant\varphi_m$ 称为自锁条件。

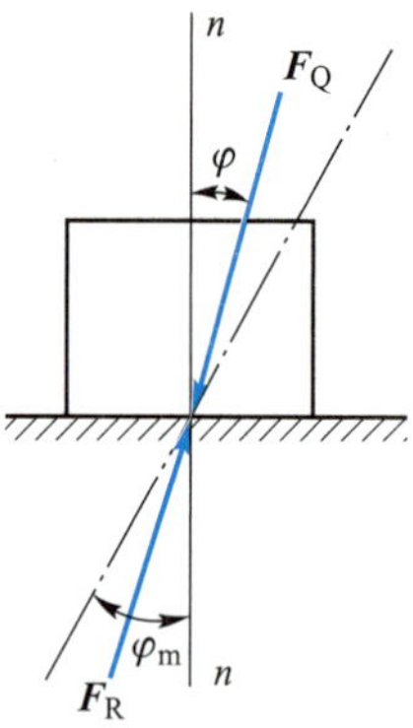

图 2-34

在测量静摩擦因数实验中，斜面板上的物块保持静止就是自锁现象的最简单例子。工程实际中常用自锁原理设计一些机构或夹具，如设计螺旋千斤顶时，螺纹升角必须小于摩擦角，才能使重物举起后不致自行下落。为了机构的安全，往往也需要自锁设计，比如蜗轮蜗杆传动中的自锁等。而在机械传动装置的设计中，为避免机构间自行卡死，需要注意避免自锁现象的发生。

3. 考虑摩擦的物体平衡问题

考虑摩擦的物体平衡问题的解法与不考虑摩擦的物体平衡问题一样，但前者有如下一些特点：① 分析物体受力时，必须考虑接触面间的摩擦力，摩擦力通常是未知力，增加了未知量的个数；② 由于力系中增加了未知力，还需列出补充方程，即 $F_s \leqslant f \cdot F_N$，补充方程的数目与摩擦力的数目相同；③ 由于物体平衡时摩擦力有一定的范围（$0 \leqslant F_s \leqslant F_{smax}$），故考虑摩擦时的平衡问题的解通常是以不等式表示的一个范围，而不是一个确定的值。

例 2-14 如图 2-35a 所示，自重为 400 N 的物块放置在粗糙的水平面上，并受力 $\boldsymbol{F}$ 的作用，$F=80$ N，$\alpha=45°$，物块与地面间的静摩擦因数 $f=0.2$。(1) 在力 $\boldsymbol{F}$ 的作用下物块是否静止？(2) 确定能使物块向右运动的力 $\boldsymbol{F}$ 的最小值。

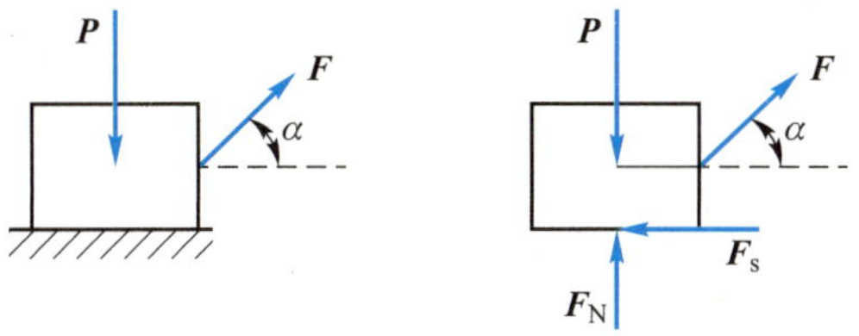

图 2-35

解 (1) 由于不确定物块是否处于平衡状态，所以先假定物块是静止的。对物块进行受力分析，如图 2-35b 所示。$\boldsymbol{F}_N$ 和 $\boldsymbol{F}_s$ 为未知量，作用于物块上的力系视为一平面汇交力系，列出平衡方程为

$$\sum_{i=1}^{n} F_{ix}=0, \quad F\cos\alpha - F_s = 0$$

$$\sum_{i=1}^{n} F_{iy}=0, \quad F_N + F\sin\alpha - P = 0$$

解得 $F_s=56.57$ N，$F_N=343.43$ N。

最大静摩擦力 F_{smax} 为

$$F_{smax}=fF_N=0.2\times343.43\ \text{N}=68.69\ \text{N}$$

因 $F_s<F_{smax}$，故物块处于静止状态，物块与地面间的静摩擦力为 56.57 N。

(2) 由题意可知，物块处于临界状态，设此时 $\boldsymbol{F}$ 的最小值为 $\boldsymbol{F}'$，物块处于临界状态可列三个独立的方程（两个平衡方程和一个库仑定律补充方程），即

$$\sum_{i=1}^{n} F_{ix}=0, \quad F'\cos\alpha - F_{smax} = 0$$

$$\sum_{i=1}^{n} F_{iy}=0, \quad F_N + F'\sin\alpha - P = 0$$

$$F_{smax}=fF_N$$

联立以上三式解得

$$F'=\frac{fP}{\cos\alpha+f\sin\alpha}=\frac{0.2\times400\ \text{N}}{0.707+0.2\times0.707}=94.3\ \text{N}$$

例 2-15 如图 2-36a 所示，自重为 $\boldsymbol{P}$ 的物块放置在倾角为 θ 的粗糙斜面上，在水平力 $\boldsymbol{F}_1$ 的作用下处于静止状态。已知斜面倾角 θ 大于摩擦角，若没有水平力 $\boldsymbol{F}_1$ 的作用，物块不能静止于斜面上。物块与斜面间的静摩擦因数为 f，试确定使物块处于平衡状态时水平力 $\boldsymbol{F}_1$ 的最大值和最小值。

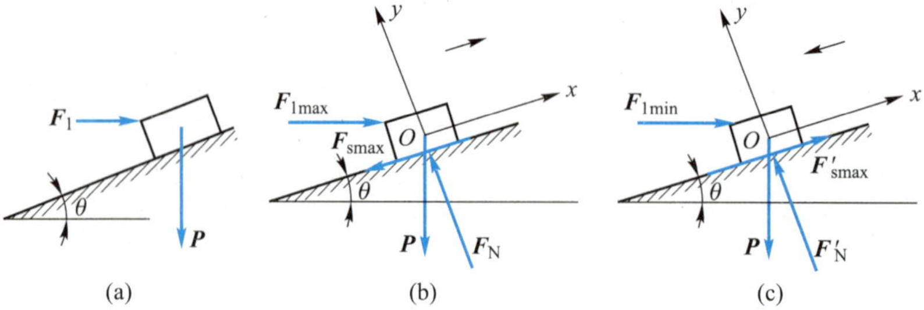

图 2-36

这是一个关于临界状态的平衡问题，水平力 $\boldsymbol{F}_1$ 有最大值时，物块有向上滑动趋势；水平力 $\boldsymbol{F}_1$ 有最小值时，物块有向下滑动趋势。这两种情况下作用于物块上的摩擦力的方向不同。

解法一 (1) 设物块有向上滑动趋势时，推力为 $\boldsymbol{F}_{1\max}$，物块受力图如图 2-36b 所示，有三个未知力 $\boldsymbol{F}_{\text{N}}$、$\boldsymbol{F}_{1\max}$ 和摩擦力 $\boldsymbol{F}_{\text{smax}}$，且摩擦力 $\boldsymbol{F}_{\text{smax}}$ 的方向沿斜面向下。列两个平衡方程及一个库仑定律补充方程，有

$$\sum_{i=1}^{n}F_{ix}=0,\quad F_{1\max}\cos\theta-P\sin\theta-F_{\text{smax}}=0$$

$$\sum_{i=1}^{n}F_{iy}=0,\quad -F_{1\max}\sin\theta-P\cos\theta+F_{\text{N}}=0$$

$$F_{\text{smax}}=fF_{\text{N}}$$

联立解得 $F_{1\max}=\dfrac{\sin\theta+f\cos\theta}{\cos\theta-f\sin\theta}P$。

(2) 设物块有向下滑动趋势时，推力为 $\boldsymbol{F}_{1\min}$，物块受力图如图 2-36c 所示，列两个平衡方程及一个库仑定律补充方程，有

$$\sum_{i=1}^{n}F_{ix}=0,\quad F_{1\min}\cos\theta-P\sin\theta+F'_{\text{smax}}=0$$

$$\sum_{i=1}^{n}F_{iy}=0,\quad -F_{1\min}\sin\theta-P\cos\theta+F'_{\text{N}}=0$$

$$F'_{\text{smax}}=fF'_{\text{N}}$$

联立解得 $F_{1\min}=\dfrac{\sin\theta-f\cos\theta}{\cos\theta+f\sin\theta}P$。

因此，物块处于静止状态时水平力 $\boldsymbol{F}_1$ 的范围为

$$\frac{\sin\theta-f\cos\theta}{\cos\theta+f\sin\theta}P\leqslant F_1\leqslant\frac{\sin\theta+f\cos\theta}{\cos\theta-f\sin\theta}P$$

解法二 几何法

(1) 物块有向上滑动趋势，并达到临界状态时，可用全约束力 $\boldsymbol{F}_{\text{R1}}$ 来代替法向约束力和最大静摩擦力，此时其受力如图 2-37a 所示，物块在 $\boldsymbol{P}$、$\boldsymbol{F}_{\text{R1}}$、$\boldsymbol{F}_{1\max}$ 三个力作用下平衡，画出封闭的力三角形，如图 2-37b 所示。根据

汇交力系平衡的几何条件，并求得水平推力 $\boldsymbol{F}_1$ 的最大值为

$$F_{1\max}=P\tan(\theta+\varphi_{\mathrm{m}})$$

(2) 同理，物块有向下滑动趋势，并达到临界状态时，受力如图 2-37c 所示，可画出封闭的力三角形，如图 2-37d 所示，并求得水平推力 $\boldsymbol{F}_1$ 的最小值为

$$F_{1\min}=P\tan(\theta-\varphi_{\mathrm{m}})$$

所以 F_1 的取值范围为 $P\tan(\theta-\varphi_{\mathrm{m}})\leqslant F_1\leqslant P\tan(\theta+\varphi_{\mathrm{m}})$。

由摩擦角的定义知 $\tan\varphi_{\mathrm{m}}=f$，利用三角公式解得

$$\frac{\sin\theta-f\cos\theta}{\cos\theta+f\sin\theta}P\leqslant F_1\leqslant\frac{\sin\theta+f\cos\theta}{\cos\theta-f\sin\theta}P$$

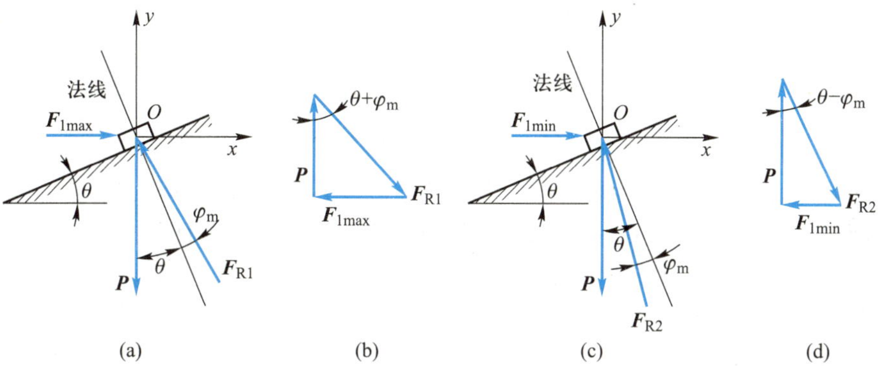

图 2-37

4. 滚动摩阻

在观看古埃及建造金字塔的电视时，时常看到建造者把整块大石放在一排滚木上推动前进，这反映出滚子滚动比滑动省力。用滚动代替滑动，能大大减小摩擦阻力，本节将讨论滚动摩阻的概念。

如图 2-38a 所示，分析放在水平面上的车轮(半径为 R)的受力情况。如果把车轮和水平面均看成刚体，那么接触处仅为一点，车轮受力如图 2-38b 所示。这时只要在轮心作用微小的水平力 $\boldsymbol{F}$，车轮就会因受力偶作用而失去平衡滚动起来。但在实际问题中，要拉动或推动一个车轮，往往要加一定的力，力小于某值时，车轮是不会滚动的，这是什么原因呢？

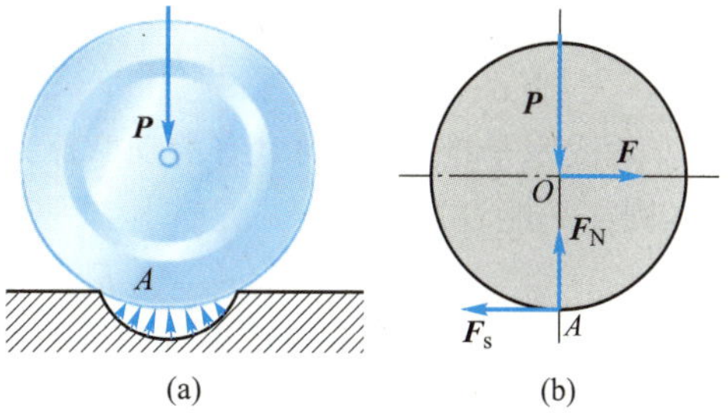

图 2-38

实际上，车轮和水平面都不是刚体，由于变形，接触面处并不是一点，而是一段弧线，如图 2-39a 所示。水平面对车轮的约束力也就分布在这一段弧线上，组成平面一般力系。将该力系向点 A 简化，得到一个力 $\boldsymbol{F}_{\mathrm{R}}$ 和一个力偶，力偶的矩为 M_{f}，如图 2-39b 所示。将力 $\boldsymbol{F}_{\mathrm{R}}$ 分解得到相互垂直的正压力 $\boldsymbol{F}_{\mathrm{N}}$ 和摩擦力 $\boldsymbol{F}_{\mathrm{s}}$，如图 2-39c 所示。当轮子处于静止状态时，可以通过平衡方程求出 $\boldsymbol{F}_{\mathrm{N}}$、$\boldsymbol{F}_{\mathrm{s}}$ 及 M_{f}。

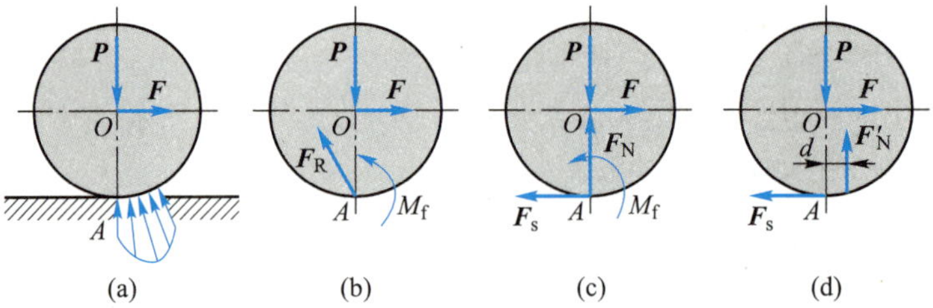

图 2-39

$$\sum_{i=1}^{n} F_{ix}=0,\quad F-F_s=0,\quad F=F_s$$

$$\sum_{i=1}^{n} F_{iy}=0,\quad F_N-P=0,\quad F_N=P$$

$$\sum_{i=1}^{n} M_A=0,\quad M_f-FR=0,\quad M_f=FR$$

力偶矩 M_f 称为滚动摩阻力偶矩，由上面的推导可以看出，滚动摩阻力偶矩 M_f 随着主动力的增加而增大，当力 $\boldsymbol{F}$ 增加到某一值时，车轮处于将滚未滚的临界平衡状态，这时滚动摩阻力偶矩达到最大值，称为最大滚动摩阻力偶矩，用 M_{fmax} 表示，$\boldsymbol{F}$ 再大一点，车轮就会滚动，其在滚动过程中，滚动摩阻力偶矩近似等于 M_{fmax}，并有 $0\leqslant M_f\leqslant M_{fmax}$。

滚动摩阻定律：**最大滚动摩阻力偶矩 $\boldsymbol{M}_{fmax}$ 与滚子半径无关，而与支承面的正压力 $\boldsymbol{F}_N$ 的大小成正比**，即

$$M_{fmax}=\delta F_N$$

式中，δ 是比例常数，称为**滚动摩阻系数**，可以由实验测定，也从相关手册中查得。

尽管滚动摩阻系数 δ 可以与摩擦因数 f 类比，但 f 的量纲为一，而 δ 却有长度的量纲，并有一定的物理意义。把约束力系向点 A 简化的结果，再进一步简化，如图 2-39d 所示，支承面的正压力 $\boldsymbol{F}_N$ 与最大滚动摩阻力偶矩 M_{fmax} 合成一个力 $\boldsymbol{F}'_N$，且有 $F'_N=F_N$，力 $\boldsymbol{F}'_N$ 的作用线距中心线的距离 $d=\dfrac{M_{fmax}}{F'_N}$。即 δ 就是车轮开始滚动时，法向约束力 $\boldsymbol{F}_N$ 向滚动方向偏离点 A 的最大距离。

车轮受水平推力时，同时有滑动摩擦力和滚动摩阻力偶矩产生，如果滑动摩擦力先达到临界状态，则水平推力为

$$F_{滑}=F_{smax}=fF_N=fP$$

如果滚动摩阻力偶矩 M_f 先达到临界状态，则水平推力为

$$F_{滚}=\frac{M_{fmax}}{R}=\frac{\delta F_N}{R}=\frac{\delta}{R}P$$

一般有 $\dfrac{\delta}{R}\ll f$，则有 $F_{滚}\ll F_{滑}$。所以，使车轮滚动比滑动省力。

δ 与材料硬度有关，材料越硬，δ 越小，力偶矩 $M_{fmax}=\delta F'_N$ 也就越小，于是物体滚动也就越容易发生，所以骑自行车在硬的路面上要比在沙子上省劲。同样的路面，轮胎气越足，自行车骑起来越省劲，其原因也在于此。

车轮在水平面上滚动时所受的摩擦力一方面阻止车轮与地面在接触处发生相对滑动，另一方面与 **F** 构成力偶，促使车轮滚动。如果在光滑而且很硬的水平面上，车轮就要被 **F** 拖着滑动，而不会滚动，因为这时没有摩擦力与 **F** 组成促使车轮滚动的力偶。如果接触面不够粗糙，车轮将连滚带滑，因为这时最大摩擦力 $\boldsymbol{F}_{smax}$ 不足以阻止接触面处的相对滑动。如果接触面足够粗糙，接触面处的摩擦力足以阻止接触面处的相对滑动，车轮在水平面上将发生无滑动的滚动（简称纯滚动），此时车轮受静摩擦力的作用。

习题

2-1 通过山地的铁路，在山谷的一段悬挂如图所示，假设悬挂杆 AB 的承载力为 $F=500$ kN，求杆 AC 和 AD 的内力。

2-2 如图所示，外伸桥由 AC、CD、DF 三部分组成，两边的部分各有两支座，尺寸为 $AC=DF=70$ m，$CD=20$ m，$AB=EF=50$ m。桥单位长度上的载荷等于 60 kN/m。求由此载荷引起的支座 A 和 B 上的压力。

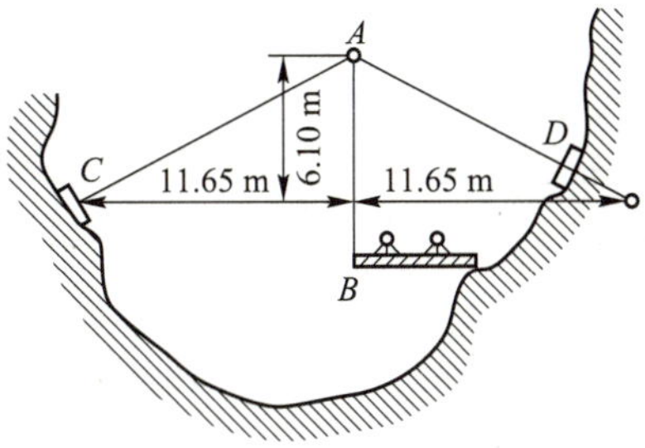

题 2-1 图

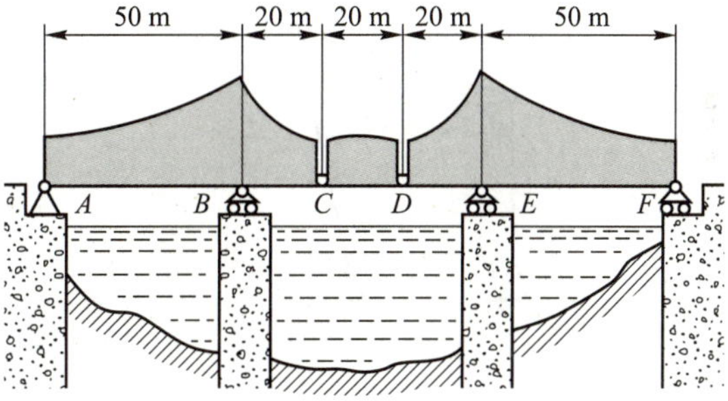

题 2-2 图

2-3 内燃机活塞的面积等于 0.02 m²，连杆 AB 的长度为 30 cm，曲柄 BC 的长度为 6 cm。在图示瞬时，气体作用在活塞上面的压强 $P_1=1\,000$ kPa，在活塞下面的压强 $P_2=200$ kPa。如果此时 $\angle ABC=90°$，求由于气体压力使连杆 AB 作用在曲柄 BC 上的力 F_{AB} 的大小，活塞和气体间的摩擦不计。

2-4 图示杆 AB 的端点 B 上作用力 **F**，且其中点 B_1 靠在杆 CD 的一端，不计两杆自身的重量，求各支座的约束力。

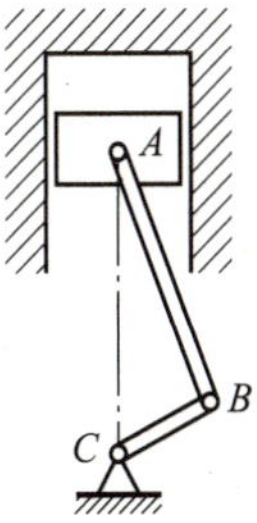

题 2-3 图

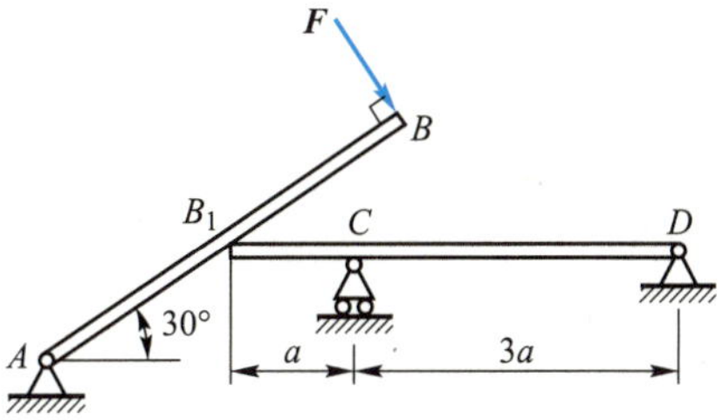

题 2-4 图

2-5 图示一重量为 P 的均匀圆球，用软绳及光滑斜面支承，如图所示。已知角 α 和角 β，求绳子所受拉力及斜面上所受压力的大小。

2-6 图示水平杆 AB 的重量为 20 N，可绕点 A 转动。B 端用重量为 $P_2=150$ N 的物体和跨过滑轮的绳子提起。在距 B 端 20 cm 处挂有重量为 $P_1=500$ N 的物体。如果杆 AB 处于平衡状态，求它的长度 x。

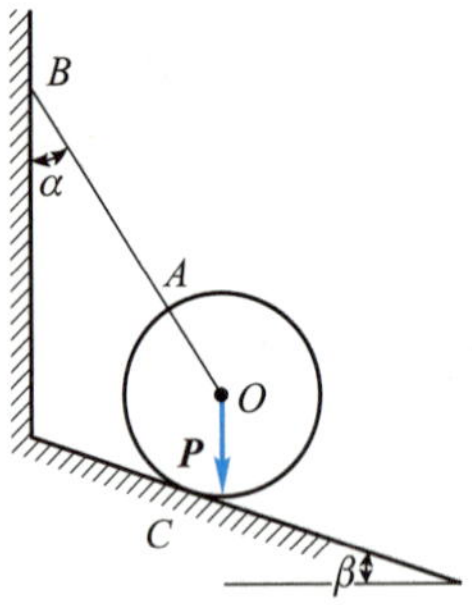

题 2-5 图

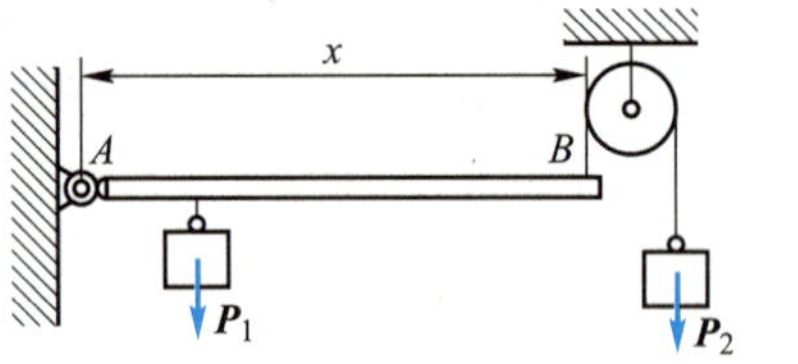

题 2-6 图

2-7 如图所示，铰链四杆机构 $CABD$ 的 CD 边固定，在铰链 A、B 处有力 $\boldsymbol{F}_1$、$\boldsymbol{F}_2$ 作用。该机构在图示位置平衡，杆重略去不计，求力 $\boldsymbol{F}_1$ 和 $\boldsymbol{F}_2$ 的大小关系。

2-8 图示梁 AB 上作用一力偶，其力偶矩为 M，梁的长度为 l，梁的重量不计，求支座 A、B 的约束力。

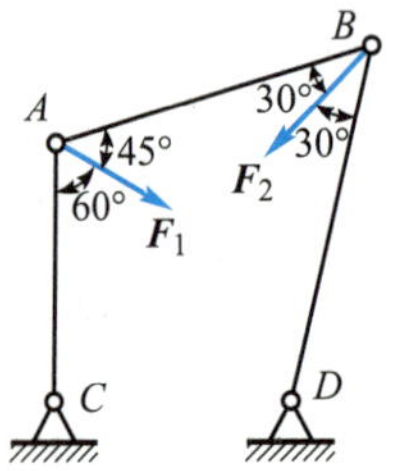

题 2-7 图

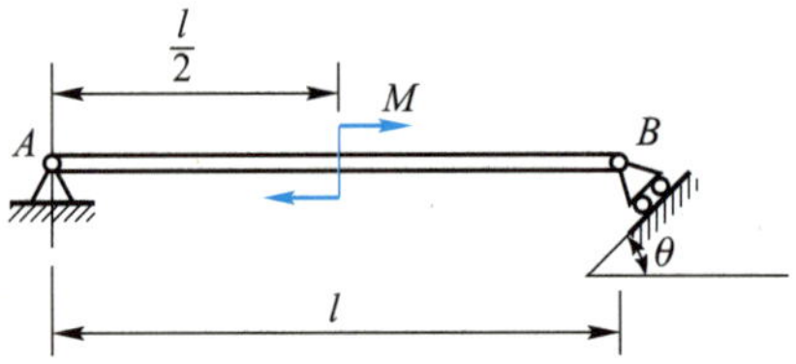

题 2-8 图

2-9 如图所示的两种机构，图 a 中销 E 固结于杆 CD 而插在杆 AB 的滑槽中；图 b 中的销 E 固结于杆 AB 而插在杆 CD 的滑槽中。不计构件自重及摩擦力，$\alpha=45°$。如在杆 AB 上作用有力偶矩为 M_1 的力偶，上述两种情况下平衡时，A、C 处的约束力及杆 AB 和杆 CD 上作用的力偶矩是否相同？

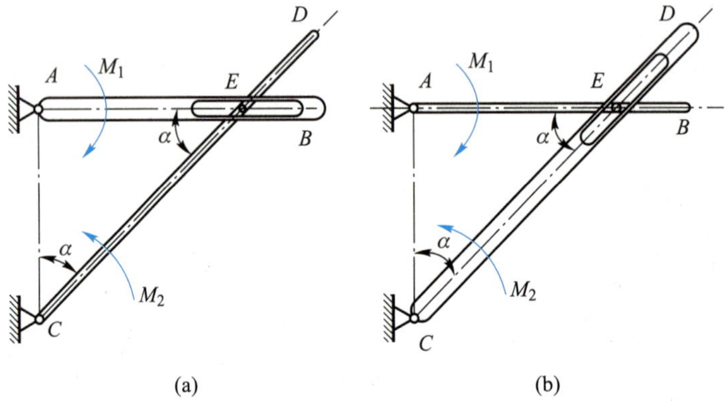

题 2-9 图

2-10 在图示的结构中，各构件的自重略去不计，在构件 BC 上作用一力偶矩为 M 的力偶，各构件尺寸如图所示。求支座 A 的约束力。

2-11 如图所示，重量为 $P=20$ kN 的物体用钢丝绳挂在支架的滑轮上，钢丝绳的另一端缠绕在绞车 D 上。杆 AB 和 BC 铰接，并以铰链和墙连接。如两杆和滑轮的自重不计，并忽略摩擦力和滑轮的大小，求平衡时杆 AB 和 BC 所受的力。

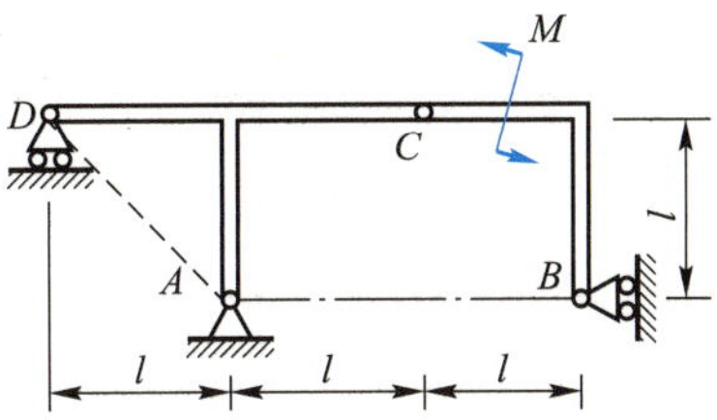

题 2-10 图

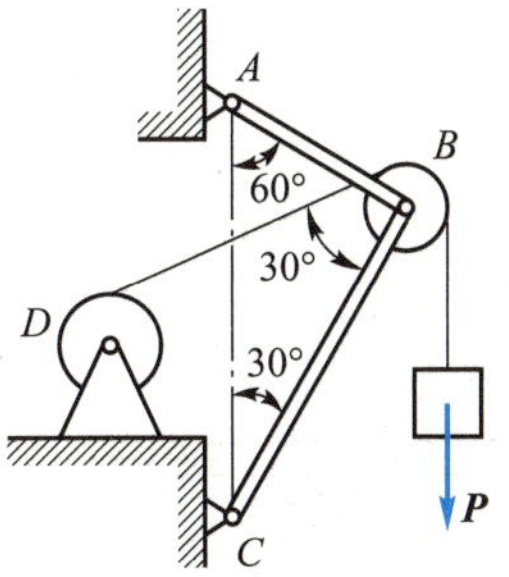

题 2-11 图

2-12 图示结构自重不计，圆轮上的销 A 放在摇杆 BC 的光滑导槽内。圆轮上作用一力偶，其力偶矩为 $M_1=2\ \mathrm{kN\cdot m}$，$OA=r=0.5\ \mathrm{m}$。在图示位置 OA 和 OB 垂直，$\alpha=30°$，且系统平衡。求作用于摇杆 BC 的力偶的力偶矩 M_2 及支座 O、B 的约束力。

2-13 图示平面力系由三个力与两个力偶组成，求此力系的合力 $\boldsymbol{F}_R$，并计算 $\boldsymbol{F}_R$ 的作用线与 x 轴交点的坐标。

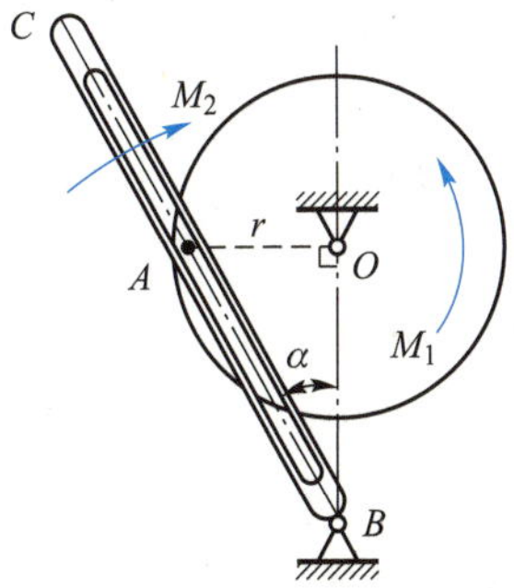

题 2-12 图

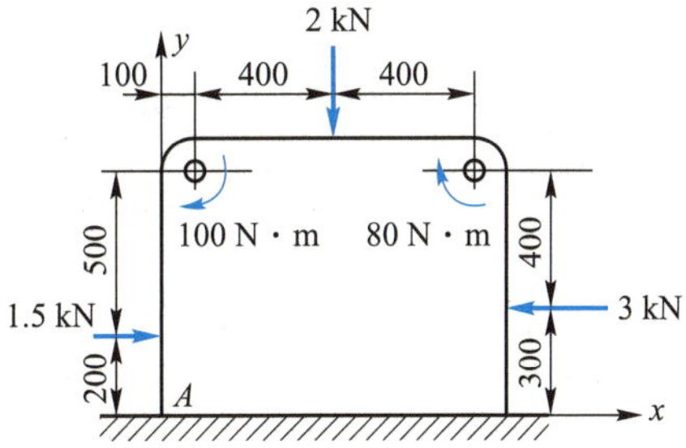

题 2-13 图

2-14 如图所示，正方形边长为 a，点 A 为中心，点 B 为边长中点，$F_1=F_2=F_3=F_4=F$。求此力系向点 A 简化的结果。

2-15 如图所示，在水平外伸梁上作用有力偶($\boldsymbol{F}$,$\boldsymbol{F}'$)，在左边外伸臂上作用有均布载荷，载荷集度为 q，在右边外伸臂的端点作用铅垂载荷 $\boldsymbol{F}_D$。已知 $F=10\ \mathrm{kN}$，$F_D=20\ \mathrm{kN}$，$q=20\ \mathrm{kN/m}$，$a=0.8\ \mathrm{m}$，求支座 A、B 的约束力。

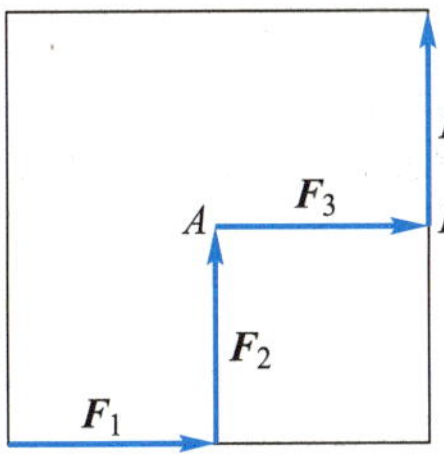

题 2-14 图

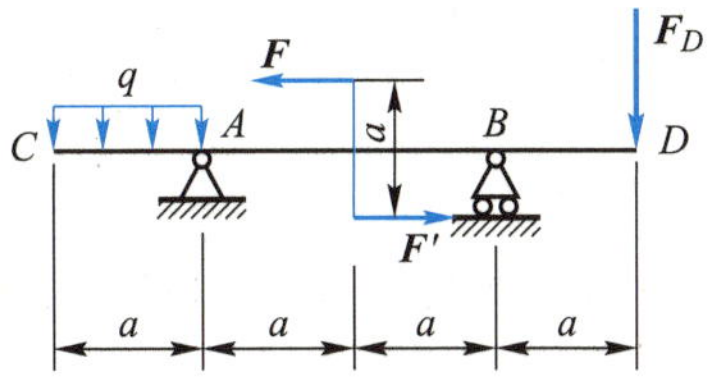

题 2-15 图

2-16 如图所示，构架 ABC 由杆 AB、AC 和 DF 组成。杆 DF 上的销 E 可在杆 AC 的导槽内滑动。求在水平杆 DF 的一端作用铅垂力 $\boldsymbol{F}_1$ 时，杆 AB 上的点 A、点 D 和点 B 处所受的约束力。

2-17 刚架 ABC 和梁 CD 上的支承与载荷如图所示，已知 $F=5\ \mathrm{kN}$，$q=200\ \mathrm{N/m}$，$q_0=300\ \mathrm{N/m}$。求支座

A、B 的约束力。

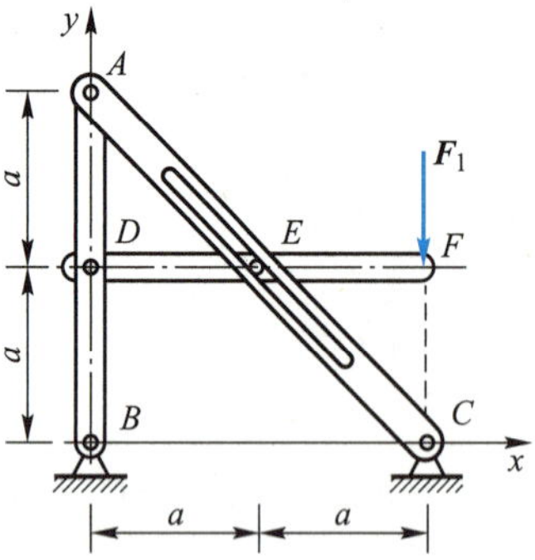

题 2-16 图

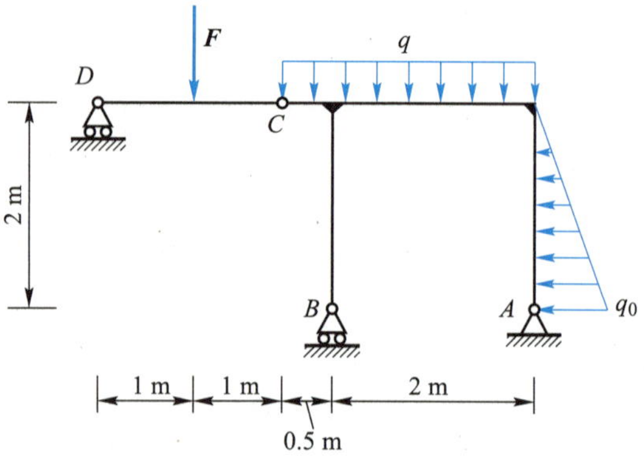

题 2-17 图

2-18 由 AC 和 CD 构成的组合梁通过铰链 C 连接，支撑和受力如图所示。已知均布载荷 $q=10$ kN/m，力偶矩 $M=40$ kN·m，不计梁自重，求支座 A、B、D 的约束力和铰链 C 处的约束力。

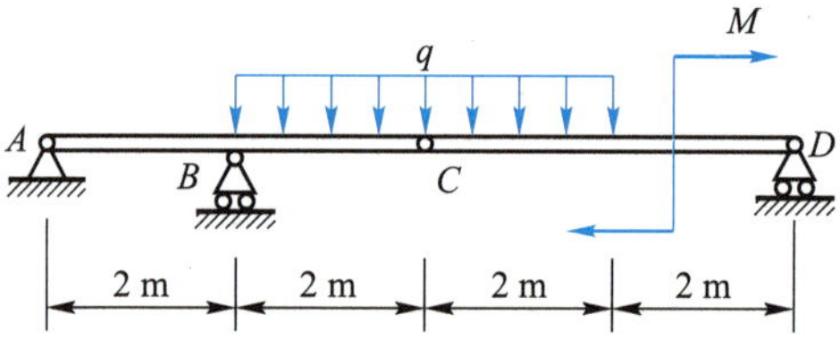

题 2-18 图

2-19 一支架如图所示，$AC=CD=AB=1$ m，滑轮半径 $r=0.3$ m，物体的重量为 $P=100$ kN，A、B 处为固定铰链支座，C 处为铰链连接，不计绳、杆、滑轮的自重和摩擦力，求支座 A、B 的约束力。

2-20 在如图所示的系统中，已知 $q=5$ kN/m，$F=20$ kN，$M=20$ kN·m，求支座 A、B 的约束力及杆 CE 和 DE 的受力（杆重不计，C、D、E 处均为铰接）。

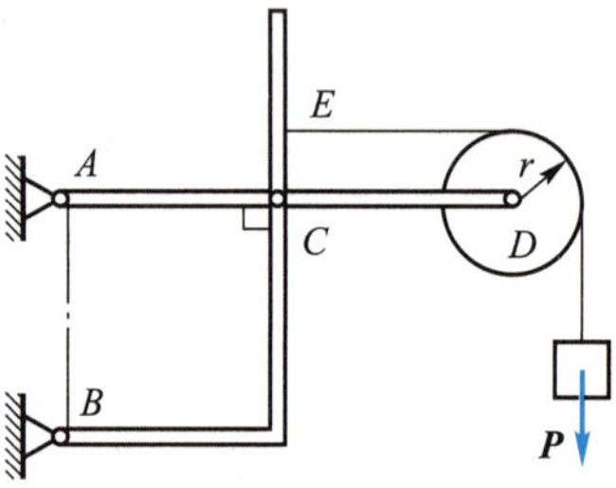

题 2-19 图

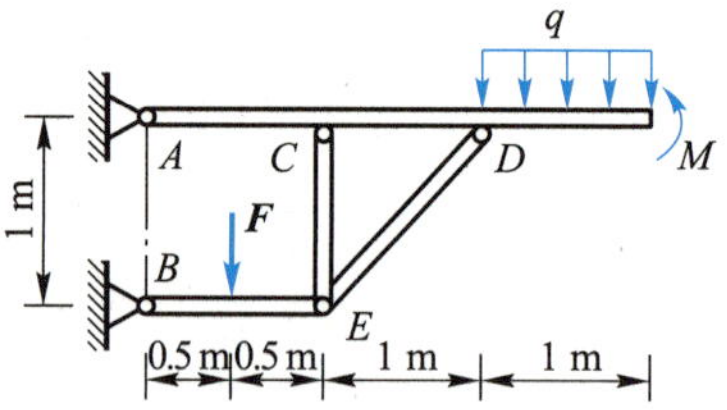

题 2-20 图

2-21 重物悬挂如图所示，已知 $P=1.8$ kN，绳、杆、滑轮的自重均不计。求支座 A 的约束力和杆 BC 所受的力。

2-22 图示构件由直角弯杆 EBD 及直杆 AB 组成，不计各杆自重，已知 $q=10$ kN/m，$F=50$ kN，$M=6$ kN·m，各构件尺寸如图所示。求固定端 A 处及支座 C 处的约束力。

2-23 图示结构的杆自重不计，已知 $q=3$ kN/m，$F=4$ kN，$M=2$ kN·m，$l=2$ m，C 为光滑铰链。求固定端 A 处的约束力。

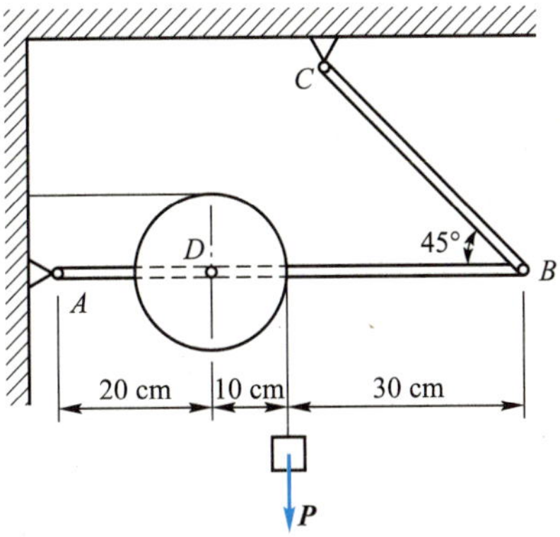

题 2-21 图

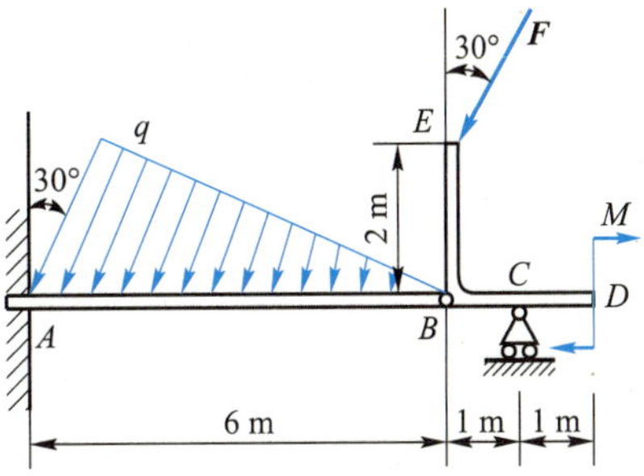

题 2-22 图

2-24 矩形板 $ABCD$ 支承如图所示，其自重不计，E 处为固定端约束，D、A 为光滑铰链。已知：$q=20\ \text{kN/m}$，$F=10\ \text{kN}$，$M=50\ \text{kN}\cdot\text{m}$。求 A、E 处的约束力。

2-25 如图所示，放于 V 形槽内的棒料，当作用的力偶矩 $M=15\ \text{N}\cdot\text{m}$ 时，刚好可以转动此棒料。已知，棒料的重量 $P=400\ \text{N}$，直径 $D=0.25\ \text{m}$。求棒料与 V 形槽间的静摩擦因数 f。

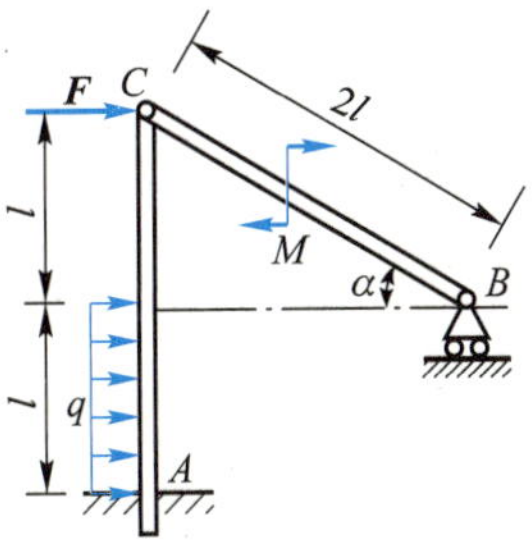

题 2-23 图

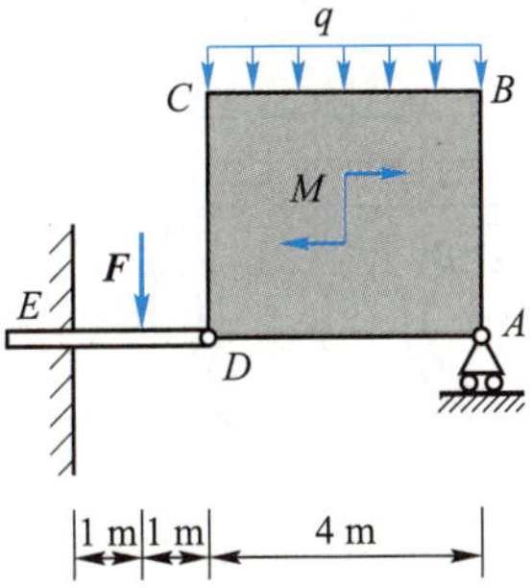

题 2-24 图

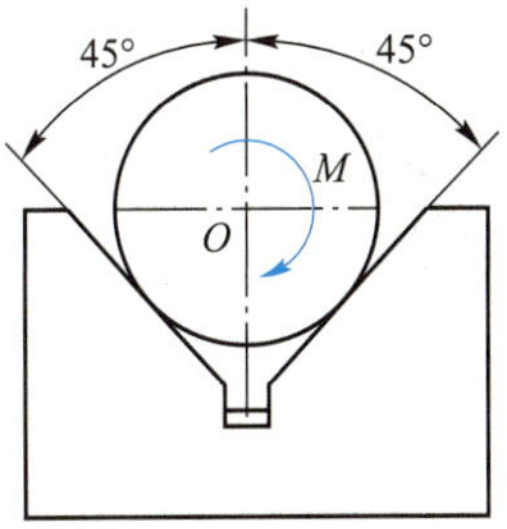

题 2-25 图

2-26 如图所示，梯子 AB 靠在墙上，其重量为 200 N，长度为 l，与水平面间的夹角 $\theta=60°$。梯子与接触面间的静摩擦因数为 0.25。有一重量为 650 N 的人沿梯子向上爬，求人所能到达的最高点 C 到 A 点的距离 s。

2-27 攀登电线杆的脚套钩如图所示，电线杆的直径 $d=300\ \text{mm}$，A、B 间的铅垂距离 $b=100\ \text{mm}$，脚套钩与电线杆之间的静摩擦因数 $f=0.5$。求确保工人操作时安全的最小距离 l。

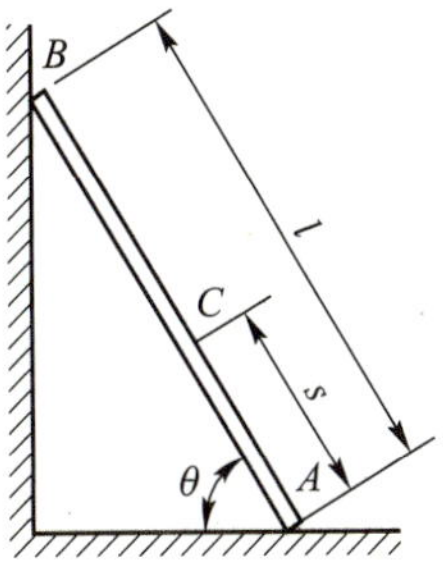

题 2-26 图

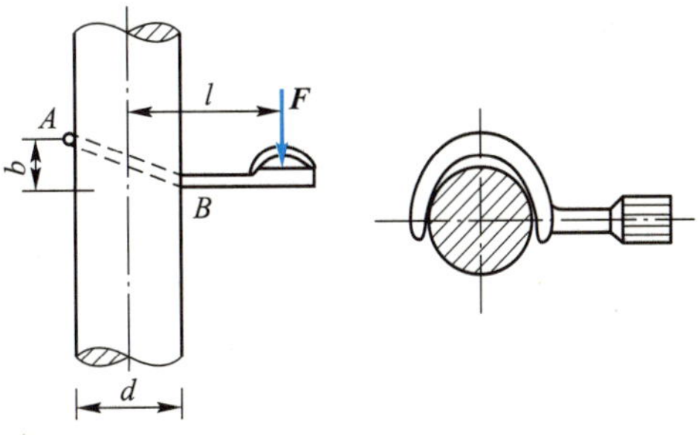

题 2-27 图

2-28 尖劈顶重装置如图所示，尖劈 A 的顶角为 α，重物 B 受力 $\boldsymbol{F}_2$ 作用，不计自重的 A、B 间的静摩擦因数为 f，求要顶起重物所需力 $\boldsymbol{F}_1$ 的大小。

2-29 如图所示，板 AB 的长度为 l，A、B 两端分别放在倾角为 $\alpha_1=50°$、$\alpha_2=30°$的两个斜面上。已知板端与斜面之间的摩擦角 $\varphi_m=25°$，如果要使物块 M 放在板上而板保持水平不动，求物块的放置范围 x。

2-30 图示圆柱滚子的重量 $P=3$ kN，半径 $R=0.3$ m，滚动摩阻系数 $\delta=0.5$ cm，求 $\alpha=0$ 和 $\alpha=30°$两种情况下，拉动滚子所需的力 $\boldsymbol{F}$ 的值。

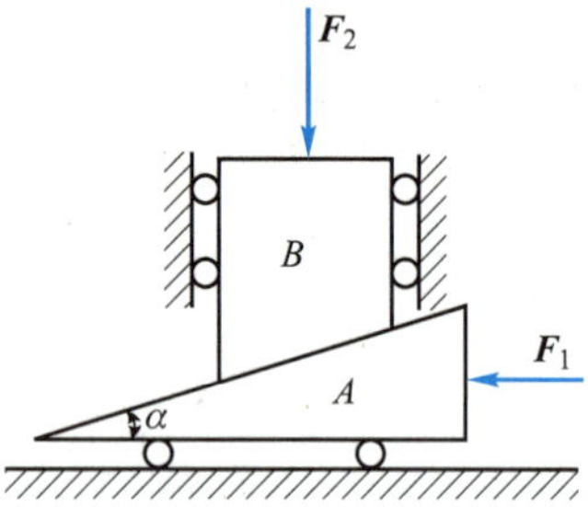

题 2-28 图

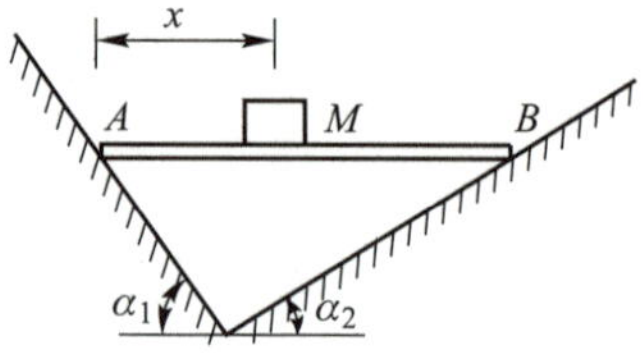

题 2-29 图

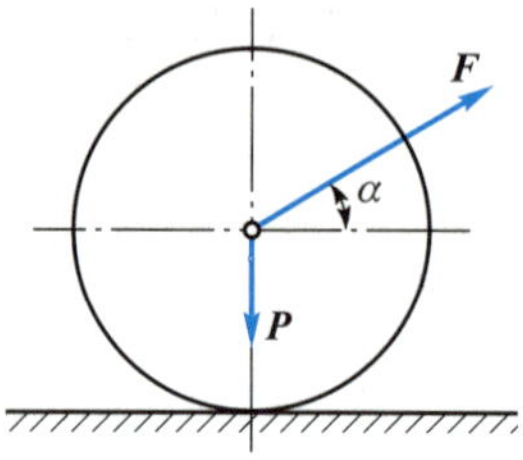

题 2-30 图

2-31 如图所示，小车底盘的重量为 P，所有轮子的重量为 P'，轮子的半径为 r，假设轮子沿水平轨道滚动而不滑动，滚动摩阻系数为 δ，求保证小车在轨道上匀速运动时所需的水平力 $\boldsymbol{F}$ 的值。

2-1 第2章习题答案

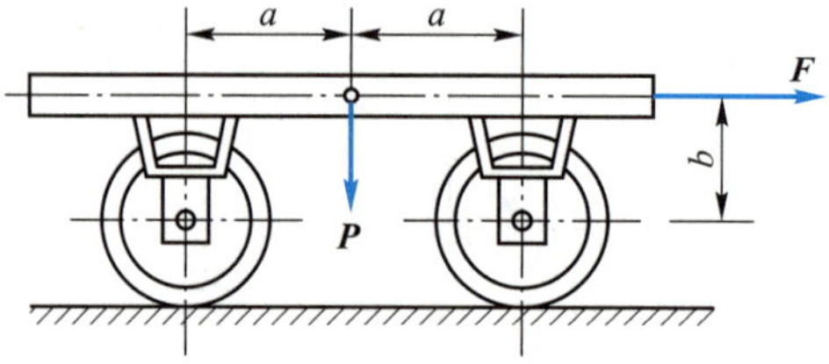

题 2-31 图

第3章 空间力系

力的作用线不在同一平面内，但相交于一点，该力系称为空间汇交力系；力的作用线不在同一平面内，但相互平行，该力系称为空间平行力系；力的作用线不在同一平面内，既不相交又不平行，该力系称为空间一般力系。同一空间内作用多个力偶，该力系称为空间力偶系。本章将讨论空间力系的简化和平衡条件。

3.1 空间汇交力系的合成与平衡条件

1. 空间汇交力系的合成

平面汇交力系的合成与平衡的力多边形定则同样适用于空间汇交力系，但用起来并不方便，对于空间汇交力系的合成与平衡一般采用解析法。

将平面汇交力系的合成方法扩展到空间汇交力系，则有空间汇交力系的合力等于力系中各力的矢量和，合力的作用线通过汇交点，即

$$\boldsymbol{F}_{\mathrm{R}}=\boldsymbol{F}_1+\boldsymbol{F}_2+\cdots+\boldsymbol{F}_n=\sum_{i=1}^{n}\boldsymbol{F}_i \tag{3-1}$$

由式(3-1)可得

$$\boldsymbol{F}_{\mathrm{R}}=F_{\mathrm{R}x}\boldsymbol{i}+F_{\mathrm{R}y}\boldsymbol{j}+F_{\mathrm{R}z}\boldsymbol{k}=\sum_{i=1}^{n}F_{ix}\boldsymbol{i}+\sum_{i=1}^{n}F_{iy}\boldsymbol{j}+\sum_{i=1}^{n}F_{iz}\boldsymbol{k} \tag{3-2}$$

式中，$F_{\mathrm{R}x}=\sum_{i=1}^{n}F_{ix}$，$F_{\mathrm{R}y}=\sum_{i=1}^{n}F_{iy}$，$F_{\mathrm{R}z}=\sum_{i=1}^{n}F_{iz}$，即合力沿$x$、$y$、$z$轴的投影等于力系中各分力在$x$、$y$、$z$轴投影的代数和。由此得合力的大小和方向余弦为

$$\left.\begin{aligned}&F_{\mathrm{R}}=\sqrt{F_{\mathrm{R}x}^2+F_{\mathrm{R}y}^2+F_{\mathrm{R}z}^2}=\sqrt{\left(\sum_{i=1}^{n}F_{ix}\right)^2+\left(\sum_{i=1}^{n}F_{iy}\right)^2+\left(\sum_{i=1}^{n}F_{iz}\right)^2}\\&\cos(\boldsymbol{F}_{\mathrm{R}},\boldsymbol{i})=\frac{F_{\mathrm{R}x}}{F_{\mathrm{R}}},\quad\cos(\boldsymbol{F}_{\mathrm{R}},\boldsymbol{j})=\frac{F_{\mathrm{R}y}}{F_{\mathrm{R}}},\quad\cos(\boldsymbol{F}_{\mathrm{R}},\boldsymbol{k})=\frac{F_{\mathrm{R}z}}{F_{\mathrm{R}}}\end{aligned}\right\} \tag{3-3}$$

2. 空间汇交力系的平衡

由于空间汇交力系可以合成一个合力$\boldsymbol{F}_{\mathrm{R}}$，所以空间汇交力系平衡的充分必要条件是该力系的合力等于零，即

$$\boldsymbol{F}_R=\sum_{i=1}^{n}\boldsymbol{F}_i=\boldsymbol{0} \tag{3-4}$$

为使合力等于零，必须同时满足

$$\left.\begin{aligned}\sum_{i=1}^{n}F_{ix}=0\\\sum_{i=1}^{n}F_{iy}=0\\\sum_{i=1}^{n}F_{iz}=0\end{aligned}\right\} \tag{3-5}$$

式(3-5)即为空间汇交力系的三个相互独立的平衡方程，即空间汇交力系平衡的充分必要条件是该力系中各力在三个坐标轴上的投影的代数和等于零。在求解空间汇交力系的平衡问题时，只需列出三个平衡方程，求解三个未知量。

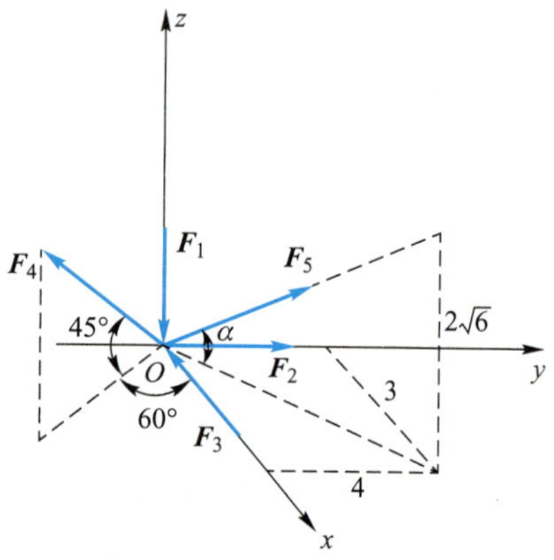

图 3-1

例 3-1 如图 3-1 所示，已知 $F_1=2\sqrt{6}$ N，$F_2=2\sqrt{3}$ N，$F_3=1$ N，$F_4=4\sqrt{2}$ N，$F_5=7$ N，求这五个力的合力的大小和方向。

解 利用一次投影法计算 $\boldsymbol{F}_1$、$\boldsymbol{F}_2$、$\boldsymbol{F}_3$ 在 x、y、z 轴上的投影，即

$$F_{1x}=0,\quad F_{1y}=0,\quad F_{1z}=-2\sqrt{6}\ \text{N}$$
$$F_{2x}=0,\quad F_{2y}=2\sqrt{3}\ \text{N},\quad F_{2z}=0$$
$$F_{3x}=-1\ \text{N},\quad F_{3y}=0,\quad F_{3z}=0$$

利用二次投影法计算 $\boldsymbol{F}_4$、$\boldsymbol{F}_5$ 在 x、y、z 轴上的投影，即

$$F_{4x}=F_4\cos 45^\circ\cos 60^\circ=2\ \text{N},\quad F_{4y}=-F_4\cos 45^\circ\sin 60^\circ=-2\sqrt{3}\ \text{N},\quad F_{4z}=F_4\sin 45^\circ=4\ \text{N}$$
$$F_{5x}=F_5\cos\alpha\times\frac{3}{5}=3\ \text{N},\quad F_{5y}=F_5\cos\alpha\times\frac{4}{5}=4\ \text{N},\quad F_{5z}=F_5\sin\alpha=2\sqrt{6}\ \text{N}$$

合力在 x、y、z 轴上的投影为

$$F_{Rx}=\sum_{i=1}^{n}F_{ix}=0+0-1\ \text{N}+2\ \text{N}+3\ \text{N}=4\ \text{N}$$
$$F_{Ry}=\sum_{i=1}^{n}F_{iy}=0+2\sqrt{3}\ \text{N}+0-2\sqrt{3}\ \text{N}+4\ \text{N}=4\ \text{N}$$
$$F_{Rz}=\sum_{i=1}^{n}F_{iz}=-2\sqrt{6}\ \text{N}+0+0+4\ \text{N}+2\sqrt{6}\ \text{N}=4\ \text{N}$$

所以，合力为 $\boldsymbol{F}_R=F_{Rx}\boldsymbol{i}+F_{Ry}\boldsymbol{j}+F_{Rz}\boldsymbol{k}=(4\boldsymbol{i}+4\boldsymbol{j}+4\boldsymbol{k})\text{N}$

合力的大小和方向余弦为

$$F_R=\sqrt{(4\ \text{N})^2+(4\ \text{N})^2+(4\ \text{N})^2}=4\sqrt{3}\ \text{N}$$
$$\cos(\boldsymbol{F}_R,\boldsymbol{i})=\frac{F_{Rx}}{F_R}=\frac{4\ \text{N}}{4\sqrt{3}\ \text{N}}=\frac{\sqrt{3}}{3}$$
$$\cos(\boldsymbol{F}_R,\boldsymbol{j})=\frac{F_{Ry}}{F_R}=\frac{4\ \text{N}}{4\sqrt{3}\ \text{N}}=\frac{\sqrt{3}}{3}$$

$$\cos(\boldsymbol{F}_R, \boldsymbol{k}) = \frac{F_{Rz}}{F_R} = \frac{4\ \text{N}}{4\sqrt{3}\ \text{N}} = \frac{\sqrt{3}}{3}$$

例 3-2 图 3-2a 为空气动力天平上测定模型所受阻力用的一个悬挂节点 O,其上作用有铅垂载荷 $\boldsymbol{F}$。钢丝 OA 和 OB 所构成的平面垂直于竖直平面 Oyz,并与该平面相交于 OD,而钢丝 OC 与水平轴 y 同向。已知 OD 与 z 轴间的夹角为 β,又 $\angle AOD = \angle BOD = \alpha$,求各钢丝中的拉力。

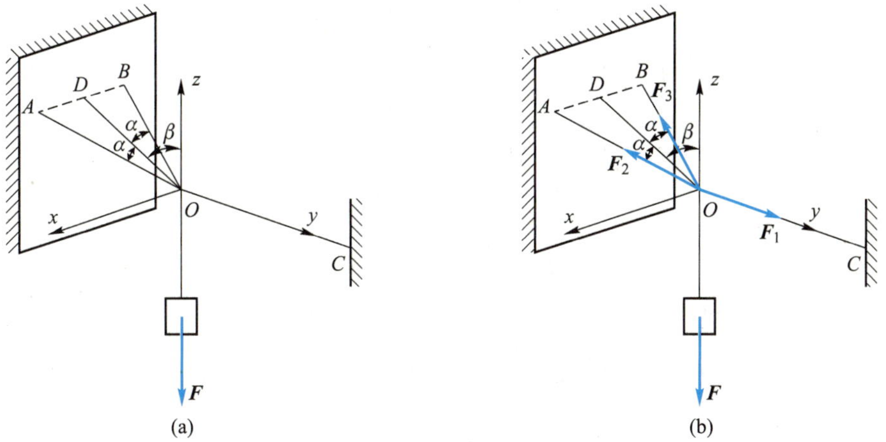

图 3-2

解 取节点 O 为研究对象,其受力分析如图 3-2b 所示,$\boldsymbol{F}_1$、$\boldsymbol{F}_2$、$\boldsymbol{F}_3$ 与 $\boldsymbol{F}$ 汇交于点 O,为一空间汇交力系。力 $\boldsymbol{F}_1$、$\boldsymbol{F}_2$、$\boldsymbol{F}_3$、$\boldsymbol{F}$ 在坐标轴上的投影分别为

$$F_{1x}=0,\quad F_{1y}=F_1,\quad F_{1z}=0$$
$$F_{2x}=F_2\sin\alpha,\quad F_{2y}=-F_2\cos\alpha\sin\beta,\quad F_{2z}=F_2\cos\alpha\cos\beta$$
$$F_{3x}=-F_3\sin\alpha,\quad F_{3y}=-F_3\cos\alpha\sin\beta,\quad F_{3z}=F_3\cos\alpha\cos\beta$$
$$F_x=0,\quad F_y=0,\quad F_z=-F$$

列空间汇交力系的平衡方程

$$\sum_{i=1}^{n} F_{ix}=0,\quad F_2\sin\alpha - F_3\sin\alpha = 0$$

$$\sum_{i=1}^{n} F_{iy}=0,\quad F_1 - F_2\cos\alpha\sin\beta - F_3\cos\alpha\sin\beta = 0$$

$$\sum_{i=1}^{n} F_{iz}=0,\quad F_2\cos\alpha\cos\beta + F_3\cos\alpha\cos\beta - F = 0$$

解得

$$F_1 = F\tan\beta,\quad F_2 = F_3 = \frac{F}{2\cos\alpha\cos\beta}$$

3.2 空间力偶系的合成与平衡

设物体上作用有 n 个空间力偶,这些力偶组成空间力偶系。设空间力偶系中各力偶矩矢分别为 $\boldsymbol{M}_1, \boldsymbol{M}_2, \cdots, \boldsymbol{M}_n$,由于力偶矩矢是自由矢量,用类似于平面力偶系的合成方法,将空间力偶系进行合成。空间力偶系可以合成一合力偶,合力偶矩矢等于力偶系中各力偶矩矢的矢量和,即

$$\boldsymbol{M}=\boldsymbol{M}_1+\boldsymbol{M}_2+\cdots+\boldsymbol{M}_n=\sum_{i=1}^{n}\boldsymbol{M}_i \tag{3-6}$$

合力偶矩矢的大小和方向可用解析法求得，取直角坐标 $Oxyz$，将式(3-6)投影到直角坐标轴上，有

$$\left.\begin{aligned}M_x&=M_{1x}+M_{2x}+\cdots+M_{nx}=\sum_{i=1}^{n}M_{ix}\\M_y&=M_{1y}+M_{2y}+\cdots+M_{ny}=\sum_{i=1}^{n}M_{iy}\\M_z&=M_{1z}+M_{2z}+\cdots+M_{nz}=\sum_{i=1}^{n}M_{iz}\end{aligned}\right\} \tag{3-7}$$

则合力偶矩矢的解析表达式为

$$\boldsymbol{M}=M_x\boldsymbol{i}+M_y\boldsymbol{j}+M_z\boldsymbol{k} \tag{3-8}$$

合力偶矩矢的大小和方向余弦分别为

$$\left.\begin{aligned}M&=\sqrt{\left(\sum_{i=1}^{n}M_{ix}\right)^2+\left(\sum_{i=1}^{n}M_{iy}\right)^2+\left(\sum_{i=1}^{n}M_{iz}\right)^2}\\\cos(\boldsymbol{M},\boldsymbol{i})&=\frac{M_x}{M}\\\cos(\boldsymbol{M},\boldsymbol{j})&=\frac{M_y}{M}\\\cos(\boldsymbol{M},\boldsymbol{k})&=\frac{M_z}{M}\end{aligned}\right\} \tag{3-9}$$

空间力偶系平衡的充分必要条件是**合力偶矩矢等于零，也就是所有力偶矩矢的矢量和等于零**，即

$$\sum_{i=1}^{n}\boldsymbol{M}_i=\boldsymbol{0} \tag{3-10}$$

式(3-10)向坐标轴上投影得

$$\left.\begin{aligned}\sum_{i=1}^{n}M_{ix}&=0\\\sum_{i=1}^{n}M_{iy}&=0\\\sum_{i=1}^{n}M_{iz}&=0\end{aligned}\right\} \tag{3-11}$$

式(3-11)为空间力偶系的平衡方程，即该力偶系中各力偶矩矢在三个坐标轴上投影的代数和等于零。上述三个独立的平衡方程，可求解三个未知量。

例 3-3 图 3-3 所示的三角柱刚体是正方体的一半，在其中三个侧面各自作用着一个力偶。已知力偶($\boldsymbol{F}_1$，$\boldsymbol{F}_1'$)的力偶矩 $M_1=20$ N·m，力偶($\boldsymbol{F}_2$，$\boldsymbol{F}_2'$)的力偶矩 $M_2=10$ N·m，力偶($\boldsymbol{F}_3$，$\boldsymbol{F}_3'$)的力偶矩 $M_3=30$ N·m。求合力偶矩矢 $\boldsymbol{M}$ 的大小和方向。

解 首先将三个力偶表示成力偶矩矢量，并平移至坐标系原点 O，如图 3-3b 所示。根据式(3-7)得合力偶矩矢在各坐标轴上的投影，即

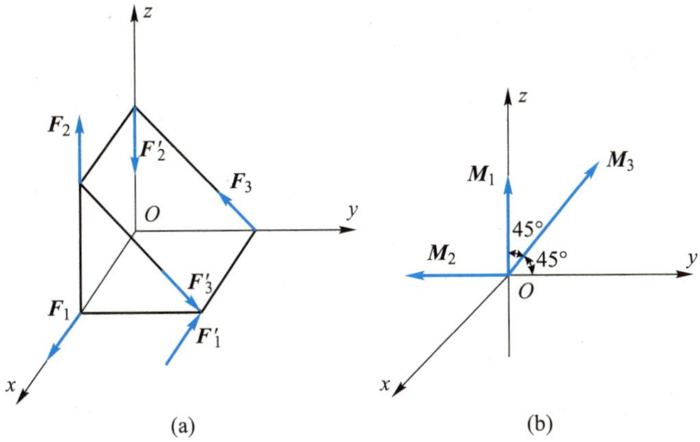

图 3-3

$$M_x = M_{1x} + M_{2x} + M_{3x} = 0$$

$$M_y = M_{1y} + M_{2y} + M_{3y} = -M_2 + M_3 \cos 45° = 11.2\ \text{N}\cdot\text{m}$$

$$M_z = M_{1z} + M_{2z} + M_{3z} = M_1 + M_3 \sin 45° = 41.2\ \text{N}\cdot\text{m}$$

由式(3-8)得合力偶矩矢为

$$\boldsymbol{M} = M_x\boldsymbol{i} + M_y\boldsymbol{j} + M_z\boldsymbol{k} = 11.2\ \text{N}\cdot\text{m}\times\boldsymbol{j} + 41.2\ \text{N}\cdot\text{m}\times\boldsymbol{k}$$

由式(3-9)得合力偶矩矢的大小和方向余弦分别为

$$M = \sqrt{\left(\sum_{i=1}^{n} M_{ix}\right)^2 + \left(\sum_{i=1}^{n} M_{iy}\right)^2 + \left(\sum_{i=1}^{n} M_{iz}\right)^2} = 42.7\ \text{N}\cdot\text{m}$$

$$\cos(\boldsymbol{M},\boldsymbol{i}) = \frac{M_x}{M} = 0,\quad \angle(\boldsymbol{M},\boldsymbol{i}) = 90°$$

$$\cos(\boldsymbol{M},\boldsymbol{j}) = \frac{M_y}{M} = \frac{11.2\ \text{N}\cdot\text{m}}{42.7\ \text{N}\cdot\text{m}} = 0.262,\quad \angle(\boldsymbol{M},\boldsymbol{j}) = 74.8°$$

$$\cos(\boldsymbol{M},\boldsymbol{k}) = \frac{M_z}{M} = \frac{41.2\ \text{N}\cdot\text{m}}{42.7\ \text{N}\cdot\text{m}} = 0.965,\quad \angle(\boldsymbol{M},\boldsymbol{k}) = 15.2°$$

3.3 空间一般力系的简化和平衡条件

在工程实际中，许多机械构件和工程结构都受空间一般力系的作用，如建筑物、车床主轴、起重设备等。空间一般力系的研究方法与平面一般力系的研究方法基本相同。

1. 空间一般力系向任一点的简化 主矢和主矩

空间一般力系向任一点的简化仍是以力的平移定理为基础的，而在空间中，力对点的矩是矢量，空间力平移后产生的附加力偶用矢量来表示。平面一般力系向任一点简化为一平面汇交力系和一平面力偶系与之等效，空间一般力系向任一点简化为一空间汇交力系和一空间力偶系与之等效。

设有一空间任意力系 $\boldsymbol{F}_1,\boldsymbol{F}_2,\cdots,\boldsymbol{F}_n$ 分别作用于刚体上的 $A_1,A_2,\cdots,A_n$ 各点，如图 3-4a 所示。在刚体内任选一点 O 作为简化中心，应用力的平移定理，将各力平移到点 O，但同时附加一个力偶，其力偶矩矢等于各力对简化中心 O 的力矩矢。这样原力系等效为作用于点 O 的空间

汇交力系 $\boldsymbol{F}_1',\boldsymbol{F}_2',\cdots,\boldsymbol{F}_n'$ 及力偶矩矢为 $\boldsymbol{M}_1,\boldsymbol{M}_2,\cdots,\boldsymbol{M}_n$ 的空间力偶系，如图 3-4b 所示。其中，各力 $\boldsymbol{F}_i'=\boldsymbol{F}_i$，各力偶矩矢 $\boldsymbol{M}_i=\boldsymbol{M}_O(\boldsymbol{F}_i)$。

作用于点 O 的空间汇交力系可合成作用于点 O 的一个合力 $\boldsymbol{F}_{\mathrm{R}}'$，如图 3-4c 所示，且有

$$\boldsymbol{F}_{\mathrm{R}}'=\sum_{i=1}^{n}\boldsymbol{F}_i'=\sum_{i=1}^{n}\boldsymbol{F}_i \tag{3-12}$$

即 $\boldsymbol{F}_{\mathrm{R}}'$ 等于原力系中各力的矢量和，称为原空间力系的主矢。

空间附加力偶系可合成一力偶，其合力偶矩矢为

$$\boldsymbol{M}_O=\sum_{i=1}^{n}\boldsymbol{M}_i=\sum_{i=1}^{n}\boldsymbol{M}_O(\boldsymbol{F}_i) \tag{3-13}$$

式中，矢量 $\boldsymbol{M}_O$ 等于原力系中各力对简化中心点 O 的矩的矢量和，称为原力系对点 O 的主矩。

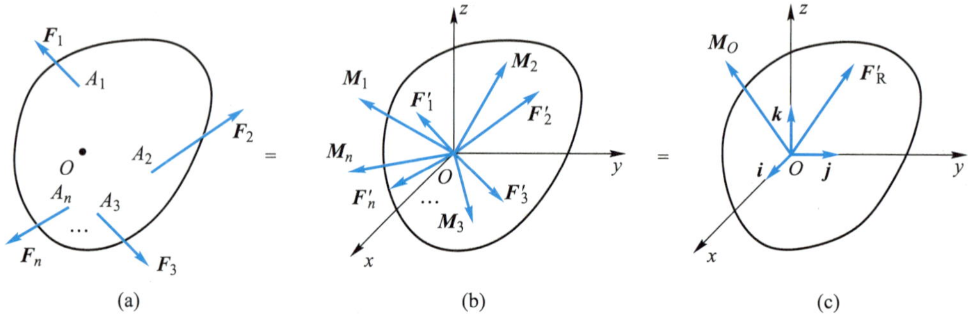

图 3-4

由此可知，空间一般力系向空间内一点简化，可得到一个主矢和一个主矩。一般情况下，主矢与简化中心的选择无关，而主矩与简化中心的选择有关。

为了计算主矢和主矩，可建立以简化中心 O 为原点的直角坐标系 $Oxyz$，将式(3-12)投影到坐标轴 x、y、z 上，则有

$$F_{\mathrm{R}x}'=\sum_{i=1}^{n}F_{ix},\quad F_{\mathrm{R}y}'=\sum_{i=1}^{n}F_{iy},\quad F_{\mathrm{R}z}'=\sum_{i=1}^{n}F_{iz}$$

主矢的大小和方向为

$$F_{\mathrm{R}}'=\sqrt{\left(\sum_{i=1}^{n}F_{ix}\right)^2+\left(\sum_{i=1}^{n}F_{iy}\right)^2+\left(\sum_{i=1}^{n}F_{iz}\right)^2} \tag{3-14}$$

$$\left.\begin{aligned}\cos(\boldsymbol{F}_{\mathrm{R}}',\boldsymbol{i})&=\frac{\sum_{i=1}^{n}F_{ix}}{F_{\mathrm{R}}'}\\ \cos(\boldsymbol{F}_{\mathrm{R}}',\boldsymbol{j})&=\frac{\sum_{i=1}^{n}F_{iy}}{F_{\mathrm{R}}'}\\ \cos(\boldsymbol{F}_{\mathrm{R}}',\boldsymbol{k})&=\frac{\sum_{i=1}^{n}F_{iz}}{F_{\mathrm{R}}'}\end{aligned}\right\} \tag{3-15}$$

式中，$\sum_{i=1}^{n}F_{ix}$、$\sum_{i=1}^{n}F_{iy}$、$\sum_{i=1}^{n}F_{iz}$ 分别表示力系中各力在 x、y、z 轴上投影的代数和。

将式(3-13)投影到坐标轴 x、y、z 上，并应用力对点的矩和力对轴的矩之间的关系可得主矩的大小和方向为

$$M_O=\sqrt{\left[\sum_{i=1}^{n}M_x(\boldsymbol{F}_i)\right]^2+\left[\sum_{i=1}^{n}M_y(\boldsymbol{F}_i)\right]^2+\left[\sum_{i=1}^{n}M_z(\boldsymbol{F}_i)\right]^2} \tag{3-16}$$

$$\left.\begin{aligned}\cos(\boldsymbol{M}_O,\boldsymbol{i})&=\frac{\sum_{i=1}^{n}M_x(\boldsymbol{F}_i)}{M_O}\\ \cos(\boldsymbol{M}_O,\boldsymbol{j})&=\frac{\sum_{i=1}^{n}M_y(\boldsymbol{F}_i)}{M_O}\\ \cos(\boldsymbol{M}_O,\boldsymbol{k})&=\frac{\sum_{i=1}^{n}M_z(\boldsymbol{F}_i)}{M_O}\end{aligned}\right\} \tag{3-17}$$

式中，$\sum_{i=1}^{n}M_x(\boldsymbol{F}_i)$、$\sum_{i=1}^{n}M_y(\boldsymbol{F}_i)$、$\sum_{i=1}^{n}M_z(\boldsymbol{F}_i)$ 分别表示力系中各力对 x、y、z 轴的矩的代数和。

2. 空间一般力系简化结果分析 合力矩定理

空间一般力系向空间内一点简化后得到通过简化中心的主矢 $\boldsymbol{F}_R'$和对简化中心的主矩 $\boldsymbol{M}_O$，根据主矢和主矩是否等于零，分四种情况来进一步讨论空间一般力系最后的简化结果。

(1) $\boldsymbol{F}_R'\neq\boldsymbol{0}$，$\boldsymbol{M}_O\neq\boldsymbol{0}$

1) 当 $\boldsymbol{F}_R'\neq\boldsymbol{0}$，$\boldsymbol{M}_O\neq\boldsymbol{0}$，且 $\boldsymbol{F}_R'\perp\boldsymbol{M}_O$(即 $\boldsymbol{F}_R'\cdot\boldsymbol{M}_O=0$)时，如图 3-5a 所示。将矩矢为 $\boldsymbol{M}_O$ 的主矩用两个力 $\boldsymbol{F}_R$ 和 $\boldsymbol{F}_R''$表示，这时 $\boldsymbol{F}_R'$和 $\boldsymbol{F}_R$、$\boldsymbol{F}_R''$在同一平面内，令 $\boldsymbol{F}_R'=\boldsymbol{F}_R=-\boldsymbol{F}_R''$，则 $\boldsymbol{F}_R'$和 $\boldsymbol{F}_R''$为一对等值、反向、共线的平衡力，原力系可简化为一合力 $\boldsymbol{F}_R$。合力 $\boldsymbol{F}_R$ 的大小、方向与 $\boldsymbol{F}_R'$相同，但合力并不作用于简化中心，而是作用在距简化中心距离为 d 的点 O'上，且有 $d=\dfrac{|\boldsymbol{M}_O|}{|\boldsymbol{F}_R'|}$。由图 3-5b 可知

$$\boldsymbol{M}_O=\boldsymbol{M}_O(\boldsymbol{F}_R)$$

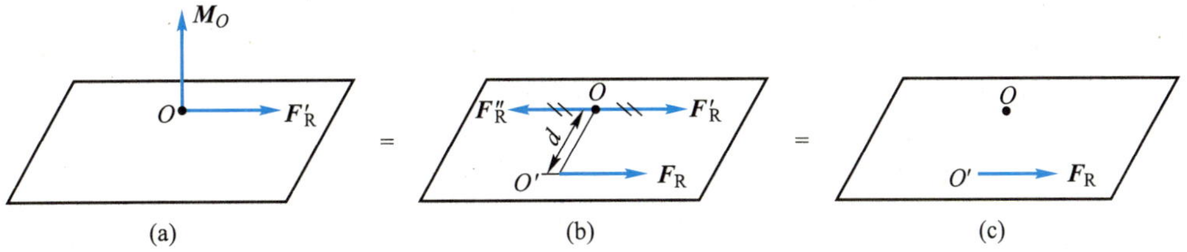

图 3-5

又根据式(3-13)，有

$$\boldsymbol{M}_O(\boldsymbol{F}_\mathrm{R})=\sum_{i=1}^{n}\boldsymbol{M}_O(\boldsymbol{F}_i) \tag{3-18}$$

式(3-18)表明，**空间一般力系的合力对任意一点的矩等于各力对同一点矩的矢量和，称为空间一般力系的合力矩定理**。

将式(3-18)向通过点 O 的三个坐标轴上投影，并应用力对点的矩和力对轴的矩之间的关系可得

$$\left.\begin{aligned}M_x(\boldsymbol{F}_\mathrm{R})&=\sum_{i=1}^{n}M_x(\boldsymbol{F}_i)\\M_y(\boldsymbol{F}_\mathrm{R})&=\sum_{i=1}^{n}M_y(\boldsymbol{F}_i)\\M_z(\boldsymbol{F}_\mathrm{R})&=\sum_{i=1}^{n}M_z(\boldsymbol{F}_i)\end{aligned}\right\} \tag{3-19}$$

式(3-19)表明，**空间一般力系的合力对任一轴的矩等于力系中各力对同一轴的矩的代数和，这就是空间力系对轴的合力矩定理**。

2）当 $\boldsymbol{F}'_\mathrm{R}\neq\boldsymbol{0}$，$\boldsymbol{M}_O\neq\boldsymbol{0}$，且 $\boldsymbol{F}'_\mathrm{R}/\!/\boldsymbol{M}_O$ 时，如图3-6a所示，这种简化结果称为力螺旋。**力螺旋是由一个力和一个力偶组成的力系，且该力垂直于力偶的作用面**。钻孔时钻头对工件的作用，用螺丝刀松紧螺钉的作用，都是力螺旋的例子。力偶的转向和力的指向符合右手螺旋定则，称为右螺旋，如图3-6a所示，否则称为左螺旋，如图3-6b所示。力螺旋的力作用线称为该力系的中心轴，在 $\boldsymbol{F}'_\mathrm{R}/\!/\boldsymbol{M}_O$ 的情况下，力螺旋的中心轴通过简化中心。

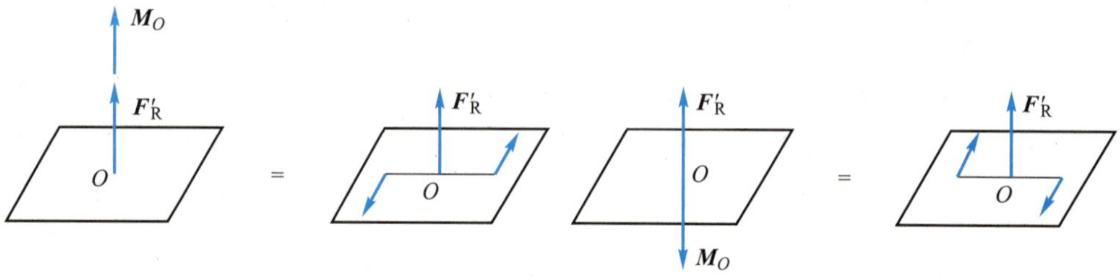

图3-6

3）当 $\boldsymbol{F}'_\mathrm{R}\neq\boldsymbol{0}$，$\boldsymbol{M}_O\neq\boldsymbol{0}$，且 $\boldsymbol{F}'_\mathrm{R}$与 $\boldsymbol{M}_O$ 既不垂直、又不平行，两者成任意角 α 时，如图3-7a所示。可将主矩 $\boldsymbol{M}_O$ 分解为 $\boldsymbol{M}'_O$和 $\boldsymbol{M}''_O$，它们分别垂直于 $\boldsymbol{F}'_\mathrm{R}$和平行于 $\boldsymbol{F}'_\mathrm{R}$，如图3-7b所示。因 $\boldsymbol{F}'_\mathrm{R}\perp\boldsymbol{M}''_O$，$\boldsymbol{F}'_\mathrm{R}$与 $\boldsymbol{M}''_O$可用作用于点 O'的 $\boldsymbol{F}''_\mathrm{R}$来代替。将$\boldsymbol{M}'_O$平行移动，使之与 $\boldsymbol{F}''_\mathrm{R}$共线，这样便得一力螺旋，如图3-7c所示。力螺旋的中心轴不通过简化中心 O，而是通过另一点 O'，O、O'两点的距离为 $d=\dfrac{M_O\sin\alpha}{F'_\mathrm{R}}$，该力螺旋中的力偶矩的大小为 $|\boldsymbol{M}'_O|=\boldsymbol{M}_O\cdot\dfrac{\boldsymbol{F}'_\mathrm{R}}{|\boldsymbol{F}'_\mathrm{R}|}$。

(2) $\boldsymbol{F}'_\mathrm{R}\neq\boldsymbol{0}$，$\boldsymbol{M}_O=\boldsymbol{0}$

主矢不等于零，而主矩等于零，说明原力系可以合成一个合力，合力作用线通过简化中心，合力矢等于力系的主矢 $\boldsymbol{F}'_\mathrm{R}$。

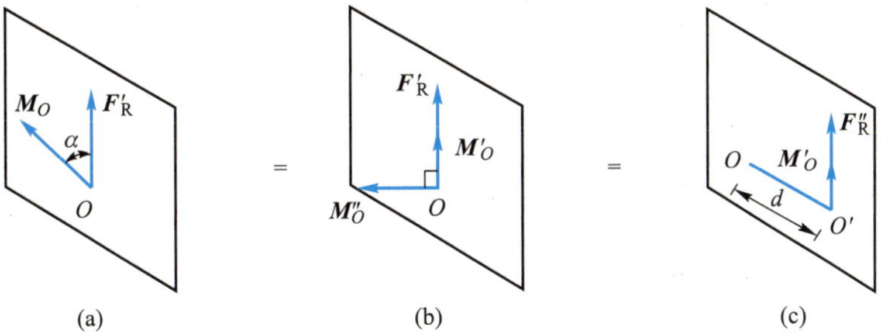

图 3-7

(3) $\boldsymbol{F}'_R=\mathbf{0}, \boldsymbol{M}_O\neq\mathbf{0}$

主矢等于零，主矩不等于零，说明原力系等效为一空间力偶系，即原力系可以合成一合力偶，其合力偶矩矢等于原力系对简化中心的主矩 $\boldsymbol{M}_O$。对于这种情况，力系的主矩与简化中心的位置无关，也就是说不论力系向哪一点简化，力系的合成结果都是与力偶矩矢相同的一个力偶。

(4) $\boldsymbol{F}'_R=\mathbf{0}, \boldsymbol{M}_O=\mathbf{0}$

主矢和主矩都等于零，说明简化后的空间汇交力系和空间力偶系都平衡，因而原空间一般力系为一平衡力系。

3. 空间一般力系的平衡条件和平衡方程

空间一般力系平衡的充分必要条件是力系的主矢和对任一点的主矩都等于零，即 $\boldsymbol{F}'_R=\mathbf{0}$，$\boldsymbol{M}_O=\mathbf{0}$。

根据式(3-14)、式(3-16)，上述平衡条件可写成空间一般力系的平衡方程

$$\left.\begin{aligned}\sum_{i=1}^{n}F_{ix}&=0\\ \sum_{i=1}^{n}F_{iy}&=0\\ \sum_{i=1}^{n}F_{iz}&=0\\ \sum_{i=1}^{n}M_x(\boldsymbol{F}_i)&=0\\ \sum_{i=1}^{n}M_y(\boldsymbol{F}_i)&=0\\ \sum_{i=1}^{n}M_z(\boldsymbol{F}_i)&=0\end{aligned}\right\}\qquad(3-20)$$

式(3-20)为空间一般力系的平衡方程，即**空间一般力系平衡的充分必要条件是力系中各力在坐标系中的每个轴上的投影的代数和等于零，对每个轴的矩的代数和也等于零**。空间一般力系的平衡方程也有其他的形式，但只有六个独立的平衡方程，可求解六个未知量。

设 $\boldsymbol{F}_1, \boldsymbol{F}_2, \cdots, \boldsymbol{F}_n$ 为作用于刚体上的空间平行力系，如图 3-8 所示，令 z 轴与各力的作用线

平行。显然有 $\sum_{i=1}^{n} F_{ix}=0$，$\sum_{i=1}^{n} F_{iy}=0$，$\sum_{i=1}^{n} M_z(\boldsymbol{F}_i)=0$。因此，空间平行力系只有三个平衡方程，即

$$\left.\begin{aligned}\sum_{i=1}^{n} F_{iz}=0\\ \sum_{i=1}^{n} M_x(\boldsymbol{F}_i)=0\\ \sum_{i=1}^{n} M_y(\boldsymbol{F}_i)=0\end{aligned}\right\} \tag{3-21}$$

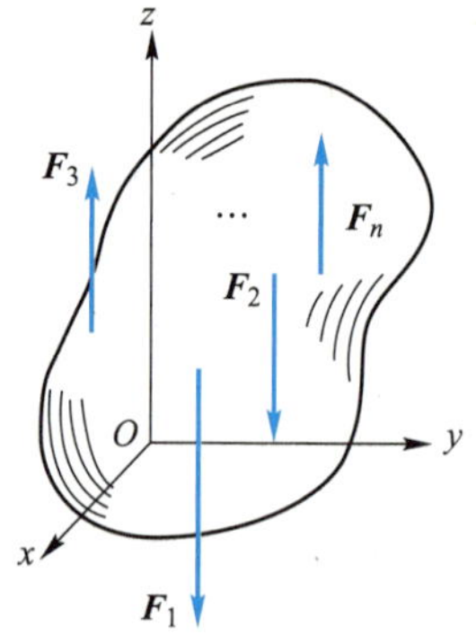

图 3-8

式(3-21)表明，**空间平行力系平衡的充分必要条件是力系中各力在与力作用线平行的坐标轴上投影的代数和等于零，以及力系中各力对两个与力作用线垂直的轴的矩的代数和等于零。**

例 3-4 均质等边三角形平板重量为 P，其重心为 O 点，由三根等长铅垂绳子悬挂并使板保持水平。在板上的 D 点作用一竖直向下的力 $\boldsymbol{F}$，三角形的高为 h，$CD=\frac{1}{3}h$，试计算绳子的拉力。

解 取三角形板为研究对象，其受力分析如图 3-9 所示。有三个未知力 $\boldsymbol{F}_{T1}$、$\boldsymbol{F}_{T2}$、$\boldsymbol{F}_{T3}$，主动力为 $\boldsymbol{P}$ 和 $\boldsymbol{F}$，各力的作用线相互平行，为一空间平行力系，可列三个独立的平衡方程，故这三个未知力可由平衡方程全部确定。列平衡方程，即

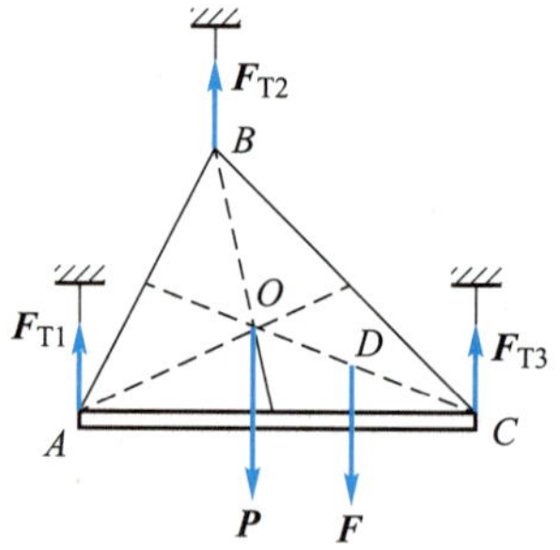

图 3-9

$$\sum_{i=1}^{n} F_{iz}=0,\quad F_{T1}+F_{T2}+F_{T3}-P-F=0$$

$$\sum_{i=1}^{n} M_{AB}(\boldsymbol{F}_i)=0,\quad F_{T3}\cdot h-P\cdot\frac{1}{3}h-F\cdot\frac{2}{3}h=0$$

$$\sum_{i=1}^{n} M_{BC}(\boldsymbol{F}_i)=0,\quad F_{T1}\cdot h-P\cdot\frac{1}{3}h-F\cdot\frac{1}{3}h\sin 30^\circ=0$$

解得 $F_{T1}=\frac{1}{3}P+\frac{1}{6}F$，$F_{T2}=\frac{1}{3}P+\frac{1}{6}F$，$F_{T3}=\frac{1}{3}P+\frac{2}{3}F$。

例 3-5 如图 3-10 所示，重量为 G 的物体通过绳子缠绕在半径为 r 的鼓轮上，重量为 P 的物体通过绳子缠绕在半径为 R 的轮子上，A、B 为径向轴承。机构处于平衡状态，已知 $R=6r$，$P=6$ N。试确定 $\boldsymbol{G}$ 的大小及轴承 A、B 处的约束力。不计鼓轮、轮子及轴的重量。

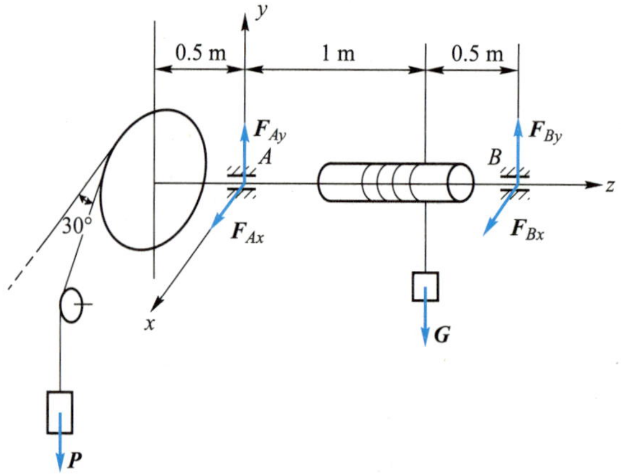

图 3-10

解 取整体为研究对象,受力分析如图 3-10 所示,有五个未知力 $\boldsymbol{F}_{Ax}$、$\boldsymbol{F}_{Ay}$、$\boldsymbol{F}_{Bx}$、$\boldsymbol{F}_{By}$、$\boldsymbol{G}$,主动力为 $\boldsymbol{P}$,为一空间一般力系。空间一般力系的平衡方程有六个,故这五个未知力可由平衡方程全部确定。列平衡方程,即

$$\sum_{i=1}^{n} F_{ix} = 0,\quad F_{Ax} + F_{Bx} + P\cos 30^\circ = 0$$

$$\sum_{i=1}^{n} F_{iy} = 0,\quad F_{Ay} + F_{By} - P\sin 30^\circ - G = 0$$

$$\sum_{i=1}^{n} M_x(\boldsymbol{F}_i) = 0,\quad P\sin 30^\circ \cdot 0.5\ \text{m} - G \cdot 1\ \text{m} + F_{By} \cdot 1.5\ \text{m} = 0$$

$$\sum_{i=1}^{n} M_y(\boldsymbol{F}_i) = 0,\quad P\cos 30^\circ \cdot 0.5\ \text{m} - F_{Bx} \cdot 1.5\ \text{m} = 0$$

$$\sum_{i=1}^{n} M_z(\boldsymbol{F}_i) = 0,\quad P \cdot R - G \cdot r = 0$$

解得 $F_{Ax} = -4\sqrt{3}$ N,$F_{Ay} = 16$ N,$F_{Bx} = \sqrt{3}$ N,$F_{By} = 23$ N,$G = 36$ N。

例 3-6 如图 3-11a 所示,正方形薄板的边长为 a,平板上作用一力偶,力偶矩为 M,不计薄板和各杆的自重,求各杆的内力。

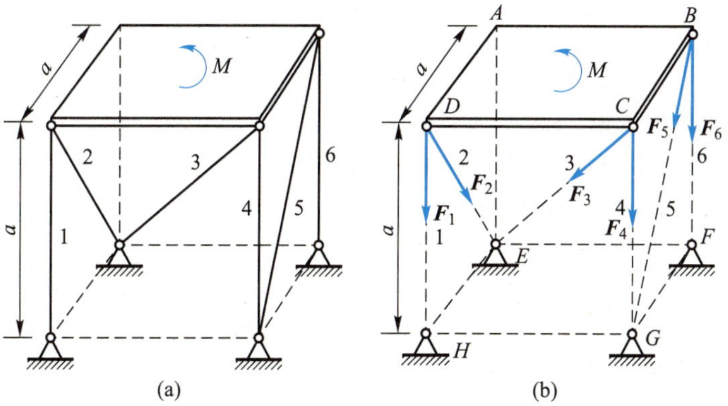

图 3-11

解 取薄板为研究对象,其受力如图 3-11b 所示,采用空间一般力系的六个力矩方程求解此问题。

$$\sum_{i=1}^{n} M_{GC}(\boldsymbol{F}_i) = 0,\quad M - \frac{\sqrt{2}}{2}F_2 \cdot a = 0,\quad F_2 = \frac{\sqrt{2}M}{a}$$

$$\sum_{i=1}^{n} M_{BC}(\boldsymbol{F}_i) = 0,\quad F_1 \cdot a + \frac{\sqrt{2}}{2}F_2 \cdot a = 0,\quad F_1 = -\frac{M}{a}$$

$$\sum_{i=1}^{n} M_{EA}(\boldsymbol{F}_i) = 0,\quad M - \frac{\sqrt{2}}{2}F_5 \cdot a = 0,\quad F_5 = \frac{\sqrt{2}M}{a}$$

$$\sum_{i=1}^{n} M_{CD}(\boldsymbol{F}_i) = 0,\quad F_6 \cdot a + \frac{\sqrt{2}}{2}F_5 \cdot a = 0,\quad F_6 = -\frac{M}{a}$$

$$\sum_{i=1}^{n} M_{HD}(\boldsymbol{F}_i) = 0,\quad M - \frac{\sqrt{2}}{2}F_5 \cdot a + \frac{\sqrt{3}}{3}F_3 \cdot a = 0,\quad F_3 = 0$$

$$\sum_{i=1}^{n} M_{AB}(\boldsymbol{F}_i) = 0,\quad F_1 \cdot a + \frac{\sqrt{2}}{2}F_2 \cdot a + F_4 \cdot a = 0,\quad F_4 = 0$$

3.4 物体重心 平面图形形心的求法

重心是一个重要的力学概念，它在工程实际中具有重要的意义。例如，起重机的重心位置直接影响到起重机的平衡与稳定；飞机重心的位置直接影响到飞机飞行的稳定性；高速转子的重心若偏离转轴，则会引起强烈的振动。此外，构件的强度也涉及与重心有关的问题。求物体的重心实际上就是求具有固定作用点的同向平行力系的合力作用点的问题。地面上的物体受重力的作用，如果将物体看成由无数小微体组成，那么这些小微体所受到的重力，就可相当准确地看成具有固定作用点的同向平行力系。

1. 同向平行力系的中心

设力系 $\boldsymbol{F}_1,\boldsymbol{F}_2,\cdots,\boldsymbol{F}_n$ 为一具有固定作用点的同向平行力系，分别作用在点 $A_1,A_2,\cdots,A_n$ 上。设 O 为空间一固定点，$A_1,A_2,\cdots,A_n$ 相对于点 O 的矢径分别为 $\boldsymbol{r}_1,\boldsymbol{r}_2,\cdots,\boldsymbol{r}_n$（图 3－12），则这些同向平行力所组成的力系可以合成一个合力 $\boldsymbol{F}_R$，合力 $\boldsymbol{F}_R$ 也具有固定的作用点，设为 C，合力的大小和方向由下式确定：

$$\boldsymbol{F}_R=\sum_{i=1}^{n}\boldsymbol{F}_i=\sum_{i=1}^{n}(F_i\boldsymbol{e})=\left(\sum_{i=1}^{n}F_i\right)\boldsymbol{e} \tag{3-22}$$

式中，$\boldsymbol{e}$ 为 $\boldsymbol{F}_i$ 方向的单位矢量。

下面来确定合力的作用点，设合力的作用点的矢径为 $\boldsymbol{r}_C$，由空间一般力系的合力矩定理，有

$$\boldsymbol{r}_C\times\boldsymbol{F}_R=\sum_{i=1}^{n}\boldsymbol{r}_i\times\boldsymbol{F}_i$$

$$\boldsymbol{r}_C\times\sum_{i=1}^{n}\boldsymbol{F}_i=\sum_{i=1}^{n}\boldsymbol{r}_i\times\boldsymbol{F}_i$$

$$\boldsymbol{r}_C\times\left(\sum_{i=1}^{n}F_i\right)\boldsymbol{e}=\sum_{i=1}^{n}(\boldsymbol{r}_i\times F_i\boldsymbol{e})$$

$$\left(\sum_{i=1}^{n}F_i\boldsymbol{r}_C\right)\times\boldsymbol{e}=\left(\sum_{i=1}^{n}F_i\boldsymbol{r}_i\right)\times\boldsymbol{e}$$

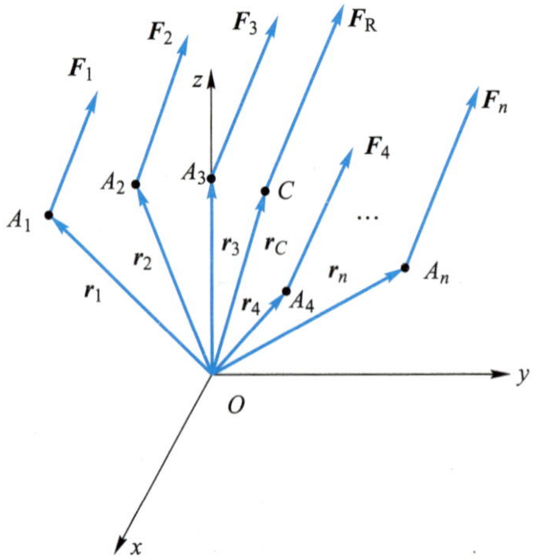

图 3－12

所以有

$$\sum_{i=1}^{n}F_i\boldsymbol{r}_C=\sum_{i=1}^{n}F_i\boldsymbol{r}_i$$

即

$$\boldsymbol{r}_C=\frac{\sum_{i=1}^{n}F_i\boldsymbol{r}_i}{\sum_{i=1}^{n}F_i} \tag{3-23}$$

以 O 为原点建立坐标系 $Oxyz$，将式（3－23）向坐标轴上投影得

$$x_C=\frac{\sum_{i=1}^{n}F_ix_i}{\sum_{i=1}^{n}F_i},\quad y_C=\frac{\sum_{i=1}^{n}F_iy_i}{\sum_{i=1}^{n}F_i},\quad z_C=\frac{\sum_{i=1}^{n}F_iz_i}{\sum_{i=1}^{n}F_i}\tag{3-24}$$

由以上分析可知，一组具有固定作用点的同向平行力系可以合成一个合力，合力的大小 $F_R=\sum_{i=1}^{n}F_i$，合力的方向与各力的方向相同。这个合力也具有固定的作用点，该作用点的位置与各分力的大小及各分力的作用点有关，而与各分力的方向无关。这里将一组具有固定作用点的同向平行力系的合力作用点称为该具有固定作用点的同向平行力系的中心。

2. 物体的重心

重力是地球对物体的引力，如将物体分割成 n 个微粒，每个微粒均受各自重力的作用，以 $\boldsymbol{P}_i$ 表示，这些重力可看作具有固定作用点的同向平行力系（如图 3-13 所示），这个同向平行力系的合力 $\boldsymbol{P}$ 就是物体所受的重力，而合力的作用点 (x_C, y_C, z_C) 称为该物体的重心。由式(3-22)及式(3-24)有

$$P=\sum_{i=1}^{n}P_i$$

$$x_C=\frac{\sum_{i=1}^{n}P_ix_i}{\sum_{i=1}^{n}P_i},\quad y_C=\frac{\sum_{i=1}^{n}P_iy_i}{\sum_{i=1}^{n}P_i},\quad z_C=\frac{\sum_{i=1}^{n}P_iz_i}{\sum_{i=1}^{n}P_i}\tag{3-25}$$

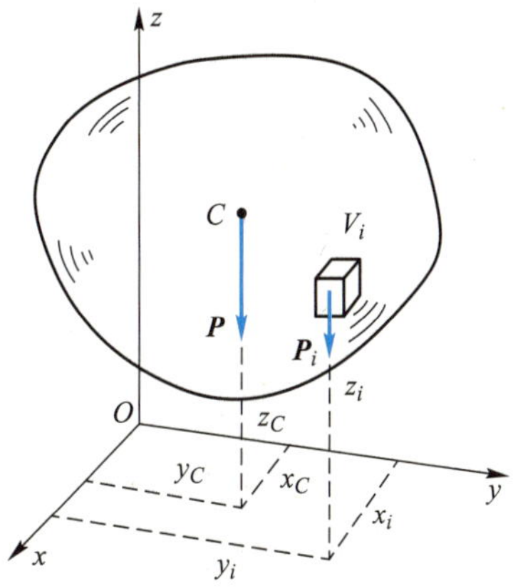

图 3-13

物体的重心是唯一存在的，与物体在空间的方位无关。重心的存在是重力的结果，没有重力也就没有重心。

物体分割得越细，按式(3-25)计算的重心位置越准确。在极限情况下可用积分计算。

对于均质的物体，单位体积的重量为常量，物体的总体积为 V，微小体积为 V_i，则 $V=\sum V_i$。由式(3-24)可得

$$\left.\begin{aligned}x_C&=\frac{\sum_{i=1}^{n}V_ix_i}{\sum_{i=1}^{n}V_i}=\frac{\sum_{i=1}^{n}V_ix_i}{V}\\ y_C&=\frac{\sum_{i=1}^{n}V_iy_i}{\sum_{i=1}^{n}V_i}=\frac{\sum_{i=1}^{n}V_iy_i}{V}\\ z_C&=\frac{\sum_{i=1}^{n}V_iz_i}{\sum_{i=1}^{n}V_i}=\frac{\sum_{i=1}^{n}V_iz_i}{V}\end{aligned}\right\}\tag{3-26}$$

上式可写成积分形式，即

$$x_C=\frac{\int_V x\,\mathrm{d}V}{V},\quad y_C=\frac{\int_V y\,\mathrm{d}V}{V},\quad z_C=\frac{\int_V z\,\mathrm{d}V}{V} \tag{3-27}$$

可见，对于均质物体来说，其重心只取决于物体的几何形状。所以，均质物体的重心也是物体几何形体的中心。物体几何形体的中心称为物体的形心。

对于等厚的均质物体，当其厚度远小于长和宽时，例如厂房的双曲壳、薄壁容器、飞机机翼等工程中的薄壳或薄板(图3-14)，可以将其看成均质曲面，其重心或形心的公式为

$$\left.\begin{aligned}x_C&=\frac{\sum_{i=1}^{n}A_i x_i}{\sum_{i=1}^{n}A_i}=\frac{\int_A x\,\mathrm{d}A}{A}\\ y_C&=\frac{\sum_{i=1}^{n}A_i y_i}{\sum_{i=1}^{n}A_i}=\frac{\int_A y\,\mathrm{d}A}{A}\\ z_C&=\frac{\sum_{i=1}^{n}A_i z_i}{\sum_{i=1}^{n}A_i}=\frac{\int_A z\,\mathrm{d}A}{A}\end{aligned}\right\} \tag{3-28}$$

式中，$\mathrm{d}A$ 为曲面的微元面积，A 为曲面的面积。曲面的重心一般不在曲面上。

对位于 Oxy 面内的等厚均质薄平板，可以将其看成均质平面，其重心或形心只取决于坐标 x_C、y_C。式(3-28)的第一式和第二式即是等厚均质薄平板的重心或形心计算公式，也是平面图形的形心计算公式。

对于等截面均质细长曲杆，当其截面尺寸远小于长度时(图3-15)，可以看成一均质空间曲线，其重心或形心的公式为

$$\left.\begin{aligned}x_C&=\frac{\sum_{i=1}^{n}l_i x_i}{\sum_{i=1}^{n}l_i}=\frac{\int_l x\,\mathrm{d}l}{l}\\ y_C&=\frac{\sum_{i=1}^{n}l_i y_i}{\sum_{i=1}^{n}l_i}=\frac{\int_l y\,\mathrm{d}l}{l}\\ z_C&=\frac{\sum_{i=1}^{n}l_i z_i}{\sum_{i=1}^{n}l_i}=\frac{\int_l z\,\mathrm{d}l}{l}\end{aligned}\right\} \tag{3-29}$$

式中，dl 为微线段的长度，l 为线段的总长度。

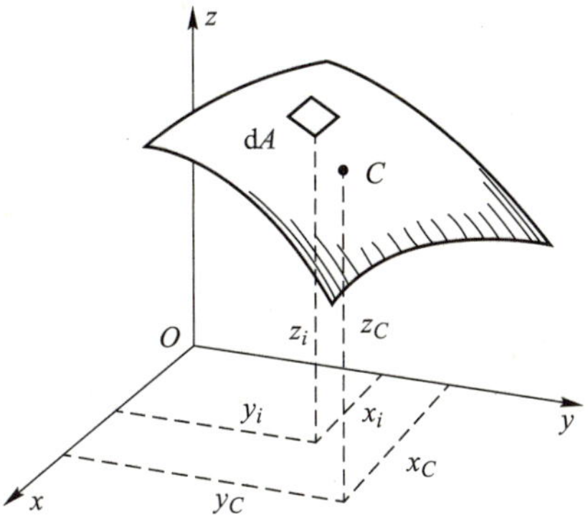

图 3-14

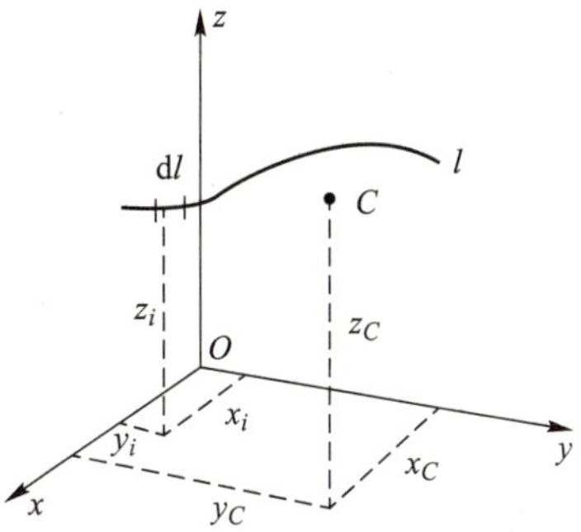

图 3-15

3. 确定物体重心的几种方法

(1) 简单几何形状物体的重心

对于均质物体，如在几何形体上具有对称面、对称轴或对称中心，则该物体的重心或形心必在此对称面、对称轴或对称中心上。

工程实际中常见物体的形状多由简单几何形状所组成，因而，求简单几何形体的重心有普遍意义。对于简单形状的物体，可用前面介绍的积分公式计算其重心，这时应根据物体的几何特点，适当选取便于计算的微元，利用公式积分后即可求出重心的位置。下面介绍几种常见的几何形体的重心。

1) 圆弧的重心。半径为 R，顶角为 2α 的一段圆弧（图 3-16），Oy 轴是其对称轴，重心（形心）应在此轴上，现仅需确定重心坐标 y_C。

取微元 dL，$dL=R\,d\theta$，该微元的 y 坐标为 $R\cos\theta$，则由式（3-29）有

$$y_C=\frac{\int_L y\,dL}{L}=\frac{\int_{-\alpha}^{\alpha}R\cos\theta\cdot R\,d\theta}{2R\alpha}=\frac{R\sin\alpha}{\alpha}$$

如令 $\alpha=\frac{\pi}{2}$，则有 $y_C=\frac{2R}{\pi}=0.637R$。

2) 扇形的重心。半径为 R，顶角为 2α 的扇形面（图 3-17），Oy 轴是其对称轴，重心（形心）应在此轴上。把扇形面分割成许多微小三角形，则这些微小三角形面积的重心都在距顶点 $\frac{2R}{3}$ 处。此时有

$$y_C=\frac{\int_A y\,dA}{A}=\frac{\int_{-\alpha}^{\alpha}\frac{2}{3}R\cos\theta\cdot\frac{1}{2}R\,d\theta\cdot R}{\int_{-\alpha}^{\alpha}\frac{1}{2}R^2\,d\theta}=\frac{2}{3}\,\frac{R\sin\alpha}{\alpha}$$

如令 $\alpha=\frac{\pi}{2}$，则有 $y_C=\frac{4R}{3\pi}$。

3）半球体的重心。在半径为 R 的半球体中建立如图 3－18 所示的坐标系，其重心 C 应在对称轴 Oz 上，取微元 $\mathrm{d}V=\pi(R^2-z^2)\mathrm{d}z$，则有

$$z_C=\frac{\int_V z\,\mathrm{d}V}{\int_V \mathrm{d}V}=\frac{\int_0^R \pi z(R^2-z^2)\mathrm{d}z}{\int_0^R \pi(R^2-z^2)\mathrm{d}z}=\frac{\frac{1}{4}\pi R^4}{\frac{2}{3}\pi R^3}=\frac{3R}{8}$$

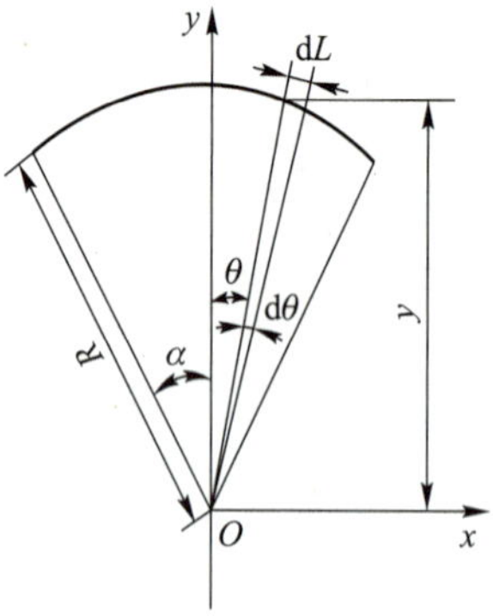

图 3－16

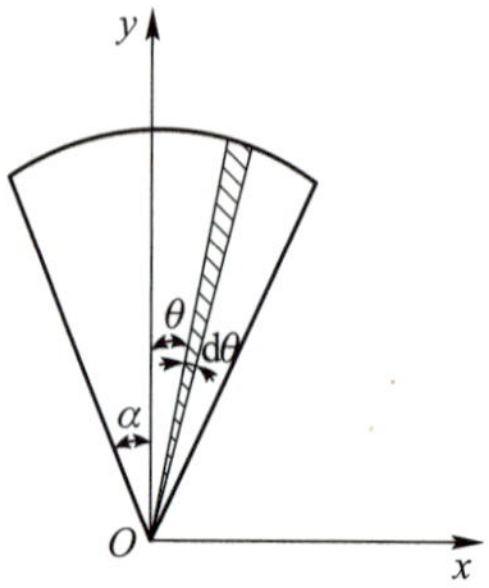

图 3－17

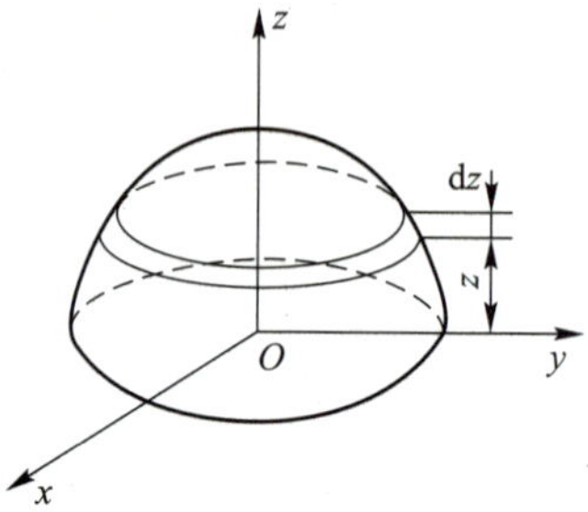

图 3－18

4）半圆锥壳的重心。如图 3－19a 所示，由于 Oyz 平面是半圆锥壳的对称面，故重心应在 Oyz 面上，则 $x_C=0$。取图 3－19b 所示的薄带微元，可将其视为一半圆环，由图中的几何关系有 $r=\dfrac{Ry}{h}$，则此微元面积为

$$\mathrm{d}A=\pi r\,\mathrm{d}y=\frac{\pi R}{h}y\,\mathrm{d}y$$

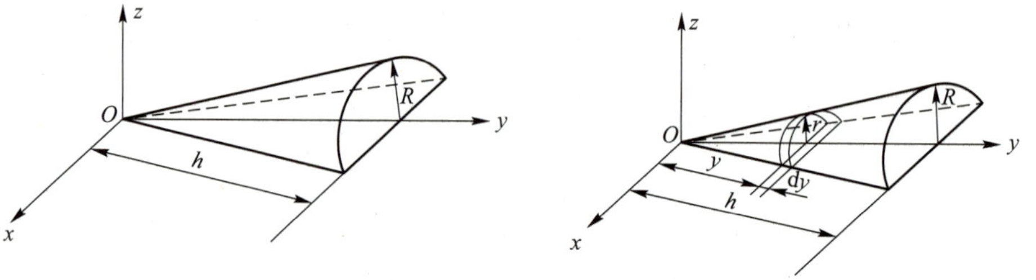

(a) (b)

图 3－19

此微元重心的 z 坐标为 $z=\dfrac{2r}{\pi}=\dfrac{2Ry}{\pi h}$，则由式(3－28)得

$$z_C=\frac{\int_A z\,\mathrm{d}A}{\int_A \mathrm{d}A}=\frac{\int_0^h \frac{2R}{\pi h}\frac{\pi R}{h}y^2\mathrm{d}y}{\int_0^h \frac{\pi R}{h}y\,\mathrm{d}y}=\frac{4R}{3\pi}$$

由式(3-28)得此微元重心的 y 坐标为

$$y_C=\frac{\int_A y\,\mathrm{d}A}{\int_A \mathrm{d}A}=\frac{\int_0^h \frac{\pi R}{h}y^2\,\mathrm{d}y}{\int_0^h \frac{\pi R}{h}y\,\mathrm{d}y}=\frac{2}{3}h$$

一些几何形状简单的均质物体的重心(形心),都可由积分公式求得。表3-1列出了几种常用简单形状的均质物体的重心(形心),可供查用。工程中常用的型钢(如工字钢、角钢、槽钢等)的截面形心,可从《机械设计手册》中查得。

对于工程中外形复杂的不规则形体不便于用公式计算,通常用实验来确定物体重心位置,常用的方法有悬挂法、称重法等,本书不再详细介绍。

表 3-1 几种常用简单形状的均质物体的重心(形心)

名称	图形	形心坐标	线长、面积、体积
三角形	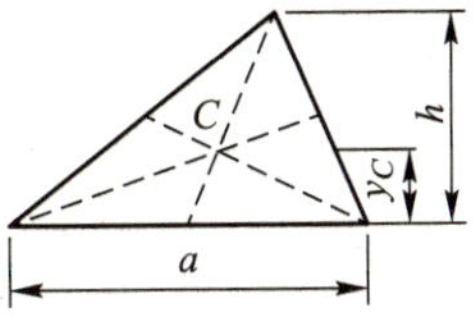	在三中线交点, $y_C=\frac{1}{3}h$	面积 $A=\frac{1}{2}ah$
梯形	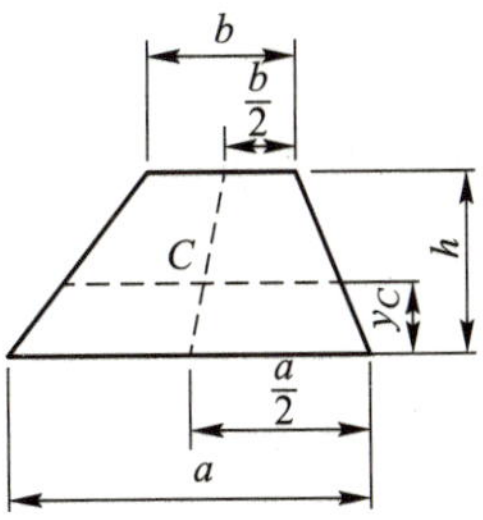	在上、下底边中点连线上, $y_C=\frac{h(a+2b)}{3(a+b)}$	面积 $A=\frac{h}{2}(a+b)$
圆弧	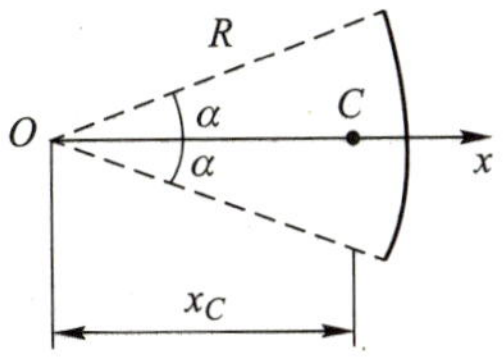	$x_C=\frac{R\sin\alpha}{\alpha}$($\alpha$ 以弧度计), 半圆弧 $\left(\alpha=\frac{\pi}{2}\right)$:$x_C=\frac{2R}{\pi}$	弧长 $l=2\alpha R$
扇形	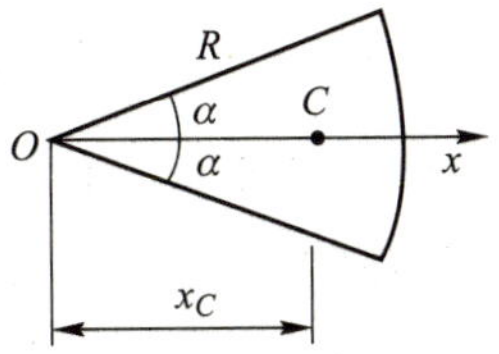	$x_C=\frac{2R\sin\alpha}{\alpha}$($\alpha$ 以弧度计), 半圆弧 $\left(\alpha=\frac{\pi}{2}\right)$:$x_C=\frac{4R}{3\pi}$	面积 $A=\alpha R^2$

续表

名称	图形	形心坐标	线长、面积、体积
弓形	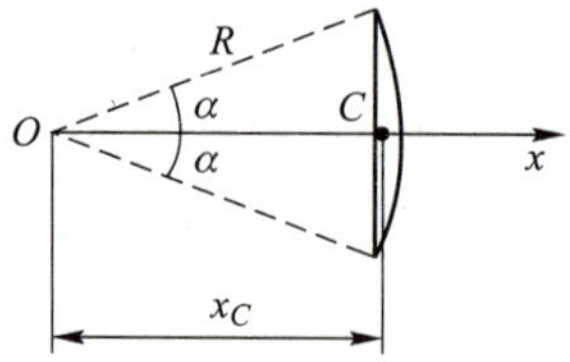	$x_C=\dfrac{4R\sin^3\alpha}{3(2\alpha-\sin 2\alpha)}$	面积 $A=\dfrac{R^2(2\alpha-\sin 2\alpha)}{2}$
抛物线面	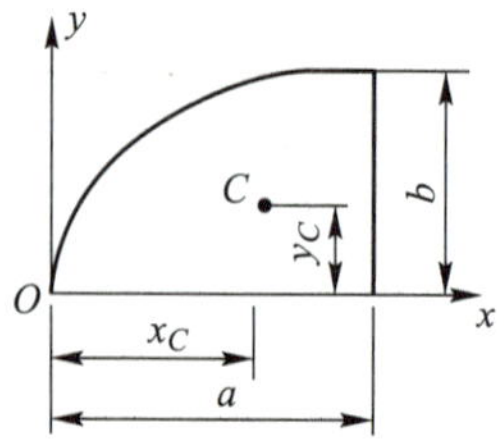	$x_C=\dfrac{3}{5}a$， $y_C=\dfrac{3}{8}b$	面积 $A=\dfrac{2}{3}ab$
抛物线面	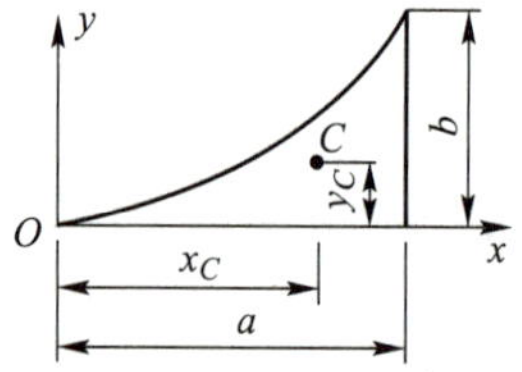	$x_C=\dfrac{3}{4}a$， $y_C=\dfrac{3}{10}b$	面积 $A=\dfrac{1}{3}ab$
半球体	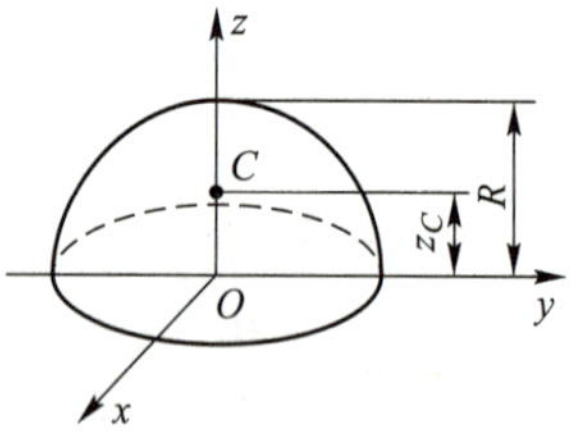	$z_C=\dfrac{3}{8}R$	体积 $V=\dfrac{2}{3}\pi R^3$

(2) 用组合法求重心

1) 分割法

对于形状较复杂的物体，常将其分割成若干形状简单的物体(形体)，如果已知这些形状简单物体的重心位置，则可利用求和形式的坐标公式求出整个物体的重心位置。这种方法常称为分割法或组合法，下面通过例子来说明这种方法。

例 3-7 试用分割法确定均质平板(图 3-20a)的形心。

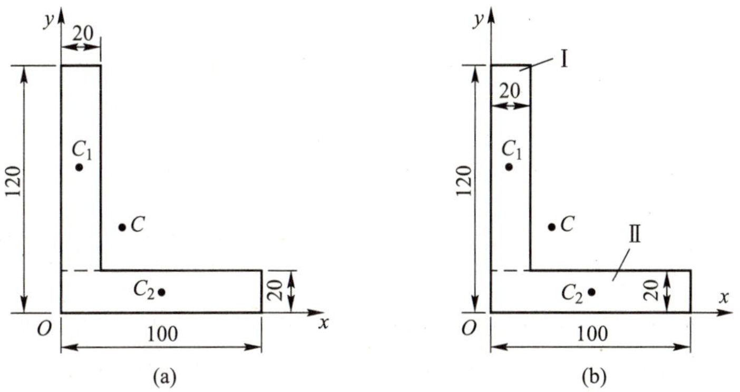

图 3-20

解 平板可分割为两部分,可视为由这两部分组成。建立图 3-20b 所示的坐标系,第一部分图形的面积及其形心坐标分别为

$$A_1=(120-20)\ \text{mm}\times 20\ \text{mm}=2\ 000\ \text{mm}^2$$

$$x_1=10\ \text{mm},\quad y_1=\left(20\ \text{mm}+\frac{120\ \text{mm}-20\ \text{mm}}{2\ \text{mm}}\right)=70\ \text{mm}$$

第二部分图形的面积及其形心坐标分别为

$$A_2=100\ \text{mm}\times 20\ \text{mm}=2\ 000\ \text{mm}^2$$

$$x_2=50\ \text{mm},\quad y_2=10\ \text{mm}$$

根据式(3-28)求得该均质平板的形心为

$$x_C=\frac{\sum_{i=1}^{n}A_ix_i}{\sum_{i=1}^{n}A_i}=\frac{10\ \text{mm}\times 2\ 000\ \text{mm}^2+50\ \text{mm}\times 2\ 000\ \text{mm}^2}{2\ 000\ \text{mm}^2+2\ 000\ \text{mm}^2}=30\ \text{mm}$$

$$y_C=\frac{\sum_{i=1}^{n}A_iy_i}{\sum_{i=1}^{n}A_i}=\frac{70\ \text{mm}\times 2\ 000\ \text{mm}^2+10\ \text{mm}\times 2\ 000\ \text{mm}^2}{2\ 000\ \text{mm}^2+2\ 000\ \text{mm}^2}=40\ \text{mm}$$

2) 负面积法(负体积法)

如果物体被切去了一部分,则其重心(形心)仍可用与分割法相同的公式求出,只是切去部分的质量(或面积、体积)应取负值,这时所采用的方法称为负面积法(或负体积法)。

例 3-8 在半径为 r_1 的圆截面中挖去半径为 r_2 的小圆,如图 3-21 所示。试求该截面形心的坐标位置。

解 由于该截面关于 x 轴对称,故 $y_C=0$,为此只需求出 x_C。将截面图形视为由半径为 r_1 的大圆和半径为 r_2 的小圆组成,分别算出这两部分的面积和形心位置。

$$A_1=\pi r_1^2,\quad x_1=0$$

$$A_2=-\pi r_2^2,\quad x_2=\frac{r_1}{2}$$

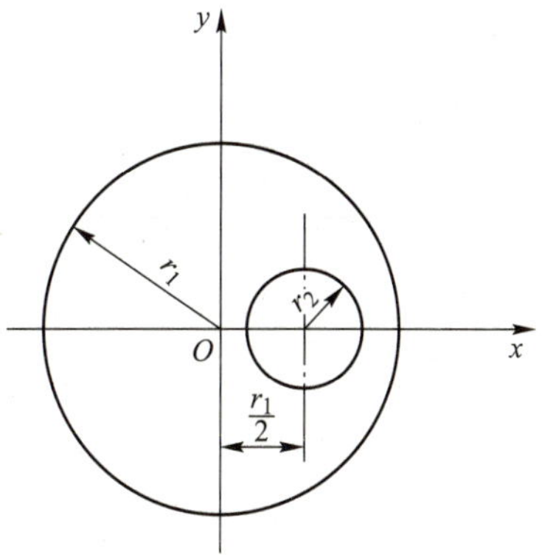

图 3-21

根据式(3-28)求得该截面形心的 x 坐标为

$$x_C=\frac{\sum_{i=1}^{n}A_ix_i}{\sum_{i=1}^{n}A_i}=\frac{\pi r_1^2\times 0+(-\pi r_2^2)\times\frac{r_1}{2}}{\pi r_1^2-\pi r_2^2}=-\frac{r_1r_2^2}{2(r_1^2-r_2^2)}$$

习题

3-1 如图所示，重量为 18 kN 的正方形均质平板，其重心在 E 点。平板由三根绳子悬挂并保持水平，试求各绳的拉力。

3-2 如图所示，空间构架由三根直杆组成，在 D 端用球铰链连接，A、B 和 C 端用球铰链固定在水平板上，如果挂在 D 端的物体的重量为 $P=10$ kN，试求铰链 A、B 和 C 的约束力(各杆自重不计)。

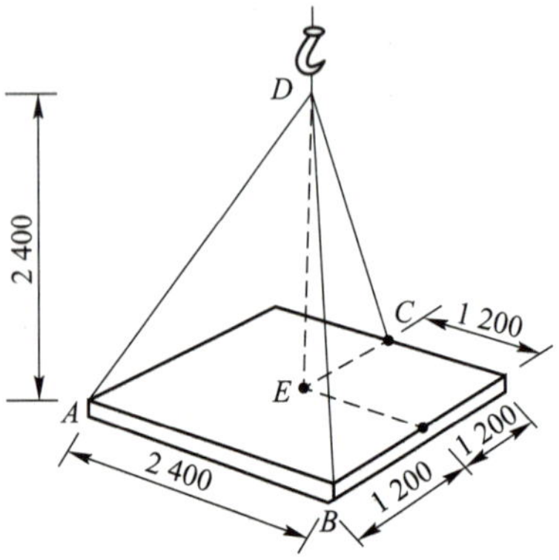

题 3-1 图

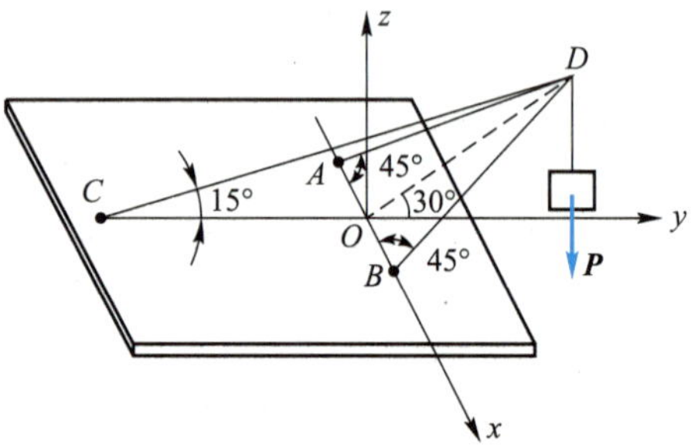

题 3-2 图

3-3 如图所示，墙角处吊挂支架由两端铰接杆 OA、OB 和绳 OC 构成，两杆分别垂直于墙面，由绳 OC 维持在水平面内，节点 O 处悬挂一重量为 $P=500$ N 的重物，若 $OA=30$ cm，$OB=40$ cm，绳 OC 与水平面的夹角为 30°。不计杆自重，试求绳 OC 的拉力和两杆所受的压力。

3-4 如图所示，三脚架的三杆用球铰 D 相连接，并用球铰支座 A、B、C 支撑。设三脚架的球铰 D 作用有 1 kN 的水平力，各杆自重略去不计，试求各杆所受的力。

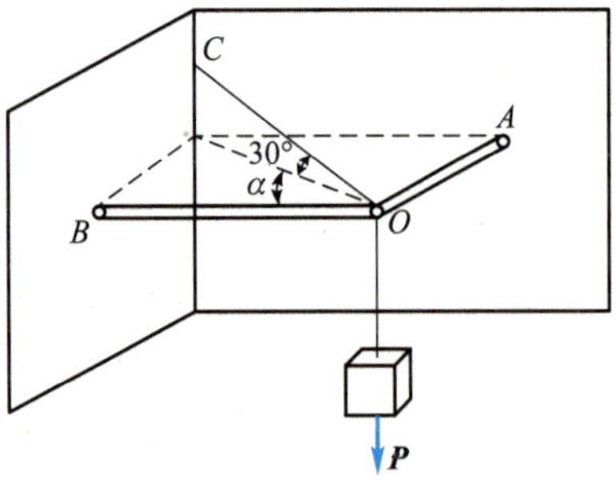

题 3-3 图

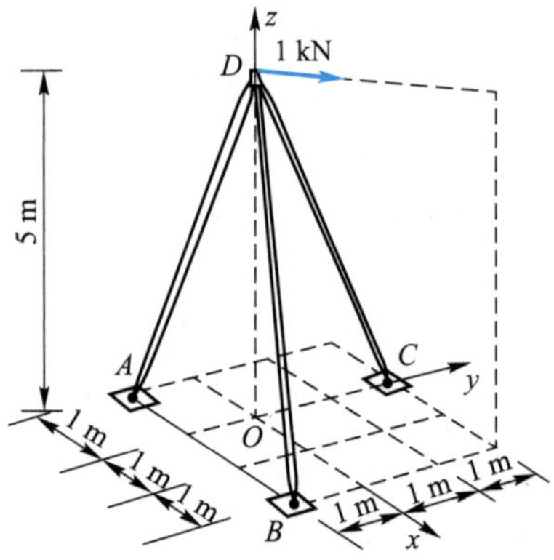

题 3-4 图

3-5 如图所示，力偶矩矢 $\boldsymbol{M}_1$ 和 $\boldsymbol{M}_2$ 分别表示作用于平面 ABC 和 ACD 上的力偶，求此力偶系的合力偶。

3-6 齿轮箱有三个轴，其中 A 轴水平，B 轴和 C 轴位于 yz 铅垂平面内，轴上作用的力偶如图所示，求合力偶。

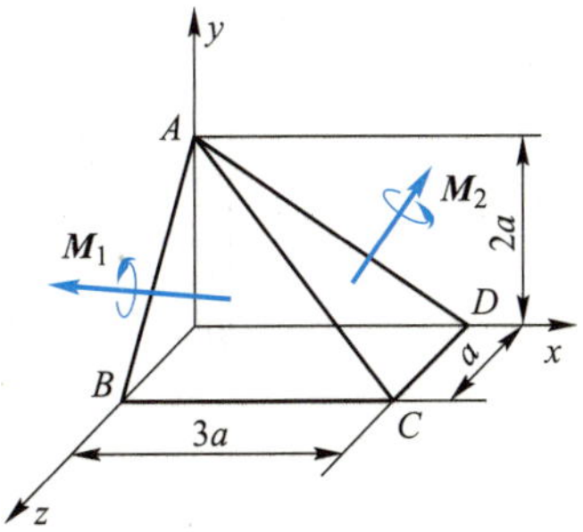

题 3-5 图

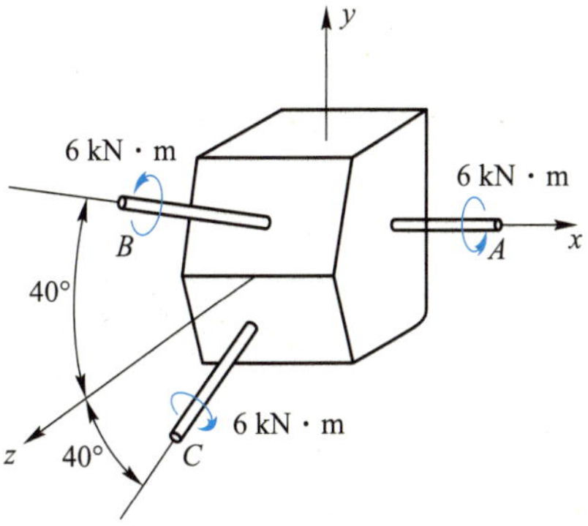

题 3-6 图

3-7 如图所示，A、B 和 C 三圆盘的半径分别为 15 cm、10 cm 和 5 cm，三轴 OA、OB 和 OC 在同一平面内，$\angle AOB$ 为直角。三圆盘上分别作用着力偶，组成各力偶的力作用在轮缘上，大小分别为 10 N、20 N 和 F。如这三圆盘所构成的物体系统可以自由移动，求能使此物体系统平衡的力 $\boldsymbol{F}$ 的大小和角 α。

3-8 $\boldsymbol{F}_1$、$\boldsymbol{F}_2$、$\boldsymbol{F}_3$ 在空间的作用位置如图所示。已知 $F_1=100$ N，$F_2=300$ N，$F_3=200$ N。求此力系向点 O 简化的结果。

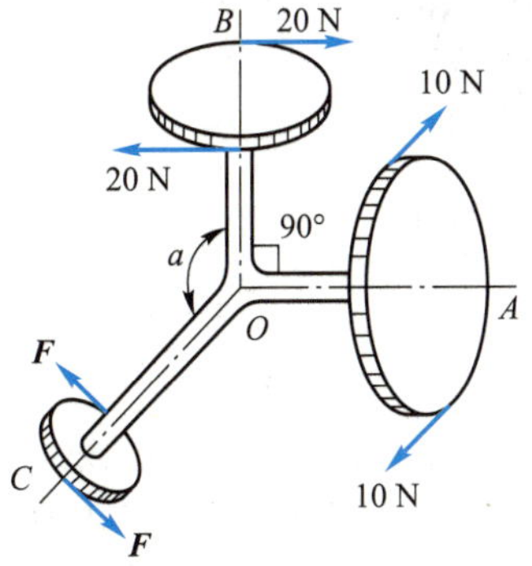

题 3-7 图

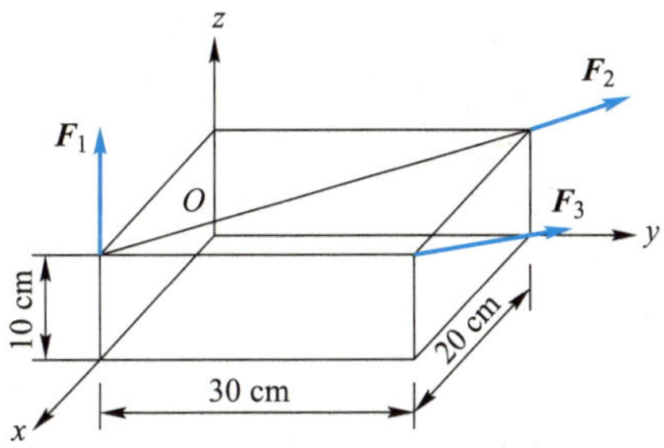

题 3-8 图

3-9 已知 $F_1=10$ N，$F_2=10\sqrt{2}$ N，$F_3=10\sqrt{2}$ N，$F_4=10\sqrt{3}$ N，作用位置如图所示，正方体边长 $a=1$ m。求此力系向点 O 简化的结果。

3-10 曲杆 $ABCD$ 有两个直角，$\angle ABC=\angle BCD=90°$，且平面 ABC 与平面 BCD 垂直。曲杆的 D 端铰支，A 端由径向轴承支撑，如图所示。在曲杆的 AB、BC、CD 上作用着三个力偶，力偶所在平面分别垂直于 AB、BC 和 CD 所在直线。若 $AB=a$，$BC=b$，$CD=c$，已知力偶矩 M_2 和 M_3，曲杆自重不计，求使曲杆保持平衡的力偶矩 M_1 和支座 A、D 处的约束力。

3-11 如图所示，起重机装在三轮小车 ABC 上，可绕机身轴线 MN 转动。已知图中尺寸为 $AD=DB=1$ m，$CD=1.5$ m，$CM=1$ m，$KL=4$ m。机身连同平衡锤总重量 $P_1=100$ kN，重心在点 G，点 G 在 $LMNF$ 平面内，到轴线 MN 的距离 $GH=0.5$ m。起吊重物的重量 $P_2=30$ kN。求当起重机的平面 LMN 转动到平行于 AB 时，A、B、C 三个轮子对地面的压力。

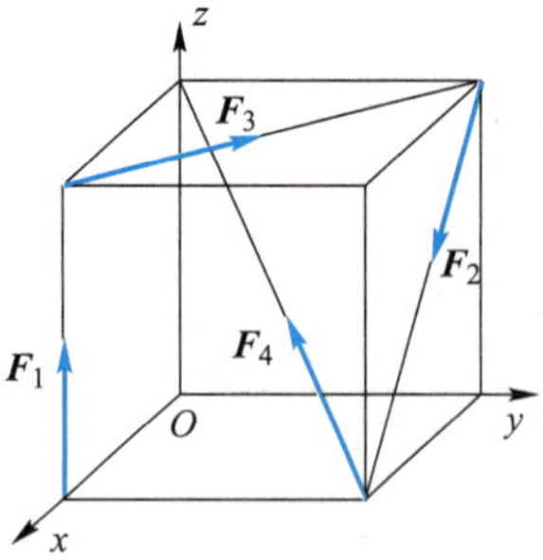

题 3 - 9 图

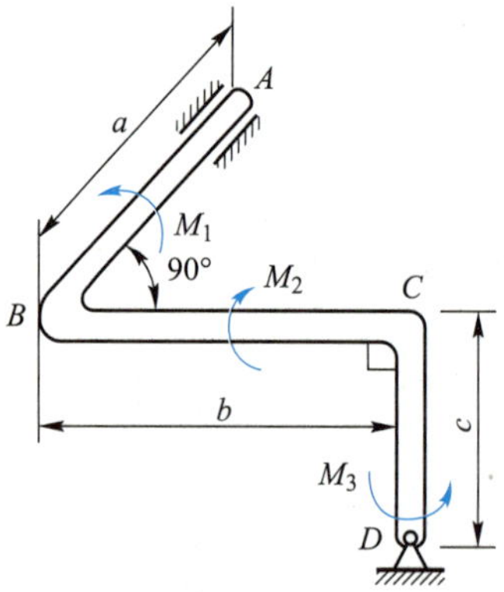

题 3 - 10 图

3 - 12 如图所示，电动机 M 通过链条传动将重物等速提起，链条与水平线成 30°角（轴线 O_1x_1 平行于轴线 Ax）。已知 $P=10$ N，$r=10$ cm，$R=20$ cm，链条主动边（下边）的拉力为从动边拉力的两倍。求径向轴承 A 与 B 的约束力及链条的拉力。

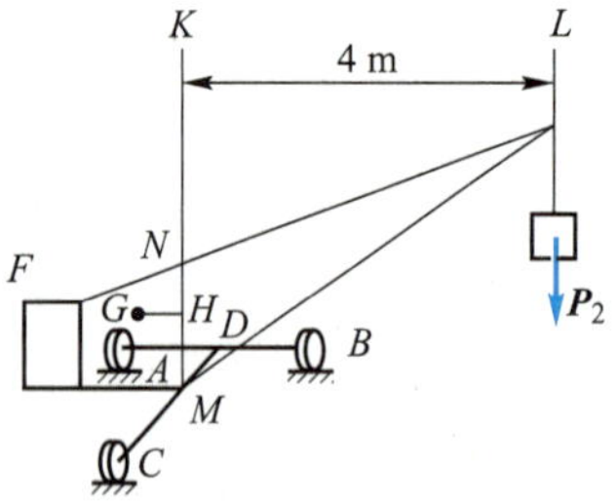

题 3 - 11 图

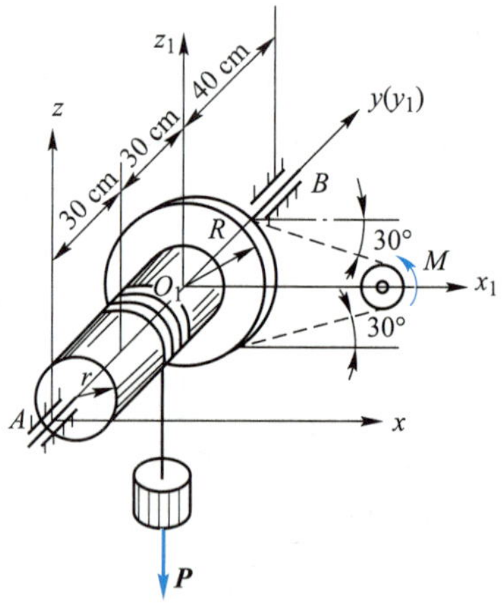

题 3 - 12 图

3 - 13 杆系由铰链连接，位于立方体的边和对角线上，如图所示。在节点 D 上作用力 $\boldsymbol{F}_1$，沿对角线 LD 方向；在节点 C 上作用力 $\boldsymbol{F}_2$，沿 CH 边竖直向下。如铰链 B、L、H 都是固定的，求各杆的内力（各杆自重不计）。

3 - 14 如图所示的悬臂梁 ABC，A 端固定在基础上，在 B 点和 C 点分别作用有沿 y 轴和 z 轴的力 $\boldsymbol{F}_1$ 和 $\boldsymbol{F}_2$，在 BC 段作用有沿 z 轴方向的均布载荷 q，在 AB 段作用有力偶，力偶矩为 M。已知 $F_1=20$ kN，$F_2=30$ kN，$q=10$ kN/m，$M=30$ kN·m，$h=3$ m，$l=4$ m，忽略悬臂梁自重，试求固定端 A 的约束力。

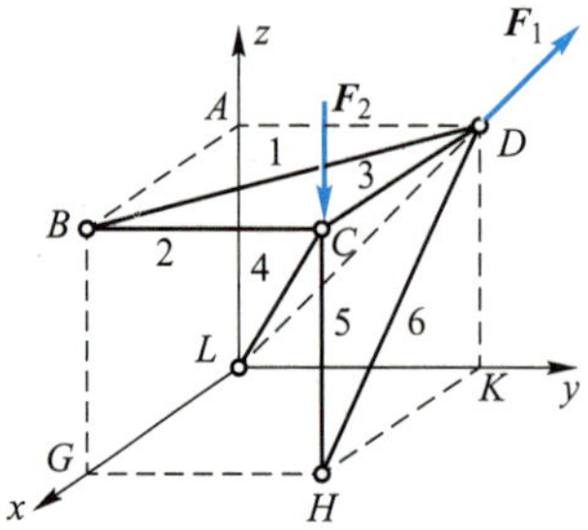

题 3 - 13 图

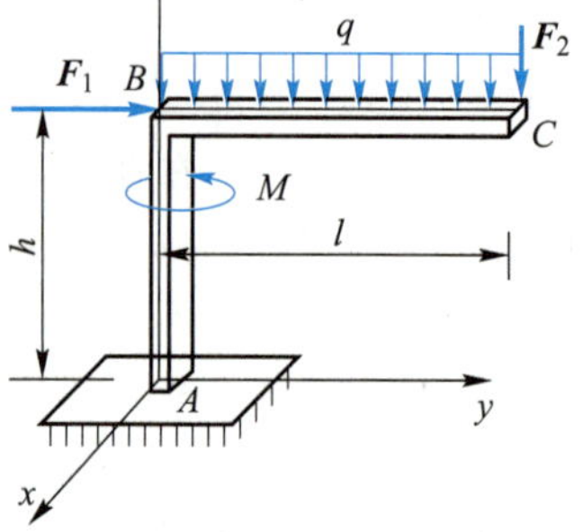

题 3 - 14 图

3-15 如图所示，三轮货车在底板 M 处放置的重物的重量为 $P=1$ kN。后面两轮中心 O_1、O_2 相距 1 m，前轮中心 O_3 到 O_1O_2 的距离为 1.6 m，设为 O_3D，即与 O_1O_2 的交点为 D。若 $ME=0.6$ m，$O_1E=0.4$ m，小车自重不计，试求当小车保持平衡时三个轮子受到的力。

3-16 如图所示，均质杆 AB 的两端各用长度为 l 的绳吊住，绳的另一端分别系在 C 和 D 两点上。已知 $AB=CD=2r$，杆 AB 的重量为 P，现将杆绕竖直轴 z 转过 α 角，求使杆在图示位置平衡时所需的力偶矩矢 $\boldsymbol{M}$ 及绳内的拉力 $\boldsymbol{F}$ 的大小。

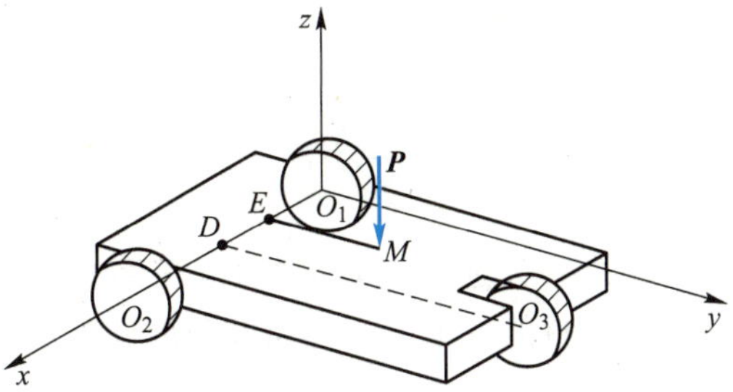

题 3-15 图

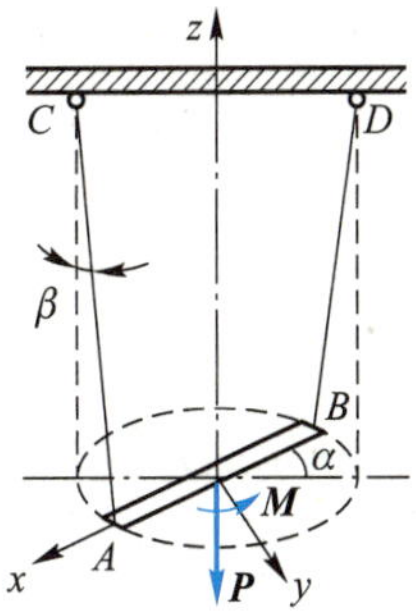

题 3-16 图

3-17 图示的薄板由等厚的形状为矩形、三角形和四分之一圆形组成，求该薄板的重心位置。

3-18 图示平面图形中每一方格的边长为 2 cm，求挖去圆后剩余部分的重心位置。

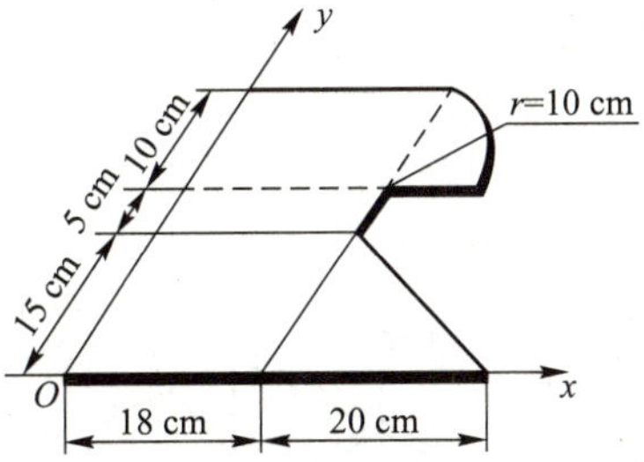

题 3-17 图

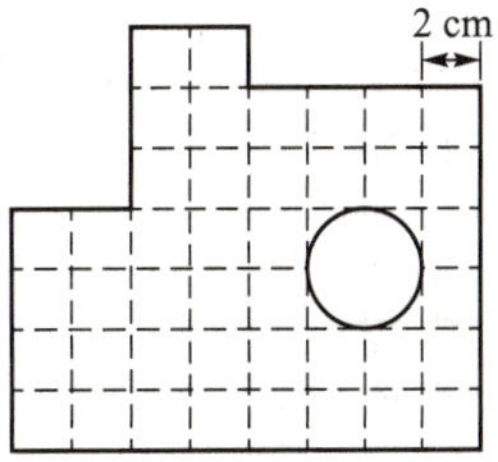

题 3-18 图

3-19 如图所示，试求均质混凝土基础的重心位置。

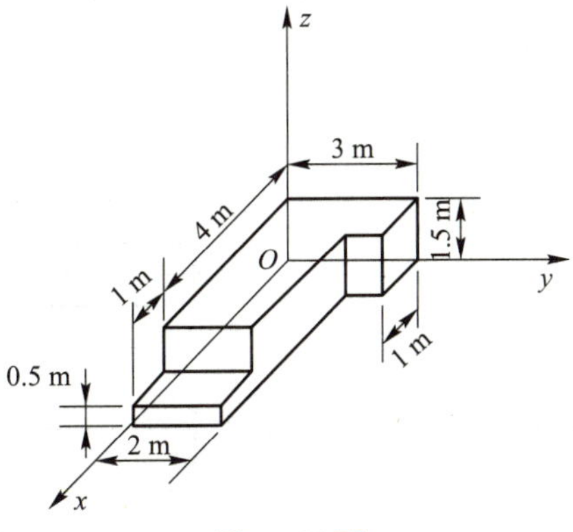

题 3-19 图

3-1 第3章习题答案

第4章 拉伸(压缩)与剪切

4.1 轴向拉伸与压缩的概念

轴向拉伸(压缩)变形是杆件的基本变形形式之一。通过对轴向拉伸(压缩)变形的研究,读者将对内力、应力、应变、杆件变形与内力的关系、材料的基本力学性质及强度计算步骤等建立初步的概念。

工程实践中经常遇到轴向拉伸或压缩构件。例如,图 4-1a 所示的汽轮机盖紧固螺栓受到由缸体和缸盖施加的两个外力(合力)作用,这两个外力方向相反、作用线与螺栓轴线重合(图 4-1b),即螺栓受到一对沿轴线方向的拉力。桁架中的一些杆件也可以简化为这种受力情况(图 4-2)。这类构件称为**轴向拉伸杆件**(axially tensile bar),简称**拉杆**。

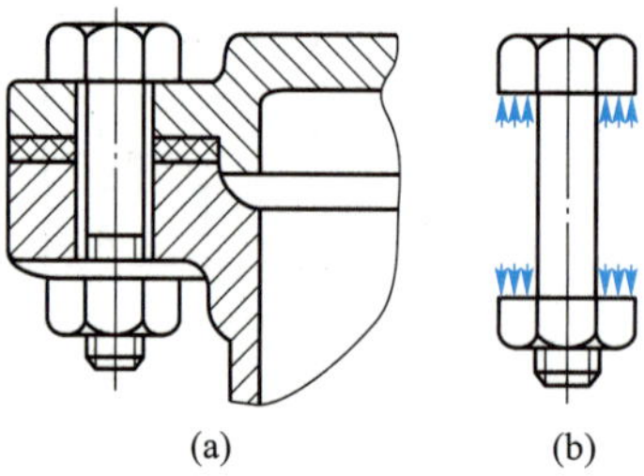

图 4-1

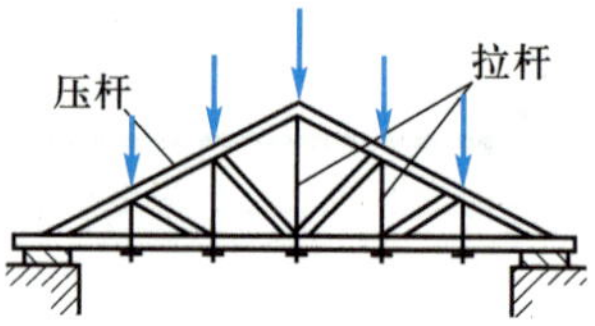

图 4-2

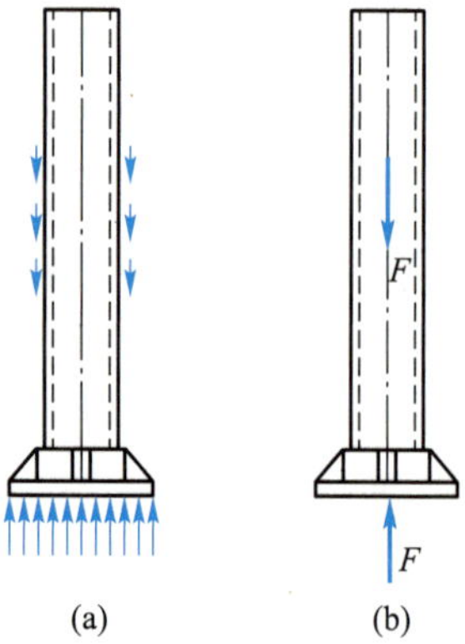

图 4-3

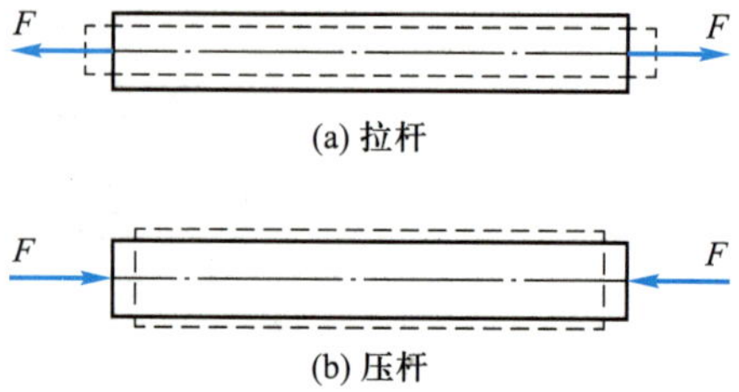

图 4-4

汽车式起重机的支腿(图 4-3a),其受力可简化为图 4-3b 所示情况,即受到一对沿轴线方向的压力。这类构件称为轴向压缩杆件(axially compressive bar),简称压杆。桁架中一般也存在压杆(图 4-2)。

综上所述,拉(压)杆的受力特点为作用在杆件上的外力合力作用线与杆件的轴线重合;变形特点为杆件产生沿轴线方向的伸长或缩短。拉(压)杆的计算简图如图 4-4 所示。

4.2 拉(压)杆的内力

1. 内力的概念

众所周知,构件在未受外力作用时其内部就有内力存在。例如图 4-5 中 A、B 两点之间的力 F,这种内力是分子间的相互作用力,称为固有内力。当外力作用于构件时,构件产生变形,其内部各相邻部分的相对位置发生变化,导致各相邻部分之间的作用力增加,如图 4-5 中的力 F 将产生增量 ΔF。这种在固有内力的基础上新增加的内力,称为附加内力。附加内力随外力的增加而加大,到达某一限度时就会引起构件破坏,因而与构件的强度是紧密相关的。本章及后面章节所讨论的内力(internal force)即指这种附加内力。

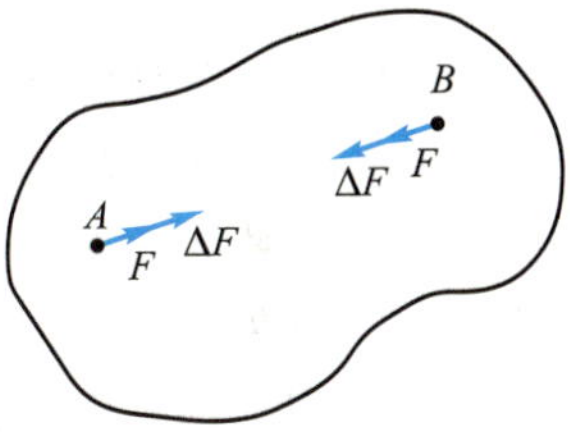

图 4-5

2. 截面法 轴力图

截面法是进行内力计算的基本方法。图 4-6a 所示构件受力系 $F_1, F_2, \cdots, F_n$ 作用,处于平衡状态。为了确定其任意截面 m—m 上的内力,用一平面假想地把构件沿截面 m—m 分成Ⅰ、Ⅱ两部分。任取其中一部分,如Ⅰ为研究对象。在截面 m—m 处,Ⅰ与Ⅱ间有相互作用,将Ⅱ对Ⅰ的作用以力来代替,这个力即为内力。根据连续性假设,截面 m—m 上各处都有内力作用,即内力是分布于截面上的一个空间一般力系。过截面形心建立空间直角坐标系 $Oxyz$,如图 4-6b 所示。x 轴沿截面的外法线方向,y、z 轴与截面相切。将截面上各处内力向形心 O 简化,其简化结果为沿 x、y、z 轴的三个力 F_x、F_y、F_z 和对三个轴的力矩 M_x、M_y、M_z。因为构件是平衡的,故研究对象Ⅰ也是平衡的。根据平衡条件建立平衡方程可以求解截面 m—m 上的这六个内力分量。上述求内力的方法称为截面法(method of sections)。一般情况下,杆件截面上的六个内力分量中有一些为零,这时计算能得到简化。

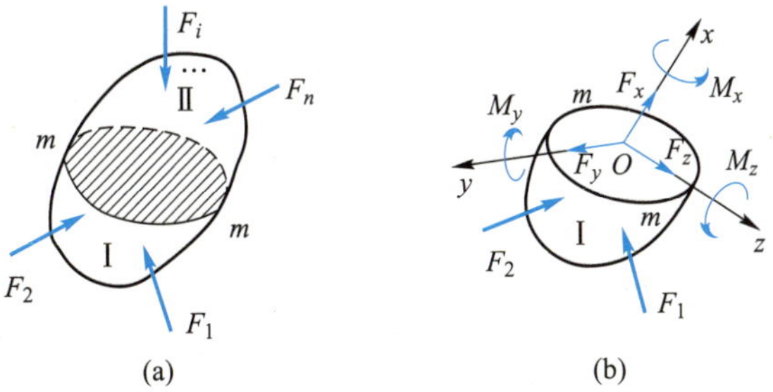

图 4-6

截面法求内力的**步骤**可归纳如下：

(1) 切开 假想沿求内力的截面把构件切开，分成两部分，任取其中一部分为研究对象，去掉另一部分。

(2) 代力 将去掉部分对留下部分的作用以相应的力代替。力的性质可根据研究对象的平衡分析确定。

(3) 平衡 列出研究对象的平衡方程，求解内力。

应用截面法分析图 4-7a 所示拉杆横截面 $m—m$ 上的内力。用假想的平面将拉杆切开，分成左右两部分，两部分在截面 $m—m$ 上相互作用的内力是一个分布力系(图 4-7b 和 4-7c)。设其合力为 F_N，由平衡条件

$$F_N-F=0$$

得

$$F_N=F$$

外力 F 的作用线与杆件轴线重合，故内力 F_N 的作用线也必与杆件轴线重合，这种内力称为**轴力**(axial force)，通常用记号 F_N 表示。为了使以左、右两部分为研究对象得到的同一截面上的轴力具有相同正负号，通常规定轴力**拉伸时的轴力为正，压缩时的轴力为负**。图 4-7b 和图 4-7c 中的轴力均为正的轴力。

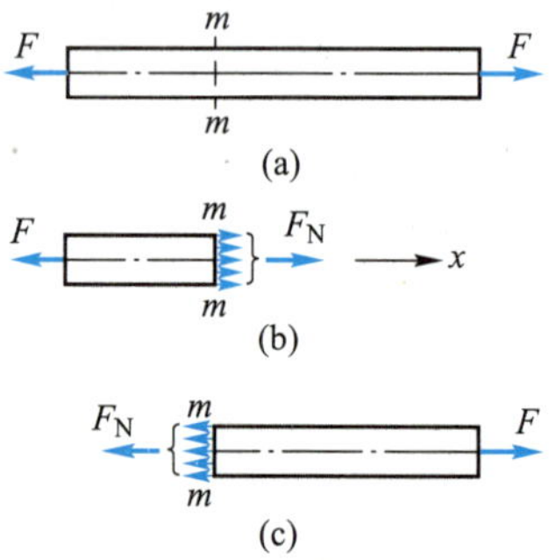

图 4-7

当杆受到多个轴向外力作用时，其不同横截面上轴力一般不同。为了表明横截面上的轴力随横截面位置的变化情况，可用平行于杆轴线的坐标表示横截面的位置，用垂直于杆轴线的坐标表示横截面上轴力的数值，绘制轴力与横截面位置关系的图线，此图线称为**轴力图**(axial force diagram)。由该图可确定最大轴力的数值及其所在横截面的位置。

例 4-1 等截面直杆受力如图 4-8a 所示，$F_1=120$ kN，$F_2=90$ kN，$F_3=60$ kN，试绘制该杆的轴力图。

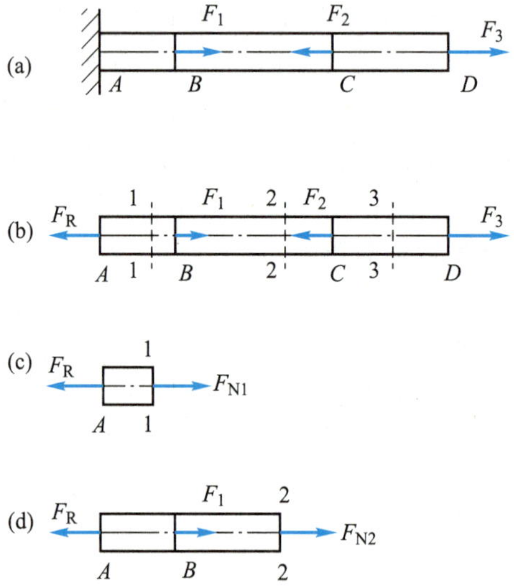

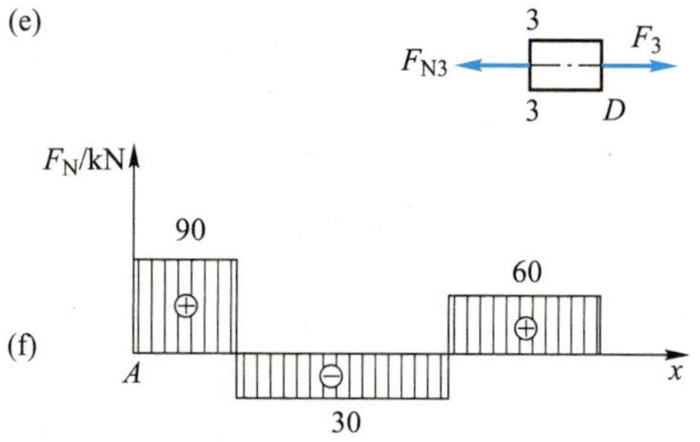

图 4-8

解 (1) 求支座约束力

在计算内力前，一般先计算支座约束力。设该杆的支座约束力为 F_R(图 4-8b)，根据整体的平衡条件

$$-F_R+F_1-F_2+F_3=0$$

求得

$$F_R=F_1-F_2+F_3=(120-90+60)\text{kN}=90\ \text{kN}$$

(2) 计算各段杆的轴力

AB 段：用假想平面 1—1 在 *AB* 段内将杆截开，取左段为研究对象(图 4-8c)，截面上的轴力 F_{N1} 设为正。由平衡条件

$$F_{N1}-F_R=0$$

得

$$F_{N1}=F_R=90\ \text{kN}$$

BC 段：用假想平面 2—2 在 *BC* 段内将杆截开，仍取左段为研究对象(图 4-8d)，轴力 F_{N2} 设为正，由平衡条件可得

$$F_{N2}=F_R-F_1=(90-120)\text{kN}=-30\ \text{kN}$$

负号说明 F_{N2} 实际上是压力。

CD 段：用假想平面 3—3 在 *CD* 段内将杆截开，取右段为研究对象(图 4-8e)，轴力 F_{N3} 设为正，由平衡条件可得

$$F_{N3}=F_3=60\ \text{kN}$$

(3) 绘制轴力图

绘制的轴力图如图 4-8f 所示。注意，此图应与图 4-8a 上下对应。从轴力图可见，*AB* 段内的轴力值最大，$F_{N\max}=F_{N1}=90\ \text{kN}$。

注意：*BC* 段内各截面上的内力不能主观地认为就是截面附近所作用的外力，即不能认为 $F_{N2}=-F_2$。轴力是内力，它与外力有关，但又不同于外力。当用截面法将杆件分成两部分时，截面上的内力与作用在任一部分上的所有外力构成平衡关系，据此可求出截面上的内力。

4.3 应力的概念 拉(压)杆的应力

1. 应力的概念

仅求出内力还不能解决构件的强度问题。例如，两根材料相同、横截面面积不同的直杆，若所受轴向拉力相同(此时横截面上的内力相同)，则随着拉力的增加细杆先被拉断。这说明构件

的危险程度取决于截面上分布内力的聚集程度(集度)。为此,引入内力集度的概念,称为**应力**(stress)。

在受力构件的任意截面上,围绕 C 点取微小面积 ΔA(图 4-9a),作用在 ΔA 上的内力为 ΔF。ΔF 的大小和方向与 C 点的位置和 ΔA 的大小有关。定义

$$p_{\mathrm{m}}=\frac{\Delta F}{\Delta A} \tag{4-1}$$

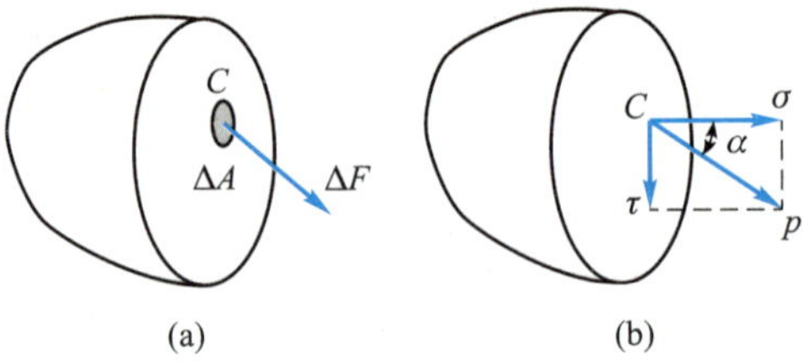

图 4-9

p_{m}是矢量,代表在 ΔA 范围内单位面积上内力的平均集度,称为**平均应力**。令式(4-1)中 ΔA 趋近于零,则平均应力的极限为

$$p=\lim_{\Delta A\to 0}p_{\mathrm{m}}=\lim_{\Delta A\to 0}\frac{\Delta F}{\Delta A} \tag{4-2}$$

式中,p 称为指定截面上一点 C 的**全应力**,是分布内力系在 C 点的集度,反映内力系在 C 点的强弱程度。p 是矢量,为了便于应用,通常将全应力分解为垂直于截面的法向应力分量 σ 和平行于截面的切向应力分量 τ(图 4-9b)。前者称为**正应力**(normal stress),后者称为**切应力**(shear stress)。由矢量分析的平行四边形定则得

$$\left.\begin{aligned}\sigma&=p\cos\alpha\\ \tau&=p\sin\alpha\end{aligned}\right\} \tag{4-3}$$

应力的量纲为[力]/[长度]^2,国际单位制中的单位为帕斯卡,符号为 Pa,1 Pa=1 N/m^2。这个单位很小,为了方便,工程中常采用兆帕(MPa)和吉帕(GPa)作为单位,它们与帕斯卡之间的换算关系为

$$1\ \mathrm{MPa}=10^6\ \mathrm{Pa},\quad 1\ \mathrm{GPa}=10^9\ \mathrm{Pa}$$

2. 拉(压)杆横截面上的应力

轴向拉(压)杆横截面上只有轴力,因此相应的应力也只有正应力 σ。由于假设杆件是均匀、连续的变形固体,因此内力在横截面上是连续分布的。以 A 表示横截面面积,在微分面积 $\mathrm{d}A$ 上,内力元素 $\sigma\mathrm{d}A$ 组成一个垂直于横截面的平行力系,其合力为轴力 F_{N}。于是得

$$F_{\mathrm{N}}=\int_A\sigma\,\mathrm{d}A$$

因为横截面上正应力 σ 的分布规律还不知道,故仅由上述静力关系式还不能确定 σ 和 F_{N}之间的具体关系。下面从研究杆件的变形入手来寻求 σ 在横截面上的分布规律。取一等直杆,受力变形前,在杆侧面上画上横向线(图 4-10),让杆发生拉伸变形,变形后可观察到如下现象:

(1) 各横向线仍保持为直线,任意两相邻横向线沿轴线相对平行移动了一段距离;

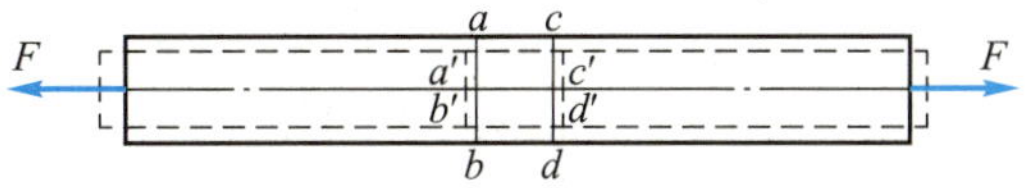

图 4-10

(2) 各横向线仍垂直于轴线。

为了由上述表面变形现象推断杆内的变形,可作如下假设:**变形前为平面的横截面,变形后仍保持为平面,并仍然垂直于杆件轴线**,这一假设称为**平面假设**(plane assumptiom)。由该假设可以推断,杆件变形后,任意两个横截面间所有的纵向线段伸长量都相同,即横截面上各点的变形相同。又因假设材料是均匀、连续的,可知内力在横截面上是均匀分布的,即横截面上各点处的内力集度(即正应力 σ)均相等,于是有

$$F_{\mathrm{N}}=\int_A \sigma \mathrm{d}A=\sigma A$$

因此得拉(压)杆横截面上正应力的计算公式为

$$\sigma=\frac{F_{\mathrm{N}}}{A} \tag{4-4}$$

式中,F_{N}为轴力,A 为杆的横截面面积。

关于正应力的正负号,一般规定拉应力为正,压应力为负。

当杆件的轴力沿轴线发生变化时,可先作出轴力图,再由式(4-4)求出不同横截面上的应力。当杆件的横截面尺寸也沿轴线发生变化时,若变化缓慢,式(4-4)仍适用。

需注意,在外力作用点附近区域,应力分布比较复杂,公式(4-4)不再适用。但是**圣维南原理**(Saint-Venant principle)指出:如用与外力系静力等效的合力来代替原力系,则除在原力系作用区域内有明显差别外,在离外力作用区域略远处(距离约等于杆的横向尺寸),上述代替的影响是非常微小的,可忽略不计。圣维南原理已被大量试验与计算所证实。故离外力作用点稍远处,式(4-4)都能适用。

4-1 圣维南原理

例 4-2 图 4-11a 所示铰接支架,AB 为圆截面杆,其直径为 $d=16$ mm,BC 为正方形截面杆,其边长为 $a=14$ mm。若载荷 $F=15$ kN,试计算各杆横截面上的应力。

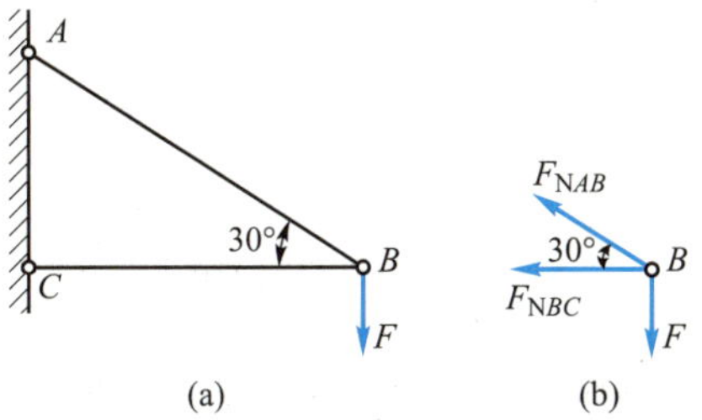

图 4-11

解 (1) 计算各杆轴力

以结点 B 为研究对象(图 4-11b),假定各杆轴力均为正。由平衡方程

$$\sum F_x=0,\quad F_{NAB}\cos 30^\circ+F_{NBC}=0$$

$$\sum F_y=0,\quad F_{NAB}\sin 30^\circ-F=0$$

得

$$F_{NAB}=\frac{F}{\sin 30^{\circ}}=30\ \text{kN}$$

$$F_{NBC}=-F_{NAB}\cos 30^{\circ}=-26\ \text{kN}$$

(2) 计算各杆应力

由式(4-4)得

$$\sigma_{AB}=\frac{F_{NAB}}{A_{AB}}=\frac{30\times10^{3}\ \text{N}}{\frac{\pi}{4}\times16^{2}\times10^{-6}\ \text{m}^{2}}=149\times10^{6}\ \text{Pa}=149\ \text{MPa}$$

$$\sigma_{BC}=\frac{F_{NBC}}{A_{BC}}=\frac{-26\times10^{3}\ \text{N}}{14^{2}\times10^{-6}\ \text{m}^{2}}=-133\times10^{6}\ \text{Pa}=-133\ \text{MPa}$$

3. 拉(压)杆斜截面上的应力

前面分析了拉(压)杆横截面上的正应力。为了全面分析拉(压)杆的强度,还需进一步讨论其斜截面上的应力。

以图4-12a所示拉杆为例,沿与横截面成α角的斜截面k—k假想地将杆件截开,分成左右两部分。取左段杆为研究对象,如图4-12b所示。由左段杆的平衡得

$$F_{\alpha}=F \tag{a}$$

仿照得出横截面上正应力均匀分布规律的过程,也可以得出斜截面上各点全应力p_{α}均匀分布的结论。假设杆的横截面面积为A,与横截面成α角的斜截面k—k的面积为A_{α},则$A_{\alpha}=\dfrac{A}{\cos\alpha}$,于是有

$$p_{\alpha}=\frac{F_{\alpha}}{A_{\alpha}}=\frac{F}{A}\cos\alpha=\sigma\cos\alpha \tag{b}$$

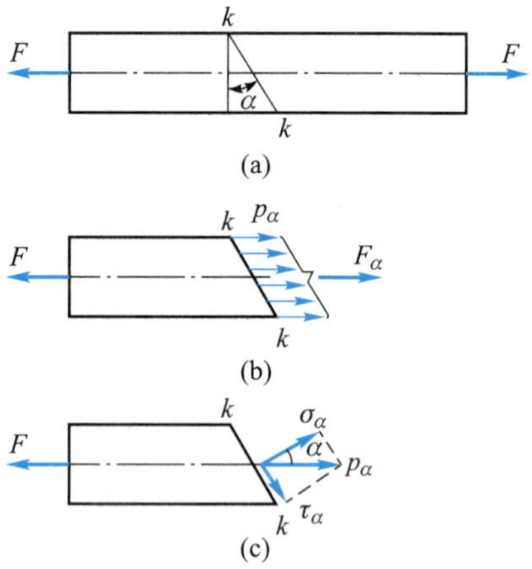

图4-12

式中,σ为杆横截面($\alpha=0$)上的正应力。将斜截面上任一点处的全应力p_{α}分解成垂直于斜截面的正应力σ_{α}和与斜截面相切的切应力τ_{α},如图4-12c所示。利用式(b)可得

$$\sigma_{\alpha}=p_{\alpha}\cos\alpha=\sigma\cos^{2}\alpha \tag{4-5}$$

$$\tau_{\alpha}=p_{\alpha}\sin\alpha=\frac{\sigma}{2}\sin 2\alpha \tag{4-6}$$

可见,在拉(压)杆的斜截面上,不仅存在正应力,还存在切应力,其大小随截面方位的变化而变化。

由式(4-5)、式(4-6)容易得出:

(1) 当$\alpha=0$时(横截面),有

$$\sigma_{0}=\sigma=\sigma_{\max},\quad \tau_{0}=0$$

即横截面上的正应力是所有各截面上正应力中的最大值。

(2) 当 $\alpha=90^\circ$时(纵截面),有

$$\sigma_{90^\circ}=\tau_{90^\circ}=0$$

即在平行于杆件轴线的纵截面上无任何应力。

(3) 当 $\alpha=45^\circ$时,有

$$\sigma_{45^\circ}=\frac{\sigma}{2},\quad \tau_{45^\circ}=\frac{\sigma}{2}=\tau_{\max}$$

当 $\alpha=-45^\circ$时,有

$$\sigma_{-45^\circ}=\frac{\sigma}{2},\quad \tau_{-45^\circ}=-\frac{\sigma}{2}=\tau_{\min}$$

即在 $\alpha=\pm45^\circ$的斜截面上,切应力有最大、最小值,且其数值为最大正应力的一半。

4.4 应变的概念 拉(压)杆的弹性变形

1. 应变的概念

为研究构件内某点的变形,设想围绕该点取一微小的正六面体(图 4-13a),当六面体的边长趋于无限小时称为单元体(free body)。六面体的变形包括边长的改变和各边夹角的改变两种形式。把上述六面体投影到纸面,如图 4-13b 所示,其 am 边原始边长为 $\mathrm{d}x$,变形后的边长为 $\mathrm{d}x+\Delta\mathrm{d}x$。引入定义

$$\varepsilon_{\mathrm{m}}=\frac{\Delta\mathrm{d}x}{\mathrm{d}x} \tag{4-7}$$

ε_{m}为边长 am 每单位长度的平均伸长或缩短,称为平均线应变。当 $\mathrm{d}x$ 趋近于零时,得到平均线应变的极限值

$$\varepsilon=\lim_{\mathrm{d}x\to0}\frac{\Delta\mathrm{d}x}{\mathrm{d}x} \tag{4-8}$$

ε 称为点 a 沿 am 方向的线应变(normal strain),简称应变。变形引起长度增加时为拉应变(tensile strain),变形引起长度减少时为压应变(compressive strain)。采用相同的方法,还可确定点 a 沿其他任意方向的线应变。

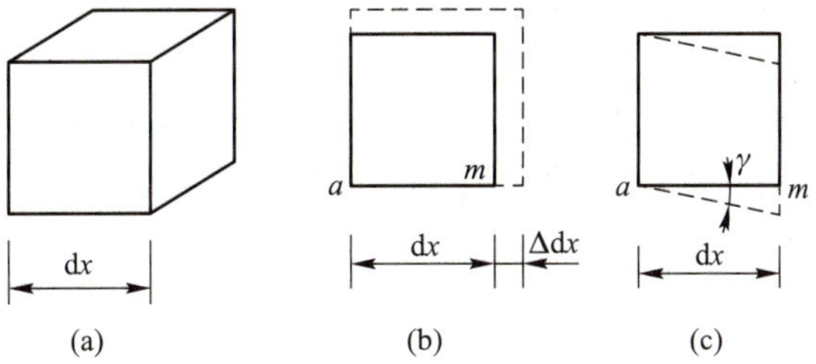

图 4-13

原单元体各边互成直角,变形后直角的改变量称为切应变(shear strain)(图 4-13c),用 γ 表示。线应变和切应变的量纲均为一。

正应力 σ 和线应变 ε、切应力 τ 和切应变 γ 间存在着紧密的关系,后面将详细讨论。

2. 纵向变形 胡克定律

发生轴向拉伸或压缩变形时,杆件既有轴向尺寸的变化,也有横向尺寸的改变。前者称为纵向变形(longitudinal deformation),后者称为横向变形(lateral deformation)。

一等直拉杆如图 4-14 所示,杆的原长为 l,横截面面积为 A。在轴向力 F 作用下,拉杆的长度由 l 变为 l_1。则杆沿轴线方向的变形量为

$$\Delta l = l_1 - l$$

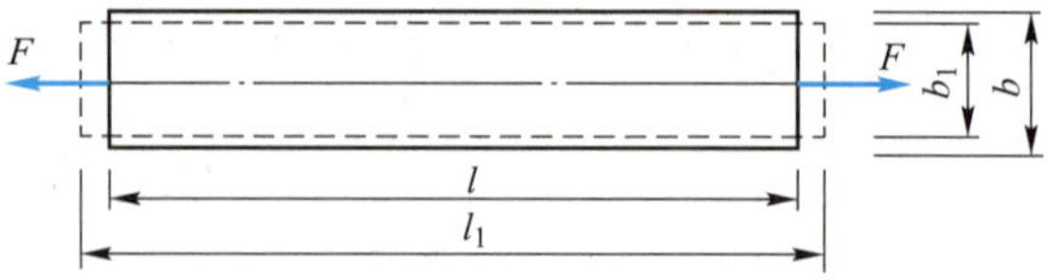

图 4-14

对于仅两端受力的等截面直杆,其纵向变形沿杆长是均匀的,因此其纵向线应变为

$$\varepsilon = \frac{\Delta l}{l}$$

试验表明:杆件在轴向拉伸或压缩时,若外力不超过某一范围,则其纵向变形 Δl 与外力 F 的大小及杆长 l 成正比,与横截面面积 A 成反比,即

$$\Delta l \propto \frac{Fl}{A}$$

引入常数 E,则有

$$\Delta l = \frac{Fl}{EA} \tag{4-9}$$

对于仅在两端承受轴向外力的直杆,由于 $F_N = F$,故式(4-9)可改写为

$$\Delta l = \frac{F_N l}{EA} \tag{4-10}$$

杆件拉伸时,Δl 为正;杆件压缩时,Δl 为负。式(4-10)就是轴向拉伸或压缩时等截面直杆纵向变形的计算公式,通常称为胡克定律(Hooke law)。常数 E 与材料的性质有关,称为材料的拉压弹性模量(modulus of elasticity),由试验测定。弹性模量 E 反映材料抵抗弹性变形的能力,E 值越大,材料抵抗弹性变形的能力越大。

由式(4-10)可以看出,长度相等、受力相同的杆件,EA 越大,杆件变形就越小,即 EA 反映了杆件抵抗拉伸(压缩)变形的能力,称为杆件的拉伸(压缩)刚度(axial rigidity)。

将拉(压)杆的应力计算公式 $\sigma = \dfrac{F_N}{A}$ 和应变计算公式 $\varepsilon = \dfrac{\Delta l}{l}$ 代入式(4-10),可得

$$\sigma = E\varepsilon \tag{4-11}$$

这是胡克定律的另一种表示形式。因而胡克定律又可表述为**当正应力不超过某一极限值时,正应力与线应变成正比**。显然,由式(4-11)知,线应变 ε 和正应力 σ 的正负号是相对应的。因为应变 ε 的量纲为一,根据式(4-11)可知,弹性模量 E 有与应力相同的量纲,是一个有单位的常量。

式(4-10)只有当轴力 F_N、横截面面积 A、材料的弹性模量 E 在杆长 l 内为常量时才能应用。对于阶梯杆或轴力分段变化的杆件，计算整个杆件的轴向变形时，应分段应用式(4-10)，然后按代数值叠加，即

$$\Delta l=\sum_{i=1}^{n}\frac{F_{Ni}l_i}{EA_i} \tag{4-12}$$

当轴力 F_N或横截面面积 A 沿杆轴线 x 方向连续变化时，则必须从 dx 微段的伸长量入手，用积分的方法求整个杆件的轴向变形，即

$$\Delta l=\int_l\frac{F_N(x)}{EA(x)}dx \tag{4-13}$$

3. 横向变形 泊松比

设杆件变形前的横向尺寸为 b，变形后为 b_1(图 4-14)，若横向变形均匀，则杆件的横向线应变为

$$\varepsilon'=\frac{\Delta b}{b}=\frac{b_1-b}{b}$$

试验表明：当拉(压)杆的应力不超过某极限时，其横向线应变 ε'与纵向线应变 ε 的比值是一个常数。引入

$$\mu=-\frac{\varepsilon'}{\varepsilon} \tag{4-14}$$

μ 称为**横向变形因数**或**泊松比**(Poisson ratio)，它的量纲为一。这里引入负号，是因为工程中的常见材料都符合杆件伸长时横向缩短，杆件缩短时横向增大的规律。也即 ε'与 ε 的符号是相反的。也就是说，工程中的大多数材料的泊松比是正的。由热力学原理可以给出各向同性材料 μ 的取值范围为

$$-1\leqslant\mu\leqslant 1/2 \tag{4-15}$$

对于常规、传统的材料，$0<\mu<1/2$。当 $-1<\mu<0$ 时，由式(4-14)知，出现杆件伸长时横向增大(杆件缩短时横向缩短)的现象，这种材料称为负泊松比材料(negative Poisson ratio materials)或拉胀材料(auxetic materials)。在天然材料中，已发现黄铁矿、α-方英石等具有负泊松电效应。现在，人们已能够设计出具有负泊松比的材料。

弹性模量 E 和泊松比 μ 都是材料本身所固有的弹性常量，反映材料抵抗弹性变形的能力。表 4-1 中给出了一些常用材料的 E 和 μ 值。

表 4-1 常用材料的 E 和 μ 值

材料名称	E/GPa	μ
碳钢	196～216	0.24～0.28
合金钢	186～206	0.25～0.30
灰铸铁	80～157	0.23～0.27
铜及其合金(黄铜、青铜)	74～128	0.31～0.42
混凝土	14～35	0.16～0.18
橡胶	0.007 8	0.47

例 4-3 阶梯钢杆如图 4-15a 所示。已知 AC 段的横截面面积为 $A_1=500\ \mathrm{mm^2}$，CD 段的横截面面积为 $A_2=200\ \mathrm{mm^2}$，钢杆的弹性模量 $E=200$ GPa。试求：(1) 各段杆横截面上的内力和应力；(2) 杆的总伸长。

解 (1) 内力与应力计算

解除固定端约束，代之以约束力 F_R，如图 4-15b 所示。由整个钢杆的平衡方程

$$-F_R+F_1-F_2=0$$

得 $F_R=F_1-F_2=20$ kN。

用截面法将钢杆分别在截面 Ⅰ—Ⅰ、Ⅱ—Ⅱ 处截开，如图 4-15c、d 所示。由平衡条件可得 AB 段内任一截面上的轴力为

$$F_{N1}=F_R=20\ \mathrm{kN}$$

BC 段和 CD 段内的轴力相同，其值为

$$F_{N2}=F_R-F_1=-10\ \mathrm{kN}$$

由此可绘出轴力图如图 4-15e 所示。

按式(4-4)可以计算各段杆内任一横截面上的正应力

$$\sigma_{AB}=\frac{F_{N1}}{A_1}=\frac{20\times10^3\ \mathrm{N}}{500\times10^{-6}\ \mathrm{m^2}}=40\times10^6\ \mathrm{Pa}=40\ \mathrm{MPa}$$

$$\sigma_{BC}=\frac{F_{N2}}{A_1}=\frac{-10\times10^3\ \mathrm{N}}{500\times10^{-6}\ \mathrm{m^2}}=-20\times10^6\ \mathrm{Pa}=-20\ \mathrm{MPa}$$

$$\sigma_{CD}=\frac{F_{N2}}{A_2}=\frac{-10\times10^3\ \mathrm{N}}{200\times10^{-6}\ \mathrm{m^2}}=-50\times10^6\ \mathrm{Pa}=-50\ \mathrm{MPa}$$

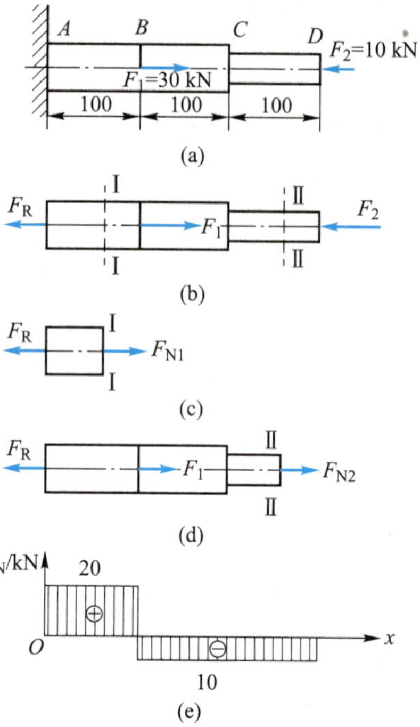

图 4-15

(2) 钢杆的总伸长计算

$$\begin{aligned}\Delta l_{AD}&=\sum_{i=1}^{3}\frac{F_{Ni}l_i}{EA_i}\\&=\frac{1}{200\times10^9\ \mathrm{Pa}}\left[\frac{(20\times10^3\ \mathrm{N})(100\times10^{-3}\ \mathrm{m})}{500\times10^{-6}\ \mathrm{m^2}}+\frac{(-10\times10^3\ \mathrm{N})(100\times10^{-3}\ \mathrm{m})}{500\times10^{-6}\ \mathrm{m^2}}+\right.\\&\left.\frac{(-10\times10^3\ \mathrm{N})(100\times10^{-3}\ \mathrm{m})}{200\times10^{-6}\ \mathrm{m^2}}\right]\\&=-0.015\times10^{-3}\ \mathrm{m}=-0.015\ \mathrm{mm}\end{aligned}$$

计算结果为负值，说明整个钢杆是缩短的。

4. 轴向拉伸或压缩的应变能

弹性体在外力作用下产生变形，外力在相应的位移上做了功。根据能量守恒原理，略去声、热等其他微小的能量损耗，外力所做的功将全部转变为储存在弹性体内的能量。当外力减小，变形逐渐消失时，弹性体又将释放储存的能量而做功。这种伴随弹性变形的增减而改变的能量称为弹性应变能(elastic strain energy)。

图 4-16a 所示受轴向拉伸的直杆，作用于下端的拉力从零开始缓慢增加，直至增加到最终值 F_1。随着拉力的增大，作用点的位移(即杆的伸长量)也逐渐增大，其最终值为 Δl_1。在弹性范围内，拉力 F 与伸长量 Δl 成正比，如图 4-16b 所示。在逐渐加力的过程中，当拉力为 F 时，直

杆的伸长为 Δl。如力再增加 $\mathrm{d}F$，直杆相应的变形增量为 $\mathrm{d}(\Delta l)$。于是直杆上力 F 因位移 $\mathrm{d}(\Delta l)$ 而做功，所做的功为

$$\mathrm{d}W = F\mathrm{d}(\Delta l)$$

显然，$\mathrm{d}W$ 等于图 4－16b 中画阴影线部分的微分面积。把拉力看作是一系列 $\mathrm{d}F$ 的积累，则拉力的总功 W 应为上述各微分面积的总和，即 W 等于 $F-\Delta l$ 曲线与横坐标轴围成的面积。故有

$$W=\frac{1}{2}F\Delta l$$

若不计任何能量损耗，根据功能关系，杆内储存的应变能 V_ε 等于外力 F 所做的功 W。即

$$V_\varepsilon = W = \frac{1}{2}F\Delta l \tag{4-16}$$

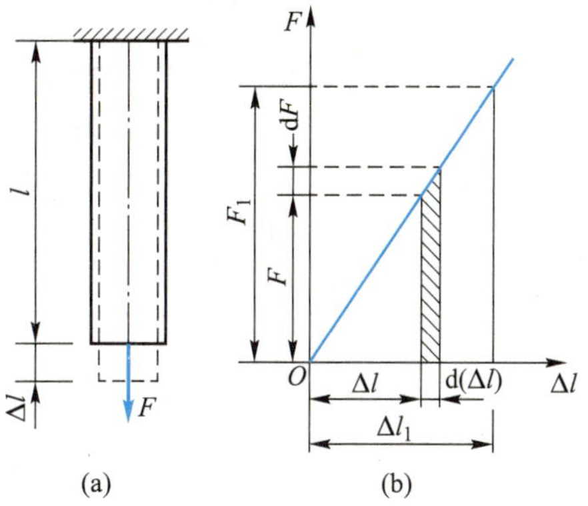

图 4－16

对于图 4－16a 中的拉杆，$F_{\mathrm{N}}=F$，引入胡克定律 $\Delta l=\dfrac{F_{\mathrm{N}}l}{EA}$，则得

$$V_\varepsilon = \frac{F_{\mathrm{N}}^2 l}{2EA} \tag{4-17}$$

对于应力不均匀分布的杆件，其内部各点受力和变形均不相等，因此储存在杆内各点处的应变能也不尽相同，为此引入单位体积内的应变能概念，称为**应变能密度**(strain energy density)，记作 v_ε。

对于线弹性材料制成的拉(压)杆，设其长度为 l，横截面面积为 A，杆内各点的受力和变形均相同，故应变能密度为

$$v_\varepsilon = \frac{V_\varepsilon}{Al} = \frac{F\Delta l}{2Al} = \frac{1}{2}\sigma\varepsilon \tag{4-18}$$

由胡克定律 $\sigma=E\varepsilon$，上式又可写成

$$v_\varepsilon = \frac{\sigma^2}{2E} = \frac{E\varepsilon^2}{2} \tag{4-19}$$

可以证明，不论构件内应力是否均匀，只要是在一个方向上受力，式(4－18)和式(4－19)就可以使用。

例 4－4 空气压缩机的气缸被多个穿过其法兰的螺栓固定(图 4－17a)。某个螺栓如图 4－17b 所示。螺栓杆的直径 $d=13$ mm，螺纹内径 $d_r=10$ mm。螺栓的紧固间距 $g=40$ mm，间距 $t=6.5$ mm。为了减少螺栓发生断裂失效的可能性，提出两种修改意见：(a) 对螺栓杆进行机加工，使螺栓杆的直径与螺纹内径 d_r 相同，如图 4－17c所示；(b) 用一根长螺栓代替每对螺栓，如图 4－17d 所示。长螺栓类似于原始螺栓，但其紧固间距增加至 $L=340$ mm。比较采用原始螺栓、螺栓杆直径减小的螺栓和长螺栓三种方案的螺栓应变能的大小。

解 (1) 原始螺栓。

原始螺栓可被简化为两段等截面直杆，左段杆的长度为 $g-t$，直径为 d；右段杆的长度为 t，直径为 d_r，如图 4－17b 所示。则一个原始螺栓在拉伸载荷 F 作用下的总应变能为

$$V_{\varepsilon 1} = \sum_{i=1}^{n}\frac{F_{\mathrm{N}i}^2 l_i}{2E_i A_i} = \frac{F^2(g-t)}{2EA_s} + \frac{F^2 t}{2EA_r}$$

其中，$A_s=\dfrac{\pi d^2}{4}$ 为螺栓杆的横截面面积，$A_r=\dfrac{\pi d_r^2}{4}$ 为螺纹根部的横截面面积。于是得

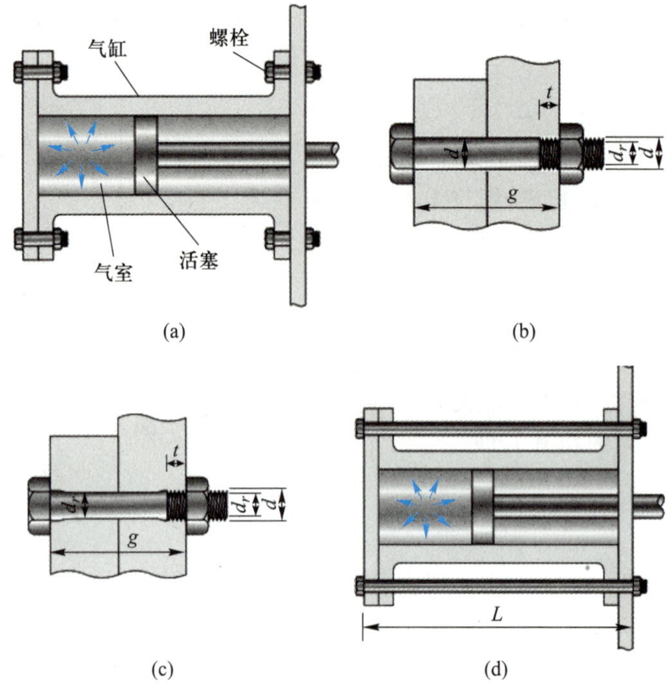

图 4 - 17

$$V_{\varepsilon 1}=\frac{2F^2(g-t)}{\pi E d^2}+\frac{2F^2 t}{\pi E d_r^2}$$

(2) 直径减小的螺栓。

此螺栓可被简化为长度为 g，直径为 d_r 的等截面直杆，其应变能为

$$V_{\varepsilon 2}=\frac{F^2 g}{2EA_r}=\frac{2F^2 g}{\pi E d_r^2}$$

两种情况的应变能之比为

$$\frac{V_{\varepsilon 2}}{V_{\varepsilon 1}}=\frac{gd^2}{(g-t)d_r^2+td^2}=\frac{40\ \text{mm}\times(13\ \text{mm})^2}{(40-6.5)\ \text{mm}\times(10\ \text{mm})^2+6.5\ \text{mm}\times(13\ \text{mm})^2}=1.52$$

因此，使用螺栓杆直径减小的螺栓将导致螺栓的应变能增加 52%。

(3) 长螺栓。

长螺栓的计算与原始螺栓的计算相同，但紧固间距由 g 变为 L。因此，一个长螺栓的应变能为

$$V_{\varepsilon 3}=\frac{2F^2(L-t)}{\pi E d^2}+\frac{2F^2 t}{\pi E d_r^2}$$

由于一根长螺栓替换了两根原始螺栓，因此此时的应变能之比为

$$\frac{V_{\varepsilon 3}}{2V_{\varepsilon 1}}=\frac{(L-t)d_r^2+td^2}{2(g-t)d_r^2+2td^2}=\frac{(340-6.5)\ \text{mm}\times(10\ \text{mm})^2+6.5\ \text{mm}\times(13\ \text{mm})^2}{2(40-6.5)\ \text{mm}\times(10\ \text{mm})^2+2\times 6.5\ \text{mm}\times(13\ \text{mm})^2}=3.87$$

可见，使用长螺栓可使螺栓的应变能增加 287%，从能量吸收的角度来看，可达到最大的安全性。

4.5 材料在拉伸和压缩时的力学性能

材料的**力学性能**(mechanical property) 是指材料在受力过程中表现出来的变形、破坏等方

面的特性。构件的强度和刚度不仅与构件的尺寸和承受的载荷有关,还与构件所用材料的力学性能密切相关。前面介绍的弹性模量 E 和泊松比 μ 就是反映材料力学性能的常量。材料的力学性能由试验来测定。测试材料力学性能的试验有很多,本节所介绍的常温、静载下的拉伸和压缩试验是研究材料力学性能的最基本的试验。

为了便于比较不同材料的试验结果,对试验所用**试样**(specimen)的形状、加工精度、试验环境等,国家标准都有统一的规定。圆截面的拉伸标准试样如图 4-18 所示,试样较粗的两端是装夹部分。在试样中间部分划出一段长度为 l_0 的试验段,长度 l_0 称为**标距**(gage length)。用 d_0 表示试样圆截面的直径,在国家标准中标距 l_0 与直径 d_0 有两种比例,即

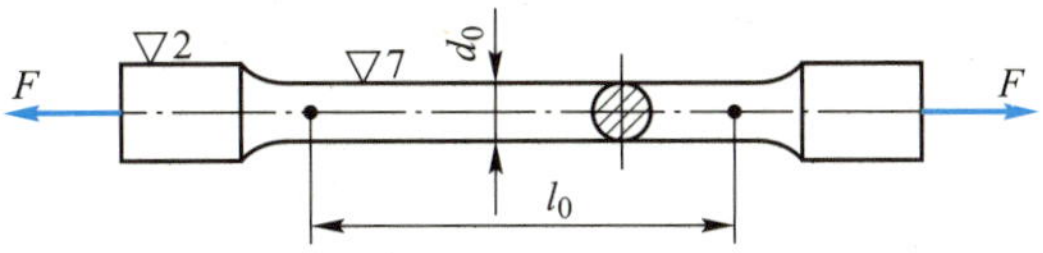

图 4-18

$$l_0=5\,d_0 \quad 和 \quad l_0=10\,d_0$$

轴向拉伸(压缩)试验通常是在万能材料试验机上进行的。试验时将试样安装在试验机上,缓慢加载使试样发生变形。作用于试样上的力 F 的大小可以从试验机的示力盘上读出,标距 l_0 的变形量 Δl 可用相应的测量仪测出。从加载开始直至试样破坏,记录所加的力 F 及其相应的变形量 Δl,并以 Δl 为横坐标、F 为纵坐标绘出 $F-\Delta l$ 之间的关系曲线(一般,试验机可以自动绘出 $F-\Delta l$ 曲线)。标准试样的 $F-\Delta l$ 曲线因材料的不同而不同。工程中的材料按其力学性质可分为两大类:一类称为**塑性材料**(plastic materials),如低碳钢;另一类称为**脆性材料**(brittle materials),如铸铁。下面主要介绍这两类材料在拉伸和压缩时的力学性能。

4-2 WDW3100 微控电子试验机

1. 低碳钢拉伸时的力学性能

低碳钢是工程中广泛使用的材料,它在拉伸时的力学性能具有一定的代表性,常用来阐明塑性材料的一些特性。

图 4-19 是低碳钢拉伸时绘制的 $F-\Delta l$ 曲线,这个曲线也称为**拉伸图**。拉伸图上每点的纵坐标和横坐标的值都受试样几何尺寸的影响,为了获得反映材料固有特性的关系曲线,可将拉伸图中的 F 除以试样原横截面面积 A_0,得到正应力 $\sigma=\dfrac{F}{A_0}$,将 Δl 除以标距原长 l_0,得到线应变 $\varepsilon=\dfrac{\Delta l}{l_0}$。以 σ 为纵坐标、ε 为横坐标作出 σ 与 ε 的关系图线,称为**应力-应变曲线**(stress-strain curve)。低碳钢的拉伸应力-应变曲线如图 4-20 所示,其形状与其拉伸图(图 4-19)相似。

4-3 低碳钢拉伸试验视频

4-4 低碳钢拉伸试验曲线

(1) 应力-应变曲线的四个阶段

低碳钢拉伸应力-应变($\sigma-\varepsilon$)曲线可以分为如下四个阶段:

1) 弹性阶段(Ob 段)。在此阶段,试样的变形是完全弹性的。如果在这个阶段将载荷卸掉,变形可以完全消失。

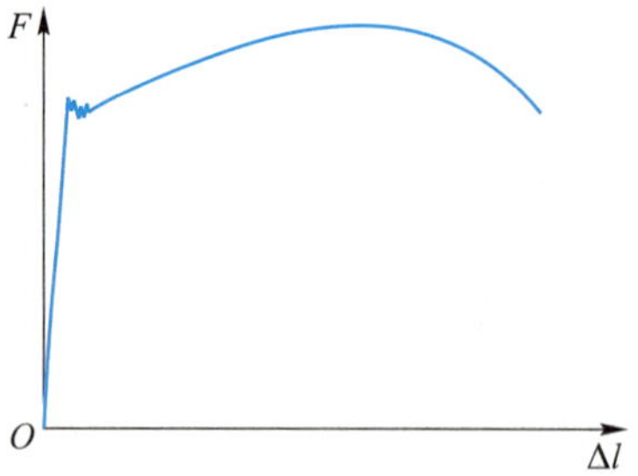

图 4-19

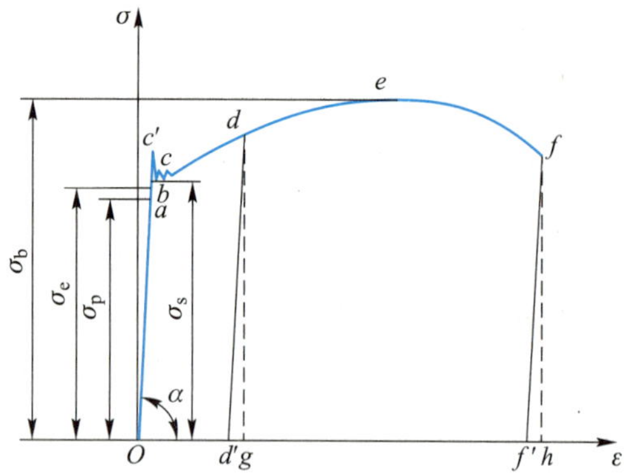

图 4-20

相应于 b 点的应力称为材料的弹性极限(elastic limit),用 σ_e 表示。在此阶段内,除靠近 b 点的极小一段 ab 是微弯的曲线外,其他部分(Oa 段)均是直线,即在弹性阶段,应力与应变基本上呈正比例关系。相应于 a 点的应力称为材料的比例极限(proportional limit),用 σ_p 表示。可见,前面介绍的胡克定律的适用范围是:$\sigma \leqslant \sigma_p$。由胡克定律可知 $E=\dfrac{\sigma}{\varepsilon}$,故易知 $\sigma-\varepsilon$ 曲线中直线 Oa 的斜率就是弹性模量 E,即

$$E=\frac{\sigma}{\varepsilon}=\tan\alpha$$

Oa 段的斜率越大,材料的弹性模量 E 越大。

对一般的金属材料,$\sigma-\varepsilon$ 曲线上 a、b 两点十分靠近,试验中难以区别,所以工程中常近似地认为其比例极限和弹性极限相等。但是对于橡胶之类的非金属材料,其弹性性能可以延续,远远超过比例极限,因此上述近似就不合理了。

2) 屈服阶段(bc 段)。当应力超过材料的弹性极限后,曲线的斜率变小,到达某一点 c' 后应力突然下降,然后在很小的范围内波动,这时应变增加很快,而应力几乎不变,$\sigma-\varepsilon$ 曲线呈现接近水平的小锯齿形。这种应力几乎保持不变而应变迅速增加的现象称为材料的屈服(yielding)或流动(flowing)。屈服阶段的最低点对应的应力称为材料的屈服极限或流动极限(yield limit or flow limit),用 σ_s 表示。

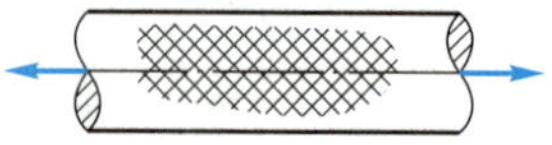

图 4-21

材料屈服时,在抛光的试样表面将出现与轴线成 45°的条纹,如图 4-21 所示。这种条纹称为滑移线(slip-lines)。滑移线是金属材料内部晶格之间相对滑移所形成的。由式(4-6)可知,在 45°斜截面上存在最大切应力 τ_{max},故 τ_{max} 超过一定极限值是引起晶格滑移的原因。晶格滑移导致材料产生了不可恢复的塑性变形,所以,对于低碳钢这类材料来说,屈服极限 σ_s 是衡量材料强度的一个重要指标。

3) 强化阶段(ce 段)。过了屈服阶段以后,曲线又逐渐上升,材料又恢复了抵抗变形的能力,必须增加拉力才能使试样继续变形,这种现象称为材料的强化(strengthening)。强化阶段的最高点 e 所对应的应力称为材料的强度极限(strength limit),用 σ_b 表示。它是衡量材料强度的另一重要指标。在强化阶段,试样的横向尺寸有明显缩小,但整个试验段的变形仍然是均匀的。

4）局部变形阶段（ef 段）。当应力达到强度极限后，在试样的某一局部范围内，横向尺寸突然急剧缩小，形成图 4－22 所示的颈缩（necking）现象。由于颈缩部分的横截面面积迅速减小，使试样继续变形所需的拉力越来越小，在应力-应变图中，用原始横截面面积 A_0 算出的应力 $\sigma=\dfrac{F}{A_0}$ 随之下降，降到 f 点，试样被拉断。断口呈杯锥形。

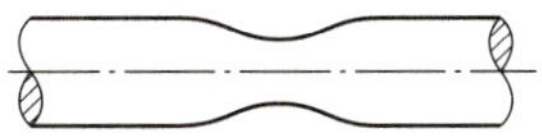

图 4－22

(2) 延伸率和截面收缩率

试样被拉断后，弹性变形消失，标距范围内保留的塑性变形为

$$\Delta l=l_1-l_0$$

式中，l_1 为断裂后的标距，l_0 为变形前的标距。将 Δl 除以 l_0，并表示成百分数，称为延伸率（percent elongation），用 δ 表示，即

$$\delta=\frac{\Delta l}{l_0}\times 100\%=\frac{l_1-l_0}{l_0}\times 100\%$$

延伸率是衡量材料塑性的主要指标。在工程上把 δ 值超过 5％的材料称为塑性材料，如碳钢、合金钢、铜、铝等，把 δ 值小于 5％的材料称为脆性材料，如铸铁、石料、混凝土、玻璃等。

以 A_1 表示试样断裂后断口处最小横截面面积，A_0 表示试样原来的横截面面积，用百分比表示的比值

$$Z=\frac{A_0-A_1}{A_0}\times 100\%$$

称为断面收缩率（percent reduction in area）。断面收缩率 Z 也是衡量材料塑性的指标。

(3) 卸载定律和冷作硬化

如果将试样加载到强化阶段的某应力值，如图 4－20 中的 d 点，然后卸掉载荷，则卸载路径是沿着几乎与 Oa 平行的直线 dd' 回到横轴上的 d' 点，即在卸载的过程中，应力与应变之间按直线关系变化。这一规律称为卸载定律。应力全部卸除以后，在图 4－20 中，$d'g$ 表示卸除掉的弹性应变，而 Od' 则表示保留下来的塑性应变，二者之和（对应 Og）即是加载到 d 点所产生的总应变。因此，超过弹性范围后的任一点 d 所对应的总应变包含弹性应变和塑性应变两部分。

若卸载后在短期内再重新加载，则应力-应变关系大致沿卸载时的斜直线 $d'd$ 上升，直到 d 点后又沿 def 曲线变化。比较图 4－20 中的曲线 $Oabcdef$ 和 $d'def$ 可以看出，对于在常温下经过一次“加载-卸载”处理的试样，当再次加载时，其比例极限（d 点的应力）提高了，但塑性变形降低了。这种现象称为冷作硬化（cold hardening）。

对于某些对塑性要求不高的构件，可利用冷作硬化的方法提高它的强度，例如建筑钢筋一般都要经过冷拔处理，一些型钢采用冷轧处理，均是出于这个目的。对于要求产生较大塑性变形的工艺，应尽量消除冷作硬化的影响，工程上常采用的退火工艺就是起这个作用。

2. 其他塑性材料拉伸时的力学性能

工程中常用的塑性材料，除低碳钢外还有中碳钢、某些高碳钢、合金钢、黄铜、铝合金等。

图 4-23 给出了几种塑性材料拉伸时的应力-应变曲线。从图 4-23 中可以看出，有些塑性材料没有明显的屈服阶段。对于这些材料，通常规定以产生 0.2% 的塑性应变时对应的应力为屈服极限，称为**名义屈服极限**(nominal yield limit)，用 $\sigma_{0.2}$ 表示(图 4-24)。

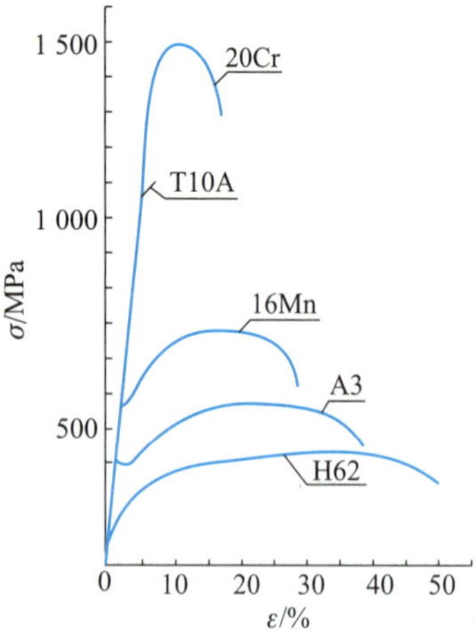

图 4-23

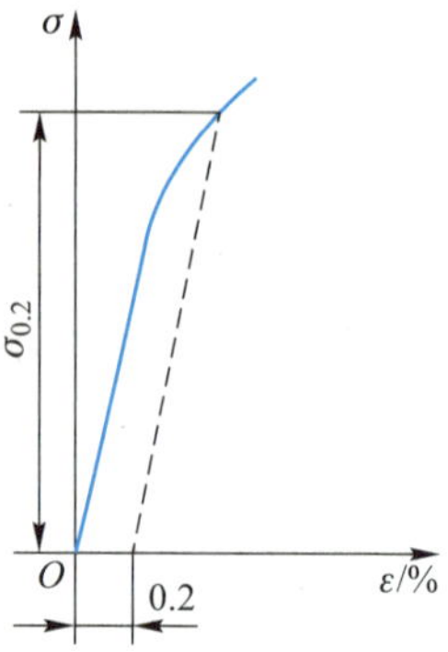

图 4-24

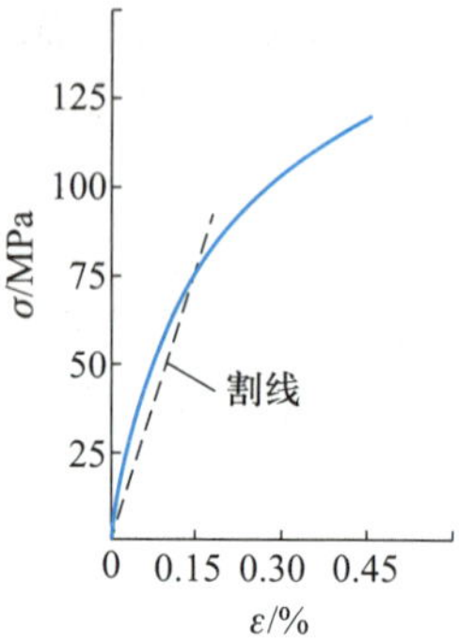

图 4-25

3. 铸铁拉伸时的力学性能

4-5 铸铁拉伸试验视频

4-6 铸铁拉伸试验曲线

灰口铸铁是典型的脆性材料，它在拉伸时的应力-应变曲线是一段微弯陡升的曲线(图 4-25)。从铸铁拉伸的试验现象和应力-应变曲线图 4-25 中可以看出，拉断前试样的变形很不明显。铸铁的延伸率 $\delta=0.4\%\sim0.5\%$，试样沿横截面被拉断，断口粗糙。拉伸过程中没有屈服阶段和颈缩阶段，拉断时的最大应力即为其强度极限 σ_b。强度极限是衡量铸铁强度的唯一指标。铸铁的拉伸强度很低。应力-应变曲线上没有明显的直线部分。为了确定弹性模量 E，工程上常以割线代替曲线的开始部分(图 4-25)，将割线的斜率作为弹性模量，称为**割线弹性模量**。

与铸铁力学性能相似的材料还有混凝土、石料等。铸铁经球化处理后成为球墨铸铁，其力学性能有显著变化，不但有较好的强度，还有较好的塑性性能。

4. 材料压缩时的力学性能

4-7 低碳钢压缩试验视频

4-8 低碳钢压缩试验曲线

金属材料的压缩试样按照《金属材料 室温压缩试验方法》(GB/T 7314—2017)的规定，通常采用圆柱，为避免试验时被压弯，圆柱不能太高，通常取 $h=(1.5\sim3)d$，如图 4-26 所示。

(1) 低碳钢压缩时的力学性能

低碳钢压缩时的应力-应变曲线如图 4-27 中实线所示(为了比较，图中用虚线绘出了低碳钢拉伸时的应力-应变曲线)。在屈服阶段以前，压缩曲线与拉伸曲线基本重合，这说明低碳钢压缩时的弹性模量 E、比例极限 σ_p、屈服极限 σ_s 均与拉伸时大致相同。但进入强化阶段以后，试样越压越扁，抗压能力越来越强，这已不再反映原试样的抗压能力。故无法测出材料的抗压强度极限。在实用上可认为低碳钢的抗拉性能和抗压性能相同。

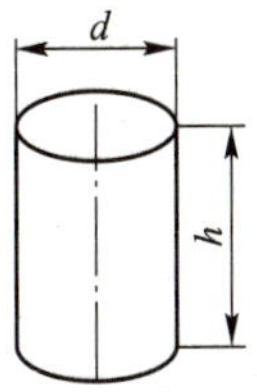

图 4-26

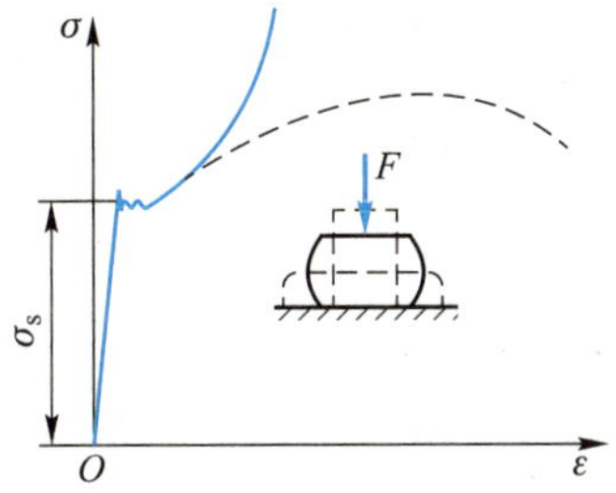

图 4-27

(2) 铸铁及其他脆性材料压缩时的力学性能

铸铁压缩时的应力-应变曲线如图 4-28 所示。试验表明，铸铁压缩时弹性范围的直线部分不明显，没有屈服现象。延伸率比拉伸时的要大得多，其抗压强度极限比其抗拉强度极限也大很多，高 4～5 倍。通常铸铁试样压缩破坏的断口发生在与轴线成 45°～55°的斜方向上。但脆性材料试样的破坏过程是个复杂的力学过程，试样端面摩擦力是影响这一过程的一个重要因素。对于采取良好磨光、润滑等减小摩擦力措施处理的铸铁试样，压缩破坏的断口大致与轴线平行，这说明铸铁压缩破坏是由最大拉应力引起的。其他脆性材料，如混凝土、石料等，其抗压强度也远高于抗拉强度。

脆性材料抗拉强度低，塑性性能差，但其抗压强度高，且价格低廉，所以宜做成承压构件。

另需指出，材料的力学性质与温度及载荷性质有关，上述结论仅限于常温、静载条件。当温度及载荷条件改变时，材料的力学性质将有所不同。一般而言，温度低、力的作用速度大，材料有变脆的趋势；温度高、力的作用速度小，材料有增加塑性的趋势。

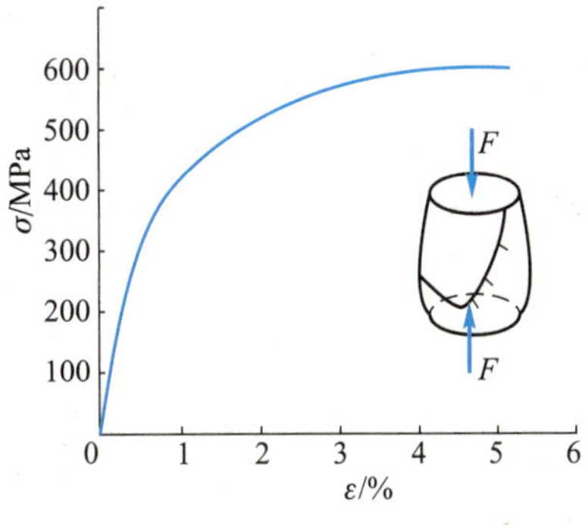

图 4-28

4-9 铸铁压缩试验视频

4-10 铸铁压缩试验曲线

表 4-2 中列出了几种常用材料在常温、静载下的 σ_s、σ_b 和 δ 值。

表 4-2 几种常用材料在常温、静载下的 σ_s、σ_b 和 δ 值

材料名称	牌号	σ_s/MPa	σ_b/MPa	δ/%
普通碳素钢	A2	186～216	333～412	31
	A3	216～235	373～461	25～27

续表

材料名称	牌号	σ_s/MPa	σ_b/MPa	δ/%
优质碳素结构钢	15	226	373	27
	40	333	569	19
普通低合金结构钢	12Mn	274～294	437～441	19～21
	16Mn	274～343	471～510	19～21
合金结构钢	20Cr	539	834	10
	40Cr	785	981	9
球墨铸铁	QT40－10	294	392	10
	QT45－5	324	441	5
灰口铸铁	HT15－33		97.1～274(拉)	
			673(压)	
	HT30－54		255～294(拉)	
			1 088(压)	

4.6 拉(压)杆的强度条件

1. 安全因数和许用应力

由试验可知，杆件在轴向载荷作用下，当横截面上的应力达到某一极限值时，材料会发生破坏。引起材料破坏的应力称为**极限应力**(ultimate stress)，以 σ_u 表示。材料的极限应力由其性质确定，对于塑性材料，当应力达到屈服极限时，材料开始产生明显的塑性变形，这对一般构件是不允许的，所以这类材料的极限应力是屈服极限 σ_s(或 $\sigma_{0.2}$)；对于脆性材料，断裂是破坏的唯一标志，所以这类材料的极限应力是拉伸强度极限 σ_b 或压缩强度极限 σ_c。

为保证足够的强度，构件的实际工作应力 σ 应低于其极限应力。在强度计算中，通常取极限应力除以一个大于 1 的因数作为构件工作应力的上限，这个应力称为许用应力，用[σ]表示，即

$$[\sigma]=\frac{\sigma_u}{n} \tag{4-20}$$

式中，大于 1 的因数 n 称为**安全因数**(safety factor)。

安全因数 n 的确定相当重要又比较复杂。安全因数是因实际构件的尺寸、载荷等的使用状态的推断有可能不准确而补充的一个设计因数。所以，安全因数越大，安全性就越高。但如果安全因数变大，会因为构件重量增大到超过需要而变得不经济。合理地选取安全因数应综合考虑许多安全和经济方面的因素。安全因数选取得合理与否与科技发展的水平有密切关系。

各种材料在不同工作条件下的安全因数或许用应力值可以从有关设计规范和材料手册中查

到。在一般的强度计算中,对于塑性材料,可取 $n_s=1.2\sim2.5$;对于脆性材料,可取 $n_b=2\sim3.5$。

2. 强度计算

为了保证轴向拉(压)杆能有足够的强度,杆内最大工作应力不得超过材料在拉伸(压缩)时的许用应力,即要求

$$\sigma_{max}=\left(\frac{F_N}{A}\right)_{max}\leqslant[\sigma] \tag{4-21a}$$

对等截面杆,有

$$\sigma_{max}=\frac{F_{N\,max}}{A}\leqslant[\sigma] \tag{4-21b}$$

式(4-21a、b)为轴向拉(压)杆的强度条件。产生最大工作应力的截面称为**危险截面**。

利用强度条件,可以解决工程中下列三个方面的强度计算问题:

(1) 校核强度

已知杆件的材料、截面尺寸和所承受的载荷,校核杆件是否满足强度条件式(4-21)。若能满足,说明杆件的强度足够;否则,说明杆件不安全。

(2) 设计截面

已知杆件需承受的载荷及材料的许用应力,要求确定杆件所需要的最小横截面面积和相应的尺寸。这时强度条件可变换为如下形式:

$$A\geqslant\frac{F_{N\,max}}{[\sigma]}$$

由此式计算出需要的横截面面积,然后确定截面尺寸。

(3) 确定许用载荷

已知杆件的尺寸和材料的许用应力,要求确定杆件所能承受的最大载荷。这时可按下式计算杆件所允许的最大轴力:

$$F_N\leqslant A[\sigma]$$

从而确定构件的许用载荷。

例 4-5 试校核图 4-29a 所示提升料车钢索的强度。已知料车的重量为 26 kN,钢索横截面面积 $A=2.8\ \text{cm}^2$,强度极限 $\sigma_b=400\ \text{MPa}$,安全因数 $n=4.5$。忽略料车车轮和钢轨间的摩擦。

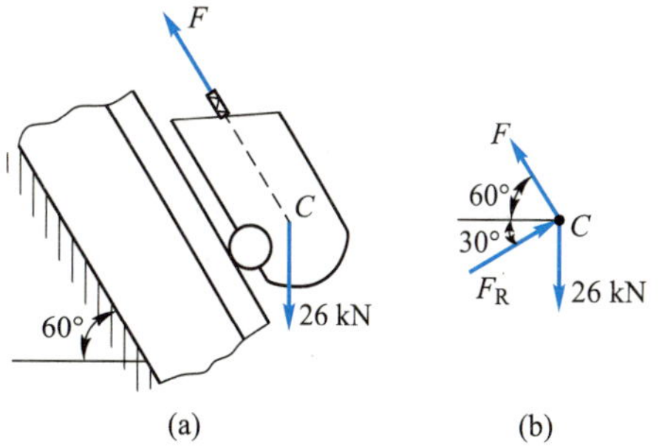

图 4-29

解 (1) 计算钢索拉力

以料车的重心 C 为中心作料车受力图,如图 4-29b 所示。钢轨对料车车轮的约束力为 F_R,钢索拉力为 F,料车的重量为 26 kN,它们在同一平面内且汇交于一点 C。由平衡条件可得

$$F=26\ \text{kN}\times\cos30^\circ=22.5\ \text{kN}$$

(2) 校核钢索的强度

钢索的破坏应力一般取强度极限 σ_b,所以钢索的许用应力为

$$[\sigma]=\frac{\sigma_b}{n}=\frac{400\ \text{MPa}}{4.5}=88.9\ \text{MPa}$$

钢索的工作应力为

$$\sigma=\frac{F}{A}=\frac{22.5\times10^{3}\ \mathrm{N}}{2.8\times10^{-4}\ \mathrm{m}^{2}}=80.4\times10^{6}\ \mathrm{Pa}=80.4\ \mathrm{MPa}<[\sigma]$$

钢索的强度足够。

例 4-6 等圆截面直杆受力如图 4-30a 所示，材料为铸铁，其拉伸许用应力$[\sigma_t]=60$ MPa，压缩许用应力$[\sigma_c]=120$ MPa，弹性模量 $E=80$ GPa。(1) 画出该杆的轴力图；(2) 设计该杆的横截面直径；(3) 计算该杆的总伸长。

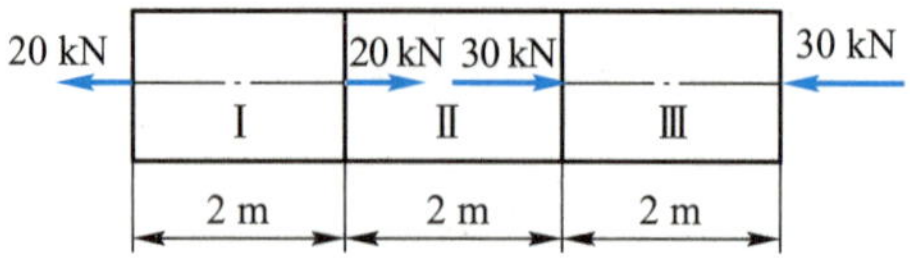

(a)

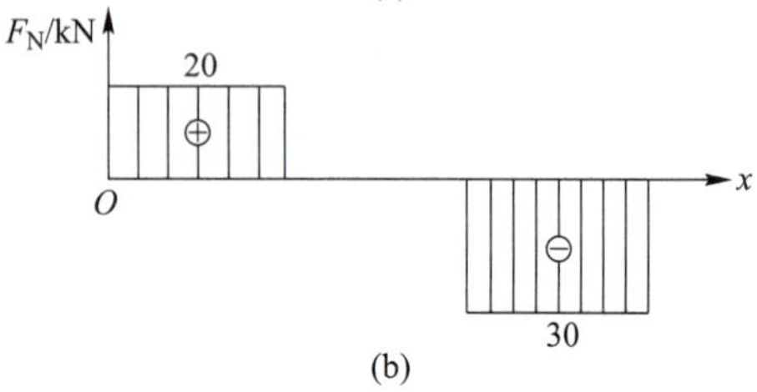

(b)

图 4-30

解 (1) 画轴力图

由截面法求得Ⅰ、Ⅱ、Ⅲ三段杆横截面的内力分别为 $F_{N1}=20$ kN、$F_{N2}=0$、$F_{N3}=-30$ kN，由此可画出轴力图，如图 4-30b 所示。

(2) 设计横截面直径

Ⅲ段中负轴力的绝对值比Ⅰ段中的正轴力大，但由于铸铁的抗拉、抗压性能不同，故Ⅰ、Ⅲ两段中的截面都是危险截面。按拉伸强度设计，由强度条件表达式(4-21b)得

$$d'\geqslant\sqrt{\frac{4F_{N1}}{\pi[\sigma_t]}}=\sqrt{\frac{4\times(20\times10^{3}\ \mathrm{N})}{\pi\times(60\times10^{6}\ \mathrm{Pa})}}=20.6\times10^{-3}\ \mathrm{m}=20.6\ \mathrm{mm}$$

按压缩强度设计得

$$d''\geqslant\sqrt{\frac{4|F_{N3}|}{\pi[\sigma_c]}}=\sqrt{\frac{4\times(30\times10^{3}\ \mathrm{N})}{\pi\times(120\times10^{6}\ \mathrm{Pa})}}=17.8\times10^{-3}\ \mathrm{m}=17.8\ \mathrm{mm}$$

故该杆直径应取 $d=d'=20.6$ mm。结果表明，尽管该杆的正轴力比负轴力的绝对值小，但是杆件的横截面尺寸还是由正轴力决定的，这是因为铸铁的抗拉能力比抗压能力低。

(3) 计算该杆的总伸长

根据式(4-12)，该杆的总伸长为

$$\Delta l=\Delta l_1+\Delta l_2+\Delta l_3=\frac{20\times10^{3}\ \mathrm{N}\times2\ \mathrm{m}}{(80\times10^{9}\ \mathrm{Pa})\dfrac{\pi\times(20.6\times10^{-3}\ \mathrm{m})^{2}}{4}}+0-\frac{30\times10^{3}\ \mathrm{N}\times2\ \mathrm{m}}{(80\times10^{9}\ \mathrm{Pa})\dfrac{\pi\times(20.6\times10^{-3}\ \mathrm{m})^{2}}{4}}$$

$$=-0.75\times10^{-3}\ \mathrm{m}=-0.75\ \mathrm{mm}$$

例 4-7 图 4-31a 所示铰接结构，杆 1 和杆 2 的许用应力分别为$[\sigma]_1=140$ MPa，$[\sigma]_2=100$ MPa，横截面面积分别为 $A_1=4\ \mathrm{cm}^2$，$A_2=3\ \mathrm{cm}^2$。试确定结构的许可载荷。

解　(1) 计算各杆内力

取节点 A 为研究对象(图 4-31b),由节点 A 的平衡方程

$$F_{N2}\sin45^\circ - F_{N1}\sin30^\circ = 0$$

$$F_{N1}\cos30^\circ + F_{N2}\cos45^\circ - F = 0$$

解得

$$F_{N1} = \frac{2F}{\sqrt{3}+1} = 0.732F$$

$$F_{N2} = \frac{\sqrt{2}F}{\sqrt{3}+1} = 0.518F$$

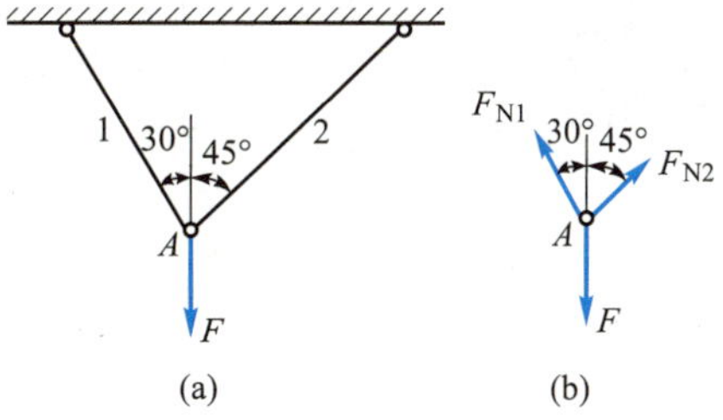

图 4-31

(2) 确定许可载荷

由杆 1 的强度条件

$$\sigma_1 = \frac{F_{N1}}{A_1} = \frac{0.732F}{A_1} \leqslant [\sigma]_1$$

可得

$$F \leqslant \frac{A_1[\sigma]_1}{0.732} = \frac{(4\times10^{-4}\ \text{m}^2)(140\times10^6\ \text{Pa})}{0.732} = 76.5\times10^3\ \text{N} = 76.5\ \text{kN}$$

由杆 2 的强度条件

$$\sigma_2 = \frac{F_{N2}}{A_2} = \frac{0.518F}{A_2} \leqslant [\sigma]_2$$

可得

$$F \leqslant \frac{A_2[\sigma]_2}{0.518} = \frac{(3\times10^{-4}\ \text{m}^2)(100\times10^6\ \text{Pa})}{0.518} = 57.9\times10^3\ \text{N} = 57.9\ \text{kN}$$

取两者中较小值,则结构的许可载荷$[F]=57.9$ kN。

4.7　应力集中的概念

在工程实际中,由于结构或工艺上的需要,经常会遇到截面尺寸突然发生改变的构件,如有些构件有切口、切槽、油孔、螺纹、轴肩等。实验结果和理论分析表明:**在构件截面尺寸突然改变的局部区域内,应力急剧增加,而离开这个区域稍远处,应力又趋于缓和**,如图 4-32 所示。这种因截面尺寸突然变化而引起的局部应力剧增的现象,称为**应力集中**(stress concentration)。

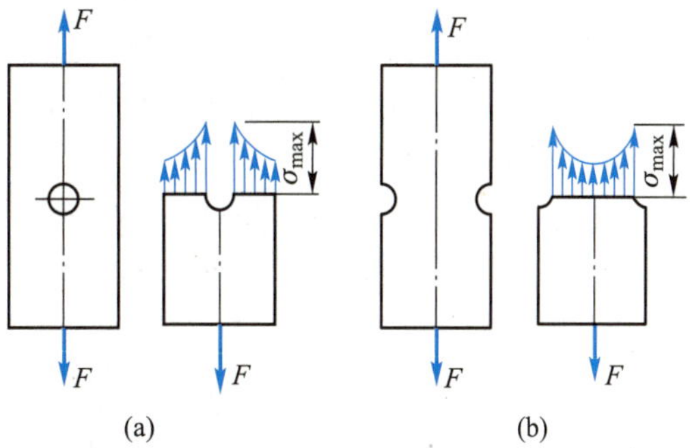

图 4-32

为了描述应力集中的程度,可引入**应力集中因数**(stress concentration factor)α。设 σ_{max} 是发生应力集中的截面上的最大应力,σ 是同一截面上的平均应力,则有

$$\alpha = \frac{\sigma_{max}}{\sigma}$$

α 是一个大于 1 的数。实验指出,截面尺寸改变越急剧、孔越小、角越尖,应力集中的程度越严重。因

此，工程上应尽量避免尖角和尖槽。各种典型的键槽、油孔等在不同受力情况下的应力集中因数可查有关手册。

4-11 应力集中仿真云图

静载下，应力集中对构件强度的影响程度与构件材料对应力集中的敏感程度有关。塑性材料有屈服阶段，当局部的最大应力 σ_{max} 达到屈服极限 σ_s 时，仅塑性变形增大，应力基本不再增加。当外力继续增加时，增加的载荷由尚未屈服的材料承担。截面上的屈服区域逐渐扩大，直至截面上的应力趋于平均(图 4-33)。因此，塑性材料具有缓和应力集中的作用。用塑性材料制成的构件在静载作用下，可以不考虑应力集中的影响。

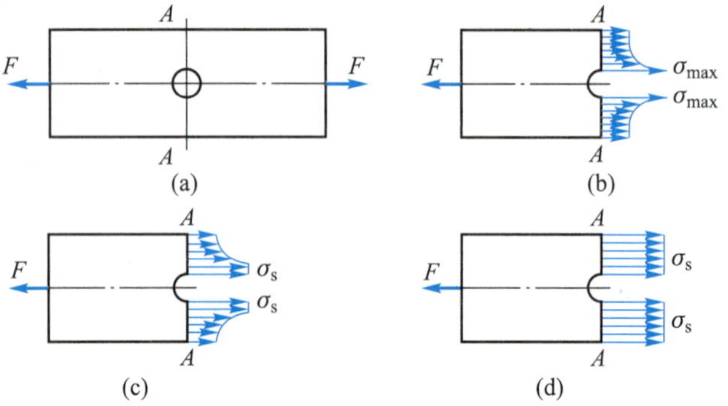

图 4-33

对于均质的脆性材料，由于其没有屈服阶段，当载荷增加时，应力集中处的最大应力 σ_{max} 一直领先，首先达到强度极限 σ_b，该处将首先产生裂纹。因此，对于均质的脆性材料制成的构件，应力集中的危害显得很严重，即使在静载下，也应考虑应力集中对构件承载能力的影响。

4.8 拉压超静定问题

1. 拉压超静定的概念及解法

在前面所讨论的问题中，杆件的未知约束力和内力都可以用静力平衡条件确定，这类问题称为**静定问题**(statically determinate problem)。在工程实际中，有时为减小构件内的应力或变形(位移)，往往采用更多的构件或支座，这时，作用于研究对象上的未知力数目多于静力平衡方程的数目，因而不能仅凭静力平衡方程求出全部未知力，这类问题称为**超静定问题**(statically indeterminate problem)。

在图 4-34a 所示受力问题中，有 3 个未知力 F_{N1}、F_{N2}、F_{N3}，但只有 2 个平衡方程，而在图 4-34b所示受力问题中，有 2 个未知力 F_{RA}、F_{RB}，但只有 1 个平衡方程，故两个问题均为超静定问题。

解超静定问题时，除要列出静力平衡方程外，还需要列出足够数目的补充方程。这些补充方程可通过构件变形的几何关系[又称为**变形协调条件**(compatibility condition of deformation)]以及联系力与变形的物理关系来建立。联立求解补充方程和静力平衡方程即可求得全部的未知力。

现以图 4-35 所示超静定杆为例说明拉压超静定问题的解法。图 4-35a 所示为两端固定的杆，在 C、D 处分别有力 F 作用，杆的横截面面积为 A，弹性模量为 E，现计算杆内的最大应力。假设 A、B 两端的约束力分别为 F_{RA}、F_{RB}，方向如图 4-35b 所示，则杆 AB 上作用的四个力为一共线力系，仅能列出一个平衡方程，即

$$F_{RA}-F+F-F_{RB}=0$$

于是

$$F_{RA}=F_{RB} \tag{a}$$

本例需要找一个补充方程。为此，先研究杆件的变形。因两端固定，杆 AB 的轴向变形总和应为零，即

$$\Delta l_{AC}+\Delta l_{CD}+\Delta l_{DB}=0 \tag{b}$$

式(b)就是变形协调条件。通过物理关系可将变形用未知力表示，即

$$\Delta l_{AC}=\frac{F_{NAC}l}{EA}=\frac{F_{RA}l}{EA}$$

$$\Delta l_{CD}=\frac{F_{NCD}l}{EA}=\frac{(F_{RA}-F)l}{EA}$$

$$\Delta l_{DB}=\frac{F_{NDB}l}{EA}=\frac{F_{RB}l}{EA}$$

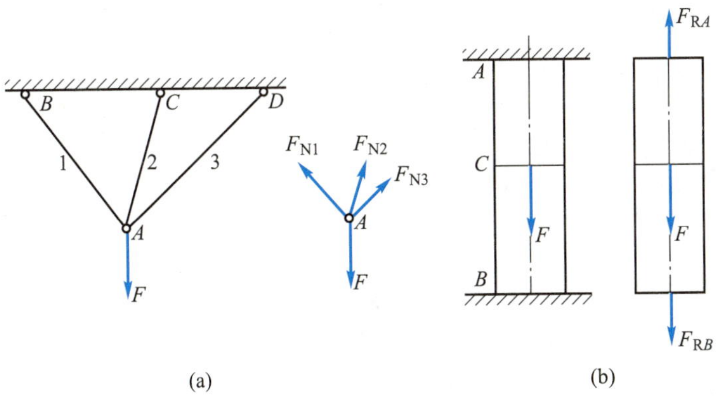

图 4-34

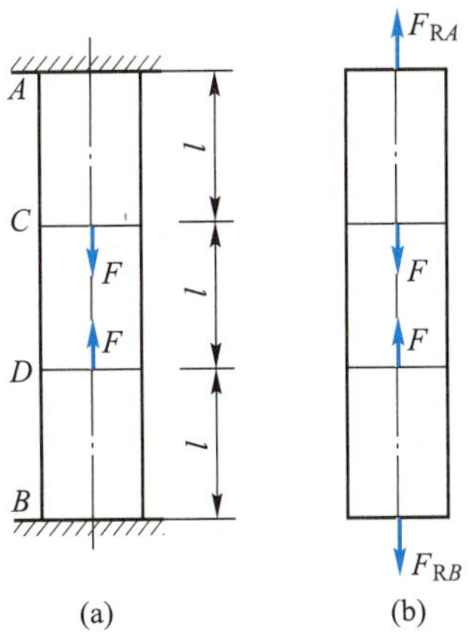

图 4-35

代入式(b)得

$$\frac{F_{RA}l}{EA}+\frac{(F_{RA}-F)l}{EA}+\frac{F_{RB}l}{EA}=0$$

整理后得

$$2F_{RA}+F_{RB}=F \tag{c}$$

式(c)即为所需要的补充方程。

联立式(a)和式(c)，求解得

$$F_{RA}=F_{RB}=\frac{F}{3}$$

于是由截面法得各段杆的内力分别为

$$F_{NAC}=\frac{F}{3},\quad F_{NCD}=-\frac{2}{3}F,\quad F_{NDB}=\frac{F}{3}$$

可见 CD 段的内力的绝对值最大，故

$$\sigma_{max}=\frac{|F_{NCD}|}{A}=\frac{2F}{3A}$$

例 4-8 铰接结构如图 4-36a 所示。若杆 1、2 的拉压刚度同为 E_1A_1，杆 3 的拉压刚度为 E_3A_3，试求在力 F 作用下的三根杆的内力。

解 (1) 建立平衡方程

由对称性可知 1、2 两杆的轴力相同，即 $F_{N1}=F_{N2}$。设三根杆的轴力皆为拉力，节点 A 的受力如图 4-36b 所示，于是有平衡方程

$$2F_{N1}\cos\alpha+F_{N3}=F \tag{a}$$

(2) 建立变形协调条件

设变形后节点 A 移动到 A_1，位移 AA_1 就是杆 3 的伸长量 Δl_3。根据小变形条件，可认为$\angle AA_1B=\alpha$。以点 B 为圆心、以杆 1 的原长 BA 为半径作圆弧，交 A_1B 于点 E，弧线以外的线段 A_1E 即为杆 1 的伸长量 Δl_1。在$\angle ABA_1$ 非常小的情况下，可认为 AE 垂直于 A_1B。于是在三角形 AEA_1 中有变形协调条件

$$\Delta l_1=\Delta l_3\cos\alpha \tag{b}$$

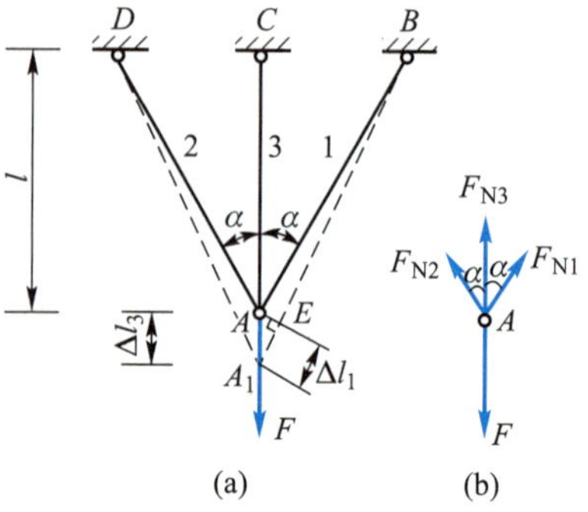

图 4-36

(3) 建立补充方程

由胡克定律有

$$\Delta l_1=\frac{F_{N1}l}{E_1A_1\cos\alpha},\quad \Delta l_3=\frac{F_{N3}l}{E_3A_3}$$

将上式代入式(b)，得补充方程为

$$\frac{F_{N1}l}{E_1A_1\cos\alpha}=\frac{F_{N3}l}{E_3A_3}\cos\alpha \tag{c}$$

(4) 确定内力

联立求解式(a)、式(c)，得

$$F_{N1}=\frac{F}{2\cos\alpha+\dfrac{E_3A_3}{E_1A_1\cos^2\alpha}},\quad F_{N3}=\frac{F}{1+2\dfrac{E_1A_1}{E_3A_3}\cos^3\alpha}$$

这类问题的变形图还有另外一种画法，现仍以上述三杆问题为例说明。设三杆轴力皆为拉力，三杆都对应伸长变形。设变形后节点 A 移动到 A_1，如图 4-37 所示。由 A_1向 BA 或 BA 的延长线作垂线，垂足为 E，AE 即为杆 1 的伸长量 Δl_1；同样，由 A_1向 DA 或 DA 的延长线作垂线，可得杆 2 的伸长量 Δl_2。在三角形 AEA_1 中，$\angle EAA_1=\alpha$，显然也有变形几何关系

$$\Delta l_1=\Delta l_3\cos\alpha$$

这种变形图画法更清楚。

求解拉压超静定问题的一般步骤可归纳如下：

(1) 列出静力平衡方程；

(2) 观察体系的可能变形，根据变形协调条件列出变形方程；

(3) 把力和变形用物理关系(如胡克定律)联系起来，代入变形方程得到补充方程；

(4) 联立求解平衡方程和补充方程，求得未知力，问题变为静定问题。

例 4-9 图 4-38a 所示机械装置包含一根铜管、一块刚性钢板和两条带螺扣的钢丝绳。拧紧螺扣，使该装置刚好处于无初始应力状态，可以消除钢丝绳的松弛。进一步拧紧螺扣将使该装置产生预应力，即钢丝绳受到拉伸，铜管受到压缩。已知螺扣被拧紧 1 圈时，钢丝绳的缩短量为 s，E_s、E_c 分别为钢丝绳和铜管的弹性模量，A_s、A_c 分别为钢丝绳和铜管的横截面面积。求当螺扣被拧紧 n 圈时，铜管和钢丝绳的轴力。

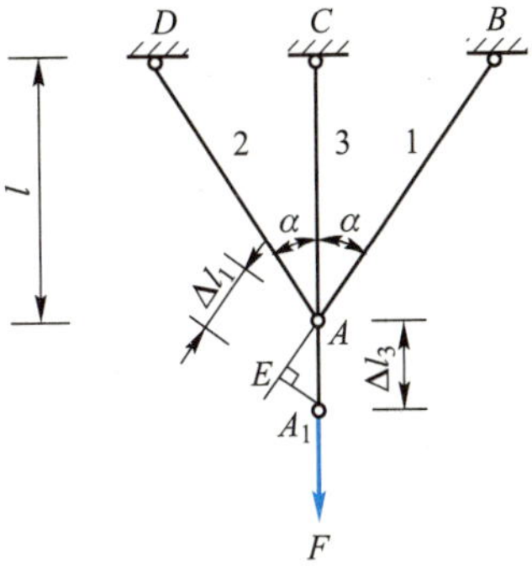

图 4-37

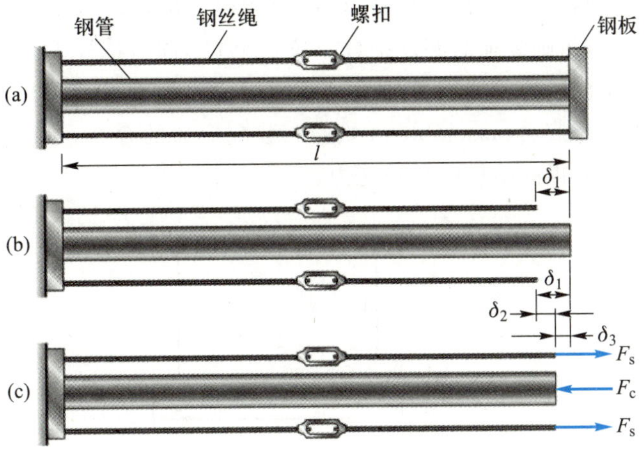

图 4-38

解 拆除该装置的右端刚性钢板，使铜管与钢丝绳可自由伸长或缩短（图 4-38b）。螺扣被拧紧 n 圈时，钢丝绳的缩短量（图 4-38b）为

$$\delta_1 = ns$$

钢丝绳中的拉力 F_s 和铜管内的压力 F_c（图 4-38c）必将使钢丝绳伸长、铜管缩短，直到两者最终长度相同。力 F_s 引起的一条钢丝绳的伸长量为

$$\delta_2 = \frac{F_s l}{E_s A_s}$$

力 F_c 引起的铜管的缩短量为

$$\delta_3 = \frac{F_c l}{E_c A_c}$$

于是有变形协调条件为

$$\delta_1 = \delta_2 + \delta_3 \tag{a}$$

或写为

$$ns = \frac{F_s l}{E_s A_s} + \frac{F_c l}{E_c A_c} \tag{b}$$

这就是补充方程。

据图 4-38c 可得如下平衡方程

$$2F_s = F_c \tag{c}$$

联立式(b)、式(c)可求出钢丝绳与铜管的轴力为

$$F_s = \frac{nsE_cA_cE_sA_s}{l(E_cA_c + 2E_sA_s)},\quad F_c = \frac{2nsE_cA_cE_sA_s}{l(E_cA_c + 2E_sA_s)}$$

力 F_s 为拉力，力 F_c 为压力。用力 F_s 和 F_c 分别除以横截面面积 A_s 和 A_c，可以得到钢丝绳和铜管中的应力 σ_s 和 σ_c。

2. 装配应力

所有构件在制造中都会有误差。制造误差在静定结构中只造成结构几何形状的轻微变化，不会引起内力，如图4-39a所示。但在超静定结构中，制造误差往往会引起内力。如图4-39b所示结构，若三杆的材料、横截面面积均相同，AB 为刚性体。因制造误差，杆3的长度比应有的长度短，则装配时必须把杆3拉长至 C'，同时把杆1、2分别压短至 A'、B'，才能装配成图4-39b中实线所示位置。装配后，结构虽未受到外部载荷作用，但各杆中已有内力。这时引起的应力称为**装配应力**(assemble stress)。装配应力的存在一般是不利的，但有时也可有意识地利用装配应力来提高结构的承载能力。

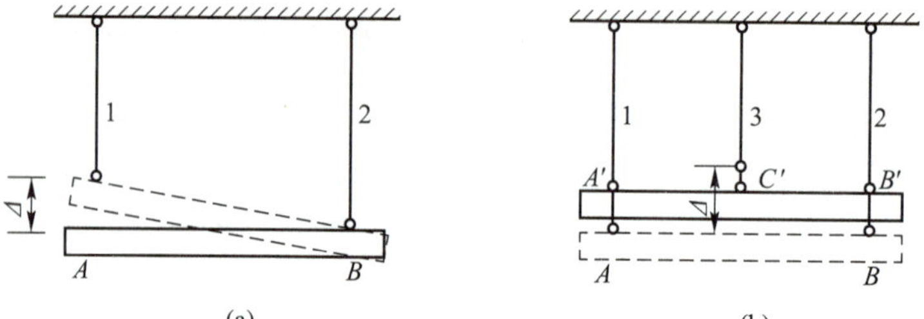

图4-39

例4-10 吊桥吊索的一节由三根长为 l 的钢杆组成，如图4-40a所示。若三杆的横截面面积相等，材料相同，弹性模量 $E=200$ GPa，中间钢杆的加工误差 $\Delta=-\dfrac{l}{2\,000}$，这里负号表示短于名义长度。试求各杆的装配应力。

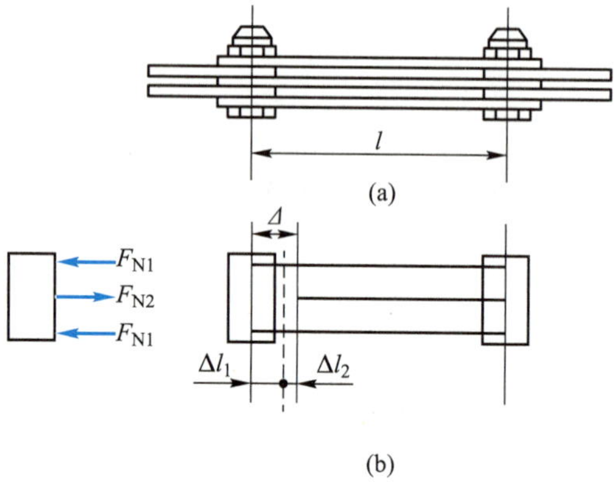

图4-40

解 吊索的一节简化成如图4-40b所示的超静定结构。装配后左端刚体轴线移到图示虚线位置。此时，两侧杆受到压缩，中间杆受到拉伸。设两侧杆轴向压力为 F_{N1}，中间杆轴向拉力为 F_{N2}，则有平衡条件

$$F_{N2}-2F_{N1}=0 \tag{a}$$

若两侧杆缩短了 Δl_1，中间杆伸长了 Δl_2，则变形协调条件为

$$\Delta l_1+\Delta l_2=|\Delta|=\frac{l}{2\,000} \tag{b}$$

由物理关系

$$\Delta l_1=\frac{F_{N1}l}{EA},\quad \Delta l_2=\frac{F_{N2}l}{EA}$$

代入式(b)得补充方程为

$$\frac{F_{N1}l}{EA}+\frac{F_{N2}l}{EA}=\frac{l}{2\ 000} \tag{c}$$

联立求解式(a)和式(c)得

$$F_{N1}=\frac{EA}{6\ 000},\quad F_{N2}=\frac{EA}{3\ 000}$$

两侧杆和中间杆的装配应力分别为

$$\sigma_1=\frac{F_{N1}}{A}=\frac{E}{6\ 000}=\frac{200\times10^9\ \text{Pa}}{6\times10^3}=33.3\times10^6\ \text{Pa}=33.3\ \text{MPa(压)}$$

$$\sigma_2=\frac{F_{N2}}{A}=\frac{E}{3\ 000}=\frac{200\times10^9\ \text{Pa}}{3\times10^3}=66.7\times10^6\ \text{Pa}=66.7\ \text{MPa(拉)}$$

3. 温度应力

温度变化将引起物体的膨胀或收缩。对于静定结构，均匀变温时结构能自由变形，故由温度变化引起的变形不会引起内力。但在超静定结构中，这种变形将会引起内力，与这种内力对应的应力称为**温度应力**(temprature stress)。

例 4-11 蒸汽锅炉与原动机间的管道连接示意图如图 4-41a 所示。通过高温蒸汽后，管道温度增加 Δt，设管道材料的线胀系数为 α，弹性模量为 E，试求管道的温度应力。

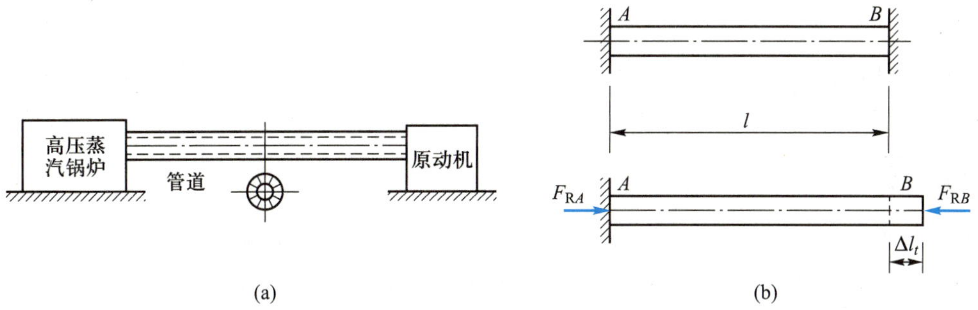

图 4-41

解 由于蒸汽锅炉及原动机的连接基础刚性大，而管道刚性小，故可把管道两端 A、B 简化为固定端，管道的计算简图如图 4-41b 所示。当管道受热膨胀时，两端会阻碍它的自由伸长，即会有力 F_{RA}、F_{RB} 作用于管道。由平衡关系得

$$F_{RA}-F_{RB}=0 \tag{a}$$

下面建立变形协调条件。先解除 B 端的约束，允许管道自由膨胀 Δl_t，然后在 B 处施加 F_{RB}，把管道压缩 Δl 使 B 端回到原来的位置，使之仍符合两端管道总长不变的约束条件，即

$$\Delta l_t=\Delta l \tag{b}$$

物理关系为胡克定律和热膨胀定律，分别为

$$\Delta l=\frac{F_{RB}l}{EA},\quad \Delta l_t=\alpha\cdot\Delta t\cdot l$$

代入式(b)得补充方程为

$$\frac{F_{RB}l}{EA}=\alpha \cdot \Delta t \cdot l \tag{c}$$

由式(a)和式(c)解得

$$F_{RA}=F_{RB}=\alpha \cdot \Delta t \cdot EA$$

于是得温度应力为

$$\sigma=\frac{F_{RA}}{A}=\alpha \cdot \Delta t \cdot E \tag{d}$$

设管道是钢制的,取 $E=200\ \text{GPa}$,$\alpha=1.2\times10^{-5}\ ℃^{-1}$,温度变化 $\Delta t=200\ ℃$,由式(d)得温度应力为

$\sigma=(1.2\times10^{-5}\ ℃^{-1})\times200\ ℃\times(200\times10^{9}\ \text{Pa})=480\times10^{6}\ \text{Pa}=480\ \text{MPa}$

可见,当 Δt 较大时,温度应力的数值非常可观。为了避免过大的温度应力,在管道中增加伸缩节(图 4-42),在钢轨各段之间留有伸缩缝,就可以减弱对伸缩的约束,降低温度应力。

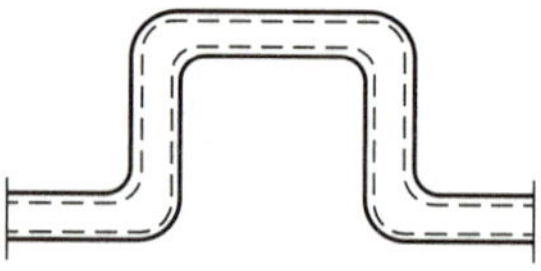

图 4-42

超静定结构与静定结构之间存在着显著的差别。静定结构的内力只用平衡方程即可确定,其值与材料性质及杆件横截面尺寸无关。超静定结构的内力仅用平衡方程不能全部确定,还需同时考虑变形条件,且超静定结构的内力与材料性质及杆件横截面尺寸(即刚度)有关。一般情况下,刚度大的杆件承担的内力也大。超静定结构中任何一个杆件的刚度改变都将引起所有杆件内力的重新分配。**各杆内力与杆件刚度有关是超静定结构的第一个特点,其第二个特点是:在没有外力作用时,加工或装配误差及温度改变也会引起超静定结构内力。**

4.9 剪切和挤压的实用计算

剪切和挤压的实用计算方法与拉伸(压缩)在形式上有一定相似性,故将此部分内容与拉伸、压缩放在同一章。

1. 剪切的实用计算

构件受到一对大小相等、方向相反、作用线互相平行且相距很近的横向集中力作用(图 4-43a)时,位于两力作用线之间的截面将发生相对错动(图 4-43b),工程中将这种变形形式称为**剪切变形**或**直接剪切**。若两个横向力逐渐增大,构件最终沿发生错动的平面被剪断。发生相对错动的平面称为**剪切面**(或**受剪面**)。以剪切变形为主要变形形式的构件称为**剪切构件**。剪刀剪断物体是日常生活中剪切破坏最典型的例子。

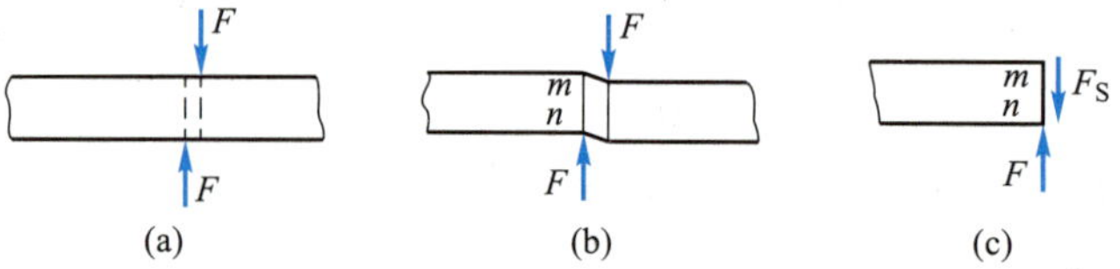

图 4-43

工程中常用的连接件,如连接两块钢板的螺栓(图 4-44)、机械中的销(图 4-45)、键(图 4-46)及钢结构中广泛应用的铆钉、焊接等,都是剪切构件。工程中也经常通过剪切来制成所需要的构件形状,如冲剪、钻凿等。

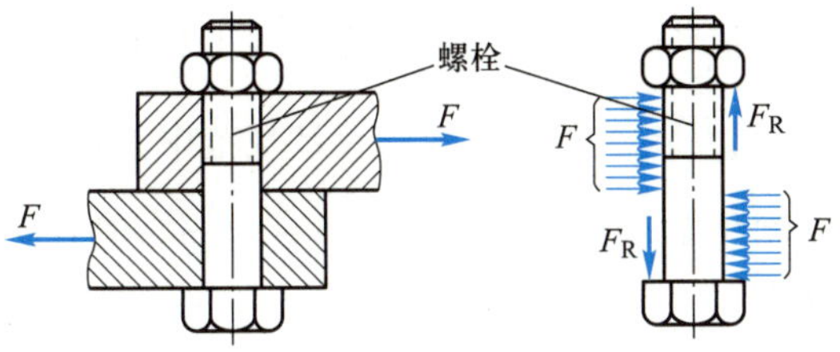

图 4-44

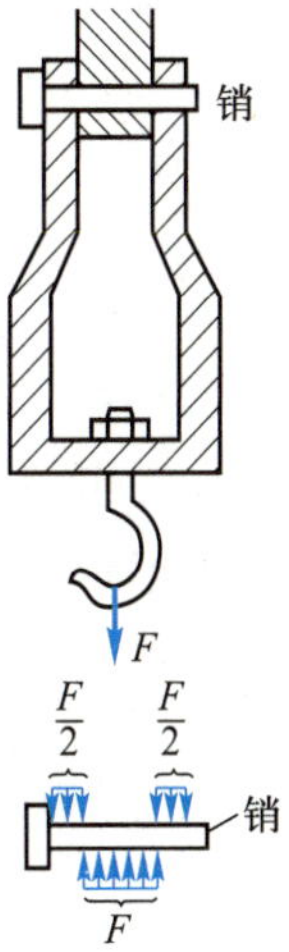

图 4-45

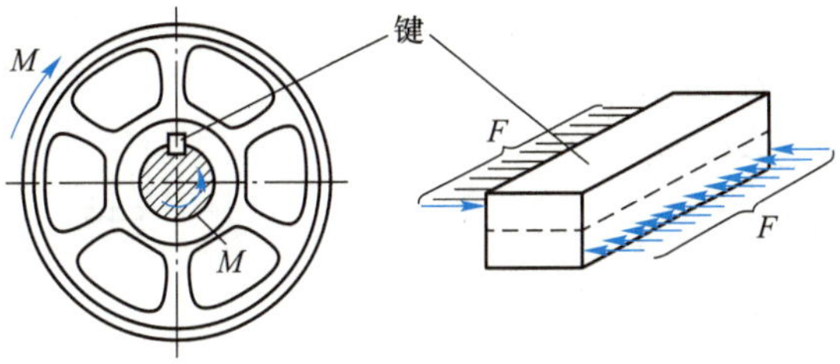

图 4-46

剪切构件上只有一个剪切面的情况称为**单剪切**(图 4-44、图 4-46)；有两个剪切面的情况称为**双剪切**(图 4-45)。

剪切构件的受力和变形情况都比较复杂。在发生剪切的同时，通常还伴随拉伸、弯曲、挤压等变形形式。拉伸和弯曲变形的影响一般很小，可以忽略不计，而挤压变形往往是不可忽视的。本章主要讨论构件在外力作用下的剪切强度计算和挤压强度计算。

由于剪切构件的受力和变形都比较复杂，对其做出精确分析是比较困难的。工程上通常先根据实践经验给出一些假设，进而进行简化计算。这种计算方法称为**实用计算**。实用计算方法计算方便，计算结果与实际接近。

由于构件在一对等值反向且相距很近的横向力作用下将产生剪切变形，故由截面法知，剪切构件剪切面上的内力 F_S 应与截面相切，如图 4-43c 所示。这种与截面相切的内力称为**剪力**(shearing force)。由平衡方程容易求得

$$F_S = F$$

由于剪切面上的内力 F_S 与剪切面相切，故剪切面上的应力也应与剪切面相切，即剪切面上的应力为切应力 τ。由于剪切构件受力和变形的复杂性，剪切面上的切应力分布也十分复杂。为了简化计算，工程上常假设**切应力 τ 在剪切面上均匀分布**，于是切应力的计算公式为

$$\tau = \frac{F_S}{A} \tag{4-22}$$

式中,A 为剪切面面积。由式(4-22)算出的切应力是以假设为基础的,并不是真实应力,通常称为**名义切应力**。当剪切面上的切应力 τ 达到一定值后,剪切构件会因剪切而破坏。为了保证剪切构件具有足够的强度,要求切应力不能超过材料的许用切应力$[\tau]$,即

$$\tau=\frac{F_S}{A}\leqslant[\tau] \tag{4-23}$$

这就是**剪切强度条件**。材料的许用切应力$[\tau]$须通过剪切试验确定。试验时,使试样的受力情况与构件的实际工作情况相似,测出试样被剪断时所需的极限载荷,然后用实用计算公式(4-22)算出材料的极限切应力 τ_u,再除以适当的安全因数 n,就得到了材料的许用切应力,即 $[\tau]=\frac{\tau_u}{n}$。各种常用材料的许用切应力$[\tau]$可从有关材料手册和设计规范中查到。

例 4-12 销连接结构如图 4-47a 所示,已知载荷 $F=15$ kN,板的厚度 $t=8$ mm,销的直径 $d=20$ mm,销的许用切应力$[\tau]=30$ MPa。试校核销的剪切强度。

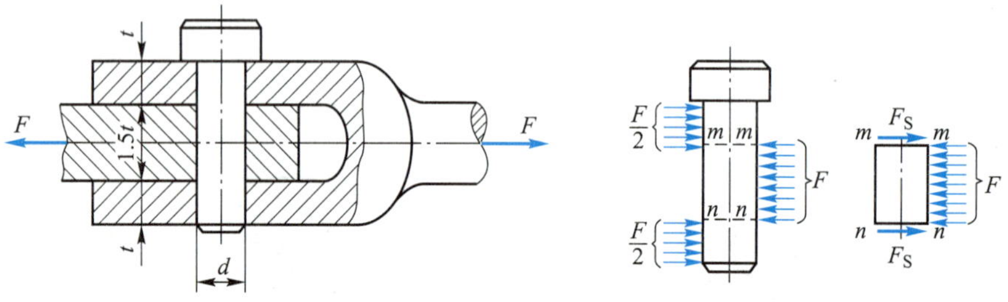

图 4-47

解 销受力如图 4-47b 所示。根据受力和变形情况可知,销有两个剪切面,为双剪切。由截面法容易求出

$$F_S=\frac{F}{2}$$

于是销剪切面上的切应力为

$$\tau=\frac{F_S}{A}=\frac{15\times10^3\ \text{N}}{2\times\frac{\pi}{4}(20\times10^{-3}\ \text{m})^2}=23.9\times10^6\ \text{Pa}=23.9\ \text{MPa}<[\tau]$$

满足强度要求。

例 4-13 两块钢板搭焊在一起,如图 4-48 所示。钢板的厚度 $t=12$ mm,焊缝的许用切应力$[\tau]=120$ MPa。若钢板上作用载荷 $F=90$ kN,试求焊缝的长度 l。

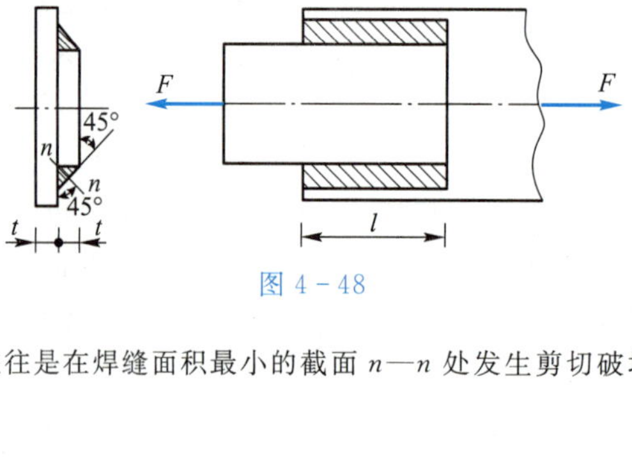

图 4-48

解 实践证明,搭接焊缝往往是在焊缝面积最小的截面 $n—n$ 处发生剪切破坏。当焊缝表面与钢板表面夹角是 45°时,剪切面面积为

$$A = lt\cos 45^\circ$$

剪切面上的剪力为

$$F_S = \frac{F}{2}$$

由剪切强度条件

$$\tau = \frac{F_S}{A} = \frac{F}{2lt\cos 45^\circ} \leqslant [\tau]$$

得

$$l \geqslant \frac{F}{2t\cos 45^\circ[\tau]} = \frac{90\times 10^3\ \text{N}}{\sqrt{2}(12\times 10^{-3}\ \text{m})(120\times 10^6\ \text{Pa})} = 44.2\times 10^{-3}\ \text{m} = 44.2\ \text{mm}$$

焊缝端部质量较差，在确定它的实际长度时，通常将计算得到的长度再加上 10 mm，故可取 $l = 55$ mm。以上算法仅适用于一般结构焊缝的粗略计算。

工程中也存在利用剪切“破坏”的情况。例如为防止机械过载，采用安全销、保险块等，当过载时，安全销或保险块会沿受剪面被剪断，以保护其他重要零件。另外，如材料的冲孔、落料等问题，都要求构件上的切应力 τ 达到材料的极限切应力 τ_u，即

$$\tau = \frac{F_S}{A} \geqslant \tau_u \tag{4-24}$$

例 4-14 一钢板的厚度 $t = 5$ mm，其材料的极限切应力 $\tau_u = 320$ MPa。若要在钢板上冲出直径为 $d = 15$ mm的圆孔，如图 4-49a 所示，试计算冲剪力 F 的最小值。

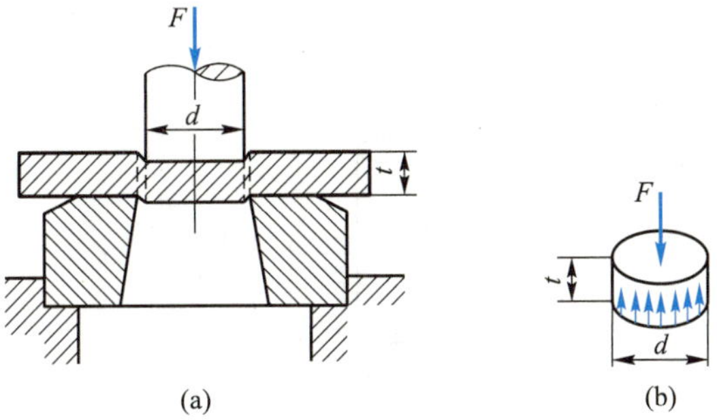

图 4-49

解 剪切面是直径为 d、高为 t 的圆柱面，如图 4-49b 所示。其面积为

$$A = \pi dt = \pi\times 15\ \text{mm}\times 5\ \text{mm} = 236\ \text{mm}^2$$

剪切面上的剪力为

$$F_S = F$$

冲孔时，工作切应力 τ 至少须达到极限切应力 τ_u。故由式(4-24)可得

$$F \geqslant \tau_u A = 320\times 10^6\ \text{Pa}\times 236\times 10^{-6}\ \text{m}^2 = 75.52\times 10^3\ \text{N} = 75.52\ \text{kN}$$

冲剪力 F 至少为 75.52 kN。

2. 挤压的实用计算

剪切构件在工作状态下除可能被剪断外,还可能发生挤压破坏。图 4 - 50a 所示的铆钉联接结构,当铆钉与钢板接触面上的压力过大时,就可能使铆钉或钢板上的铆钉孔产生局部的塑性变形而影响正常工作(图4 - 50b)。这种作用在接触面上的压力称为**挤压力**(bearing force),用 F_b 表示,接触面称为挤压面,挤压面上的压强习惯上称为**挤压应力**(bearing stress),用 σ_{bs}表示。挤压破坏导致连接松动,影响构件的正常工作,因此对连接件还须进行挤压强度的计算。在挤压面上,挤压应力的分布也是很复杂的,很难得到它的确切规律,因此在工程上对挤压问题也是采用实用计算的方法,通常假定在**计算挤压面**(effective bearing surface)上挤压应力均匀分布。因此挤压应力可按下式计算:

$$\sigma_{bs}=\frac{F_b}{A_{bs}} \tag{4-25}$$

式中,A_{bs}为计算挤压面面积。按公式(4 - 25)得到的挤压应力并不是真实应力,称为**名义挤压应力**。计算挤压面面积的计算分以下两种情况:

(1) 当接触面为平面时,如图 4 - 51 所示的键连接,计算挤压面面积 A_{bs} 为实际接触面面积(图 4 - 51 中的阴影部分面积),即 $A_{bs}=\frac{1}{2}hl$。

(2) 当接触面为半圆柱面时,如图 4 - 50c 所示的铆钉杆,计算挤压面面积 A_{bs}是实际接触面的直径投影面面积(图 4 - 50d 中矩形 $ABCD$ 的面积),即 $A_{bs}=dt$。

这样,按式(4 - 25)算出的挤压应力和实际产生的最大挤压应力(图4 - 50e中的 σ_{max})很相近。

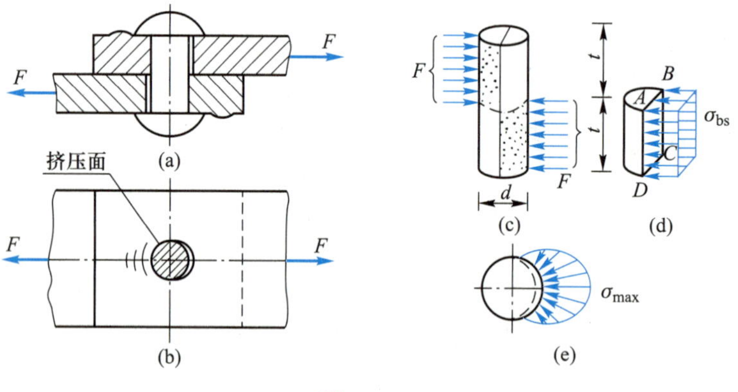

图 4 - 50

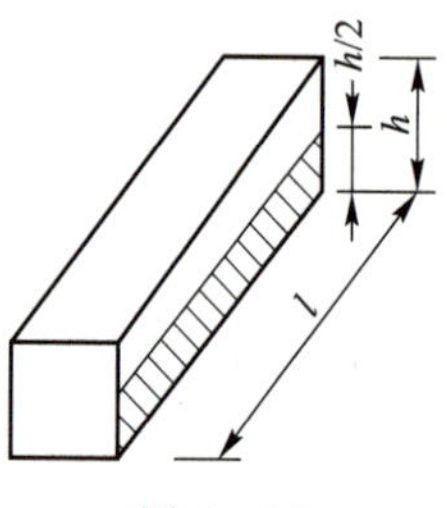

图 4 - 51

为了防止挤压破坏,应使最大挤压应力不超过材料的许用挤压应力$[\sigma_{bs}]$,即

$$\sigma_{bs}=\frac{F_b}{A_{bs}}\leqslant[\sigma_{bs}] \tag{4-26}$$

这就是**挤压强度条件**。各种常用材料的许用挤压应力$[\sigma_{bs}]$可从有关材料手册和设计规范中查到。

如果两个接触构件的材料不同，应对挤压强度较弱的构件进行强度校核。

例 4-15 铆钉联接结构如图 4-52a 所示，4 个铆钉的直径相同，均为 $d=16$ mm，钢板的许用拉应力$[\sigma]=160$ MPa，铆钉的许用切应力$[\tau]=130$ MPa，钢板及铆钉的许用挤压应力均为$[\sigma_{bs}]=320$ MPa。试校核该结构的强度。

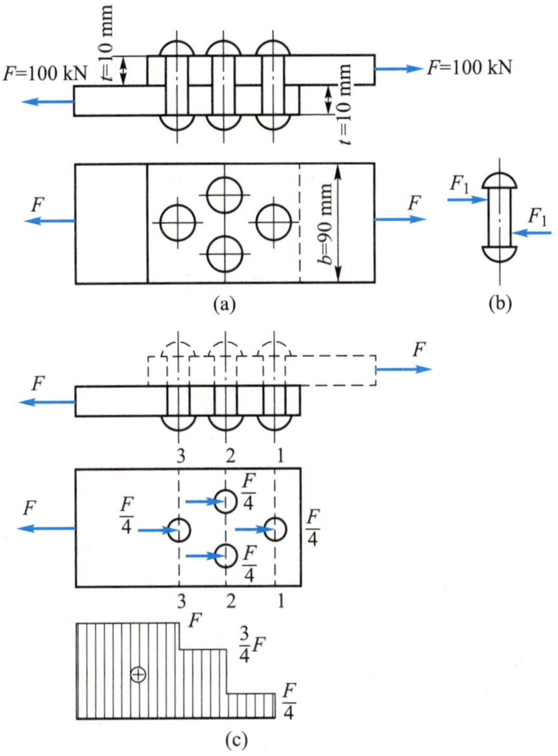

图 4-52

解 在载荷 F 的作用下，铆钉联接结构的可能破坏形式有三种：铆钉因剪切而破坏；铆钉或钢板因挤压而破坏；钢板因拉伸而破坏。下面根据结构的可能破坏形式分别进行强度校核。

（1）校核铆钉的剪切强度。

铆钉受力如图 4-52b 所示，各个铆钉直径相同，材料相同，且沿轴线均匀分布，故可假定各铆钉所受的剪力相同，即拉力 F 平均分配在每一个铆钉上。因而每个铆钉受到的作用力为

$$F_1=\frac{F}{4}=25\ \text{kN}$$

故铆钉剪切面上的剪力为

$$F_S=F_1=25\ \text{kN}$$

于是铆钉剪切面上的切应力为

$$\tau=\frac{F_S}{A}=\frac{25\times10^3\ \text{N}}{\frac{\pi}{4}(16\times10^{-3}\ \text{m})^2}=124\times10^6\ \text{Pa}=124\ \text{MPa}<[\tau]$$

（2）校核铆钉的挤压强度。

铆钉受到的挤压力为

$$F_b=F_1=25\ \text{kN}$$

由于接触面为圆柱面，故挤压应力为

$$\sigma_{bs}=\frac{F_b}{A_{bs}}=\frac{25\times10^3\ \text{N}}{(10\times10^{-3}\ \text{m})(16\times10^{-3}\ \text{m})}=156\times10^6\ \text{Pa}=156\ \text{MPa}<[\sigma_{bs}]$$

(3) 校核钢板的拉伸强度。

以下面一块钢板为研究对象,画其受力图,以截面法求各段内力并画轴力图如图 4-52c 所示。显然该钢板的危险截面为 2—2 截面和 3—3 截面。

2—2 截面:

$$\sigma_2=\frac{F_{N2}}{(b-2d)t}=\frac{\frac{3}{4}(100\times10^3\ \text{N})}{[(90-2\times16)\times10^{-3}\ \text{m}](10\times10^{-3}\ \text{m})}=129\times10^6\ \text{Pa}=129\ \text{MPa}<[\sigma]$$

3—3 截面:

$$\sigma_3=\frac{F_{N3}}{(b-d)t}=\frac{100\times10^3\ \text{N}}{[(90-16)\times10^{-3}\ \text{m}](10\times10^{-3}\ \text{m})}=135\times10^6\ \text{Pa}=135\ \text{MPa}<[\sigma]$$

故该结构满足强度要求。

例 4-16 一铸铁制的带轮如图 4-53a 所示,其通过平键与钢制轴连接。已知带轮传递的力偶矩 $M=350\ \text{N}\cdot\text{m}$,轴的直径 $d=40$ mm,键的尺寸为 $l\times b\times h=35\ \text{mm}\times12\ \text{mm}\times8\ \text{mm}$。若键的材料的许用切应力 $[\tau]=60$ MPa,铸铁的许用挤压应力 $[\sigma_{bs}]=80$ MPa,试校核该键连接的强度。

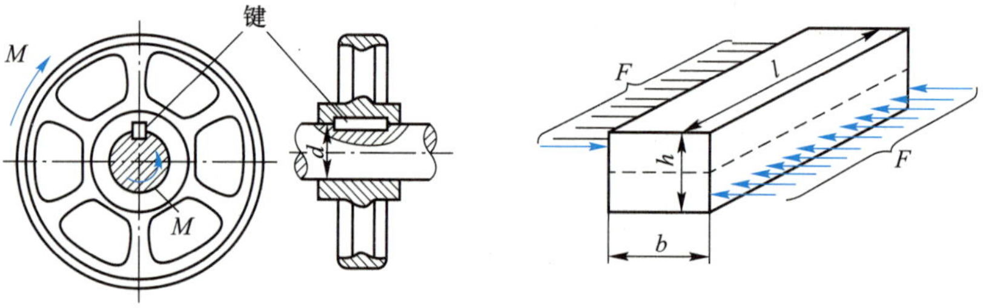

(a) (b)

图 4-53

解 设键与轴间的相互作用力为 F,根据轴的平衡关系

$$F\frac{d}{2}-M=0$$

得

$$F=\frac{2M}{d}$$

(1) 校核键的剪切强度

平键受力如图 4-53b 所示,其剪切面上的剪力为

$$F_S=F=\frac{2M}{d}$$

剪切面面积为

$$A=bl$$

故有

$$\tau=\frac{F_S}{A}=\frac{2M}{bld}=\frac{2\times 350\ \mathrm{N\cdot m}}{(12\times 10^{-3}\ \mathrm{m})(35\times 10^{-3}\ \mathrm{m})(40\times 10^{-3}\ \mathrm{m})}=41.7\times 10^{6}\ \mathrm{Pa}=41.7\ \mathrm{MPa}<[\tau]$$

键满足剪切强度要求。

(2) 校核带轮的挤压强度

因为键和轴为钢制的，而带轮为铸铁制的，铸铁抗挤压能力较钢差，故应校核带轮的挤压强度。

带轮所受到的挤压力为

$$F_b=F=\frac{2M}{d}$$

计算挤压面面积为

$$A_{bs}=\frac{1}{2}hl$$

故有

$$\sigma_{bs}=\frac{F_b}{A_{bs}}=\frac{4M}{hld}=\frac{4\times 350\ \mathrm{N\cdot m}}{(8\times 10^{-3}\ \mathrm{m})(35\times 10^{-3}\ \mathrm{m})(40\times 10^{-3}\ \mathrm{m})}=125\times 10^{6}\ \mathrm{Pa}=125\ \mathrm{MPa}>[\sigma_{bs}]$$

可见带轮的挤压强度不够，为此应重新设计键的长度。

由挤压强度条件知

$$\sigma_{bs}=\frac{4M}{hld}\leqslant[\sigma_{bs}]$$

于是键长应满足

$$l\geqslant\frac{4M}{hd[\sigma_{bs}]}=\frac{4\times 350\ \mathrm{N\cdot m}}{(8\times 10^{-3}\ \mathrm{m})(40\times 10^{-3}\ \mathrm{m})(80\times 10^{6}\ \mathrm{Pa})}=0.054\ 7\ \mathrm{m}$$

最后选取 $l=55$ mm。

习题

4-1 试画出图示各杆的轴力图。

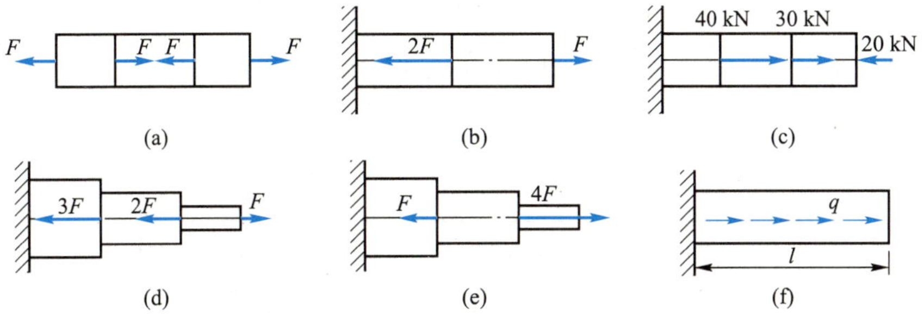

题 4-1 图

4-2 图示一吊环螺钉，其外径 $d=48$ mm，内径 $d_1=42.6$ mm，所受载荷 $F=50$ kN。求螺钉横截面上的应力。

4-3 图示铆钉连接结构，已知 $F=7$ kN，$t=1.5$ mm，$b_1=4$ mm，$b_2=5$ mm，$b_3=6$ mm。(1) 画出盖板的轴力图；(2) 计算板内最大正应力。

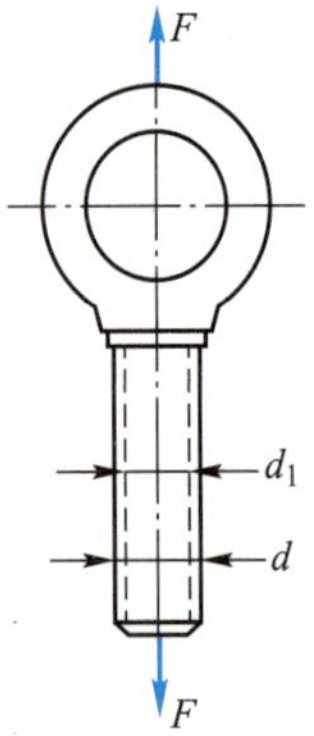

题 4-2 图

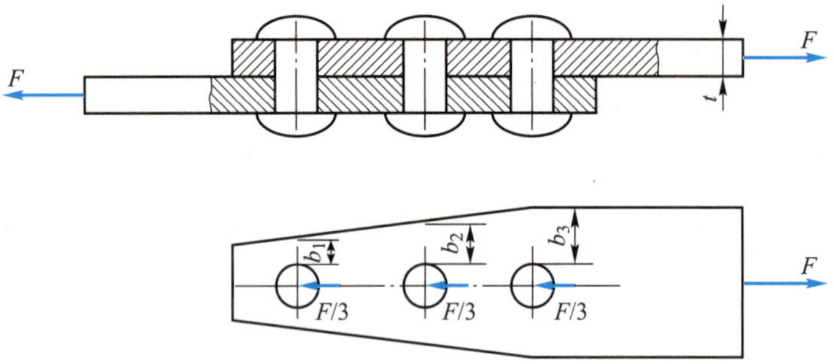

题 4-3 图

4-4 图示钢板受轴向力 $F=200$ kN 作用。试计算钢板互相垂直的截面 AB 和 BC 上的正应力和切应力，以及钢板内的最大正应力和最大切应力。

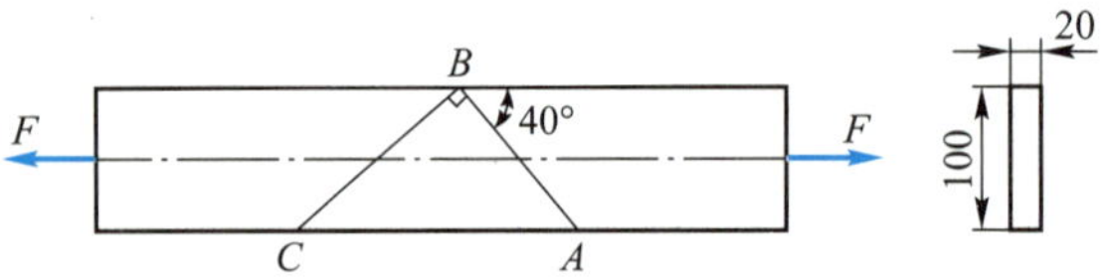

题 4-4 图

4-5 一阶梯直杆受力如图所示。(1) 求该杆横截面 1—1、2—2 和 3—3 上的轴力，并作轴力图；(2) 如果横截面 1—1、2—2、3—3 的面积分别为 $A_1=200\ \text{mm}^2$、$A_2=300\ \text{mm}^2$、$A_3=400\ \text{mm}^2$，求各横截面上的应力。

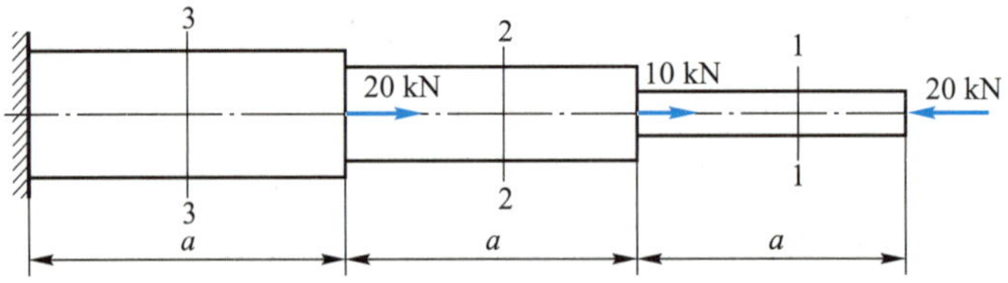

题 4-5 图

4-6 开有切槽的正方形截面杆受力如图所示，已知 $F=30$ kN，材料的弹性模量 $E=200$ GPa。试求：(1) 杆横截面 1—1 上的正应力；(2) 杆的总伸长。

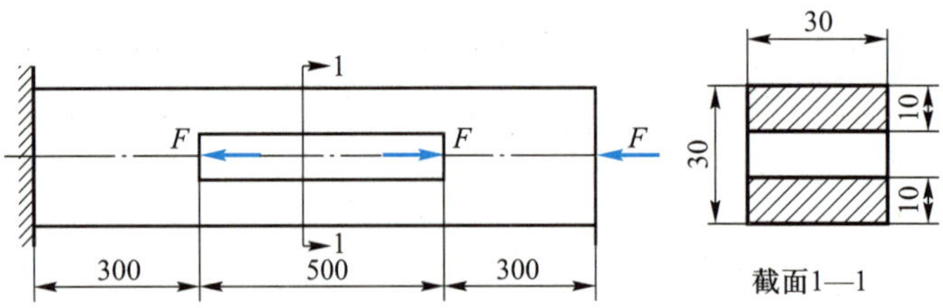

题 4-6 图

4-7 一阶梯直杆受力如图所示，两部分杆的横截面面积分别为 A 和 $2A$。已知材料的弹性模量为 E。试求：(1) 杆的最大拉、压应力；(2) 杆的总伸长。

4-8 图示螺栓，拧紧时产生 $\Delta l=0.1$ mm 的轴向变形。已知 $d_1=8$ mm，$d_2=6.8$ mm，$d_3=7$ mm，$l_1=6$

mm，$l_2=29$ mm，$l_3=8$ mm，材料的弹性模量 $E=210$ GPa。试求预紧力 F。

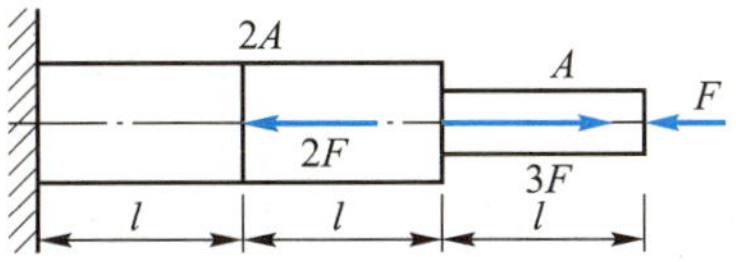

题 4-7 图

4-9 某油井用的 5 号钻杆如图所示。其外径 $D=141.3$ mm，内径 $d=123.3$ mm。钻井至 1 500 m 深时被卡住，此时若加拉力 $F=1\ 000$ kN，在钻杆上端产生 $\Delta=900$ mm 的伸长。已知材料的弹性模量 $E=210$ GPa，试确定卡点的位置及钻杆上端横截面上的应力。

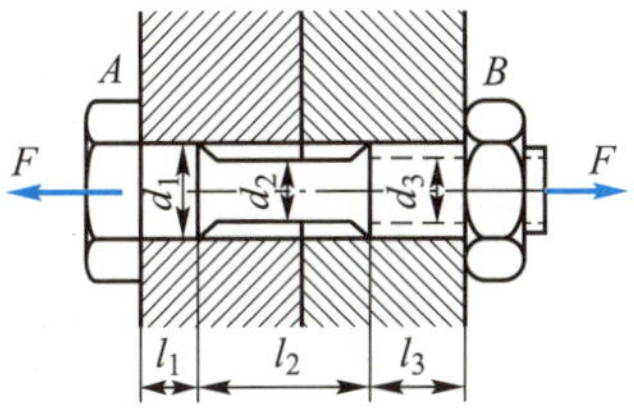

题 4-8 图

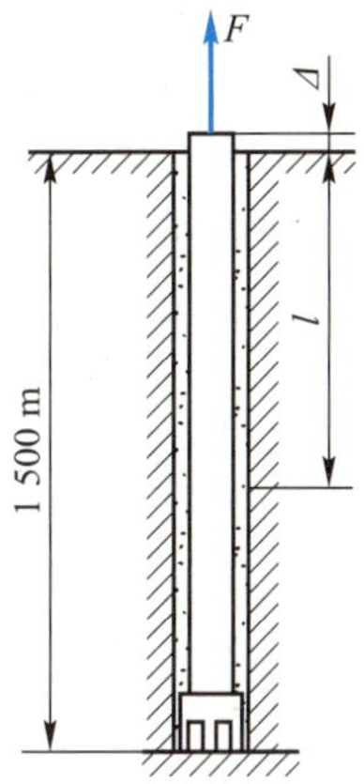

题 4-9 图

4-10 图示发动机气缸内的气体压强 $p=3$ MPa，气缸的壁厚 $\delta=3$ mm，内径 $D=150$ mm，弹性模量 $E=210$ GPa。试求气缸的周向应力及周长的改变。

4-11 一直径为 $d=10$ mm 的圆截面杆，在轴向拉力 F 作用下，直径减少 0.002 5 mm。如材料的弹性模量 $E=210$ GPa，泊松比 $\mu=0.3$，试求轴向拉力 F。

4-12 已知某型号低碳钢的弹性模量 $E=200$ GPa，屈服极限 $\sigma_s=220$ MPa，强度极限 $\sigma_b=400$ MPa。在拉伸试验中，当试样轴向应力为 300 MPa 时，测得轴向应变 $\varepsilon=3.5\times10^{-3}$，求此时试样沿轴向的弹性应变 ε_e 与塑性应变 ε_p。

4-13 图示矩形截面拉伸试样，宽度 $b=40$ mm，厚度 $t=5$ mm。施加 $F=5$ kN 的拉力时，利用电阻应变片测得轴向应变 $\varepsilon=150\times10^{-6}$，横向应变 $\varepsilon'=-38\times10^{-6}$。试求材料的弹性模量 E 和泊松比 μ。

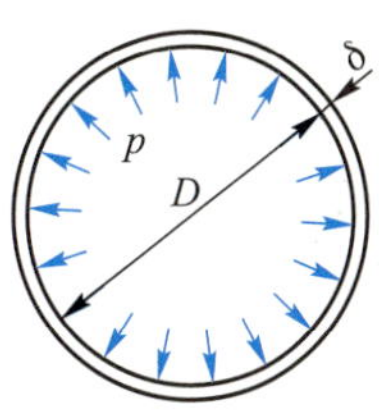

题 4-10 图

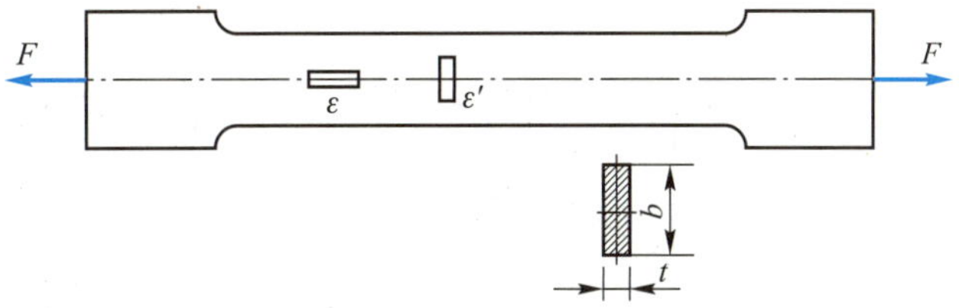

题 4-13 图

4-14 图示油缸盖和缸体采用 6 个螺栓连接，已知油缸内径 $D=350$ mm，油压 $p=1$ MPa。若螺栓材料的许用应力 $[\sigma]=40$ MPa，求螺栓的直径。

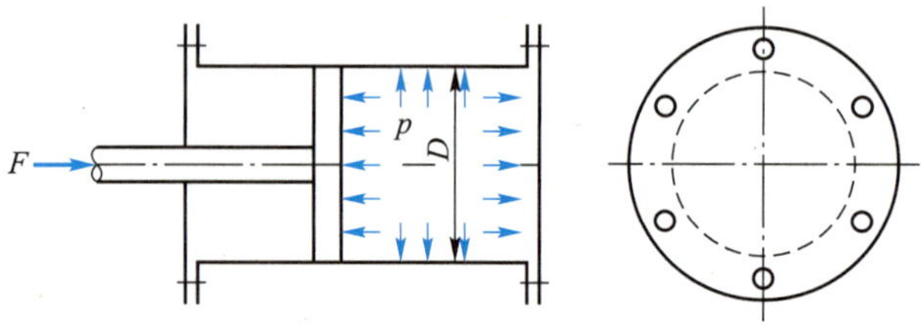

题 4-14 图

4-15 图示结构中，AB 杆的材料为 5 号槽钢，许用应力$[\sigma]_1=160$ MPa；BC 杆为矩形截面木杆，其横截面尺寸为 $b=50$ mm，$h=100$ mm，许用应力$[\sigma]_2=10$ MPa，载荷 $F=128$ kN。(1) 校核该结构的强度；(2) 若要求两杆的正应力均达到各自的许用应力，求两杆的横截面面积各应为多少？

4-16 某拉伸试验机的结构如图所示。设试验机的 CD 杆与试样 AB 的材料同为低碳钢，其 $\sigma_p=200$ MPa，$\sigma_s=240$ MPa，$\sigma_b=400$ MPa，试验机的最大拉力为 100 kN。

(1) 用这一试验机进行拉断试验时，试样直径最大可达多大？

(2) 若设计时取试验机的安全因数 $n=2$，则 CD 杆的横截面面积为多少？

(3) 若试样直径 $d=10$ mm，要测定弹性模量 E，则所加载荷最大不能超过多少？

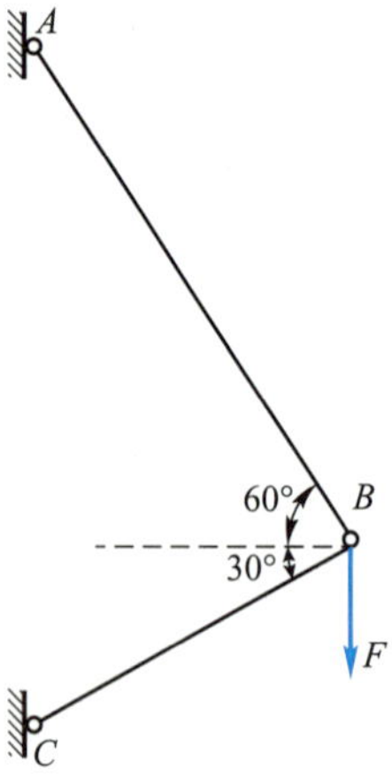

题 4-15 图

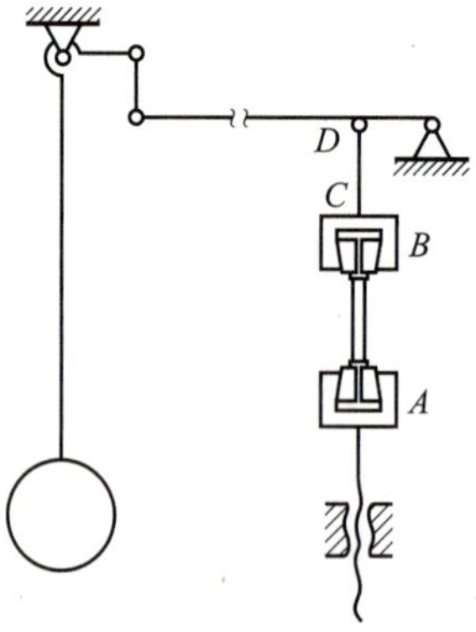

题 4-16 图

4-17 图示桁架结构，各杆均由两个等边角钢组成，材料的许用应力$[\sigma]=170$ MPa，试确定杆 1、杆 2 所需角钢型号。

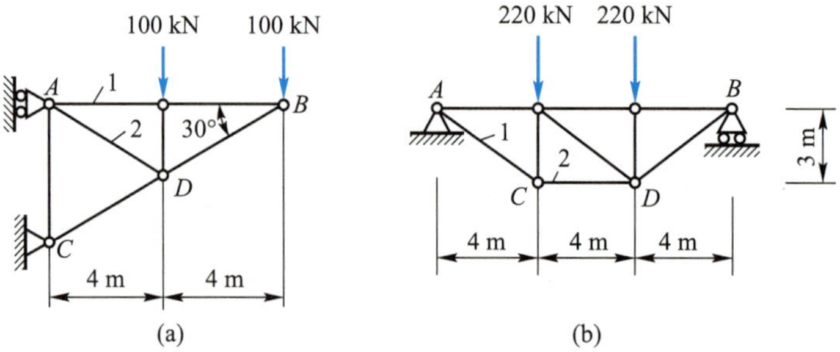

题 4-17 图

4-18 图示为铰接的正方形结构，各杆材料均为铸铁，其许用压应力与许用拉应力的比值为$\frac{[\sigma^-]}{[\sigma^+]}=3$，各杆横截面面积均为 A。试求结构的最大许可载荷 F_{max}。

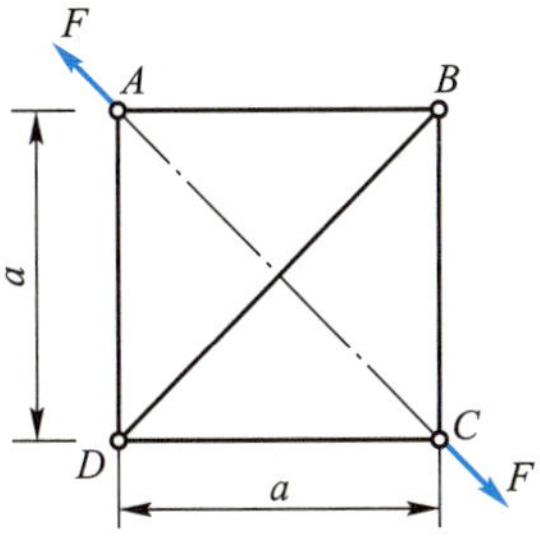

题 4-18 图

4-19 图示杆 AD 插入介质中的长度 $l=40$ cm，在 C、D 处分别作用轴向拉力 $F=10$ kN。已知 $a=10$ cm，杆的横截面面积 $A=2$ cm^2，弹性模量 $E=200$ GPa，屈服极限 $\sigma_s=240$ MPa，取安全因数 $n=1.5$，且设介质中阻力均匀分布。(1) 校核该杆的强度；(2) 求杆的总伸长。

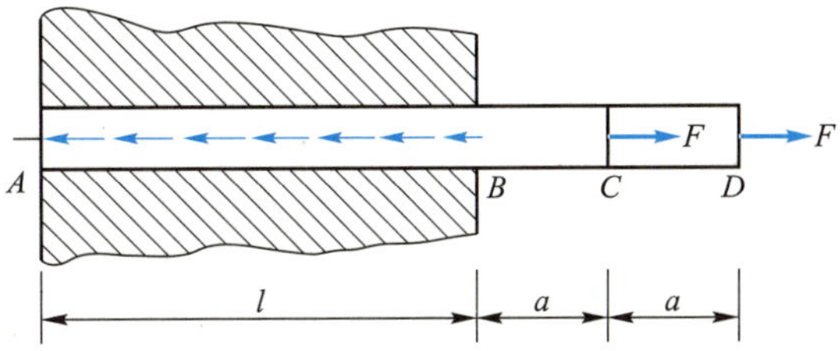

题 4-19 图

4-20 图示杆件受压力 F 作用。如再考虑其自重作用，并要求任一横截面上的应力均等于材料的许用应力$[\sigma]$。试确定横截面面积沿轴线的变化规律，并计算杆件总伸长。设材料的密度为 ρ。

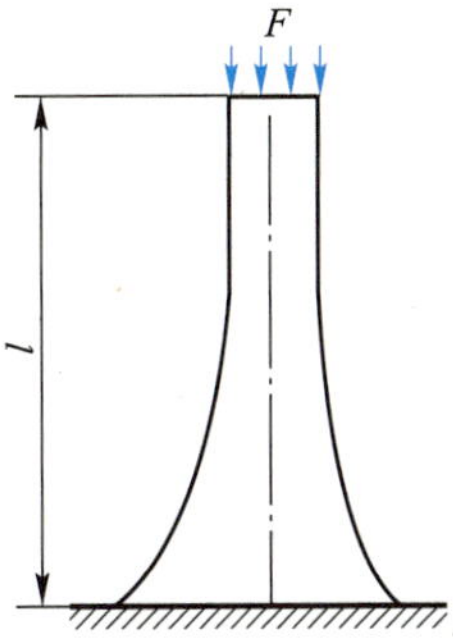

题 4-20 图

4-21 图示系统中，杆 CG 为刚体，杆 BC 和杆 DG 的材料分别为铜和钢，设 BC 与 DG 两杆的横截面面积分别为 A_1 和 A_2，弹性模量分别为 E_1 和 E_2。若要保证杆 CG 始终在水平位置，试求力 F 的作用位置 x。

4-22 图示木制短柱的四角用四个 40 mm×40 mm×4 mm 的等边角钢加固。已知角钢的许用应力$[\sigma]_钢=160$ MPa，弹性模量 $E_钢=200$ GPa；木材的许用应力$[\sigma]_木=12$ MPa，弹性模量 $E_木=10$ GPa。试求许可载荷$[F]$。

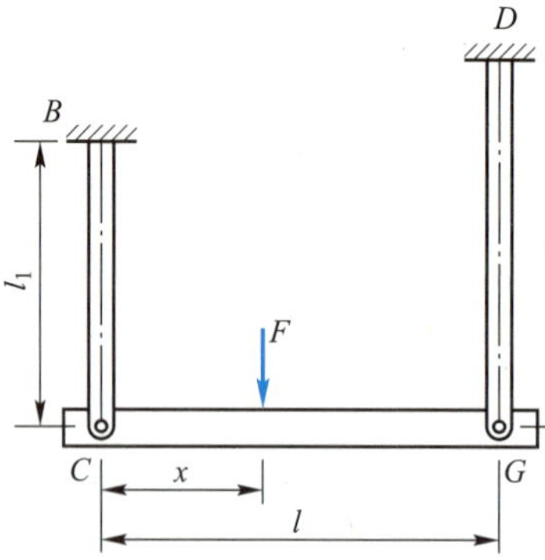

题 4-21 图

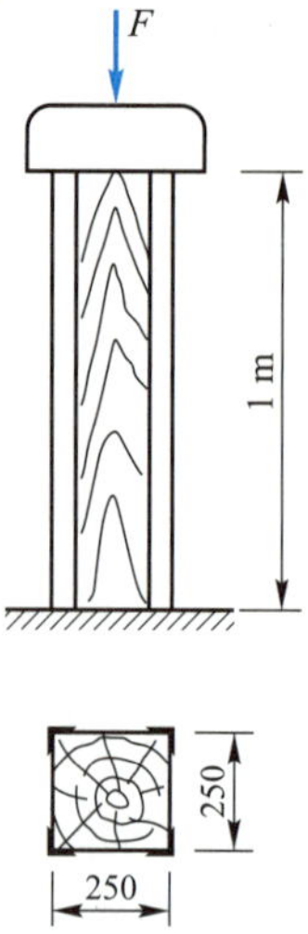

题 4-22 图

4-23 图示杆系中，若 AB 和 AC 两杆材料相同，许用抗拉应力和许用抗压应力均为$[\sigma]$，试求夹角 θ 为何值时，杆系使用的材料最省。

4-24 图示桁架结构，各杆的横截面面积、长度和弹性模量均相同，并分别为 A、l、E，在节点 A 处受竖直方向的载荷 F 作用，试计算节点 A 的竖直位移。

4-25 图示阶梯杆，其上端固定，下端与支座的距离为 $\delta=1$ mm。已知上、下两段杆的横截面面积分别为 600 mm^2 和 300 mm^2。材料的弹性模量 $E=210$ GPa，试作该杆的轴力图。

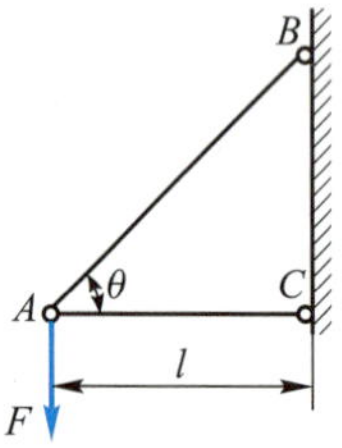

题 4-23 图

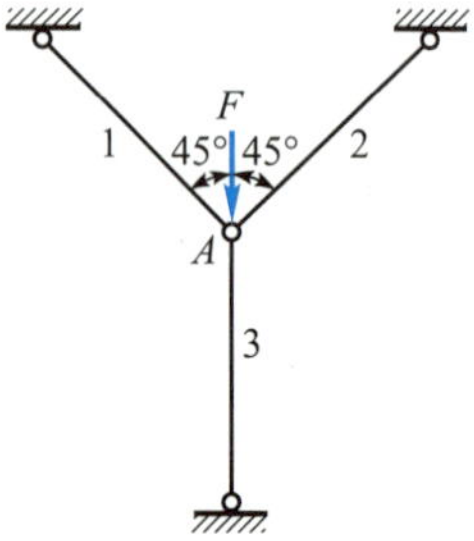

题 4-24 图

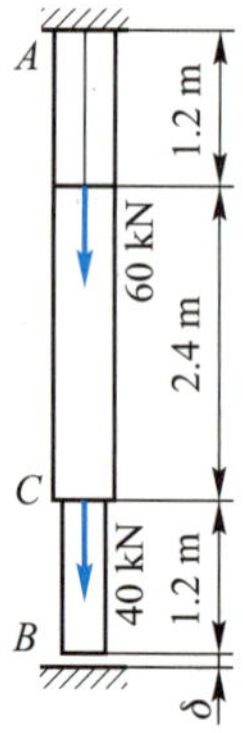

题 4-25 图

4-26 图示结构中，AB 为刚性横梁。已知 1、2 杆的材料与横截面面积均相同。试求在力 F 作用下两杆的内力。

4-27 图示钢杆的直径 $d=25$ mm，在常温下将杆加热 30 ℃后两端固定起来，然后再冷却到常温。求这时钢杆横截面上的应力及两端的约束力 F_R。已知钢的线胀系数 $\alpha=12\times10^{-6}$ ℃$^{-1}$，弹性模量 $E=210$ GPa。

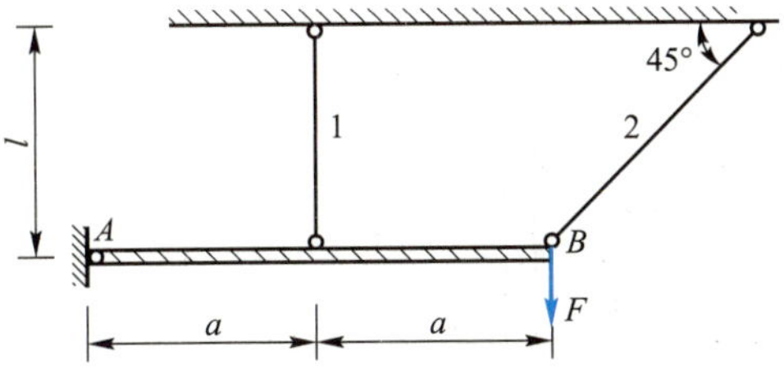

题 4-26 图

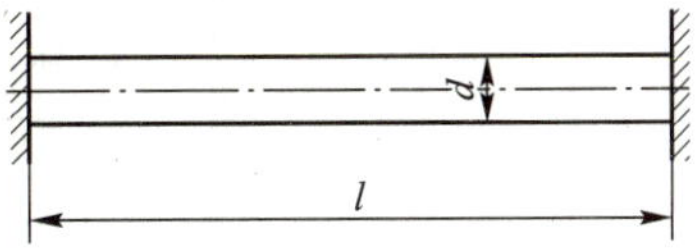

题 4-27 图

4-28 图示螺钉上作用着拉力 F。已知材料的许用切应力$[\tau]$和许用拉应力$[\sigma]$之间的关系为$[\tau]=0.6[\sigma]$，试求螺钉直径 d 与螺钉头高度 h 的合理比值。

4-29 夹剪如图所示，已知 $a=30$ mm，$b=150$ mm，销 C 的直径 $d=5$ mm。当用力 $F=200$ N 剪直径与销直径相同的铜丝 A 时，求铜丝与销横截面上的平均切应力。

4-30 水轮发电机组的卡环尺寸如图所示。已知轴向载荷 $F=1\ 450$ kN，卡环材料的许用切应力$[\tau]=80$ MPa，许用挤压应力$[\sigma_{bs}]=150$ MPa。试校核卡环的强度。

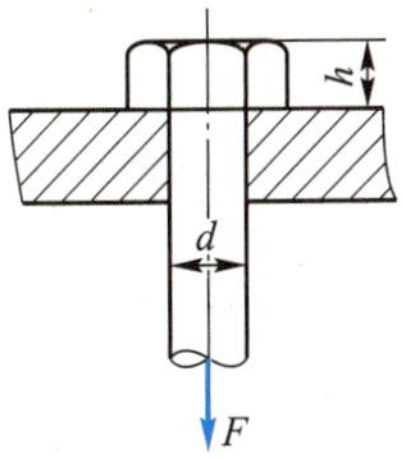

题 4-28 图

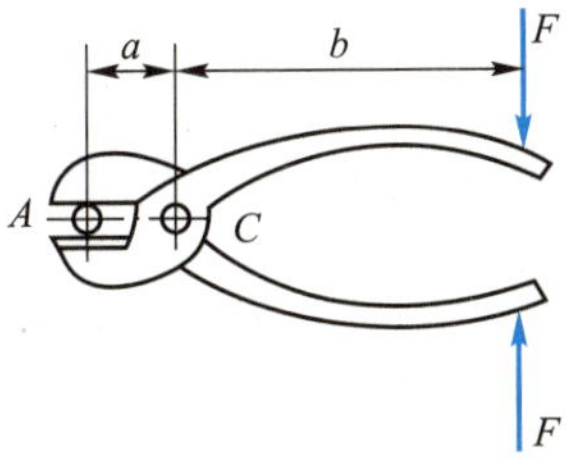

题 4-29 图

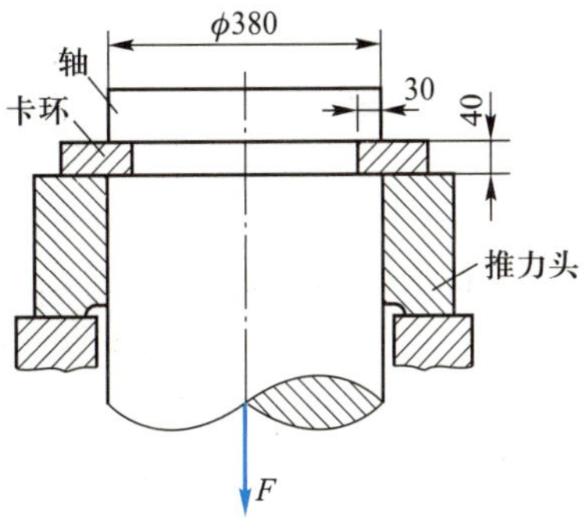

题 4-30 图

4-31 图示销联接，已知 $F=33$ kN，板厚 $t_1=8$ mm，$t_2=5$ mm，销与板的材料相同，其许用切应力$[\tau]=60$ MPa，许用挤压应力$[\sigma_{bs}]=200$ MPa。试设计销的直径 d。

4-32 图示木榫接头，已知 $a=b=12$ cm，$h=35$ cm，$c=4.5$ cm，$F=40$ kN。试求其切应力和挤压应力。

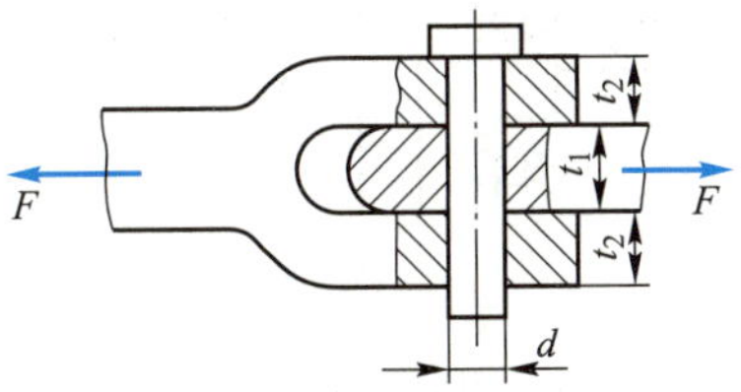

题 4-31 图

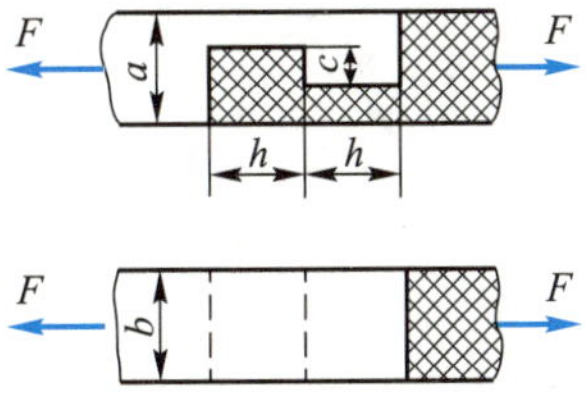

题 4-32 图

4-33 一外径为 $D_c=50$ mm、内径为 $d_c=25$ mm 的铜管，套在直径为 $d_s=25$ mm 的钢杆外，如图所示。两杆的长度相等，在两端用直径 $d=12$ mm 的销将两者固定连接，两销的间距为 l。已知铜和钢的弹性模量及线胀系数分别为 $E_c=105$ GPa、$\alpha_{lc}=17\times10^{-6}$ ℃$^{-1}$和 $E_s=210$ GPa、$\alpha_{ls}=12\times10^{-6}$ ℃$^{-1}$。组合件在室温下装配，工作中组合件温度升高 50 ℃，若不考虑铜管和钢杆间的摩擦影响，试求销横截面上的切应力。

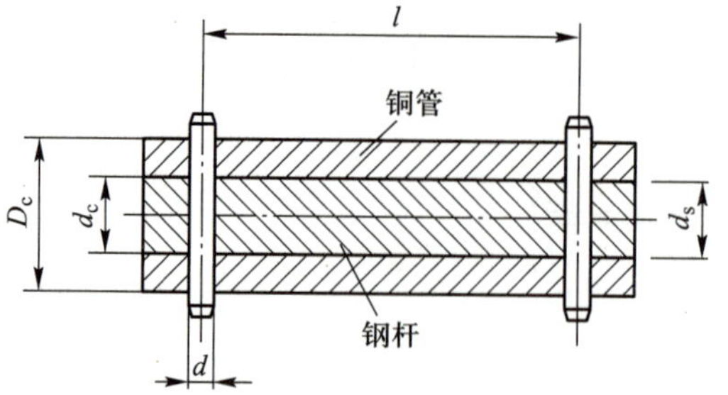

题 4-33 图

4-34 图示两块钢板搭焊在一起。若已知载荷 $F=120$ kN,焊缝的许用切应力$[\tau]=110$ MPa,求搭接焊缝所需的长度 l。

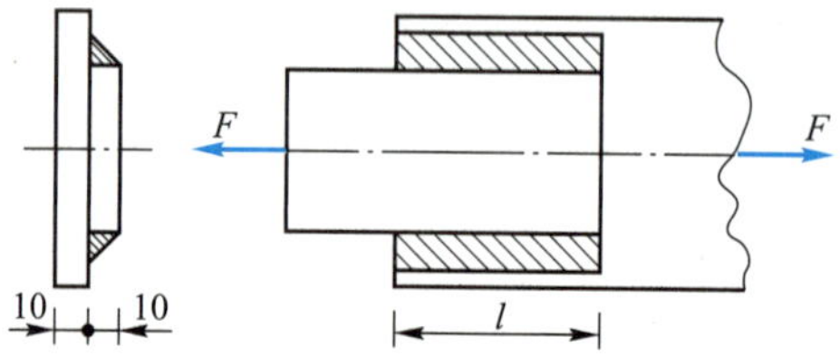

题 4-34 图

4-35 图示机床花键轴有八个齿。轮与轴的配合长度为 $l=60$ mm,外力偶矩 $M=4$ kN·m。花键轴的许用挤压应力$[\sigma_{bs}]=140$ MPa,试校核花键的挤压强度。

4-36 图示凸缘联轴器,其传递的力偶矩为 $M=200$ N·m,凸缘之间用四个螺栓连接,螺栓的直径 $d=10$ mm,对称地分布在 $D=80$ mm 的圆周上。若螺栓的许用切应力$[\tau]=60$ MPa,试校核螺栓的剪切强度。

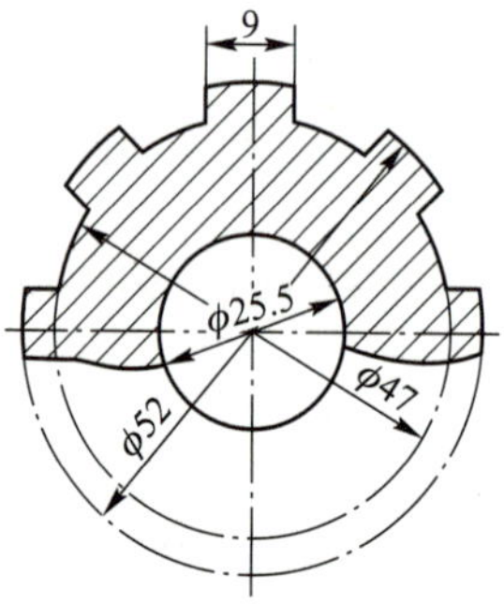

题 4-35 图

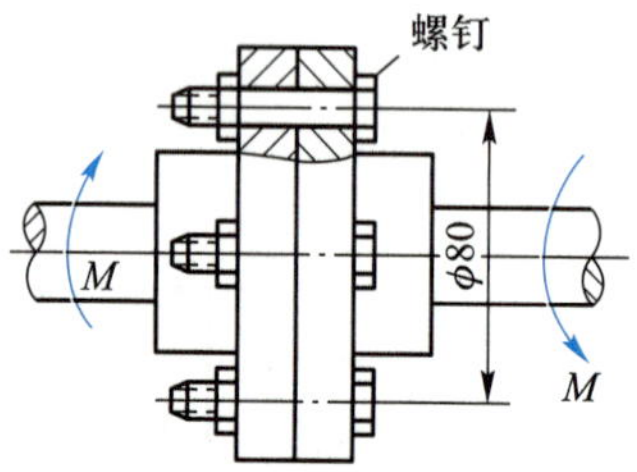

题 4-36 图

4-37 图示拉杆用四个直径相同的铆钉固定在格板上,拉杆和铆钉的材料相同,许用切应力$[\tau]=100$ MPa,许用挤压应力$[\sigma_{bs}]=300$ MPa,许用拉应力$[\sigma]=160$ MPa。若已知 $b=80$ mm,$t=10$ mm,$d=16$ mm,拉杆上作用的外力 $F=80$ kN,试校核拉杆和铆钉的强度。

4-38 在厚度 $t=5$ mm 的钢板上冲出一个形状如图所示的孔,钢板的极限切应力为 $\tau_u=320$ MPa。求冲床所需的冲剪力 F。

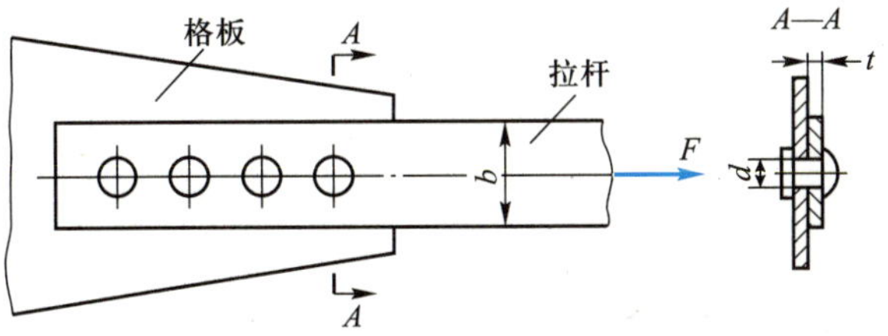

题 4－37 图

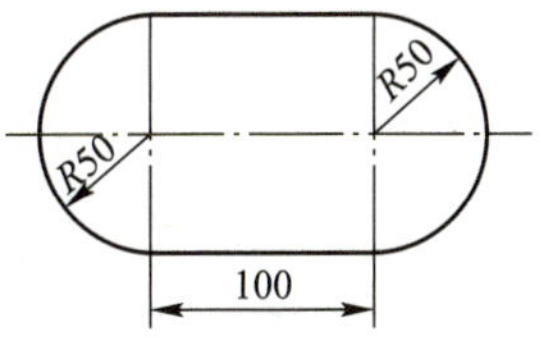

题 4－38 图

4－39 图示手柄与轴用平键连接，已知键的长度 $L=35$ mm，键的横截面为正方形，边长 $a=5$ mm，轴的直径 $d=20$ mm。材料的许用切应力$[\tau]=100$ MPa，许用挤压应力$[\sigma_{bs}]=220$ MPa，试求手柄上端距轴心 600 mm 处的力 F 的最大值。

4－40 图示车床的传动光杆装有安全联轴器，超载时安全销即被剪断。已知安全销的平均直径为 5 mm，材料为 45 钢，其极限切应力 $\tau_u=370$ MPa。求安全联轴器所能传递的力偶矩 M。

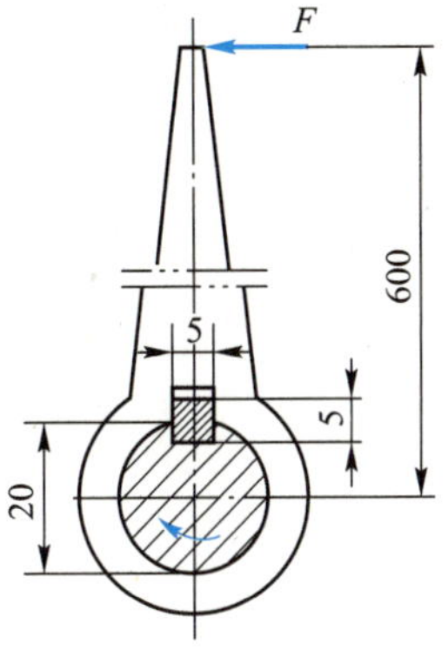

题 4－39 图

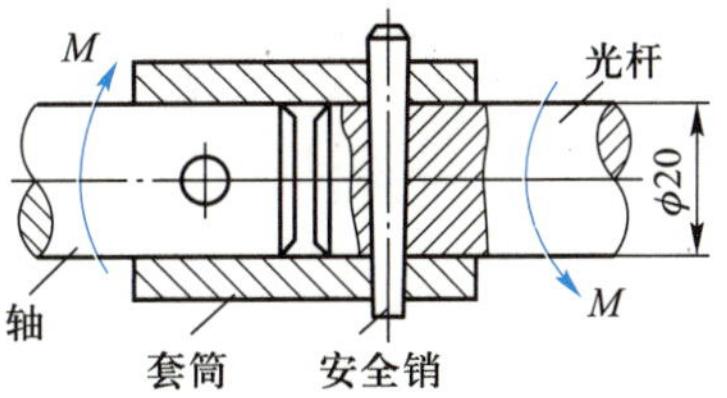

题 4－40 图

4－12 第 4 章习题答案

第5章 扭转

5.1 扭转的概念

扭转变形是杆件的基本变形形式之一。在工程中，许多构件均以扭转变形为主要变形形式。例如，汽车转向盘的轴（图 5-1）、攻丝的丝锥（图 5-2）、各种机器的传动轴等。这些构件的**受力特点**是：在杆件的两端或垂直于杆轴的若干平面内受到转向不同的外力偶作用；**变形特点**是：杆件的轴线保持不动，各个横截面绕杆轴发生相对转动。杆件的这种变形形式称为**扭转变形**（torsion）。以扭转变形为主要变形形式的杆件称为**轴**（shaft）。轴上任意两横截面之间有相对的角位移，这种角位移称为**扭转角**。本章只研究圆截面轴的扭转问题。

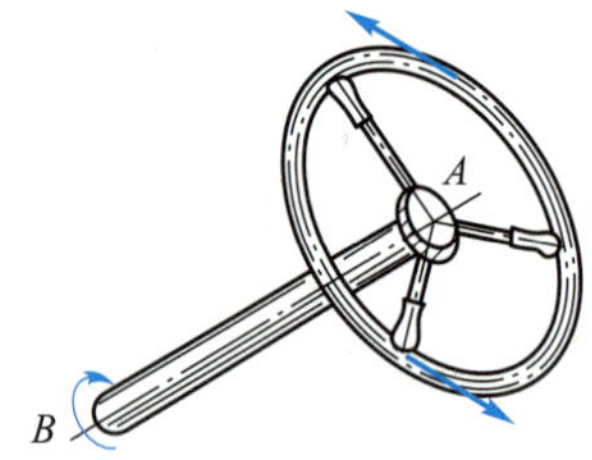

图 5-1

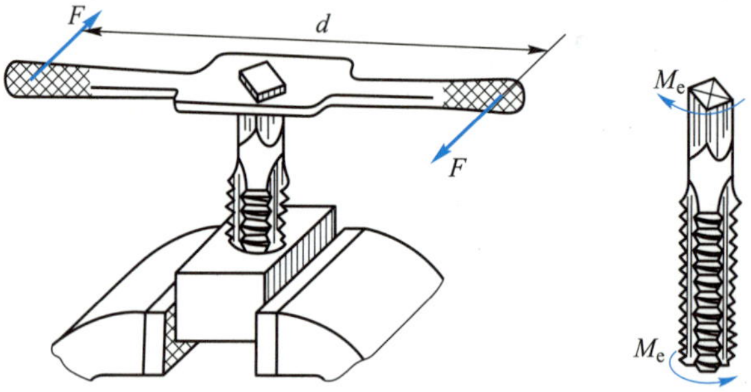

图 5-2

有些工程构件，如电机的传动轴、钻床上的钻杆等，其主要变形形式是扭转，但同时还可能伴随弯曲、拉伸（或压缩）等变形。当弯曲、拉伸（或压缩）变形不大时，可以忽略其影响，或者在初步设计中暂不考虑这些因素，只考虑扭转变形。

5.2 扭转外力及内力

1. 外力偶矩的计算

在工程中，作用于传动轴上的外力偶矩通常不直接给出，而是给出轴的转速和它所传递的额定功率。因此，在分析内力前，应根据轴的转速和它所传递的功率求出使它发生扭转变形的外力偶矩。

设轴传递的功率为 P（单位为 kW），转速为 n（单位为 rad/min 或 r/min），作用于轴上的外力偶矩为 M_e，于是有

$$P\times 1\ 000=M_e\times n\times\frac{2\pi}{60}$$

由此可求出计算外力偶矩 M_e 的公式为

$$\{M_e\}_{N\cdot m}=9\ 549\ \frac{\{P\}_{kW}}{\{n\}_{r/min}} \tag{5-1}$$

此外，杆件在受到偏心横向力作用时，也会产生扭转变形。如图 5－3 所示的带轮传动轴，将力 F_1 及 F_2 向半径为 R 的轮中心平移，可得一力偶矩 $M_e=(F_1-F_2)R$，此力偶矩使杆发生扭转变形。当然，在扭转变形的同时，轮心的横向力也会使杆发生弯曲变形。

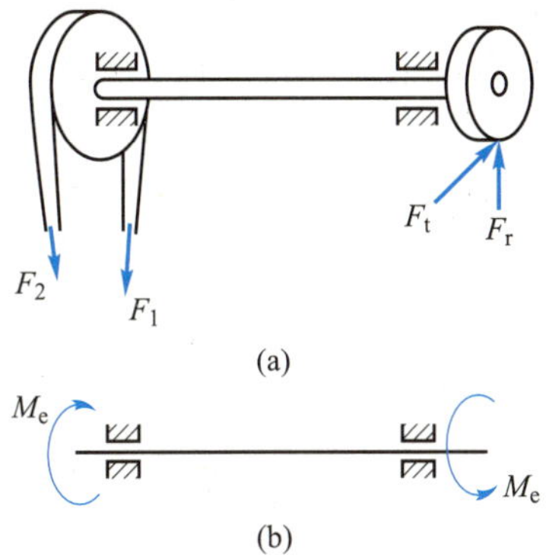

图 5－3

2. 扭矩和扭矩图

求出作用于轴上的所有外力偶矩后，即可用截面法计算任意横截面上的内力。设轴 AB 在两端受到作用面与轴线垂直的一对大小相等、方向相反的外力偶 M_e 作用，如图 5－4a 所示。将轴从指定截面 $m—m$ 处截开，取其左半部分 Ⅰ 为研究对象（图5－4b），作用于研究对象上的外力是作用面与杆件轴线垂直的力偶 M_e。由平衡分析可知，截面 $m—m$ 上的内力也应为一力偶，且其作用面必与截面 $m—m$ 重合，这样的内力称为**扭矩**（torsional moment，torque），以 T 表示。由平衡条件

$$T-M_e=0$$

得

$$T=M_e$$

扭矩 T 是Ⅰ、Ⅱ两部分在 $m—m$ 截面上相互作用的分布内力系的合力偶矩。

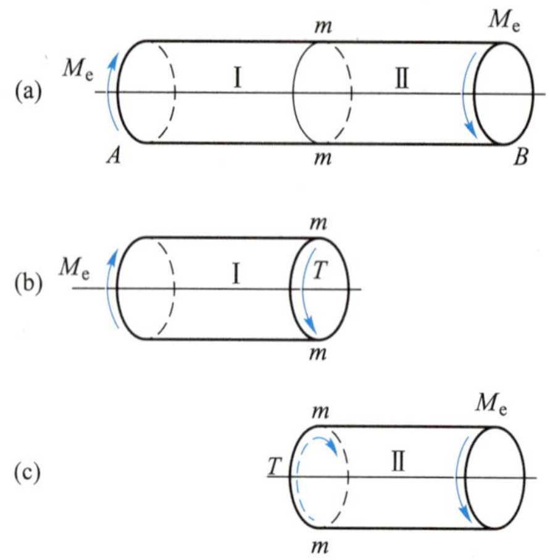

图 5-4

如果取部分Ⅱ为研究对象(图 5-4c),也可求出截面 $m—m$ 上的扭矩 $T=M_e$,但其方向与按部分Ⅰ求出的扭矩相反。为了使从两段轴上求得的同一截面上的扭矩正负号相同,可将扭矩的正负号规定如下:**按右手螺旋定则将扭矩 T 表示成矢量形式,当矢量方向与截面的外法线方向一致时,扭矩 T 为正;反之为负**。根据这一规定,在图 5-4 中,无论就部分Ⅰ还是部分Ⅱ而言,截面 $m—m$ 上的扭矩都是正的。

若作用于轴上的外力偶多于两个,内力的计算方法与前面讨论的完全相同。值得强调的是,此时任意截面上的扭矩也可按下式直接计算,即

$$T=\sum_{i=1}^{n}M_{ei} \qquad (5-2)$$

式中,M_{ei} 表示截面一侧第 i 个外力偶矩。式(5-2)表明:**任一截面上的扭矩等于该截面一侧所有外力偶矩的代数和**。运用式(5-2)求内力时,截面上的扭矩 T 通常设为正,等式右边各项的正负号可根据研究对象上的扭矩判断,M_{ei} 凡是与截面上设定的扭矩反向,取为正号,同向则取为负号。这样算得结果的正、负符号与扭矩的实际符号相同。

用截面法求出内力后,为了直观形象地表示出扭矩沿截面位置的变化情况,可以根据扭矩的大小和正负,画出扭矩 T 沿轴线方向的变化图形,称之为**扭矩图**(torque diagram)。扭矩图的画法与轴力图相似。

例 5-1 在图 5-5a 所示传动轴上,主动轮 A 与电动机相连,从动轮 B、C、D 与机床相连。已知轮 A 的输入功率 $P_A=50$ kW,轮 B、C、D 的输出功率分别为 $P_B=P_C=15$ kW,$P_D=20$ kW,轴的转速 $n=300$ r/min。求各段轴内的扭矩,并画扭矩图。

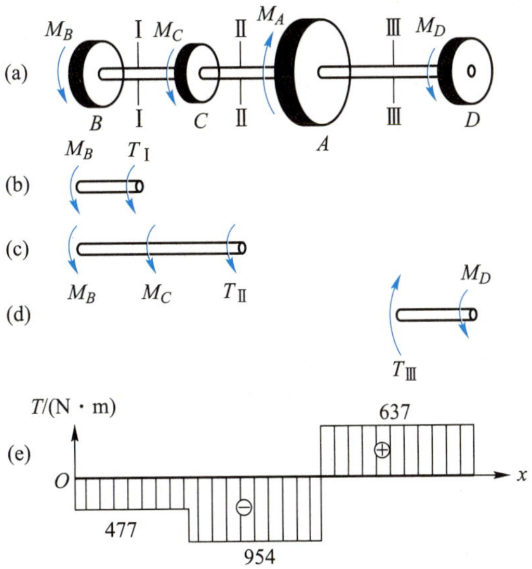

图 5-5

解　(1) 计算外力偶矩

$$M_A = 9\ 549\ \frac{P_A}{n} = 1\ 592\ \mathrm{N \cdot m}$$

$$M_B = M_C = 9\ 549\ \frac{P_B}{n} = 477\ \mathrm{N \cdot m}$$

$$M_D = 9\ 549\ \frac{P_D}{n} = 637\ \mathrm{N \cdot m}$$

(2) 计算扭矩

BC 段：在 *BC* 段内沿 Ⅰ—Ⅰ 截面将轴截开，设 Ⅰ—Ⅰ 截面上的扭矩 T_{I} 为正（如图 5-5b 所示）。由平衡方程

$$T_{\mathrm{I}} + M_B = 0$$

得

$$T_{\mathrm{I}} = -M_B = -477\ \mathrm{N \cdot m}$$

结果为负说明 Ⅰ—Ⅰ 截面上扭矩的实际方向与所设方向相反，即该截面的扭矩为负值。在 *BC* 段内各截面上的扭矩不变，所以这一段内的扭矩图为一水平线（图 5-5e）。

CA 段：由图 5-5c 可知

$$T_{\mathrm{II}} + M_C + M_B = 0$$

故有

$$T_{\mathrm{II}} = -M_C - M_B = -954\ \mathrm{N \cdot m}$$

AD 段：由图 5-5d 可知

$$T_{\mathrm{III}} - M_D = 0$$

故有

$$T_{\mathrm{III}} = M_D = 637\ \mathrm{N \cdot m}$$

(3) 画扭矩图

根据计算结果，把各截面上的扭矩沿轴线变化的情况用图 5-5e 表示出来，就是扭矩图。从图中可以看出，

最大扭矩发生于 CA 段，其绝对值为 $|T_{max}|=954\ \mathrm{N\cdot m}$。

5.3 纯 剪 切

为了研究圆轴扭转时的应力和变形，首先讨论薄壁圆筒的扭转，以了解切应力及切应变的规律和它们之间的关系。

1. 薄壁圆筒的扭转

图 5-6a 所示为一等截面薄壁圆筒，其厚度 t 远小于横截面平均半径 r_0。为了分析圆筒扭转时横截面上的应力，首先来观察扭转的变形现象。受扭前在圆筒表面画上一系列间距相同的周向线和纵向线，形成许多小矩形，如图 5-6a 所示。在两端施加外力偶后，圆筒产生扭转变形（图 5-6b），此时可以看到以下变形现象：① 各周向线的形状、大小和间距均未改变，两相邻周向线发生相对转动；② 各纵向线都倾斜了同一微小角度 γ，但仍可以近似地看成直线，圆筒表面原来的小矩形都变成了同样大小的平行四边形。

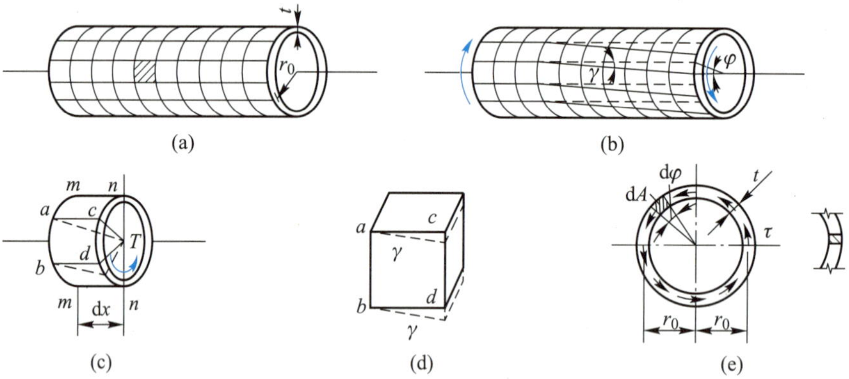

图 5-6

若用相距为 $\mathrm{d}x$ 的两个截面 $m-m$、$n-n$ 截取微段，并用微小圆心角所夹的两个径向纵截面从圆筒中截取一微小六面体 $abcd$（图 5-6c、d），由上述观察到的现象可知：六面体既没有轴向线应变，也没有周向线应变，只有相邻截面（ab 和 cd）间发生的相对平行错动，即只有切应变，且圆周上各点的切应变相同，均为 γ。

从应力、应变的对应关系可知：在横截面上各点处只存在相应的切应力 τ。切应力方向沿圆周方向，且大小相同。又因圆筒壁很薄，可以认为切应力沿壁厚方向均匀分布。

综上所述，闭口薄壁圆筒扭转时横截面上只有垂直于半径且均匀分布的切应力 τ，其方向与截面上扭矩 T 的转向一致。

在横截面上取微面积 $\mathrm{d}A$（图 5-6e），其上的微内力为 $\tau\mathrm{d}A$，它对横截面圆心的微内力矩为 $r_0\tau\mathrm{d}A$。显然，横截面上所有微内力矩之和即为该截面上的扭矩 T，即

$$T=\int_A r_0\tau\mathrm{d}A=r_0A\tau=2\pi r_0^2t\tau$$

所以

$$\tau=\frac{T}{2\pi r_0^2 t} \tag{5-3a}$$

或

$$\tau=\frac{T}{2A_0 t} \tag{5-3b}$$

式中，$A_0=\pi r_0^2$为横截面上筒壁中线围成的面积。

由薄壁圆筒的扭转试验可以看出，在切应力的作用下，单元体的直角将发生微小的改变，如图 5-6b 所示，这个直角的改变量 γ 即为扭转变形的**切应变**。设 l 为薄壁圆筒的长度，φ 为薄壁圆筒两端的相对扭转角。由图 5-6b 可以看出

$$\gamma l=r_0\varphi$$

于是

$$\gamma=r_0\frac{\varphi}{l} \tag{5-4}$$

即切应变 γ 与扭转角 φ 成正比。

2. 切应力互等定理

用相邻的两个横截面和两个纵截面从圆筒中取出边长分别为 dx、dy 和 t 的单元体[①]，如图 5-7所示。单元体左、右两侧面是圆筒横截面的一部分，所以其上没有正应力，只有切应力。这两个侧面上的切应力大小相等、方向相反，其上与切应力相对应的剪力($\tau t dy$)组成一个力偶，力偶矩为 $\tau t dy \cdot dx$。为保持平衡，单元体的上、下两侧面必须存在切应力，并组成力偶以与力偶 $\tau t dy \cdot dx$ 平衡。由平衡条件 $\sum F_x=0$ 知，上、下两个面上存在大小相等、方向相反的切应力 τ'。由平衡条件有

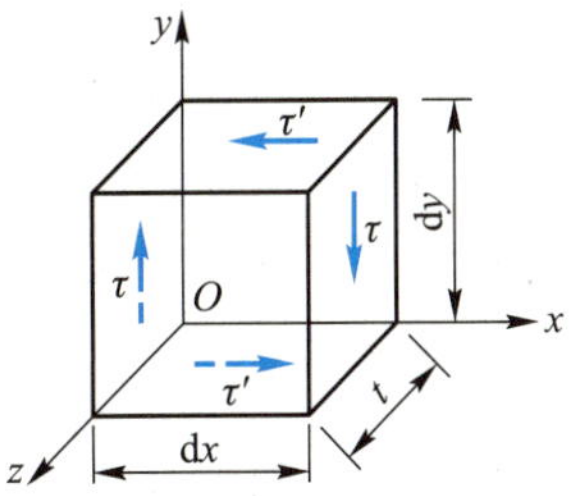

图 5-7

$$\tau t dy \cdot dx=\tau' t dx \cdot dy$$

即

$$\tau=\tau'$$

上式表明：**在单元体相互垂直的两个平面上，切应力必然成对存在，且数值相等；两者都垂直于两个平面的交线，方向则共同指向或共同背离这一交线**。这个关系称为**切应力互等定理**(theorem of conjugate shearing stress)。

图 5-7 所示单元体的上、下、左、右四个侧面上只有切应力而无正应力作用，单元体的这种应力状态称为**纯剪切应力状态**(shearing state of stresses)。

切应力互等定理虽然在纯剪切应力状态下导出，但它是一般性定理，在有正应力作用时同样成立。

3. 剪切胡克定律

利用薄壁圆筒的扭转，可以实现纯剪切试验。试验中测出逐渐增加的外力偶矩 M_e及与之相

---

① dx 与 dy 为无穷小，而 t 是有限长度。一般情况下，单元体的三个边皆为无穷小。

应的扭转角 φ，就可以用式(5-3)、式(5-4)分别算出切应力 τ 和切应变 γ，从而可以作出切应力和切应变的关系曲线(即 $\tau-\gamma$ 曲线)。低碳钢的 $\tau-\gamma$ 曲线如图5-8所示。从图中可以看出，当切应力低于材料的剪切比例极限 τ_p 时，切应力 τ 和切应变 γ 成正比，这就是材料的**剪切胡克定律**(Hooke law in shear)，可以写成

$$\tau=G\gamma$$

5-1 低碳钢扭转试验曲线

式中，比例系数 G 称为材料的**切变模量**(shear modulus of elasticity)，反映材料抵抗剪切变形的能力。切应变 γ 的量纲为一，所以 G 有与 τ 相同的量纲。钢材的 G 值约为 80 GPa。

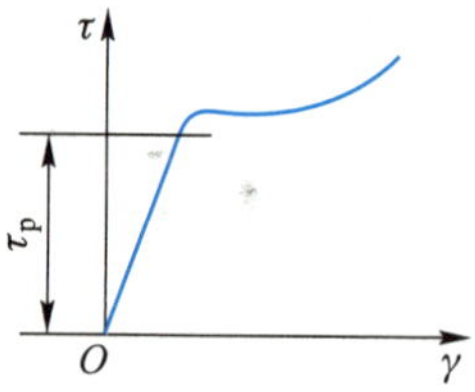

图5-8

前面的讨论中，已涉及了均质材料的三个弹性常数：弹性模量 E、切变模量 G、泊松比 μ。可以证明，这三个弹性常数之间存在如下关系：

5-2 铸铁扭转试验曲线

$$G=\frac{E}{2(1+\mu)} \tag{5-5}$$

即三个弹性常数中只有两个是独立的。

4. 剪切应变能

由薄壁圆筒扭转试验可知，在切应力小于剪切比例极限的情况下，扭转角 φ 与外力偶矩 M_e 成正比。扭转外力偶所做的功为

$$W=\frac{1}{2}M_e\varphi$$

在静载荷作用下，若不计其他能量损耗，由功能原理知，扭转外力偶所做的功全部转变为储存在薄壁圆筒内的剪切应变能 V_ε，即

$$V_\varepsilon=W=\frac{1}{2}M_e\varphi$$

以薄壁圆筒的体积 $V=2\pi r_0 lt$ 去除剪切应变能，并利用式(5-3a)和式(5-4)，得单位体积的剪切应变能(即剪切变形比能)为

$$v_\varepsilon=\frac{1}{2}\frac{M\varphi}{2\pi r_0 lt}=\frac{1}{2}\frac{M_e}{2\pi r_0^{\,2}t}\cdot r_0\frac{\varphi}{l}=\frac{1}{2}\tau\cdot\gamma$$

再利用剪切胡克定律，可得

$$\frac{1}{2}\tau\cdot\gamma=\frac{\tau^2}{2G}=\frac{G}{2}\gamma^2 \tag{5-6}$$

5.4 圆轴扭转时的应力及变形

在工程中，用途最广的扭转构件是圆截面的轴。为了进行圆轴扭转时的强度和刚度计算，必须研究圆轴扭转时的应力和变形。

1. 圆轴扭转时横截面上的应力

分析圆轴扭转时的应力，与分析轴向拉伸(压缩)和薄壁圆筒扭转时的应力一样，首先需要明

确横截面上存在什么应力，它们的分布规律怎样，然后才能导出应力的计算公式。为此，需要考虑三方面的关系：变形几何关系、物理关系、静力等效关系。

(1) 变形几何关系

为了观察圆轴扭转时的变形，与薄壁圆筒扭转一样，在圆轴的外表面画上一系列的纵向线和周向线。在扭转外力偶作用下，得到与薄壁圆筒扭转时相似的变形现象(图 5-9)，即各纵向线倾斜了同一微小角度 γ，而周向线的形状、大小和间距均未改变。

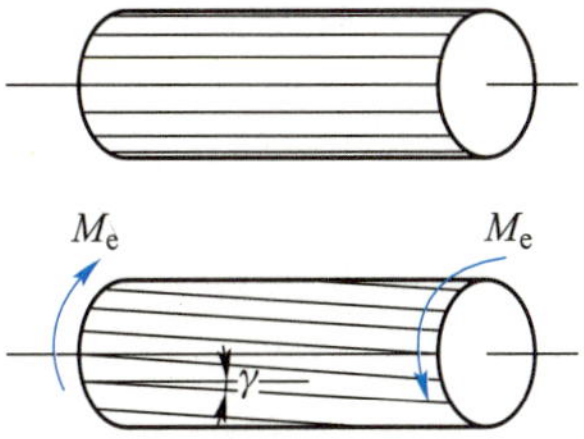

图 5-9

根据观察到的表面变形现象，可以对圆轴内部变形情况作出如下假设：**圆轴扭转变形前原为平面的横截面，变形后仍保持为平面，其形状、大小和相互位置均不变；横截面的半径仍保持为直线**。这一假设称为圆轴扭转的**平面假设**。按照平面假设，圆轴扭转时其横截面就像刚片一样绕轴线转过了一个角度。平面假设的正确性得到了弹性理论和试验的验证。根据上述变形现象和平面假设可知，圆轴扭转时横截面上只有切应力 τ。

在图 5-10a 中，用相邻的两个横截面 m—m 和 n—n 从圆轴中取出长为 $\mathrm{d}x$ 的微段，并放大为图 5-10b。设微段两端面上的扭矩为 T，取 m—m 截面为基准面，在两端截面上的扭矩作用下，n—n 截面相对于 m—m 截面转过了角度 $\mathrm{d}\varphi$。根据平面假设，变形时横截面只做刚性转动，因而半径 Oa 也转过了一个角度 $\mathrm{d}\varphi$ 到达 Oa'，于是 ab 边相对于 cd 边发生了微小的相对错动，错动的距离为

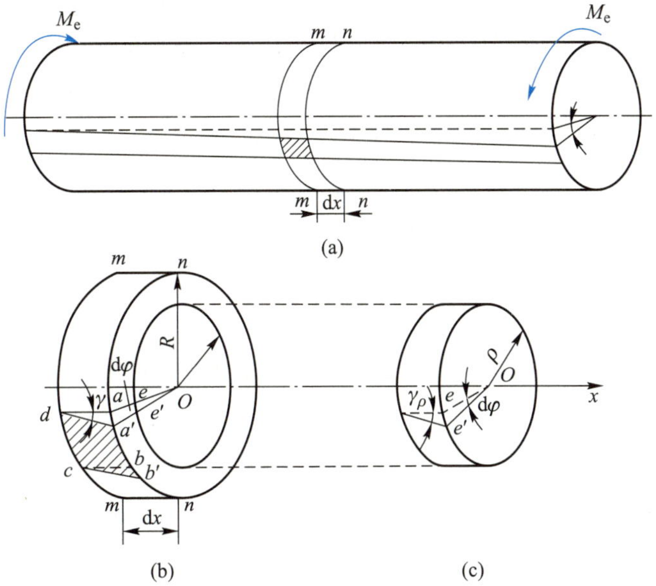

图 5-10

$$aa'=R\cdot\mathrm{d}\varphi$$

因而得到圆轴表面原有矩形的直角改变量 γ 为

$$\gamma\approx\frac{aa'}{ad}=R\,\frac{\mathrm{d}\varphi}{\mathrm{d}x}$$

上式就是圆截面边缘上 a 点处切应变 γ 的计算式。γ 发生在垂直于半径 Oa 的平面内。

根据变形后横截面仍为平面、半径仍为直线的假设，用相同的方法，并参考图 5－10c 可以求出横截面上距圆心为 ρ 处的切应变 γ_ρ 为

$$\gamma_\rho \approx \rho \frac{\mathrm{d}\varphi}{\mathrm{d}x} \tag{a}$$

γ_ρ 也发生在垂直于半径 Oa 的平面内。$\frac{\mathrm{d}\varphi}{\mathrm{d}x}$ 表示相距为单位长度的两横截面之间的相对扭转角。由平面假设可知，对于同一横截面上各点，$\frac{\mathrm{d}\varphi}{\mathrm{d}x}$ 为一常数。式(a)说明：**受扭圆轴横截面上任意一点在垂直于半径平面内的切应变 γ_ρ 与该点到圆心的距离 ρ 成正比**。这就是切应变的变化规律，也是圆轴扭转的**变形几何关系**。

(2) 物理关系

由上一节可知，切应力和切应变之间存在一定的物理关系，当切应力不超过材料的剪切比例极限时，切应力与切应变成正比，即服从剪切胡克定律

$$\tau = G\gamma \tag{b}$$

将式(a)代入式(b)可以求得距轴线为 ρ 处的切应力

$$\tau_\rho = G\gamma_\rho = G\rho \frac{\mathrm{d}\varphi}{\mathrm{d}x} \tag{c}$$

上式表明：**横截面上任意一点处的切应力 τ_ρ 与该点到圆心的距离 ρ 成正比**。即切应力沿半径按直线规律变化，在圆心处切应力为零，而在圆周边缘上各点的切应力最大。由于切应变 γ_ρ 发生在垂直于半径的平面内，所以切应力 τ_ρ 也与半径垂直。注意到切应力互等定理，则实心圆轴纵截面和横截面上的切应力沿半径的分布如图 5－11 所示。

(3) 静力等效关系

式(c)给出了切应力分布规律，但因为式中 $\frac{\mathrm{d}\varphi}{\mathrm{d}x}$ 尚未求出，所以仍然不能用它来计算切应力。下面利用静力学关系来计算 $\frac{\mathrm{d}\varphi}{\mathrm{d}x}$。在横截面上距圆心为 ρ 的一点处取一微面积 $\mathrm{d}A$(图 5－12)，其上作用的微剪力为 $\tau_\rho \mathrm{d}A$，其对圆心的微力矩为 $\rho \cdot \tau_\rho \mathrm{d}A$。横截面上所有微力矩之和等于横截面上的扭矩，即

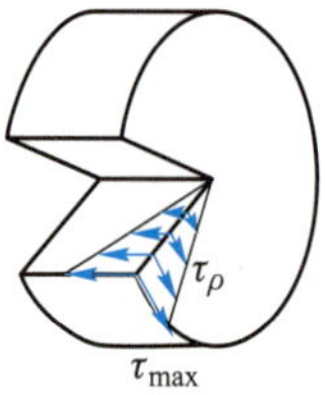

图 5－11

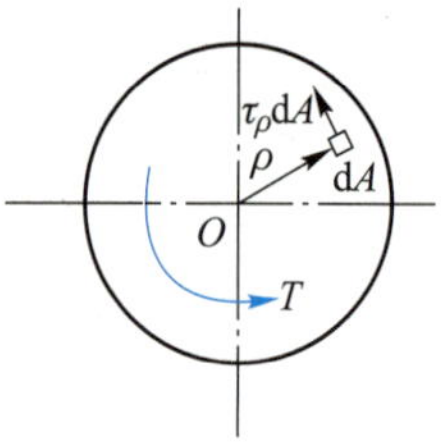

图 5－12

$$T = \int_A \rho \cdot \tau_\rho \mathrm{d}A \tag{d}$$

将式(c)代入式(d)，注意到在给定的截面上$\frac{d\varphi}{dx}$为常量，于是有

$$T=\int_A \rho \cdot \tau_\rho \, dA = G\frac{d\varphi}{dx}\int_A \rho^2 \, dA \tag{e}$$

式中，$\int_A \rho^2 dA$ 仅与横截面的几何量有关，称为横截面对圆心 O 点的**极惯性矩**(polar moment of inertia of area)，用 I_p表示，即

$$I_p=\int_A \rho^2 \, dA \tag{5-7}$$

于是式(e)可以写成

$$T=GI_p\frac{d\varphi}{dx} \tag{5-8}$$

从式(5-8)和式(c)中消去$\frac{d\varphi}{dx}$，得

$$\tau_\rho=\frac{T\rho}{I_p} \tag{5-9}$$

这就是圆轴扭转时横截面上任意一点**的切应力计算公式**。由式(5-9)可知，当 $\rho=R$ 时(即横截面边缘上各点)，切应力取最大值，即

$$\tau_{max}=\frac{TR}{I_p} \tag{5-10}$$

引用记号

$$W_t=\frac{I_p}{R} \tag{5-11}$$

式(5-10)可改写为

$$\tau_{max}=\frac{T}{W_t} \tag{5-12}$$

W_t称为**扭转截面系数**(section modulus in torsion)。

以上按实心圆轴推导的切应力计算公式同样适用于空心圆轴，空心圆轴横截面上的切应力分布规律如图 5-13 所示。

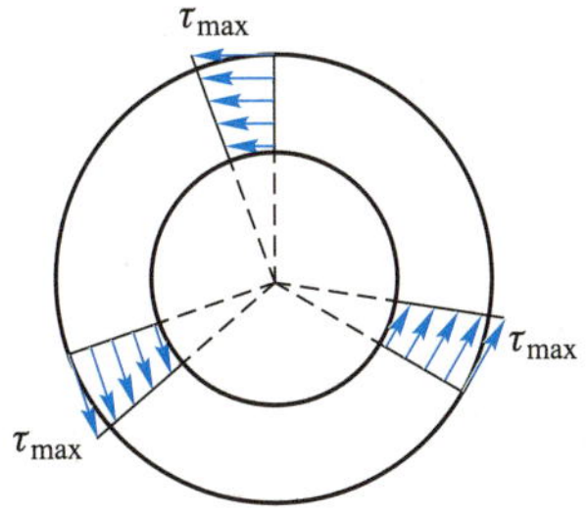

图 5-13

2. 极惯性矩和扭转截面系数的计算

对于实心圆截面，在距圆心为 ρ 处取宽度为 $d\rho$ 的环形微面积 $dA=2\pi\rho d\rho$(图 5-14)，于是

圆截面的极惯性矩为

$$I_p=\int_A \rho^2 \mathrm{d}A=\int_0^{D/2}\rho^2\cdot 2\pi\rho\,\mathrm{d}\rho=\frac{\pi D^4}{32} \tag{5-13}$$

扭转截面系数为

$$W_t=\frac{I_p}{D/2}=\frac{\pi D^3}{16} \tag{5-14}$$

上述两式中 D 为圆截面的直径。I_p的量纲为长度的四次方，W_t的量纲为长度的三次方。

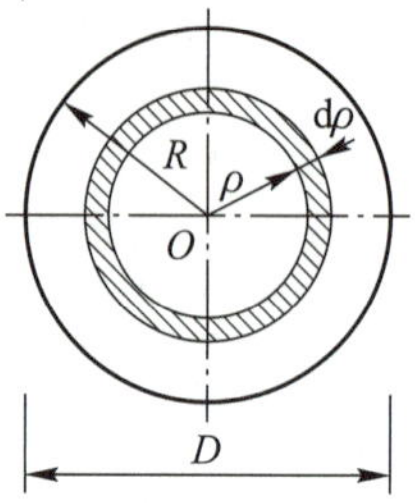

图 5-14

对于空心圆轴，由于截面的空心部分没有内力，所以式(5-7)的定积分不应包括空心部分，即

$$I_p=\int_A \rho^2 \mathrm{d}A=2\pi\int_{d/2}^{D/2}\rho^3 \mathrm{d}\rho=\frac{\pi(D^4-d^4)}{32}=\frac{\pi D^4}{32}(1-\alpha^4) \tag{5-15}$$

空心圆截面的扭转截面系数为

$$W_t=\frac{I_p}{D/2}=\frac{\pi D^3}{16}(1-\alpha^4) \tag{5-16}$$

上述两式中，D 和 d 分别为空心圆截面的外径和内径，$\alpha=\dfrac{d}{D}$。

3. 圆轴的扭转变形

圆轴的扭转变形可用两个横截面绕轴线的相对扭转角 φ 来表示。由式(5-8)可得相距为 $\mathrm{d}x$ 的两横截面之间的相对扭转角

$$\mathrm{d}\varphi=\frac{T}{GI_p}\mathrm{d}x$$

对长度为 l 的轴，两端面的相对扭转角为

$$\varphi=\int_l \mathrm{d}\varphi=\int_l \frac{T}{GI_p}\mathrm{d}x \tag{5-17}$$

由同一种材料制成的等截面圆轴，其 GI_p为常量，若相距为 l 的两横截面之间的扭矩 T 也为常量，则该两横截面间的扭转角为

$$\varphi=\frac{Tl}{GI_p} \tag{5-18}$$

式(5-18)即为等截面圆轴**扭转变形的计算公式**。从该式可以看出，GI_p越大，扭转角 φ 越小，GI_p反映圆轴抵抗扭转变形的能力，称为截面的**扭转刚度**(torsion rigidity)。转角 φ 的符号规定

与扭矩 T 相同，其单位为弧度(rad)。

对于扭矩在各段轴内不相同的情况或阶梯轴，计算整个轴的扭转角，应分段应用式(5－18)，然后按代数值叠加，即

$$\varphi=\sum_{i=1}^{n}\frac{T_i l_i}{GI_{pi}} \tag{5-19}$$

例 5－2 阶梯圆轴如图 5－15a 所示。已知材料的切变模量 $G=80$ GPa，$M_0=400\pi$ N·m，$d=40$ mm，$l=400$ mm。求：(1) 轴的最大切应力；(2) D 截面的扭转角。

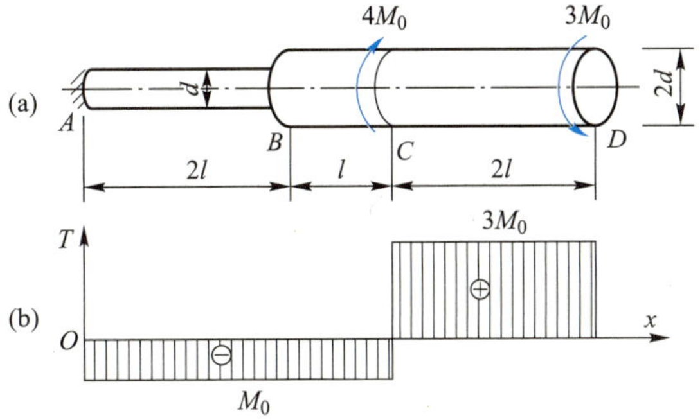

图 5－15

解 (1) 求最大切应力

由截面法绘制扭矩图如图 5－15b 所示。

由扭矩图可知 CD 段扭矩最大，其扭矩为 AB 段的 3 倍。但 CD 段横截面直径是 AB 段的 2 倍，因而扭转截面系数 W_t 是 AB 段的 8 倍，所以最大切应力发生在 AB 段，且有

$$\tau_{max}=\frac{M_0}{W_t}=\frac{400\pi\ \text{N}\cdot\text{m}}{\frac{1}{16}\pi(0.04\ \text{m})^3}=100\times10^6\ \text{Pa}=100\ \text{MPa}$$

(2) 求 D 截面的扭转角

由于该轴为阶梯轴，故可将轴分为三段，根据式(5－19)有

$$\varphi_D=\sum_{i=1}^{3}\frac{T_i l_i}{GI_{pi}}=\frac{-M_0 2l}{GI_{p1}}+\frac{-M_0 l}{GI_{p2}}+\frac{3M_0 2l}{GI_{p3}}=-\frac{54M_0 l}{G\pi d^4}=-0.042\ \text{rad}=-2.41^\circ$$

例 5－3 某轴传递功率如图 5－16a 所示，若两段轴 AB 和 BC 的最大切应力 τ_{max} 相同，试求这两段轴的直径之比及扭转角之比。

解 (1) 画功率变化图

在相同的转速下，扭矩的大小和所传递的功率成正比。因此本题的扭矩图按功率绘制较为方便，绘制的功率变化图如图 5－16b 所示。

(2) 计算直径之比

由式(5－12)可知

$$\left.\begin{aligned}\tau_{AB\max}&=\frac{16T_{AB}}{\pi d_2^3}\\ \tau_{BC\max}&=\frac{16T_{BC}}{\pi d_1^3}\end{aligned}\right\} \tag{a}$$

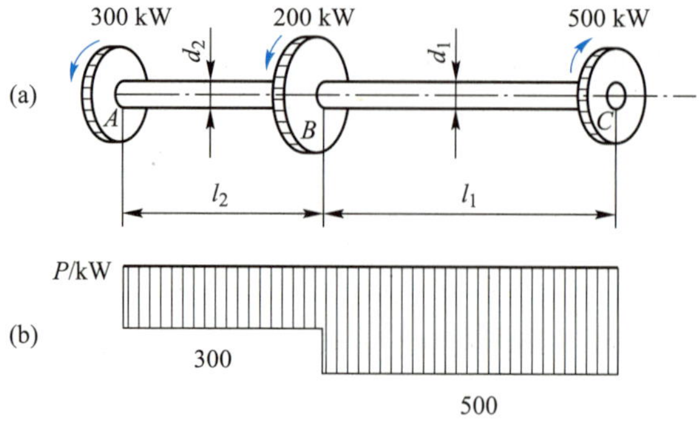

图 5-16

又因为

$$\frac{T_{AB}}{T_{BC}}=\frac{P_{AB}}{P_{BC}} \tag{b}$$

故由式(a)、式(b)可得

$$\frac{\tau_{AB\max}}{\tau_{BC\max}}=\frac{P_{AB}}{P_{BC}}\cdot\frac{d_1^3}{d_2^3}$$

于是根据已知条件 $\tau_{AB\max}=\tau_{BC\max}$ 可得

$$\frac{d_1}{d_2}=\sqrt[3]{\frac{P_{BC}}{P_{AB}}}=\sqrt[3]{\frac{500}{300}}=1.19$$

(3) 计算扭转角之比

由圆轴扭转的变形公式(5-18)可知

$$\left.\begin{aligned}\varphi_{AB}&=\frac{32T_{AB}l_2}{\pi d_2^4\cdot G}\\\varphi_{BC}&=\frac{32T_{BC}l_1}{\pi d_1^4\cdot G}\end{aligned}\right\} \tag{c}$$

于是有

$$\frac{\varphi_{AB}}{\varphi_{BC}}=\frac{T_{AB}}{T_{BC}}\cdot\left(\frac{d_1}{d_2}\right)^4\cdot\frac{l_2}{l_1}=\frac{1.19l_2}{l_1}$$

5.5 圆轴扭转时的强度和刚度条件

1. 强度条件

为保证轴安全工作,要求轴内的最大切应力必须小于材料的许用切应力[τ],因此圆轴扭转时的强度条件为

$$\tau_{\max}=\left(\frac{T}{W_t}\right)_{\max}\leqslant[\tau] \tag{5-20}$$

对于等截面圆轴,W_t为常量,于是上式可写成

$$\tau_{\max}=\frac{T_{\max}}{W_t}\leqslant[\tau] \tag{5-21}$$

许用切应力[τ]根据材料的扭转极限切应力 τ_u 和构件的安全因数 n 确定，即

$$[\tau]=\frac{\tau_u}{n}$$

极限切应力 τ_u 由扭转试验确定。

通过强度条件可以解决圆轴扭转强度方面的三类问题：强度校核、设计截面、确定许用载荷。

例 5-4 一根电机驱动的钢制圆轴将 30 kW 的功率传递至 B 处的齿轮(图 5-17)。钢的许用切应力为[τ]=42 MPa。(1) 如果该轴的转速为 500 r/min，求该轴的所需直径 d。(2) 如果该轴的转速为 4 000 r/min，求该轴所需直径 d。

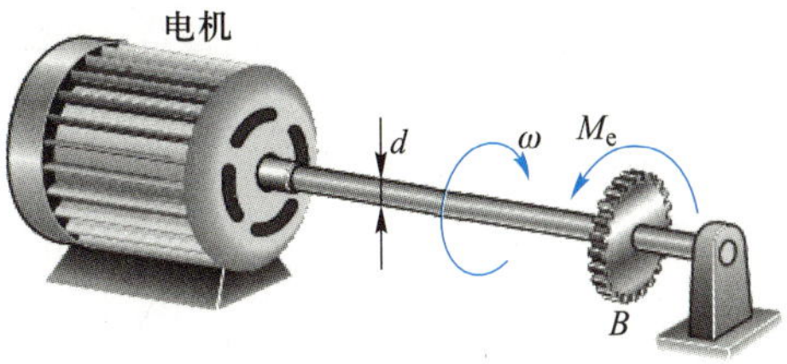

图 5-17

解 (1) 电机的转速为 500 r/min

作用在该轴上的扭转外力偶矩为

$$M_e=9\ 549\times\frac{30}{500}\ \text{N}\cdot\text{m}=573\ \text{N}\cdot\text{m}$$

则轴的扭矩为

$$T=M_e=573\ \text{N}\cdot\text{m}$$

轴中的最大切应力为

$$\tau_{max}=\frac{16T}{\pi d^3}$$

由强度条件计算式(5-21)可得

$$d^3\geqslant\frac{16T}{\pi[\tau]}=\frac{16(573\ \text{N}\cdot\text{m})}{\pi(42\times10^6\ \text{Pa})}=69.5\times10^{-6}\ \text{m}^3$$

因此得

$$d\geqslant41.1\ \text{mm}$$

若要该轴的切应力不超过 42 MPa，则该轴的直径至少应大于 41.1 mm。

(2) 电机的转速为 4 000 r/min

此时作用在该轴上的扭转外力偶矩为

$$M_e=9\ 549\times\frac{30}{4\ 000}\ \text{N}\cdot\text{m}=71.6\ \text{N}\cdot\text{m}$$

则轴的扭矩为 $T=71.6\ \text{N}\cdot\text{m}$。于是有

$$d^3\geqslant\frac{16T}{\pi[\tau]}=\frac{16(71.6\ \text{N}\cdot\text{m})}{\pi(42\times10^6\ \text{Pa})}=8.68\times10^{-6}\ \text{m}^3$$

因此得

$$d\geqslant20.6\ \text{mm}$$

该值小于步骤(1)所求的直径。本例说明，在功率相同、许用应力相同的情况下，转速越高，该轴所需直径的尺寸越小。

例 5-5 材料相同的实心轴与空心轴通过牙嵌离合器联结，如图 5-18 所示。已知轴的转速 n=100 r/min，传递功率 P=10 kW，许用切应力[τ]=80 MPa，空心轴的内、外径之比 $\alpha=d_1/d_2=0.6$。试确定实心轴的直径 d 和空心轴的内、外直径 d_1、d_2，并比较两轴的横截面面积。

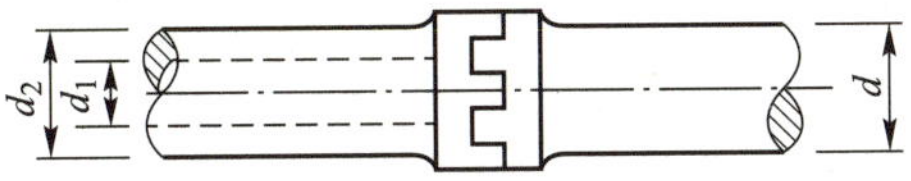

图 5-18

解 (1) 计算外力偶矩

由式(5-1)得

$$M_e=9\ 549\times\frac{10}{100}\ \text{N}\cdot\text{m}=954.9\ \text{N}\cdot\text{m}$$

(2) 确定直径

由强度条件计算式(5-21)得

$$W_t\geqslant\frac{T}{[\tau]}=\frac{M_e}{[\tau]}=\frac{954.9\ \text{N}\cdot\text{m}}{80\times10^6\ \text{Pa}}=11.9\times10^{-6}\ \text{m}^3=11\ 900\ \text{mm}^3$$

对实心轴,有 $W_t=\frac{\pi d^3}{16}$,于是

$$d\geqslant\sqrt[3]{\frac{16W_t}{\pi}}=\sqrt[3]{\frac{16\times11\ 900\ \text{mm}^3}{\pi}}=39.3\ \text{mm}$$

对空心轴,有 $W_t=\frac{\pi d_2^3}{16}(1-\alpha^4)$,则

$$d_2\geqslant\sqrt[3]{\frac{16W_t}{\pi}\cdot\frac{1}{1-\alpha^4}}=\sqrt[3]{\frac{16\times11\ 900\ \text{mm}^3}{\pi}\cdot\frac{1}{1-0.6^4}}=41.2\ \text{mm}$$

内径 $d_1=0.6d_2=0.6\times41.2\ \text{mm}=24.7\ \text{mm}$。

(3) 比较面积

设实心轴横截面面积为 A_1,空心轴横截面面积为 A_2,则

$$\frac{A_1}{A_2}=\frac{\frac{\pi d^2}{4}}{\frac{\pi d_2^2}{4}(1-\alpha^2)}=1.42$$

由此可见,当传递同样大小的力偶矩时,实心轴所需材料比空心轴多。换句话说,在横截面面积相同的条件下,空心轴比实心轴能承受更大的扭矩,所以工程中的轴通常采用空心轴。上述现象可以根据横截面上切应力的分布特点来解释,实心轴靠近圆心处的切应力较小,因此这部分材料对扭矩的贡献较小,若将这部分材料移至截面边缘,则可承受更大的扭矩。

2. 刚度条件

轴类零件除应满足强度条件外,一般还不应有过大的弹性变形,即还需满足刚度方面的要求。例如车床丝杆若扭转角过大,会降低加工精度;镗床或磨床的传动轴若扭转角过大,会产生较大的振动,影响加工精度和光洁度。

扭转角 φ 与轴的长度 l 有关。为消除长度的影响,工程中常用单位长度内的扭转角 θ 来表示扭转变形的程度。由式(5-8)有

$$\theta=\frac{\mathrm{d}\varphi}{\mathrm{d}x}=\frac{T}{GI_p}\tag{5-22}$$

θ 的单位为 rad/m。扭转的刚度条件就是限定 θ 的最大值不得超过规定的许用值$[\theta]$,即

$$\theta_{max}=\left(\frac{T}{GI_p}\right)_{max}\leqslant[\theta]$$

对于等截面圆轴,I_p 为常量,于是上式可写成

$$\theta_{max}=\frac{T_{max}}{GI_p}\leqslant[\theta]\tag{5-23}$$

由于工程上[θ]的单位常用(°)/m 表示，故上式可改写为

$$\theta_{max}=\frac{T_{max}}{GI_p}\times\frac{180°}{\pi}\leqslant[\theta] \tag{5-24}$$

[θ]值应根据载荷性质、工作要求和工作条件等因素来确定，可在有关规范和手册中查得。

例 5-6 图 5-19a 所示的传动轴上，主动轮 A 的输入功率为 $P_A=20$ kW，三个从动轮 B、C、D 的输出功率分别为 $P_B=P_C=6$ kW、$P_D=8$ kW，轴的转速 $n=191$ r/min，材料的切变模量 $G=80$ GPa，许用切应力[τ]=30 MPa，许用单位长度扭转角[θ]=0.3(°)/m。试按强度条件和刚度条件设计轴的直径。

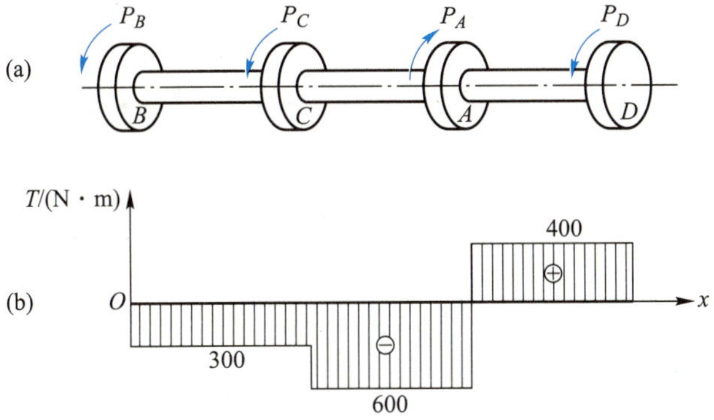

图 5-19

解 (1) 计算外力偶矩

由式(5-1)计算外力偶矩，得

$$M_A=9\ 549\frac{P_A}{n}=9\ 549\times\frac{20}{191}\ \text{N}\cdot\text{m}=1\ 000\ \text{N}\cdot\text{m}$$

$$M_B=M_C=9\ 549\frac{P_B}{n}=9\ 549\times\frac{6}{191}\ \text{N}\cdot\text{m}=300\ \text{N}\cdot\text{m}$$

$$M_D=9\ 549\frac{P_D}{n}=9\ 549\times\frac{8}{191}\ \text{N}\cdot\text{m}=400\ \text{N}\cdot\text{m}$$

(2) 画扭矩图

由截面法绘制扭矩图如图 5-19b 所示。从图中可以看出，$|T|_{max}=600$ N·m。

(3) 按照强度条件设计轴的直径

由强度条件

$$\tau_{max}=\frac{|T|_{max}}{W_t}=\frac{|T|_{max}}{\frac{\pi}{16}d^3}\leqslant[\tau]$$

得

$$d\geqslant\sqrt[3]{\frac{16|T|_{max}}{\pi[\tau]}}=\sqrt[3]{\frac{16(600\ \text{N}\cdot\text{m})}{\pi(30\times10^6\ \text{Pa})}}=0.047\ \text{m}$$

(4) 按照刚度条件设计轴的直径

由刚度条件

$$\theta_{max}=\frac{|T|_{max}}{GI_p}\times\frac{180°}{\pi}=\frac{32|T|_{max}}{G\pi d^4}\times\frac{180°}{\pi}\leqslant[\theta]$$

得

$$d \geqslant \sqrt[4]{\frac{32|T|_{max}}{G\pi[\theta]} \cdot \frac{180^\circ}{\pi}} = \sqrt[4]{\frac{32(600\ N \cdot m) \times 180^\circ}{(80 \times 10^9\ Pa) \times \pi^2 \times (0.3(^\circ)/m)}} = 0.062\ m$$

可取轴的直径 $d = 0.062\ m = 62\ mm$。

例 5-7 等截面传动轴如图 5-20a 所示，已知其直径 $D = 80\ mm$，外力偶矩 $M_A = 4\ kN \cdot m$，$M_B = 10\ kN \cdot m$，$M_C = 3.5\ kN \cdot m$，$M_D = 2.5\ kN \cdot m$，许用单位长度扭转角$[\theta] = 0.3(^\circ)/m$，材料的许用切应力$[\tau] = 80\ MPa$，切变模量 $G = 80\ GPa$。(1) 校核该轴的强度和刚度；(2) 若不满足强度或刚度条件，试重新选择轴的直径；(3) 求截面 D 与截面 A 之间的相对扭转角。

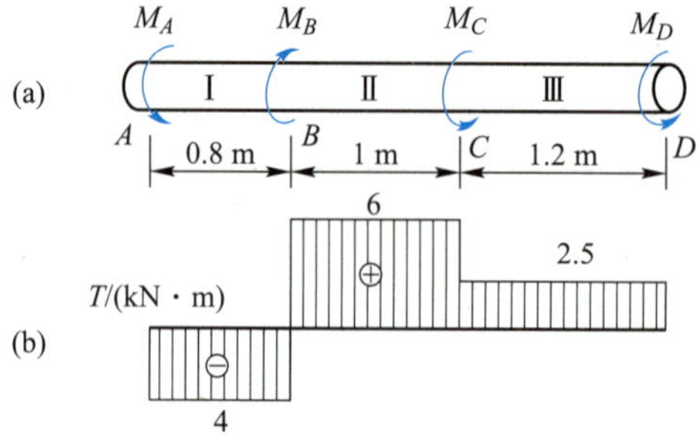

图 5-20

解 (1) 校核该轴的强度和刚度

1) 画扭矩图

由截面法绘制扭矩图如图 5-20b 所示，最大扭矩值 $T_{max} = 6\ kN \cdot m$。

2) 校核该轴的强度

$$W_t = \frac{\pi D^3}{16} = \frac{\pi(80 \times 10^{-3}\ m)^3}{16} = 100.5 \times 10^{-6}\ m^3$$

$$\tau_{max} = \frac{T_{max}}{W_t} = \frac{6 \times 10^3\ N \cdot m}{100.5 \times 10^{-6}\ m^3} = 59.7 \times 10^6\ Pa = 59.7\ MPa < [\tau]$$

故该轴的强度足够。

3) 校核该轴的刚度

$$I_p = \frac{\pi D^4}{32} = \frac{\pi(80 \times 10^{-3}\ m)^4}{32} = 4.02 \times 10^{-6}\ m^4$$

$$\theta_{max} = \frac{T_{max}}{GI_p} \times \frac{180^\circ}{\pi} = \frac{6 \times 10^3\ N \cdot m}{(80 \times 10^9\ Pa)(4.02 \times 10^{-6}\ m^4)} \times \frac{180^\circ}{\pi} = 1.07(^\circ)/m > [\theta]$$

所以该轴不满足刚度条件。

(2) 按刚度条件重新选择该轴的直径

由刚度条件

$$\theta_{max} = \frac{T_{max}}{GI_p} \times \frac{180^\circ}{\pi} \leqslant [\theta]$$

得

$$D_1 \geqslant \sqrt[4]{\frac{32 \times T_{max} \times 180^\circ}{G\pi^2[\theta]}} = \sqrt[4]{\frac{32(6 \times 10^3\ N \cdot m) \times 180^\circ}{(80 \times 10^9\ Pa) \times \pi^2 \times (0.3(^\circ)/m)}} = 0.11\ m$$

故为使该轴同时满足强度和刚度条件，可取轴的直径为 $D_1 = 0.11\ m = 110\ mm$。

(3) 计算相对扭转角

当取轴的直径为 110 mm 时，其极惯性矩为

$$I_p = \frac{\pi D_1^4}{32} = \frac{\pi(0.11\ m)^4}{32} = 14.37 \times 10^{-6}\ m^4$$

此时截面 D 相对于截面 A 的扭转角为

$$\varphi_{DA}=\sum_{i=1}^{3}\frac{T_i l_i}{GI_{\mathrm{p}i}}=\frac{(-4\ 000\ \mathrm{N\cdot m})(0.8\ \mathrm{m})+(6\ 000\ \mathrm{N\cdot m})(1\ \mathrm{m})+(2\ 500\ \mathrm{N\cdot m})(1.2\ \mathrm{m})}{(80\times10^{9}\ \mathrm{Pa})(14.37\times10^{-6}\ \mathrm{m}^4)}$$

$$=5.05\times10^{-3}\ \mathrm{rad}$$

5.6 圆轴扭转时斜截面上的应力

如图 5-21a 所示，在圆轴表面取单元体 $abcd$，该单元体处于纯剪切应力状态。设该单元体侧面的切应力为 τ，在单元体上取垂直于表面 $abcd$ 的任意斜截面 ae（图 5-21b），其外法线 n 与 x 轴的夹角为 α，规定从 x 轴到截面外法线 n 为逆时针转向时，α 为正。用截面法沿截面 ae 将单元体截开，取 abe 为研究对象（图 5-21c）。设斜截面 ae 的面积为 $\mathrm{d}A$，在其上作用有正应力 σ_α 和切应力 τ_α，由 abe 的平衡条件得

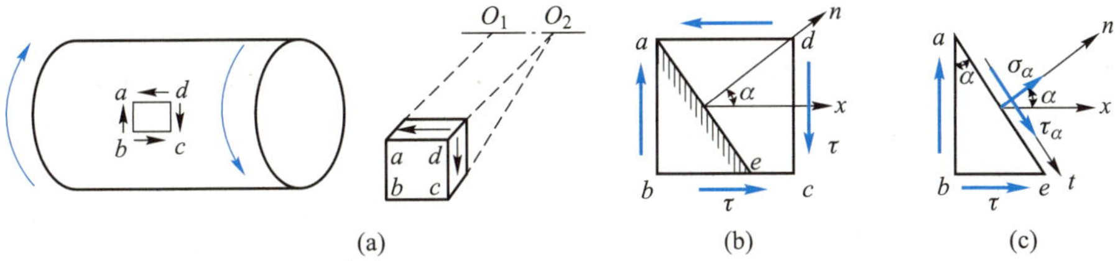

图 5-21

$$\sum F_n=0,\quad \sigma_\alpha \mathrm{d}A+(\tau \mathrm{d}A\cos\alpha)\sin\alpha+(\tau \mathrm{d}A\sin\alpha)\cos\alpha=0$$

$$\sum F_t=0,\quad \tau_\alpha \mathrm{d}A-(\tau \mathrm{d}A\cos\alpha)\cos\alpha+(\tau \mathrm{d}A\sin\alpha)\sin\alpha=0$$

5-3 低碳钢扭转试验视频

整理得

$$\sigma_\alpha=-\tau\sin 2\alpha$$

$$\tau_\alpha=\tau\cos 2\alpha$$

可见，斜截面上的正应力 σ_α 和切应力 τ_α 都与截面的倾角 α 有关。当 $\alpha=\pm45^\circ$ 时，σ_α 取极值，而此时 τ_α 为零，即

5-4 铸铁扭转试验视频

$$\sigma_{\pm45^\circ}=\begin{cases}\sigma_{\min}\\ \sigma_{\max}\end{cases}=\mp\tau$$

$$\tau_{\pm45^\circ}=0$$

当 $\alpha=0$ 和 $\alpha=90^\circ$ 时，τ_α 取极值 τ，而此时 σ_α 为零。

用塑性材料（例如低碳钢）和脆性材料（例如铸铁）各制成一根圆轴来进行扭转试验。可以发现它们有不同的破坏形式：塑性材料（低碳钢）圆轴扭转破坏的断口发生在横截面上，如图5-22a 所示；而脆性材料（铸铁）圆轴却沿与轴线大致成 45°的螺旋面破坏，如图 5-22b 所示。

根据扭转圆轴斜截面上的应力情况可知，上述破坏产生的原因是铸铁等脆性材料抗拉的能力最弱，扭转时沿拉应力最大的-45°斜截面被拉断；而低碳钢抗剪的能力最弱，故扭转时沿切应力最大的横截面被剪断。

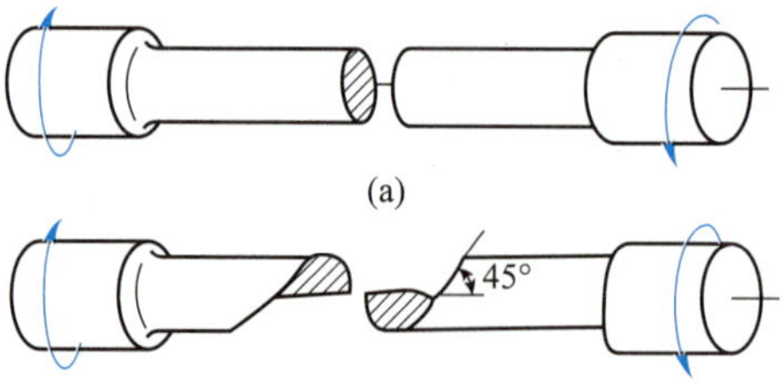

图 5-22

5.7 矩形截面杆扭转简介

工程中有时也遇到矩形截面杆受扭转的情况，例如内燃机曲轴上的曲柄臂、有些农业机械中的方形截面传动轴等。

前文分析圆轴扭转问题时，分析的主要基础是平面假设。图 5-23 为矩形截面杆扭转时的变形情况。由图 5-23 可以看出，此时杆表面的横向线变成了曲线。这表明，矩形截面杆发生扭转变形后横截面不再保持为平面，这种现象称为**翘曲**(warping)。其他非圆截面杆扭转时也都有翘曲现象。可见，对矩形截面等非圆截面等直杆，扭转时平面假设已不再成立。所以，圆轴扭转时的计算公式不能应用到矩形截面杆的扭转问题中。

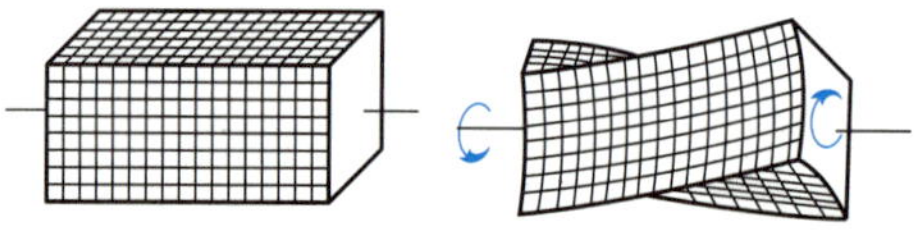

图 5-23

矩形截面杆的扭转，一般在弹性力学中讨论。这里我们不加推导地引用弹性力学的一些结果。矩形截面杆扭转时，横截面上切应力的分布如图 5-24 所示。图中画出了沿截面周边、对称轴和对角线上的切应力分布情况。截面周边上各点处的切应力方向与周边相切。这是因为在杆的侧表面上没有切应力。由切应力互等定理可知，截面的周边各点上不可能有垂直于周边的切应力。因此，周边各点的切应力形成与周边相切的切应力流，四个角点处的切应力为零，整个截面上的最大切应力 τ_{max} 发生在长边中点处(A 点)，其值为

$$\tau_{max}=\frac{T}{\alpha hb^2} \tag{5-25}$$

短边中点(B 点)的切应力为

$$\tau_1=\nu\tau_{max} \tag{5-26}$$

单位长度扭转角为

$$\theta=\frac{T}{GI_t}=\frac{T}{G\beta hb^3} \tag{5-27}$$

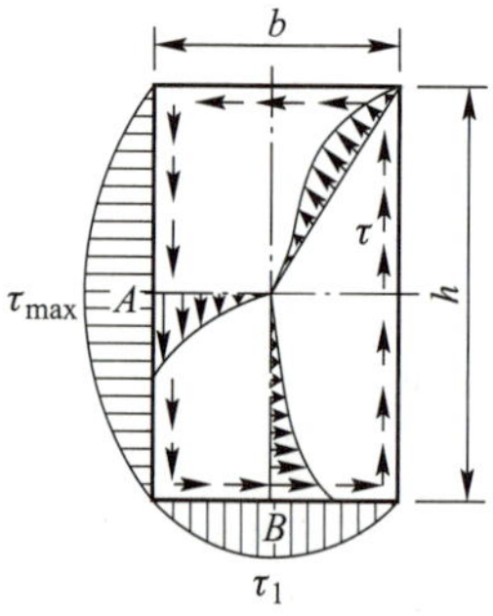

图 5-24

式中，GI_t 也称为杆件的扭转刚度。

在上述各式中，h 和 b 分别为矩形截面长边和短边的长度，系数 α、β、ν 与截面的边长比 h/b 有关，其值可查表 5-1。

表 5-1 矩形截面杆扭转时的系数 α、β 和 ν

h/b	1.0	1.2	1.5	2.0	2.5	3.0	4.0	6.0	8.0	10.0	∞
α	0.208	0.219	0.231	0.246	0.258	0.267	0.282	0.299	0.307	0.313	0.333
β	0.141	0.166	0.196	0.229	0.249	0.263	0.281	0.299	0.307	0.313	0.333
ν	1.000	0.930	0.858	0.796	0.767	0.753	0.745	0.742	0.743	0.743	0.743

由表 5-1 可知，当 $h/b>10$ 时，α 和 β 都接近于 1/3。若以 δ 表示狭长矩形的短边的长度，则狭长矩形的最大切应力及单位长度扭转角分别为

$$\left.\begin{aligned}\tau_{\max}&=\frac{T}{\frac{1}{3}h\delta^2}\\ \theta&=\frac{T}{G\cdot\frac{1}{3}h\delta^3}\end{aligned}\right\}\tag{5-28}$$

习题

5-1 作图示各轴的扭矩图。

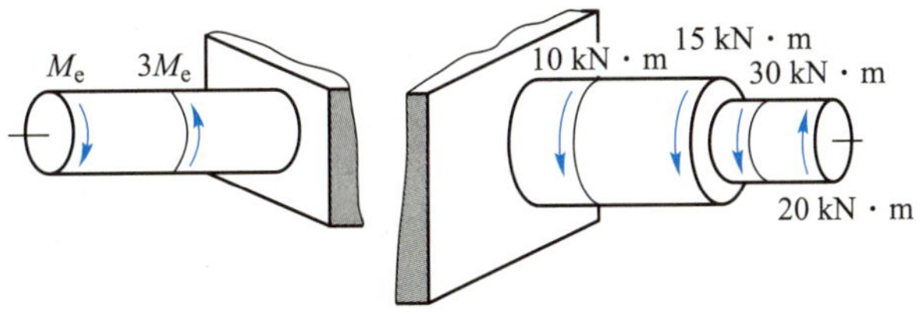

题 5-1 图

5-2 图示钻探机的功率为 $P=10$ kW，转速 $n=180$ r/min，钻杆钻入深度 $l=40$ m。若土壤对钻杆的阻力可看作是均匀分布的力偶，试求此分布力偶的集度 t，并作钻杆的扭矩图。

5-3 直径为 $d=25$ mm 的圆截面钢杆，受轴向拉力 60 kN 作用时，在标距为 200 mm 的长度内伸长了 0.113 mm。当它受一对力偶矩为 0.2 kN·m 的外力偶作用而扭转时，在标距为 200 mm 的长度内的扭转角为 0.732°。试求该钢杆的弹性常数 E、G 和 μ。

5-4 图示 AB 轴传递的功率为 $P=7.5$ kW，转速 $n=360$ r/min，AC 段为圆截面实心轴，CB 段为圆截面空心轴。已知 $D=3$ cm，$d=2$ cm。试求：(1) AC 段横截面边缘处的切应力；(2) CB 段横截面外边缘和内边缘处的切应力。

5-5 一根钢轴，直径为 20 mm，若该钢轴材料的许用切应力[τ]=100 MPa，求此钢轴能承受的扭矩。若转速为 100 r/min，求此钢轴能传递的功率。

5-6 图示汽车方向盘的直径 $D_1=520$ mm，驾驶员每只手作用于盘上的最大载荷 $F=300$ N，若实心转向轴材料的许用切应力[τ]=60 MPa，试设计实心转向轴的直径。若改为内外径比值 $\alpha=0.8$ 的空心轴，求空心轴的内径和外径，并比较实心轴和空心轴的重量。

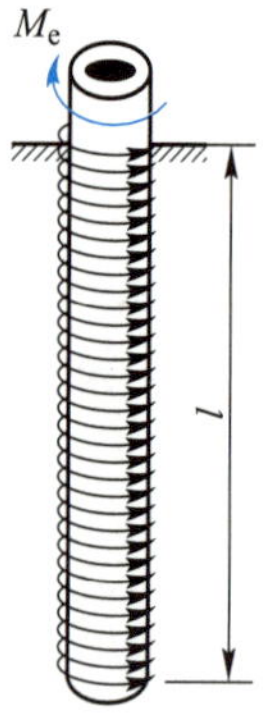

题 5-2 图

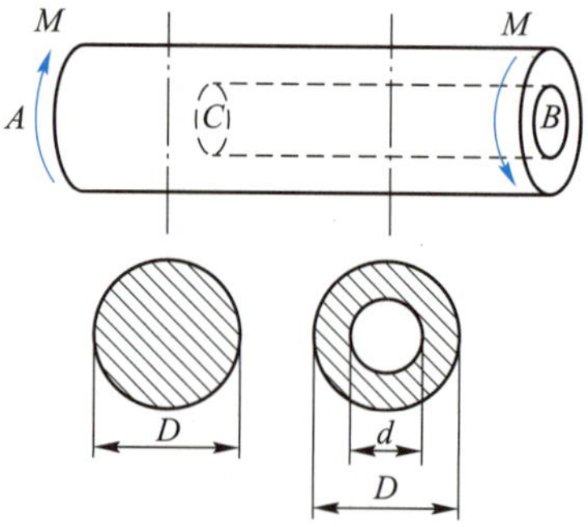

题 5-4 图

5-7 钢质实心轴和内外径比值为 $\alpha=0.6$ 的铝质空心轴的横截面面积相等，而$[\tau]_{钢}=80$ MPa，$[\tau]_{铝}=50$ MPa。若仅从强度条件考虑，哪一根轴能承受较大的扭矩？

5-8 图示圆杆在 A、B、C 三处受集中力偶作用，杆在有阻力的介质中等速旋转，设产生的阻力沿杆长均匀分布，杆的直径 $d=50$ mm，$G=80$ GPa，求杆中的最大切应力和 B 截面相对 A 截面的扭转角。

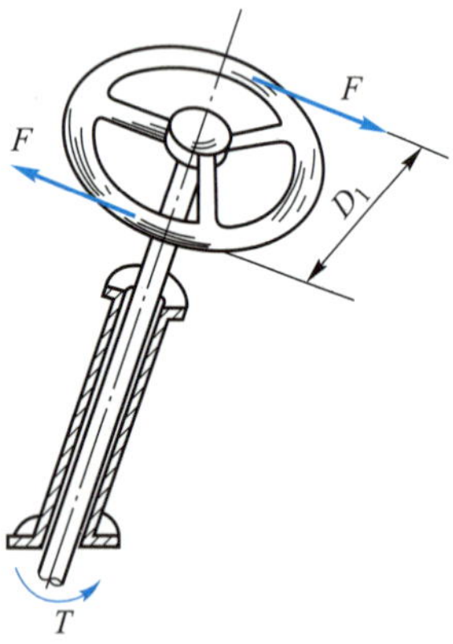

题 5-6 图

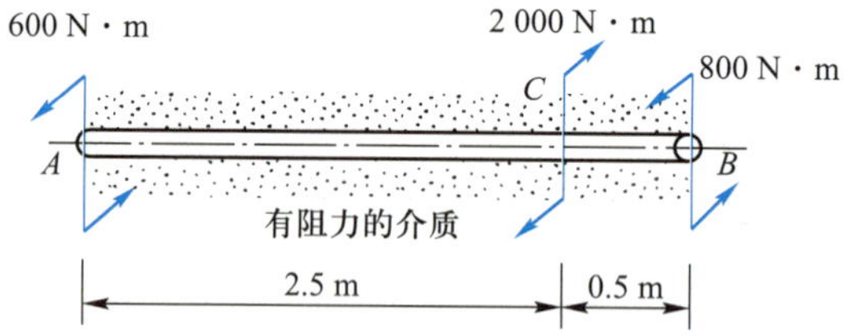

题 5-8 图

5-9 阶梯形圆轴的直径分别为 $d_1=40$ mm，$d_2=70$ mm，轴上装有三个带轮，如图所示。已知由轮 3 输入的功率为 $P_3=30$ kW，轮 1 输出的功率为 $P_1=13$ kW，轴做匀速转动，转速 $n=200$ r/min，该轴材料的许用切应力$[\tau]=60$ MPa，切变模量 $G=80$ GPa，许用扭转角 $[\theta]=2(°)/\text{m}$。试校核该轴的强度和刚度。

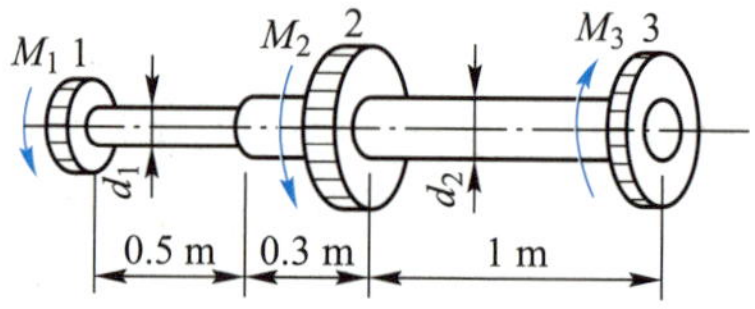

题 5-9 图

5-10 图示传动轴的转速 $n=500$ r/min，主动轮 1 的输入功率 $P_1=367.7$ kW，从动轮 2、3 的输出功率分别为 $P_2=147.1$ kW、$P_3=220.6$ kW，传动轴材料的许用切应力$[\tau]=70$ MPa，切变模量 $G=80$ GPa，许用扭转角 $[\theta]=1(°)/\text{m}$。(1) 试确定 AB 段的直径和 BC 段的直径；(2) 若 AB 段和 BC 段选用同一直径，试确定直径 d；(3) 主动轮和从动轮应如何安排才比较合理？

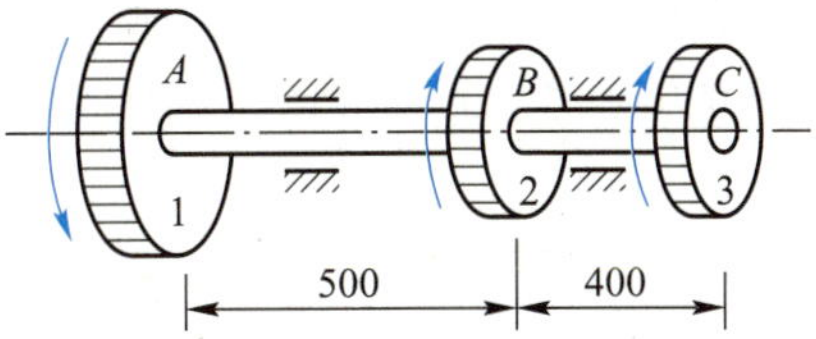

题 5-10 图

5-11 图示轴系由两段直径 $d=100$ mm 的圆轴及凸缘、螺栓连接而成。轴扭转时横截面上的最大切应力 $\tau_{max}=70$ MPa。螺栓的直径 $d_1=20$ mm，布置在 $D_0=200$ mm 的圆周上。设螺栓的许用切应力$[\tau]=60$ MPa，求所需螺栓的个数 n。

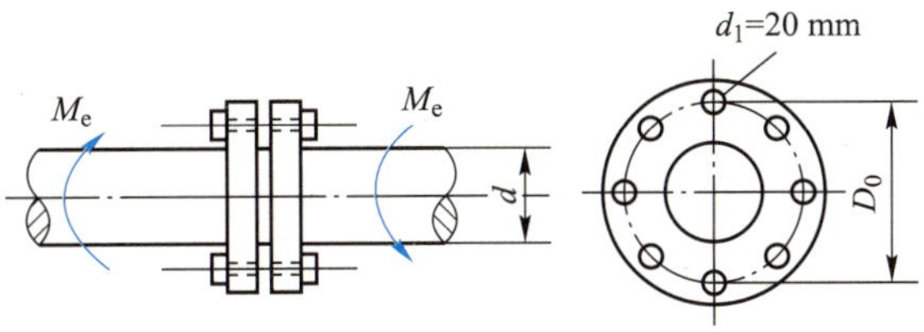

题 5-11 图

5-12 设直径为 d 的圆轴横截面上的扭矩为 T，如图所示，试求四分之一截面上内力系的合力的大小、方向及作用点。

5-13 图示圆截面轴 AB 两端均被固定，在截面 C 上受力偶矩 M_e 的作用。试求该轴两端的约束力偶矩。

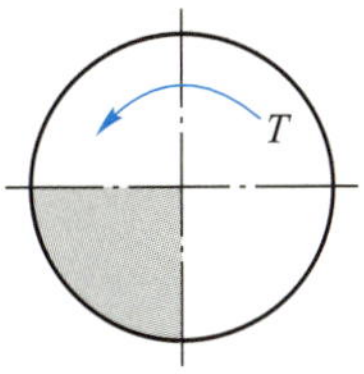

题 5-12 图

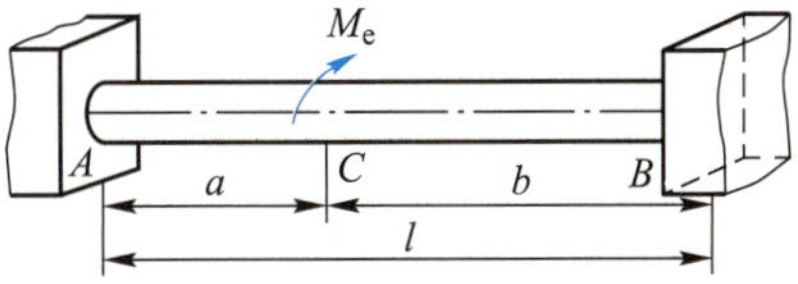

题 5-13 图

5-14 图示直径为 $D=100$ mm 的圆轴左端固定，右端的最上一点和最下一点分别同直径均为 $d=20$ mm 的两根水平杆铰接，中间承受一集中力偶。材料的切变模量 $G=0.4E$。试计算圆轴中的最大切应力及水平杆中的正应力。

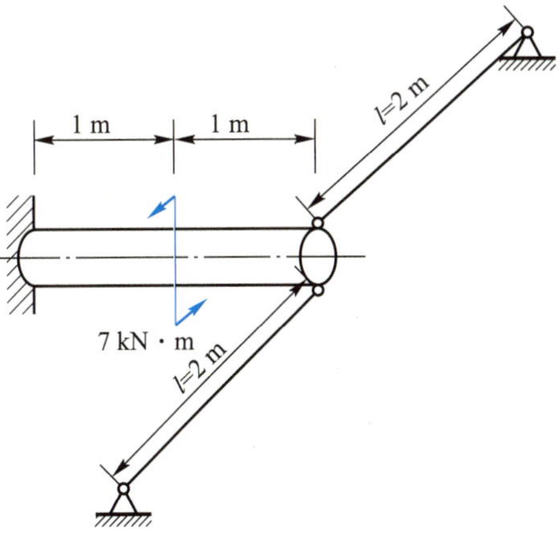

题 5-14 图

5-15 图示矩形截面钢杆两端受力偶矩为 $M_e=3\ \text{kN}\cdot\text{m}$ 的力偶作用。已知材料的切变模量 $G=80\ \text{GPa}$，求：(1) 钢杆内最大切应力的大小、位置和方向；(2) 横截面短边中点处的切应力；(3) 钢杆的单位长度扭转角。

5-5 第5章习题答案

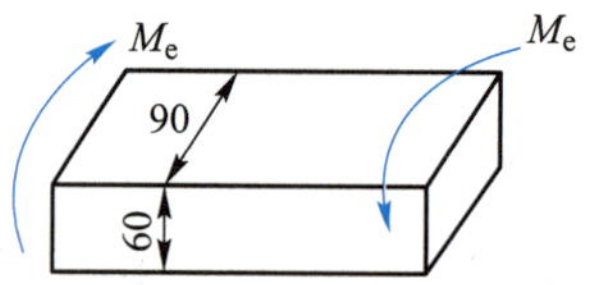

题 5-15 图

第 6 章 平面弯曲

6.1 弯曲的概念

工程中经常遇到公路桥梁(图 6－1a)、火车轮轴(图 6－2a)、水闸立柱(图 6－3a)等类杆件，作用在这类杆件上的外力垂直于杆件的轴线，使原来为直线的轴线变为曲线，这种变形称为**弯曲**(bending)。以弯曲为主要变形形式的杆件，习惯上称为**梁**(beam)。梁是一类常用的构件，几乎在各类工程中都占有重要地位。

工程中绝大部分梁的横截面都有一根对称轴，此时梁存在一个包含轴线的纵向对称面。若梁上所有的横向力或(及)力偶均作用在此纵向对称面内，由于梁的几何特性、物理性质和外力均对称于梁的纵向对称面，故梁变形后的轴线[称为**挠曲线**(deflection curve)]必是在该对称面内的平面曲线，如图 6－4 所示。这种弯曲称为**对称弯曲**(symmetric bending)。一般将载荷作用平面与弯曲变形所在平面相重合或平行的弯曲称为**平面弯曲**(plane bending)，这是弯曲问题中最基本的情况。对称弯曲是平面弯曲的一个特例。

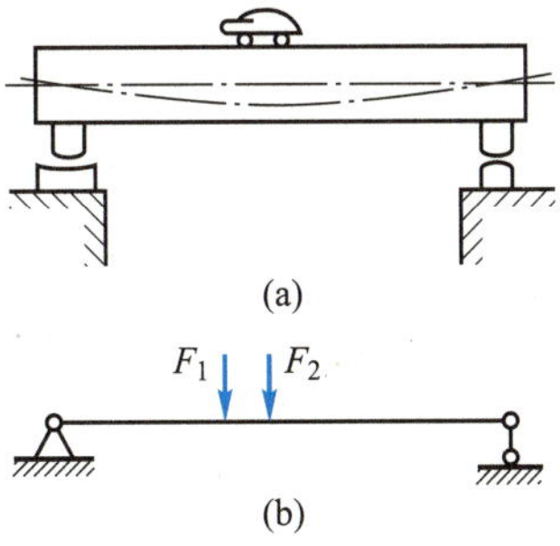

图 6－1

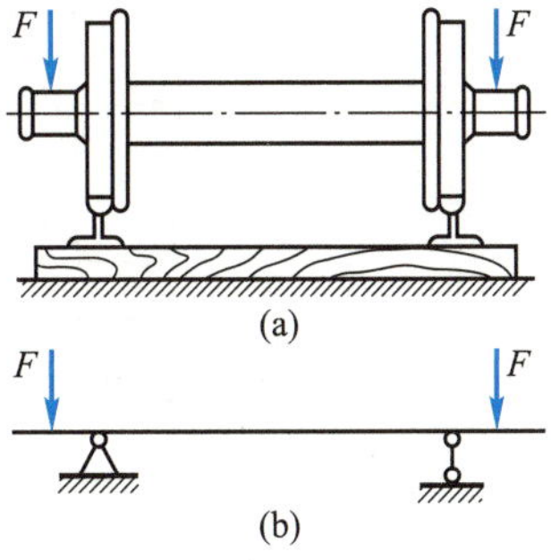

图 6－2

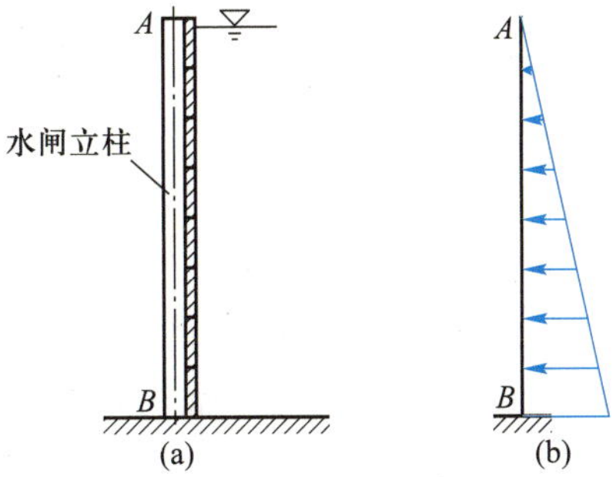

图 6－3

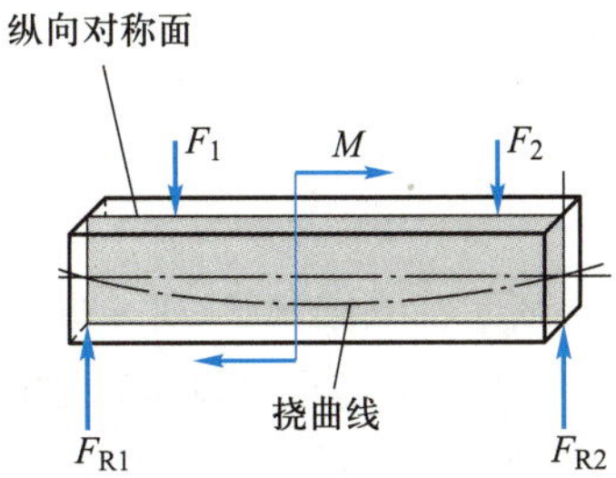

图 6－4

实际工程中,梁的形式一般较复杂。为了便于计算,通常以轴线代替梁本身,梁的支座按其对梁在外力作用面的约束情况而定,通常可简化为**固定铰支座**、**可动铰支座**和**固定端**三种。图6－2a中的火车轮轴,当其一端的铁轨和轮子限制轮轴的上下、左右移动时,另一端的铁轨和轮子就只限制轮轴的上下移动,两端的转动都不受限制,因此其一端可以简化为固定铰支座,另一端则简化为可动铰支座,其计算简图如图6－2b所示。图6－3a中的水闸立柱,其B端的上下、左右移动和转动均被限制,因此B端可简化为固定端,其计算简图如图6－3b所示。

各种支座的约束力个数已分别在第1章和第2章中给出。如果梁的约束力可以由有效平衡方程全部求出,这类梁称为**静定梁**(statically determinate beam)。常见的静定梁有以下三种形式:

(1) **简支梁**(simply supported beam)。一端是固定铰支座、另一端是可动铰支座的梁(图6－1b)。

(2) **外伸梁**(cantilever beam)。具有一个或两个外伸部分的简支梁(图6－2b)。

(3) **悬臂梁**(beam with an overhang)。一端固定端、另一端自由的梁(图6－3b)。

如果梁上约束力的个数超过有效平衡方程的个数,则仅靠平衡方程不能求出全部约束力。这类梁称为**超静定梁**(statically indeterminate beam)。超静定梁的求解需考虑梁的变形。

6.2 剪力和弯矩

当梁上所有外力均已知时,即可用截面法确定梁任意横截面上的内力。

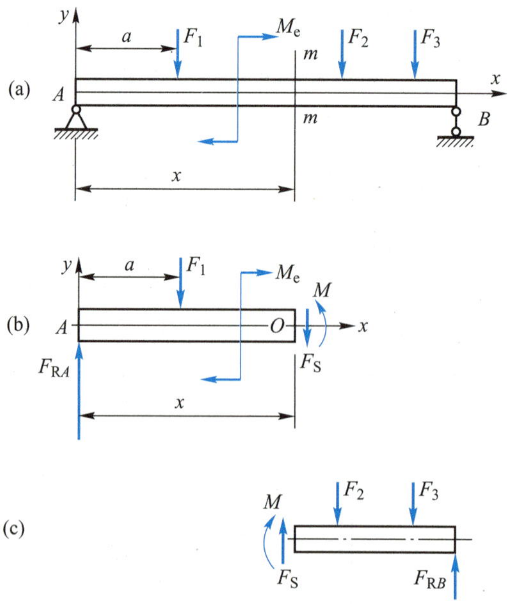

图6－5

如图6－5a所示简支梁AB,现分析距A端为x处的横截面m—m上的内力。以整体梁为研究对象,利用静力平衡方程可以求出梁的支座约束力F_{RA}和F_{RB}。按截面法,在横截面m—m处假想地将梁截成左、右两段,取左段为研究对象(图6－5b)。由于外力均垂直于梁的轴线,为保持左段梁满足平衡条件 $\sum F_y=0$ 和 $\sum M_O=0$，在横截面 $m—m$ 上必然存在两个内力分量：与横截面相切的内力和矢量位于所切横截面的内力偶。内力用 F_S 表示，称为横截面 $m—m$ 上的**剪力**(shearing force)，它是与横截面相切的分布内力系的合力；内力偶的矩用 M 表示，称为横截面 $m—m$ 上的**弯矩**(bending moment)，它是与横截面垂直的分布内力系合成的力偶矩。

根据左段梁的平衡条件，由 $\sum F_y=0$ 可得

$$F_S=F_{RA}-F_1 \tag{a}$$

由 $\sum M_O=0$ 可得

$$M=F_{RA}x-F_1(x-a)+M_e \tag{b}$$

这里，矩心 O 是横截面 $m—m$ 的形心。

同样地，也可以利用右段梁(图 6-5c)的平衡条件求横截面 $m—m$ 上的剪力和弯矩。

按照梁的变形情况对剪力和弯矩的**正负号**作如下规定：在所切横截面内侧取微段，若剪力使微段产生左端向上、右端向下的相对错动(图 6-6a)，则此截面上的剪力为正；反之为负。若弯矩使微段产生向下凸的变形(图 6-6b)，则此截面上的弯矩为正；反之为负。按此规定，图 6-6 中所示横截面上的剪力和弯矩均为正值。

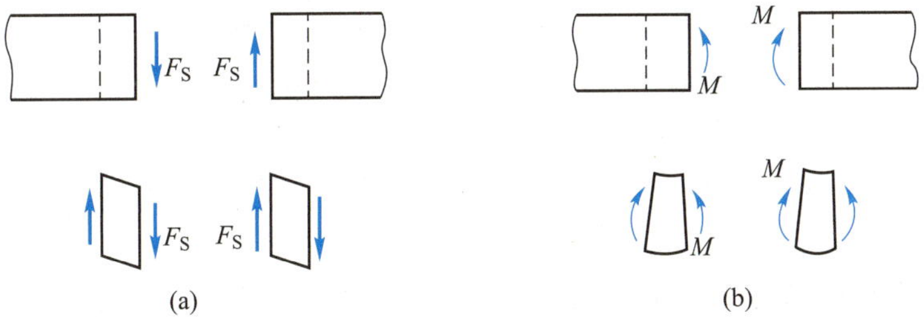

图 6-6

通过分析式(a)、式(b)，并结合剪力和弯矩的正负号规定，可总结出如下**弯曲内力计算公式**：

$$F_S=\sum_{i=1}^{n}F_i \tag{6-1a}$$

$$M=\sum_{i=1}^{n}M_{Oi} \tag{6-1b}$$

式中，F_i 为截面一侧任一横向外力，M_{Oi} 为截面一侧任一外力偶或外力对截面形心 O 的矩。用式(6-1)求截面内力时，剪力 F_S 和弯矩 M 总是假设为正，等式右侧的 F_i 和 M_{Oi} 可根据截面一侧外力直接写出，其正负号可按下述方法确定：左侧梁上向上的 F_i(或右侧梁上向下的 F_i)取正号，反之取负号；由向上的外力(不论是截面左侧还是截面右侧)计算得到的 M_{Oi} 取正号，反之取负号，由左侧梁上顺时针转向的外力偶(或右侧梁上逆时针转向的外力偶)计算得到的 M_{Oi} 取正号，反之取负号。

例 6-1 如图 6-7 所示外伸梁，求横截面 11、22 上的内力。

解 (1) 求支座约束力

设各支座约束力方向如图 6-7 所示。在横向力与力偶作用下，固定铰支座处的水平约束力必为零。因此，在画梁的受力图时，固定铰支座处的水平约束力一般可省略。由平衡方程 $\sum M_C=0$ 和 $\sum M_D=0$，解得

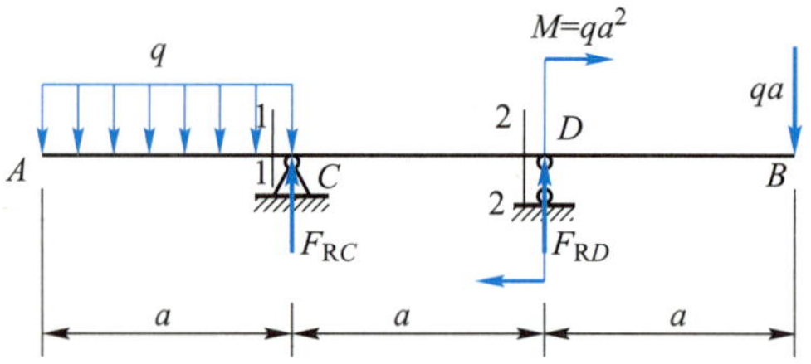

图 6-7

$$F_{RD}=\frac{5}{2}qa,\quad F_{RC}=-\frac{1}{2}qa$$

(2) 计算截面1—1上的内力

以截面1—1左侧梁段为研究对象，利用式(6-1)，由截面左侧的外力直接求得截面1—1上的剪力和弯矩为

$$F_{S1}=-qa$$

$$M_1=-qa\times\frac{1}{2}a=-\frac{1}{2}qa^2$$

(3) 计算截面2—2上的内力

以截面2—2右侧梁段为研究对象，利用式(6-1)直接求得截面2—2上的剪力和弯矩为

$$F_{S2}=qa-F_{RD}=qa-\frac{5}{2}qa=-\frac{3}{2}qa$$

$$M_2=-qa\times a-M=-qa^2-qa^2=-2qa^2$$

6.3 剪力方程和弯矩方程 剪力图和弯矩图

由前面的例题可知，在梁的不同横截面上，剪力和弯矩一般均不相同，即剪力和弯矩沿梁轴线是变化的。若以 x 表示横截面在梁轴线上的位置，则梁各个横截面上的剪力和弯矩可表示为 x 的函数，即

$$F_S=F_S(x) \tag{6-2a}$$

$$M=M(x) \tag{6-2b}$$

这两个等式分别称为**剪力方程**(equation of shearing force)和**弯矩方程**(equation of bending moment)。

表示剪力和弯矩沿梁轴线变化情况的另一重要方法为图示法。作图时，以横截面在梁轴线上的位置 x 为横坐标轴，以剪力 F_S 或弯矩 M 为纵坐标轴，分别绘制 $F_S(x)$ 和 $M(x)$ 沿梁轴线变化的图线。这种图线分别称为**剪力图**(shearing force diagram)和**弯矩图**(bending moment diagram)。研究剪力与弯矩沿梁轴线的变化情况，对于解决梁的强度和刚度问题是必不可少的。因此，剪力方程、弯矩方程与剪力图、弯矩图是分析弯曲问题的重要基础。

例 6-2 如图 6-8a 所示悬臂梁，在自由端受到集中力 F 作用，试列出该梁的剪力方程、弯矩方程，并作剪力图、弯矩图。

解 (1) 求剪力方程和弯矩方程

以固定端 A 为坐标原点，建立图 6-8a 所示坐标系。写剪力方程和弯矩方程时，取距原点为 x 的任意横截面的右侧为研究对象，这样可避免求固定端的约束力 F_{RA} 和 M_A。由式(6-1)得到剪力方程和弯矩方程为

$$F_S(x)=F \quad (0<x<l) \tag{a}$$

$$M(x)=-F(l-x) \quad (0<x\leqslant l) \tag{b}$$

(2) 作剪力图和弯矩图

式(a)表明，梁各横截面上的剪力均相同，其值为 F，所得到的剪力图是一条位于 x 轴上侧且平行于 x 轴的直线，如图 6-8b 所示。式(b)表明，弯矩为 x 的线性函数，因而弯矩图为一条倾斜直线，绘制该斜直线需确定其上两点，如 $x=0$ 处 $M=-Fl$，$x=l$ 处 $M=0$。绘制的弯矩图如图 6-8c 所示。

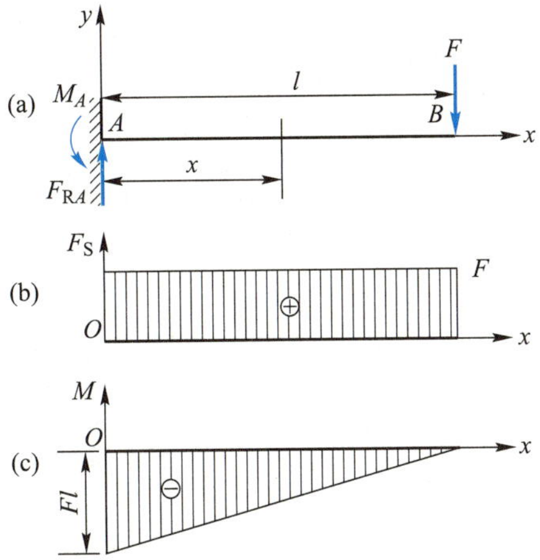

图 6-8

由图 6-8c 可知，在梁的固定端截面处弯矩的绝对值最大，其值为

$$|M|_{max}=Fl$$

例 6-3 图 6-9a 所示的简支梁，受集中力 F 作用。试列出该梁的剪力方程、弯矩方程，并作剪力图、弯矩图。

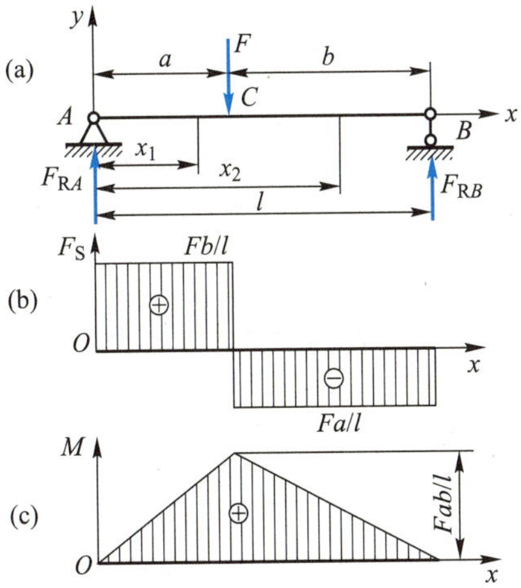

图 6-9

解 (1) 求支座约束力

由平衡方程 $\sum M_B = 0$ 和 $\sum M_A = 0$ 求得

$$F_{RA}=\frac{Fb}{l},\quad F_{RB}=\frac{Fa}{l}$$

(2) 求剪力方程和弯矩方程

由于在 C 点有集中力 F 作用，故梁的 AC、CB 两段的剪力方程和弯矩方程不能用同一个方程表示，需分段写出。

以梁的左端点为坐标原点建立图 6-9a 所示坐标系。对于 AC 段，取距坐标原点为 x_1 的任意截面，以左侧梁为研究对象，由式(6-1)可知剪力方程和弯矩方程为

$$F_S(x_1)=\frac{Fb}{l}\quad (0<x_1<a) \tag{c}$$

$$M(x_1)=\frac{Fb}{l}x_1\quad (0\leqslant x_1\leqslant a) \tag{d}$$

对于 CB 段，取距坐标原点为 x_2 的任意截面，以右侧梁为研究对象，由式(6-1)可知剪力方程和弯矩方程为

$$F_S(x_2)=-\frac{Fa}{l}\quad (a<x_2<l) \tag{e}$$

$$M(x_2)=\frac{Fa}{l}(l-x_2)\quad (a\leqslant x_2\leqslant l) \tag{f}$$

(3) 作剪力图和弯矩图

由式(c)、式(e)知，两段梁的剪力图为平行于 x 轴的直线。由式(d)、式(f)知，两段梁的弯矩图都是倾斜直线。绘出的剪力图和弯矩图分别如图 6-9b、c 所示。

可以看出，若 $a<b$，则 AC 段的剪力最大，为

$$F_{Smax}=Fb/l$$

在集中力 F 作用的 C 截面上弯矩最大，为

$$M_{max}=Fab/l$$

当集中力 F 作用在梁的中点($a=b=l/2$)时，最大弯矩发生在梁的跨中截面上，其值为 $M_{max}=Fl/4$。

此外，由剪力图 6-9b 可以看出，在集中力作用处，剪力发生突变，突变值等于集中力的数值。

例 6-4 如图 6-10a 所示简支梁，受集中力偶 M_e 作用。试列出该梁的剪力方程、弯矩方程，并作剪力图、弯矩图。

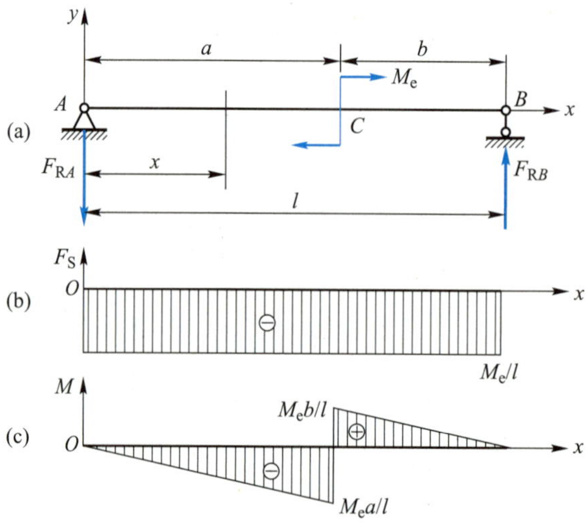

图 6-10

解 (1) 求支座约束力

由平衡方程可得

$$F_{RA}=F_{RB}=\frac{M_e}{l}$$

(2) 求剪力方程和弯矩方程

全梁有一个剪力方程，但由于 C 截面作用集中力偶 M_e，AC 段和 CB 段的弯矩方程不同。以梁的左端为坐标原点建立图 6-10a 所示坐标系，由式(6-1)可知剪力方程和弯矩方程为

$$F_S(x)=-\frac{M_e}{l}\quad(0<x<l)\tag{g}$$

$$\left.\begin{aligned}M(x)&=-\frac{M_e}{l}x &&(0\leqslant x<a)\\M(x)&=\frac{M_e}{l}(l-x) &&(a<x\leqslant l)\end{aligned}\right\}\tag{h}$$

(3) 作剪力图和弯矩图

根据式(g)、式(h)绘出剪力图和弯矩图分别如图 6-10b、c 所示。

可以看出，全梁各横截面上的剪力值均等于$-M_e/l$。在 $a>b$ 的情况下，在 C 点稍左的截面上弯矩数值为最大，$|M|_{max}=M_e a/l$。

此外，由弯矩图 6-10c 还可以看出，在集中力偶 M_e 作用处，弯矩发生突变，突变值为该集中力偶矩的值。

例 6-5 图 6-11a 所示简支梁，受均布载荷 q 作用。试列出该梁的剪力方程、弯矩方程，并作剪力图、弯矩图。

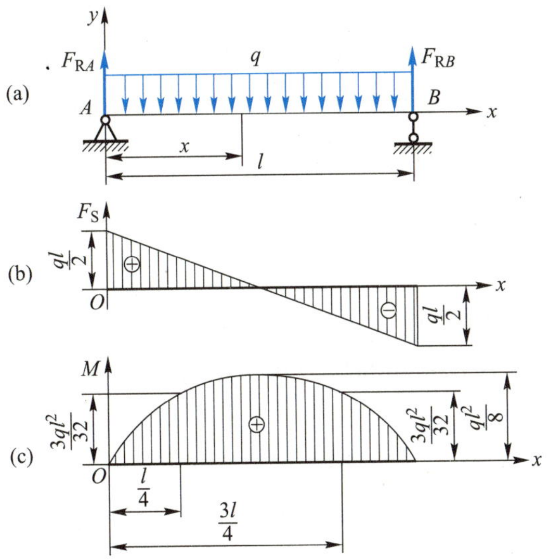

图 6-11

解 (1) 求支座约束力

由于结构和载荷均具有对称性，易求出两支座约束力为

$$F_{RA}=F_{RB}=\frac{ql}{2}$$

(2) 求剪力方程和弯矩方程

以梁的左端为坐标原点建立图 6-11a 所示坐标系，取距原点为 x 的任意截面，以左侧梁为研究对象，由式

(6-1)可知剪力方程和弯矩方程为

$$F_S(x)=\frac{ql}{2}-qx \quad (0<x<l) \tag{i}$$

$$M(x)=\frac{ql}{2}x-\frac{qx^2}{2} \quad (0\leqslant x\leqslant l) \tag{j}$$

(3) 作剪力图和弯矩图

由式(i)知剪力图是一条倾斜直线,作梁的剪力图如图 6-11b 所示。由式(j)知弯矩图为一条二次抛物线,确定其上 4 个点,如 $x=0$ 处 $M=0$,$x=l/4$ 处 $M=3ql^2/32$,$x=l/2$ 处 $M=ql^2/8$,$x=l$ 处 $M=0$。作梁的弯矩图如图 6-11c 所示。

由剪力图和弯矩图可以看出,在两个支座的内侧截面上剪力最大,其值为 $|F_S|_{max}=ql/2$;在梁中点截面上弯矩最大,其值为 $M_{max}=ql^2/8$,而在此截面上剪力 $F_S=0$。

6.4 分布载荷集度、剪力和弯矩的关系

承受任意载荷作用的简支梁如图 6-12a 所示。取梁的左端点为坐标原点,分布载荷集度 $q(x)$是截面坐标 x 的连续函数,规定 $q(x)$方向向上为正。为了研究剪力和弯矩沿梁轴线的变化,用坐标为 x 和 $x+dx$ 的两横截面从梁上截取长度为 dx 的微段梁,如图 6-12b 所示。

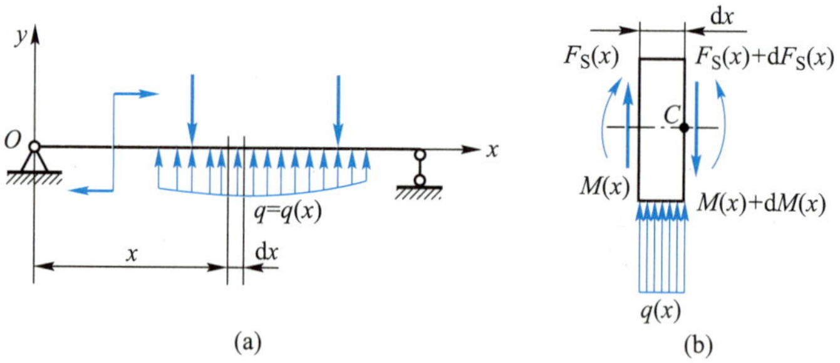

图 6-12

设截面 x 的弯矩和剪力分别为 $M(x)$和 $F_S(x)$,则截面 $x+dx$ 的弯矩和剪力分别为 $M(x)+dM(x)$和 $F_S(x)+dF_S(x)$。假设弯矩和剪力均为正值,略去载荷集度沿 dx 长度的变化,分析微段梁的静力平衡条件,由

$$\sum F_y=0,\quad F_S(x)+q(x)dx-[F_S(x)+dF_S(x)]=0$$

得

$$\frac{dF_S(x)}{dx}=q(x) \tag{6-3}$$

再由

$$\sum M_C=0,\quad -M(x)-F_S(x)dx-q(x)\cdot dx\cdot\frac{dx}{2}+M(x)+dM(x)=0$$

略去高阶小量,整理后得到

$$\frac{dM(x)}{dx}=F_S(x) \tag{6-4}$$

将式(6-4)代入式(6-3),可得

$$\frac{d^2M(x)}{dx^2}=q(x) \tag{6-5}$$

上面三式即为分布载荷集度、剪力和弯矩之间的微分关系。值得注意的是,在推导关系式(6-3)、式(6-4)和式(6-5)时,载荷集度以向上为正,x 轴以向右指向为正,并且要求在讨论的区间内剪力 $F_S(x)$和弯矩 $M(x)$都是 x 的连续函数,即在该区间既没有集中力也没有集中力偶。

分布载荷集度、剪力和弯矩之间的微分关系表明:剪力图某点处的切线斜率,等于相应截面处的分布载荷集度;弯矩图某点处的切线斜率,等于相应截面处的剪力;而弯矩图某点处的二阶导数,等于相应截面处的分布载荷集度。

根据弯矩、剪力和分布载荷集度间的微分关系,并结合上节的例题,可以得到剪力图和弯矩图的下述规律:

(1) **分段规律。**在集中力作用处和分布载荷起、末端分段,剪力方程分段写出,剪力图分段绘制;在集中力作用处、集中力偶作用处和分布载荷起、末端分段,弯矩方程分段写出,弯矩图分段绘制。

(2) **封闭规律。**剪力图和弯矩图一定是自行封闭的。

(3) **线型规律。**某段梁上没有分布载荷作用,即 $q(x)=0$,则该段梁上的剪力为常数,即 $F_S(x)=C$,而弯矩为 x 的线性函数。因此该段梁上剪力图为水平线,弯矩图一般为倾斜直线,其斜率等于剪力 F_S的值,若 $F_S>0$,弯矩图为右上倾斜直线;若 $F_S<0$,弯矩图为右下倾斜直线。某段梁上受均布载荷作用,即 $q(x)=C$,则该段梁上的剪力为 x 的线性函数,而弯矩为 x 的二次函数。因此,剪力图为倾斜直线,弯矩图为二次抛物线。若均布载荷的方向向上,即 $q(x)>0$,剪力图为右上倾斜直线,弯矩图向下凸;反之,剪力图为右下倾斜直线,弯矩图向上凸,即弯矩图的凸向与均布载荷的指向相反。

(4) **极值规律。**若梁的某截面上剪力 $F_S=0$,即$\frac{dM}{dx}=0$,则在该截面上弯矩为一极值。全梁上的弯矩最大值可能出现在 $F_S=0$ 处,也可能出现在集中力作用处或集中力偶作用处。

(5) **突变规律。**在集中力作用处,剪力图发生突然变化,突变值等于集中力值,从集中力作用处的左邻截面过渡到右邻截面,剪力图的突变方向与集中力的方向一致;弯矩图在此处形成一个转折点。在集中力偶作用处,弯矩图发生突然变化,突变值等于集中力偶矩的值,而剪力图在此处没有变化。若作用顺时针集中力偶,从集中力偶作用处的左邻截面过渡到右邻截面,弯矩图向上突变;若作用逆时针集中力偶,从左邻截面向右邻截面过渡,弯矩图向下突变。

关于内力图的突变,作如下说明:集中力实际上是分布在梁的微段上的分布力(如图 6-13a 所示),剪力图和弯矩图在此微段上应是连续变化的(如图 6-13b、c)。对于集中力偶作用处弯矩图的突变也可进行类似解释。

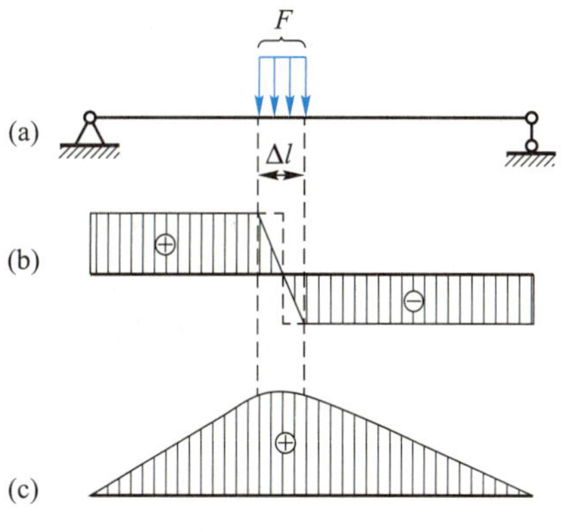

图 6-13

例 6-6 利用分布载荷集度、剪力和弯矩的微分关系作图 6-14a 所示外伸梁的剪力图和弯矩图。

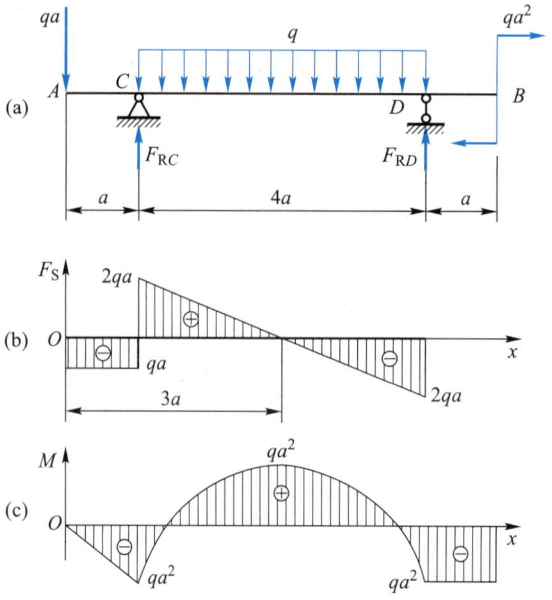

图 6-14

解 (1) 求支座约束力

由平衡方程 $\sum M_D = 0$ 和 $\sum M_C = 0$ 求得

$$F_{RC} = 3qa, \quad F_{RD} = 2qa$$

(2) 作剪力图和弯矩图

先作剪力图。根据分段规律,绘制剪力图时应将梁分成 AC、CD 和 DB 三段。

对于 AC 段,由于没有载荷作用,剪力图是水平线,因此只需计算出 AC 段上任意横截面的剪力,就可绘制此水平线。由式(6-1a)求出 A 截面右侧剪力为

$$F_{SA^+} = -qa$$

这里分别用"+""-"号表示截面的右侧、左侧。DB 段上同样没有载荷作用,剪力图也为水平线,由式(6-1a)求出 B 截面左侧剪力为

$$F_{SB^-} = 0$$

对于 CD 段,因有均布载荷作用,因此剪力图是斜直线。绘制此斜直线需算出 CD 段上任意两横截面的剪力。利用式(6-1a)可得

$$F_{SC^+} = 2qa, \quad F_{SD^-} = -2qa$$

根据上述剪力值绘制梁的剪力图如图 6-14b 所示。利用突变规律和线型规律可对剪力图进行校核。

根据分段规律,作弯矩图时也应将梁分成 AC、CD 和 DB 三段。

对于 AC 段,由于剪力图是水平线,根据弯矩和剪力的微分关系,弯矩图应是一条斜直线。绘制此斜直线需确定 AC 段上任意两横截面的弯矩。利用式(6-1b)可求出

$$M_{A^+} = 0, \quad M_{C^-} = -qa^2$$

对于 CD 段,由于剪力图是斜直线,弯矩图应是二次抛物线。对于抛物线的绘制,需算出两个端点处的弯矩值和极值点处的弯矩值。极值点对应剪力为零(即 $x=3a$)的截面。利用式(6-1b)得各截面上的弯矩为

$$M_{C^+} = -qa^2, \quad M_{D^-} = -qa^2, \quad M_{x=3a} = qa^2$$

对于 DB 段，由于剪力为 0，弯矩图为一条水平线，利用式(6－1b)可求出

$$M_{D^+}=-qa^2$$

根据上述弯矩值绘制梁的弯矩图如图 6－14c 所示。利用线型规律可以对弯矩图进行校核。

例 6－7 图 6－15a 所示组合梁，梁 AC 与梁 CD 由中间铰链 C 连接。试利用分布载荷集度、剪力和弯矩的微分关系作该组合梁的剪力图和弯矩图。

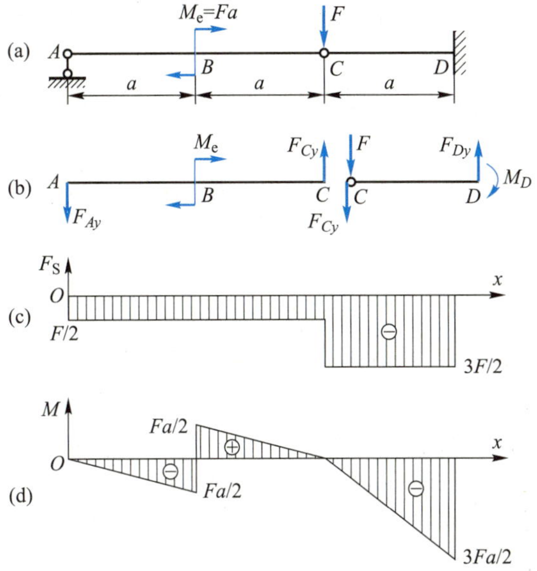

图 6－15

解 (1) 求支座约束力

梁 AC 与梁 CD(连带铰链 C)的受力如图 6－15b 所示，由梁的平衡方程求得

$$F_{Ay}=F_{Cy}=\frac{F}{2},\quad F_{Dy}=\frac{3F}{2},\quad M_D=\frac{3Fa}{2}$$

(2) 作剪力图和弯矩图

将整个组合梁分成 AB、BC 和 CD 三段，由于梁上只作用集中载荷，所以，各段梁的剪力图均为水平直线，而弯矩图均为倾斜直线。利用式(6－1a)求得各段梁的起点截面右侧的剪力分别为

$$F_{SA^+}=F_{SB^+}=-\frac{F}{2},\quad F_{SC^+}=-\frac{3F}{2}$$

于是可画出梁的剪力图如图 6－15c 所示。

利用式(6－1b)求得各段梁的起点截面右侧与终点截面左侧的弯矩分别为

$$M_{A^+}=0,\quad M_{B^-}=-\frac{Fa}{2}$$

$$M_{B^+}=\frac{Fa}{2},\quad M_{C^-}=0$$

$$M_{C^+}=0,\quad M_{D^-}=-\frac{3Fa}{2}$$

于是可以绘制出组合梁的弯矩图如图 6－15d 所示。

要注意的是，由于组合梁的中间铰链仅能传递力，不能传递力矩，所以，铰链 C 处的弯矩为零。

通过以上各例题的分析，可将利用分布载荷集度、剪力和弯矩间的微分关系绘制剪力图和弯

矩图的步骤归纳如下：

（1）求支座约束力。

（2）根据分段规律，对梁进行分段。若梁受多个外力作用，则必须将梁分成若干段分别绘制剪力图和弯矩图。支座、集中力和集中力偶的作用点、分布载荷的起点与终点等，应取作分段点。

（3）利用分布载荷集度、剪力和弯矩间的微分关系，分别绘制各段梁的剪力图和弯矩图。在图上须注明各控制截面上的剪力或弯矩的数值。所谓控制截面，是指梁的端截面、各段梁的分段面及剪力极值或弯矩极值所在的截面。

（4）利用突变规律、线型规律、极值规律等对绘制的内力图进行校核。

6.5 平面弯曲正应力

1. 概述

为了分析梁的强度，在求出内力后，还需进一步研究梁横截面上的应力分布规律，建立梁的应力计算公式。

直梁发生平面弯曲时，横截面上一般既有弯矩又有剪力，梁同时产生弯曲变形和剪切变形，这种弯曲称为**横力弯曲**或**剪切弯曲**（bending by transverse force）。当横截面上只有弯矩而无剪力时，梁的弯曲称为**纯弯曲**（pure bending）。对于图 6－16a 所示简支梁，有两个外力 F 对称地作用在梁的纵向对称平面内。从图 6－16b、c 中可以看出，梁 CD 段各横截面上剪力等于零，而弯矩为常量，故此段梁发生纯弯曲，而 AC、DB 两段梁的横截面上剪力和弯矩都不为零，因此发生横力弯曲。

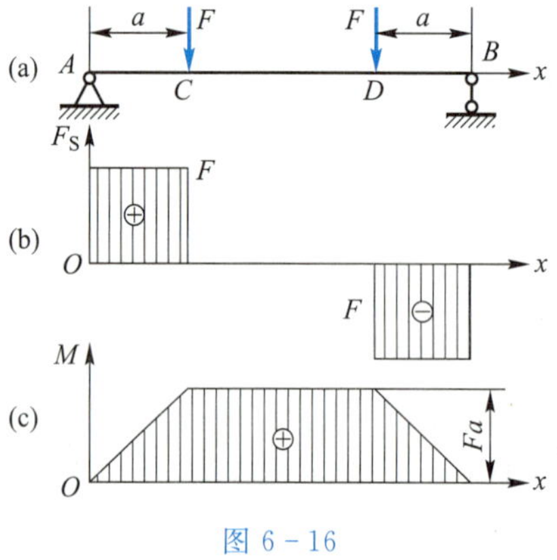

图 6－16

纯弯曲容易在材料试验机上实现，并用以观察变形规律。研究图 6－16a 所示梁 CD 段的变形情况。设梁的横截面为矩形，载荷作用在纵向对称面内，发生对称弯曲。受力前，在 CD 段梁的侧面上画上与梁轴线平行的纵向线 aa 和 bb 及垂直于纵向线的横向线 mm 和 nn，如图 6－17a 所示。受力变形后（图 6－17b），可以观察到以下现象：

（1）横向线仍为直线，但转过了一个小角度；

（2）纵向线变为曲线，但仍与横向线保持垂直；

(3) 位于凹边的纵向线缩短，凸边的纵向线伸长；

(4) 沿梁宽方向，其上部伸长，下部缩短（图 6－17b），分别和梁的纵向缩短（上部）或伸长（下部）存在简单的比例关系。

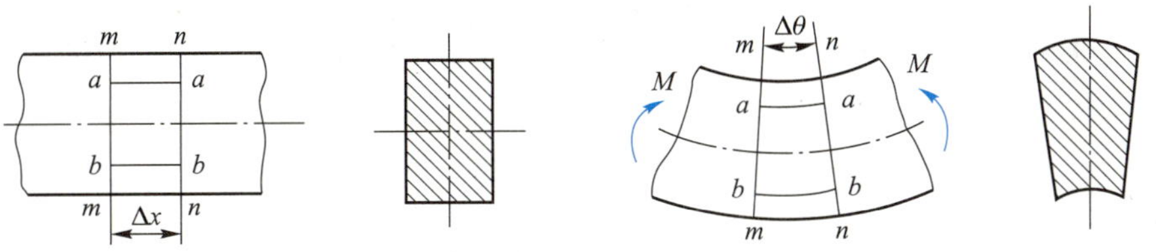

图 6－17

根据上述表面变形现象，对梁的变形和受力作如下假设：

(1) **平面假设**(plane assumption)。梁的各个横截面在变形后仍保持为平面，且仍垂直于变形后梁的轴线，只是绕横截面上的某轴转过了一个角度。

(2) **单向受力假设**(uniaxial stress assumption)。梁所有与轴线平行的“纤维”之间互不挤压，即纵向“纤维”只发生轴向拉伸或压缩变形。

实践表明，以上述假设为基础推导出的应力和变形公式符合实际情况。

设想梁由平行于轴线的众多纵向“纤维”组成。发生弯曲变形后，其上部纵向纤维缩短，下部纵向纤维伸长，而由变形的连续性可知，梁内必有一层纵向纤维既不伸长也不缩短，这层纤维层称为**中性层**(neutral surface)，如图 6－18 所示。中性层与横截面的交线称为**中性轴**(neutral axis)。梁变形时，横截面绕其中性轴转动。

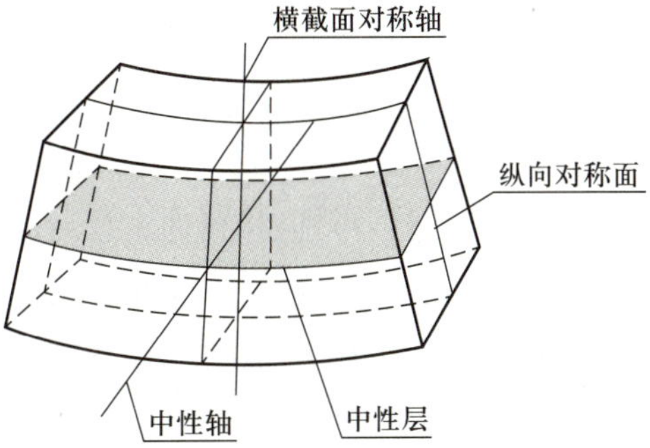

图 6－18

6－1 弯曲的平面假设

2. 纯弯曲梁横截面上的正应力

容易知道，弯矩 M 是横截面上法向分布内力系组成的合力偶，剪力 F_S 是横截面上切向分布内力系组成的合力。因此，纯弯曲梁的横截面上一般只有正应力。与研究扭转一样，也从变形几何关系、物理关系和静力等效关系三方面入手研究梁纯弯曲时的正应力。

(1) 变形几何关系

设对称弯曲梁的纵向对称面内作用大小相等、方向相反的外力偶，发生纯弯曲。现用相邻两横截面从梁上截出长度为 dx 的一微段梁(图 6-19a)。设 y 轴为梁的横截面对称轴,以向下为正,z 轴为中性轴(图 6-19b)。研究距中性层 OO 距离为 y 的纵向纤维 bb 在梁弯曲后的变形情况。

根据平面假设,梁变形后,横截面仍保持为平面,只是相对转动了一个角度 $d\theta$,如图 6-19c 所示。设梁变形后中性层的曲率半径为 ρ,则纵向纤维 bb 的原长为 $\rho d\theta$,变形后的长度 $b'b'$ 为 $(\rho+y)d\theta$,于是纵向纤维 bb 的线应变为

$$\varepsilon=\frac{(\rho+y)d\theta-\rho d\theta}{\rho d\theta}=\frac{y}{\rho} \tag{a}$$

此式表明,横截面上任一点的纵向线应变 ε 与该点到中性轴的距离 y 成正比。

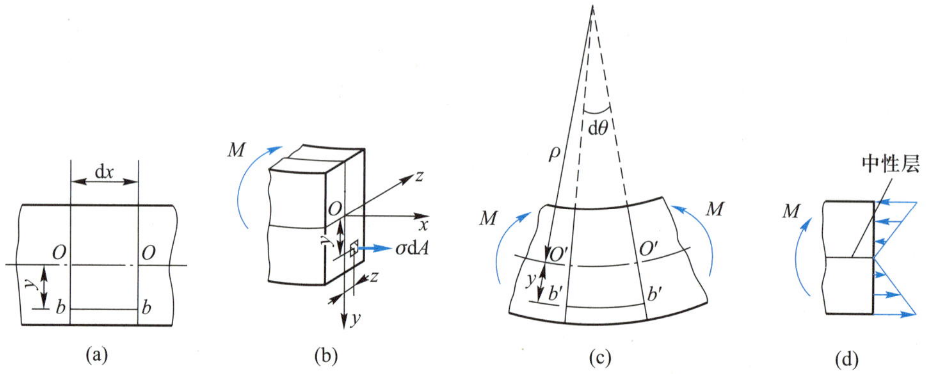

图 6-19

(2) 物理关系

根据单向受力假设,所有纵向纤维处于轴向拉伸或压缩状态。因此,当应力未超过材料的比例极限时,由胡克定律可得

$$\sigma=E\varepsilon=E\frac{y}{\rho} \tag{b}$$

对于指定的横截面,$\frac{E}{\rho}$ 为常量,故由式(b)可知,横截面上任一点的正应力与该点到中性轴的距离 y 成正比,即弯曲正应力沿横截面高度呈线性分布,如图 6-19d 所示。式(b)不能用来计算正应力,因为中性轴的位置和中性层的曲率半径 ρ 尚未确定,下面利用静力学关系来确定它们。

(3) 静力等效关系

在图 6-19b 中,y 轴为横截面的纵向对称轴,z 轴为中性轴,作用在微面积 dA 上的微内力为 σdA,在整个横截面上,所有微内力组成一个垂直于横截面的空间平行力系。该力系只可能简化为三个内力分量,即轴力 F_N 和对 y、z 轴的力矩 M_y、M_z,有

$$F_N=\int_A \sigma dA$$

$$M_y=\int_A z\sigma dA$$

$$M_z=\int_A y\sigma dA$$

式中,A 为横截面面积。

由图 6-19b 可知，在纯弯曲情况下，横截面上的轴力 F_N 和对 y 轴的力矩 M_y 都等于零，而对 z 轴的力矩 M_z 则等于横截面上的弯矩 M，于是有

$$F_N = \int_A \sigma \mathrm{d}A = 0 \tag{c}$$

$$M_y = \int_A z\sigma \mathrm{d}A = 0 \tag{d}$$

$$M_z = \int_A y\sigma \mathrm{d}A = M \tag{e}$$

将式(b)代入式(c)，并考虑式(3-28)的第二式，则有

$$\int_A E\frac{y}{\rho}\mathrm{d}A = \frac{E}{\rho}\int_A y\mathrm{d}A = \frac{E}{\rho}\cdot y_C\cdot A = 0 \tag{f}$$

式中，y_C 为截面的形心坐标。对于给定的横截面，$\dfrac{E}{\rho}$ 为一个不等于零的常量，且面积 A 不能等于零，故必有 $y_C=0$，即中性轴必通过横截面的形心。结合对称弯曲的变形特点，可知中性轴为通过横截面形心且与横截面的纵向对称轴垂直的轴线。

对于式(d)，因为梁发生对称弯曲，截面的几何形状和应力分布都关于纵向对称轴 y 对称，故自然得以满足。

将式(b)代入式(e)，得

$$\frac{E}{\rho}\int_A y^2\mathrm{d}A = M \tag{g}$$

令

$$I_z = \int_A y^2\mathrm{d}A \tag{6-6}$$

于是有

$$\frac{1}{\rho} = \frac{M}{EI_z} \tag{6-7}$$

式(6-7)即为确定梁中性层曲率的公式。式中，I_z 称为横截面对 z 轴(中性轴)的**惯性矩**(moment of inertia of area)，是一个仅与截面的形状和尺寸有关的量，其量纲为长度的四次方，常用单位为 m^4 或 mm^4。由式(6-7)可见，相同弯矩情况下，EI_z 越大，中性层曲率越小，EI_z 称为梁的**弯曲刚度**(flexural rigidity)。

将式(6-7)代回式(b)，得纯弯曲时梁横截面上的正应力计算公式

$$\sigma = \frac{M}{I_z}y \tag{6-8}$$

此式表明，横截面上任一点的弯曲正应力 σ 与该截面上的弯矩 M 成正比，与横截面对中性轴的惯性矩 I_z 成反比，与该点到中性轴的距离 y 成正比。正应力沿横截面高度按线性规律分布。在中性轴上各点处正应力为零，在截面上、下边缘处正应力数值最大。在应用式(6-8)时，通常将 M 和 y 的绝对值代入，得到的正应力 σ 是拉应力还是压应力，可由弯曲变形情况直接判定。

由式(6-8)可知，梁横截面上的最大正应力发生在距中性轴最远处，即

$$\sigma_{\max} = \frac{My_{\max}}{I_z}$$

合并横截面的两个几何量 I_z 和 y_{max}，令

$$W_z=\frac{I_z}{y_{max}} \tag{6-9}$$

则有

$$\sigma_{max}=\frac{M}{W_z} \tag{6-10}$$

式中，W_z 称为**弯曲截面系数**(section modulus in bending)，是衡量梁强度的一个几何量，其量纲为长度的三次方，常用单位为 m^3 或 mm^3。

3. 横力弯曲梁横截面上的正应力

式(6-8)是以平面假设为基础，在纯弯曲情况下推导出来的。在横力弯曲情况下，由于切应力的存在，梁的横截面将不再保持为平面。此外，在与中性层平行的纵截面上还会出现由横向外力引起的挤压应力。但研究表明，对于跨度 l 与横截面高度 h 之比大于5的梁(通常称为**细长梁**)，横力弯曲时横截面上的正应力分布规律与纯弯曲时几乎相同，切应力和挤压应力的影响很小，可忽略不计。故式(6-8)和式(6-10)对于横力弯曲下的细长梁仍然适用。

例6-8 图6-20a所示矩形截面简支梁，z 轴为横截面的中性轴。已知 $l=3\ m$，$I_z=5\ 830\ cm^4$，$q=40\ kN/m$。试求危险截面上 a、b 两点的正应力。

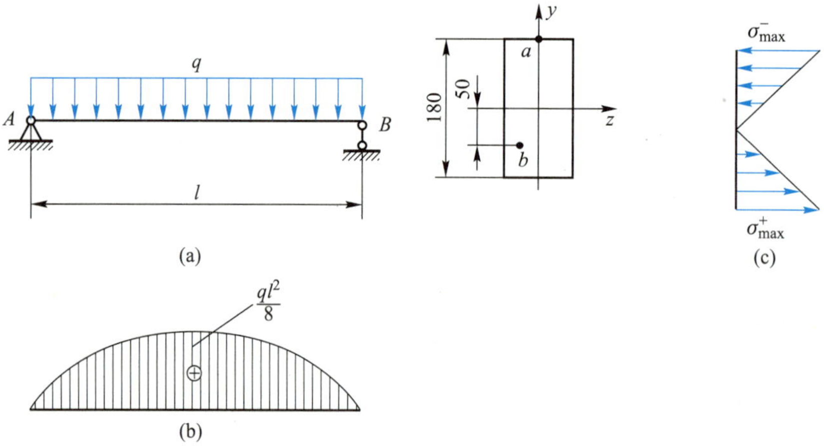

图6-20

解 (1) 作梁的弯矩图如图6-20b所示，危险截面(最大弯矩所在截面)为跨中截面。最大弯矩为

$$M_{max}=\frac{1}{8}ql^2=\frac{1}{8}\times 40\ kN/m\times(3\ m)^2=45\ kN\cdot m$$

(2) 求 a、b 两点上的正应力

利用式(6-8)求得

$$\sigma_a=\frac{M_{max}y_a}{I_z}=\frac{(45\times10^3\ N\cdot m)(90\times10^{-3}\ m)}{5\ 830\times10^{-8}\ m}=69.5\times10^6\ Pa=69.5\ MPa$$

$$\sigma_b=\frac{M_{max}y_b}{I_z}=\frac{(45\times10^3\ N\cdot m)(50\times10^{-3}\ m)}{5\ 830\times10^{-8}\ m}=38.6\times10^6\ Pa=38.6\ MPa$$

由于该截面弯矩为正值，即梁在该截面的变形为凸边向下，故中性轴下侧纤维受拉，上侧纤维受压，其横截面上

应力分布如图 6-20c 所示。可以看出 a 点为压应力，b 点为拉应力。

6.6 惯性矩的计算

1. 简单图形的惯性矩和弯曲截面系数

(1) 矩形

设矩形的高度为 h、宽度为 b，坐标轴 y、z 为通过矩形形心的两个对称轴，如图 6-21 所示。取图示微面积，则有 $\mathrm{d}A=b\mathrm{d}z$。根据惯性矩的定义式(6-6)和弯曲截面系数的定义式(6-9)，矩形截面对 y 轴的惯性矩和弯曲截面系数分别为

$$I_y=\int_A z^2\mathrm{d}A=\int_{-h/2}^{h/2}z^2b\mathrm{d}z=\frac{bh^3}{12} \tag{6-11a}$$

$$W_y=\frac{I_y}{h/2}=\frac{bh^2}{6} \tag{6-11b}$$

同理，矩形截面对 z 轴的惯性矩和弯曲截面系数分别为

$$I_z=\frac{hb^3}{12} \tag{6-12a}$$

$$W_z=\frac{hb^2}{6} \tag{6-12b}$$

(2) 圆形

设圆形的直径为 D，坐标轴 y、z 为过圆心的一对正交轴，如图 6-22 所示。取图示微面积，则有

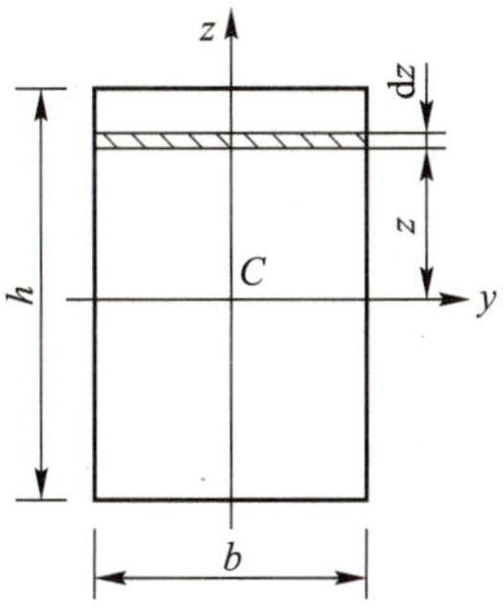

图 6-21

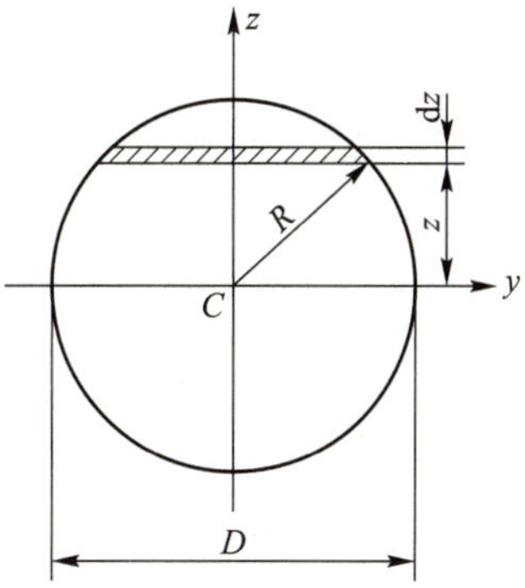

图 6-22

$$\mathrm{d}A=2y\mathrm{d}z=2\sqrt{R^2-z^2}\,\mathrm{d}z$$

于是根据惯性矩的定义式(6-6)得圆形截面对 y 轴的惯性矩为

$$I_y=\int_A z^2\mathrm{d}A=2\int_{-R}^{R}z^2\sqrt{R^2-z^2}\,\mathrm{d}z=\frac{\pi R^4}{4}=\frac{\pi D^4}{64}$$

由于圆形截面为中心对称图形，故有 $I_y=I_z$。由此必然有

$$I_z=I_y=\frac{\pi D^4}{64} \tag{6-13a}$$

根据式(6-9)得圆形的弯曲截面系数为

$$W_z=W_y=\frac{\pi D^3}{32} \tag{6-13b}$$

2. 组合图形的惯性矩

若一个平面图形由若干个简单图形组成，称其为组合图形。计算组合图形对某坐标轴的惯性矩时，根据惯性矩的定义，可先算出每个简单图形对同一轴的惯性矩，然后求其总和，即等于组合图形对此轴的惯性矩，即

$$I_z=\sum_{i=1}^{n} I_z^{(i)} \tag{6-14a}$$

$$I_y=\sum_{i=1}^{n} I_y^{(i)} \tag{6-14b}$$

例如对于图6-23所示的圆环形截面，可以看成是由直径为 D 的实心圆减去直径为 d 的实心圆构成，由式(6-14)可得其惯性矩为

$$I_y=I_z=\frac{\pi D^4}{64}-\frac{\pi d^4}{64}=\frac{\pi D^4}{64}(1-\alpha^4) \tag{6-15a}$$

式中，$\alpha=d/D$ 为空心圆内、外径的比值。于是由弯曲截面系数的定义得到空心圆的弯曲截面系数为

$$W_z=W_y=\frac{I_y}{D/2}=\frac{\pi D^3}{32}(1-\alpha^4) \tag{6-15b}$$

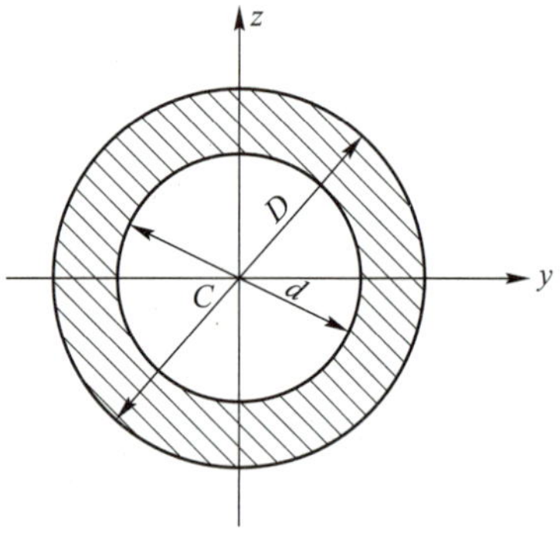

图6-23

3. 平行移轴公式

同一平面图形对于平行的两对坐标轴的惯性矩并不相同。但当其中一对坐标轴为形心轴时，两者之间存在着比较简单的关系。

图6-24为任一平面图形，面积为 A，形心为 C。y_C 轴和 z_C 轴为通过图形形心的一对正交坐标轴，y 轴、z 轴为任意一对坐标轴，且 y 轴平行于 y_C 轴，z 轴平行于 z_C 轴。设图形形心 C 在 yOz 坐标系内的坐标为 (b,a)，则平面图形内的微面积 $\mathrm{d}A$ 在两个坐标系内的形心坐标有以下关系：

$$y=y_C+b$$
$$z=z_C+a$$

因此

$$I_y=\int_A z^2\mathrm{d}A=\int_A (z_C+a)^2\mathrm{d}A=\int_A {z_C}^2\mathrm{d}A+2a\int_A z_C\mathrm{d}A+a^2A$$

因 y_C 轴为形心轴，由式(3-28)知 $\int_A z_C\mathrm{d}A=0$，于是有

$$I_y=I_{y_C}+a^2A \tag{6-16a}$$

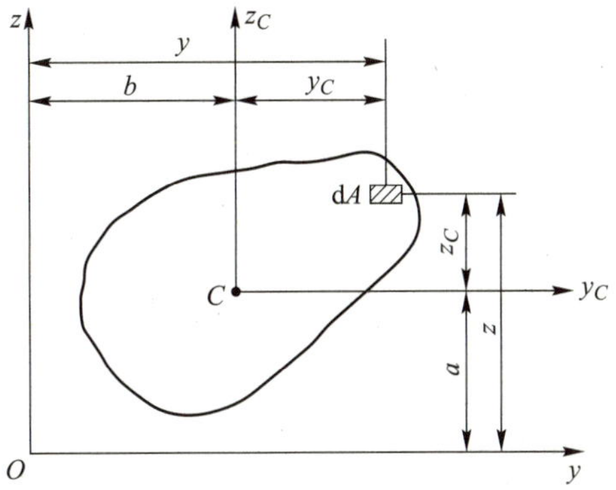

图 6-24

同理可得

$$I_z = I_{z_C} + b^2 A \tag{6-16b}$$

式(6-16)称为**平行移轴公式**(parallel axis formula)。可见,在一组相互平行的坐标轴中,平面图形对形心轴的惯性矩最小。应用平行移轴公式,可以使复杂的组合图形的惯性矩计算得到简化。

例 6-9 已知图 6-25 所示 T 形截面的形心 C 的高度为 $\bar{z}=0.046\ 7$ m。试计算该 T 形截面对其形心轴 y_C、z_C 轴的惯性矩 I_{y_C}、I_{z_C}。

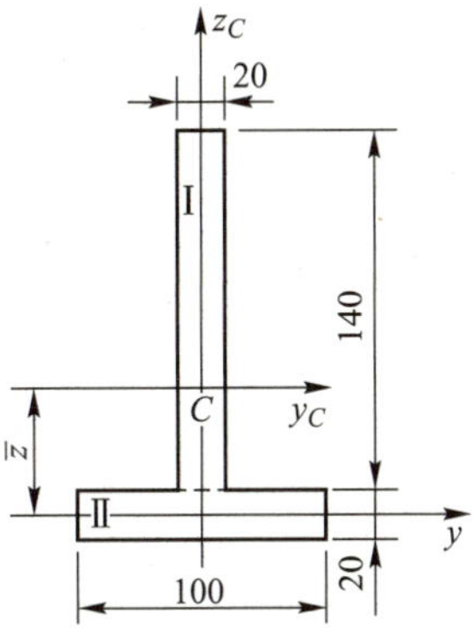

图 6-25

解 将 T 形截面拆分成图示两矩形Ⅰ、Ⅱ。为计算 T 形截面的惯性矩 I_{y_C}、I_{z_C},先计算两矩形Ⅰ、Ⅱ分别对 y_C、z_C 轴的惯性矩。根据平行移轴公式有

$$I_{y_C}^{\mathrm{I}} = \frac{1}{12}\times 0.02\times 0.14^3\ \mathrm{m}^4 + (0.07+0.01-0.046\ 7)^2\times(0.02\times 0.14)\mathrm{m}^4$$
$$=7.67\times 10^{-6}\ \mathrm{m}^4$$

$$I_{y_C}^{\mathrm{II}} = \frac{1}{12}\times 0.1\times 0.02^3\ \mathrm{m}^4 + 0.046\ 7^2\times 0.02\times 0.1\ \mathrm{m}^4 = 4.43\times 10^{-6}\ \mathrm{m}^4$$

$$I_{z_C}^{\mathrm{I}} = \frac{1}{12}\times 0.14\times 0.02^3\ \mathrm{m}^4 = 0.09\times 10^{-6}\ \mathrm{m}^4$$

$$I_{z_C}^{\mathrm{II}} = \frac{1}{12}\times 0.02\times 0.1^3\ \mathrm{m}^4 = 1.67\times 10^{-6}\ \mathrm{m}^4$$

所以T形截面对 y_C、z_C 轴的惯性矩分别为

$$I_{y_C}=I_{y_C}^{\mathrm{I}}+I_{y_C}^{\mathrm{II}}=7.67\times10^{-6}\ \mathrm{m}^4+4.43\times10^{-6}\ \mathrm{m}^4=12.10\times10^{-6}\ \mathrm{m}^4$$

$$I_{z_C}=I_{z_C}^{\mathrm{I}}+I_{z_C}^{\mathrm{II}}=0.09\times10^{-6}\ \mathrm{m}^4+1.67\times10^{-6}\ \mathrm{m}^4=1.76\times10^{-6}\ \mathrm{m}^4$$

4. 主惯性矩

(1) 转轴公式

对截面上的任意坐标轴 y、z，定义**惯性积**(product of inertia of area)为

$$I_{yz}=\int_A zy\,\mathrm{d}A$$

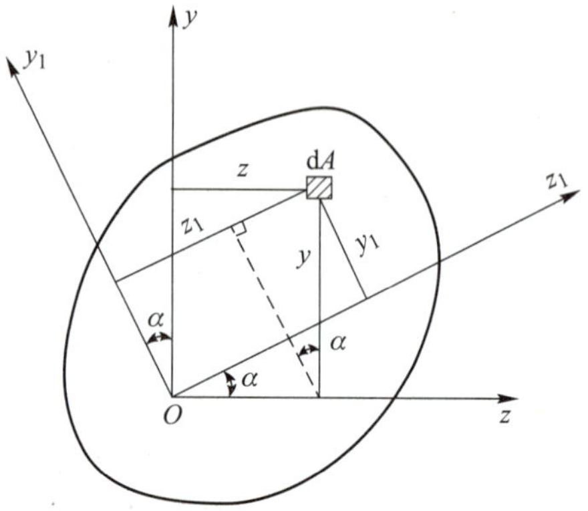

图 6-26

图6-26所示截面对 y、z 轴的惯性矩和惯性积分别为 I_y、I_z、I_{yz}。现将 zOy 坐标系绕 O 点旋转 α 角(规定逆时针旋转时 α 为正)，得到新的坐标系 z_1Oy_1。

转轴的坐标变换式为

$$z_1=z\cos\alpha+y\sin\alpha$$

$$y_1=y\cos\alpha-z\sin\alpha$$

于是

$$I_{z_1}=\int_A y_1^2\,\mathrm{d}A=\int_A(y\cos\alpha-z\sin\alpha)^2\,\mathrm{d}A$$

$$I_{y_1}=\int_A z_1^2\,\mathrm{d}A=\int_A(z\cos\alpha+y\sin\alpha)^2\,\mathrm{d}A$$

$$I_{y_1z_1}=\int_A y_1z_1\,\mathrm{d}A=\int_A(y\cos\alpha-z\sin\alpha)(z\cos\alpha+y\sin\alpha)\,\mathrm{d}A$$

展开上式，并利用 $\cos 2\alpha=2\cos^2\alpha-1=1-2\sin^2\alpha$，$\sin 2\alpha=2\sin\alpha\cos\alpha$ 得到

$$\left.\begin{aligned}I_{z_1}&=\frac{I_z+I_y}{2}+\frac{I_z-I_y}{2}\cos 2\alpha-I_{yz}\sin 2\alpha\\I_{y_1}&=\frac{I_z+I_y}{2}-\frac{I_z-I_y}{2}\cos 2\alpha+I_{yz}\sin 2\alpha\\I_{y_1z_1}&=\frac{I_z-I_y}{2}\sin 2\alpha+I_{yz}\cos 2\alpha\end{aligned}\right\}\qquad(6-17)$$

上式即为惯性矩和惯性积的**转轴公式**。

(2) 主惯性轴和主惯性矩

由式(6-17)前两式知截面对坐标轴的惯性矩是角度 α 的函数，若当 $\alpha=\alpha_0$ 时，惯性矩取极值，则称对应 α_0 的一对坐标轴为截面的**主惯性轴**，简称**主轴**(principal axis)。主轴所在的方位可通过对式(6-17)前两式求导得到，如

$$\frac{\mathrm{d}I_{z_1}}{\mathrm{d}\alpha}=-(I_z-I_y)\sin 2\alpha-2I_{yz}\cos 2\alpha$$

当$\left.\frac{\mathrm{d}I_{z_1}}{\mathrm{d}\alpha}\right|_{\alpha=\alpha_0}=0$时，有

$$\tan 2\alpha_0=-\frac{2I_{yz}}{I_z-I_y} \tag{6-18}$$

截面对主惯性轴的惯性矩称为**主惯性矩**，简称**主矩**(principal moment of inertia)。若截面主轴为z_0、y_0轴，将式(6-18)代入式(6-17)，得截面主惯性矩计算式为

$$\left.\begin{aligned}I_{z_0}&=\frac{I_z+I_y}{2}+\sqrt{\left(\frac{I_z-I_y}{2}\right)^2+I_{yz}^2}\\I_{y_0}&=\frac{I_z+I_y}{2}-\sqrt{\left(\frac{I_z-I_y}{2}\right)^2+I_{yz}^2}\end{aligned}\right\} \tag{6-19}$$

如果开始把坐标原点选在截面图形的形心，那么通过形心也能找到一对主轴。这对主轴称为**形心主轴**(principal centroidal axes)，截面对形心主轴的惯性矩称为**形心主惯性矩**(principal centroidal moments of inertia)，简称**形心主矩**。

将式(6-18)代入式(6-17)第三式，得$I_{y_0z_0}=0$，可见截面主轴对应的惯性积等于零。

根据惯性积的定义易知，若y、z轴有一根是对称轴，则必有$I_{yz}=0$。因此，截面对称轴必为截面形心主轴之一，而另一形心主轴为通过截面形心并与截面对称轴垂直的轴。

截面的形心主轴与杆件轴线所确定的平面称为**形心主惯性平面**。研究杆件横截面的形心主轴、形心主矩和形心主惯性平面在杆件弯曲理论中有重要意义。

6.7 平面弯曲切应力

1. 矩形截面梁的切应力

图6-27a为发生对称弯曲的矩形截面梁。横截面上的剪力F_S与截面对称轴y轴重合。推导切应力公式时，对其分布规律作如下假设：

(1) 横截面上任一点的切应力方向均平行于剪力F_S的方向。

(2) 切应力沿横截面宽度均匀分布，即切应力的大小只与坐标y有关，到中性轴距离相等的各点切应力相等，如图6-27b所示。

当横截面的高度h大于其宽度b时，以上述假设为基础建立的切应力公式是足够精确的。现以两横截面mn和m_1n_1从梁中截取长度为$\mathrm{d}x$的微段，通常这两个横截面上的弯矩不相等，分别设为M和$M+\mathrm{d}M$，如图6-27c所示。为计算横截面上距中性层为y处的切应力τ，再以平行于中性层且距中性层为y的纵截面pr从微段梁中截取下部$prnn_1$部分，如图6-27d所示，研究该六面体的平衡。在右侧面上，弯矩$M+\mathrm{d}M$引起正应力σ，由微内力$\sigma\mathrm{d}A$构成的内力系的合力为

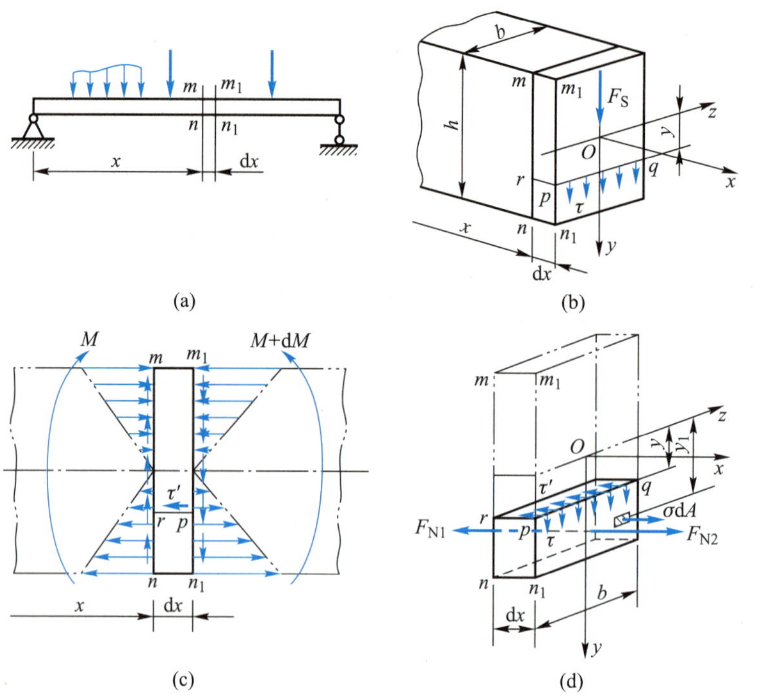

图 6-27

$$F_{N2}=\int_{A_1}\sigma\mathrm{d}A=\int_{A_1}\frac{M+\mathrm{d}M}{I_z}y_1\mathrm{d}A=\frac{M+\mathrm{d}M}{I_z}\int_{A_1}y_1\mathrm{d}A \tag{a}$$

式中，A_1 为右侧面 pn_1 的面积。

定义平面图形对 z、y 轴的静矩分别为

$$\left.\begin{aligned}S_z&=\int_A y\mathrm{d}A\\S_y&=\int_A z\mathrm{d}A\end{aligned}\right\} \tag{6-20a}$$

由第3章中式(3-28)可知，静矩和平面图形形心坐标的关系为

$$\left.\begin{aligned}S_z&=Ay_C\\S_y&=Az_C\end{aligned}\right\} \tag{6-20b}$$

考虑式(6-20a)，式(a)可以写为

$$F_{N2}=\frac{M+\mathrm{d}M}{I_z}S_z^* \tag{b}$$

$S_z^*=\int_{A_1}y_1\mathrm{d}A$ 为面积 A_1 对中性轴 z 的静矩，随纵截面 pr 位置的变化而变化。同理，六面体 $prnn_1$ 左侧面上内力系的合力为

$$F_{N1}=\frac{M}{I_z}S_z^* \tag{c}$$

由于 F_{N1} 和 F_{N2} 不相等，故在纵截面 pr 上必有剪力存在。根据切应力互等定理及切应力沿

横截面宽度均匀分布的假设，纵截面 pr 上的切应力 τ' 在数值上等于 τ，而且沿横截面宽度方向也均匀分布。由 τ' 构成的剪力为

$$dF'_S=\tau' b\,dx \tag{d}$$

六面体 $prnn_1$ 的平衡条件为

$$F_{N2}-F_{N1}-dF'_S=0 \tag{e}$$

将(b)、(c)、(d)三式代入式(e)，得

$$\frac{M+dM}{I_z}S_z^*-\frac{M}{I_z}S_z^*-\tau' b\,dx=0$$

简化后得

$$\tau'=\frac{dM}{dx}\frac{S_z^*}{I_z b}=\frac{F_S S_z^*}{I_z b} \tag{f}$$

于是由切应力互等定理得横截面上距中性轴为 y 处的切应力为

$$\tau=\frac{F_S S_z^*}{I_z b} \tag{6-21}$$

上式即为梁的**弯曲切应力计算公式**。式中，F_S 为横截面上的剪力，b 为截面宽度，I_z 为整个横截面对中性轴的惯性矩，S_z^* 为横截面上距中性轴为 y 处横线以外部分面积对中性轴 z 的静矩，可由式(6-20)计算。

对于矩形截面，可取微面积 $dA=b\,dy_1$，如图 6-28a 所示，则

$$S_z^*=\int_{A_1}y_1\,dA=\int_y^{\frac{h}{2}}by_1\,dy_1=\frac{b}{2}\left(\frac{h^2}{4}-y^2\right)$$

于是式(6-21)可写为

$$\tau=\frac{F_S}{2I_z}\left(\frac{h^2}{4}-y^2\right) \tag{g}$$

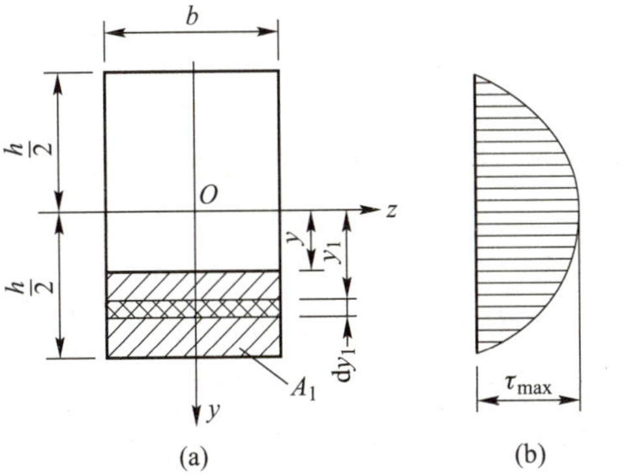

图 6-28

由式(g)可知，切应力 τ 沿截面高度按抛物线规律变化(图 6-28b)。在截面上下边缘处，$y=\pm\frac{h}{2}$，切应力 $\tau=0$；在中性轴上各点处，$y=0$，切应力最大，其值为

$$\tau_{\max}=\frac{F_S h^2}{8I_z}$$

将 $I_z=\frac{bh^3}{12}$ 代入，可得

$$\tau_{\max}=\frac{3}{2}\frac{F_S}{bh} \tag{6-22}$$

即矩形截面梁的最大切应力为平均切应力的 1.5 倍。

2. 其他常见截面的最大切应力

(1) 工字形截面

工字形截面由上下翼缘和中间腹板组合而成，如图 6-29a 所示。腹板是狭长的矩形，其上的切应力可由式(6-21)计算。计算得到腹板上的切应力沿腹板高度呈抛物线变化。最大切应力发生在中性轴上，如图 6-29b 所示，其值为

$$\tau_{\max}=\frac{F_S S_{z\max}^*}{I_z b} \tag{6-23}$$

式中，$S_{z\max}^*$ 为中性轴一侧半个横截面面积对中性轴的静矩。

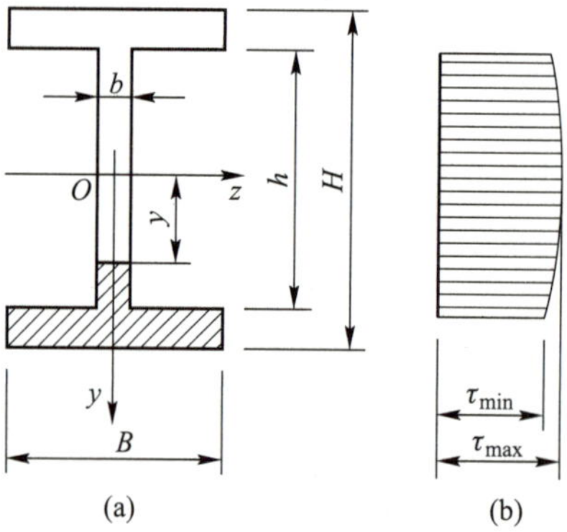

图 6-29

在翼缘上也有平行于剪力的切应力分量，但其分布较复杂，且数值很小，计算的实际意义不大，通常不予考虑。

(2) 圆形截面　圆环形截面

对于圆形截面，可以假设与中性轴平行的弦 AB 上各点的切应力均指向 A、B 两端点切线的交点 p，并假设其 y 方向分量沿 AB 线均匀分布，如图 6-30a 所示。根据这一假设，可近似应用式(6-21)计算横截面上任意点上的切应力。根据计算结果可知，中性轴上各点切应力最大，且中性轴上各点切应力均与 y 轴平行，其值为

$$\tau_{\max}=\frac{4}{3}\frac{F_S}{\pi R^2} \tag{6-24}$$

对于图 6-30b 所示圆环形截面，其最大切应力也发生在中性轴上，若圆环壁厚 t 远小于其平均半径 R_0，也可用式(6-21)计算其最大切应力，得

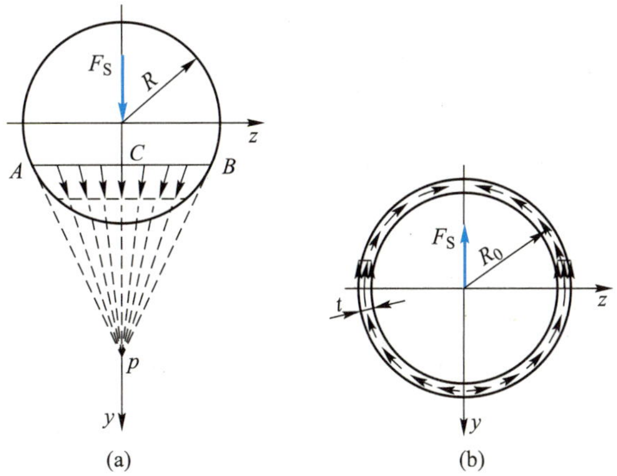

图 6-30

$$\tau_{\max}=\frac{F_S}{\pi R_0 t}=2\frac{F_S}{A} \tag{6-25}$$

式中，A 为圆环形截面的面积。

例 6-10 分析图 6-31a 所示工字形截面梁翼缘上的水平切应力分量。

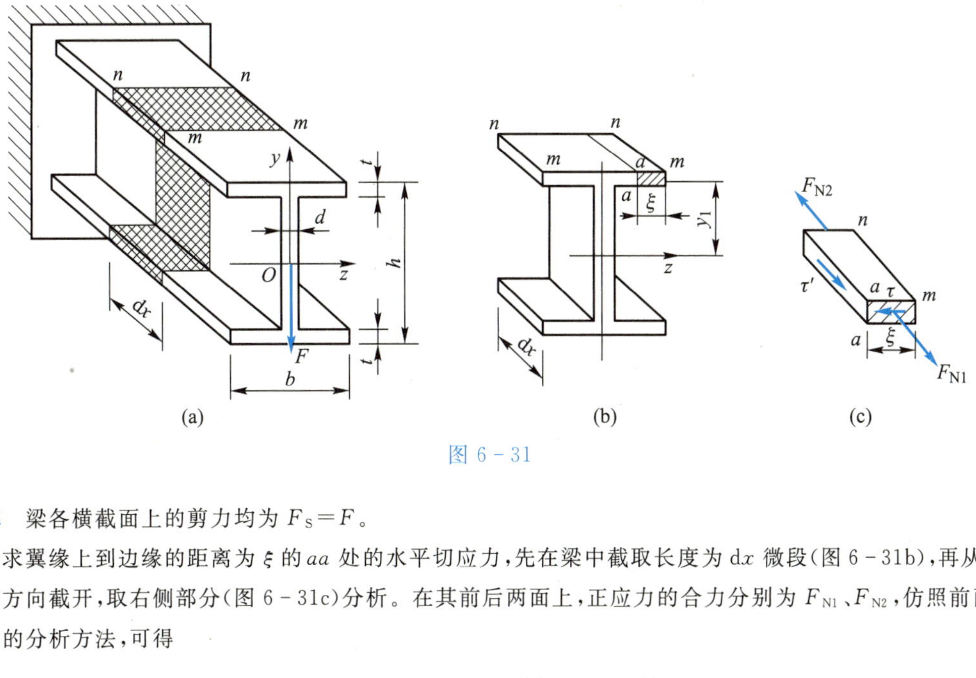

图 6-31

解 梁各横截面上的剪力均为 $F_S=F$。

为求翼缘上到边缘的距离为 ξ 的 aa 处的水平切应力，先在梁中截取长度为 dx 微段(图 6-31b)，再从 aa 处沿轴线方向截开，取右侧部分(图 6-31c)分析。在其前后两面上，正应力的合力分别为 F_{N1}、F_{N2}，仿照前面矩形截面梁的分析方法，可得

$$F_{N1}=\int_{A^*}\sigma dA=\int_{A^*}\frac{M}{I_z}y_1 dA=\frac{M}{I_z}S_z^*$$

$$F_{N2}=\int_{A^*}\sigma dA=\int_{A^*}\frac{M+dM}{I_z}y_1 dA=\frac{M+dM}{I_z}S_z^*$$

式中，A^* 为 aa 右侧(图 6-31c)部分的前后面面积，S_z^* 为面积 A^* 对中性轴(z 轴)的静矩，由式(6-20b)可知

$$S_Z^* = t\left(\frac{h}{2}-\frac{t}{2}\right)\xi$$

因 F_{N1}、F_{N2} 不相等，为了维持 aa 右侧部分沿轴线方向的平衡，其左侧部分对右侧部分必有剪力作用。该剪力可由纵截面上的切应力 τ' 表示为

$$\mathrm{d}F'_S = \tau' t\,\mathrm{d}x$$

由平衡方程

$$F_{N1} - F_{N2} + \mathrm{d}F'_S = 0$$

或

$$\frac{M}{I_z}S_z^* - \frac{M+\mathrm{d}M}{I_z}S_z^* + \tau' t\,\mathrm{d}x = 0$$

得

$$\tau' = \frac{\mathrm{d}M/\mathrm{d}x \cdot S_z^*}{I_z t} = \frac{F_S S_z^*}{I_z t} = \frac{F_S}{I_z}\left(\frac{h}{2}-\frac{t}{2}\right)\xi$$

由切应力互等定理可知横截面翼缘 aa 处的水平切应力为

$$\tau = \tau' = \frac{F_S}{I_z}\left(\frac{h}{2}-\frac{t}{2}\right)\xi$$

由上式可知，翼缘上某点的水平切应力大小与该点到翼缘边缘的距离 ξ 成正比，其分布规律如图 6-32 所示。其指向可由其右侧部分上的力 F_{N1}、F_{N2} 的大小确定。

从图 6-32 可以看出，横截面上的切应力方向犹如一股水流，从上翼缘的两侧"流"向中间，然后合流通过腹板，再分开流向下翼缘的两侧。通常称其为切应力流或剪流。实际中，常先根据截面剪力的方向，确定腹板上的切应力方向，然后利用剪流流向确定翼缘上各点的切应力方向。

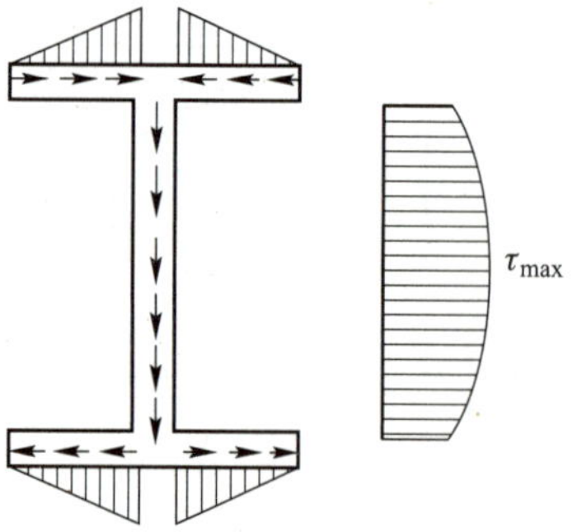

图 6-32

6.8 梁的强度条件与合理强度设计

1. 梁的强度条件

前述分析表明，一般情况下，梁内同时存在弯曲正应力和弯曲切应力，并沿截面高度非均匀变化。

最大弯曲正应力发生在横截面上离中性轴最远的各点处，而在该处的切应力一般为零或很小，因而最大弯曲正应力作用点可看成是处于单向受力状态，故弯曲正应力强度条件为

$$\sigma_{max}=\left(\frac{M}{W_z}\right)_{max}\leqslant[\sigma] \tag{6-26a}$$

即要求梁内的最大弯曲正应力 σ_{max} 不超过材料在单向受力时的许用正应力 $[\sigma]$。对于等截面直梁，正应力强度条件可写为

$$\sigma_{max}=\frac{M_{max}}{W_z}\leqslant[\sigma] \tag{6-26b}$$

应该指出，对抗拉/压强度相等的材料（如碳钢），只要使梁内绝对值最大的正应力不超过许用应力即可。对抗拉/压强度不等的材料（如铸铁），则应按拉伸和压缩分别进行强度计算。

最大弯曲切应力通常发生在中性轴上的各点处，而该处的弯曲正应力为零，因而最大弯曲切应力作用点处于纯剪切状态，故切应力强度条件则为

$$\tau_{max}=\left(\frac{F_S S_{z\max}^*}{I_z b}\right)_{max}\leqslant[\tau] \tag{6-27a}$$

即要求梁内的最大弯曲切应力 τ_{max} 不超过材料在纯剪切时的许用切应力 $[\tau]$。对于等截面直梁，上式变为

$$\tau_{max}=\frac{F_{Smax} S_{z\max}^*}{I_z b}\leqslant[\tau] \tag{6-27b}$$

在一般细长的非薄壁截面梁中，最大弯曲正应力远大于最大弯曲切应力。因此，对于一般细长的非薄壁截面梁，通常只需按弯曲正应力强度条件进行分析即可。但是，对于薄壁截面梁和弯矩较小而剪力却较大的梁，如短而高的梁、集中载荷作用在支座附近的梁等，则不仅应该考虑弯曲正应力强度条件，还应考虑弯曲切应力强度条件。

例 6-11 图 6-33 所示简易起重机梁，由工字钢制成。已知 $F=20\ \text{kN}$，$l=6\ \text{m}$，许用正应力 $[\sigma]=100\ \text{MPa}$，许用切应力 $[\tau]=60\ \text{MPa}$，载荷 F 可沿梁轴移动，试选择工字钢型号。

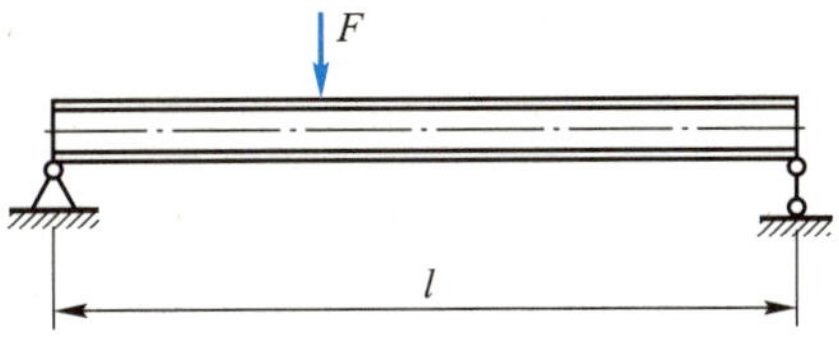

图 6-33

解 (1) 内力分析

由前述分析可知，当载荷 F 位于梁跨度中点时，弯矩最大，其值为

$$M_{max}=\frac{Fl}{4}$$

而当载荷靠近支座时，剪力最大，其值为

$$F_{Smax}=F$$

(2) 按弯曲正应力强度条件选择工字钢型号

根据弯曲正应力强度条件

$$\sigma_{max}=\frac{Fl}{4W_z}\leqslant[\sigma]$$

可得

$$W_z\geqslant\frac{Fl}{4[\sigma]}=\frac{(20\times10^3\ \text{N})\times6\ \text{m}}{4\times(100\times10^6\ \text{Pa})}=3.0\times10^{-4}\ \text{m}^3$$

由型钢表查出 22a 号工字钢的 $W_z=3.09\times10^{-4}\ \text{m}^3$，故选择 22a 号工字钢符合弯曲正应力强度条件。

(3) 校核梁的剪切强度

查型钢表得 22a 号工字钢截面的 $I_z=3.4\times10^{-5}\ \text{m}^4$，$b=7.5\times10^{-3}\ \text{m}$，由静矩的定义计算得到 $S_{z\max}^*=1.8\times10^{-4}\ \text{m}^3$，因此梁的最大弯曲切应力为

$$\tau_{\max}=\frac{F_{S\max}S_{z\max}^{*}}{I_z b}=\frac{(20\times10^3\ \mathrm{N})\times(1.8\times10^{-4}\ \mathrm{m}^3)}{(3.4\times10^{-5}\ \mathrm{m}^4)\times(7.5\times10^{-3}\ \mathrm{m})}=14.1\times10^6\ \mathrm{Pa}=14.1\ \mathrm{MPa}\leqslant[\tau]$$

可见，选择22a号工字钢可以同时满足梁的弯曲正应力强度条件和切应力强度条件。

例6-12 如图6-34a所示槽形截面铸铁梁，z轴为中性轴。已知$q=10\ \mathrm{kN/m}$，$F=20\ \mathrm{kN}$，$I_z=4.0\times10^7\ \mathrm{mm}^4$，$y_1=140\ \mathrm{mm}$，$y_2=60\ \mathrm{mm}$，$[\sigma^+]=36\ \mathrm{MPa}$，$[\sigma^-]=140\ \mathrm{MPa}$，试校核梁的正应力强度。

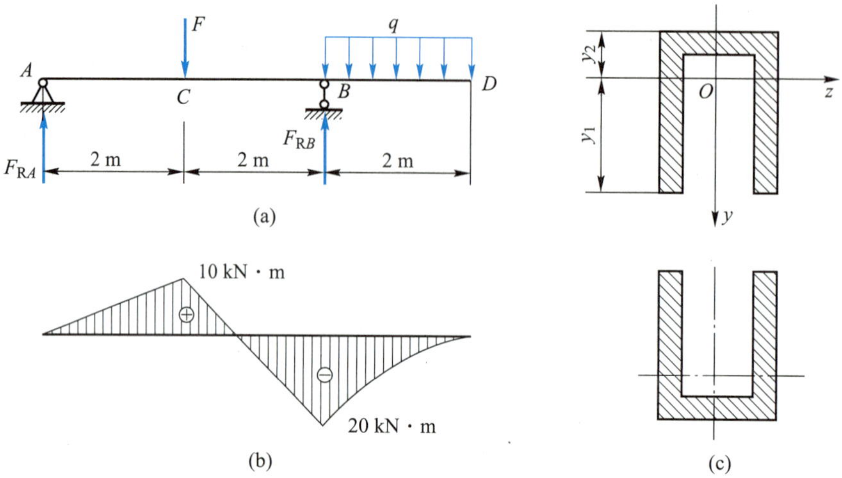

图6-34

解 (1) 作弯矩图

由平衡方程$\sum M_B=0$和$\sum M_A=0$，求得支座约束力

$$F_{RA}=5\ \mathrm{kN},\quad F_{RB}=35\ \mathrm{kN}$$

根据弯矩、剪力和分布载荷集度的微分关系，作出弯矩图如图6-34b所示。

(2) 强度校核

从弯矩图可以判断，最大正弯矩在C截面上，$M_C=10\ \mathrm{kN\cdot m}$；最大负弯矩在$B$截面上，$M_B=-20\ \mathrm{kN\cdot m}$。

由于截面对中性轴不对称，并且材料的抗拉、抗压性能不同。所以应分别计算出B、C两截面上的最大拉应力和最大压应力，再通过比较判断出整个梁内的最大拉应力和最大压应力，进行强度校核。

在B截面上的最大拉应力和最大压应力分别为

$$\sigma_B^+=\frac{M_B y_2}{I_z}=\frac{(20\times10^3\ \mathrm{N\cdot m})(60\times10^{-3}\ \mathrm{m})}{4.0\times10^{-5}\ \mathrm{m}^4}=30\times10^6\ \mathrm{Pa}=30\ \mathrm{MPa}$$

$$\sigma_B^-=\frac{M_B y_1}{I_z}=\frac{(20\times10^3\ \mathrm{N\cdot m})(140\times10^{-3}\ \mathrm{m})}{4.0\times10^{-5}\ \mathrm{m}^4}=70\times10^6\ \mathrm{Pa}=70\ \mathrm{MPa}$$

在C截面上的最大拉应力和最大压应力分别为

$$\sigma_C^+=\frac{M_C y_1}{I_z}=\frac{(10\times10^3\ \mathrm{N\cdot m})\times(140\times10^{-3}\ \mathrm{m})}{4.0\times10^{-5}\ \mathrm{m}^4}=35\times10^6\ \mathrm{Pa}=35\ \mathrm{MPa}$$

$$\sigma_C^-=\frac{M_C y_2}{I_z}=\frac{(10\times10^3\ \mathrm{N\cdot m})\times(60\times10^{-3}\ \mathrm{m})}{4.0\times10^{-5}\ \mathrm{m}^4}=15\times10^6\ \mathrm{Pa}=15\ \mathrm{MPa}$$

通过比较可知，整个梁内的最大拉应力和最大压应力分别为

$$\sigma_{\max}^+=\sigma_C^+=35\ \mathrm{MPa}<[\sigma^+]$$

$$\sigma_{\max}^-=\sigma_B^-=70\ \mathrm{MPa}<[\sigma^-]$$

所以梁的强度足够。

本题若将梁的截面倒放(图 6-34c)，就梁的强度来讲是否合理，请读者思考。

例 6-13 临时木坝由水平木板 A 建造(图 6-35a)，由垂直木柱 B 支撑，木柱 B 沉入地下，类似于悬臂梁(图6-35b为俯视图)。木柱 B 横截面为方形，边长为 b，两木柱间隔距离 $s=0.8$ m，假设最大蓄水高度 $h=2$ m(图 6-35c)，若木材的许用应力$[\sigma]=8$ MPa，水的单位体积重量为 $\gamma=9.81\times10^3\ \mathrm{N/m^3}$，试求木柱 B 横截面所需的最小尺寸 b。

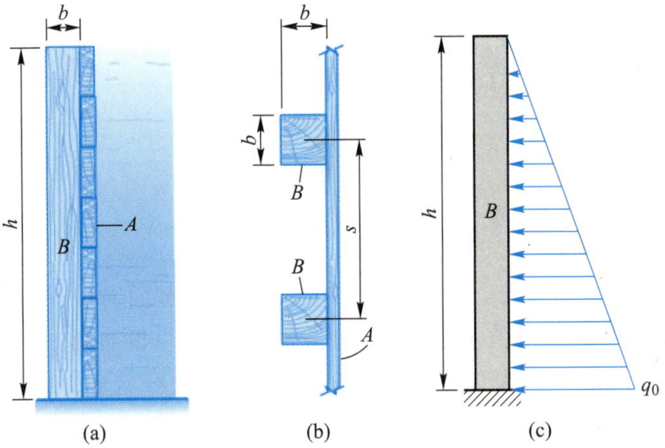

图 6-35

解 各木柱均受到一个三角形的分布载荷作用(图 6-35c)，该载荷由作用在木板的水压所产生。最大载荷强度(每单位长度的力)q_0等于深度 h 处的水压乘以木柱的间距 s，即

$$q_0=\gamma hs \tag{a}$$

由于各木柱均为悬臂梁，因此，最大弯矩发生在其底座处，其表达式为

$$M_{\max}=\frac{q_0h}{2}\left(\frac{h}{3}\right)=\frac{\gamma h^3 s}{6} \tag{b}$$

根据弯曲正应力强度条件式(6-26b)，所需弯曲截面系数为

$$W\geqslant\frac{M_{\max}}{[\sigma]}=\frac{\gamma h^3 s}{6[\sigma]} \tag{c}$$

方形截面梁的弯曲截面系数为 $W=b^3/6$，代入式(c)，可得

$$b^3\geqslant\frac{\gamma h^3 s}{[\sigma]}=\frac{(9.81\times10^3\ \mathrm{N/m^3})(2\ \mathrm{m})^3\times0.8\ \mathrm{m}}{8\times10^6\ \mathrm{Pa}}=7.848\times10^{-3}\ \mathrm{m^3}$$

于是得

$$b\geqslant0.199\ \mathrm{m}=199\ \mathrm{mm}$$

因此，各木柱所需最小尺寸 $b=199$ mm。

弯曲正应力是控制梁弯曲强度的主要因素，所以弯曲正应力强度条件往往是设计梁的主要依据。由弯曲正应力强度条件式(6-26b)知，提高梁的弯曲强度主要从两个方面来考虑：一方面是提高梁横截面的弯曲截面系数 W_z 值；另一方面是降低梁内最大弯矩 $M_{\max}$ 值。下面围绕这两个方面阐述梁的合理强度设计。

2. 梁的合理强度设计

(1) 梁的合理截面形状

梁的最合理截面形状，是用最少的材料获得最大的弯曲截面系数，即应使弯曲截面系数与该

截面面积之比 W_z/A 尽可能大。例如矩形截面梁，设截面边长 $h>b$，当抵抗垂直平面内的弯曲变形时，截面竖放（图 6－36a）将比平放（图 6－36b）不易弯断。然而两者的截面面积相同，上述差别是由于两者的弯曲截面系数不同。竖放时

$$W_z=\frac{bh^2}{6}$$

而平放时

$$W_z'=\frac{b^2h}{6}$$

两者的比值

$$\frac{W_z}{W_z'}=\frac{h}{b}>1$$

因此竖放时具有较大的抗弯强度，更为合理。

基于上述原因，从经济性和安全性两个方面考虑，在选择截面时，应使材料远离中性轴，增大比值 W_z/A。几种常见截面的比值 W_z/A 如图 6－37 所示。可以看出，实心圆截面最不经济，槽钢和工字钢最优。显然这与弯曲正应力的线性分布有关，因为在截面上下边缘附近，弯曲正应力较大，在中性轴附近则很小，为了充分利用材料，设计梁横截面时应尽可能把材料放置在远离中性轴的位置。实心圆截面由于上下边缘材料较少，而中性轴附近的材料较多，故不能做到物尽其用。对于必须采用圆截面的梁，其合理的截面形状为空心圆。应该注意，对工字形、箱形等薄壁截面，其腹板应具有一定的厚度，以保证切应力强度足够。

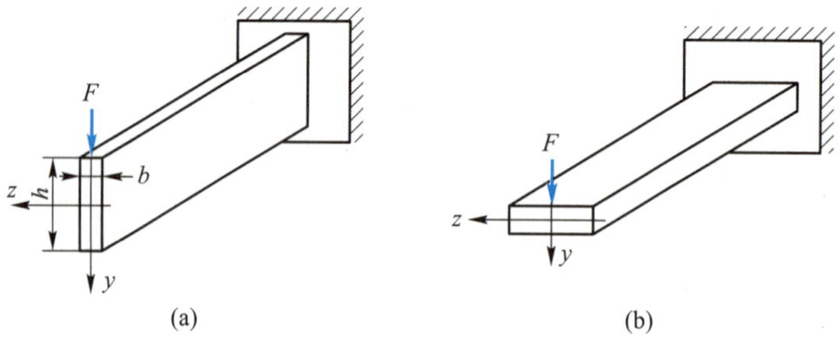

图 6－36

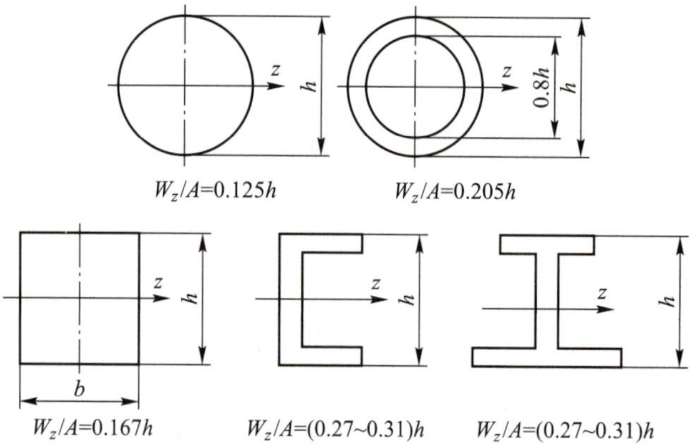

图 6－37

对于等截面梁，为了节省材料，应使截面上的最大拉应力和最大压应力同时达到材料的许用应力。按照这一原则，对于抗拉强度与抗压强度相同的材料(如低碳钢)，宜采用中性轴为对称轴的截面形状，例如工字形截面和箱形截面；而对于抗压强度高于抗拉强度的脆性材料(如铸铁)，最好采用截面形心偏于受拉一侧的截面形状，如 T 形、凹形截面(图 6-38)，以便使截面上的最大压应力大于最大拉应力，充分利用材料的力学性质。

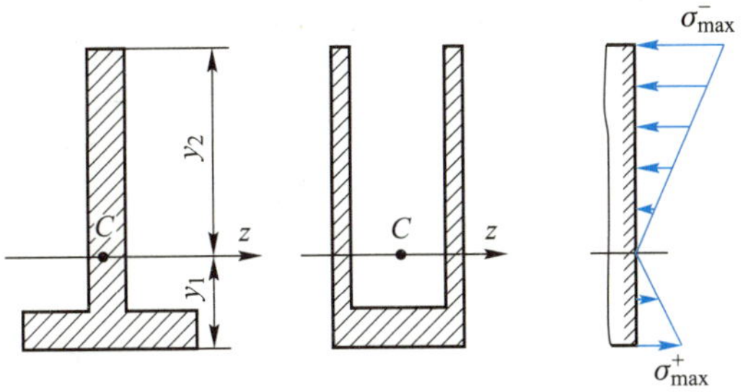

图 6-38

(2) 梁的等强度设计

横力弯曲梁内不同截面的弯矩一般不相同，因此按最大弯矩所设计的等截面梁，除最大弯矩所在截面外，其余截面的材料强度均未充分利用。因此可根据弯矩的变化情况，将梁相应地设计成变截面梁。在弯矩较大处，采用较大截面；在弯矩较小处，采用较小截面。这种截面沿梁轴线变化的梁称为**变截面梁**。理想的变截面梁可设计成每一个横截面上的最大正应力都正好等于材料的许用应力，即

$$\sigma_{\max}=\frac{M(x)}{W(x)}=[\sigma] \tag{a}$$

这种梁称为**等强度梁**(beam of constant strength)。

如图 6-39a 所示悬臂梁，在集中力 F 作用下的弯矩方程为

$$M(x)=Fx$$

根据等强度的观点，如果截面的宽度 b 保持不变。则由式(a)可知，截面高度 $h(x)$ 满足

$$\frac{Fx}{\dfrac{bh^2(x)}{6}}=[\sigma]$$

由此得

$$h(x)=\sqrt{\frac{6Fx}{b[\sigma]}}$$

即截面高度沿梁的轴线按抛物线变化，如图 6-39b 所示。

等强度梁的缺点是制造困难，实际构件往往只能设计成近似等强度的。如建筑结构中的挑梁(图 6-40a)，机械工程中存在弯曲变形的阶梯轴(图 6-40b)等。

6-2 等强度梁设计

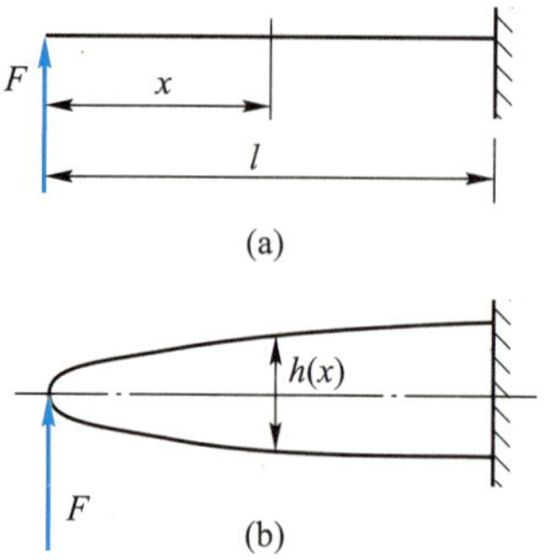

图 6-39

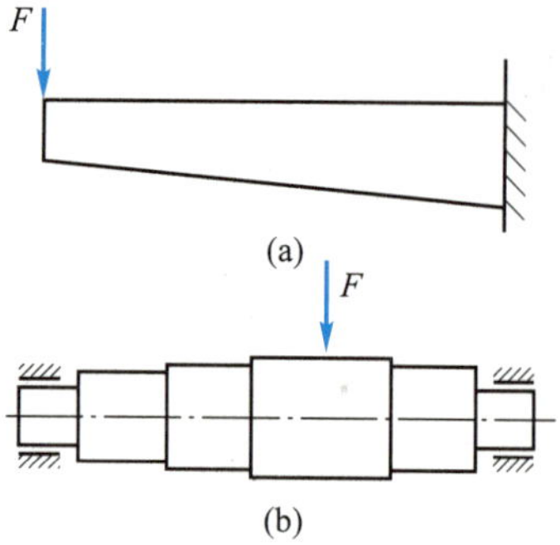

图 6-40

(3) 梁的合理受力

如图 6-41a 所示简支梁，在跨长中点受集中力 F 作用，梁内最大弯矩为

$$M_{\max}=\frac{1}{4}Fl$$

若条件允许，将集中力变为分布力或分解为几个较小的集中力(图 6-41b 和图 6-41c)，梁内的最大弯矩均减小了一半。

这说明，在条件允许的情况下，合理地布置载荷，可以降低梁内最大弯矩，提高弯曲强度。

合理安置梁的支座也可以降低梁内的最大弯矩，提高梁的弯曲强度。如图 6-42a 所示简支梁，受均布载荷 q 作用，梁内的最大弯矩为

$$M_{\max}=\frac{1}{8}ql^2$$

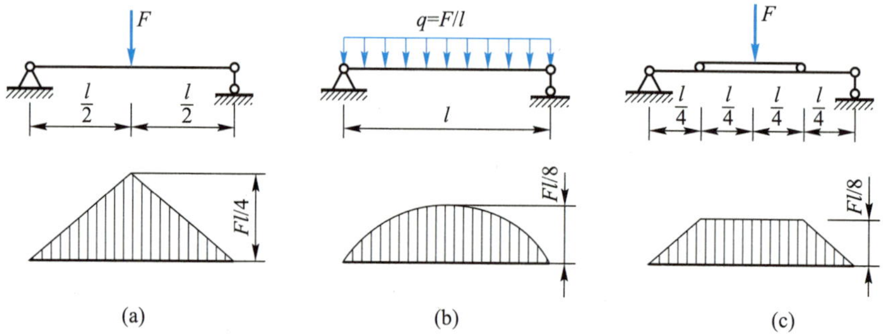

图 6-41

若将两支座内移 $0.2l$(图 6-42b)，则最大弯矩减少到

$$M_{\max}=\frac{1}{40}ql^2$$

仅为前者的 1/5。

另外，在静定梁上增加支座数目，使其变成超静定梁，也可以降低梁内最大弯矩，提高其弯曲强度。

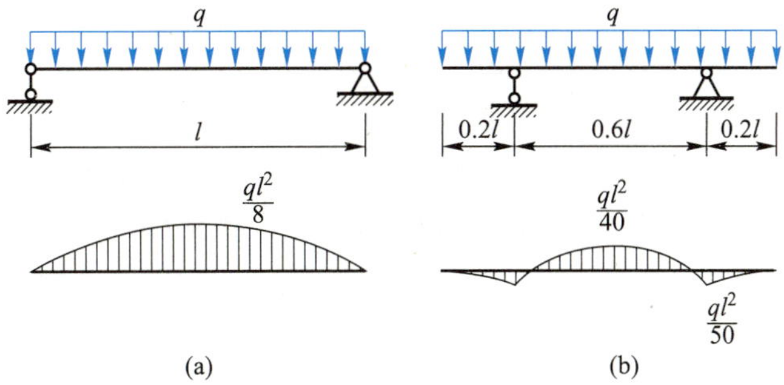

图 6-42

6.9 非对称截面梁的平面弯曲 弯曲中心

1. 非对称截面梁的平面弯曲

前面讨论的弯曲问题，要求梁有纵向对称面，且载荷作用在这一对称面内，于是挠曲线也是这一对称面内的曲线，梁发生平面弯曲。现在讨论无纵向对称面梁发生平面弯曲时需满足的条件。

仍以纯弯曲为例。设 x 轴为梁的轴线，y 轴和 z 轴为梁横截面上的任意一对坐标轴，其中，y 轴过截面形心，z 轴与 y 轴垂直，但位置未确定。假设引起纯弯曲的外力偶 M 作用在 $x-y$ 平面内，如图 6-43 所示。设梁发生平面弯曲，则挠曲线也在 $x-y$ 平面内。可以证明，梁弯曲变形发生在垂直于中性轴的纵向平面内，因此知 y 轴垂直于中性轴。假设 z 轴为横截面的中性轴，则横截面绕 z 轴旋转。

试验表明，对于发生纯弯曲的非对称截面梁，平面假设和单向受力假设仍然成立。于是在应力不超过比例极限时，按照 6.5 节的分析方法得截面上距 z 轴（中性轴）为 y 处的点的正应力为

$$\sigma = E\frac{y}{\rho} \tag{a}$$

式中，ρ 为中性轴的曲率半径，E 为材料的弹性模量。

横截面上由微内力 $\sigma \mathrm{d}A$ 组成的内力系是一垂直于横截面的空间平行力系，此力系可合成为三个内力分量 F_N、M_y、M_z。因为梁只发生 $x-y$ 平面内的弯曲变形，故横截面上只有弯矩 M，于是有

$$F_N = \int_A \sigma \mathrm{d}A = 0$$

$$M_y = \int_A z\sigma \mathrm{d}A = 0$$

$$M_z = \int_A y\sigma \mathrm{d}A = M$$

将式(a)代入上面三式，则有

$$\frac{E}{\rho}\int_A y \mathrm{d}A = \frac{E}{\rho}S_z = 0 \tag{b}$$

$$\frac{E}{\rho}\int_A yz \mathrm{d}A = \frac{E}{\rho}I_{yz} = 0 \tag{c}$$

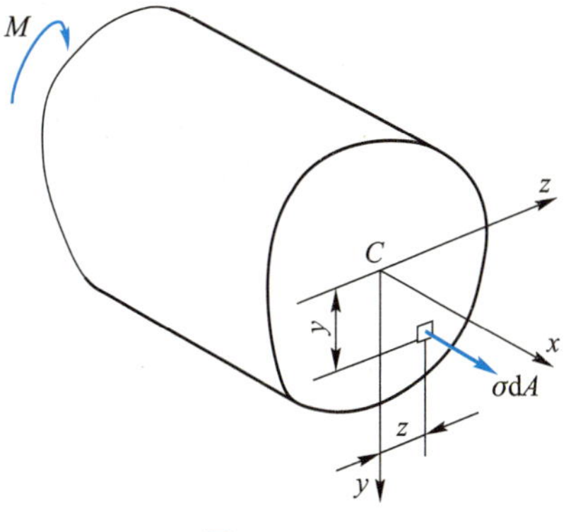

图 6-43

$$\frac{E}{\rho}\int_A y^2 \mathrm{d}A = \frac{E}{\rho} I_z = M \tag{d}$$

式中，S_z、I_{yz}、I_z 分别为截面的静矩、惯性积和惯性矩。若式(b)满足，则有 $S_z=0$，由式(6-20b)知 $y_C=0$，即中性轴 z 过形心。若式(c)满足，则应有 $I_{yz}=0$，即 z 轴和 y 轴为形心主惯性轴。于是可知，平面弯曲时外力偶 M 作用在形心主惯性平面内。由式(d)得

$$\frac{1}{\rho} = \frac{M}{EI_z} \tag{e}$$

将式(e)代入式(a)，得

$$\sigma = \frac{M}{I_z} y \tag{f}$$

式(e)与式(f)与对称弯曲梁的曲率计算式和正应力计算式完全相同。

6-3 弯曲中心

由上述分析可知，对于没有纵向对称面的非薄壁截面梁，发生平面弯曲的条件是梁上的横向外力作用在形心主轴(这里为 y 轴)与轴线所构成的形心主惯性平面内。对于横力弯曲也有同样的结论。此时，梁的曲率计算式和正应力计算式与对称弯曲完全相同。显然，前面讨论的对称弯曲只是这里所讨论的一种特殊情况。

2. 弯曲中心

对于某些薄壁型截面梁，当载荷作用于梁的形心主惯性平面内时，梁在产生弯曲的同时还会产生扭转(图6-44a)。只有当横向力作用于与形心主惯性平面平行的平面内，且通过横截面的某一特定点 A 时(图6-44b)，梁才仅产生平面弯曲而无扭转变形，这一特定的点称为**弯曲中心**(bending center)。下面以槽钢为例具体说明。

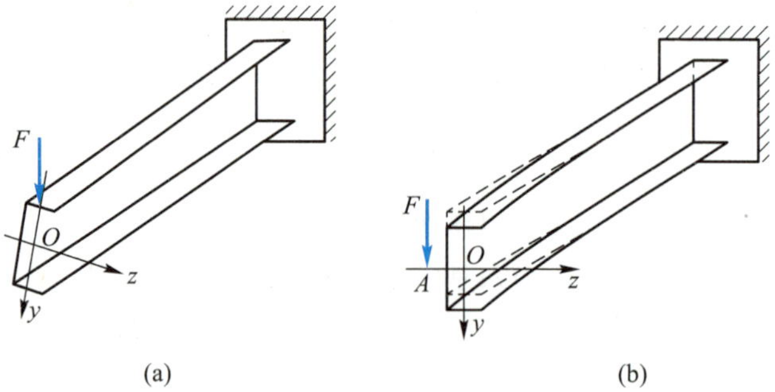

图6-44

设槽钢横截面尺寸如图6-45a所示，且外力平行于 y 轴，横截面上的剪力为 F_S，现计算腹板、翼缘上切应力形成的内力系的合力。切应力可用公式

$$\tau = \frac{F_S S_z^*}{I_z b}$$

计算。上翼缘距右端为 ξ 处的切应力为

$$\tau_1 = \frac{F_S}{I_z t}\frac{th\xi}{2} = \frac{F_S h\xi}{2I_z}$$

则合力为

$$F_{S1}=\int_{A_1}\tau_1\mathrm{d}A=\int_0^b\frac{F_Sh\xi}{2I_z}t\mathrm{d}\xi=\frac{F_Sb^2ht}{4I_z}$$

同理可得下翼缘的内力 F'_{S1}。F'_{S1}与 F_{S1}大小相等,方向相反。

计算腹板上距中性轴为 y 处的切应力 τ_2时,有

$$S_z^*=\frac{bth}{2}+\frac{1}{2}\left(\frac{h^2}{4}-y^2\right)d$$

则

$$\tau_2=\frac{F_S}{I_zd}\left[\frac{bth}{2}+\frac{1}{2}\left(\frac{h^2}{4}-y^2\right)d\right]$$

可见腹板上的切应力 τ_2沿高度按抛物线规律变化,其内力系的合力为

$$F_{S2}=\int_{-\frac{h}{2}}^{\frac{h}{2}}\frac{F_S}{I_zd}\left[\frac{bth}{2}+\frac{1}{2}\left(\frac{h^2}{4}-y^2\right)d\right]d\cdot\mathrm{d}y=\frac{F_S}{I_z}\left(\frac{bth^2}{2}+\frac{dh^3}{12}\right)$$

式中

$$\frac{bth^2}{2}+\frac{dh^3}{12}\approx I_z$$

故

$$F_{S2}\approx F_S$$

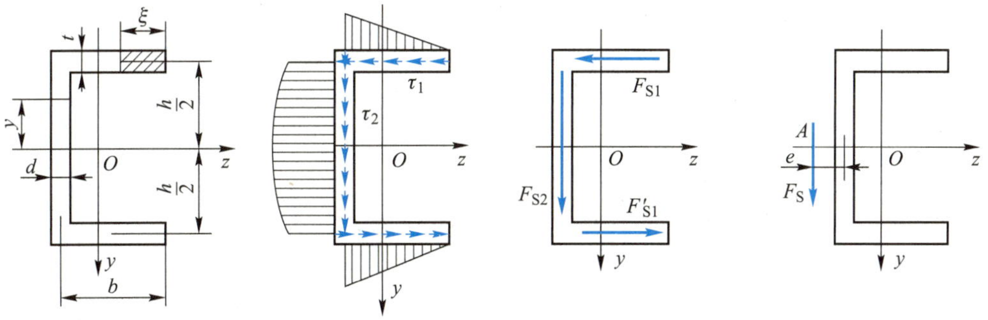

(a) (b) (c) (d)

图 6-45

上面求得的 3 个内力 F_{S1}、F'_{S1}与 F_{S2}中,F_{S1}和 F'_{S1}组成力偶,其力偶矩为 $F_{S1}h$。再将该力偶与 F_{S2}合成得内力系的最终合力,合力仍等于 F_{S2}($F_{S2}=F_S$),只是作用线向左平移一个距离 e。由

$$F_S\cdot e=F_{S1}\cdot h$$

得

$$e=\frac{F_{S1}\cdot h}{F_S}=\frac{h}{F_S}\frac{F_Sb^2ht}{4I_z}=\frac{b^2h^2t}{4I_z}$$

如果内力沿对称轴 z 作用,此时梁只发生平面弯曲,并且横截面上的剪力 F_S与 z 轴重合。在上述的两个平面弯曲中,横截面上相应的两个剪力作用线的交点 A 就是弯曲中心或剪切中心,简称为弯心。弯曲中心的位置与外力大小和材料的性质无关,是截面图形的几何性质之一。

确定弯曲中心的几条规律如下:

(1) 具有两个对称轴或反对称轴的截面,弯心与形心重合,即弯心在两个对称轴(或反对称

轴)的交点上。如图 6－46a、b、c 所示。

(2) 具有一个对称轴的截面,弯心必在对称轴上。如图 6－46d、e 所示。

(3) 如果截面由中线相交于一点的几个狭长矩形组成,此交点就是弯曲中心。如图 6－46e、f 所示。

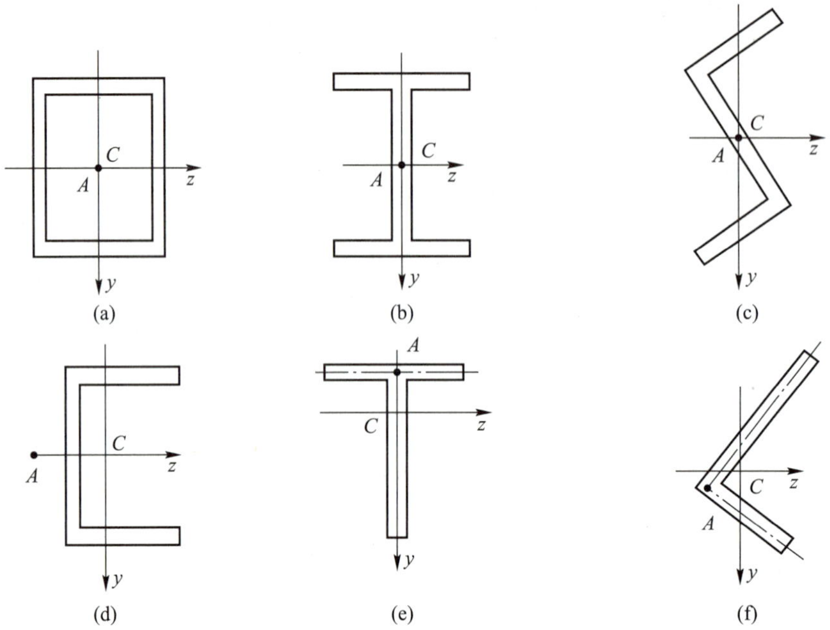

图 6－46

6.10 复合梁的弯曲

由两种或两种以上材料所组成的梁,称为**复合梁**(composite beam)。例如,用两种不同金属组成的双金属梁(图 6－47a),由面板与芯层组成的夹层梁(图 6－47b),以及钢筋混凝土梁(图 6－47c)。本节研究复合梁发生对称弯曲时的应力计算。

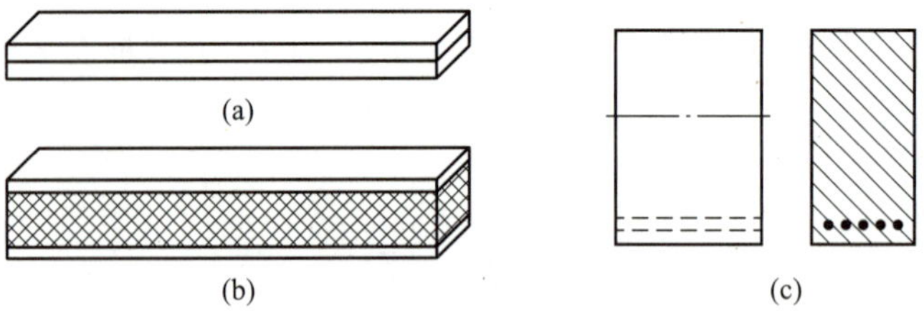

图 6－47

1. 复合梁的基本方程

考虑图 6－48a 所示截面形式的复合梁,材料 1 与材料 2 的弹性模量分别为 E_1 与 E_2,相应的

横截面面积分别为 A_1 与 A_2，两横截面分别简称为截面 1 与截面 2。在梁两端的纵向对称面内作用一对力偶矩为 M 且方向相反的力偶，使梁发生纯弯曲。实验表明，此时平面假设与单向受力假设仍然成立。

首先研究复合梁的变形。设 y 轴为横截面的对称轴，z 轴为横截面的中性轴(复合梁横截面的中性轴可能不过截面形心)。ρ 为中性层的曲率半径。则根据平面假设可知，横截面上距中性轴为 y 处的纵向线应变为

$$\varepsilon=\frac{y}{\rho}$$

即纵向线应变沿横截面高度呈线性分布(图 6-48b)

根据梁的单向受力假设，其各纵向“纤维”发生单向拉压变形，因此，当梁内正应力不超过材料的比例极限时，截面 1 与截面 2 上的弯曲正应力分别为

$$\left.\begin{aligned}\sigma_1&=E_1\frac{y}{\rho}\\ \sigma_2&=E_2\frac{y}{\rho}\end{aligned}\right\} \tag{a}$$

即弯曲正应力沿截面 1 与沿截面 2 分区呈线性变化(图 6-48c)，而在两截面的交界处，正应力发生突然变化。因此，对于由多种材料组成的复合梁，虽然其纵向线应变沿截面高度连续变化，但由于材料的非均匀性，弯曲正应力在不同材料的交界处会发生突变。

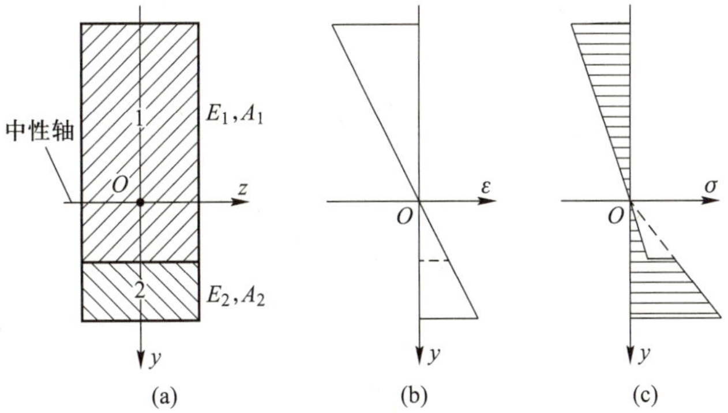

图 6-48

下面研究复合梁的静力平衡。当在梁两端只作用一对方向相反、力偶矩均等于 M 的力偶时，梁的横截面上不存在轴力，只存在弯矩 M，因此有

$$\int_{A_1}\sigma_1\mathrm{d}A_1+\int_{A_2}\sigma_2\mathrm{d}A_2=0 \tag{b}$$

$$\int_{A_1}y\sigma_1\mathrm{d}A_1+\int_{A_2}y\sigma_2\mathrm{d}A_2=M \tag{c}$$

将式(a)代入式(b)，得

$$E_1\int_{A_1}y\mathrm{d}A_1+E_2\int_{A_2}y\mathrm{d}A_2=0 \tag{6-28}$$

由此式可确定中性轴的位置。由式(6-28)可以看出，复合梁中性轴的位置与两种材料的弹性模

量 E_1、E_2 及横截面面积 A_1、A_2 的大小有关。将式(a)代入式(c),得

$$\frac{E_1}{\rho}\int_{A_1} y^2 \mathrm{d}A_1 + \frac{E_2}{\rho}\int_{A_2} y^2 \mathrm{d}A_2 = M \tag{d}$$

由此式可得中性层的曲率为

$$\frac{1}{\rho} = \frac{M}{E_1 I_1 + E_2 I_2} \tag{6-29}$$

式中,$I_1 = \int_{A_1} y^2 \mathrm{d}A_1$,$I_2 = \int_{A_2} y^2 \mathrm{d}A_2$ 分别代表截面 1 和截面 2 对中性轴 z 的惯性矩。

将式(6-29)代入式(a),可得截面 1 和截面 2 上的弯曲正应力分别为

$$\left.\begin{aligned} \sigma_1 &= \frac{M E_1 y}{E_1 I_1 + E_2 I_2} \\ \sigma_2 &= \frac{M E_2 y}{E_1 I_1 + E_2 I_2} \end{aligned}\right\} \tag{6-30}$$

式(6-30)即为复合梁的弯曲正应力计算公式。

2. 转换截面法

转换截面法以式(6-28)至式(6-30)为依据,将多种材料构成的复合梁转换成由单一材料构成的等效梁,然后再采用针对均质材料梁的分析方法进行求解。

对于图 6-48a 所示截面形式的复合梁,令

$$n = \frac{E_2}{E_1}, \quad \bar{I}_z = I_1 + n I_2 \tag{6-31}$$

式中,n 称为**模量比**,$\bar{I}_z$ 为单一材料的等效梁对中性轴的惯性矩。于是,式(6-28)与式(6-29)可分别简化为

$$\int_{A_1} y \mathrm{d}A_1 + \int_{A_2} y n \mathrm{d}A_2 = 0 \tag{6-32a}$$

$$\frac{1}{\rho} = \frac{M}{E_1 \bar{I}_z} \tag{6-32b}$$

而由式(6-30)可得截面 1 和截面 2 上的弯曲正应力分别为

$$\left.\begin{aligned} \sigma_1 &= \frac{My}{\bar{I}_z} \\ \sigma_2 &= n\frac{My}{\bar{I}_z} \end{aligned}\right\} \tag{6-33}$$

由式(6-31)至式(6-33)可以看出,欲采用均质材料等效梁的分析方法进行复合梁的应力分析,可以令复合梁材料 1 所构成的截面 1 保持不变,将截面 2 沿 z 轴方向的尺寸乘以模量比 n,于是将复合梁的横截面(图 6-49a)变换成仅由材料 1 构成的均质等效梁的横截面(图 6-49b)。此时,用式(6-32a)计算等效梁横截面中性轴 z 的位置,显然,此轴过等效梁横截面形心,其高度与复合梁(图 6-49a)的中性轴 z 高度相同。均质等效梁的横截面(图 6-49b)对中性轴 z 的惯性矩等于 $\bar{I}_z$,其弯曲刚度为 $E_1\bar{I}_z$。综上所述,均质梁的横截面(图 6-49b)的中性轴位置和弯曲刚度与实际截面完全等效,因而称该截面为实际截面的**转换截面**或**等效截面**。中性轴位置与惯

性矩 $\overline{I}_z$ 确定后，由式(6－33)即可求出截面 1 与截面 2 上的弯曲正应力。

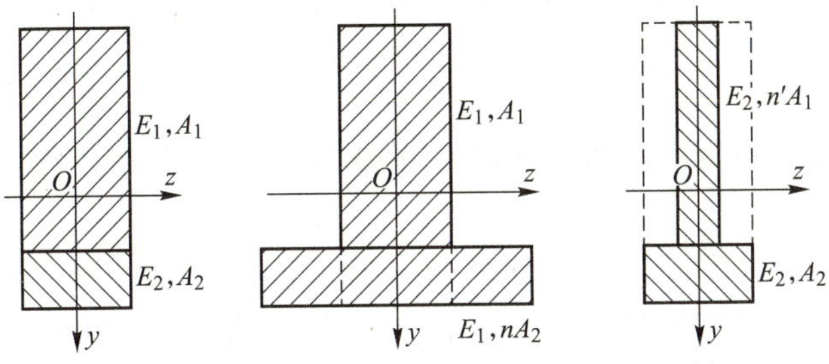

图 6－49

应该指出，在以上分析中，是以材料 1 为基本材料，而将截面 2 进行转换。同理也可以选择材料 2 为基本材料，而将截面 1 进行转换(图 6－49c)，此时，模量比 $n'=\dfrac{E_1}{E_2}$，由此求得的弯曲正应力与弯曲变形与前述解答完全相同。

3. 夹层梁简化理论

夹层梁(sandwich beam)一般由薄面板与厚芯层组成(图 6－50)。面板通常用具有较高强度和弹性模量的材料制成，而芯层通常用密度小、强度与弹性模量均较低的材料制成。除夹层梁外，夹层结构还包括夹层板、夹层壳等。在工程中，当需要强度高、刚度大而重量又轻的构件时，常采用夹层结构形式。

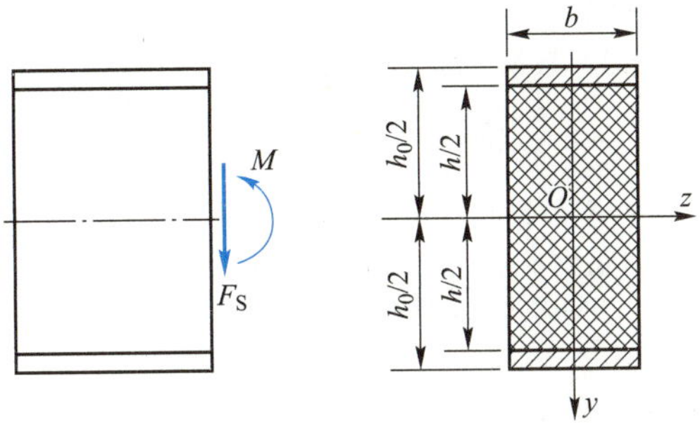

图 6－50

夹层梁也是一种复合梁，根据夹层梁的特点，工程中常采用简化的方法对其进行分析。对于夹层梁，假设截面弯矩只等于其上下面板正应力合成的内力偶，而与芯层的应力无关。当面板的弹性模量远大于芯层的弹性模量时，这一假设是合理的。基于此假设，面板的最大弯曲正应力为

$$\sigma_{\max}=\frac{Mh_0}{2I_{fz}}$$

式中，h_0 为夹层梁的横截面高度，I_{fz} 为面板的横截面对 z 轴的惯性矩，其值为

$$I_{fz}=\frac{b(h_0^3-h^3)}{12}$$

通常情况下，夹层梁的面板厚度远小于其芯层厚度，因此，可假设其截面剪力只由其芯层的切应力合成，并假设弯曲切应力在芯层横截面上均匀分布。于是得芯层的弯曲切应力为

$$\tau=\frac{F_S}{bh}$$

以上关于芯层和面板应力计算的简化理论，概念直观，计算简便，且结果可靠，因而在工程中得到广泛应用。

例 6-14 一复合梁的横截面如图 6-51a 所示。其上部为木材，下部为钢材，二者牢固地连接在一起。设载荷沿 y 方向作用，z 轴为横截面中性轴。已知横截面上的弯矩为 $M=30\ \text{kN·m}$，木材与钢材的弹性模量分别为 $E_1=10\ \text{GPa}$ 和 $E_2=200\ \text{GPa}$，试画出该梁横截面上的弯曲正应力分布图，并计算木材与钢材横截面上的最大弯曲正应力。

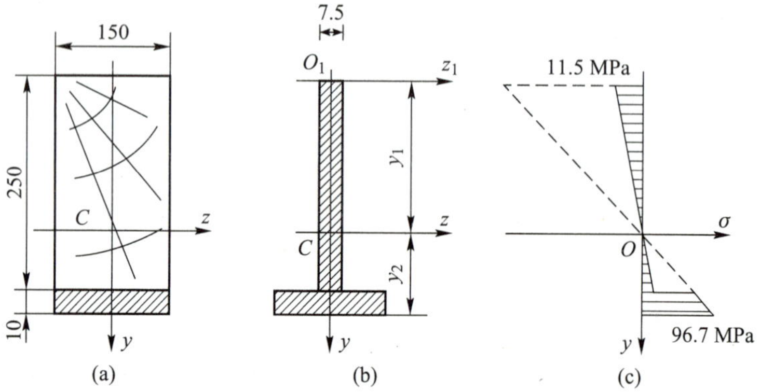

图 6-51

解 (1) 确定转换截面及其几何性质

设以钢为基本材料，将木材部分进行转换，此时模量比为

$$n=\frac{E_1}{E_2}=\frac{10\ \text{GPa}}{200\ \text{GPa}}=\frac{1}{20}$$

转换截面如图 6-51b 所示。由式(3-28)可知，转换截面形心的纵坐标为

$$y_1=\frac{(0.007\,5\times0.25)\times0.125+(0.15\times0.01)\times0.255}{0.007\,5\times0.25+0.15\times0.01}\ \text{m}=0.183\ \text{m}$$

该截面对中性轴 z 的惯性矩为

$$\begin{aligned}\bar{I}_z=&\frac{0.007\,5\ \text{m}\times(0.25\ \text{m})^3}{12}+(0.007\,5\ \text{m}\times0.25\ \text{m})\times(0.183\ \text{m}-0.125\ \text{m})^2+\\&\frac{0.15\ \text{m}\times(0.01\ \text{m})^3}{12}+(0.15\ \text{m}\times0.01\ \text{m})\times(0.255\ \text{m}-0.183\ \text{m})^2\\=&2.39\times10^{-5}\ \text{m}^4\end{aligned}$$

(2) 弯曲应力分析

由式(6-33)可知，钢材内的最大弯曲正应力为

$$\sigma_{\max}=\frac{My_2}{\bar{I}_z}=\frac{(30\times10^3\ \text{N·m})\times(0.26\ \text{m}-0.183\ \text{m})}{2.39\times10^{-5}\ \text{m}^4}=96.7\times10^6\ \text{Pa}=96.7\ \text{MPa}$$

木材内的最大弯曲正应力则为

$$\sigma'_{\max}=n\frac{My_1}{\bar{I}_z}=\frac{(30\times10^3\ \text{N·m})\times0.183\ \text{m}}{20\times2.39\times10^{-5}\ \text{m}^4}=11.5\times10^6\ \text{Pa}=11.5\ \text{MPa}$$

该复合梁的弯曲正应力分布图如图 6－51c 中的实线所示。

6.11 梁的变形

研究梁变形的目的一方面是为了进行梁的刚度计算与超静定梁分析，另一方面也是为以后研究压杆稳定等问题提供基础。

1. 挠度与转角

在外力作用下，梁的轴线（简称梁轴）由直线变为弯曲的挠曲线，如图 6－52 所示。挠曲线是一条连续、光滑的曲线。

研究表明，对于细长梁，剪力对其弯曲变形的影响一般可忽略不计，认为各横截面仍保持平面，且仍与变弯后的梁轴垂直。因此，梁的变形可用横截面形心的线位移与横截面的角位移表示。

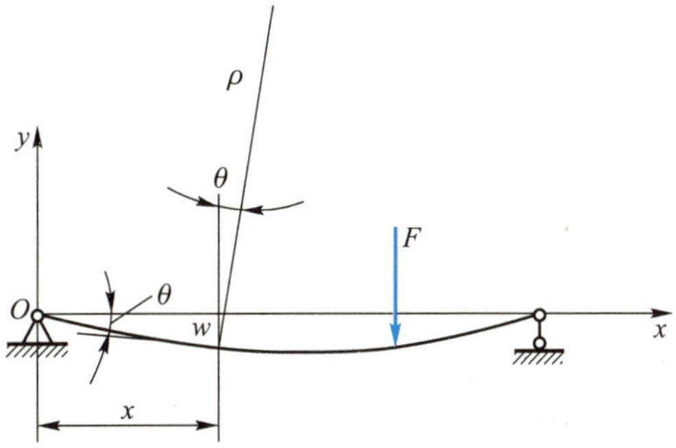

图 6－52

横截面的形心在垂直于梁轴方向的位移，称为**挠度**（deflection），用 w 表示。不同横截面的挠度一般不同。如沿变形前的梁轴建立坐标轴 x，则有

$$w=w(x) \tag{6-34}$$

当梁弯曲时，由于梁轴的长度保持不变，因此，截面形心沿梁轴方向也存在位移，但在小变形条件下，挠曲线是一条很平坦的曲线，截面形心的轴向位移远小于其横向位移，可以忽略不计。因此，式(6－34)也代表挠曲线的解析表达式，称为挠曲线方程。

横截面的角位移，称为**转角**（angle of rotation），用 θ 表示。由于忽略剪力对变形的影响，梁弯曲时横截面仍保持平面并与挠曲线正交。因此，任一横截面的转角 θ 也等于挠曲线在该截面处的切线与坐标轴 x 的夹角。在工程实际中，转角 θ 一般很小，通常不超过 1°或 0.017 5 rad，因此有

$$\theta \approx \tan\theta=\frac{\mathrm{d}w}{\mathrm{d}x}=w'(x) \tag{6-35}$$

即横截面的转角 θ 近似等于挠曲线在该截面处的斜率。

挠度 w 和转角 θ 是度量弯曲变形的两个基本量。在图 6－52 所示的坐标系中，向上的 w 和逆时针的 θ 为正，反之为负。

2. 挠曲线近似微分方程

为了建立挠曲线方程，必须利用变形与外力间的关系。在建立纯弯曲正应力公式时，曾得到用中性层曲率表示的弯曲变形公式为

$$\frac{1}{\rho}=\frac{M}{EI} \tag{a}$$

在横向弯曲时，如果忽略剪力对弯曲变形的影响，上式仍可应用。但应注意，此时弯矩 M 和曲率半径 ρ 均是 x 的函数，故上式变为

$$\frac{1}{\rho(x)}=\frac{M(x)}{EI} \tag{b}$$

由高等数学知识可知，平面曲线 $w=w(x)$上任一点的曲率为

$$\frac{1}{\rho(x)}=\pm\frac{w''}{[1+(w')^2]^{3/2}} \tag{c}$$

将式(c)代入式(b)，得

$$\pm\frac{w''}{[1+(w')^2]^{3/2}}=\frac{M(x)}{EI} \tag{d}$$

这就是梁的**挠曲线微分方程**(differential equation of the deflection curve)。它是一个二阶非线性微分方程。在小变形条件下，$w'\ll 1$，上式可近似写为

$$\pm w''=\frac{M(x)}{EI} \tag{e}$$

在规定了弯矩的符号并选定了 x、y 坐标轴后，上式的正负号可唯一给定。在 6.2 节已规定，当弯矩为正时，梁轴弯成向下凸的曲线(图 6-53a)；当弯矩为负时，梁轴弯成向上凸的曲线(图 6-53b)。又由高等数学知识可知，当规定 w 的正方向向上时，向下凸的曲线上各点的二阶导数 w''为正(图 6-53a)；而向上凸的曲线各点的二阶导数 w''为负(图 6-53b)。由于 w''与 $M(x)$的符号一致，所以式(e)左端应取正号，即

$$w''=\frac{M(x)}{EI} \tag{6-36a}$$

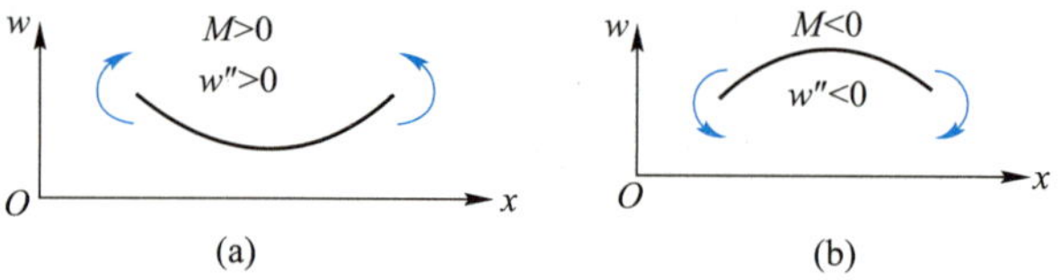

图 6-53

x 轴的正方向无论取向左还是向右，均不会影响 w''的正、负号，所以，也不影响式(6-36a)的正、负号。对于变截面梁，式(6-36a)中的 I 应理解为 $I(x)$。式(6-36a)也常写成

$$EIw''=M(x) \tag{6-36b}$$

通常将式(6-36)称为梁的**挠曲线近似微分方程**(approximately differential equation of the deflection curve)，从它出发可求出梁的**转角方程**和**挠曲线方程**。

3. 计算梁变形的积分法

将挠曲线近似微分方程式(6－36a)相继积分两次，依次得转角方程

$$\theta=\frac{\mathrm{d}w}{\mathrm{d}x}=\int\frac{M}{EI}\mathrm{d}x+C \qquad (6-37\mathrm{a})$$

和挠曲线方程

$$w=\int\left(\int\frac{M}{EI}\mathrm{d}x\right)\mathrm{d}x+Cx+D \qquad (6-37\mathrm{b})$$

式中，C、D 为积分常数。

上述积分常数可利用梁上某些截面的已知位移确定。例如在固定端处，横截面的挠度和转角都等于零，即

$$w=0,\quad \theta=0$$

在铰支座处，横截面的挠度等于零，即

$$w=0$$

梁截面的已知位移条件或位移约束条件，称为梁的位移**边界条件**(boundary condition)。

此外，挠曲线应该是一条连续光滑的曲线，不该有图 6－54 所示的情况。亦即在挠曲线的任意点上，有唯一确定的挠度和转角。这就是**连续性条件**(continuity condition)。根据连续性条件和边界条件，就可确定式(6－37)中的积分常数。

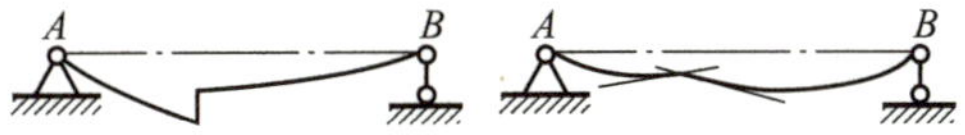

图 6－54

例 6－15 如图 6－55 所示悬臂梁 AB，自由端受集中力 F 作用。试建立该梁的挠曲线方程和转角方程，并确定梁的最大挠度和最大转角。设梁的弯曲刚度 EI 为常量。

解 (1) 写弯矩方程

建立图 6－55 所示坐标系，则梁上距 A 端为 x 的任意横截面的弯矩为

$$M(x)=F(l-x)$$

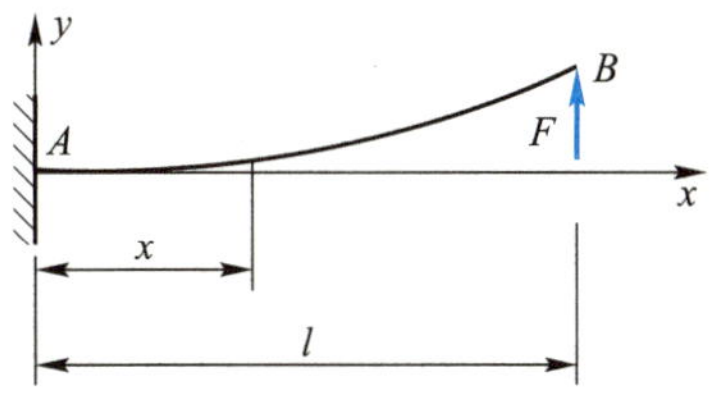

图 6－55

(2) 求转角方程和挠曲线方程

将所求弯矩代入式(6－36b)，得挠曲线的近似微分方程为

$$EIw''(x)=F(l-x)$$

对上式连续积分两次，得转角方程和挠曲线方程分别为

$$EI\theta(x)=Flx-\frac{1}{2}Fx^2+C$$

$$EIw(x)=\frac{1}{2}Flx^2-\frac{1}{6}Fx^3+Cx+D$$

利用边界条件 $\theta(0)=0$ 和 $w(0)=0$，得

$$C=0,\quad D=0$$

故转角方程和挠曲线方程分别为

$$EI\theta(x)=Flx-\frac{1}{2}Fx^2$$

$$EIw(x)=\frac{1}{2}Flx^2-\frac{1}{6}Fx^3$$

(3) 确定最大挠度和最大转角

由挠曲线的大致形状可以判定，梁的最大挠度和最大转角都在自由端截面 B 处，分别为

$$\theta_{\max}=\theta(l)=\frac{Fl^2}{2EI},\quad w_{\max}=w(l)=\frac{Fl^3}{3EI}$$

所得 $w_{\max}$ 和 $\theta_{\max}$ 为正值，说明截面 B 的挠度与 y 轴正方向一致，转角方向为逆时针方向。

例 6-16 如图 6-56 所示简支梁受集中力 F 作用，梁的长度 l 与弯曲刚度 EI 均已知。试求此梁的挠曲线方程和转角方程，并确定梁的最大挠度和最大转角(设 $a>b$)。

解 (1) 写弯矩方程

根据静力平衡关系求出支座约束力为

$$F_{RA}=\frac{b}{l}F,\quad F_{RB}=\frac{a}{l}F$$

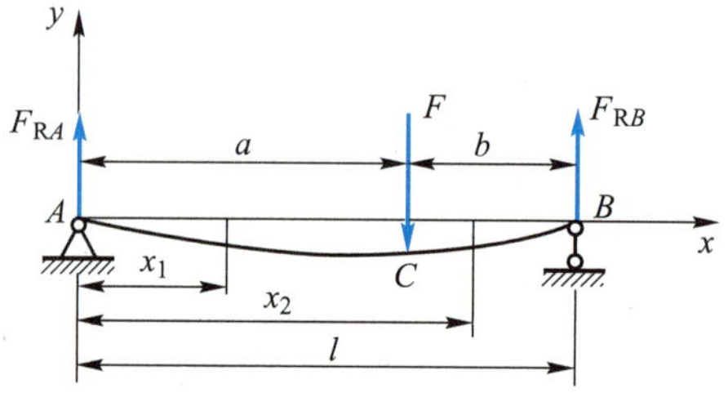

图 6-56

根据分段规律，列出弯矩方程，AC 段：

$$M(x_1)=\frac{b}{l}Fx_1\quad(0\leqslant x_1\leqslant a)$$

CB 段：

$$M(x_2)=\frac{b}{l}Fx_2-F(x_2-a)\quad(a\leqslant x_2\leqslant l)$$

(2) 求转角方程和挠曲线方程

对于 AC 段：

$$EIw_1''(x_1)=\frac{b}{l}Fx_1$$

$$EI\theta_1(x_1)=\frac{b}{2l}Fx_1^2+C_1$$

$$EIw_1(x_1)=\frac{b}{6l}Fx_1^3+C_1x_1+D_1$$

对于 CB 段：

$$EIw_2''(x_2)=\frac{b}{l}Fx_2-F(x_2-a)$$

$$EI\theta_2(x_2)=\frac{b}{2l}Fx_2^2-\frac{1}{2}F(x_2-a)^2+C_2$$

$$EIw_2(x_2)=\frac{b}{6l}Fx_2^3-\frac{1}{6}F(x_2-a)^3+C_2x+D_2$$

根据连续性条件 $\theta_1(a)=\theta_2(a)$ 和 $w_1(a)=w_2(a)$，可得

$$C_1=C_2,\quad D_1=D_2$$

再利用边界条件 $w_1(0)=0$ 和 $w_2(l)=0$，可得

$$D_1=D_2=0,\quad C_1=C_2=-\frac{Fb}{6l}(l^2-b^2)$$

所以 AC 段转角方程和挠曲线方程分别为

$$EI\theta_1(x_1)=-\frac{Fb}{6l}(l^2-b^2-3x_1^2)$$

$$EIw_1(x_1)=-\frac{Fbx_1}{6l}(l^2-b^2-x_1^2)$$

CB 段转角方程和挠曲线方程分别为

$$EI\theta_2(x_2)=-\frac{Fb}{6l}\left[l^2-b^2-3x_2^2+\frac{3l}{b}(x_2-a)^2\right]$$

$$EIw_2(x_2)=-\frac{Fb}{6l}\left[(l^2-b^2)x_2-x_2^3+\frac{l}{b}(x_2-a)^3\right]$$

(3) 确定最大挠度和最大转角

由挠曲线的大致形状可知，最大转角应在 A 或 B 两个端面处：

$$\theta_A=\theta_1(0)=-\frac{Fab(l+b)}{6EIl}$$

$$\theta_B=\theta_2(l)=\frac{Fab(l+a)}{6EIl}$$

因为 $a>b$，则 θ_B 为最大转角。

此梁的最大挠度应在 $\theta=w'=0$ 处。先研究 AC 段，由 $\theta_1(x_1^*)=0$ 得

$$x_1^*=\sqrt{\frac{l^2-b^2}{3}}=\sqrt{\frac{a(a+2b)}{3}} \tag{a}$$

因 $a>b$，可见 $x_1^*<a$。说明 $\theta=w'=0$ 在 AC 段，有

$$w_{\max}=w_1(x_1^*)=-\frac{Fb}{9\sqrt{3}EIl}\sqrt{(l^2-b^2)^3} \tag{b}$$

下面借用此例，讨论简支梁最大挠度的近似计算问题。先求出上述梁跨度中点的挠度

$$w\left(\frac{l}{2}\right)=-\frac{Fb}{48EI}(3l^2-4b^2) \tag{c}$$

由式(a)可见，b 越小，则 x_1^* 越大。这说明载荷越靠近右支座，梁的最大挠度点离中点越远。当 b 值很小，以致 b^2 与 l^2 相比可以忽略不计时，分别由(b)、(c)两式可得

$$w_{\max}=-0.064\ 2\frac{Fbl^2}{EI}$$

$$w\left(\frac{l}{2}\right)=-0.062\ 5\frac{Fbl^2}{EI}$$

可见，即使在这种极端情况下，最大挠度和中点挠度也相差很小(相对误差不到 3%)。因此，对于简支梁，不论其受何种载荷，只要其挠曲线不出现拐点，则可用梁跨长中点的挠度代替其最大挠度，且不引起很大的误差。

由本例可知，当梁的受载情况比较复杂时，梁的弯矩方程必须分段写出，则各段梁的挠曲线微分方程也将不同。因此，由每段梁的微分方程积分时，都将出现两个积分常数。确定这些积分常数要同时用到边界条件和连续性条件。

4. 计算梁变形的叠加法

积分法是求解梁位移的基本方法。它的优点是能求得挠度和转角的普遍方程。但是当梁上的外载荷复杂时，积分法计算冗繁。而工程中有时只需求某些特定截面的挠度和转角，因此在有

些情况下积分法的应用并不十分方便。

在小变形且材料服从胡克定律的情况下，求得的挠度方程和转角方程都是一个关于外载荷的线性方程。因而在求解挠度和转角时，可应用叠加原理。

当梁上有多个载荷共同作用时，可分别求出每一载荷单独作用下的挠度和转角，然后将各个载荷单独引起的挠度和转角分别代数相加，就得到多个载荷共同作用下的挠度和转角。这就是计算弯曲变形的**叠加法**(superposition method)。叠加法中经常使用的几种变形情况已列入表6-1中。

表6-1 梁在简单载荷作用下的变形

序号	梁的简图	挠曲线方程	端截面转角	最大挠度
1	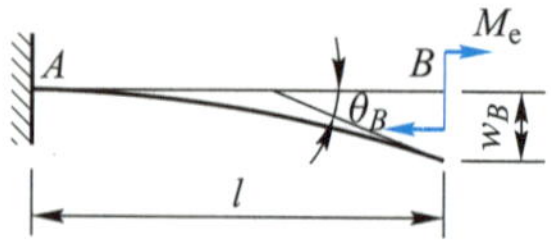	$w=-\dfrac{M_e x^2}{2EI}$	$\theta_B=-\dfrac{M_e l}{EI}$	$w_B=-\dfrac{M_e l^2}{2EI}$
2	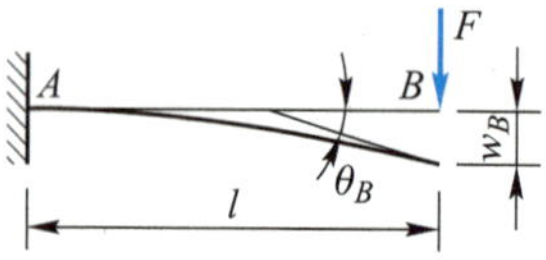	$w=-\dfrac{Fx^2}{6EI}(3l-x)$	$\theta_B=-\dfrac{Fl^2}{2EI}$	$w_B=-\dfrac{Fl^3}{3EI}$
3	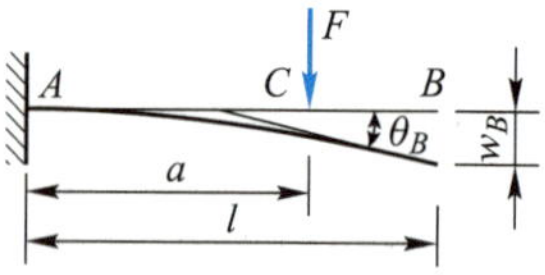	$w=-\dfrac{Fx^2}{6EI}(3a-x)\ (0\leqslant x\leqslant a)$ $w=-\dfrac{Fa^2}{6EI}(3x-a)\ (a\leqslant x\leqslant l)$	$\theta_B=-\dfrac{Fa^2}{2EI}$	$w_B=-\dfrac{Fa^2}{6EI}(3l-a)$
4	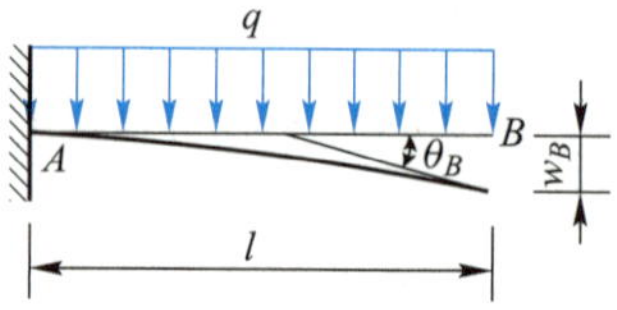	$w=-\dfrac{qx^2}{24EI}(x^2-4lx+6l^2)$	$\theta_B=-\dfrac{ql^3}{6EI}$	$w_B=-\dfrac{ql^4}{8EI}$
5	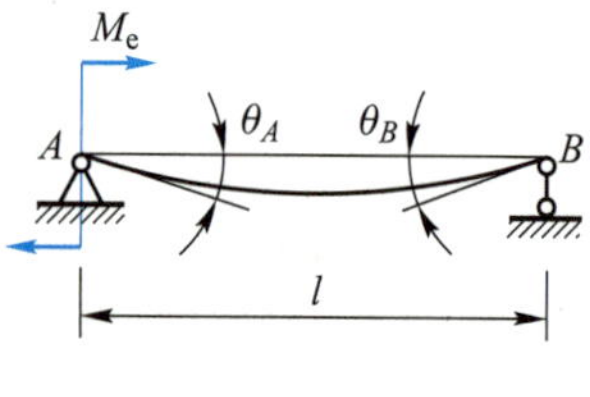	$w=-\dfrac{M_e x}{6EIl}(l-x)(2l-x)$	$\theta_A=-\dfrac{M_e l}{3EI}$ $\theta_B=\dfrac{M_e l}{6EI}$	$x=\left(1-\dfrac{1}{\sqrt{3}}\right)l,$ $w_{\max}=-\dfrac{M_e l^2}{9\sqrt{3}EI}$ $x=\dfrac{l}{2},w_{\frac{l}{2}}=-\dfrac{M_e l^2}{16EI}$
6	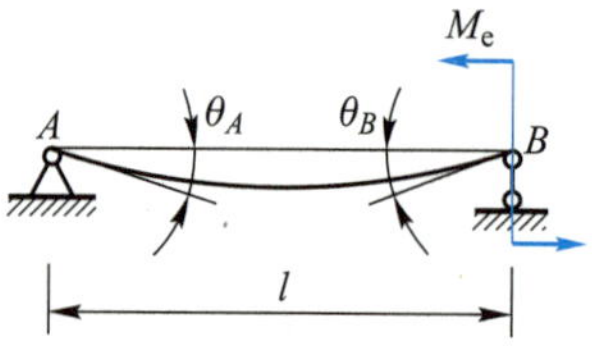	$w=-\dfrac{M_e x}{6EIl}(l^2-x^2)$	$\theta_A=-\dfrac{M_e l}{6EI}$ $\theta_B=\dfrac{M_e l}{3EI}$	$x=\dfrac{l}{\sqrt{3}},$ $w_{\max}=-\dfrac{M_e l^2}{9\sqrt{3}EI}$ $x=\dfrac{l}{2},w_{\frac{l}{2}}=-\dfrac{M_e l^2}{16EI}$

续表

序号	梁的简图	挠曲线方程	端截面转角	最大挠度
7	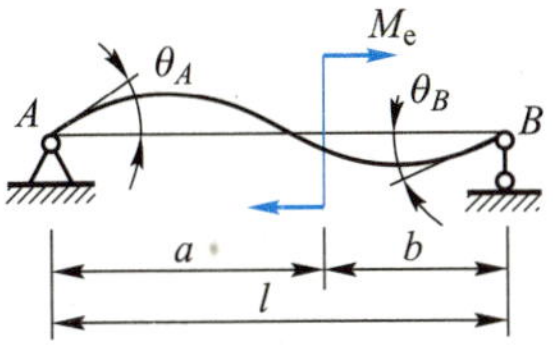	$w=\dfrac{M_e x}{6EIl}(l^2-3b^2-x^2)$ $(0\leqslant x\leqslant a)$ $w=\dfrac{M_e}{6EIl}[-x^3+3l(x-a)^2+$ $(l^2-3b^2)x](a\leqslant x\leqslant l)$	$\theta_A=\dfrac{M_e}{6EIl}(l^2-3b^2)$ $\theta_B=\dfrac{M_e}{6EIl}(l^2-3a^2)$	
8	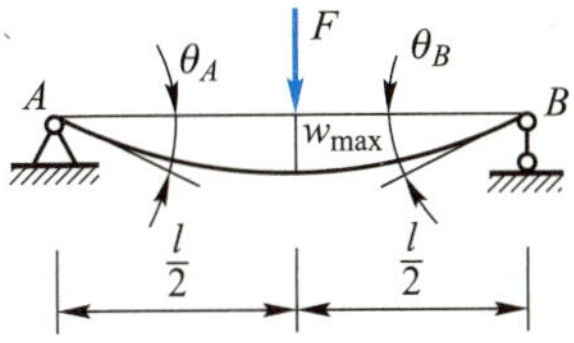	$w=-\dfrac{Fx}{48EI}(3l^2-4x^2)$ $\left(0\leqslant x\leqslant\dfrac{l}{2}\right)$	$\theta_A=-\theta_B=-\dfrac{Fl^2}{16EI}$	$w_{max}=-\dfrac{Fl^3}{48EI}$
9	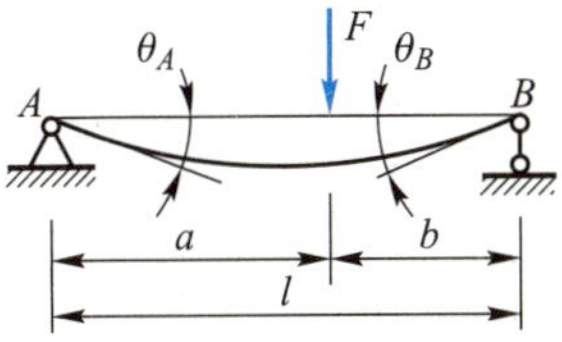	$w=-\dfrac{Fbx}{6EIl}(l^2-x^2-b^2)$ $(0\leqslant x\leqslant a)$ $w=-\dfrac{Fb}{6EIl}\left[\dfrac{l}{b}(x-a)^3+\right.$ $\left.(l^2-b^2)x-x^3\right]$ $(a\leqslant x\leqslant l)$	$\theta_A=-\dfrac{Fab(l+b)}{6EIl}$ $\theta_B=\dfrac{Fab(l+a)}{6EIl}$	设 $a>b$， 在 $x=\sqrt{\dfrac{l^2-b^2}{3}}$ 处， $w_{max}=-\dfrac{Fb(l^2-b^2)^{3/2}}{9\sqrt{3}EIl}$ 在 $x=\dfrac{l}{2}$ 处， $w_{\frac{l}{2}}=-\dfrac{Fb(3l^2-4b^2)}{48EI}$
10	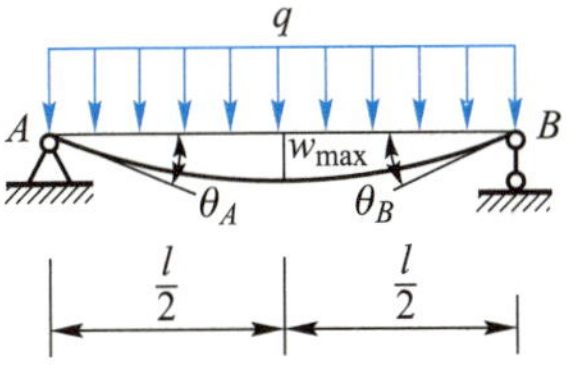	$w=-\dfrac{qx}{24EI}(l^3-2lx^2+x^3)$	$\theta_A=-\theta_B=-\dfrac{ql^3}{24EI}$	$w_{max}=-\dfrac{5ql^4}{384EI}$

例 6-17 如图 6-57a 所示简支梁受集中力 F 和均匀分布载荷 q 的作用，求跨中截面 C 的挠度和转角。

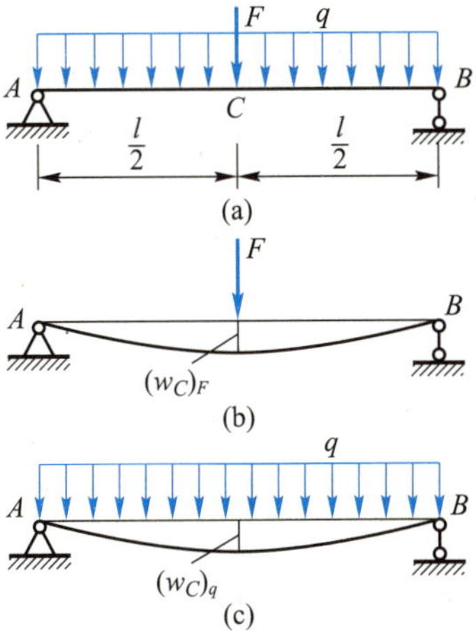

图 6-57

解 查表 6-1,在集中力 F 单独作用下(图 6-57b),梁跨中截面 C 的挠度为

$$(w_C)_F=-\frac{Fl^3}{48EI}$$

在均匀分布载荷 q 单独作用下(图 6-57c),梁跨中截面 C 的挠度为

$$(w_C)_q=-\frac{5ql^4}{384EI}$$

在集中力 F 和均匀分布载荷 q 的共同作用下跨中截面 C 的挠度为

$$w_C=(w_C)_F+(w_C)_q=-\frac{Fl^3}{48EI}-\frac{5ql^4}{384EI}$$

例 6-18 车床主轴的计算简图可简化成外伸梁,如图 6-58a、b 所示。F_1 为切削力,F_2 为齿轮传动力。若近似地把外伸梁看作等截面梁,试求截面 B 的转角和端面 C 的挠度。

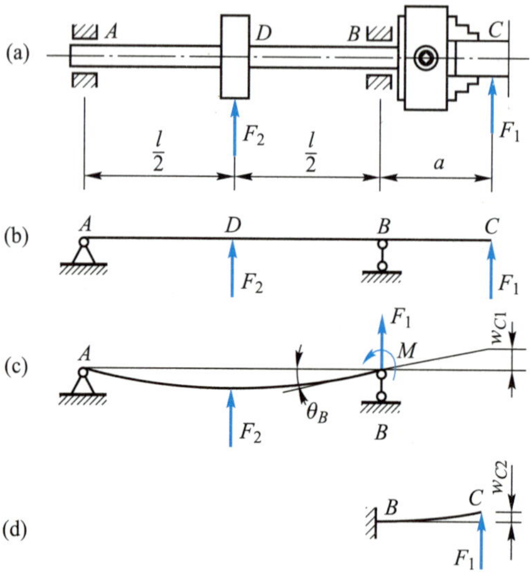

图 6-58

解 将梁看作是由简支梁 AB 与固定在横截面 B 的悬臂梁 BC 所组成,简支梁 AB 和悬臂梁 BC 变形时,均在截面 C 引起挠度,两者的代数和,即为该截面的总挠度。而悬臂梁 BC 变形不引起截面 B 的转角,因此转角只针对简支梁进行计算。

为了分析简支梁 AB 的变形,将载荷 F_1 平移到截面 B,得到作用在该截面的集中力 F_1 和力偶矩为 $M=F_1a$ 的附加力偶(图 6-58c)。在 F_1 和 F_1a 的作用下,简支梁截面 B 的转角为

$$(\theta_B)_1=\frac{Ml}{3EI}=\frac{F_1al}{3EI}$$

在 F_2 作用下,简支梁截面 B 的转角为

$$(\theta_B)_2=-\frac{F_2l^2}{16EI}$$

负号表示截面 B 因 F_2 引起的转角是顺时针的。叠加 $(\theta_B)_1$ 和 $(\theta_B)_2$ 得截面 B 的总转角为

$$\theta_B=\frac{F_1al}{3EI}-\frac{F_2l^2}{16EI}$$

此即是图 6-58b 中外伸梁在截面 B 的转角。

由此转角引起端面 C 向上的挠度为

$$w_{C1}=a\theta_B=\frac{F_1a^2l}{3EI}-\frac{F_2al^2}{16EI}$$

在 F_1 作用下(图 6-58d),悬臂梁 BC 的端面 C 的挠度为

$$w_{C2}=\frac{F_1a^3}{3EI}$$

由此可见,端面 C 的总挠度为

$$w_C=w_{C1}+w_{C2}=\frac{F_1a^2(a+l)}{3EI}-\frac{F_2al^2}{16EI}$$

在本例的分析中,首先将梁分成多个梁段。当计算某梁段的变形时,其余各梁段视为刚体。然后分别计算出各梁段的变形在需求位移处引起的位移,再计算其总和(代数和或矢量和),即得到需求的位移。这种分析方法称为**逐段分析求和法**或**刚化法**。

6.12 梁的刚度条件与合理刚度设计

1. 梁的刚度条件

为了保证梁的正常工作,除了要求梁具有足够的强度外,有时还需要对梁的变形加以限制。例如,对楼面梁挠度加以限制,以防抹灰脱落或出现裂缝;对机床主轴的挠度和转角加以限制,以保证加工精度。这种限制条件称为刚度条件,梁的刚度条件可写为

$$w_{\max}\leqslant[w] \tag{6-38}$$

$$\theta_{\max}\leqslant[\theta] \tag{6-39}$$

式中,$w_{\max}$和 $\theta_{\max}$为梁的最大挠度和最大转角,$[w]$和$[\theta]$为梁的许用挠度和许用转角。$[w]$和$[\theta]$的具体数值由工作条件决定,在设计时应参照有关规范确定。

在工程实际设计中,有时要求梁同时满足强度条件和刚度条件。对这类问题的一般处理方法是先按照强度条件设计梁的截面尺寸,再校核刚度条件,若刚度条件不满足,则按照刚度条件重新设计梁的截面尺寸。

例 6-19 图 6-59 所示悬臂梁受均匀分布载荷 $q=5$ kN/m 作用。梁的跨度 $l=4$ m,由工字钢制成。已知其许用正应力$[\sigma]=170$ MPa,许用挠度$[w]=\dfrac{l}{250}$,材料的弹性模量 $E=210$ GPa,试选用工字钢型号。

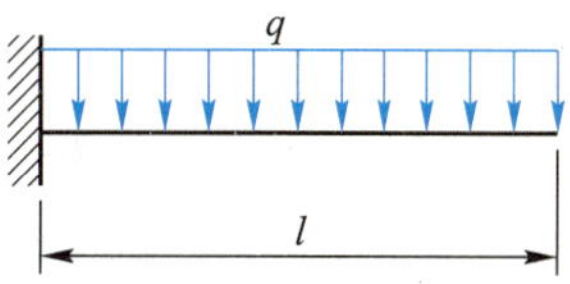

图 6-59

解 (1) 按正应力强度条件选择截面

在固定端截面有最大弯矩

$$M_{\max}=\frac{1}{2}ql^2=\frac{1}{2}\times5\ \text{kN/m}\times(4\ \text{m})^2=40\ \text{kN}\cdot\text{m}$$

根据强度条件

$$\sigma_{\max}=\frac{M_{\max}}{W}\leqslant[\sigma]$$

得

$$W \geqslant \frac{M_{max}}{[\sigma]} = \frac{40 \times 10^3\ \text{N} \cdot \text{m}}{170 \times 10^6\ \text{Pa}} = 0.235 \times 10^{-3}\ \text{m}^3 = 235\ \text{cm}^3$$

选用 20a 号工字钢，其 $W = 237\ \text{cm}^3$，$I = 2\ 370\ \text{cm}^4$。

(2) 校核刚度

梁的最大挠度在自由端面，其绝对值为

$$|w_{max}| = \frac{ql^4}{8EI} = \frac{(5 \times 10^3\ \text{N/m})(4\ \text{m})^4}{8 \times (210 \times 10^9\ \text{Pa})(2\ 370 \times 10^{-8}\ \text{m}^4)} = 32.1 \times 10^{-3}\ \text{m} = 32.1\ \text{mm}$$

许用挠度为

$$[w] = \frac{l}{250} = \frac{4 \times 10^3\ \text{mm}}{250} = 16\ \text{mm}$$

由于 $|w_{max}| > [w]$，故 20a 号工字钢不满足刚度要求。

(3) 按刚度条件选择截面

由刚度条件

$$|w_{max}| = \frac{ql^4}{8EI} \leqslant [w]$$

得

$$I \geqslant \frac{ql^4}{8E[w]} = \frac{(5 \times 10^3\ \text{N/m})(4\ \text{m})^4}{8 \times (210 \times 10^9\ \text{Pa})(16 \times 10^{-3}\ \text{m})} = 0.476\ 2 \times 10^{-4}\ \text{m}^4 = 4\ 762\ \text{cm}^4$$

查表选择 25a 号工字钢，其 $I = 5\ 020\ \text{cm}^4$。

2. 梁的合理刚度设计

梁的弯曲变形与梁的受力、支撑条件及截面的弯曲刚度 EI 有关。所以，以前所述提高弯曲强度的某些措施，对于提高梁的刚度仍然是非常有效的。但是也应看到，提高梁的刚度与提高梁的强度，是属于两种不同性质的问题，因此，解决的办法也不尽相同。

(1) 合理选择截面形状

影响梁强度的截面几何性质是弯曲截面系数，而影响梁刚度的截面几何性质则是惯性矩，所以，从提高梁的刚度方面考虑，合理的截面形状是使用较小的截面面积却能获得较大惯性矩的截面。

(2) 合理选用材料

影响梁强度的材料性能是极限应力 σ_u，而影响梁刚度的材料性能则是弹性模量 E，所以从提高梁的刚度方面考虑，应从弹性模量的高低来确定材料的选择。要注意的是，各种钢材（或各种铝合金）的极限应力虽然差别极大，但他们的弹性模量却十分接近。

(3) 梁的合理加强

梁的最大弯曲正应力取决于危险截面的弯矩与弯曲截面系数，而梁的位移则与梁内所有微段的变形均有关。所以，对梁的危险区采用局部加强的措施即可以提高梁的强度，但为了提高梁的刚度，则必须在更大范围内增加梁截面的弯曲刚度 EI。

(4) 梁跨度的选取

梁的跨度对弯曲变形影响最大，因为挠度与跨度的三次方(集中载荷时)或四次方(分布载荷时)成正比。因此，在可能的条件下可以尽量减小梁的跨度，以提高其弯曲刚度。静定梁的刚度随跨度的增加迅速下降，这大大限制了静定梁的使用范围。因此，对于变形过大而又不允许减小其跨度的承弯杆件，根据不同要求，可采用超静定梁或桁架等结构。

(5) 合理安排梁的约束与加载方式

如图 6－60a、b、c 所示的简支梁，将作用在中点的集中力改为分散在两处施加或均布到全梁，可以减小梁的最大挠度，提高梁的弯曲刚度。如图 6－60d 所示的简支梁，将简支梁的支座互相靠近至适当位置可使梁的变形明显减小，提高梁的弯曲刚度。

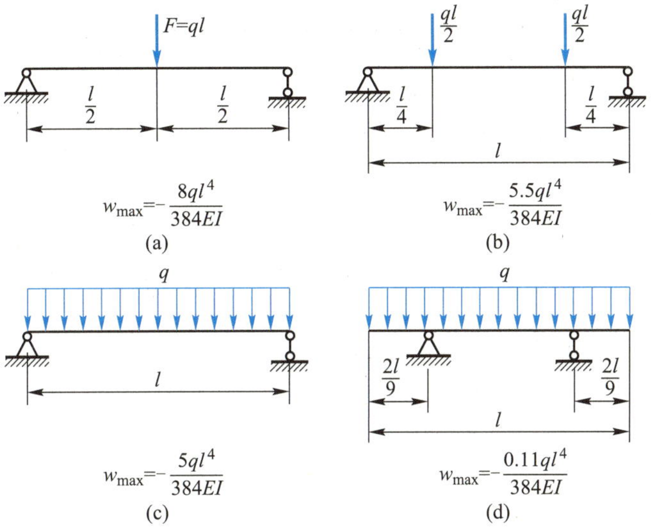

图 6－60

6.13　简单超静定梁

前面所研究的梁的约束力用平衡方程即可确定，所以这些梁都是静定梁。在工程实际中，有时为了提高梁的强度与刚度，或由于构造上的需要，往往需给静定梁增加约束。此时，梁的约束力的数目超过了有效平衡方程的数目，仅由平衡方程已不能求出全部约束力。此类梁称为**超静定梁**。

关于超静定结构的分析方法将主要在第 11 章中讨论，这里只介绍一些简单超静定梁的求解。

下面以图 6－61a 所示梁为例说明简单超静定梁的解法。将该梁的支座 B 解除，以约束力 F_{RB} 代替其作用，这样就把原来的超静定梁在形式上转变为静定的悬臂梁。在这一静定梁上，除原来的载荷 q 外，还有代替支座 B 的未知约束力 F_{RB}，如图 6－61b 所示。若以 $(w_B)_q$ 和 $(w_B)_{F_{RB}}$ 分别表示 q 和 F_{RB} 各自单独作用时 B 端的挠度，线弹性小变形条件下，q 和 F_{RB} 共同作用时，B 端的挠度为 $(w_B)_q$ 和 $(w_B)_{F_{RB}}$ 的代数和。B 端实际上有铰支座，在竖直方向上的位移为零，因此有

$$w_B=(w_B)_q+(w_B)_{F_{RB}}=0 \tag{a}$$

上式即为梁的**变形协调条件**。

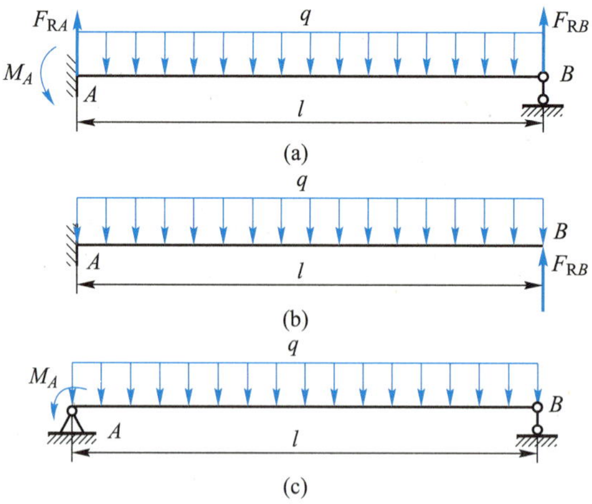

图 6-61

查表 6-1 得

$$(w_B)_q = -\frac{ql^4}{8EI}, \quad (w_B)_{F_{RB}} = \frac{F_{RB}l^3}{3EI} \tag{b}$$

将式(b)代入式(a)得

$$-\frac{ql^4}{8EI} + \frac{F_{RB}l^3}{3EI} = 0 \tag{c}$$

由此解出

$$F_{RB} = \frac{3}{8}ql$$

利用平衡方程求其余约束力为

$$F_{RA} = \frac{5}{8}ql, \quad M_A = \frac{1}{8}ql^2$$

对于图 6-61a 所示超静定梁，也可将固定端处限制截面 A 转动的约束解除，并以约束力偶 M_A 代替其作用(图 6-61c)。此时的变形协调条件为

$$\theta_A = 0$$

由此求得的约束力和约束力偶与上述解答完全相同。

例 6-20　悬臂梁 AB 承受集中载荷 F 作用，因其刚度不够，用一短梁 AC 加固，其简化模型如图 6-62a 所示。设梁 AB、AC 各截面的弯曲刚度均为 EI。试计算加固后梁 AB 的最大挠度的减少量。

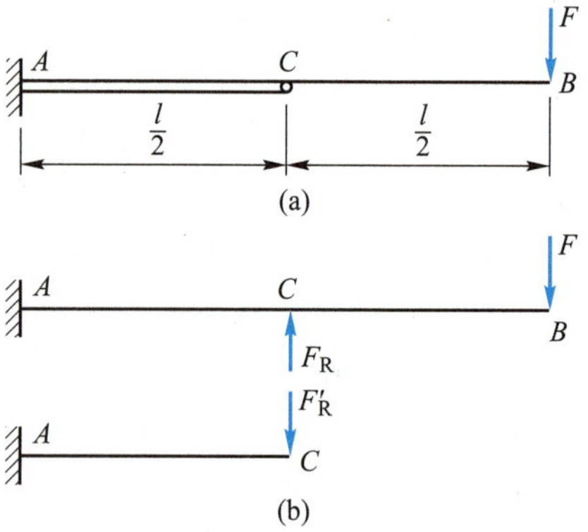

图 6-62

解　(1) 求超静定梁的约束力

悬臂梁 AB、AC 均为静定梁，但由于在 C 处用铰链相连，增加了 1 个约束，问题变为了超静定问题。将铰链 C 解除，并以相应约束力 F_R 代替其作用(图 6-62b)。

在约束力 F_R 作用下，梁 AC 的 C 截面有铅垂位移 w_1，在载荷 F 与约束力 F_R 作用下，梁 AB 的 C 截面有铅垂位移 w_2。则变形协调

条件为

$$w_1 = w_2 \tag{a}$$

查表 6-1 得

$$w_1 = -\frac{F_R\left(\frac{l}{2}\right)^3}{3EI} = -\frac{F_R l^3}{24EI} \tag{b}$$

查表 6-1 并利用叠加法得

$$w_2 = \frac{(2F_R - 5F)l^3}{48EI} \tag{c}$$

将式(b)与式(c)代入式(a)，得

$$-\frac{F_R l^3}{24EI} = \frac{(2F_R - 5F)l^3}{48EI}$$

由此得

$$F_R = -\frac{5F}{4}$$

(2) 刚度比较

在未加固时，梁 AB 的端点挠度(即最大挠度)为

$$\Delta = -\frac{Fl^3}{3EI}$$

用梁 AC 加固后，该截面的挠度变为

$$\Delta' = -\frac{Fl^3}{3EI} + \frac{5F_R l^3}{48EI} = -\frac{13Fl^3}{64EI}$$

则 $(\Delta - \Delta')/\Delta = 39\%$。由此可见，经加固后，梁 AB 的最大挠度显著减小。

习题

6-1 求图示各梁中截面 1—1、2—2、3—3 上的内力。这些截面无限接近于截面 C 或截面 D，且 F、q、a 均已知。

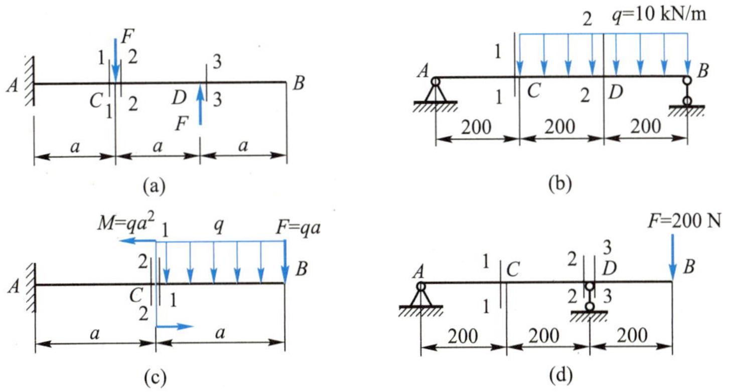

题 6-1 图

6 - 2 建立图示各梁的剪力方程和弯矩方程，作剪力图和弯矩图，并求出剪力和弯矩的绝对值的最大值 $|F_S|_{max}$ 和 $|M|_{max}$。设 F、q、M、a 均已知。

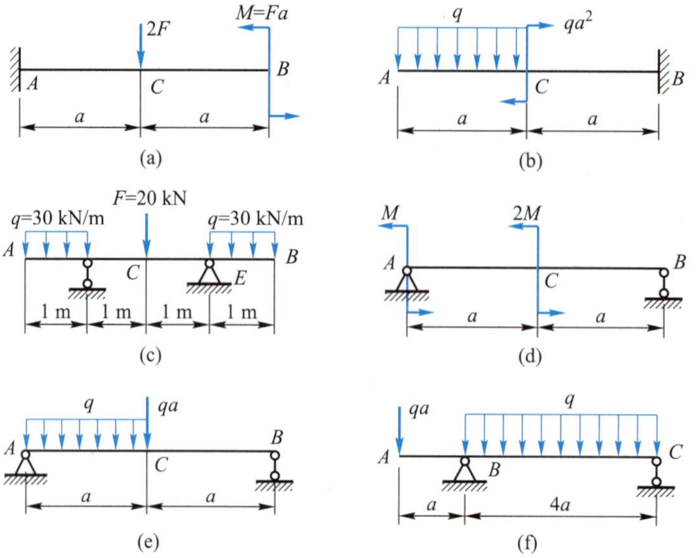

题 6 - 2 图

6 - 3 试根据载荷集度、剪力与弯矩之间的微分关系，改正图示 F_S 图和 M 图中的错误。

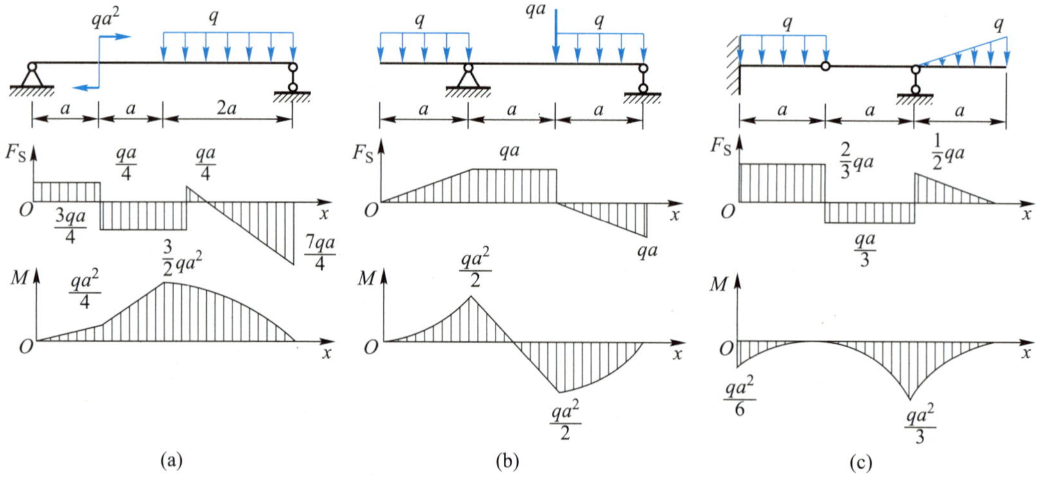

题 6 - 3 图

6 - 4 试利用载荷集度、剪力和弯矩之间的微分关系作图示梁的剪力图、弯矩图。

6 - 5 图示简支梁，受线性规律分布的载荷作用，试列其剪力方程和弯短方程，作其剪力图和弯矩图，并确定其剪力和弯矩的最大值及其位置。

6 - 6 如图所示，在桥式起重机大梁上，小车的每个轮子对大梁的压力均为 F。试问小车在什么位置时梁内的弯矩最大？其最大弯矩为多少？设小车的轮距为 d，大梁的跨度为 l。

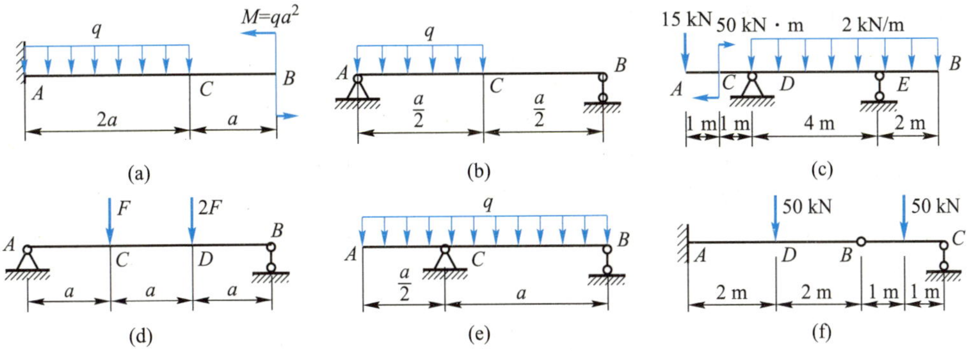

题 6－4 图

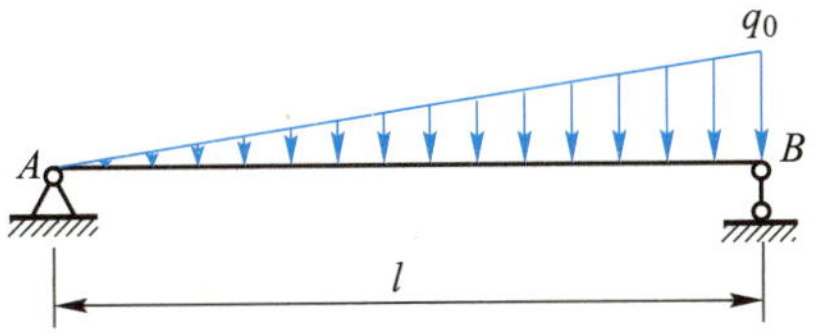

题 6－5 图

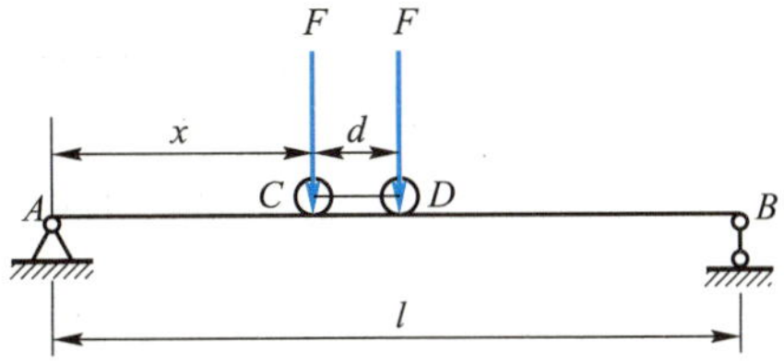

题 6－6 图

6－7 轴线为四分之一圆周的平面曲杆如图所示，求 $m—m$ 截面上的内力。

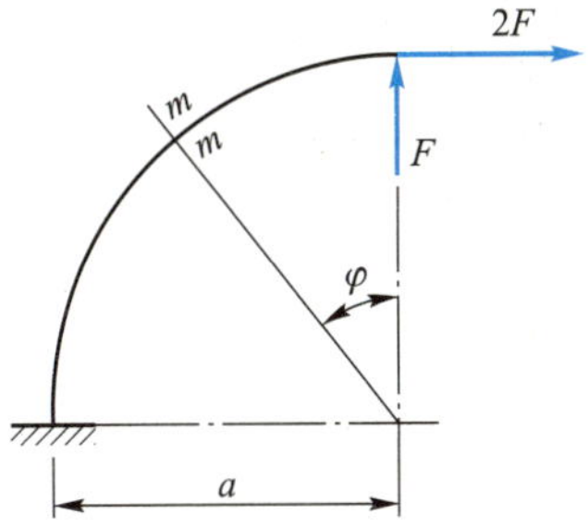

题 6－7 图

6－8 直径为 d 的钢丝，其弹性模量为 E，名义屈服极限为 $\sigma_{0.2}$。现在其两端施加力偶使其弯成直径为 D 的圆弧。试求当钢丝横截面上的最大正应力等于 $\sigma_{0.2}$ 时，D 与 d 的关系式，并据此分析钢丝绳为何要用许多根高强度的细钢丝组成。

6－9 图示简支梁受均布载荷作用。若分别采用面积相等的实心和空心圆截面，且实心截面直径 $D_1=40$ mm，空心圆截面直径有关系 $\dfrac{d_2}{D_2}=\dfrac{3}{5}$。试分别计算它们的最大正应力，空心圆截面比实心圆截面的最大正应力所减少的百分比。

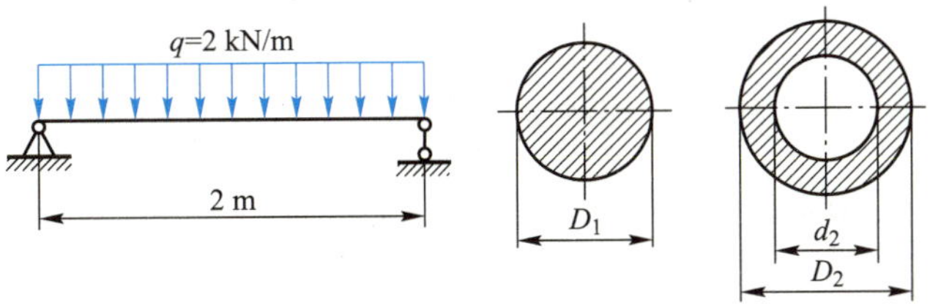

题 6－9 图

6-10 矩形截面悬臂梁如图所示，已知 $l=4$ m，$b/h=2/3$，$q=10$ kN/m，$[\sigma]=10$ MPa，试确定此梁横截面的尺寸。

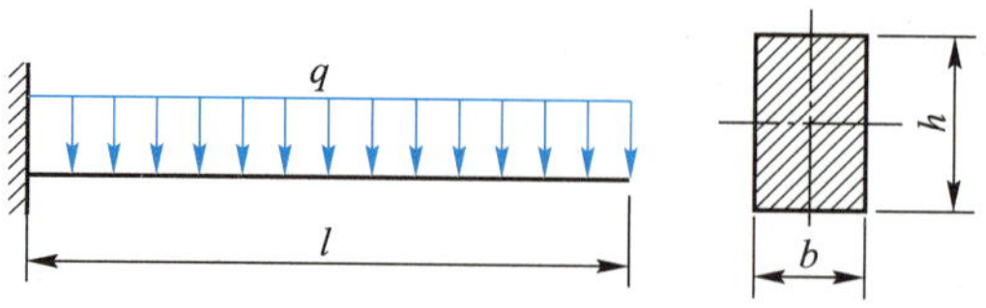

题 6-10 图

6-11 20a 号工字钢梁支承及受力如图所示，若 $[\sigma]=160$ MPa，试确定许可载荷 F。

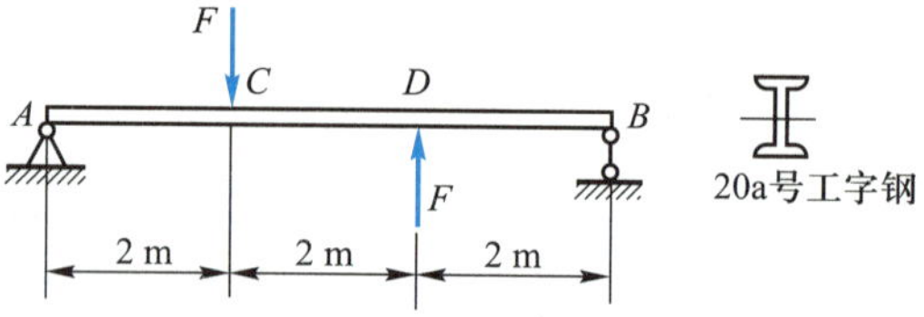

题 6-11 图

6-12 图示杠杆，轴销 B 为转销，试校核横截面 1—1、2—2 和凸缘 B 的弯曲强度。已知 $[\sigma]=160$ MPa。

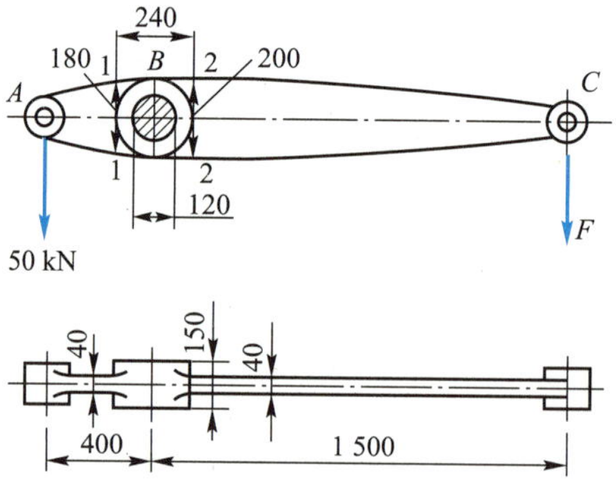

题 6-12 图

6-13 铸铁梁的载荷及尺寸如图所示。许用应力 $[\sigma^{+}]=40$ MPa，$[\sigma^{-}]=160$ MPa。试按正应力强度条件校核梁的强度。若载荷不变，但将 T 形截面倒置，即翼缘在下成为⊥形，是否合理，为什么？

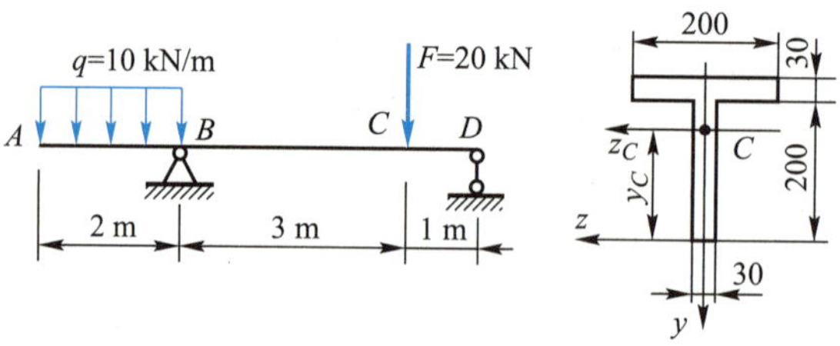

题 6-13 图

6-14 试计算图示矩形截面简支梁的 1—1 截面上 a 点和 b 点的正应力和切应力。

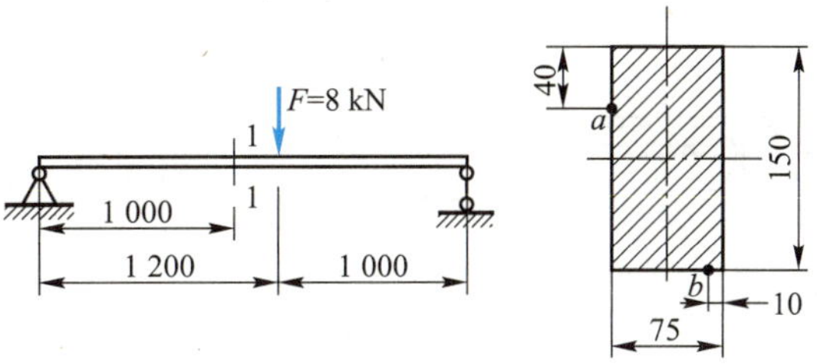

题 6 - 14 图

6 - 15 当图示 20 号槽钢发生弯曲变形时，测得 A、B 两点间长度的改变为 $\Delta l=27\times10^{-3}$ mm，材料的弹性模量 $E=200$ GPa。试求梁截面上的弯矩 M。

6 - 16 试求图示开口薄壁圆环截面的弯曲中心位置。假设壁厚 t 与其平均半径 R 相比很小。

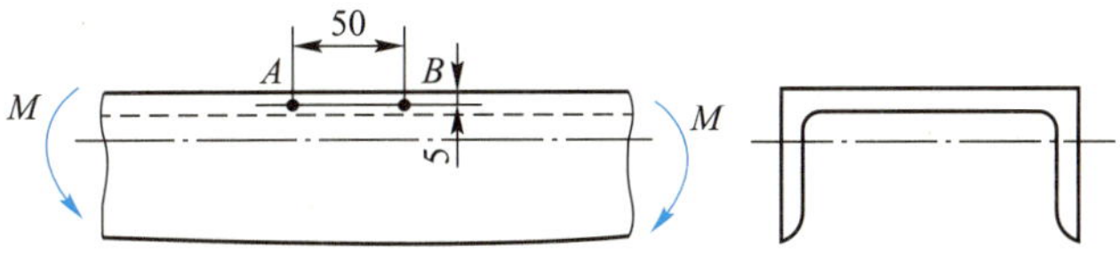

题 6 - 15 图

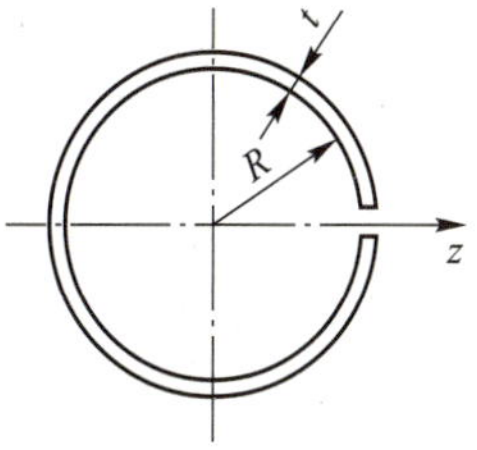

题 6 - 16 图

6 - 17 图示梁由两根 36a 号工字钢铆接而成，铆钉的间距为 $s=150$ mm，直径 $d=20$ mm，许用切应力$[\tau]=90$ MPa，梁横截面上的剪力 $F_S=40$ kN，试校核铆钉的剪切强度。

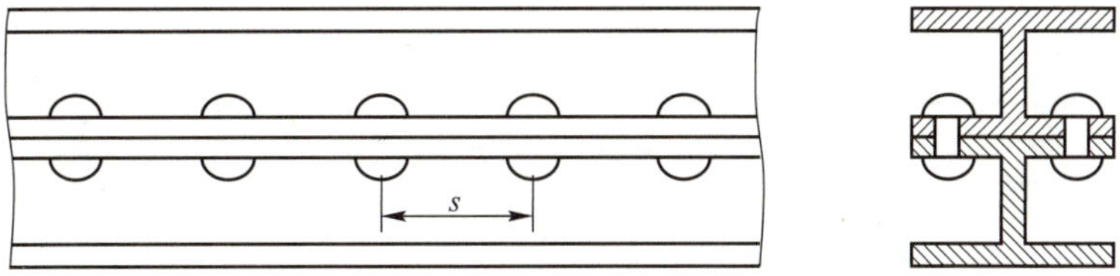

题 6 - 17 图

6 - 18 在图示 18 号工字钢梁上作用有可移动载荷 F。为提高梁的承载能力，试确定 a、b 的合理数值及相应的许可载荷。设$[\sigma]=160$ MPa。

6 - 19 试证明在图示均布载荷作用下，宽度 b 保持不变的矩形截面等强度悬臂梁具有楔形形状。

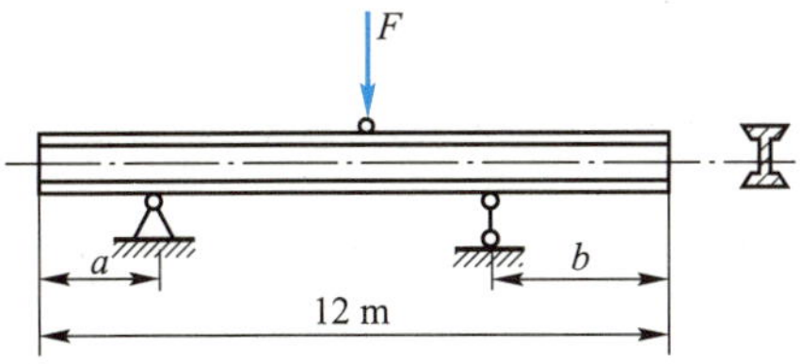

题 6 - 18 图

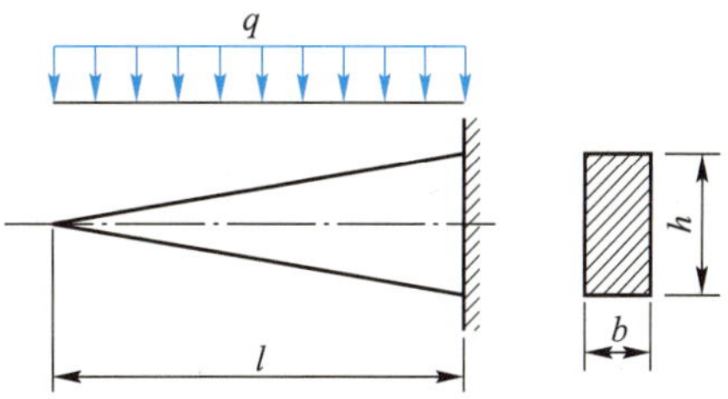

题 6 - 19 图

6 - 20 图示夹芯梁由铝梁和上、下两块钢板增强制成，梁的长度 $l=1.2$ m，宽度 $b=60$ mm，铝材部分高 $h=80$ mm，钢板厚 $t=20$ mm，梁外伸段长 $a=200$ mm，钢材的弹性模量 $E_S=210$ GPa，铝材的弹性模量 $E_{Al}=70$ GPa，载荷 $q=45$ kN/m。求梁的最大弯曲正应力及梁中点的挠度。

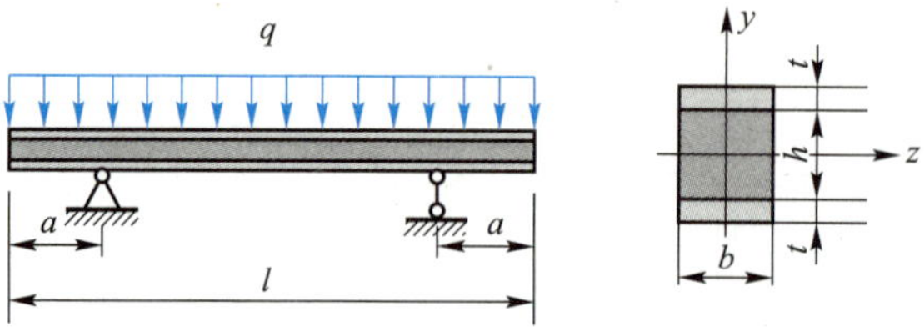

题 6 - 20 图

6 - 21 纯弯曲梁由两种材料牢固黏接而成，其横截面尺寸如图所示，两种材料的弹性模量之比为 $E_2 = 2E_1$，截面承受正弯矩作用，则截面上的最大拉应力和最大压应力哪个数值更大？高出多少个百分点？

6 - 22 图示夹层悬臂梁承受力偶矩为 M_e 的力偶作用，该梁由木材与钢板组合而成。已知钢的弹性模量和许用应力分别为 $E_s = 200$ GPa，$[\sigma]_s = 160$ MPa，木材的弹性模量和许用应力分别为 $E_w = 10$ GPa，$[\sigma]_w = 10$ MPa。试计算该力偶矩的许用值与自由端的相应转角。

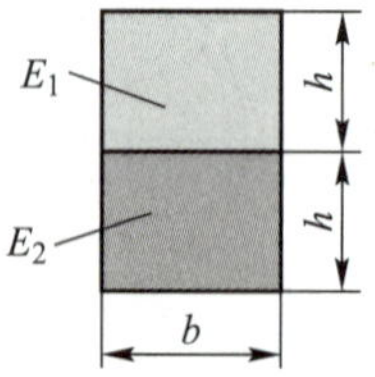

题 6 - 21 图

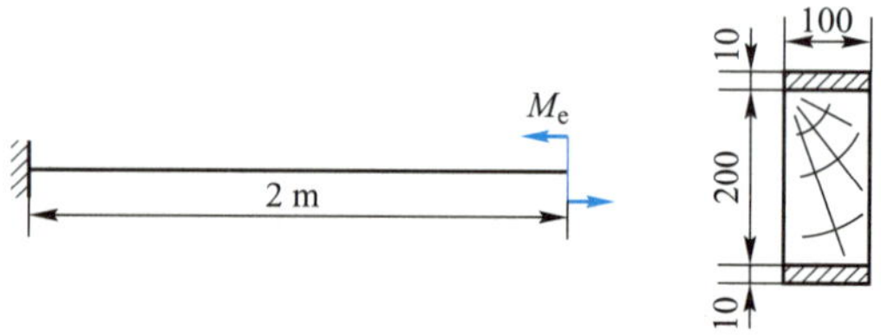

题 6 - 22 图

6 - 23 图示各梁的弯曲刚度 EI 均为常量。(1) 根据弯矩沿轴线的变化情况和梁的支座条件画出挠曲线的大致形状；(2) 利用积分法计算梁的最大挠度和最大转角（图 d 计算外伸端的挠度和转角）。

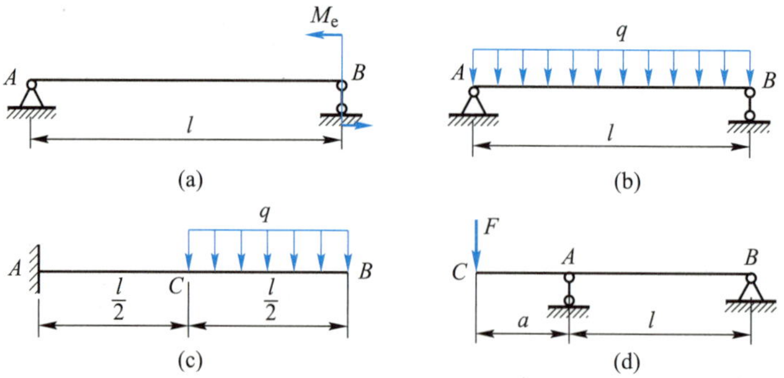

题 6 - 23 图

6 - 24 图示简支梁左右端各受力偶矩为 M_1 和 M_2 的力偶作用。如果要使挠曲线的拐点位于距离左端 $l/3$ 处，M_1 和 M_2 应保持何种关系？

6 - 25 图示悬臂梁上有载荷 F 沿梁移动。若使载荷移动时保持相同的高度，应将梁预先弯成怎样的曲线？设 EI 为常量。

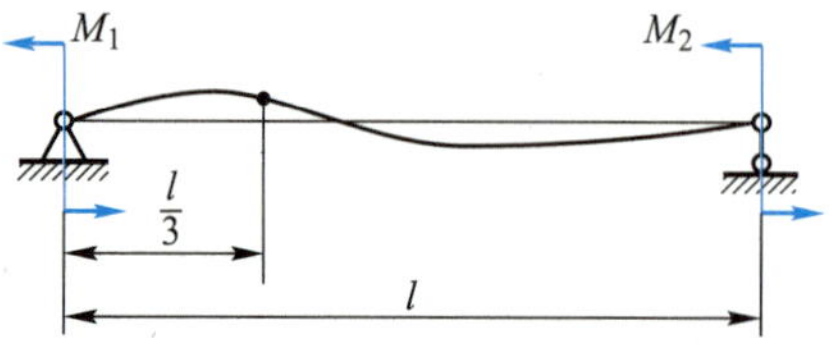

题 6 - 24 图

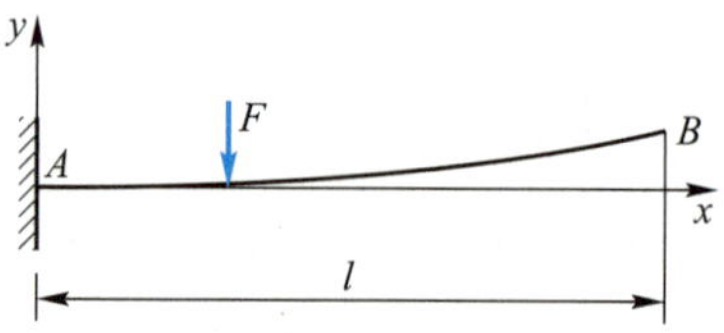

题 6 - 25 图

6-26 用叠加法求图示各梁截面 A 的挠度和截面 B 的转角。已知 EI 为常量。

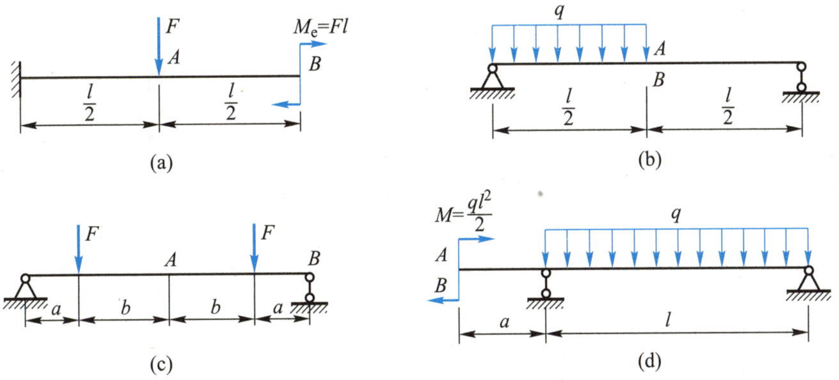

题 6-26 图

6-27 一悬臂梁长度为 l，承受均布载荷作用，其自由端的挠度为 αl（α 是一个很小的数），试求其自由端的转角。

6-28 图示等截面梁的 EI 已知，梁下有一曲面，其平面曲线方程为 $y=-Ax^3$，现欲使梁变形后与该曲面密合（曲面不受力），需在梁上施加何种载荷，大小、方向如何，应作用在何处？

6-29 图示外伸梁受集中力 F 和 F_1 作用，其弯曲刚度 EI 已知。(1)用叠加法求截面 D 的挠度和转角；(2)当 F 为何值时，D 点的挠度为零（但转角不为零）？这时 D 点的位移及承受载荷情况与何种支座相当？

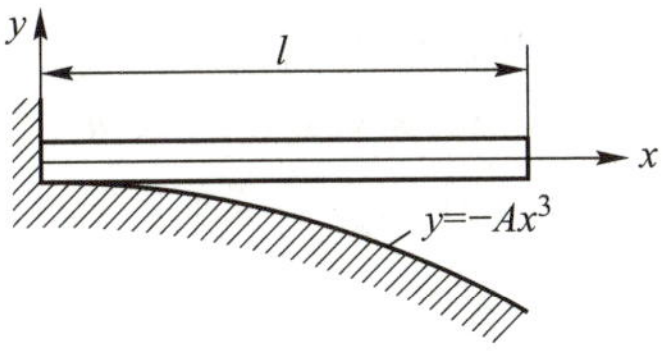

题 6-28 图

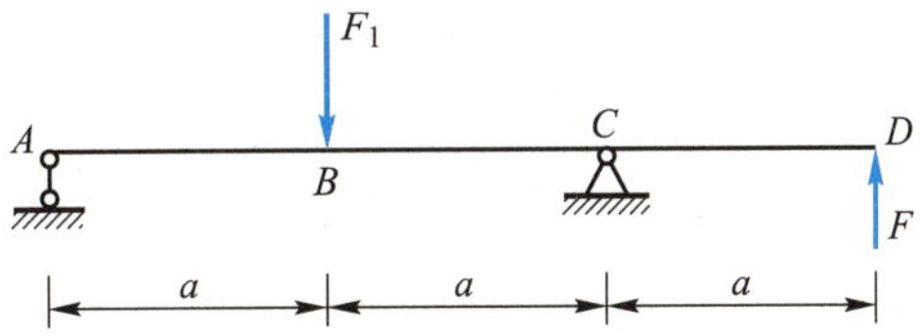

题 6-29 图

6-30 图示直角拐（水平放置）的 AB 段与 AC 段刚性连接，A 处为一轴承，允许 AC 轴的端截面在轴承内自由转动，但不能上下移动。已知 $F=60$ N，$E=210$ GPa，$G=0.4$ E，试求截面 B 的铅垂位移。

6-31 图示简支梁的跨度 $l=5$ m，力偶矩 $M_1=5$ kN·m，$M_2=10$ kN·m，许用应力$[\sigma]=160$ MPa，弹性模量 $E=200$ MPa，许用挠度$[w]=l/500$，试选择该梁使用的工字钢的型号。

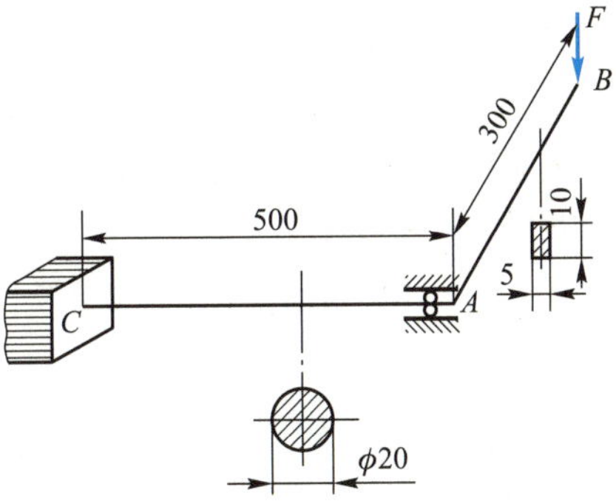

题 6-30 图

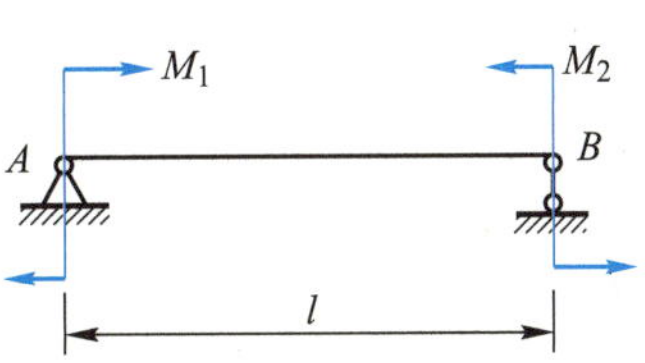

题 6-31 图

6-32 一凸轮轴尺寸如图所示。为保证凸轮的正常工作，要求轴上安装凸轮处的 B 点的挠度不大于许可挠度$[w]=0.05$ mm。已知轴的 $E=200$ GPa，载荷 $F=1.6$ kN，轴径 $d=32$ mm，试校核该轴的刚度。

6－33 将图示直径为 d 的圆木锯成矩形截面梁，欲使梁的弯曲强度达到最高，试问梁的宽度 b 和高度 h 应如何取值？若使梁弯曲刚度达到最大，b 和 h 又应如何取值？

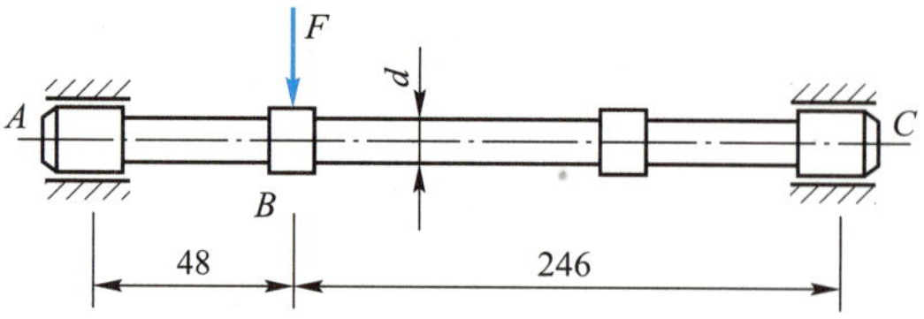

题 6－32 图

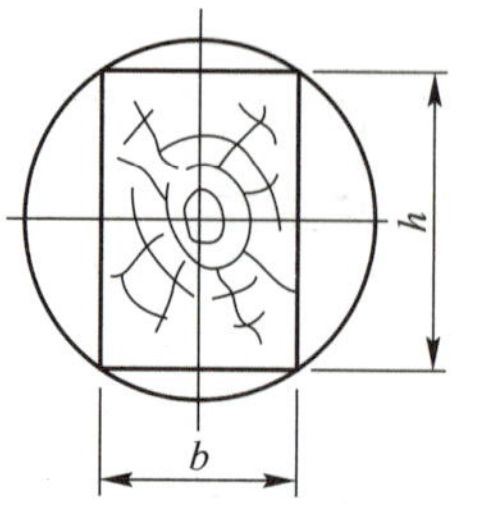

题 6－33 图

6－34 车床床头箱的一根传动轴简化为三支座等截面梁，如图所示。试求该梁支座的约束力，并作弯矩图。

6－35 图示三支座等截面梁，由于制造误差，支座 C 的位置比支座 A、B 连线高出 δ。若 l 和 EI 均已知，求梁内的最大弯矩。

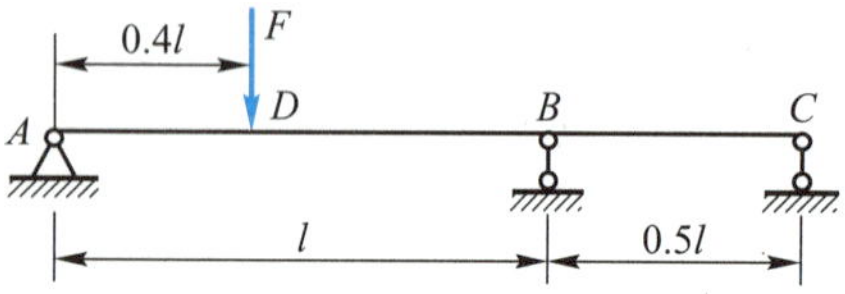

题 6－34 图

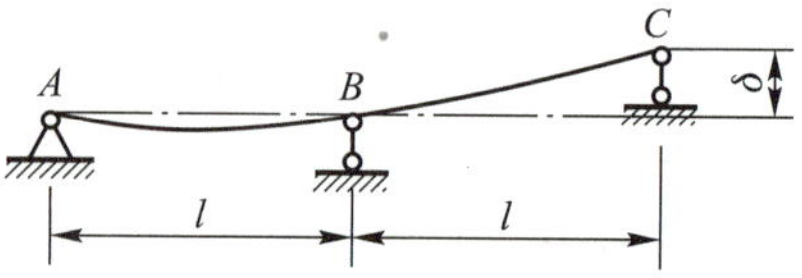

题 6－35 图

6－36 图示梁两端固定，受均布载荷 q 作用，已知跨度 l、弯曲刚度 EI 为常量。求梁的支座约束力。

6－37 图示结构中悬臂梁 AB 和简支梁 DG 均由 18 号工字钢制成，BC 为圆截面钢杆，直径 $d=20$ mm，梁和杆的弹性模量均为 $E=200$ GPa。若 $F=30$ kN，试计算梁和杆内的最大正应力，并计算截面 C 的竖直位移。

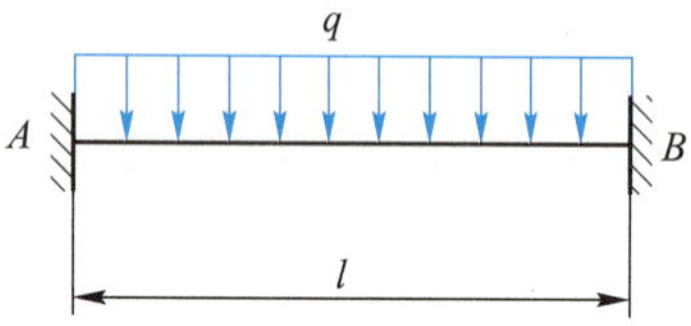

题 6－36 图

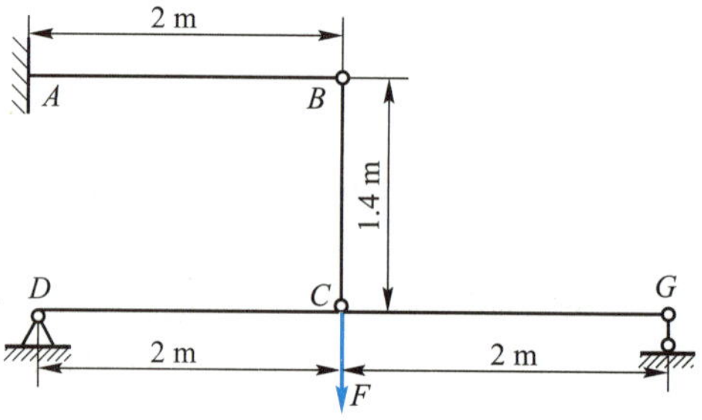

题 6－37 图

6－38 图示悬臂梁的 B 端有弹簧支撑，弹簧刚度为 $k=345$ kN/m，承受均布载荷 q 作用。施加载荷前弹簧不受力，若在无弹簧支撑和均布载荷作用时，在 B 点作用垂直于轴线的大小为 10 kN 的外力，B 点的挠度为 50 mm。试求当有弹簧支撑，且有 $q=5$ kN/m 的均布载荷作用时的 B 点的挠度。

6－4 第 6 章习题答案

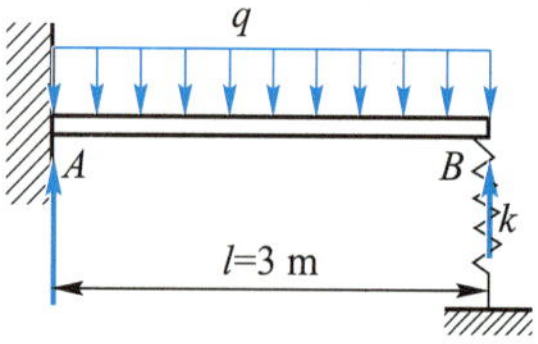

题 6－38 图

第7章 压杆的稳定性

稳定性是衡量构件承载能力的一个方面。本章讨论受轴向压力的直杆的稳定性问题。

7.1 稳定性概念

对于较细长的压杆，如图 7-1 所示发动机配气机构中的挺杆，当它推动摇臂打开气阀阀门时受到轴向压力作用，当轴向压力达到某一数值时，即使杆件内工作应力未达到许用应力，压杆也会突然发生弯曲。这种失效称为**失稳**(lost stability, buckling)。失稳往往是突然发生的。杆件失稳会产生很大的变形，甚至导致系统破坏。因此，在设计轴向受压杆件时，除应考虑强度和刚度问题外，还应考虑其稳定性问题。

现以图 7-2 所示两端铰支的细长压杆来说明这类问题。若杆件为理想直杆，受轴向压力，当压力小于某一极限值时，杆件一直保持直线形状的平衡。即使用微小的侧向干扰力使其暂时发生轻微弯曲(图 7-2a)，干扰力解除后，它仍将恢复直线形状(图 7-2b)。这表明此时压杆的直线平衡状态是稳定的。当压力逐渐增加到某一极限值时，如再用微小的侧向干扰力使其发生轻微弯曲，干扰力解除后，它不能恢复到原有的直线形状，并且将随压力的增加继续弯曲，产生显著的弯曲变形(如图 7-2c)，甚至破坏。这说明此时压杆的直线平衡状态是不稳定的。上述压力的极限值称为**临界载荷**(critical load)，用 F_{cr} 表示。在临界载荷作用下，压杆既可在直线状态下保持平衡，也可在微弯状态下保持平衡。因此，当轴向压力达到或超过压杆的临界载荷时，压杆将失稳。

上述分析认为压杆的轴线是理想直线，且压力的作用线与轴线重合，材料是均匀的。这类压杆称为**理想压杆**或**理想柱**。必须指出，实际压杆由于不可避免地存在某些缺陷，压杆在初始受力时就可能处在微弯状态，所以实际压杆的失稳是指当轴向压力接近某个极限压力值(其上限为理想压杆的临界载荷)时，其弯曲变形急剧加大而丧失承载能力的现象。

7-1 两端铰支压杆失稳

工程中有许多受压杆件存在稳定性问题，如厂房中的柱子、桁架结构中的受压杆、内燃机的连杆、液压缸的活塞杆等。除压杆外，工程上还有很多其他形式的构件也存在稳定性问题。例如，承受径向外压的薄壁圆筒，当外压 q 达到或超过一定数值时，圆形截面形状的平衡会因为失稳而变成如图 7-3a 中虚线所示的椭圆形；又如，狭长矩形截面梁，当作用在自由端的载荷 F 达到或超过一定数值时，梁会突然发生侧向弯曲与扭转(如图 7-3b)。本章仅研究理想压杆的稳定性问题。

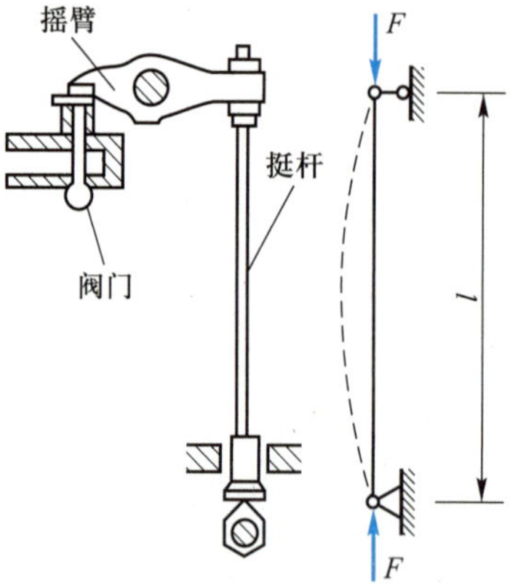

图 7-1

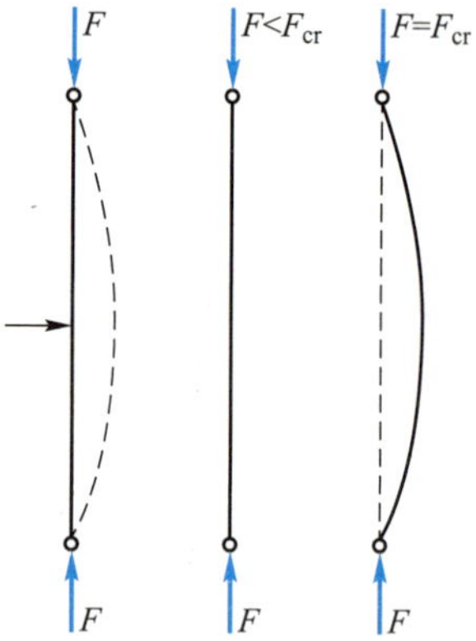

图 7-2

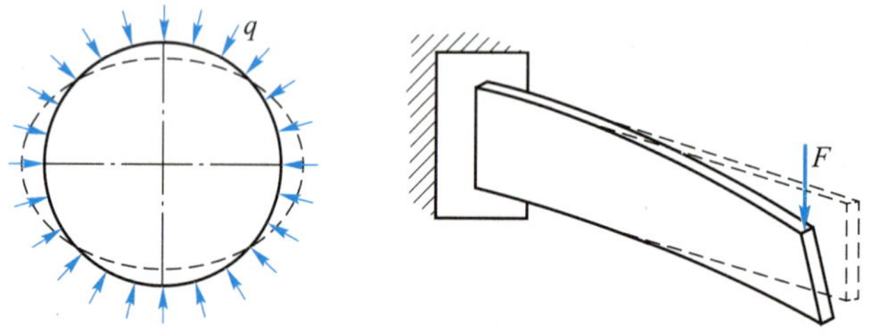

图 7-3

7.2 细长压杆的临界载荷

如前所述，对确定的压杆，是否失稳主要取决于其所受的压力是否达到临界载荷。因此，确定压杆的临界载荷是解决压杆稳定问题的关键。本节讨论细长压杆的临界载荷。

1. 两端铰支细长压杆的临界载荷

如图 7-4 所示，两端铰支的细长压杆在载荷 F 的作用下处于微弯的平衡状态。可以认为，使压杆保持微小弯曲平衡的最小压力即为临界压力。当杆内的应力不超过材料的比例极限时，压杆的挠曲线 w 满足近似微分方程

$$\frac{\mathrm{d}^2 w}{\mathrm{d}x^2}=\frac{M}{EI} \tag{a}$$

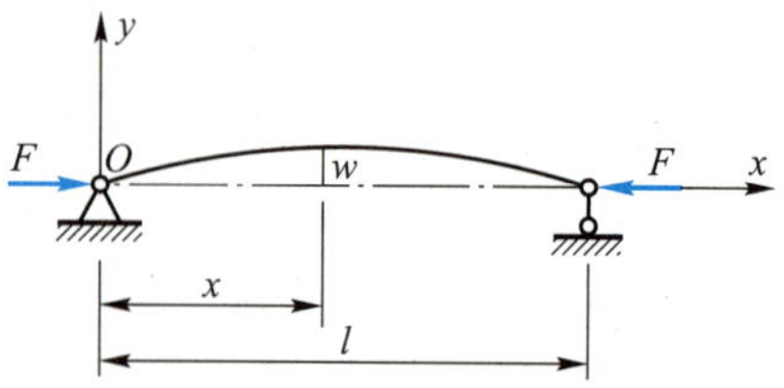

图 7-4

选取图 7-4 所示坐标系，则压杆距左端为 x 的横截面上的弯矩为

$$M=-Fw$$

式中，压力 F 取为正值，易知当 w 为正值时，弯矩 M 为负

值；w 为负值时，弯矩 M 为正值，所以上式右端加一负号。引入符号

$$k^2=\frac{F}{EI} \tag{b}$$

于是式(a)变为

$$\frac{\mathrm{d}^2 w}{\mathrm{d}x^2}+k^2 w=0 \tag{c}$$

式(c)是一个二阶常微分方程，其通解为

$$w=A\sin(kx)+B\cos(kx) \tag{d}$$

式中，A、B 和 k 均是未知的，可以由压杆的位移边界条件和变形状态确定。

根据杆端的边界条件 $w(0)=0$，可得 $B=0$，于是(d)式可改写为

$$w=A\sin(kx) \tag{e}$$

根据边界条件 $w(l)=0$，可得

$$A\sin(kl)=0$$

上述方程有两组可能的解，$A=0$ 或 $\sin(kl)=0$。如果 $A=0$，则由式(e)知 w 恒为零，即压杆各截面的挠度均为零，这与压杆处于微弯状态的研究前提不符，因此只能要求 $\sin(kl)=0$。要满足这一条件，则要求

$$kl=n\pi \tag{f}$$

式中，n 为任意整数，由式(b)与式(f)得

$$F=\frac{n^2\pi^2 EI}{l^2} \tag{g}$$

由临界载荷的定义知，使压杆在微弯状态下保持平衡的最小轴向压力是压杆的临界载荷。因此，式(g)中取 $n=1$，得细长压杆的临界载荷为

$$F_{cr}=\frac{\pi^2 EI}{l^2} \tag{7-1}$$

上式通常称为计算临界载荷的**欧拉公式**(Euler formula)，是两端铰支细长压杆的临界载荷计算公式。

7-2 欧拉及欧拉公式

从式(7-1)可以看出，临界载荷 F_{cr} 与压杆的弯曲刚度 EI 成正比，而与杆的长度 l 的平方成反比。即杆愈细长，其临界载荷愈小，杆件愈容易失稳。

当压杆承受的压力达到临界载荷时，由式(f)知 $k=\pi/l$，此时由(e)式得

$$w=A\sin\left(\frac{\pi}{l}x\right) \tag{h}$$

即两端铰支细长压杆的挠曲线是一条半波正弦曲线。A 为压杆中点的挠度。

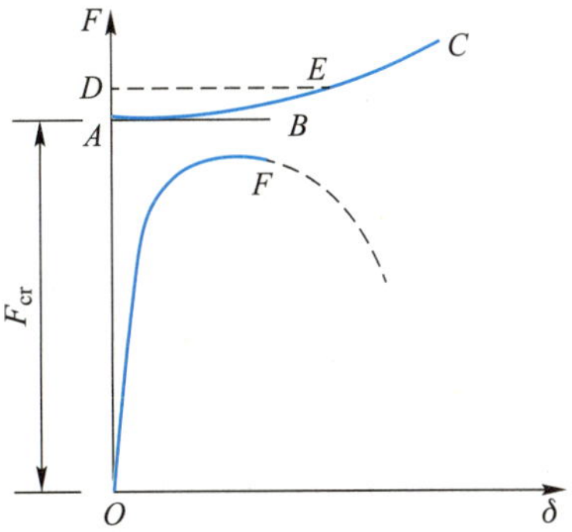

图 7-5

为说明压力与失稳变形的关系，建立图 7-5 所示坐标系，以横坐标表示压杆中点的挠度 δ，纵坐标表示压力 F。当 $F<F_{cr}$ 时，压杆的直线平衡是稳定的，$\delta=0$，对应图 7-5 中的铅垂线 OA；当 $F=F_{cr}$ 时，压杆的直线平衡变为不稳定。压杆过渡为曲线平衡后，F 与 δ 的关系由图 7-5 中的水平直线 AB 描

述。此时没有给出中点挠度的确定值，这是因为前述分析采用了小挠度理论的挠曲线近似微分方程。如采用大挠度理论，即采用方程 $\frac{1}{\rho(x)}=\frac{M(x)}{EI}$ 进行分析，则轴向压力 F 与压杆最大挠度的关系如图 7－5 中的曲线 AC 所示。实际上，当 $F>F_{cr}$ 时，压杆如果处于直线平衡状态，则对应点 D，但它是不稳定的，将过渡为由 E 点表示的曲线平衡。而曲线平衡是稳定的，轴线不会再恢复为直线。此时对应每一个载荷值，中点挠度都有确定的数值。

上述分析针对理想压杆。实际压杆通常会有初始弯曲、压力偏心、材料不均匀等情况，这将导致压杆不经历 OA 阶段而直接发生弯曲。试验分析得到的 F 与 δ 的关系曲线大致如图 7－5 中曲线 OF 所示，而折线 OAB 可以看作是它的极限情况。

2. 其他约束情况下细长压杆的临界载荷

对于两端非铰支情况的细长压杆，可以采用与上节相同的方法求临界载荷。通常，各种约束情况下压杆的临界载荷计算式可以统一写为

$$F_{cr}=\frac{\pi^2 EI}{(\mu l)^2} \tag{7-2}$$

式中，乘积 μl 称为压杆的**相当长度**或**有效长度**(equivalent length)，表示把压杆折算成两端铰支压杆时的长度。μ 称为压杆的**长度因数**(factor of length)，代表约束方式对压杆临界载荷的影响。几种常见细长压杆的临界载荷计算式与长度因数列于表 7－1。

表 7－1 几种常见细长压杆的临界载荷计算式与长度因数

约束情况	两端铰支	一端自由 一端固定	两端固定	一端铰支 一端固定
挠曲线形状	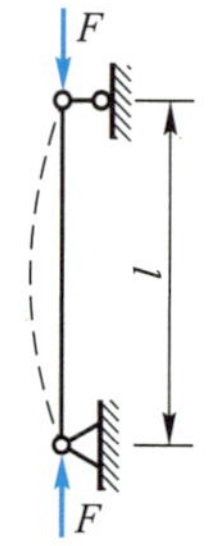		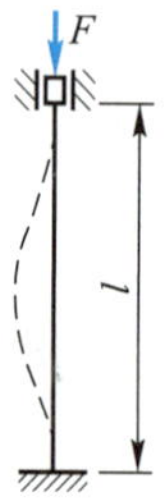	
F_{cr}	$\frac{\pi^2 EI}{l^2}$	$\frac{\pi^2 EI}{(2l)^2}$	$\frac{\pi^2 EI}{(0.5l)^2}$	$\frac{\pi^2 EI}{(0.7l)^2}$
μ	1.0	2.0	0.5	0.7

从表 7－1 中可以看出，两端都有支座的压杆，其长度因数介于 0.5 到 1.0 之间。在实际工程中，压杆的杆端很难做到完全固定，只要杆端稍有发生转动的可能，这种杆端就不能视为理想的固定端，而是一种接近于铰支的情况。此时常将长度因数 μ 取为接近于 1.0 的数值。

实际问题中压杆的支座还可能有其他情况，如弹性支座(杆端与其他弹性构件固接)等。另外，作用于压杆的载荷也有多种形式，如压力可能是沿杆的轴线分布而不是集中于两端。这类情

况也可用不同的长度因数来反映，在一般的设计手册或规范中有具体的规定。

还需指出，有些压杆的杆端约束在不同弯曲平面内的作用并不相同，μ 值也应该不相同。因此一根压杆可能有两个相当长度，确定临界压力时必须考虑到这种情况。

7.3 压杆的临界应力

1. 临界应力与柔度

临界状态下压杆横截面上的平均应力称为压杆的临界应力(critical stress)，用 σ_{cr} 表示。由式(7-2)可以得到细长压杆的临界应力计算式为

$$\sigma_{cr}=\frac{F_{cr}}{A}=\frac{\pi^2 EI}{(\mu l)^2 A} \tag{a}$$

式中，I 和 A 都是与截面有关的几何量。

定义

$$i_z=\sqrt{I_z/A},\quad i_y=\sqrt{I_y/A} \tag{7-3}$$

i_z、i_y 分别称为截面图形对 z 轴和 y 轴的惯性半径，其有长度的量纲。把横截面的惯性矩 I 写成

$$I=i^2 A$$

并引入符号

$$\lambda=\frac{\mu l}{i} \tag{7-4}$$

可得细长压杆的临界应力计算式为

$$\sigma_{cr}=\frac{\pi^2 E}{\lambda^2} \tag{7-5}$$

式(7-5)称为临界应力欧拉公式(Euler critical stress formula)。式中，λ 称为压杆的柔度或长细比(slenderness)，其量纲为一。柔度综合反映了杆端约束、杆的长度、杆的横截面形状和尺寸等因素对临界应力的影响。从式(7-5)可以看出：压杆柔度越大，临界应力越小，压杆越容易失稳；反之，若为粗短压杆，则其柔度较小，因而临界应力较大，压杆不容易失稳。所以，柔度 λ 是压杆稳定问题计算中的一个重要参数。若压杆在两个形心主惯性平面内的柔度不同，则其总是在柔度较大的那个形心主惯性平面内失稳。

2. 欧拉公式的适用范围

式(7-2)和式(7-5)是根据杆件弯曲的挠曲线近似微分方程导出的，而这个微分方程只有在小变形和材料服从胡克定律的前提下才能成立。因此，只有当压杆的临界应力 σ_{cr} 未超过材料的比例极限 σ_p 时，欧拉公式才适用。于是，欧拉公式的适用条件为

$$\sigma_{cr}=\frac{\pi^2 E}{\lambda^2}\leqslant\sigma_p \tag{b}$$

从上式可得

$$\lambda\geqslant\pi\sqrt{\frac{E}{\sigma_p}}$$

若令

$$\lambda_p=\pi\sqrt{\frac{E}{\sigma_p}} \tag{7-6}$$

则欧拉公式的适用条件可以写为

$$\lambda\geqslant\lambda_p$$

显然，满足 $\lambda\geqslant\lambda_p$ 的压杆的稳定性问题发生在弹性范围内，称为弹性稳定问题。λ_p 只与材料的力学性能有关。例如工程中常用的材料 A3 钢，取弹性模量 $E=200$ GPa，比例极限 $\sigma_p=200$ MPa，代入式(7-6)得 $\lambda_p\approx99$。即以 A3 钢制成的压杆，其柔度 $\lambda\geqslant99$ 时，才能用欧拉公式计算其临界压力。

3. 中、小柔度压杆的临界应力

当压杆的柔度 $\lambda<\lambda_p$ 时，临界应力 σ_{cr} 大于材料的比例极限 σ_p，欧拉公式不再适用，这是超过比例极限的压杆稳定性问题，称为非弹性稳定问题。此时，由于理论分析存在困难，计算临界应力常采用建立在试验基础上的经验公式，如直线型经验公式和抛物线型经验公式等。

(1) 直线型经验公式

对于由合金钢、铝合金、灰口铸铁等制作的非细长压杆，可采用直线型经验公式计算临界应力，其一般表达式为

$$\sigma_{cr}=a-b\lambda \tag{7-7}$$

式中，a、b 是与材料性质有关的常数，由试验确定。

对于由塑性材料制成的压杆，在使用上述直线型经验公式时，要求临界载荷不能超过材料的屈服极限 σ_s，即 $a-b\lambda\leqslant\sigma_s$。这是因为当应力达到屈服极限时，压杆已因强度不足而失效。此时有 $\lambda\geqslant\dfrac{a-\sigma_s}{b}$。引用记号

$$\lambda_s=\frac{a-\sigma_s}{b} \tag{7-8}$$

则直线型经验公式的适用条件可以写为 $\lambda_s\leqslant\lambda<\lambda_p$。对于脆性材料，只需把以上诸式中的 σ_s 换为 σ_b。

几种常用材料的 a、b、λ_p、λ_s 值列于表 7-2 中。

表 7-2 几种常用材料的 a、b、λ_p、λ_s 值

材料	a/MPa	b/MPa	λ_p	λ_s
A3 碳钢 $\sigma_p=235$ MPa，$\sigma_b=372$ MPa	304	1.12	100	61
优质碳钢 $\sigma_p=306$ MPa，$\sigma_b=471$ MPa	461	2.57	100	60
硅钢 $\sigma_p=353$ MPa，$\sigma_b=510$ MPa	578	3.74	100	60
灰口铸铁	332	1.45	80	
铬钼钢	981	5.30	55	
硬铅	373	2.15	50	
松木	28.7	0.19	59	

综上所述，根据柔度可将压杆分为三类：$\lambda \geqslant \lambda_p$ 的压杆称为**细长杆**或**大柔度杆**（long column），按欧拉公式计算其临界应力；$\lambda_s \leqslant \lambda < \lambda_p$ 的压杆称为**中柔度杆**（intermediate column），可按经验公式计算其临界应力；$\lambda < \lambda_s$ 的压杆称为**小柔度杆**或**短粗杆**（short column）。试验表明，短粗杆在轴向压力作用下，不会出现失稳现象，此时其失效压应力已达到材料的屈服极限 σ_s，因而是一个强度问题。可以认为此时的临界应力为 $\sigma_{cr} = \sigma_s$。

将上述三种柔度范围内压杆的临界应力与柔度的关系在 $\sigma_{cr}-\lambda$ 直角坐标系中绘出，所得到的图线称为压杆的**临界应力总图**（total diagram of critical stress）。图 7-6 为塑性材料的临界应力总图，它反映了压杆的承载能力随柔度的变化规律。

(2) 抛物线型经验公式

对于由结构钢与低合金结构钢等制作的非细长压杆，可采用抛物线型经验公式计算临界应力，其一般表达式为

$$\sigma_{cr} = a_1 - b_1\lambda^2 \quad (0 < \lambda < \lambda_p) \tag{7-9}$$

式中，a_1、b_1 是与材料性质有关的常数。由抛物线型经验公式和欧拉公式确定的临界应力总图如图 7-7 所示。

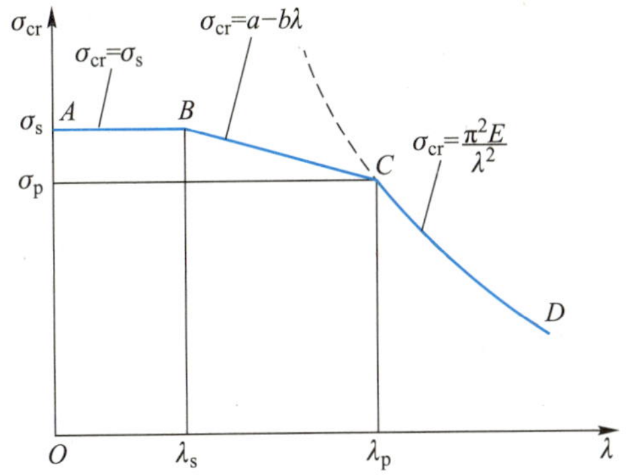

图 7-6

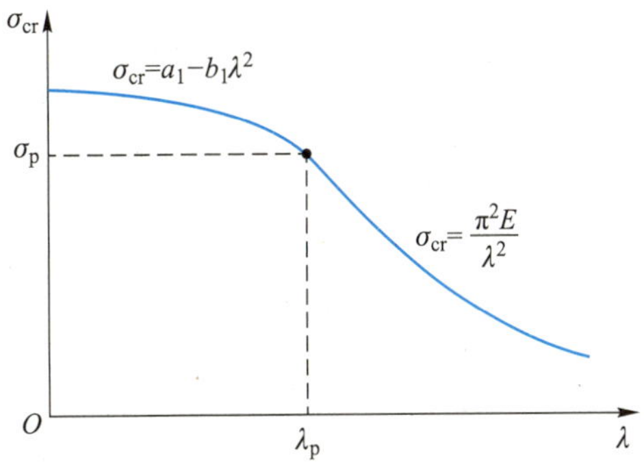

图 7-7

从临界应力总图可知，为计算压杆的临界载荷，应该首先计算压杆的柔度，然后根据柔度值判断压杆属于哪一类型，再选择适当的临界载荷计算公式。不论是哪一类压杆，若错误地应用了公式，必然得到错误的结果，使结构偏于不安全。

例 7-1 两端固定的受压杆件如图 7-8 所示，其由硅钢制成，$E = 210$ GPa，横截面形状分别为长宽比为2∶1的矩形和直径为 d 的圆形，横截面面积为 3 200 mm²。试分别计算两种情况下的临界载荷。

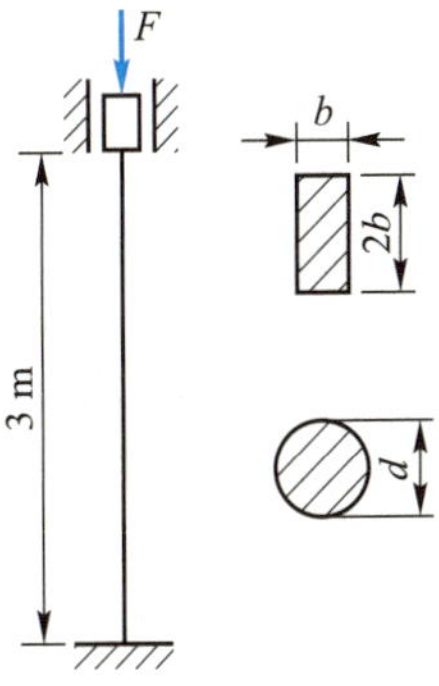

图 7-8

解 (1) 矩形截面

由 $A = b \times 2b = 3\ 200\ \text{mm}^2$，得

$$b = 40\ \text{mm}$$

横截面的最小惯性半径

$$i = \sqrt{\frac{I_{min}}{A}} = \sqrt{\frac{2b \times b^3/12}{2b \times b}} = \frac{b}{\sqrt{12}} = 11.55\ \text{mm}$$

压杆两端为固定端，取长度因数 $\mu = 0.5$，此时压杆的柔度为

$$\lambda=\frac{\mu l}{i}=\frac{0.5\times 3\ \text{m}}{11.55\times 10^{-3}\ \text{m}}=129.9>\lambda_p=100$$

该压杆为大柔度杆，有

$$F_{cr}=\sigma_{cr}A=\frac{\pi^2 E}{\lambda^2}A=\frac{\pi^2(210\times 10^9\ \text{Pa})}{129.9^2}(32\times 10^{-4}\ \text{m}^2)=374\times 10^3\ \text{N}=374\ \text{kN}$$

(2) 圆形截面

由 $A=\frac{\pi d^2}{4}=3\ 200\ \text{mm}^2$，得

$$d=63.8\ \text{mm}$$

横截面惯性半径

$$i=\sqrt{\frac{I}{A}}=\sqrt{\frac{\pi d^4/64}{\pi d^2/4}}=\frac{d}{4}=15.95\ \text{mm}$$

压杆的柔度为

$$\lambda=\frac{\mu l}{i}=\frac{0.5\times 3\ \text{m}}{15.95\times 10^{-3}\ \text{m}}=94$$

因 $\lambda_s<\lambda<\lambda_p$，该压杆为中柔度杆，有

$$F_{cr}=\sigma_{cr}A=(a-b\lambda)A=[304\times 10^6\ \text{Pa}-(1.12\times 10^6\ \text{Pa})\times 94](32\times 10^{-4}\ \text{m}^2)=636\times 10^3\ \text{N}=636\ \text{kN}$$

由此例可知，在其他条件相同的情况下，由于所选截面的形状不同，压杆的临界载荷也不同。圆形截面压杆的临界载荷比矩形截面压杆的大，即圆形截面压杆的稳定性高于矩形截面压杆。

例 7-2 工字型截面连杆如图 7-9a 所示，连杆由硅钢制成，其横截面面积 $A=720\ \text{mm}^2$，惯性矩 $I_z=6.5\times 10^4\ \text{mm}^4$，$I_y=3.8\times 10^4\ \text{mm}^4$，两端由轴销连接(图 7-9b)。试计算该连杆的临界载荷 F_{cr}。

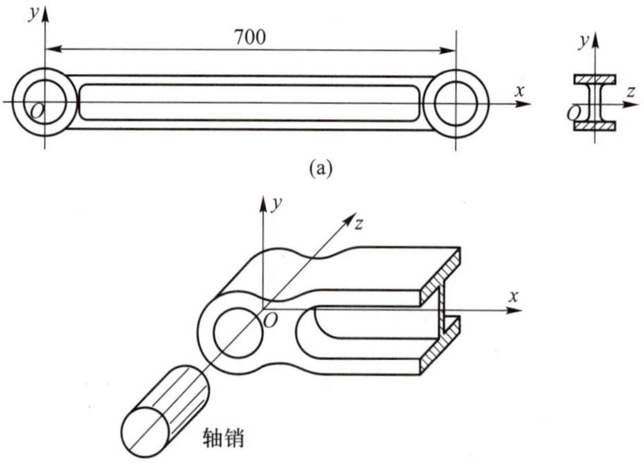

图 7-9

解 (1) 判断失稳形式

在轴向压力作用下，连杆既可能在 $x-y$ 平面内失稳，也可能在 $x-z$ 平面内失稳。$x-y$ 平面垂直于轴销轴线，此时轴销对连杆的约束相当于铰链支撑，如果连杆在此平面内失稳，长度因数 $\mu=1$，此时连杆的柔度为

$$\lambda_z=\frac{\mu l}{i_z}=\frac{\mu l}{\sqrt{I_z/A}}=\frac{1\times 0.7\ \text{m}}{\sqrt{(6.5\times 10^{-8}\ \text{m}^4)/(7.2\times 10^{-4}\ \text{m}^2)}}=73.7$$

轴销轴线在 $x-z$ 平面内，在此平面内轴销对连杆的约束可简化为固定端，如果连杆在此平面内失稳，长度因数 $\mu=0.5$，此时连杆的柔度为

$$\lambda_y=\frac{\mu l}{i_y}=\frac{\mu l}{\sqrt{I_y/A}}=\frac{0.5\times0.7\ \text{m}}{\sqrt{(3.8\times10^{-8}\ \text{m}^4)/(7.2\times10^{-4}\ \text{m}^2)}}=48.2<\lambda_z$$

可见，连杆将首先在 $x-y$ 平面内失稳。

(2) 计算临界载荷

查表 7-2，硅钢的 $\lambda_p=100$，$\lambda_s=60$，$a\doteq578$ MPa，$b=3.74$ MPa。因 $\lambda_s<\lambda<\lambda_p$，连杆属于中柔度杆，其临界载荷为

$$F_{cr}=\sigma_{cr}A=(a-b\lambda)A=[578\times10^6\ \text{Pa}-(3.74\times10^6\ \text{Pa})\times73.7](7.2\times10^{-4}\ \text{m}^2)=218\times10^3\ \text{N}=218\ \text{kN}$$

7.4 压杆的稳定性条件与合理设计

1. 压杆的稳定性条件

为了保证压杆具有足够的稳定性，应使其工作压力 F 小于临界载荷 F_{cr}。在考虑一定安全储备的情况下，压杆的稳定性条件(stability condition)写为

$$F\leqslant\frac{F_{cr}}{n_{st}} \tag{7-10}$$

式中，n_{st} 为压杆的稳定安全因数。因为压杆横截面上的应力均匀分布，因此稳定性条件也可以由应力表示为

$$\sigma\leqslant\frac{\sigma_{cr}}{n_{st}} \tag{7-11}$$

在选择稳定安全因数时，除应遵循确定强度安全因数的一般原则外，还应考虑压杆的初始曲率、压力偏心、材料不均匀等不利因素的影响，所以稳定安全因数一般高于强度安全因数。其值可以从有关设计规范和手册中查到。

由于压杆的临界载荷是由整个杆件的弯曲变形决定的，当杆件局部有横截面削弱时，例如有油孔、螺钉孔等情况，在稳定性计算中可以不予考虑。但对于这类压杆，必须对削弱的横截面进行强度校核。

需要说明的是，利用压杆稳定性条件式(7-10)、式(7-11)进行压杆横截面尺寸设计时，因横截面尺寸待定，无法计算柔度，所以无法选择临界载荷的计算公式。此时，可先假设压杆为某种特定类型(如细长杆)，基于此类型杆件进行设计。然后由设计出的截面尺寸计算压杆柔度，并利用柔度检验杆件类型的假设是否正确，若不正确需将压杆假设为其他类型重新计算。

例 7-3 如图 7-10 所示铰接结构，BC 为钢杆，在铰接点 B 处作用有垂直载荷 $F=20$ kN。当 AB 杆在最小刚度平面($x-y$ 面)内失稳时，两端可视为铰支；在最大刚度平面($x-z$ 面)内失稳时，A 端视为固定端，而 B 端视为自由端。AB 杆的稳定安全因数 $n_{st}=3$，$E=10$ GPa，$\lambda_p=80$，$\lambda_s=40$。试校核 AB 杆的稳定性。

解 (1) 计算 AB 杆的柔度

在 $x-y$ 面内失稳时，杆件两端铰支，长度因数 $\mu_z=1$，则

$$i_z=\sqrt{\frac{I_z}{A}}=\sqrt{\frac{150\ \text{mm}\times(100\ \text{mm})^3/12}{150\ \text{mm}\times100\ \text{mm}}}=28.9\ \text{mm}$$

$$\lambda_z=\frac{\mu_z l}{i_z}=\frac{1\times2.5\ \text{m}}{28.9\times10^{-3}\ \text{m}}=86.5$$

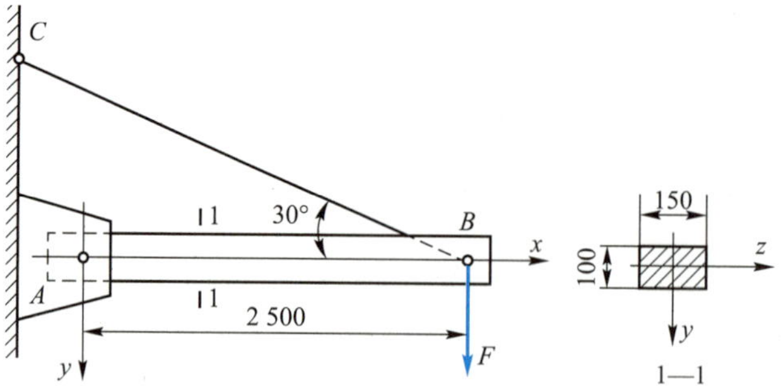

图 7-10

在 $x-z$ 面内失稳时，杆件 A 端固定，B 端自由，长度因数 $\mu_y=2$，则

$$i_y=\sqrt{\frac{I_y}{A}}=\sqrt{\frac{100\ \mathrm{mm}\times(150\ \mathrm{mm})^3/12}{150\ \mathrm{mm}\times100\ \mathrm{mm}}}=43.3\ \mathrm{mm}$$

$$\lambda_y=\frac{\mu_y l}{i_y}=\frac{2\times2.5\ \mathrm{m}}{43.3\times10^{-3}\ \mathrm{m}}=115.5>\lambda_z$$

因此，AB 杆的失稳发生于 $x-z$ 面内。

(2) 校核 AB 杆的稳定性

因为 $\lambda_y>\lambda_p$，压杆为细长杆，临界载荷为

$$F_{cr}=\frac{\pi^2 E}{\lambda_y^2}A=\frac{\pi^2(10\times10^9\ \mathrm{Pa})}{115.5^2}[(150\times10^{-3}\ \mathrm{m})(100\times10^{-3}\ \mathrm{m})]=111\times10^3\mathrm{N}=111\ \mathrm{kN}$$

由静力平衡关系可知，AB 杆所受的压力为 $F_{AB}=F\times\tan60°=34.6\ \mathrm{kN}$，于是有

$$F_{AB}<\frac{F_{cr}}{n_{st}}=37\ \mathrm{kN}$$

AB 杆稳定性足够。

例 7-4 如图 7-11 所示蒸汽机示意图，其活塞杆 AB 的横截面为圆形，杆两端可视为铰支，受到蒸汽压力 $F=120\ \mathrm{kN}$ 作用，杆的长度 $l=1.8\ \mathrm{m}$，材料为优质钢，弹性模量 $E=210\ \mathrm{GPa}$，$\sigma_p=240\ \mathrm{MPa}$，稳定安全因数 $n_{st}=8$。试设计活塞杆 AB 的直径。

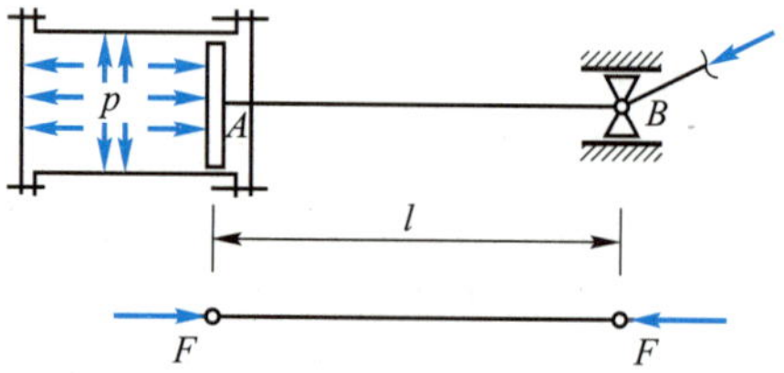

图 7-11

解 设活塞杆 AB 为细长杆，其临界载荷为

$$F_{cr}=\frac{\pi^2 EI}{(\mu l)^2}=\frac{\pi^2 E}{(\mu l)^2}\frac{\pi d^4}{64}$$

由压杆稳定性条件有

$$F\leqslant\frac{F_{cr}}{n_{st}}=\frac{\pi^2 E}{(\mu l)^2\cdot n_{st}}\cdot\frac{\pi d^4}{64}$$

活塞杆两端铰支，长度因数 $\mu=1$，于是有

$$d \geqslant \sqrt[4]{\frac{64(\mu l)^2 \cdot n_{st} \cdot F}{\pi^3 E}}=\sqrt[4]{\frac{64(1\times 1.8\ \mathrm{m})^2\times 8\times(120\times 10^3\ \mathrm{N})}{\pi^3(210\times 10^9\ \mathrm{Pa})}}=0.074\ \mathrm{m}$$

由上述直径计算活塞杆的柔度为

$$\lambda=\frac{\mu l}{i}=\frac{\mu l}{d/4}=\frac{1\times 1.8\ \mathrm{m}}{0.074\ \mathrm{m}/4}=97.3$$

对于优质钢活塞杆，可算得

$$\lambda_p=\sqrt{\frac{\pi^2 E}{\sigma_p}}=\sqrt{\frac{\pi^2(210\times 10^9\ \mathrm{Pa})}{240\times 10^6\ \mathrm{Pa}}}=92.9$$

因 $\lambda>\lambda_p$，说明上面应用欧拉公式进行的试算是正确的。

2. 压杆的合理设计

通过对压杆进行合理设计，可以提高其抗失稳能力。由压杆的临界应力公式 $\sigma_{cr}=\frac{\pi^2 E}{\lambda^2}$ 和 $\sigma_{cr}=a-b\lambda$ 可知，压杆的稳定性与材料的性质和压杆的柔度有关。减小柔度能增大临界应力，从而提高压杆的稳定性。而柔度 $\lambda=\mu l/i$ 又与压杆长度、横截面形状和尺寸及压杆的约束条件有关。综上所述，要提高压杆的稳定性可以从以下几个方面入手。

(1) 合理选择截面形状

压杆的柔度为

$$\lambda=\frac{\mu l}{i}=\mu l\sqrt{\frac{A}{I}}$$

式中，A 为压杆的横截面面积，I 为压杆的横截面惯性矩。对于一定长度与支撑方式的压杆，μl 为常量，当横截面面积 A 保持一定时，增大横截面惯性矩 I 可以减小压杆柔度 λ，从而提高压杆的稳定性。例如，图 7－12a 中的空心圆截面比实心圆截面设计合理（但应注意：空心圆截面的壁不能太薄，以免造成局部皱折失稳）；四个角钢布置成箱形比布置成十字形要合理（图 7－12b）；两个槽钢分开布置比紧靠在一起（相当于一个工字钢）合理（图 7－12c），等等。

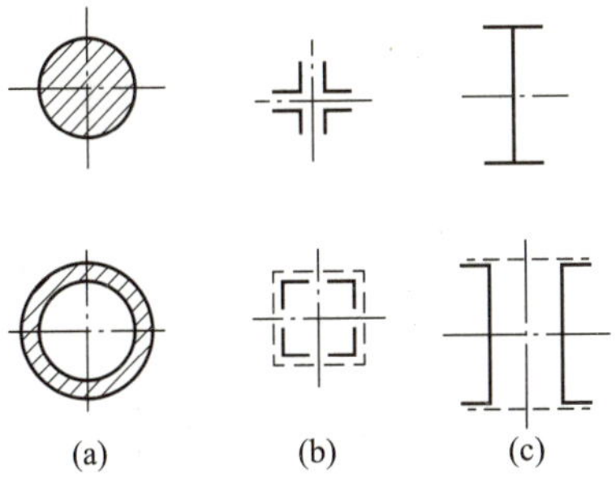

图 7－12

在选择截面形状时，还应考虑压杆的端部约束情况，即应使压杆在各个纵向平面内有相同或相近的稳定性。这就要求在各个纵向平面内的柔度相等或相近。因此，当压杆在各个方向的端部约束相同时，就应使截面对任一形心轴的惯性矩相等，宜采用圆形、圆环形、正方形及箱形等截面形状；当压杆在两个形心主惯性平面内的约束不同时，如发动机的连杆，则应采用两个形心主惯矩不等的截面，如矩形、工字形等。

(2) 减小压杆的长度

减小压杆的长度，能够降低压杆的柔度，从而提高压杆的稳定性。因此，在结构允许的情况下，应尽量减小压杆的长度，或添加中间约束以减小失稳弯曲时的半波长度。例如，图 7－13 所

示的两端铰支细长压杆，若增加一个中间支座，其相当长度变为原来的一半，临界载荷可提高到原来的4倍。

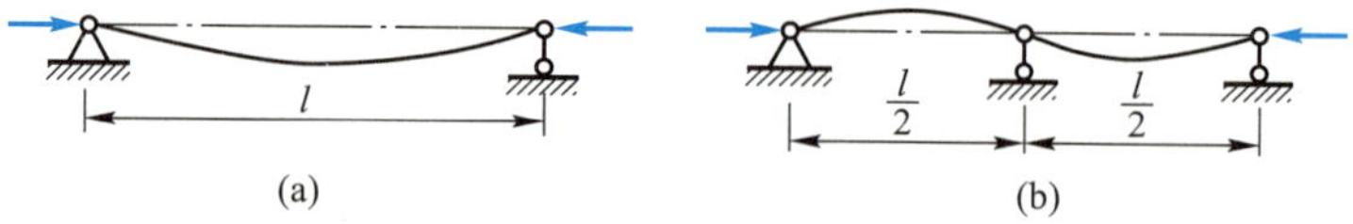

图 7-13

(3) 改善杆端约束状况

杆端约束的刚性越强，压杆的长度因数越小，柔度值随之减小，临界应力则越高。如果把细长杆的两个铰支端改为两个固定端，则压杆的临界应力变为原来的4倍。因此，在结构及使用方面允许的条件下，应采取措施尽可能增强约束的刚性。

(4) 合理选用材料

由临界应力欧拉公式(7-5)可以看出，细长杆的临界应力与材料的弹性模量 E 成正比，故选用弹性模量较大的材料显然能提高细长杆的稳定性。但是，就钢材而言，各种类型钢的弹性模量大致相同，均为200～210 GPa。因而，如果仅从稳定性考虑，选用高强度钢或合金钢作细长杆是不必要的。

对于中柔度杆，由临界应力总图可以看出，比例极限 σ_p 和屈服极限 σ_s 的提高有助于提高压杆的临界应力，所以采用高强度材料可以提高中柔度杆的稳定性。

习题

7-1 图示细长杆，两端为球形铰支，弹性模量 $E=200$ GPa，对下面三种截面用欧拉公式计算其临界载荷。(1) 圆截面，$d=25$ mm，$l=1.0$ m；(2) 矩形截面，$h=2b=40$ mm，$l=1.0$ m；(3) 16号工字钢的工字形截面，$l=2.0$ m。

7-2 图示为下端固定、上端自由并在自由端受轴向压力作用的等直压杆。杆的长度为 l，在临界载荷 F_{cr} 作用下杆失稳时有可能在 $x-y$ 平面内维持微弯状态下的平衡。杆横截面对垂直于 $x-y$ 平面的 z 轴的惯性矩为 I，试推导其临界载荷 F_{cr} 的欧拉公式，并求出该杆的挠曲线方程。

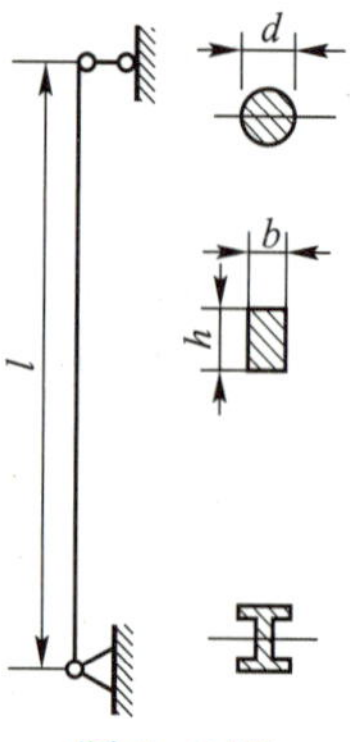

题 7-1 图

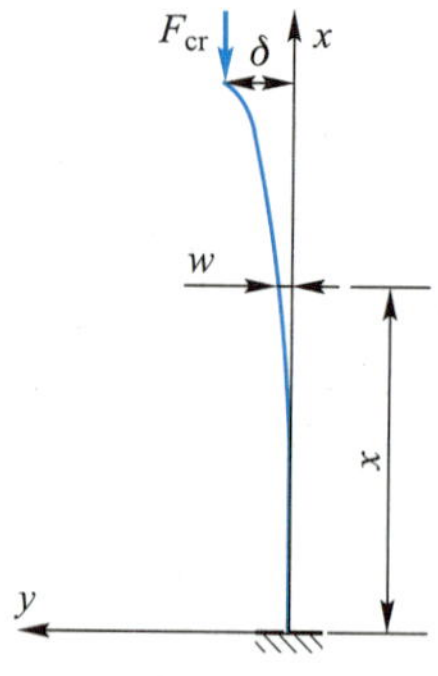

题 7-2 图

7-3 某钢材 $\sigma_p=230$ MPa，$\sigma_s=274$ MPa，$E=200$ GPa，$\sigma_{cr}=338\text{ MPa}-1.22\text{ MPa}\times\lambda$，试计算 λ_p 和 λ_s 值，并绘制临界应力总图($0\leqslant\lambda\leqslant150$)。

7-4 图示压杆的横截面为矩形，边长分别为 80 mm 和 40 mm，杆的长度 $l=2$ m，材料为优质碳钢，$E=210$ GPa。两端约束为：在正视图(a)的平面内相当于铰支；在俯视图(b)的平面内为弹性固定，并采用 $\mu=0.6$。试求此杆的临界载荷 F_{cr}。

7-5 压杆由两个 56 mm×56 mm×8 mm 的等边角钢组成，其横截面如图所示，杆的长度 $l=1.5$ m，两端为球形铰支，受轴向压力 $F=150$ kN 作用，角钢材料为 A3 钢。试确定该压杆的临界应力及工作安全因数。

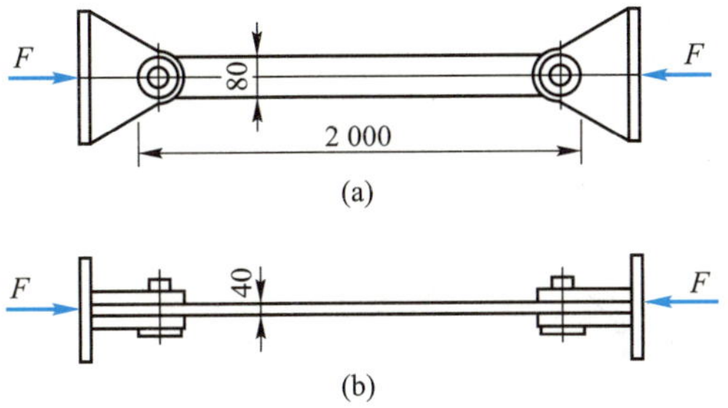

题 7-4 图

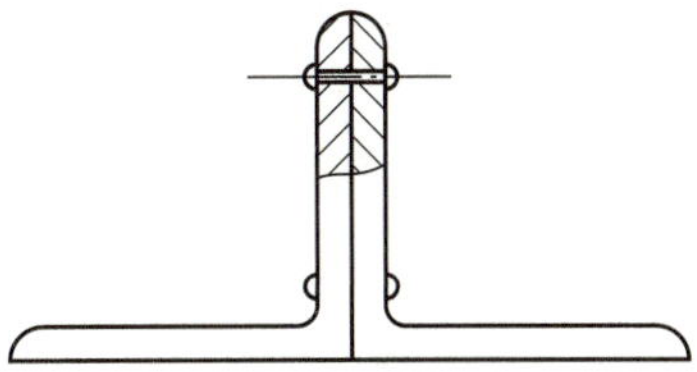

题 7-5 图

7-6 图示立柱，长度 $l=6$ m，由两根 10 号槽钢组成，下端固定，上端为球形铰支。试问当 a 为多大时立柱的临界载荷 F_{cr} 最高，其值为何？已知材料的弹性模量 $E=200$ GPa，比例极限 $\sigma_p=200$ MPa。

7-7 由三根相同的钢管构成的支架如图所示，钢管的外径 $D=30$ mm，内径 $d=22$ mm，长度 $l=2.5$ m，材料的弹性模量 $E=210$ GPa。在支架顶点处三根钢管铰接，取稳定安全因数 $n_{st}=3$，求支架的许可载荷 F。

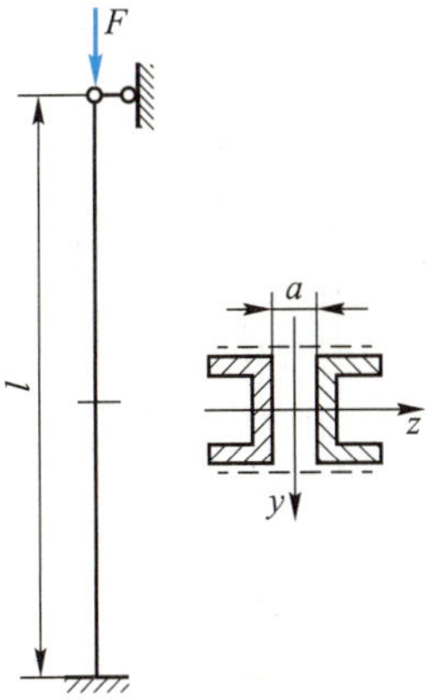

题 7-6 图

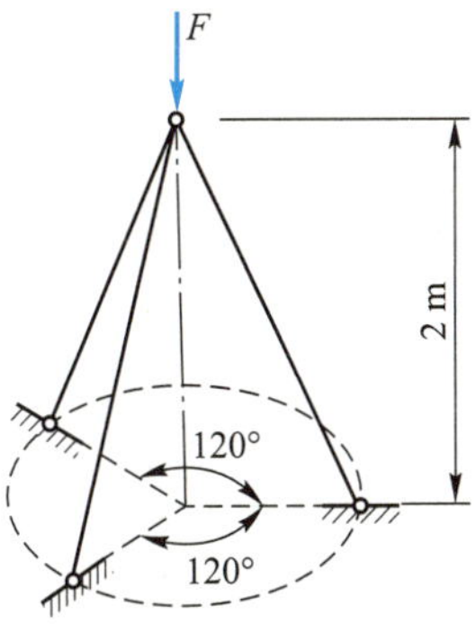

题 7-7 图

7-8 在图示结构中，AB 为圆形截面杆，直径 $d=80$ mm，A 端固定，B 端为铰支；BC 为正方形截面杆，边长 $a=110$ mm，C 端为铰支。AB、BC 两杆可独自发生弯曲变形而互不影响，材料均为 A3 钢，$E=210$ GPa。已知 $l=3$ m，压力 $F=150$ kN，规定的稳定安全因数 $n_{st}=2.5$，试校核结构的稳定性。

7-9 四根等长杆相互铰接成正方形 $ABCD$，并与 BD 杆铰接如图所示。各杆的弹性模量 E、横截面面积 A 及惯性矩 I 均相等。当(1) AC 两点处受一对拉力 F 作用，图 a；(2) AC 两点处受一对压力 F 作用，图 b，分别求该结构达到临界状态的最小载荷 F。

7-10 两端铰支的等截面圆杆，杆的长度 $l=2$ m，直径 $d=50$ mm，材料的比例极限 $\sigma_p=200$ MPa，弹性模量 $E=2\times10^5$ MPa，线胀系数 $\alpha=125\times10^{-7}$ ℃$^{-1}$。设安装时的温度为 20 ℃，求此圆杆将失稳的温度。

7-11 两杆均为细长杆的杆系如图所示，若杆系在 ABC 面内因失稳而引起破坏，试求 F 为最大值时的角度 θ(设 $0<\theta<90°$)。(杆 AB 和杆 BC 的材料和横截面均相同。)

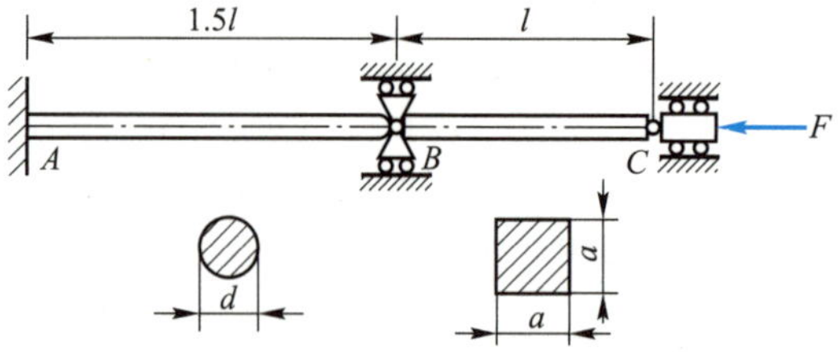

题 7-8 图

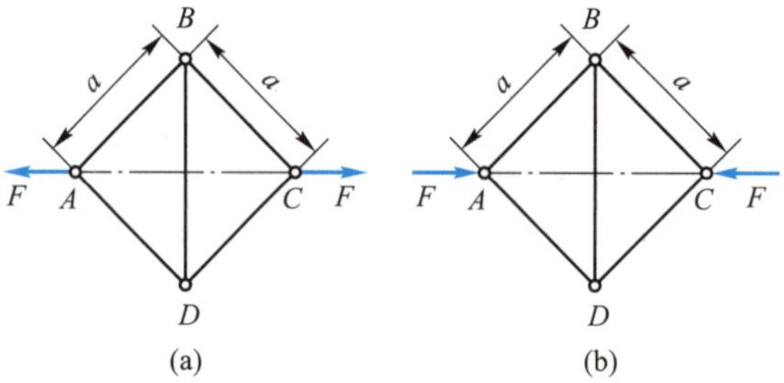

题 7-9 图

7-12 图示为万能机的示意图，四根立柱的长度均为 $l=3$ m，材料为钢材，其弹性模量 $E=210$ GPa。立柱失稳后的变形曲线如图 b 所示。若 F 的最大值为 1 000 kN，稳定安全因数取为 $n_{st}=4$，试按稳定性条件设计立柱的直径。

7-3 第 7 章习题答案

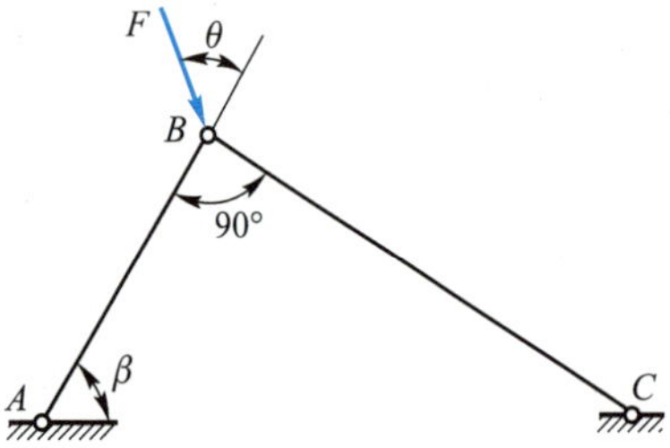

题 7-11 图

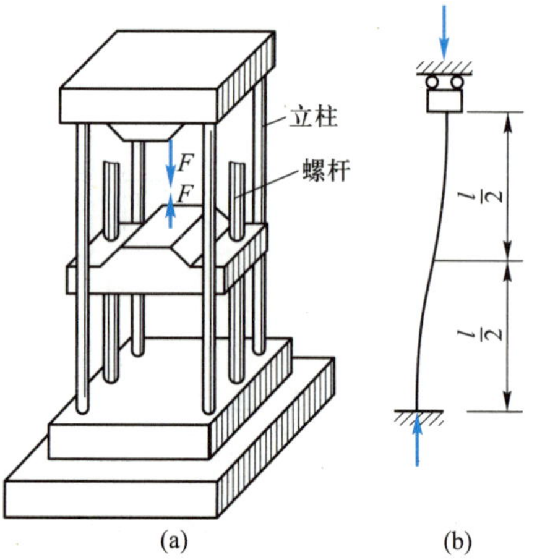

题 7-12 图

第 8 章 应力状态分析 强度理论

8.1 应力状态概念

1. 一点的应力状态

分析拉压杆件斜截面上的应力可以发现，通过一点的不同截面上的应力随截面方位的变化而变化。从扭转杆件斜截面应力分析中也可发现这一规律。一般，通过构件内一点有无数个截面，该点在各截面上的应力与截面方位有关。因此，要深入了解受力构件的应力情况，正确分析构件的强度，必须全面研究通过一点的各不同截面上的应力状况。

受力构件内通过任一点的各不同截面（方位）上的应力状况，称为**一点处的应力状态**（state of stress at a given point）。为了研究某点的应力状态，可围绕该点取出一个单元体。单元体在三个垂直方向上的尺寸均为无穷小，故可认为应力在单元体的各个面上的分布是均匀的，且在相互平行的面上是相同的。因此，单元体的应力状况可以代表一点的应力状态。研究一点处的应力状态称为**应力分析**（stress analysis）。应力分析的目的是判断受力构件的危险位置和危险方向，为构件的强度分析提供基础。

从受力构件内一点处取一单元体，若其三个互相垂直的面上的应力均已知，则称该单元体为**原始单元体**。利用截面法对原始单元体进行分析，可以求出一点任意斜截面上的应力与已知应力间的关系。图 8-1a 所示轴向拉伸杆，在 A 点处用一对横截面和两对纵截面取出一单元体（图 8-1b），其平面图如图 8-1c 所示。该单元体左右面上的正应力为 $\sigma=F/A$，切应力为零，其余面上应力均为零，此单元体为 A 点的原始单元体。对于图 8-2a 所示扭转圆轴，在表面一点 A 处用两个横截面、两个径向纵截面和两个垂直于半径的截面截取一单元体（图 8-2b），此单元体也是原始单元体。通过分析可以求得 A 点在 $\alpha=45^\circ$ 方向上的应力，得到一只有正应力的单元体，如图 8-2c 所示。

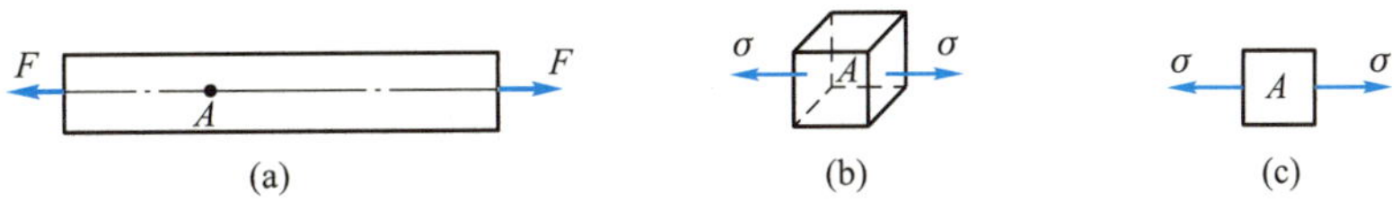

图 8-1

图 8-1c、8-2c 中，单元体的各个面上都没有切应力，这种各面上只有正应力（包括正应力为零），没有切应力的单元体称为**主单元体**。可以证明，围绕受力构件内任意一点总可以找到一个

主单元体。主单元体各面上的正应力称为**主应力**(principal stress),主应力所在的面称为**主平面**(principal plane)。

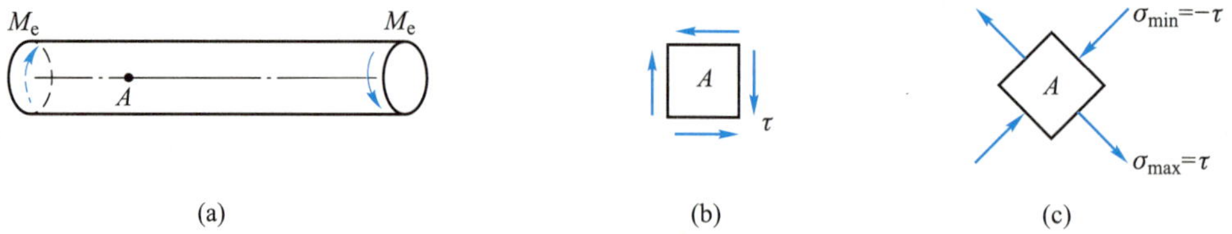

图 8-2

2. 应力状态的分类

一点处主单元体的六个面上有三对主应力,通常用 σ_1、σ_2、σ_3 表示(图 8-3)。主应力通常以其代数值大小的顺序来排列,即 $\sigma_1 \geqslant \sigma_2 \geqslant \sigma_3$。依据不等于零的主应力数目,可以把应力状态分为三类。

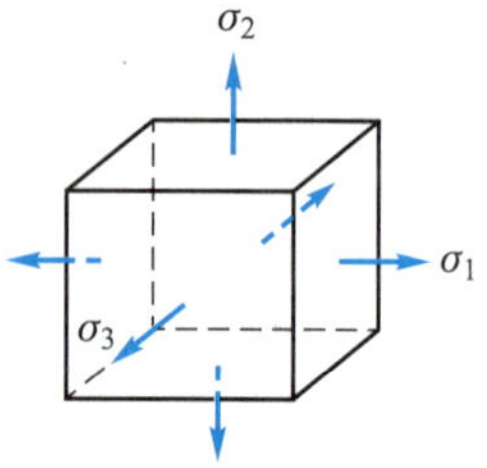

图 8-3

(1) 单向应力状态(state of uniaxial stress)

受力构件一点处只有一个主应力不为零,这点的应力状态称为单向应力状态。图 8-1c 所示单向拉伸构件中任意一点处的应力状态即为单向应力状态。

(2) 二向应力状态(state of biaxial stress)

受力构件一点处有两个主应力不为零,这点的应力状态称为二向应力状态。图 8-2c 所示为扭转圆轴的 A 点处的主单元体,可见 A 点有两个主应力不为零。所以扭转圆轴任意一点的应力状态为二向应力状态。

(3) 三向应力状态(state of triaxial stress)

受力构件一点处有三个主应力不为零,这点的应力状态称为三向应力状态或空间应力状态。齿轮啮合时接触点的应力状态就是三向应力状态,火车轮和钢轨接触点附近各点也处于三向应力状态。

单向应力状态也称为**简单应力状态**,二向和三向应力状态统称为**复杂应力状态**。

8.2 复杂应力状态实例

1. 二向应力状态实例

作为二向应力状态的实例,下面研究锅炉或其他圆筒形压力容器的应力状态,如图 8-4a 所示。设圆筒的内径为 D,壁厚为 t,且 $t \ll D$(例如,$t<D/20$)。压力容器承受内压作用,压强为 p。其筒底的压力使圆筒被拉伸,而作用于内壁的压力将使筒径均匀变大。

(1) 计算轴向正应力

作用在两端筒底的、沿圆筒轴线方向的总压力(图 8-4b)为 $F=\dfrac{\pi D^2}{4}p$,由平衡关系得圆筒

横截面上的轴力为

$$F_{\mathrm{N}}=F=\frac{\pi D^2}{4}p$$

圆筒的横截面面积为 $A=\pi Dt$，于是按照拉伸问题计算圆筒的轴向应力为

$$\sigma'=\frac{F_{\mathrm{N}}}{A}=\frac{\dfrac{\pi D^2}{4}p}{\pi Dt}=\frac{pD}{4t} \tag{8-1}$$

(2) 计算周向正应力

用两个平行的横截面截取长度为 l 的一段圆筒，并用一通过直径的平面将圆筒截分为上下两部分，取上半部分为研究对象(图 8-4c)。若作用在圆筒纵截面上的周向应力为 σ''，对于薄壁圆筒，可认为沿壁厚方向 σ'' 为常量，则该段圆筒纵截面上的内力为

$$F_{\mathrm{N1}}=\sigma'' tl \tag{a}$$

在图 8-4c 所示圆筒内壁取微面积 $\mathrm{d}A=l\dfrac{D}{2}\mathrm{d}\varphi$，其上作用的压力为 $\mathrm{d}F=p\mathrm{d}A=pl\dfrac{D}{2}\mathrm{d}\varphi$，如图 8-4d 所示。该压力在竖直方向的投影为

$$\mathrm{d}F_y=pl\frac{D}{2}\mathrm{d}\varphi\sin\varphi \tag{b}$$

则竖直方向的总压力为

$$F_y=\int_0^{\pi}pl\frac{D}{2}\mathrm{d}\varphi\sin\varphi=plD \tag{c}$$

由平衡条件 $2F_{\mathrm{N1}}=F_y$，得

$$\sigma''=\frac{pD}{2t} \tag{8-2}$$

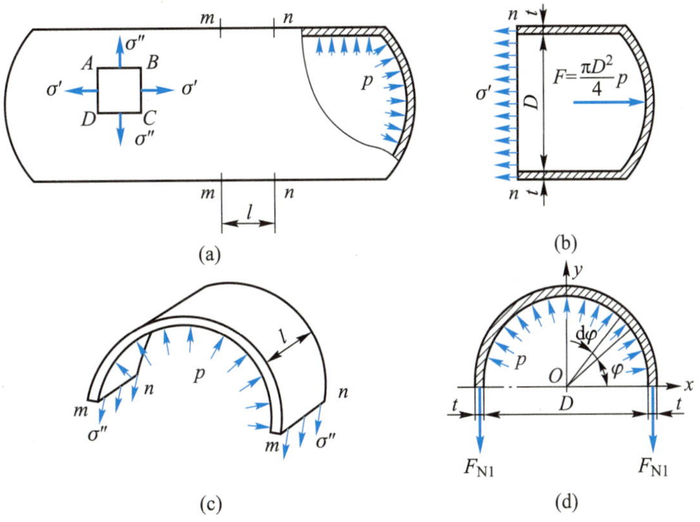

图 8-4

因为内压是轴对称载荷，所以在圆筒的纵截面上没有切应力。显然圆筒的横截面上也只有

拉伸的正应力，没有切应力。

在圆筒的中部以两个纵截面和两个横截面取出一单元体 $ABCD$。其左右截面为横截面的一部分，有轴向应力 σ'作用，上下截面为纵截面的一部分，有周向应力 σ''作用，在单元体的第三个方向上，有作用于内壁的内压力和作用于外壁的大气压力，它们都远小于 σ' 和 σ''，可以略去不计。于是可知圆筒处于二向应力状态，其主应力分别为

$$\sigma_1=\frac{pD}{2t},\quad \sigma_2=\frac{pD}{4t},\quad \sigma_3=0 \tag{d}$$

此外，从杆件的扭转和弯曲等问题中可以看出，最大应力一般发生于杆件的表层。而杆件表面一般为自由表面，自由表面上的正应力和切应力均为零。因此，研究杆件表层一点的应力状态时，自由表面对应该点的一个主平面，该主平面上的主应力为零。因而，构件表层的一点一般处于二向应力状态。

2. 三向应力状态实例

在滚珠轴承中，滚珠和外圈接触点处的应力状态，可以看作是三向应力状态，如图 8-5a 所示。围绕外圈和滚珠的接触点 A，以垂直和平行于压力 F 的平面截取一单元体，如图 8-5b 所示。在接触面上有接触应力 σ_3 作用，点 A 处的单元体将向周围膨胀，于是引起周围材料对它的约束应力 σ_1 和 σ_2。由对称条件知单元体各面上无切应力，因此单元体的三个互相垂直的平面都是主平面，应力 σ_3、σ_1 和 σ_2 就是主应力，故 A 点的应力状态为三向应力状态。类似地，桥式起重机大梁两端的滚动轮和轨道的接触点，火车车轮与钢轨的接触点也都处于三向应力状态。

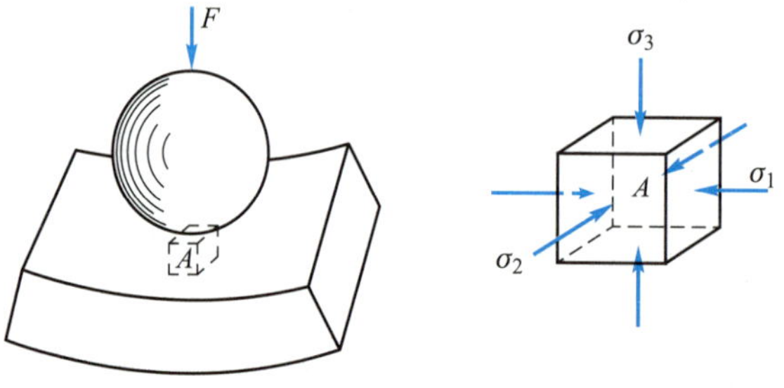

图 8-5

8.3 二向应力状态分析的解析法

二向应力状态单元体的一般形式如图 8-6a 所示。设单元体上的应力均已知。图 8-6b 为单元体在 xy 面内的正投影。在以 x 轴方向为法线方向的面上，正应力用 σ_x 表示，切应力用 τ_{xy} 表示，在以 y 轴方向为法线方向的面上，正应力用 σ_y 表示，切应力用 τ_{yx} 表示。单元体上的切应力有两个下角标，如 τ_{xy}，其第一个角标 x 表示此切应力所在面的法线沿 x 轴方向，第二个角标 y 表示此切应力方向和 y 轴平行。应力的**正负号规定**：正应力以拉应力为正，压应力为负；切应力

对单元体的任意点的矩为顺时针转向时为正，反之为负。在图 8－6a 中，σ_x、σ_y 和 τ_{xy} 均为正。

1. 任意斜截面上的应力

研究外法线 n 和 x 轴成 α 角的任意斜截面 ef，如图 8－6b 所示。规定由 x 轴转到外法线 n 方向为逆时针转向时，角 α 为正，反之为负。截面 ef 把单元体分成两部分，取 aef 部分进行分析。斜截面 ef 上有正应力 σ_α 和切应力 τ_α，如图 8－6c 所示。若 ef 面的面积为 $\mathrm{d}A$，则 af 面和 ae 面的面积分别为 $\mathrm{d}A\sin\alpha$ 和 $\mathrm{d}A\cos\alpha$，如图 8－6d 所示。根据 aef 部分的平衡，可写出沿法线 n 方向和切线 t 方向的力平衡方程为

$$\sum F_n=0,\quad \sigma_\alpha \mathrm{d}A+(\tau_{xy}\mathrm{d}A\cos\alpha)\sin\alpha-(\sigma_x\mathrm{d}A\cos\alpha)\cos\alpha+(\tau_{yx}\mathrm{d}A\sin\alpha)\cos\alpha-(\sigma_y\mathrm{d}A\sin\alpha)\sin\alpha=0 \tag{a}$$

$$\sum F_t=0,\quad \tau_\alpha \mathrm{d}A-(\tau_{xy}\mathrm{d}A\cos\alpha)\cos\alpha-(\sigma_x\mathrm{d}A\cos\alpha)\sin\alpha+(\sigma_y\mathrm{d}A\sin\alpha)\cos\alpha+(\tau_{yx}\mathrm{d}A\sin\alpha)\sin\alpha=0 \tag{b}$$

根据切应力互等定理，τ_{xy} 与 τ_{yx} 在数值上相等，以 τ_{xy} 代替 τ_{yx}，并简化以上两式得

$$\sigma_\alpha=\frac{\sigma_x+\sigma_y}{2}+\frac{\sigma_x-\sigma_y}{2}\cos 2\alpha-\tau_{xy}\sin 2\alpha \tag{8-3}$$

$$\tau_\alpha=\frac{\sigma_x-\sigma_y}{2}\sin 2\alpha+\tau_{xy}\cos 2\alpha \tag{8-4}$$

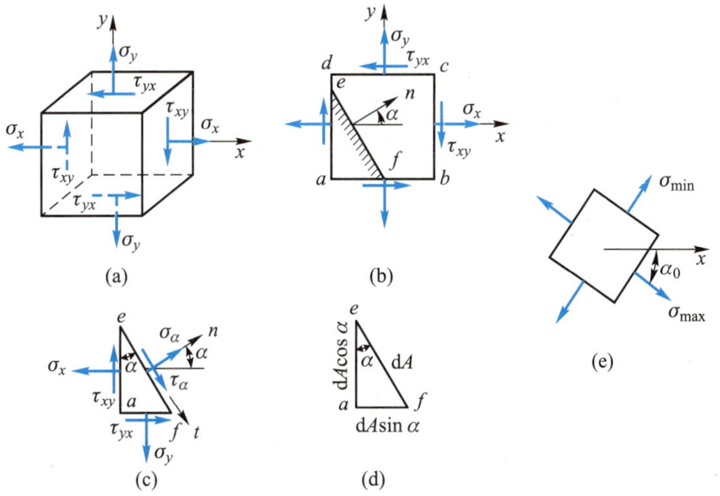

图 8－6

式(8－3)和式(8－4)即为单元体任意斜截面的应力计算公式。可见，斜截面的正应力和切应力随角 α 的变化而变化，是角 α 的函数。

2. 主应力

工程问题分析中，总是关心应力的极大值和极小值。先考虑任意斜截面上正应力的极值。将式(8－3)对 α 求导数，得

$$\frac{\mathrm{d}\sigma_{\alpha}}{\mathrm{d}\alpha}=-(\sigma_{x}-\sigma_{y})\sin 2\alpha-2\tau_{xy}\cos 2\alpha$$

当$\left.\frac{\mathrm{d}\sigma_{\alpha}}{\mathrm{d}\alpha}\right|_{\alpha=\alpha_0}=0$时，有

$$(\sigma_{x}-\sigma_{y})\sin 2\alpha_0+2\tau_{xy}\cos 2\alpha_0=0 \tag{c}$$

由此得

$$\tan 2\alpha_0=-\frac{2\tau_{xy}}{\sigma_x-\sigma_y} \tag{8-5}$$

通过式(8－5)求出 $\sin 2\alpha_0$、$\cos 2\alpha_0$，代入式(8－3)，可得最大正应力及最小正应力为

$$\left.\begin{matrix}\sigma_{\max}\\ \sigma_{\min}\end{matrix}\right\}=\frac{\sigma_x+\sigma_y}{2}\pm\sqrt{\left(\frac{\sigma_x-\sigma_y}{2}\right)^2+\tau_{xy}^2} \tag{8-6}$$

由式(8－5)可求出两个相差90°的角度 α_0，对应两个互相垂直的平面，其中一个平面上有最大正应力，另一个平面上有最小正应力。若 $\sigma_x \geqslant \sigma_y$，则绝对值较小的 α_0 确定最大正应力所在的平面。

观察式(8－4)和式(c)可以发现，满足式(c)的 α_0 恰好使 τ_{α} 等于零，即最大、最小正应力所在截面上，切应力等于零。因为切应力为零的平面称为主平面，主平面上的正应力即为主应力，所以由 α_0 确定的截面就是一点的主平面，而由式(8－6)计算的最大、最小正应力就是主应力。

3. 最大(最小)切应力

将式(8－4)对 α 求导数，得

$$\frac{\mathrm{d}\tau_{\alpha}}{\mathrm{d}\alpha}=(\sigma_{x}-\sigma_{y})\cos 2\alpha-2\tau_{xy}\sin 2\alpha \tag{d}$$

当$\left.\frac{\mathrm{d}\tau_{\alpha}}{\mathrm{d}\alpha}\right|_{\alpha=\alpha_1}=0$时，有

$$(\sigma_{x}-\sigma_{y})\cos 2\alpha_1-2\tau_{xy}\sin 2\alpha_1=0$$

由此得

$$\tan 2\alpha_1=\frac{\sigma_x-\sigma_y}{2\tau_{xy}} \tag{8-7}$$

由式(8－7)也可确定两个相差90°的角度 α_1，分别对应有最大切应力和最小切应力的截面。这说明最大切应力和最小切应力所在截面是互相垂直的。

由式(8－7)求出 $\sin 2\alpha_1$、$\cos 2\alpha_1$，代入式(8－4)，可得最大切应力和最小切应力为

$$\left.\begin{matrix}\tau_{\max}\\ \tau_{\min}\end{matrix}\right\}=\pm\sqrt{\left(\frac{\sigma_x-\sigma_y}{2}\right)^2+\tau_{xy}^2} \tag{8-8}$$

比较式(8－5)和式(8－7)，可知

$$\tan 2\alpha_1=-\cot 2\alpha_0=\tan(2\alpha_0+90^\circ)$$

于是有

$$\alpha_1=\alpha_0+45^\circ \tag{e}$$

即最大、最小切应力所在截面与主平面成45°夹角。

应该注意，在最大、最小切应力所在截面上，一般是有正应力的。将 $\sin 2\alpha_1$ 和 $\cos 2\alpha_1$ 代入式(8-3)，可得最大、最小切应力所在截面的正应力为 $\sigma_{\alpha_1}=\dfrac{\sigma_x+\sigma_y}{2}$。

例 8-1　构件中某点的原始单元体如图 8-7a 所示。试计算：(1) 主应力及主平面方位；(2) 最大、最小切应力及其所在截面的方位。

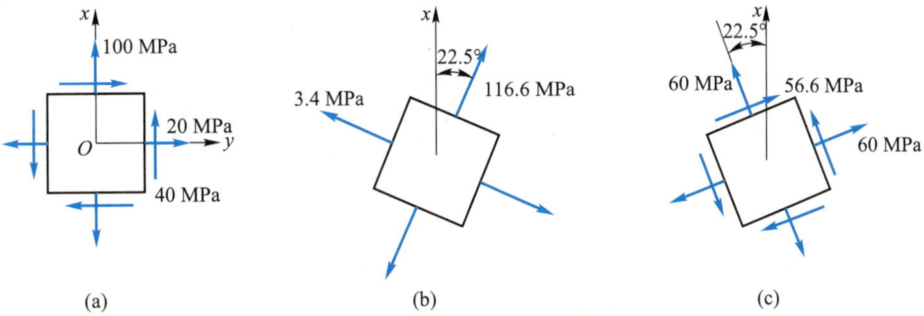

图 8-7

解　由图 8-7a 可知，$\sigma_x=100\ \text{MPa}$，$\sigma_y=20\ \text{MPa}$，$\tau_{xy}=40\ \text{MPa}$。

(1) 求主应力及主平面方位

设主平面的外法线与 x 轴的夹角为 α_0，则由式(8-5)得

$$\tan 2\alpha_0=-\frac{2\tau_{xy}}{\sigma_x-\sigma_y}=-\frac{2\times 40\ \text{MPa}}{100\ \text{MPa}-20\ \text{MPa}}=-1$$

$$2\alpha_0=-45^\circ \quad 或 \quad 2\alpha_0=-225^\circ$$

$$\alpha_0=-22.5^\circ \quad 或 \quad \alpha_0=-112.5^\circ$$

这里 $\sigma_x>\sigma_y$，则由以上计算结果知，从 x 轴量起，由 $\alpha_0=-22.5^\circ$(顺时针方向)所确定的主平面上的主应力为 $\sigma_{\max}$，而由 $\alpha_0=-112.5^\circ$所确定的主平面上的主应力为 $\sigma_{\min}$。由式(8-6)得最大、最小正应力为

$$\left.\begin{matrix}\sigma_{\max}\\ \sigma_{\min}\end{matrix}\right\}=\frac{(100+20)\text{MPa}}{2}\pm\sqrt{\left(\frac{(100-20)\text{MPa}}{2}\right)^2+(40\ \text{MPa})^2}=(60\pm 56.6)\text{MPa}=\begin{cases}116.6\ \text{MPa}\\ 3.4\ \text{MPa}\end{cases}$$

故主应力为 $\sigma_1=116.6\ \text{MPa}$，$\sigma_2=3.4\ \text{MPa}$，$\sigma_3=0$。主平面方位(主单元体)见图 8-7b。

(2) 求最大、最小切应力及其所在截面的方位

最大切应力所在截面的倾角为

$$\alpha_1=\alpha_0+45^\circ=-22.5^\circ+45^\circ=22.5^\circ$$

由式(8-8)得最大、最小切应力为

$$\left.\begin{matrix}\tau_{\max}\\ \tau_{\min}\end{matrix}\right\}=\sqrt{\left(\frac{(100-20)\text{MPa}}{2}\right)^2+(40\ \text{MPa})^2}=\pm 56.6\ \text{MPa}$$

最大、最小切应力所在截面上的正应力为 $\sigma=\dfrac{(116.6+3.4)\text{MPa}}{2}=60\ \text{MPa}$。最大、最小切应力及其所在截面如图 8-7c 所示。

例 8-2　一承受均布载荷的简支梁如图 8-8a 所示。求得该梁某横截面 $m—n$ 上一点 A 处的正应力和切应力分别为 $\sigma=-70\ \text{MPa}$，$\tau=50\ \text{MPa}$，如图 8-8b 所示。试确定 A 点的主应力及主平面的方位，并讨论同一截面上其他点的应力状态。

解　A 点处截取的单元体放大后如图 8-8c 所示，建立图示坐标系，则 $\sigma_x=0$，$\sigma_y=-70\ \text{MPa}$，$\tau_{xy}=-50\ \text{MPa}$。由式(8-5)得

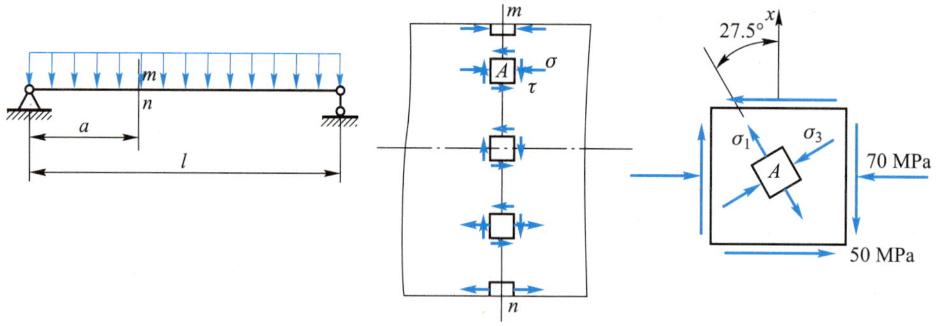

(a) (b) (c)

图 8-8

$$\tan 2\alpha_0 = -\frac{2\tau_{xy}}{\sigma_x - \sigma_y} = -\frac{2\times(-50\ \text{MPa})}{0-(-70\ \text{MPa})} = 1.429$$

$$2\alpha_0 = 55° \text{或} 2\alpha_0 = 235°$$

$$\alpha_0 = 27.5° \text{或} \alpha_0 = 117.5°$$

由式(8-6)得最大、最小正应力为

$$\left.\begin{matrix}\sigma_{\max}\\ \sigma_{\min}\end{matrix}\right\} = \frac{0+(-70\ \text{MPa})}{2} \pm \sqrt{\left[\frac{0-(-70\ \text{MPa})}{2}\right]^2 + (-50\ \text{MPa})^2} = \begin{cases}26\ \text{MPa}\\ -96\ \text{MPa}\end{cases}$$

故主应力为 $\sigma_1 = 26$ MPa，$\sigma_2 = 0$，$\sigma_3 = -96$ MPa。因为$\sigma_x > \sigma_y$，则 $\alpha_0 = 27.5°$所确定的主平面上的主应力为 $\sigma_{\max}$，而 $\alpha_0 = 117.5°$所确定的主平面上的主应力为 $\sigma_{\min}$。主单元体及主应力见图 8-8c。

梁横截面 m—n 上其他点的应力状态可采用相同的方法进行分析。上下边缘处的各点处于单向压缩或拉伸状态，横截面即为它们的主平面。在中性轴上，各点的应力状态为纯剪切状态，主平面与梁轴线成 45°角。

8.4 莫尔应力圆

由式(8-3)、式(8-4)可知，单元体任一斜截面上的应力 σ_α、τ_α 都以 2α 为变量，在这两个公式中消去 2α，即可得到 σ_α、τ_α 的函数关系 $\sigma_\alpha = f(\tau_\alpha)$。因此，将式(8-3)改写为

$$\sigma_\alpha - \frac{\sigma_x + \sigma_y}{2} = \frac{\sigma_x - \sigma_y}{2}\cos 2\alpha - \tau_{xy}\sin 2\alpha$$

上式与式(8-4)左右两边分别平方后相加，得

$$\left(\sigma_\alpha - \frac{\sigma_x + \sigma_y}{2}\right)^2 + \tau_\alpha^2 = \left(\frac{\sigma_x - \sigma_y}{2}\right)^2 + \tau_{xy}^2 \qquad \text{(a)}$$

对于所研究的单元体，σ_x、σ_y、τ_{xy} 都是已知量，故式(a)是一个以 σ_α、τ_α 为变量的圆的方程。在 σ-τ 直角坐标系中，此圆的圆心 C 的坐标为 $\left(\frac{\sigma_x + \sigma_y}{2}, 0\right)$，半径为 $\sqrt{\left(\frac{\sigma_x - \sigma_y}{2}\right)^2 + \tau_{xy}^2}$。而圆上任一点的横、纵坐标则分别代表单元体相应截面的正应力和切应力。这种圆称为**应力圆**或**莫尔圆**(Mohr circle for stress)。

1. 应力圆的作法

下面以图 8-9a 所示二向应力状态下的单元体为例说明应力圆的作法。

首先建立如图 8-9b 所示 $\sigma-\tau$ 直角坐标系。按选定的比例尺在 σ 轴上量取$\overline{OA}=\sigma_x$，过 A 点作 σ 轴垂线，并量取$\overline{AD}=\tau_{xy}$，确定 D 点，D 点坐标代表以 x 轴为法线的面上的应力。量取$\overline{OB}=\sigma_y$，过 B 点作 σ 轴垂线，并量取$\overline{BD'}=|\tau_{yx}|$，确定 D'点，τ_{yx} 为负，故 D'的纵坐标也为负，D'点的坐标代表以 y 轴为法线的面上的应力。确定 D、D'点后，连接此两点，与横坐标轴交于点 C，以 C 点为圆心，以$\overline{CD}$或$\overline{CD'}$为半径作圆，如图 8-9b 所示。

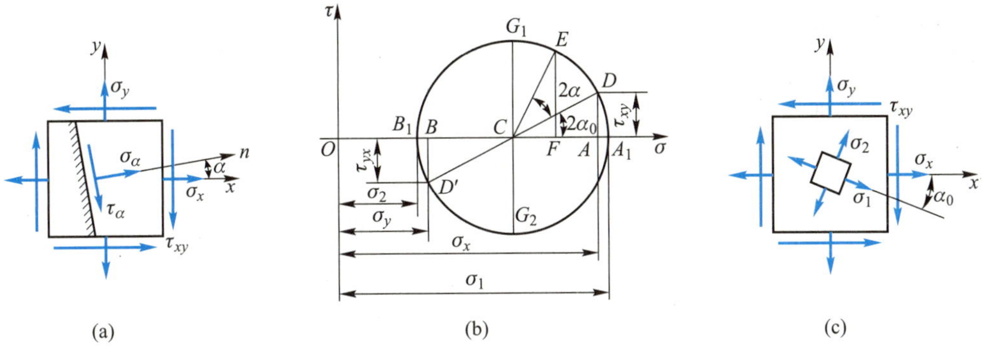

图 8-9

此圆的圆心 C 在 σ 轴上，其纵坐标为 0，横坐标为

$$\overline{OC}=\frac{1}{2}(\overline{OA}+\overline{OB})=\frac{\sigma_x+\sigma_y}{2} \tag{b}$$

此圆的半径为

$$\overline{CD}=\sqrt{\overline{CA}^2+\overline{AD}^2}=\sqrt{\left(\frac{\sigma_x-\sigma_y}{2}\right)^2+\tau_{xy}^2} \tag{c}$$

可见，所作的圆即是对应式(a)的应力圆。

2. 应力圆的应用

(1) 用应力圆确定单元体任意斜截面上的正应力和切应力

应力圆形象地描述了某一点各个方位截面的应力情况。采用如下方法可以利用应力圆确定单元体任一斜截面上的应力。在图 8-9a 中，设由 x 轴到任意斜截面法线 n 的夹角为逆时针的 α 角，在应力圆上，从 D 点也按逆时针方向沿圆周转到 E 点，并使 DE 弧对应的圆心角为 2α，则 E 点的坐标就代表以 n 为法线的斜截面上应力。证明如下：

E 点的横坐标为

$$\begin{aligned}\overline{OF}&=\overline{OC}+\overline{CE}\cos(2\alpha_0+2\alpha)\\&=\overline{OC}+\overline{CD}\cos 2\alpha_0\cos 2\alpha-\overline{CD}\sin 2\alpha_0\sin 2\alpha\\&=\overline{OC}+\overline{CA}\cos 2\alpha-\overline{AD}\sin 2\alpha\\&=\frac{\sigma_x+\sigma_y}{2}+\frac{\sigma_x-\sigma_y}{2}\cos 2\alpha-\tau_{xy}\sin 2\alpha\end{aligned}$$

E 点的纵坐标为

$$\overline{EF}=\overline{CE}\sin(2\alpha_0+2\alpha)$$

$$=\overline{CD}\sin 2\alpha_0\cos 2\alpha+\overline{CD}\cos 2\alpha_0\sin 2\alpha$$
$$=\overline{AD}\cos 2\alpha+\overline{CA}\sin 2\alpha$$
$$=\tau_{xy}\cos 2\alpha+\frac{\sigma_x-\sigma_y}{2}\sin 2\alpha$$

与式(8-3)、式(8-4)比较,可知$\overline{OF}=\sigma_\alpha$,$\overline{EF}=\tau_\alpha$,可见,应力圆上 E 点的坐标即代表单元体上法线与 x 轴夹角为 α 的斜截面上的应力情况。

(2) 用应力圆确定主应力大小及主平面方位

应力圆上 A_1、B_1 两点分别有最大横坐标和最小横坐标,而两点的纵坐标皆为零,因此这两点的横坐标代表主平面上的主应力,即

$$\sigma_{\max}=\overline{OA_1}=\overline{OC}+\overline{CA_1}=\overline{OC}+\overline{CD}$$
$$=\frac{\sigma_x+\sigma_y}{2}+\sqrt{\left(\frac{\sigma_x-\sigma_y}{2}\right)^2+\tau_{xy}^2}=\sigma_1$$
$$\sigma_{\min}=\overline{OB_1}=\overline{OC}-\overline{CB_1}=\overline{OC}-\overline{CD}$$
$$=\frac{\sigma_x+\sigma_y}{2}-\sqrt{\left(\frac{\sigma_x-\sigma_y}{2}\right)^2+\tau_{xy}^2}=\sigma_2$$

上面两式与式(8-6)完全相同。

主平面的位置也容易由应力圆确定。应力圆上 D 点与 A_1点分别对应于单元体上以 x 轴为法线的平面和σ_1所在主平面,因为由 D 点到 A_1点间所对圆心角为顺时针的 $2\alpha_0$,故在单元体中由 x 轴按顺时针方向量取α_0,就确定了 σ_1所在主平面的法线位置,如图 8-9c 所示。而 σ_2所在主平面的法线位置与之垂直。按照 α 的符号规定,α_0是负的,故 $\tan 2\alpha_0$应为负值。由图 8-9b 可知

$$\tan 2\alpha_0=-\frac{\overline{AD}}{\overline{CA}}=-\frac{2\tau_{xy}}{\sigma_x-\sigma_y}$$

此式与式(8-5)相同。

(3) 用应力圆确定最大、最小切应力及所在截面

过 C 点作竖直的圆半径$\overline{CG_1}$、$\overline{CG_2}$,显然 G_1点与 G_2点的纵坐标分别为最大和最小切应力,因此有

$$\tau_{\max}=\overline{CG_1}=\overline{CD}=\sqrt{\left(\frac{\sigma_x-\sigma_y}{2}\right)^2+\tau_{xy}^2}$$
$$\tau_{\min}=-\overline{CG_1}=-\overline{CD}=-\sqrt{\left(\frac{\sigma_x-\sigma_y}{2}\right)^2+\tau_{xy}^2}$$

上面两式与式(8-8)相同。因为 $\tau_{\max}$、$\tau_{\min}$的绝对值都等于应力圆的半径,故又有

$$\left.\begin{matrix}\tau_{\max}\\ \tau_{\min}\end{matrix}\right\}=\pm\frac{\sigma_1-\sigma_2}{2} \tag{8-9}$$

应力圆上的 A_1点和 G_1点分别对应第一主应力 σ_1和最大切应力 $\tau_{\max}$,由于在应力圆上由 A_1点到 G_1点所对应的圆心角为 90°,故在单元体上,σ_1所在主平面法线和 $\tau_{\max}$所在截面法线的夹角为 45°。

例 8-3 用应力圆分析图 8-10a、b 所示单元体斜截面上的正应力 σ_α 及切应力 τ_α。

解 对于图 8-10a 所示的单元体，在 $\sigma-\tau$ 直角坐标系内，按选定的比例尺确定以 x 轴为法线截面的对应点，其横纵坐标分别为 $\sigma_x=\sigma_1=0$，$\tau_{xy}=0$，即为坐标原点 O；再确定以 y 轴为法线截面的对应点 B，其横纵坐标分别为 $\sigma_y=\sigma_3=-40\ \text{MPa}$，$\tau_{yx}=0$，以 $\overline{OB}$ 为直径作应力圆，如图 8-10c 所示。

在单元体中，由 x 轴到斜截面法线的夹角为顺时针的 $60°$，在应力圆中从 O 点沿圆周按顺时针方向量取圆心角 $120°$，确定 E 点。E 点的横、纵坐标即为斜截面上的应力值。可以量出 $\sigma_\alpha=-30\ \text{MPa}$，$\tau_\alpha=-17.4\ \text{MPa}$。

对于图 8-10b 所示单元体，在 $\sigma-\tau$ 直角坐标系内，以 x 轴为法线截面的对应点和以 y 轴为法线截面的对应点为同一点 $C(\sigma,0)$，即应力圆蜕变为一个点圆（图 8-10d）。

点圆的圆周上各点也必重合于该点，因而不必再按照常规作图，可知任意斜截面上的应力均为 $(\sigma_\alpha,\tau_\alpha)=(\sigma,0)$。

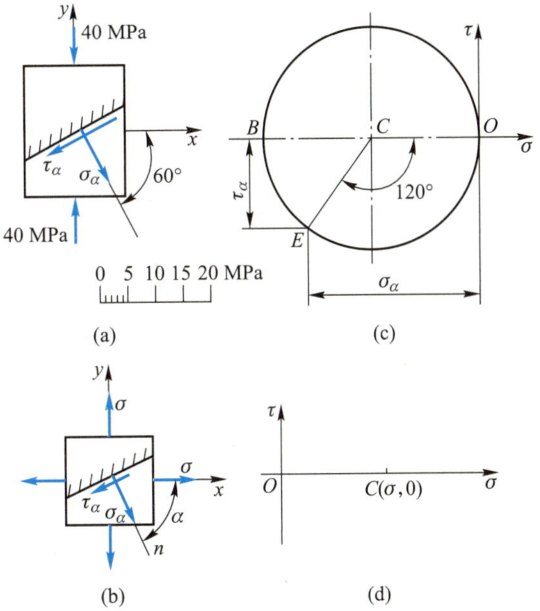

图 8-10

对于处于二向应力状态的单元体，只要存在一对互相垂直的截面，其上有相同的主应力，则该单元体的各个截面都是主平面（无穷多个），各主平面上的主应力值都相等。这是一种特殊的应力状态，称为**等向拉伸（压缩）应力状态**。

例 8-4 试用应力圆求图 8-11a 所示单元体的主应力，并确定主平面的位置。

解 选定适当的比例尺，然后在 $\sigma-\tau$ 直角坐标系内，以 $\sigma_x=80\ \text{MPa}$、$\tau_{xy}=-60\ \text{MPa}$ 为横、纵坐标确定点 D，以 $\sigma_y=-40\ \text{MPa}$、$\tau_{yx}=60\ \text{MPa}$ 为横、纵坐标确定点 D'，连接点 D 及 D'，与横坐标轴交于 C 点，以 C 点为圆心，$\overline{CD}$ 为半径作应力圆，如图 8-11b 所示。在应力圆中量出

$$\sigma_1=\overline{OA_1}=105\ \text{MPa}$$

$$\sigma_3=-\overline{OB_1}=-65\ \text{MPa}$$

这里，另外一个主应力 $\sigma_2=0$。在应力圆上量取由点 D 到点 A_1 的圆心角，此圆心角就等于主应力 σ_1 所在主平面的外法线与 x 轴夹角 α_0 的两倍。量得

$$\angle DCA_1=2\alpha_0=45°$$

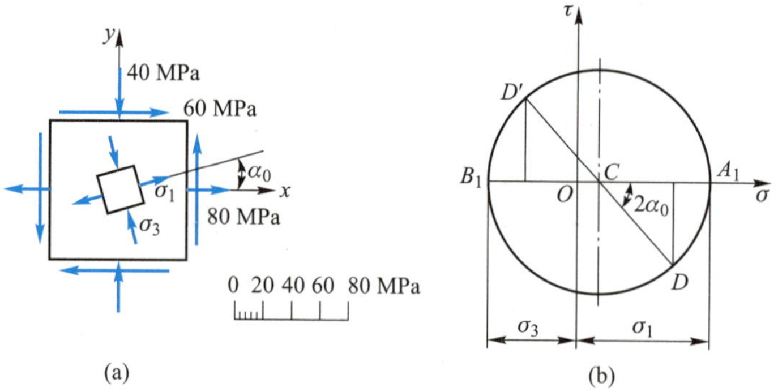

图 8-11

故 $\alpha_0=22.5°$。

8.5 三向应力状态

本节仅对三向应力状态进行简单分析，其中某些结论在建立复杂应力状态的强度条件时将要用到。

考察图 8-12a 所示三向应力状态的主单元体，其上的三个主应力为 σ_1、σ_2、σ_3。

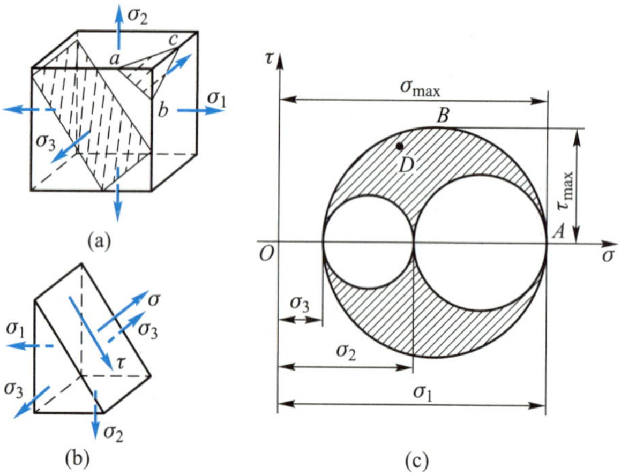

图 8-12

首先研究与主应力 σ_3 平行的任意斜截面上的应力。设想用平行于 σ_3 的任意截面将单元体切开，任取一部分研究，如图 8-12b 所示。

斜截面上的正应力 σ 和切应力 τ 均与 σ_3 无关，只由主应力 σ_1、σ_2 决定。于是当采用应力圆进行分析时，在 $\sigma-\tau$ 直角坐标系内，与该类斜截面对应的点均位于由 σ_1、σ_2 确定的应力圆上。同理可知，以 σ_2、σ_3 确定的应力圆代表单元体中与 σ_1 平行的各斜截面上的应力情况，以 σ_3、σ_1 确定的应力圆代表单元体中与 σ_2 平行的各斜截面上的应力情况。进一步的研究证明，代表任意斜截面（如图 8-12a 中的 *abc* 截面）上应力的 D 点，必位于上述三个应力圆所围成的阴影范围内。由此可见，在 $\sigma-\tau$ 直角坐标系中代表单元体任意截面上应力的点，必定在三个应力圆的圆周上及由它们所围成的阴影范围内，如图 8-12c 所示。

根据以上分析，三向应力状态下的最大正应力应等于最大的应力圆上 A 点的横坐标，即

$$\sigma_{max}=\sigma_1 \tag{8-10}$$

而最大切应力等于最大的应力圆上 B 点的纵坐标，即等于该圆的半径

$$\tau_{max}=\frac{\sigma_1-\sigma_3}{2} \tag{8-11}$$

由 B 点的位置可知，最大切应力所在的截面与 σ_2 所在的主平面垂直，并与 σ_1、σ_3 所在的主平面各成 45°角。

上述结论同样适用于二向应力状态。如某二向应力状态的 $\sigma_1>0,\sigma_2=0,\sigma_3<0$，则该点处的正应力和切应力极值表达式就为式(8-10)和式(8-11)。如果主应力为 $\sigma_1\geqslant\sigma_2>0,\sigma_3=0$，则正应力极值表达式不变，而按式(8-11)，最大切应力表达式应为

$$\tau_{max}=\frac{\sigma_1}{2} \tag{8-12}$$

这里所求得的最大切应力显然大于 8.4 节中由式(8-9)所得的 $\tau_{max}=\frac{\sigma_1-\sigma_2}{2}$。这是因为，在 8.4 节中只研究了平行于 σ_3 的各平面，在这类平面中切应力的最大值是 $\frac{\sigma_1-\sigma_2}{2}$，如果再考虑到平行于 σ_2 的那些平面，就得到由式(8-12)所表示的最大切应力。

例 8-5 某点处于三向应力状态，其单元体如图 8-13a 所示。求其主应力和最大切应力。

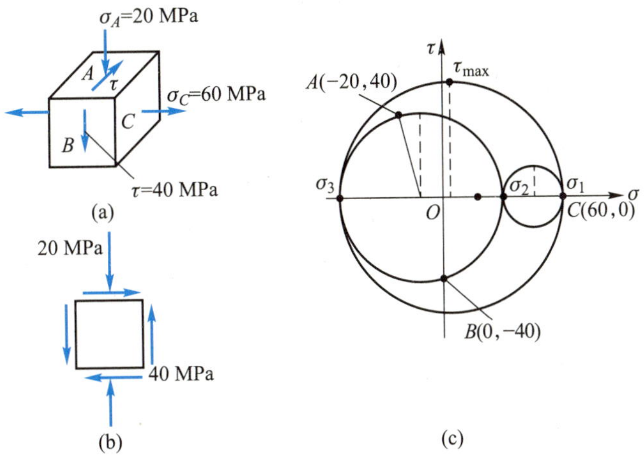

图 8-13

解 对图 8-13a 所示处于三向应力状态下的单元体，已知一个主平面及该面上的主应力，另外两个主应力可按图 8-13b 所示二向应力状态的主应力计算方法求得。

在 $\sigma-\tau$ 直角坐标系中确定 $A(-20,40)$、$B(0,-40)$ 两点，分别与单元体的 A、B 两面相对应，以 $\overline{AB}$ 为直径作应力圆，应力圆与 σ 轴的两个交点即为单元体的另外两个主应力，分别等于 31 MPa 和 −51 MPa。由于已知的主应力为 60 MPa，故得

$$\sigma_1=60\ \text{MPa},\quad \sigma_2=31\ \text{MPa},\quad \sigma_3=-51\ \text{MPa}$$

再作另外两个应力圆，如图 8-13c 所示，最大切应力在最大直径的应力圆上，即

$$\tau_{max}=55.5\ \text{MPa}$$

8.6 广义胡克定律

1. 广义胡克定律的一般形式

单向拉伸或压缩变形时，线弹性范围内应力与应变之间的关系为

$$\sigma=E\varepsilon \quad 或 \quad \varepsilon=\frac{\sigma}{E} \tag{a}$$

即服从拉(压)胡克定律。此时轴向力所引起的横向变形也是不容忽视的弹性变形。横向应变 ε' 可表示为

$$\varepsilon'=-\mu\varepsilon=-\mu\frac{\sigma}{E} \tag{b}$$

剪切情况下，线弹性范围内切应力和切应变之间的关系服从剪切胡克定律，即

$$\tau=G\gamma \quad 或 \quad \gamma=\frac{\tau}{G} \tag{c}$$

在一般情况下，描述一点的应力状态需要 9 个应力分量，如图 8-14 所示。考虑到切应力互等定理，τ_{xy} 和 τ_{yx}、τ_{yz} 和 τ_{zy}、τ_{zx} 和 τ_{xz} 的数值分别相等。这样，原来的 9 个应力分量中只有 6 个是独立的。对于各向同性材料，在线弹性小变形前提下，一点处的线应变只与该点处的正应力有关，与切应力无关。同时该点的切应变也仅与切应力有关。下面分别研究这两类关系。首先讨论 x 方向的线应变 ε_x 与正应力 σ_x、σ_y、σ_z 之间的关系。由 σ_x 单独作用引起的 x 方向的线应变为

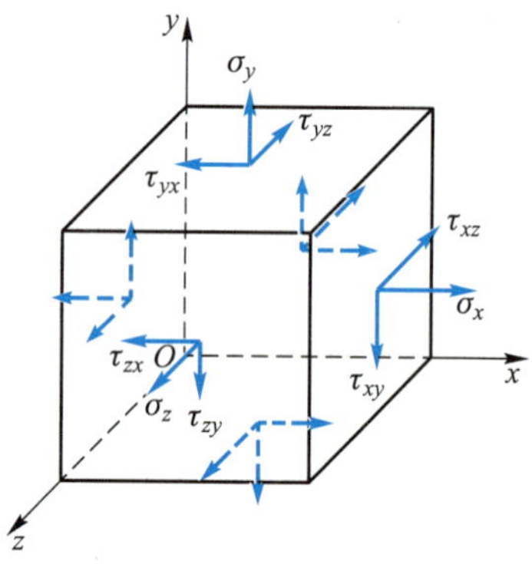

图 8-14

$$\varepsilon_x'=\frac{\sigma_x}{E}$$

由 σ_y、σ_z 单独作用引起的 x 方向的线应变分别为

$$\varepsilon_x''=-\mu\frac{\sigma_y}{E},\quad \varepsilon_x'''=-\mu\frac{\sigma_z}{E}$$

叠加以上三式得到 σ_x、σ_y、σ_z 共同作用下 x 方向的线应变为

$$\varepsilon_x=\varepsilon_x'+\varepsilon_x''+\varepsilon_x'''=\frac{\sigma_x}{E}-\mu\frac{\sigma_y}{E}-\mu\frac{\sigma_z}{E}=\frac{1}{E}[\sigma_x-\mu(\sigma_y+\sigma_z)] \tag{d}$$

同理可以求出 y、z 方向的线应变，最终得到

$$\left.\begin{aligned}\varepsilon_x&=\frac{1}{E}[\sigma_x-\mu(\sigma_y+\sigma_z)]\\\varepsilon_y&=\frac{1}{E}[\sigma_y-\mu(\sigma_z+\sigma_x)]\\\varepsilon_z&=\frac{1}{E}[\sigma_z-\mu(\sigma_x+\sigma_y)]\end{aligned}\right\}\tag{8-13}$$

切应力和切应变之间的关系仍服从剪切胡克定律

$$\gamma_{xy}=\frac{\tau_{xy}}{G},\quad \gamma_{yz}=\frac{\tau_{yz}}{G},\quad \gamma_{zx}=\frac{\tau_{zx}}{G}\tag{8-14}$$

式(8－13)和式(8－14)称为**广义胡克定律**(generalized Hooke law)的一般形式。

当单元体各面均为主平面时，单元体上的应力只有主应力，设 x、y、z 轴方向分别与 σ_1、σ_2、σ_3 方向一致，则 $\sigma_x=\sigma_1$，$\sigma_y=\sigma_2$，$\sigma_z=\sigma_3$，$\tau_{xy}=\tau_{yz}=\tau_{zx}=0$，广义胡克定律变为

$$\left.\begin{aligned}\varepsilon_1&=\frac{1}{E}[\sigma_1-\mu(\sigma_2+\sigma_3)]\\\varepsilon_2&=\frac{1}{E}[\sigma_2-\mu(\sigma_3+\sigma_1)]\\\varepsilon_3&=\frac{1}{E}[\sigma_3-\mu(\sigma_1+\sigma_2)]\end{aligned}\right\}\tag{8-15}$$

式中，ε_1、ε_2、ε_3 分别表示沿三个主应力方向的应变，称为**主应变**(principal strain)，显然它们满足关系 $\varepsilon_1\geqslant\varepsilon_2\geqslant\varepsilon_3$。式(8－15)为用主应力表示的广义胡克定律。

对于图 8－6a 所示的平面应力状态，将 $\sigma_z=\tau_{yz}=\tau_{zx}=0$ 代入式(8－13)和式(8－14)，得到不为零的应变分量为

$$\left.\begin{aligned}\varepsilon_x&=\frac{1}{E}(\sigma_x-\mu\sigma_y)\\\varepsilon_y&=\frac{1}{E}(\sigma_y-\mu\sigma_x)\\\varepsilon_z&=-\frac{\mu}{E}(\sigma_x+\sigma_y)\\\gamma_{xy}&=\frac{\tau_{xy}}{G}\end{aligned}\right\}\tag{8-16}$$

用应变来表示应力，则式(8－16)变为

$$\left.\begin{aligned}\sigma_x&=\frac{E}{1-\mu^2}(\varepsilon_x+\mu\varepsilon_y)\\\sigma_y&=\frac{E}{1-\mu^2}(\varepsilon_y+\mu\varepsilon_x)\\\tau_{xy}&=G\gamma_{xy}\end{aligned}\right\}\tag{8-17}$$

式(8－16)和式(8－17)即为平面应力状态下的胡克定律。

例 8－6 图 8－15a 所示槽型刚体，其内放置一正方体钢块。已知钢的弹性模量为 $E=200$ GPa，泊松比为 $\mu=0.3$，钢块顶面承受合力为 $F=8$ kN 的均布压力作用。试求钢块的 3 个主应力。

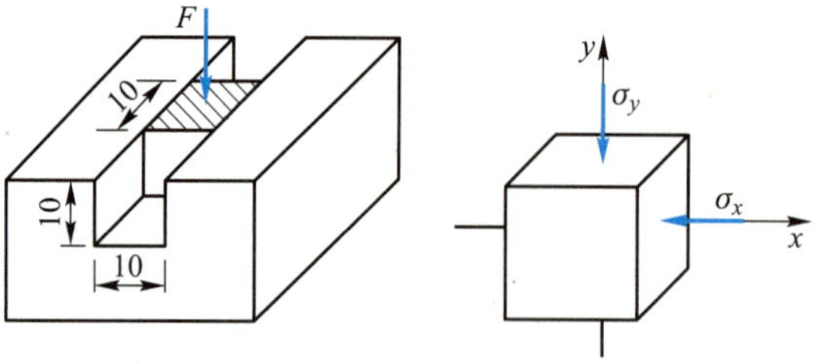

图 8-15

解 在压力 F 作用下，钢块除顶面受压外，其侧面因变形受阻，将引起侧向压应力 σ_x，即钢块处于二向应力状态，如图 8-15b 所示，且须满足条件

$$\varepsilon_x=0$$

钢块顶面的压应力为

$$\sigma_y=-\frac{F}{A}=-\frac{8\times10^3\ \mathrm{N}}{(0.01\ \mathrm{m})^2}\times10^{-6}=-80\ \mathrm{MPa}$$

由式(8-16)知

$$\varepsilon_x=\frac{1}{E}(\sigma_x-\mu\sigma_y)=0$$

于是有

$$\sigma_x=\mu\sigma_y=0.3\times(-80\ \mathrm{MPa})=-24\ \mathrm{MPa}$$

可见，钢块的三个主应力分别为

$$\sigma_1=0,\quad \sigma_2=-24\ \mathrm{MPa},\quad \sigma_3=-80\ \mathrm{MPa}$$

2. 体积胡克定律

如图 8-16 所示的主单元体，设变形前 a、b、c 三个棱边的长度分别为 $\mathrm{d}x$、$\mathrm{d}y$、$\mathrm{d}z$，则单元体的体积为

$$V_0=\mathrm{d}x\mathrm{d}y\mathrm{d}z$$

若变形后 a、b、c 三个棱边的线应变分别为 ε_1、ε_2、ε_3，则单元体的体积变为

$$V=\mathrm{d}x(1+\varepsilon_1)\cdot\mathrm{d}y(1+\varepsilon_2)\cdot\mathrm{d}z(1+\varepsilon_3)$$

小变形情况下，高阶微量可忽略不计，于是有

$$V=V_0(1+\varepsilon_1+\varepsilon_2+\varepsilon_3)$$

故单位体积的改变量为

$$\Theta=\frac{V-V_0}{V_0}=\varepsilon_1+\varepsilon_2+\varepsilon_3$$

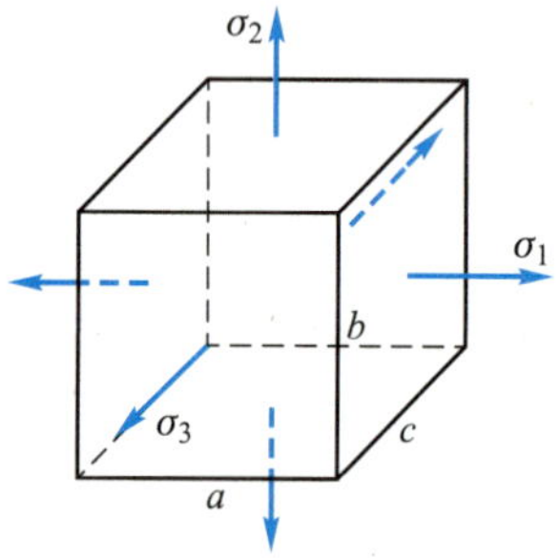

图 8-16

Θ 称为**体积应变**(volume strain)。将式(8-15)代入上式，化简得

$$\Theta=\frac{1-2\mu}{E}(\sigma_1+\sigma_2+\sigma_3) \tag{8-18}$$

引入符号

$$K=\frac{E}{3(1-2\mu)} \tag{8-19a}$$

$$\sigma_m=\frac{1}{3}(\sigma_1+\sigma_2+\sigma_3) \tag{8-19b}$$

则式(8-18)变为

$$\Theta=\frac{\sigma_m}{K} \tag{8-20}$$

式中，K 称为**体积弹性模量**，σ_m称为**平均主应力**。由式(8-20)可以看出，体积应变 Θ 与平均主应力 σ_m 成正比，此即**体积胡克定律**。式(8-20)还表明，体积应变 Θ 只与三个主应力的和有关，而与三个主应力之间的比值无关。所以，无论是作用三个不相等的主应力，还是代以它们的平均主应力，单位体积的改变量是相同的。

8.7 复杂应力状态的应变能密度

1. 弹性应变能密度

受外力作用而产生弹性变形的物体内部将积蓄应变能。在分析单向拉伸或压缩变形时，曾根据应变能在数值上等于外力所做的功，得到弹性应变能密度的计算公式为

$$v_\varepsilon=\frac{1}{2}\sigma\varepsilon \tag{a}$$

下面将在此基础上进一步研究复杂应力状态下物体内的弹性应变能密度计算公式。

在复杂应力状态下，物体的应变能在数值上仍等于外力所做的功。当其变形微小时，物体内所积蓄的应变能只取决于外力的最终值，而与加力次序无关。为了便于分析，这里假设物体上的外力按同一比例由零增加到最终值，因此，物体内任意单元体各面上的应力也按同一比例从零增至最终值。现研究一处于三向应力状态的单元体，在线弹性情况下，每一主应力与其相应的主应变之间仍然是线性关系，这与单向应力状态下 σ 与 ε 的关系相同。因而与每一个主应力相应的应变能密度可按式(a)计算，于是三向应力状态下的弹性应变能密度计算公式为

$$v_\varepsilon=\frac{1}{2}\sigma_1\varepsilon_1+\frac{1}{2}\sigma_2\varepsilon_2+\frac{1}{2}\sigma_3\varepsilon_3 \tag{b}$$

将式(8-15)代入上式，得

$$v_\varepsilon=\frac{1}{2E}[\sigma_1^2+\sigma_2^2+\sigma_3^2-2\mu(\sigma_1\sigma_2+\sigma_2\sigma_3+\sigma_3\sigma_1)] \tag{8-21}$$

2. 体积改变能密度和畸变能密度

物体变形时，往往同时包含体积改变和形状改变。设三个棱边边长相等的立方单元体的三个主应力不相等，分别为 σ_1、σ_2、σ_3，相应的主应变分别为 ε_1、ε_2、ε_3，体积应变为 Θ。由式(8-15)知 ε_1、ε_2、ε_3不相等，因此立方单元体的三个棱边变形不同，单元体将由立方体变为长方体。可见，单元体的变形一方面表现为体积的增加或减少；另一方面表现为形状的改变。因此，总应变能密度 v_ε也应包含两部分：① 因体积变化而储存的应变能密度 v_V；② 体积不变，因形状变化而

储存的应变能密度 v_d，即

$$v_\varepsilon = v_v + v_d \tag{c}$$

式中，v_v称为**体积改变能密度**(strain energy density of volume change)，v_d称为**畸变能密度**(distortional strain energy density)。

考察图 8-17a 所示三向应力状态的主单元体。引入平均应力 $\sigma_m=\dfrac{\sigma_1+\sigma_2+\sigma_3}{3}$，将单元体上的主应力分解为($\sigma_m$，$\sigma_m$，$\sigma_m$)和($\sigma_1-\sigma_m$，$\sigma_2-\sigma_m$，$\sigma_3-\sigma_m$)两部分，如图 8-17b、c 所示。图8-17b所示单元体的应力状态为三向等拉应力状态，单元体在这种应力状态下只产生体积改变而无形状改变，且由 8.6 节的讨论可知这时的体积应变等于原始单元体的体积应变 Θ。因而这种情况下的应变能密度也即等于原始单元体的体积改变能密度，所以

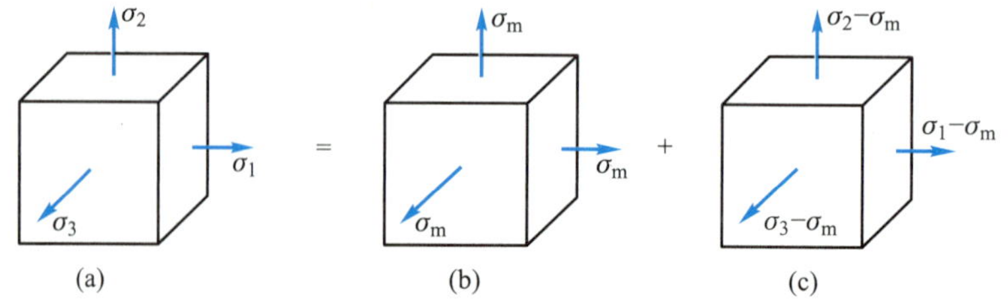

图 8-17

$$v_v=\frac{1}{2}\sigma_m\varepsilon_m+\frac{1}{2}\sigma_m\varepsilon_m+\frac{1}{2}\sigma_m\varepsilon_m=\frac{3}{2}\sigma_m\varepsilon_m \tag{d}$$

由广义胡克定律知

$$\varepsilon_m=\frac{1}{E}[\sigma_m-\mu(\sigma_m+\sigma_m)]=\frac{(1-2\mu)}{E}\sigma_m$$

将上式代入式(d)，得

$$v_v=\frac{3(1-2\mu)}{2E}\sigma_m^2=\frac{3(1-2\mu)}{2E}\left(\frac{\sigma_1+\sigma_2+\sigma_3}{3}\right)^2=\frac{1-2\mu}{6E}(\sigma_1+\sigma_2+\sigma_3)^2 \tag{e}$$

而在图 8-17c 所示的应力状态下，单元体没有体积改变，只产生形状改变，因而这种情况下的应变能密度即为原始单元体的畸变能密度。将式(e)及式(8-21)代入式(c)，得

$$v_d=v_\varepsilon-v_v=\frac{1+\mu}{6E}[(\sigma_1-\sigma_2)^2+(\sigma_2-\sigma_3)^2+(\sigma_3-\sigma_1)^2] \tag{8-22}$$

例 8-7 图 8-18 所示一处于纯剪切应力状态下的单元体。试证明各向同性材料的三个材料常数 E、G、μ 之间的关系为 $G=\dfrac{E}{2(1+\mu)}$。

解 由式(5-23)知，处于纯剪切应力状态单元体的应变能密度为

$$v_{\varepsilon 1}=\frac{1}{2}\tau\gamma=\frac{\tau^2}{2G} \tag{a}$$

纯剪切应力状态的主应力分别为

$$\sigma_1=\tau,\quad \sigma_2=0,\quad \sigma_3=-\tau \tag{b}$$

主单元体也表示在图 8－18 中。将式(b)代入式(8－21)，得

$$v_{\varepsilon 2}=\frac{1}{2E}(\tau^2+\tau^2+2\mu\tau^2)=\frac{1+\mu}{E}\tau^2 \tag{c}$$

由 $v_{\varepsilon 1}=v_{\varepsilon 2}$，得

$$\frac{1}{2G}\tau^2=\frac{1+\mu}{E}\tau^2$$

于是

$$G=\frac{E}{2(1+\mu)}$$

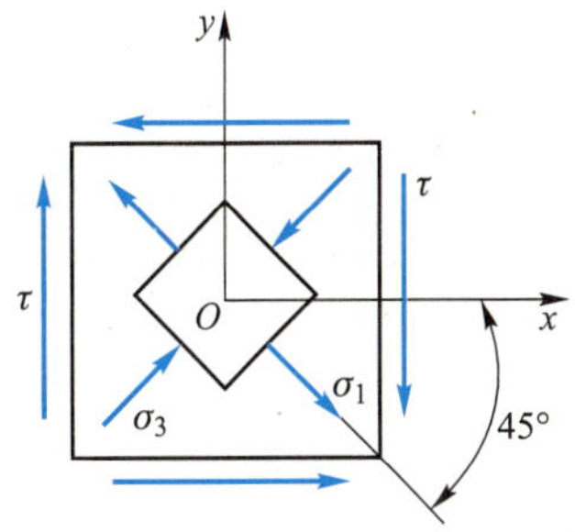

图 8－18

8.8 强度理论

1. 材料的失效形式

工程中实际构件的失效行为比较复杂，但经过归纳不难发现，材料在常温静载荷作用下的失效形式主要有如下两种：

(1) 屈服

该失效形式的特点为材料产生显著的塑性变形而使构件丧失正常的工作能力。例如，低碳钢杆件在单向拉伸时，材料处于单向应力状态。当正应力达到屈服极限 σ_s时出现屈服现象，即应力基本上保持不变而拉伸变形继续增大。另外，低碳钢薄壁圆筒受扭转时，材料处于二向应力(纯剪切)状态，切应力达到剪切屈服极限 τ_s时也会出现屈服现象。一旦屈服开始，材料即进入塑性状态。此时，由于变形过大并且变形中大部分是不可恢复的塑性变形，因此构件已不能正常工作，故把这种情况作为材料失效的一种形式。

(2) 断裂

该失效形式的特点为材料在没有明显的塑性变形情况下发生突然断裂。例如，铸铁杆件在单向拉伸时沿横截面(最大拉应力作用面)断裂，铸铁圆轴扭转时沿与轴线约成 45°倾角的螺旋面(最大拉应力作用面)断裂。在这些情况下，断裂前材料均无明显的塑性变形。另外，像低碳钢这类塑性材料在三向等值拉应力作用下，也会在没有明显塑性变形的情况下发生脆性断裂，这种情况是材料失效的另一种形式。

2. 强度理论的概念

单向应力状态下的强度条件是直接根据实验结果建立起来的，即由简单实验确定材料的极限应力，当杆件的应力达到材料的极限应力时，即发生强度失效(屈服或断裂)。

在复杂应力状态下，若要研究材料发生失效的条件并建立相应的失效准则，仅通过实验是不行的。材料在确定的应力状态下失效时，不仅与三个主应力 σ_1、σ_2、σ_3的大小有关，而且与它们的比值有关，而这种比值可以是各种各样的。如果要通过实验确定失效准则、建立强度条件，则对于每一种材料的每一种主应力比值都需要进行试验，这显然是不可能的，且在试验技术上也是难

以实现的。

于是，人们想到在有限的试验资料基础上，通过推理来推测材料失效的原因，从而建立强度条件。在长期的生产活动中，人们通过综合分析材料的失效现象和相关资料，对强度失效提出各种假说。关于强度失效的假说一般认为，不论是简单还是复杂应力状态，只要发生形式相同的失效，其原因便是相同的，也即认为引起失效的因素是相同的。基于这类假说，就可以利用一些简单试验的结果，预测材料在不同应力状态下的失效行为，从而建立相应的失效准则与强度条件。这样的假说称为**强度理论**(theory of strength)。强度理论既然是推测失效原因的假说，它是否正确，适用于何种情况，必须由生产实践来检验。经常出现适用于某种材料的强度理论，并不适用于另一种材料；在某种条件下适用的强度理论，在另一种条件下则不适用。

长期以来，通过生产实践和科学研究，人们提出过大量推测材料失效原因的假说，下面主要介绍经过实验和实践检验，在工程中常用的四个强度理论。这些都是在常温、静载荷条件下，适用于均匀、连续、各向同性材料的强度理论。当然，现有的各种强度理论还不能圆满地解决所有强度问题，这方面仍然有待发展。

3. 四个常用的强度理论

材料的失效形式有断裂和屈服两种，两者的破坏机制不同，因此强度理论也分为两类：一类是解释材料断裂失效的，常用的有**最大拉应力理论**(maximum tensile stress)和**最大伸长线应变理论**(maximum elongated strain theory)；一类是解释材料屈服失效的，常用的有**最大切应力理论**(maximum shearing stress theory)和**最大畸变能密度理论**(maximum distortional strain energy density theory)。下面分别介绍这四个强度理论。

(1) 最大拉应力理论(第一强度理论)

该理论认为：最大拉应力 σ_1 是引起材料断裂失效的主要因素，即认为无论是简单还是复杂应力状态，只要最大拉应力 σ_1 达到材料的某种极限值 σ^0，构件就发生断裂。最大拉应力的极限值是材料所固有的，与其所处应力状态无关，因而可由简单试验来确定。拉伸试验是最简单、最基本的测定材料性质的试验，所以通常用轴向拉伸试验来测定这类材料的极限值。在轴向拉伸情况下，当最大拉应力 σ_1 达到材料的强度极限 σ_b 时，即发生断裂。所以，按照最大拉应力理论，材料的断裂准则为

$$\sigma_1=\sigma_b \tag{a}$$

式中，$\sigma_1>0$。将 σ_b 除以安全因数得到许用应力$[\sigma]$，于是按最大拉应力理论建立的强度条件为

$$\sigma_1\leqslant[\sigma] \tag{8-23}$$

试验表明，脆性材料在单向、二向或三向受拉时，最大拉应力理论与试验结果十分接近。对于存在压应力的情况，只要最大压应力值不超过最大拉应力值或超过不多，该理论也是适用的。但这一理论没有考虑其他两个主应力的影响，且在没有拉应力时无法应用。

(2) 最大伸长线应变理论(第二强度理论)

该理论认为：最大伸长线应变 ε_1 是引起材料断裂失效的主要因素，即认为无论是简单还是复杂应力状态，只要最大伸长线应变 ε_1 达到材料的某种极限值 ε^0，构件就发生断裂。最大伸长线应变的极限值是材料所固有的，与其所处应力状态无关，仍用单向拉伸试验来确定。材料在轴向拉伸情况下，假定直到发生断裂时材料的线应变极限值 ε^0 仍可用胡克定律计算，则有

$$\varepsilon^0=\frac{\sigma_b}{E} \tag{b}$$

由广义胡克定律可知，任意应力状态下构件的最大伸长线应变为

$$\varepsilon_1=\frac{1}{E}[\sigma_1-\mu(\sigma_2+\sigma_3)]$$

于是，按照最大伸长线应变理论建立的材料的断裂准则为

$$\sigma_1-\mu(\sigma_2+\sigma_3)=\sigma_b \tag{c}$$

将 σ_b除以安全因数得到许用应力$[\sigma]$，于是按最大伸长线应变理论建立的强度条件为

$$\sigma_1-\mu(\sigma_2+\sigma_3)\leqslant[\sigma] \tag{8-24}$$

当脆性材料主要受压应力作用时，这一理论基本符合试验结果。石料或混凝土等脆性材料受轴向压缩时，若在试验机和试样的接触面上添加润滑剂以减小摩擦力，试样将沿垂直于压力的方向发生断裂，而这个方向也就是最大伸长线应变的方向。但在单向压缩时，最大伸长线应变方向上的应力值为零，截面不受力的作用而又发生断裂，似乎不合力学常理。因而，脆性断裂破坏一般采用最大拉应力理论进行解释，最大伸长线应变理论只适用于在不存在拉应力（最大拉应力理论不能用）时，对脆性断裂破坏的工程问题作形式上的解释或补充。

(3) 最大切应力理论(第三强度理论)

该理论认为：最大切应力 τ_{max}是引起材料屈服失效的主要因素，即认为不论是简单还是复杂应力状态，只要最大切应力 τ_{max}达到材料的某种极限值 τ^0，构件就发生屈服失效。切应力极限值为材料所固有，与其所处应力状态无关，用单向拉伸试验来确定。在轴向拉伸情况下，与轴线成 45°角的斜截面上出现最大切应力，当横截面上的拉应力达到材料的屈服应力 σ_s 时，最大切应力达到其极限值 τ^0，由式(4-6)可得

$$\tau^0=\frac{\sigma_s}{2} \tag{d}$$

在复杂应力状态下，由式(8-11)有

$$\tau_{max}=\frac{\sigma_1-\sigma_3}{2}$$

于是最大切应力理论对应的屈服准则为

$$\sigma_1-\sigma_3=\sigma_s \tag{8-25}$$

式(8-25)又称为特雷斯卡(Tresca)屈服准则。将 σ_s除以安全因数得到许用应力$[\sigma]$，于是按最大切应力理论建立的强度条件为

$$\sigma_1-\sigma_3\leqslant[\sigma] \tag{8-26}$$

这一理论能较为满意地解释塑性材料出现屈服的现象。例如低碳钢拉伸时，在与轴线成 45°角的斜截面上出现滑移线，而最大切应力也发生在这些截面上。试验表明，对于塑性材料，最大切应力理论与试验结果比较吻合，且是偏于安全的。最大切应力理论的不足之处是没有考虑中间主应力 σ_2的影响，并且只适用于拉伸屈服极限和压缩屈服极限相同的材料。

(4) 最大畸变能密度理论(第四强度理论)

该理论认为：畸变能密度是引起材料屈服失效的主要因素，即认为不论是简单还是复杂应力状态，只要畸变能密度 v_d达到材料的某种极限值 v_d^0，构件就发生屈服失效。畸变能密度的极限值

是材料所固有的，与应力状态无关，其仍由单向拉伸试验确定。

在轴向拉伸情况下，当横截面上的拉应力达到材料的屈服极限 σ_s 时，有 $\sigma_1=\sigma_s$，$\sigma_2=\sigma_3=0$，代入式(8-22)得到对应的畸变能密度极限值为

$$v_d^0=\frac{1+\mu}{6E}(2\sigma_s^2)$$

考虑式(8-22)，最大畸变能密度理论对应的屈服准则为

$$\sqrt{\frac{1}{2}[(\sigma_1-\sigma_2)^2+(\sigma_2-\sigma_3)^2+(\sigma_3-\sigma_1)^2]}=\sigma_s \tag{8-27}$$

式(8-27)又称为米泽斯(Mises)屈服准则。将 σ_s除以安全因数得到许用应力$[\sigma]$，于是，按最大畸变能密度理论建立的强度条件为

$$\sqrt{\frac{1}{2}[(\sigma_1-\sigma_2)^2+(\sigma_2-\sigma_3)^2+(\sigma_3-\sigma_1)^2]}\leqslant[\sigma] \tag{8-28}$$

这一理论与在很高的静水压力作用下，塑性材料仍不发生破坏的试验结果是吻合的。它与最大切应力理论相比，较全面地考虑了各个主应力对屈服强度的影响。

采用最大切应力理论和最大畸变能密度理论预测单向拉、压应力状态下的屈服应力是相同的(这与各强度理论都由拉伸试验来标定有关)，预测纯剪切应力状态下的屈服应力结果偏差最大，大约为 15%。从强度理论的精度看，这一偏差不能说很大。两个理论适用范围也是一致的，都可解释通常的屈服失效现象。试验表明，多数情况下，最大畸变能密度理论比最大切应力理论更接近实测结果，而最大切应力理论比最大畸变能密度理论更安全。

四个强度理论的强度条件可以写成如下的统一形式：

$$\sigma_r\leqslant[\sigma] \tag{8-29}$$

式中，σ_r称为相当应力。四个强度理论对应的相当应力分别为

第一强度理论：
$$\sigma_{r1}=\sigma_1 \tag{8-30}$$
第二强度理论：
$$\sigma_{r2}=\sigma_1-\mu(\sigma_2+\sigma_3) \tag{8-31}$$
第三强度理论：
$$\sigma_{r3}=\sigma_1-\sigma_3 \tag{8-32}$$
第四强度理论：
$$\sigma_{r4}=\sqrt{\frac{1}{2}[(\sigma_1-\sigma_2)^2+(\sigma_2-\sigma_3)^2+(\sigma_3-\sigma_1)^2]} \tag{8-33}$$

综上所述，当根据强度理论建立复杂应力状态下构件的强度条件时，形式上是将三个主应力的某一综合值与材料单向拉伸时的许用应力进行比较，即将复杂应力状态的强度问题表示为单向应力状态下的强度问题。相当应力 σ_r即是在材料破坏或失效方面与复杂应力状态等效的单向拉伸应力状态的应力。

例 8-8 图 8-4 所示封闭压力圆筒，已知其内压的最大压强为 $p=1.5$ MPa，圆筒内径为 $D=1$ m，厚度为 $t=10$ mm，材料的许用应力为$[\sigma]=100$ MPa，试按第四强度理论校核该圆筒的强度。

解 由 8.2 节知，封闭压力圆筒筒壁内的三个主应力分别为

$$\sigma_1=\frac{pD}{2t},\quad \sigma_2=\frac{pD}{4t},\quad \sigma_3=0$$

将上式代入式(8-33)，得

$$\sigma_{r4}=\sqrt{\frac{1}{2}[(\sigma_1-\sigma_2)^2+\sigma_2^2+\sigma_1^2]}$$

$$=\sqrt{3}\frac{pD}{4t}=\sqrt{3}\times\frac{1.5\ \text{MPa}\times 1\ \text{m}}{4\times 10\times 10^{-3}\ \text{m}}=64.95\ \text{MPa}\leqslant[\sigma]$$

故该圆筒满足强度要求。

例 8-9 试按第三和第四强度理论建立纯剪切应力状态下的强度条件，并寻求塑性材料许用切应力$[\tau]$与许用正应力$[\sigma]$之间的关系。

解 纯剪切应力状态下的主应力为

$$\sigma_1=\tau,\quad \sigma_2=0,\quad \sigma_3=-\tau$$

按第三强度理论，纯剪切应力状态下的强度条件为

$$\sigma_1-\sigma_3=\tau-(-\tau)=2\tau\leqslant[\sigma]$$

即

$$\tau\leqslant\frac{[\sigma]}{2} \tag{a}$$

又已知剪切强度条件为

$$\tau\leqslant[\tau] \tag{b}$$

比较式(a)和式(b)，可得

$$[\tau]=\frac{[\sigma]}{2}=0.5[\sigma] \tag{c}$$

式(c)是按第三强度理论求得的$[\tau]$与$[\sigma]$之间的关系。

按第四强度理论，则纯剪切应力状态下的强度条件为

$$\sqrt{\frac{1}{2}[(\sigma_1-\sigma_2)^2+(\sigma_2-\sigma_3)^2+(\sigma_3-\sigma_1)^2]}=\sqrt{\frac{1}{2}[(\tau-0)^2+(0+\tau)^2+(-\tau-\tau)^2]}=\sqrt{3}\tau\leqslant[\sigma]$$

即

$$\tau\leqslant\frac{[\sigma]}{\sqrt{3}} \tag{d}$$

比较式(d)与式(b)，则有

$$[\tau]=\frac{[\sigma]}{\sqrt{3}}\approx 0.577[\sigma] \tag{e}$$

式(e)是按第四强度理论得到的$[\tau]$与$[\sigma]$的关系，它与试验结果比较接近。

例 8-10 受三个集中力作用的简支梁如图 8-19a 所示。已知 $F=32$ kN。$a=1$ m，材料的许用正应力$[\sigma]=160$ MPa，许用切应力$[\tau]=100$ MPa。若该梁由工字钢制成，试选择工字钢的型号。

解 (1) 由弯曲正应力强度选择工字钢型号

简支梁的剪力图和弯矩图如图 8-19a 所示，显然 E 截面上有最大弯曲正应力，于是

$$\sigma_{\max}=\frac{M_{\max}}{W_z}=\frac{48\times 10^3\ \text{N}\cdot\text{m}}{W_z}\leqslant 160\times 10^6\ \text{Pa}$$

$$W_z\geqslant 3\times 10^{-4}\ \text{m}^3=300\ \text{cm}^3$$

查型钢表选用 22a 号工字钢，其 $W_z=309\ \text{cm}^3$，$I_z=3\ 400\ \text{cm}^4$，其他横截面尺寸如图 8-19b 所示。由截面尺寸算得 $S_{z\max}^*=180\ \text{cm}^3$。

(2) 校核简支梁的切应力强度

简支梁上最大切应力发生在 AC 段或 DB 段的中性轴上，最大切应力为

$$\tau_{\max}=\frac{F_{S\max}S_{z\max}^*}{I_z b}=\frac{40\times 10^3\ \text{N}\times 180\times 10^{-6}\ \text{m}^3}{3\ 400\times 10^{-8}\ \text{m}^4\times 7.5\times 10^{-3}\ \text{m}}=28.2\ \text{MPa}<[\tau]$$

(3) 用强度理论校核该梁的其他危险点强度

研究梁 E 截面稍左及 C 截面稍左的截面上翼缘与腹板交界处的 F 点，其应力状态如图 8-19c 所示。此处的

正应力和切应力都比较大，所以也应校核强度。

对于 E 截面稍左截面上的 F 点：

$$\sigma_x=\frac{M_E y_F}{I_z}=\frac{(48\times10^3\ \mathrm{N\cdot m})(110-12.3)\times10^{-3}\ \mathrm{m}}{3\ 400\times10^{-8}\ \mathrm{m}^4}=138\times10^6\ \mathrm{Pa}=138\ \mathrm{MPa}$$

$$\tau_{xy}=\frac{F_{SE}S_z^*}{I_z b}=\frac{(8\times10^3\ \mathrm{N})(110\times12.3\times103.9\times10^{-9})\ \mathrm{m}^3}{(3\ 400\times10^{-8}\ \mathrm{m}^4)(7.5\times10^{-3}\ \mathrm{m})}=4.4\times10^6\ \mathrm{Pa}=4.4\ \mathrm{MPa}$$

由式(8-6)，并注意 $\sigma_y=0$，得主应力为

$$\sigma_1=\frac{\sigma_x}{2}+\sqrt{\left(\frac{\sigma_x}{2}\right)^2+\tau_{xy}^2}$$

$$\sigma_3=\frac{\sigma_x}{2}-\sqrt{\left(\frac{\sigma_x}{2}\right)^2+\tau_{xy}^2}$$

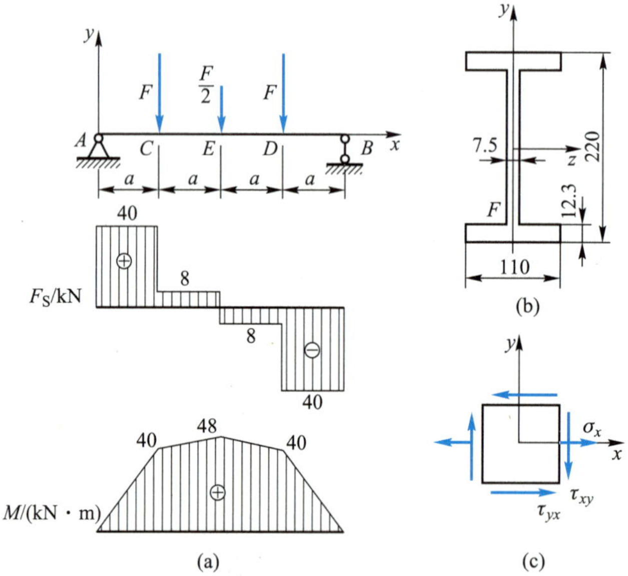

图 8-19

按照第三强度理论校核此点强度：

$$\sigma_{r3}=\sigma_1-\sigma_3=\sqrt{\sigma_x^2+4\tau_{xy}^2}=\sqrt{(138\ \mathrm{MPa})^2+4(4.4\ \mathrm{MPa})^2}=138.3\ \mathrm{MPa}<[\sigma]$$

按照第四强度理论校核此点强度：

$$\sigma_{r4}=\sqrt{\frac{1}{2}[(\sigma_1-\sigma_2)^2+(\sigma_2-\sigma_3)^2+(\sigma_3-\sigma_1)^2]}$$

$$=\sqrt{\sigma_x^2+3\tau_{xy}^2}=\sqrt{(138\ \mathrm{MPa})^2+3(4.4\ \mathrm{MPa})^2}=138.2\ \mathrm{MPa}<[\sigma]$$

同理，对 C 截面稍左截面上的 F 点进行强度校核：

$$\sigma_x=\frac{40}{48}\times138\ \mathrm{MPa}=115\ \mathrm{MPa}$$

$$\tau_{xy}=\frac{40}{8}\times4.4\ \mathrm{MPa}=22\ \mathrm{MPa}$$

按第三、第四强度理论校核此点强度：

$$\sigma_{r3}=\sqrt{\sigma_x^2+4\tau_{xy}^2}=\sqrt{(115\ \mathrm{MPa})^2+4(22\ \mathrm{MPa})^2}=123\ \mathrm{MPa}<[\sigma]$$

$$\sigma_{r4}=\sqrt{\sigma_x^2+3\tau_{xy}^2}=\sqrt{(115\ \text{MPa})^2+3(22\ \text{MPa})^2}=121\ \text{MPa}<[\sigma]$$

综上所述，该梁的强度满足要求。

习题

8-1 构件受力如图所示，试确定危险点的位置，并用单元体表示危险点的应力状态。

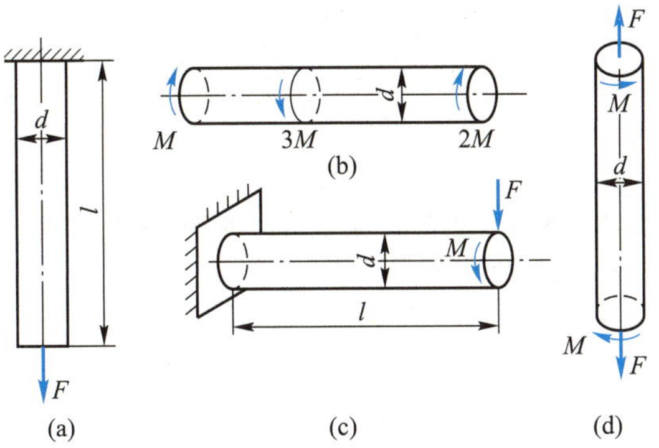

题 8-1 图

8-2 已知处于二向应力状态的单元体如图所示（图中应力单位为 MPa），试用解析法计算指定斜截面上的应力。

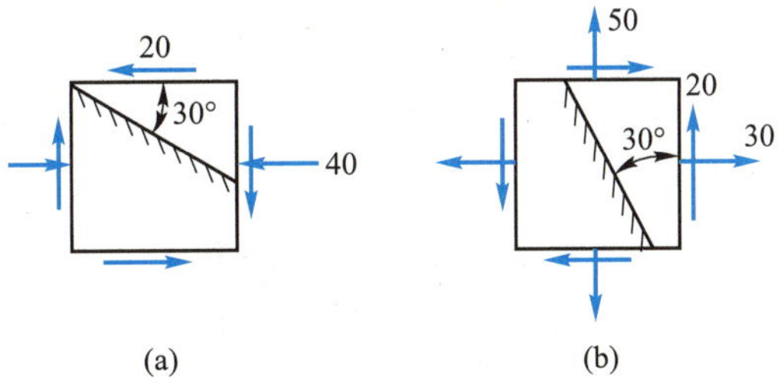

题 8-2 图

8-3 已知处于二向应力状态的单元体如图所示（图中应力单位为 MPa），试用解析法计算：(1) 主应力大小及主平面方位；(2) 最大切应力。

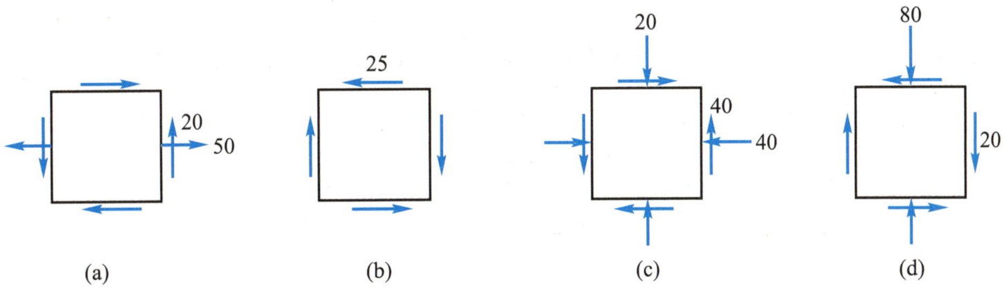

题 8-3 图

8-4 试用应力圆解题 8-2。

8-5 试用应力圆解题 8-3。

8-6 图示为五个处于平面应力状态的应力圆，试在主单元体上画出相应主应力，并注明数值。

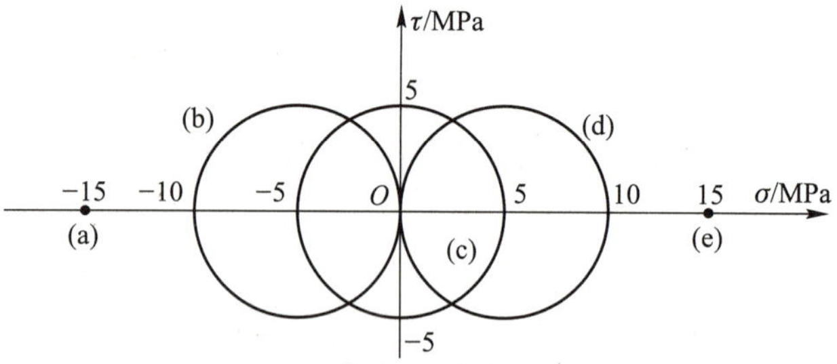

题 8-6 图

8-7 层合板构件中一点的应力状态如图所示。各层板之间用胶黏接，接缝方向角如图中所示。若已知胶层的许用应力[τ]=1 MPa，试校核此单元体的安全性。

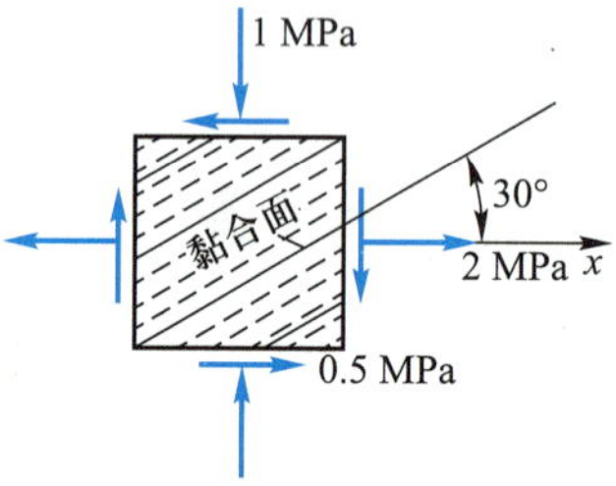

题 8-7 图

8-8 图示矩形截面梁某截面上的弯矩和剪力分别为 M=10 kN·m，F_S=120 kN。试绘制截面上 1、2、3、4 各点单元体的应力状态，并求其主应力。

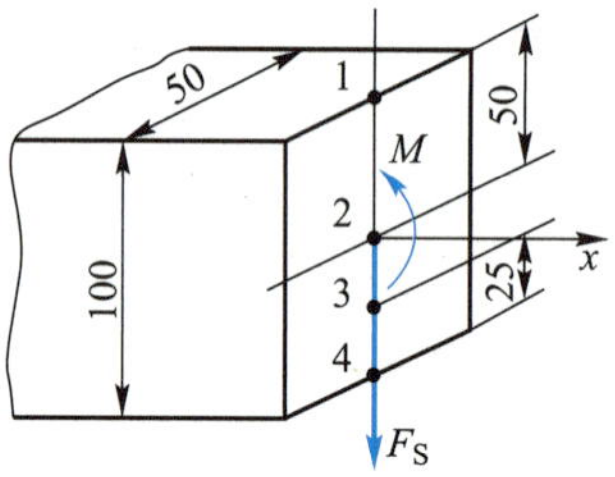

题 8-8 图

8-9 图示单元体中，若要求面内最大切应力小于或等于 85 MPa，试确定 τ_{xy} 的取值范围。

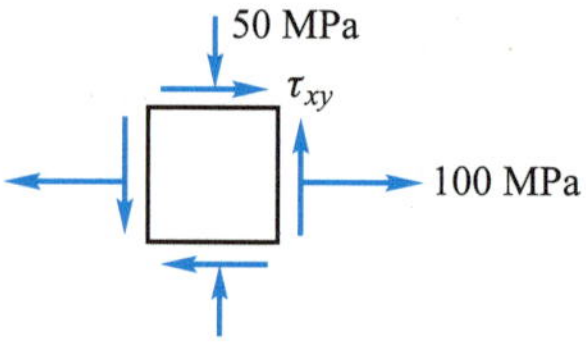

题 8-9 图

8-10 薄壁圆筒扭转一拉伸试验的示意图如图所示。已知 F=20 kN，T=600 N·m，且 d=5 cm，δ=2 mm。试求：(1) A 点在指定斜截面上的应力；(2) A 点主应力及主平面方位（用单元体表示）。

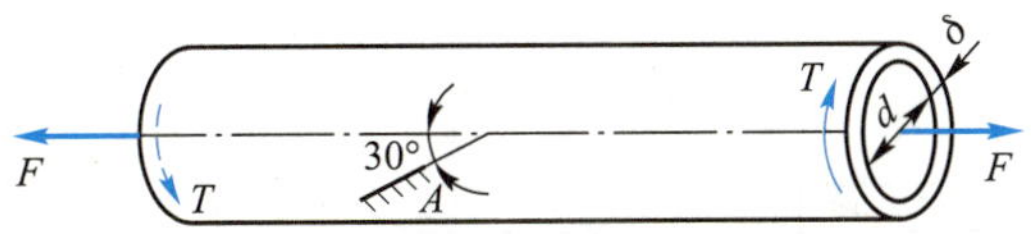

题 8-10 图

8-11 图示简支梁由 36a 号工字钢制成，$F=140\ \mathrm{kN}$，$l=4\ \mathrm{m}$。A 点所在截面在集中力 F 的左侧且无限接近力 F 作用的截面。试求：(1) A 点在指定斜截面上的应力；(2) A 点主应力及主平面方位（用单元体表示）。

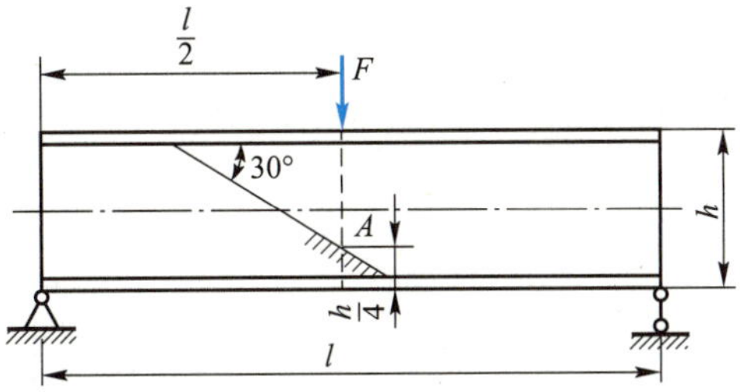

题 8-11 图

8-12 已知图示平面单元处于二向应力状态（图中应力单位为 MPa），试求其主应力并作应力圆。

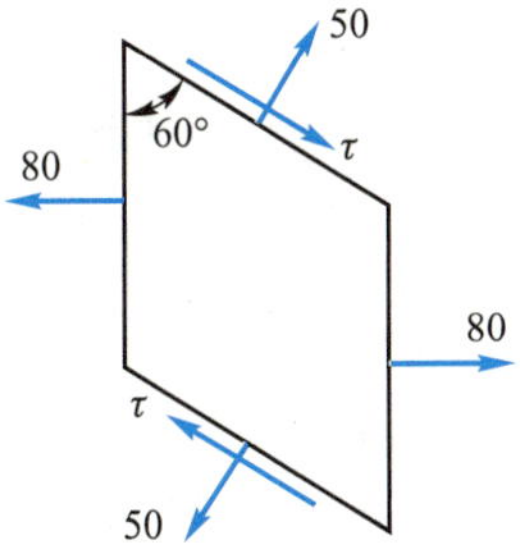

题 8-12 图

8-13 在通过一点的两个平面上，应力如图所示（图中应力单位为 MPa）。试求主应力及主平面的方位（用单元体表示）。

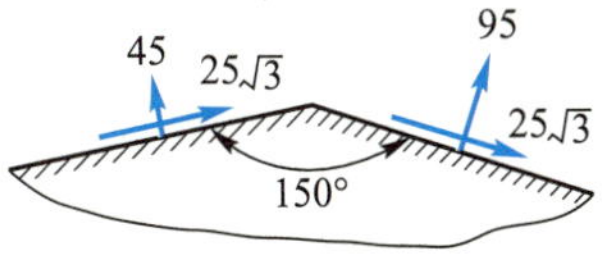

题 8-13 图

8-14 内径 $D=1\ \mathrm{m}$、壁厚 $t=30\ \mathrm{mm}$ 的两端封闭薄壁圆筒，受到 2.1 MPa 的内压作用。试计算该圆筒中任一点的主应力。若最大主应力限制在 80 MPa，求该圆筒的两端可扭矩的最大值。

8-15 已知单元体所处的三向应力状态如图所示（图中应力单位为 MPa），试求其主应力及最大切应力。

8-16 已知平面单元体处于图示二向应力状态，已知 E、μ，且由试验测得 ε_x 和 ε_y。试证明：

$$\sigma_x=E\frac{\varepsilon_x+\mu\varepsilon_y}{1-\mu^2},\quad \sigma_y=E\frac{\varepsilon_y+\mu\varepsilon_x}{1-\mu^2},\quad \varepsilon_z=-\frac{\mu}{1-\mu}(\varepsilon_x+\varepsilon_y)$$

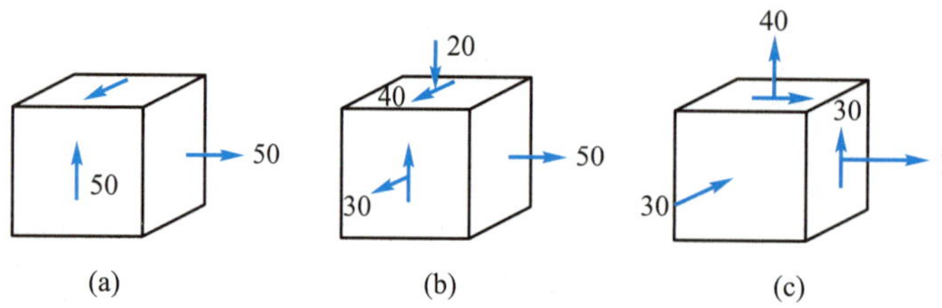

题 8 - 15 图

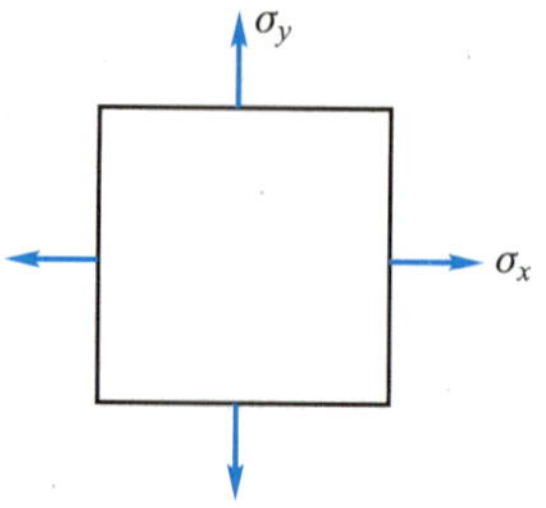

题 8 - 16 图

8 - 17 图示矩形截面杆承受轴向载荷 F 作用，试计算线段 AB 的正应变。设横截面的高度 h、宽度 b 及材料的弹性常数 E 和 μ 均已知。

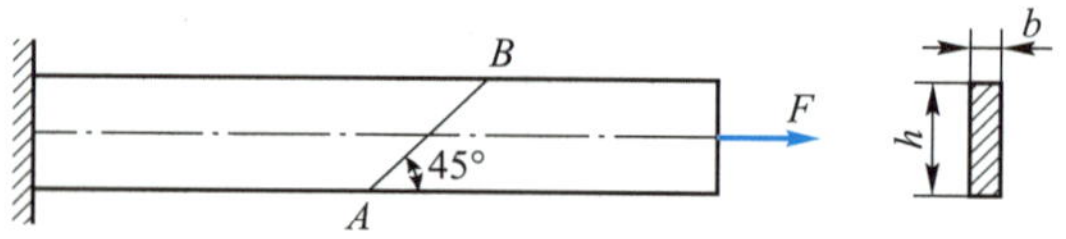

题 8 - 17 图

8 - 18 试求题 8 - 15 中单元体在各应力状态下的体积应变 Θ、应变能密度 v_ε 和畸变能密度 v_d。已知 $E=200$ GPa，$\mu=0.3$。

8 - 19 用内径 $D=60$ mm、壁厚 $t=1.5$ mm 的两端封闭薄壁圆筒来做内压力和扭转的联合试验。要求内压力引起的最大正应力值等于外扭矩所引起的横截面切应力值的 2 倍。当内压 $p=10$ MPa 时筒壁的材料出现屈服现象，求此时筒壁中的最大切应力及畸变能密度值。已知材料的 $E=210$ GPa，$\mu=0.3$。

8 - 20 长输水管内径为 0.75 m，受大小为 2.0 MPa 的内压作用，已知 $\mu=0.3$，许用应力$[\sigma]=50$ MPa。试用第四强度理论计算壁厚。（提示：可设长输水管的轴向应变为零。）

8 - 21 炮筒的横截面如图所示。在危险点处，$\sigma_t=550$ MPa，$\sigma_r=-350$ MPa，第三个主应力垂直于横截面，是拉应力，且其大小为 420 MPa。试按第三强度理论和第四强度理论分别计算危险点的相当应力。

8 - 22 图示直径 $D=800$ mm，壁厚 $t=4$ mm 的薄壁圆筒容器，受内压 p 和外部轴向载荷 F 作用。已知材料的许用应力为$[\sigma]=120$ MPa，$F=200$ kN。试用强度理论确定容器可能承受的内压 p。

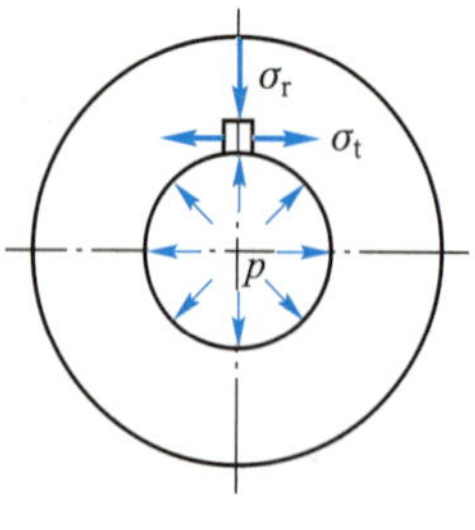

题 8 - 21 图

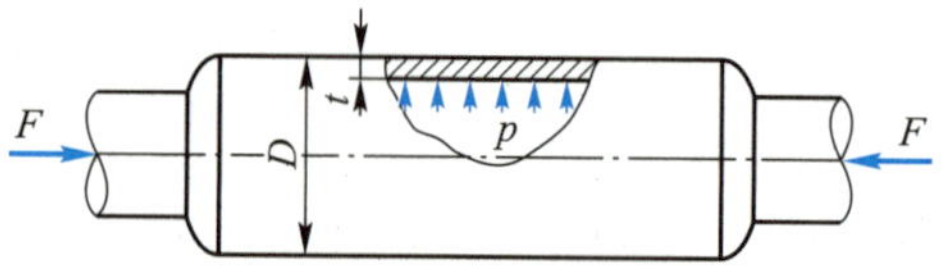

题 8 - 22 图

8 - 23 一圆筒形容器受内压作用，其上的任意一点 A 处的应力状态如图所示。当容器承受最大内压时，用应变计测得 $\varepsilon_x=1.88\times10^{-4}$，$\varepsilon_y=7.37\times10^{-4}$。已知材料的 $E=210$ GPa，$\mu=0.3$，许用应力$[\sigma]=170$ MPa。试用第三强度理论对 A 点进行强度校核。

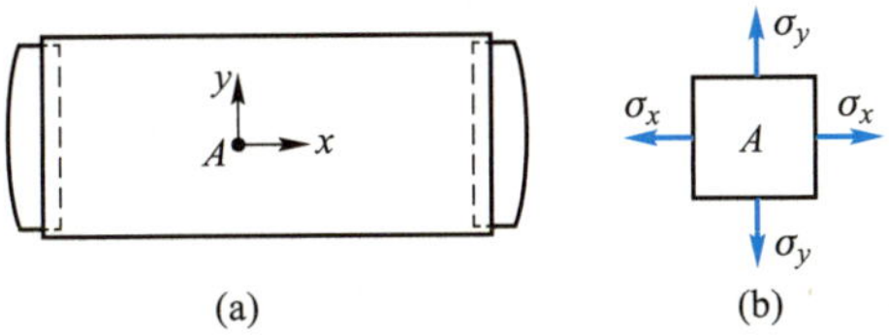

题 8-23 图

8-24 图示简支梁由 25b 号工字钢制成。已知 $F=200$ kN，$q=10$ kN/m，$a=0.2$ m，$l=2$ m。材料的许用切应力为$[\tau]=100$ MPa，许用正应力为$[\sigma]=160$ MPa。试用第三强度理论对梁进行强度校核。

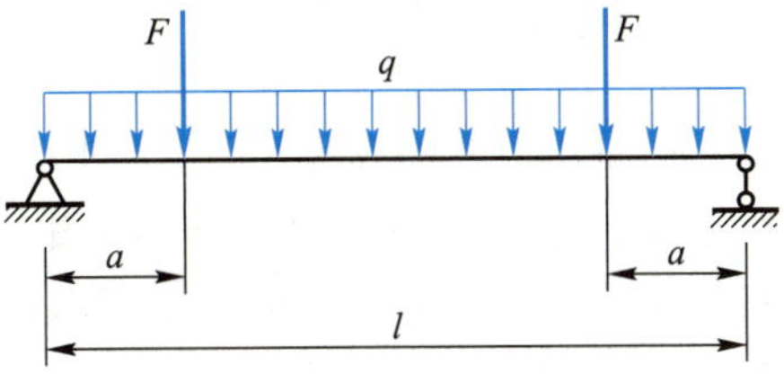

题 8-24 图

8-1 第 8 章习题答案

第 9 章 组合变形

9.1 概述

组合变形(combined deformation)是指由两种或两种以上基本变形组合而成的变形。工程结构或机械设备中的许多构件都会发生组合变形。如压力机的框架(图 9-1),在外力 F 作用下,框架的立柱同时发生拉伸和弯曲两种基本变形;齿轮传动轴(图 9-2)除发生扭转变形外还发生弯曲变形;船舶推进轴(图 9-3)则同时发生压缩、弯曲和扭转变形。

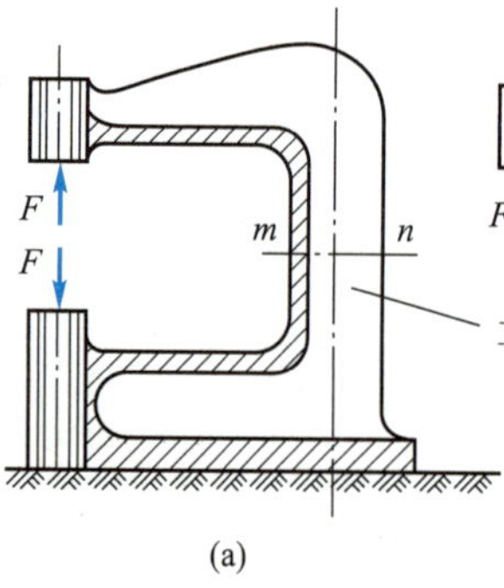

图 9-1

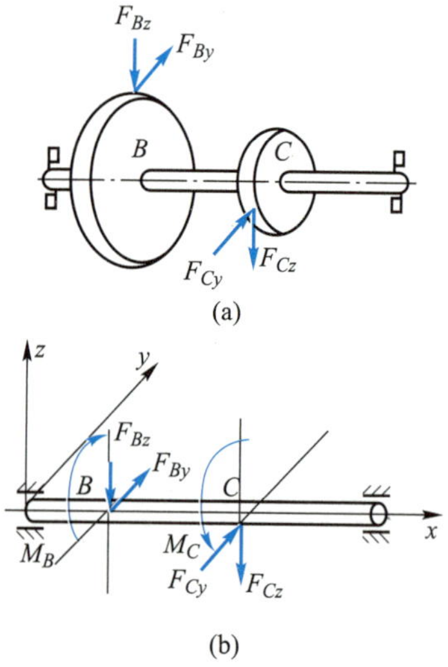

图 9-2

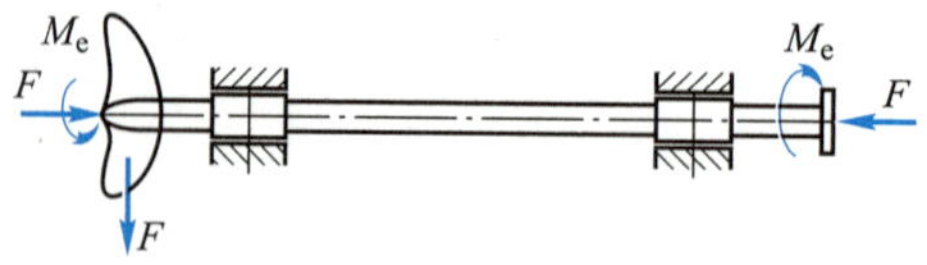

图 9-3

分析组合变形的强度问题时,可先将外力进行分解或简化,得到与原载荷静力等效的几组载荷,使每组载荷对构件只产生一种基本变形,从而将组合变形分解成几种基本变形的组合。然后应用基本变形的知识分别计算构件危险点的应力。在材料服从胡克定律并满足小变形条件情况下,可认为任一载荷作用所产生的应力都不受其他载荷的影响，故可应用叠加原理进行组合变形的应力计算。应用叠加原理得到危险点的应力状态后，即可对组合变形进行强度分析。工程中大量的问题都是弹性范围内的小变形问题，所以应用叠加原理处理问题并不失去其普遍意义，但却可使问题得到简化。

9.2 斜 弯 曲

前面讨论的弯曲问题都是平面弯曲问题。产生平面弯曲的条件是弯曲外力（横向力或平面力偶）作用面过“弯曲中心”，且与形心主惯性平面重合或平行。在工程实际中，作用于梁上的外力有时并不符合上述条件。例如，屋架上的矩形截面檩条（图 9－4），垂直向下的载荷 F 虽然过其截面形心（即弯曲中心），但与两个形心主惯性轴 y、z 轴都不重合，这种弯曲称为**斜弯曲**（oblique bending）。如果将外力 F 沿形心主轴 y、z 方向分解为 F_y 和 F_z，则 F_y 和 F_z 将使檩条在互相垂直的两个平面内分别产生平面弯曲。

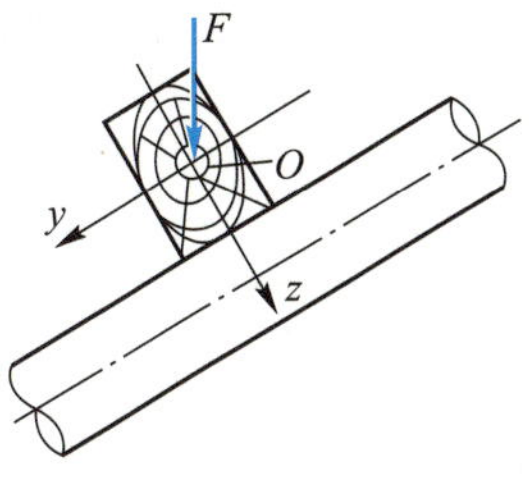

图 9－4

现以图 9－5a 所示矩形截面悬臂梁为例，说明斜弯曲时应力和变形的计算方法。

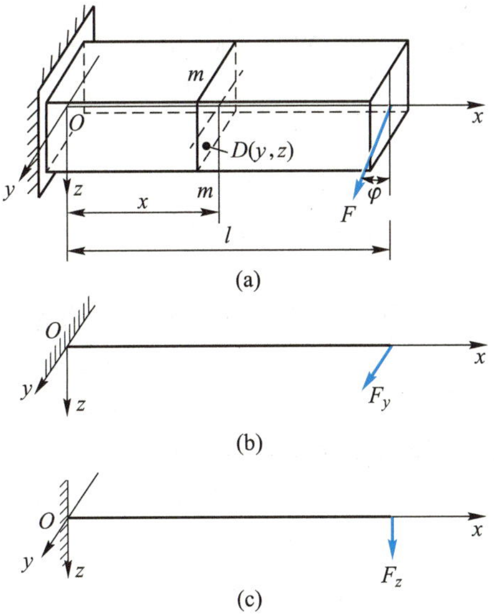

图 9－5

1. 斜弯曲的应力计算

设一横向集中力 F 通过图 9－5a 所示矩形悬臂梁自由端截面的形心，其作用线与 z 轴的夹角为 φ。将力 F 沿形心主轴 y、z 分解得

$$F_y=F\sin\varphi,\quad F_z=F\cos\varphi \tag{a}$$

梁在 F_y、F_z 作用下分别以 z 轴和 y 轴为中性轴发生平面弯曲，如图 9-5b、c 所示。则距固定端为 x 的 $m—m$ 截面上，绕 z 轴和 y 轴的弯矩大小分别为

$$\begin{aligned} M_z &= F_y(l-x) = F(l-x)\sin\varphi = M\sin\varphi \\ M_y &= F_z(l-x) = F(l-x)\cos\varphi = M\cos\varphi \end{aligned} \tag{b}$$

式中，$M=F(l-x)$ 是力 F 对 $m—m$ 截面的总弯矩。与弯曲正应力相比，对应剪力的弯曲切应力通常是次要的，因此，在强度计算中常常忽略剪力的影响。

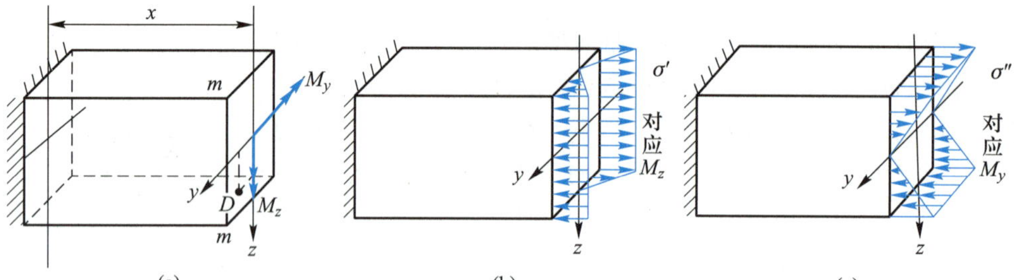

图 9-6

$m—m$ 截面上的弯矩 M_z、M_y 如图 9-6a 所示，与 M_z、M_y 对应的弯曲正应力分别如图 9-6b、c 所示。对于截面上的任意一点 $D(y,\ z)$，由 M_z 引起的正应力为

$$\sigma' = \frac{M_z y}{I_z} = \frac{M\sin\varphi}{I_z} y$$

由 M_y 引起的正应力为

$$\sigma'' = \frac{M_y z}{I_y} = \frac{M\cos\varphi}{I_y} z$$

两者为共线向量，因此，由叠加原理得点 $D(y, z)$ 的弯曲正应力为

$$\sigma = \sigma' + \sigma'' = M\left(\frac{\sin\varphi}{I_z} y + \frac{\cos\varphi}{I_y} z\right) \tag{9-1}$$

在具体问题中，可以根据杆件的变形情况来确定 σ' 和 σ'' 是拉应力还是压应力。

如果记截面中性轴上一点的坐标为 (y_0, z_0)，由于截面中性轴上点的正应力为零，故利用式(9-1)可得中性轴方程为

$$\frac{\sin\varphi}{I_z} y_0 + \frac{\cos\varphi}{I_y} z_0 = 0 \tag{9-2}$$

由式(9-2)知，中性轴是一条通过截面形心的直线(图 9-7a)，其与 z 轴的夹角 θ 的正切为

$$\tan\theta = \frac{y_0}{z_0} = -\frac{I_z}{I_y}\cot\varphi \tag{9-3}$$

由式(9-3)知，当 $I_y \neq I_z$ 时，$\theta + \varphi \neq 90°$，即外力作用方向与中性轴不垂直。

因为两个平面弯曲引起的正应力按线性规律分布，所以叠加后应力仍按线性分布。故根据中性轴的位置，可以确定截面上距离中性轴最远的点的正应力最大，是危险点。如图 9-7a 所示

矩形截面，点 D_1、D_2 离中性轴最远，为危险点。对于没有棱角的截面(图 9－7b)，需先确定截面中性轴的位置，然后在截面周边上作平行于中性轴的切线，切点 D_1、D_2 离中性轴最远，是危险点。

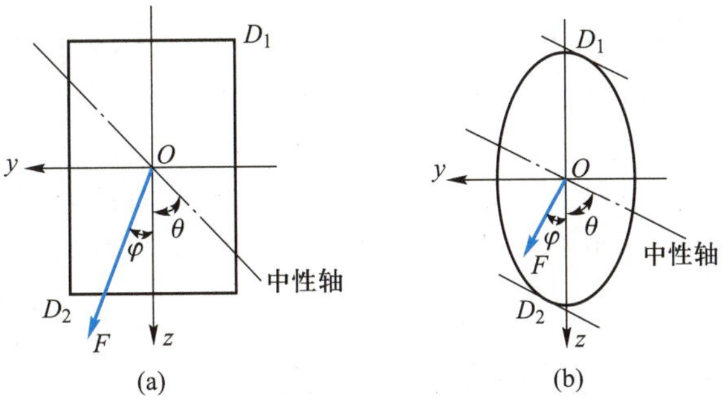

图 9－7

由上述分析可知，斜弯曲梁上的危险点处于单向应力状态。若危险点的坐标分别为(y_1，z_1)和(y_2，z_2)，且设材料的抗拉强度和抗压强度相等，则斜弯曲的强度条件可表示为

$$|\sigma_{\max}|=\left|M\left(\frac{\sin\varphi}{I_z}y_{1,2}+\frac{\cos\varphi}{I_y}z_{1,2}\right)\right|\leqslant[\sigma] \tag{9-4}$$

对于矩形一类的截面，强度条件则可简单表示为

$$\sigma_{\max}=\frac{M_{z\max}}{W_z}+\frac{M_{y\max}}{W_y}\leqslant[\sigma] \tag{9-5}$$

利用上述强度条件对工程构件进行强度计算时，如材料的抗拉强度、抗压强度不同，应分别对最大拉应力和最大压应力进行强度校核。此外，在进行截面选择时，由于强度条件中的 W_y、W_z(或 I_y、I_z 和 y_1、z_1)等均未知，不能利用强度条件同时确定 W_y、W_z 两个值，这时应根据经验先设定一个 W_z(W_y)的值，再试算求解。

2. 斜弯曲的变形计算

发生斜弯曲时梁的挠度同样可以利用叠加原理进行计算。例如求图 9－5a 所示悬臂梁自由端的挠度，先将作用在梁自由端上的力 F 分解为两个分力 F_y 和 F_z，然后按平面弯曲的公式分别计算 F_y 引起的挠度 w_y 和 F_z 引起的挠度 w_z，再按矢量合成求出总挠度 w 的大小和方向，如图 9－8 所示。

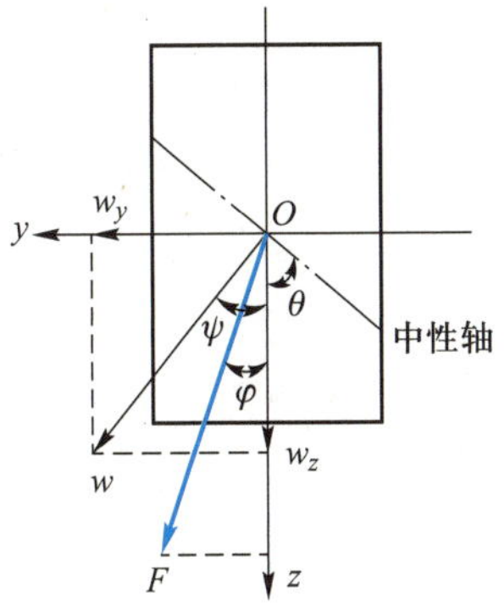

图 9－8

悬臂梁在发生平面弯曲时有

$$w_y=\frac{F_y l^3}{3EI_z},\quad w_z=\frac{F_z l^3}{3EI_y}$$

于是，梁自由端的总挠度为

$$w=\sqrt{w_y^2+w_z^2} \tag{9-6}$$

设总挠度与 z 轴的夹角为 ψ，则

$$\tan\psi=\frac{w_y}{w_z}=\frac{I_y}{I_z}\tan\varphi \tag{9-7}$$

对于矩形截面，$I_y\neq I_z$，因此由式(9-7)知 $\psi\neq\varphi$，总挠度 w 的方向与外力 F 的方向不一致，发生斜弯曲。考虑式(9-3)和式(9-7)，知 $\psi+\theta=90°$，即斜弯曲时**总挠度 w 的方向始终垂直于中性轴**。对于圆形、正方形或其他正多边形截面，$I_y=I_z$，此时 $\psi=\varphi$，w 的方向与 F 的方向一致，则发生平面弯曲。换句话说，对于 $I_y=I_z$ 这种类型截面的梁来说，横向力只要作用在过截面形心的任何一个纵向平面内，总是发生平面弯曲，不发生斜弯曲。

例 9-1 桥式起重机大梁由 32a 号工字钢制成，如图 9-9 所示。其许用应力 $[\sigma]=160$ MPa，梁的长度 $l=4$ m。起重小车行进时由于惯性或其他原因，使载荷 F 的方向偏离纵向对称面一个角度 $\varphi=15°$。若载荷 $F=30$ kN，试校核大梁的强度。

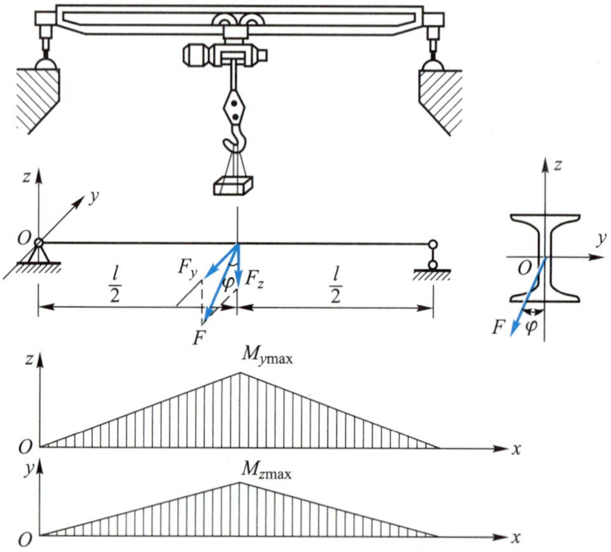

图 9-9

解 当起重小车走到大梁中点时，大梁处于最不利的受力状态。这时跨中截面的弯矩最大，是危险截面。

在 xy 平面内，由 F_y 引起的最大弯矩为

$$M_{z\max}=\frac{F_y l}{4}=\frac{Fl\sin\varphi}{4}=\frac{(30\times10^3\ \text{N})\times4\ \text{m}\times\sin15°}{4}=7.76\times10^3\ \text{N}\cdot\text{m}$$

在 xz 平面内，由 F_z 引起的最大弯矩为

$$M_{y\max}=\frac{F_z l}{4}=\frac{Fl\cos\varphi}{4}=\frac{(30\times10^3\ \text{N})\times4\ \text{m}\times\cos15°}{4}=29\times10^3\ \text{N}\cdot\text{m}$$

由型钢表查得 32a 号工字钢的弯曲截面系数为

$$W_y=692\ \text{cm}^3,\quad W_z=70.8\ \text{cm}^3$$

所以

$$\sigma_{\max}=\frac{M_{z\max}}{W_z}+\frac{M_{y\max}}{W_y}=\frac{7.76\times10^3\ \text{N}\cdot\text{m}}{70.8\times10^{-6}\ \text{m}^3}+\frac{29\times10^3\ \text{N}\cdot\text{m}}{692\times10^{-6}\ \text{m}^3}=151.5\times10^6\ \text{Pa}=151.5\ \text{MPa}<[\sigma]$$

在此例题中，若载荷 F 始终沿竖直方向没有偏离，即 $\varphi=0$，则最大正应力为

$$\sigma_{\max}=\frac{M_{\max}}{W_y}=\frac{Fl/4}{W_y}=\frac{30\times10^3\ \text{N}\cdot\text{m}}{692\times10^{-6}\ \text{m}^3}=43.4\times10^6\ \text{Pa}=43.4\ \text{MPa}$$

可见，对于工字形截面梁，当载荷方向偏离一个不大的角度时，最大正应力就会增加很多。产生这种结果的原因是工字形截面的 W_z 远小于 W_y。由此可见，用截面 W_z、W_y 相差很大的梁来抵抗斜弯曲或承受方向不太固定的外力是很不利的。箱形截面梁在这一点上比工字形截面梁优越。

例 9-2 屋顶檩条中一矩形截面木梁 AB 受到屋顶桁架的两根相邻上弦杆的支撑(图 9-10a、b)。该木梁在承受屋顶盖和屋顶材料的重力载荷的同时，还承受自重及其他附加载荷(如风、雪及地震载荷)。本例只综合考虑一个强度 $q=3.0$ kN/m 的均布载荷，该载荷沿梁 AB 的整个长度作用在铅垂方向上，其作用线通过横截面的形心(图 9-10c)。屋顶桁架的上弦杆的斜率为 1 : 2($\alpha=26.57°$)，木梁 AB 的宽度 $b=100$ mm，高度 $h=150$ mm，跨度 $l=1.6$ m。试求该梁的最大拉、压应力，并确定其中性轴的位置。

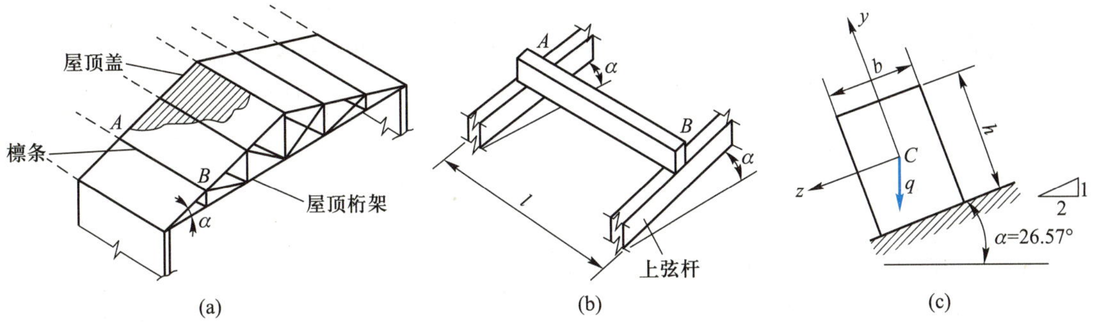

图 9-10

解 作用在铅垂方向上的均布载荷 q 可分解为 y、z 方向的两个分量(图 9-11a)

$$q_y=q\cos\alpha,\quad q_z=q\sin\alpha \tag{a}$$

最大弯矩发生在该木梁的跨中，其计算式为

$$M_y=\frac{q_zl^2}{8}=\frac{ql^2\sin\alpha}{8},\quad M_z=\frac{q_yl^2}{8}=\frac{ql^2\cos\alpha}{8}$$

这两个弯矩的矢量表示如图 9-11b 所示。

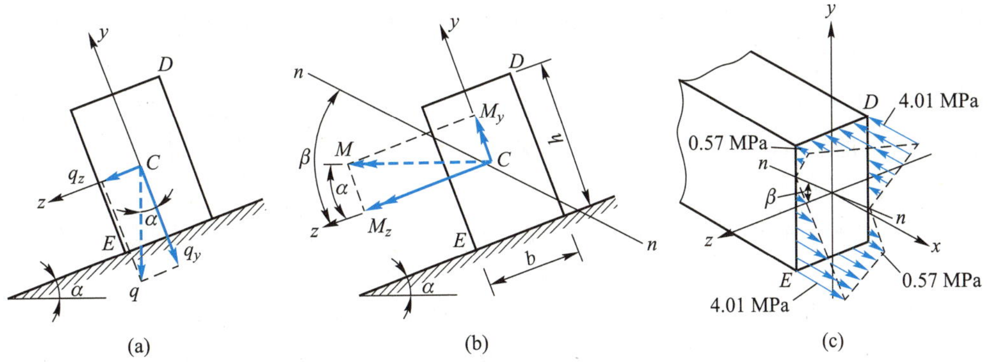

图 9-11

横截面对 y、z 轴的惯性矩分别为

$$I_y=\frac{hb^3}{12},\quad I_z=\frac{bh^3}{12} \tag{b}$$

于是该梁横截面上任一点处的正应力为

$$\sigma_x=\frac{M_y z}{I_y}-\frac{M_z y}{I_z}=\frac{ql^2\sin\alpha}{8hb^3/12}z-\frac{ql^2\cos\alpha}{8bh^3/12}y=\frac{3ql^2}{2bh}\left(\frac{\sin\alpha}{b^2}z-\frac{\cos\alpha}{h^2}y\right)\tag{c}$$

将任一点的 y、z 坐标代入式(c)，就可求出该点处的正应力。

根据该横截面的方位及各载荷与弯矩的方向可明显看出，最大压应力发生在图 9-11c 的点 D 处(该处的 $y=h/2, z=-b/2$)，最大拉应力发生在点 E 处(该处的 $y=-h/2, z=b/2$)。将这些坐标代入式(c)并简化，可得到梁中最大拉/压应力为

$$\sigma_E=-\sigma_D=\frac{3(3\times10^3\ \mathrm{N/m})\times(1.6\ \mathrm{m})^2}{4(100\times10^{-3}\ \mathrm{m})(150\times10^{-3}\ \mathrm{m})}\left(\frac{\sin 26.57^\circ}{100\times10^{-3}\ \mathrm{m}}+\frac{\cos 26.57^\circ}{150\times10^{-3}\ \mathrm{m}}\right)=4.01\ \mathrm{MPa}\tag{d}$$

令式(c)给出的应力等于零，就可求得中性轴的方程为

$$\frac{\sin\alpha}{b^2}z-\frac{\cos\alpha}{h^2}y=0\tag{e}$$

该中性轴如图 9-11b 中的直线 nn 所示。根据式(e)可求出 z 轴与该中性轴的夹角 β，即

$$\tan\beta=\frac{y}{z}=\frac{h^2}{b^2}\tan\alpha=\frac{(150\ \mathrm{mm})^2}{(100\ \mathrm{mm})^2}\tan 26.57^\circ=1.125$$

得

$$\beta=48.4^\circ$$

由于 $\beta\neq\alpha$，因此，该中性轴与载荷所在的平面不垂直。

该梁位于中性轴右上的部分受到压缩、左下部分受到拉伸(图 9-11c)。

9.3 拉伸(压缩)与弯曲的组合

使杆件产生拉伸(压缩)与弯曲组合变形的加载方式主要有两种：① 轴向载荷和横向载荷共同作用；② 偏心拉伸(或压缩)。

1. 强度分析

在上述两种加载方式下，杆件横截面上将产生弯矩 M_y 或 M_z(或两者皆有)、轴力 F_N。在横向力作用下，杆件截面上还有剪力，但因其引起的切应力较小，可略去不计。因此，这里只考虑 M_y、M_z 和 F_N 引起的正应力。

根据 M_y、M_z 和 F_N 的大小可以判断出杆件危险截面的位置，再根据 M_y、M_z、F_N 的实际作用方向可以判断出危险截面上危险点的位置。将危险点上各内力分量 M_y、M_z、F_N 对应的应力叠加，就得到危险点的应力。

发生拉伸(压缩)与弯曲组合变形时，构件上危险点处于单向应力状态，其强度条件为

$$|\sigma_{\max}|\leqslant[\sigma]\tag{9-8}$$

下面用具体实例说明拉伸(压缩)与弯曲组合变形时强度计算的方法。

例 9-3 图 9-12a 为小型压力机的示意图，其框架材料为铸铁。已知铸铁的许用拉应力 $[\sigma^+]=30\ \mathrm{MPa}$，许用压应力 $[\sigma^-]=120\ \mathrm{MPa}$，框架立柱的横截面尺寸如图 9-12b 所示。试按立柱的强度确定压力机的最大许可压力。

解 (1) 计算横截面的几何参数

立柱的横截面面积为

$$A=150\times50\ \mathrm{mm}^2+150\times50\ \mathrm{mm}^2=15\ 000\ \mathrm{mm}^2$$

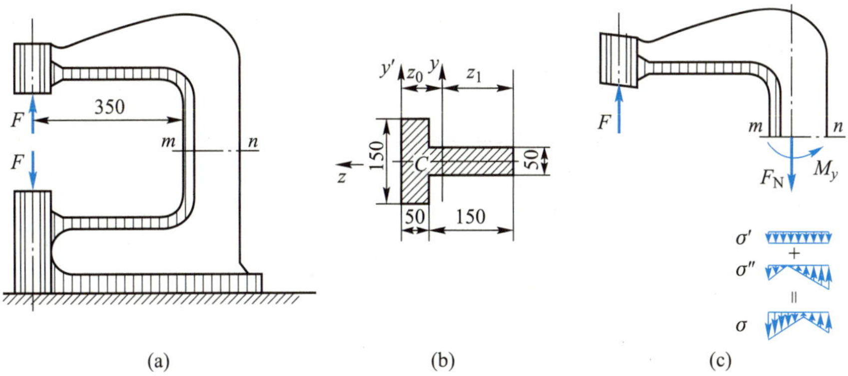

图 9-12

坐标选取如图 9-12b 所示，形心 C 的位置坐标为

$$z_0=\frac{\sum A_i z_i}{\sum A_i}=\frac{(150\times50)\text{mm}^2\times25\text{ mm}+(150\times50)\text{mm}^2\times(50+75)\text{mm}}{(150\times50+50\times150)\text{mm}^2}=75\text{ mm}$$

由平行移轴公式得

$$I_y=\frac{150\times50^3}{12}\text{ mm}^4+150\times50\times50^2\text{ mm}^4+\frac{50\times150^3}{12}\text{ mm}^4+150\times50\times50^2\text{ mm}^4=5\ 310\times10^4\text{ mm}^4$$

(2) 计算立柱的内力和应力

在 m—n 截面将立柱切开，取上半部分为研究对象。由平衡条件可得 m—n 截面上的内力为

$$F_N=F$$

$$M_y=F\cdot(0.35+0.075)\text{m}=F\cdot0.425\text{ m}$$

轴力 F_N 产生均匀分布的拉应力 σ'，弯矩 M_y 产生线性分布的正应力 σ''，且内侧受拉，外侧受压，如图 9-12c 所示。叠加后，内侧边缘上点的拉应力最大，外侧边缘上点的压应力最大，故内外边缘上的点均为危险点。

(3) 求最大许可压力

允许承受的压力 F 需分别按抗拉强度条件和抗压强度条件计算。抗拉强度条件为

$$\sigma_{\max}^{+}=\frac{F_N}{A}+\frac{M_y z_0}{I_y}\leqslant[\sigma^+]$$

即

$$\frac{F}{150\times10^{-4}\text{ m}^2}+\frac{F\cdot0.425\text{ m}\times0.075\text{ m}}{5\ 310\times10^{-8}\text{ m}^4}\leqslant30\times10^6\text{ Pa}$$

解得 $F\leqslant45.1\times10^3$ N。

抗压强度条件为

$$\sigma_{\max}^{-}=\left|\frac{F_N}{A}-\frac{M_y z_1}{I_y}\right|\leqslant[\sigma^-]$$

即

$$\left|\frac{F}{150\times10^{-4}\text{ m}^2}-\frac{F\cdot0.425\text{ m}\times0.125\text{ m}}{5\ 310\times10^{-8}\text{ m}^4}\right|\leqslant120\times10^6\text{ Pa}$$

解得 $F\leqslant128.7\times10^3$ N。

因此，为使立柱安全工作，最大许可压力可取为 45.1 kN。

例 9-4 矩形截面杆的上、下表面各贴有一片电阻应变片。杆两端承受沿轴向的线分布力作用，如

图 9-13a 所示。已知材料的弹性模量 E，试求两电阻应变计的读数。

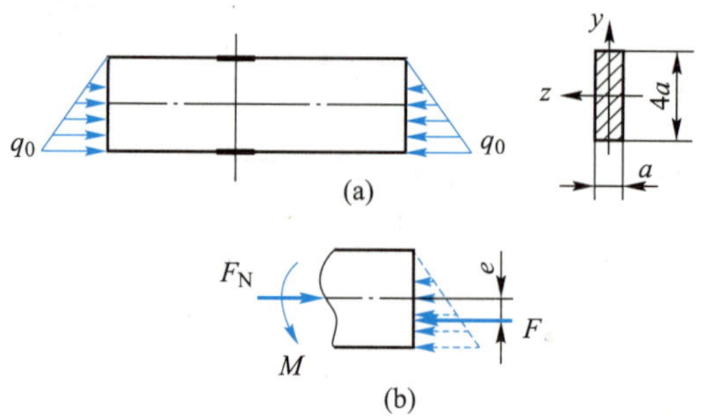

图 9-13

解 (1) 计算该杆的内力

线分布力的合力为

$$F=\frac{1}{2}\cdot 4a\cdot q_0=2q_0a$$

其作用点至轴线的距离为

$$e=\frac{2}{3}\cdot 4a-\frac{4a}{2}=\frac{2}{3}a$$

于是该杆任意横截面上的内力如图 9-13b 所示，且有

$$F_N=F=2q_0a$$

$$M=F\cdot e=\frac{4}{3}q_0a^2$$

(2) 计算电阻应变计的读数

该杆上表面的应力为

$$\sigma'=\frac{M}{W_z}-\frac{F_N}{A}=\frac{\frac{4}{3}q_0a^2}{\frac{1}{6}a\cdot(4a)^2}-\frac{2q_0a}{a\cdot 4a}=0$$

下表面的应力为

$$\sigma''=-\frac{M}{W_z}-\frac{F_N}{A}=-\frac{\frac{4}{3}q_0a^2}{\frac{1}{6}a\cdot(4a)^2}-\frac{2q_0a}{a\cdot 4a}=-\frac{q_0}{a}$$

根据胡克定律，该杆上、下表面的电阻应变计读数分别为 0 和 $-\frac{q_0}{Ea}$。

2. 截面核心

图 9-14a 表示一受偏心压缩的短柱。y、z 轴为横截面上的形心主惯性轴，压力 F 的作用点 A 的坐标为 (y_F, z_F)。将 F 向短柱轴向平移，并把产生的力偶矩向两个主惯性平面分解，得到与轴线重合的压力 F 和弯矩 M_y、M_z，如图 9-14b 所示。且有 $M_y=Fz_F$，$M_z=Fy_F$。在图 9-15 所示的横截面上，$B(y,z)$ 点与压力 F 和弯矩 M_z、M_y 相对应的应力分别为

$$\sigma'=-\frac{F}{A}$$

$$\sigma''=-\frac{M_z y}{I_z}=-\frac{F y_F y}{I_z}$$

$$\sigma'''=-\frac{M_y z}{I_y}=-\frac{F z_F z}{I_y}$$

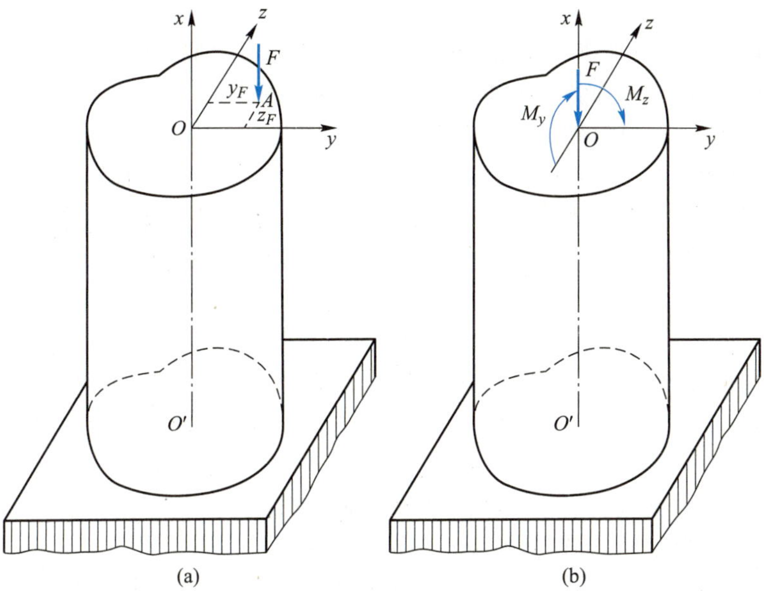

图 9-14

引入截面的惯性半径 $i_z=\sqrt{I_z/A}$，$i_y=\sqrt{I_y/A}$，由叠加原理得 B 点的正应力为

$$\sigma=-\frac{F}{A}\left(1+\frac{y_F y}{i_z^2}+\frac{z_F z}{i_y^2}\right)$$

用(y_0,z_0)代表中性轴上任一点的坐标，则可得中性轴方程为

$$\frac{y_F y_0}{i_z^2}+\frac{z_F z_0}{i_y^2}+1=0 \tag{9-9}$$

可见，偏心压缩时中性轴是一条不通过截面形心的直线，如图 9-15 所示。中性轴把截面分成两部分，画阴影线的部分受拉，另一部分受压。距离中性轴最远的点 D_1、D_2处应力最大。

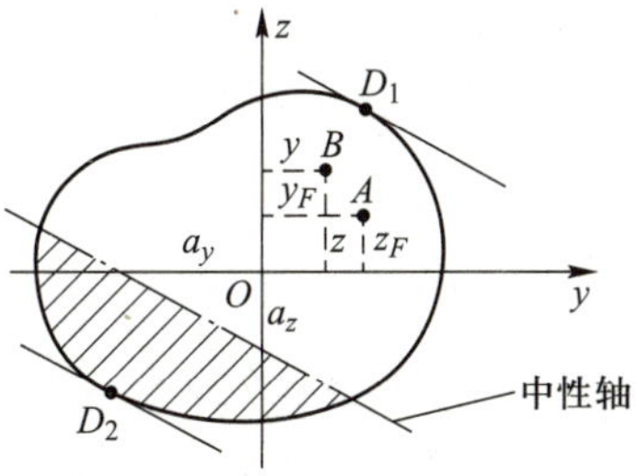

图 9-15

在式(9-9)中，分别令 $z_0=0$ 和 $y_0=0$，可得到中性轴在 y 轴和 z 轴上的截距分别为

$$a_y=-\frac{i_z^2}{y_F},\quad a_z=-\frac{i_y^2}{z_F} \tag{9-10}$$

由式(9－10)可以看出，a_y 与 y_F、a_z 与 z_F 的符号相反，故中性轴与压力 F 的作用点 A 分别在截面形心的两侧。此外，a_y 与 y_F、a_z 与 z_F 成反比例关系，故当压力 F 作用点逐渐向形心靠近时，截距将逐渐增加，即中性轴逐渐远离形心。据此可知，在截面形心的附近存在这样一个区域，当压力作用在此区域内时，中性轴将不穿过横截面，横截面上只有压应力，没有拉应力，这个区域称为**截面核心**。当压力作用在截面核心的边界上时，中性轴则刚好与截面的周边相切，且不与截面相割。因此，可以利用式(9－10)确定截面核心边界的位置。

要确定任意截面核心的边界，可将与截面周边相切的任一直线①看作是中性轴，设它在 y、z 两个形心主惯性轴上的截距分别为 a_{y_1}、a_{z_1}。根据这两个值，由式(9－10)算出与该中性轴对应的外力作用点1，亦即截面核心边界上的一个点。其坐标为

$$y_{F_1}=-\frac{i_z^2}{a_{y_1}},\quad z_{F_1}=-\frac{i_y^2}{a_{z_1}} \tag{*}$$

同理，可将与截面周边相切的其他直线②、③、…看作是中性轴，并按上述方法依次得到与它们对应的截面核心边界上的点2、3、…的坐标。连接这些点得到一条封闭的曲线，即为所求的截面核心边界。

下面以矩形截面为例，说明确定截面核心的具体方法。

图9－16所示矩形截面，边长分别为 b 和 h，y、z 轴为截面的形心主惯性轴。首先将与 AB 边相切的直线①看作是中性轴，它在 y、z 两轴上的截距分别为

$$a_{y_1}=\frac{h}{2},\quad a_{z_1}=\infty$$

该矩形截面惯性半径的平方为

$$i_y^2=\frac{I_y}{A}=\frac{b^2}{12},\quad i_z^2=\frac{I_z}{A}=\frac{h^2}{12}$$

将以上各几何量代入式(*)，可得到与中性轴①对应的截面核心边界上的点1的坐标为

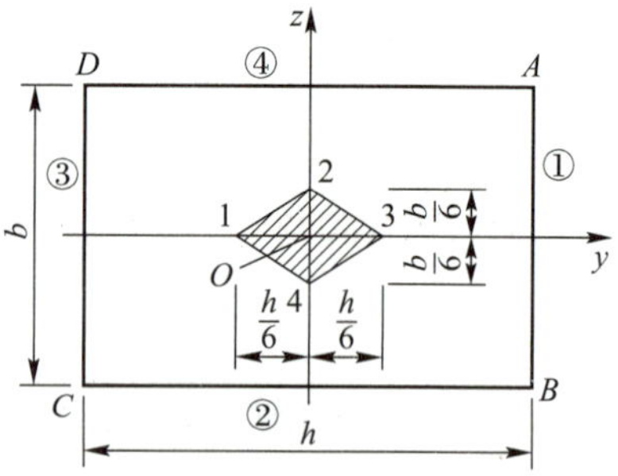

图 9－16

$$y_{F_1}=-\frac{h}{6},\quad z_{F_1}=0$$

同理，将分别与 BC、CD、DA 边相切的直线②、③、④看作是中性轴，按上述方法可求得与他们对应的截面核心边界上的点2、3、4的坐标依次为

$$y_{F_2}=0,\quad z_{F_2}=\frac{b}{6};\quad y_{F_3}=\frac{h}{6},\quad z_{F_3}=0;\quad y_{F_4}=0,\quad z_{F_4}=-\frac{b}{6}$$

这样便确定了截面核心边界上的四个点。

为了用这四个点确定截面核心的边界，需要解决这样一个问题：中性轴从位置①绕截面顶点 B 旋转到位置②时，相应的外力作用点移动的轨迹是一条怎样的曲线？中性轴绕 B 旋转的过程中，将得到一系列通过 B 点但斜率不同的中性轴，B 点为这一系列中性轴所共有。将 B 点坐标 (y_B, z_B) 代入中性轴方程(9－9)，可得

$$\frac{y_F y_B}{i_z^2}+\frac{z_F z_B}{i_y^2}+1=0$$

式中 y_B、z_B 为常数，因此该式为外力作用点坐标 y_F、z_F 的直线方程式。对应的直线即为中性轴绕 B 点旋转时，相应外力作用点移动的轨迹。因为旋转的起始位置①和终止位置②所对应的点 1、2 应该在该直线上，所以过 1、2 两点的截面核心边界应该就是连接该两点的直线。以此类推，可得矩形截面的截面核心，即为图 9－16 中的菱形。

类似可得到圆形截面的截面核心如图 9－17 所示。

必须注意，在确定截面核心边界位置时，所用的坐标轴 y、z 必须是截面的形心主惯性轴。

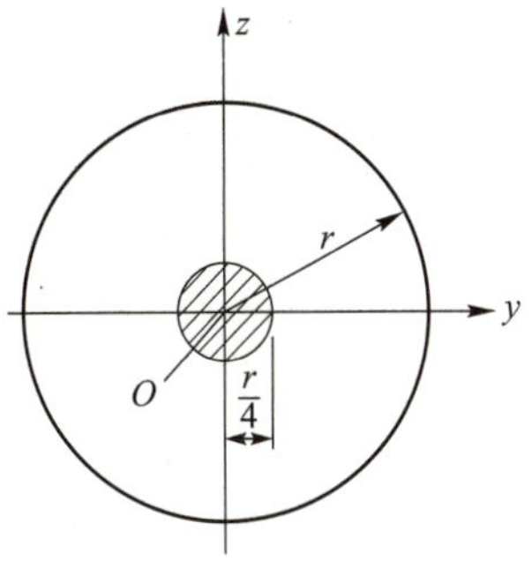

图 9－17

9.4 弯曲与扭转的组合

工程结构与机械设备中的许多构件，例如传动轴与曲柄轴等，大多处于弯曲与扭转的组合变形（弯扭组合变形）状态。对此类构件，需利用复杂应力状态强度理论进行强度分析。工程中的轴类构件多为圆截面（实心或空心），下面首先讨论圆轴的弯扭组合变形问题。

1. 圆轴的弯扭组合变形

首先分别画出发生弯扭组合变形圆轴的弯矩图和扭矩图。在危险截面上，与扭矩 T 对应的扭转切应力的最大值发生在横截面的边缘，其值为

$$\tau=\frac{T}{W_t} \tag{a}$$

圆截面杆不会发生斜弯曲，只可能发生平面弯曲（9.2 节），因此可将 M_y 及 M_z 进行矢量合成，如图 9－18a 所示，得到截面的总弯矩为

$$M=\sqrt{M_y^2+M_z^2} \tag{9-11}$$

于是根据平面弯曲最大正应力计算式得横截面上的最大正应力为

$$\sigma=\frac{M}{W} \tag{b}$$

切应力与正应力的分布如图 9－18b 所示。点 a 和点 b 上有最大扭转切应力和最大弯曲正应力，故这两点是危险点。如果在点 a 用横截面、径向纵截面及平行于外表面的圆柱面切取一单元体，则单元体各截面上的应力如图 9－18c 所示。

危险点处于二向应力状态，所以应按强度理论建立强度条件。如果轴是用塑性材料制成的，则应采用第三或第四强度理论进行强度计算。危险点 a 的主应力为

$$\left.\begin{matrix}\sigma_1\\ \sigma_3\end{matrix}\right\}=\frac{\sigma}{2}\pm\frac{1}{2}\sqrt{\sigma^2+4\tau^2},\quad \sigma_2=0 \tag{c}$$

如果用第三强度理论，将式(c)给出的主应力代入相应的强度条件表达式

$$\sigma_{r3}=\sigma_1-\sigma_3\leqslant[\sigma]$$

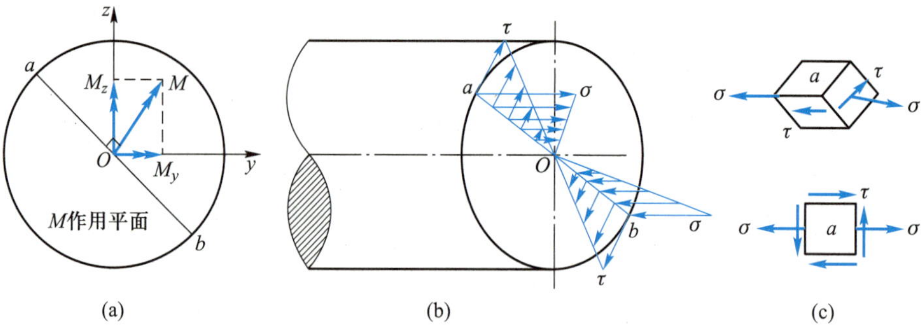

图 9-18

化简后得

$$\sigma_{r3}=\sqrt{\sigma^2+4\tau^2}\leqslant[\sigma] \tag{9-12}$$

若用第四强度理论，将式(c)给出的主应力代入相应的强度条件表达式

$$\sigma_{r4}=\sqrt{\frac{1}{2}[(\sigma_1-\sigma_2)^2+(\sigma_2-\sigma_3)^2+(\sigma_3-\sigma_1)]}\leqslant[\sigma]$$

化简后得

$$\sigma_{r4}=\sqrt{\sigma^2+3\tau^2}\leqslant[\sigma] \tag{9-13}$$

将式(a)、式(b)分别代入式(9-12)、式(9-13)，并注意到对于圆截面有 $W_t=2W$，可得到圆轴在弯扭组合变形时强度条件的另一种表述形式。对于第三强度理论有

$$\sigma_{r3}=\frac{\sqrt{M^2+T^2}}{W}=\frac{\sqrt{M_y^2+M_z^2+T^2}}{W}\leqslant[\sigma] \tag{9-14}$$

对于第四强度理论有

$$\sigma_{r4}=\frac{\sqrt{M^2+0.75T^2}}{W}=\frac{\sqrt{M_y^2+M_z^2+0.75T^2}}{W}\leqslant[\sigma] \tag{9-15}$$

在式(9-14)和式(9-15)中，$\sqrt{M_y^2+M_z^2+T^2}$、$\sqrt{M_y^2+M_z^2+0.75\,T^2}$ 分别称为与第三、第四强度理论对应的“计算弯矩”。

上述两种强度条件表达式的应用范围有所不同：

(1) 式(9-14)和式(9-15)只适用于圆截面杆或空心圆截面杆的弯扭组合变形。

(2) 式(9-12)和式(9-13)适用范围更广，只要危险点处于图 9-18c 所示的平面应力状态都适用。

工程中常有些杆件，例如船舶推进轴，除同时发生弯曲和扭转两种基本变形外，还有轴向拉伸(压缩)变形。这类杆件的危险点也处于图 9-18c 所示应力状态，只是单元体上的正应力应为轴向拉伸(压缩)的正应力和弯曲正应力之和，即 $\sigma=\frac{F_N}{A}+\frac{M}{W}$。对这类杆件，进行强度计算时可用式(9-12)和式(9-13)，但不能用式(9-14)和式(9-15)。

例 9-5 一钢制圆轴装有胶带轮 A 和 B，如图 9-19a 所示。两轮有相同的直径 D=1 m 及重量 P=5 kN。A 轮上胶带的张力是水平方向的，B 轮上胶带的张力是铅垂方向的。设圆轴的许用应力[σ]=80 MPa，试按第三强度理论设计圆轴的直径。

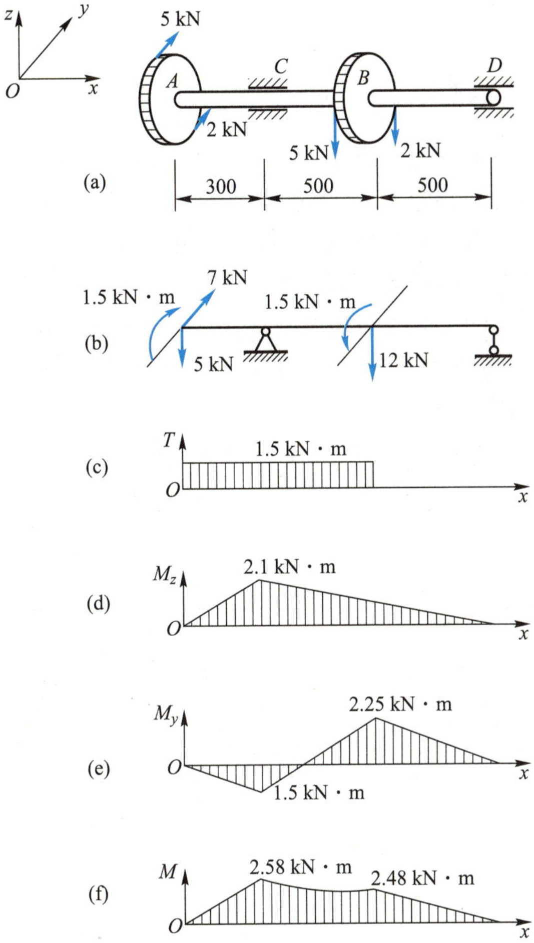

图 9-19

解 (1) 确定该装置的计算简图如图 9-19b 所示。

(2) 作轴的内力图。

轴的扭矩图如图 9-19c 所示，弯矩图如图 9-19d、e 所示，则截面 C、B 的合成弯矩分别为

$$M_C=\sqrt{M_y^2+M_z^2}=\sqrt{(1.5\ \text{kN}\cdot\text{m})^2+(2.1\ \text{kN}\cdot\text{m})^2}=2.58\ \text{kN}\cdot\text{m}$$

$$M_B=\sqrt{M_y^2+M_z^2}=\sqrt{(2.25\ \text{kN}\cdot\text{m})^2+(1.05\ \text{kN}\cdot\text{m})^2}=2.48\ \text{kN}\cdot\text{m}$$

合成弯矩图如图 9-19f 所示。可以证明，合成弯矩图中间段上凹。显然，截面 C 是危险截面。

(3) 设计圆轴的直径。

由第三强度理论，有

$$\sigma_{r3}=\frac{\sqrt{M_C^2+T^2}}{W}\leqslant[\sigma]$$

即

$$\frac{32\times\sqrt{(2.58\times10^3\ \text{N}\cdot\text{m})^2+(1.5\times10^3\ \text{N}\cdot\text{m})^2}}{\pi d^3}\leqslant 80\times10^6\ \text{Pa}$$

则

$$d \geqslant 72 \times 10^{-3}\ \text{m}$$

由此可取该圆轴的直径 $d=72\ \text{mm}$。

2. 矩形截面杆的弯扭组合变形

对于矩形截面杆，当截面上同时有弯矩 M_y 和 M_z 作用时，杆件通常发生斜弯曲，此时应分别计算 M_y、M_z 所引起的正应力，再将同一点的正应力叠加。在扭矩 T 作用下，矩形截面上长边中点切应力最大，短边中点切应力为局部极值，角点的切应力为零。因此，矩形截面杆发生弯扭组合变形时，危险点的应力状态有两种类型：① 矩形角点，只有正应力没有切应力，处于单向应力状态。此时，采用强度条件式(9-8)进行强度校核；② 矩形截面的长边中点或短边中点，既有弯曲正应力又有扭转切应力，其应力状态与圆轴弯扭组合变形时相同。此时，采用强度条件式(9-12)和式(9-13)进行强度校核。

例 9-6 一端固定的半圆环受力如图 9-20a 所示，其截面为 30 mm×30 mm 的正方形。若已知材料的许用应力$[\sigma]=150$ MPa。试按第三强度理论对截面 1—1、2—2 进行强度校核。

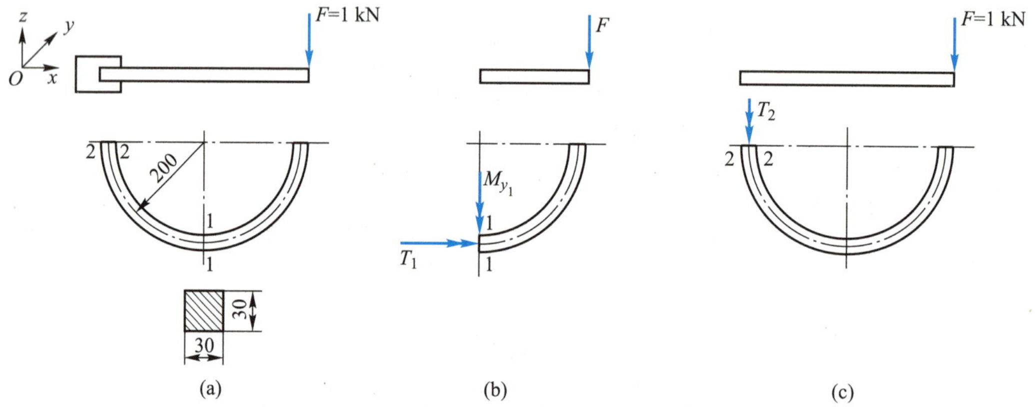

图 9-20

解 建立如图 9-20a 所示坐标系。用垂直于杆轴线的截面将杆沿截面 1—1、2—2 截开，分别如图 9-20b、c 所示。由截面法可得 1—1 截面上的内力分量为

$$T_1=1\ 000\ \text{N}\times 0.2\ \text{m}=200\ \text{N}\cdot\text{m},\quad M_{y_1}=1\ 000\ \text{N}\times 0.2\ \text{m}=200\ \text{N}\cdot\text{m},\quad M_{z_1}=0$$

截面 2—2 上的内力分量为

$$T_2=1\ 000\ \text{N}\times 0.4\ \text{m}=400\ \text{N}\cdot\text{m},\quad M_{y_2}=M_{z_2}=0$$

截面 1—1 发生弯扭组合变形，在扭矩作用下，正方形截面上各边中点切应力最大，而在弯矩作用下，距中性轴最远的两边中点弯曲正应力最大，故这两点为危险点，危险点的正应力和切应力分别为

$$\sigma=\frac{M_{y_1}}{W_y}=\frac{200\ \text{N}\cdot\text{m}\times 6}{30\times 30^2\times 10^{-9}\ \text{m}^3}=44.4\times 10^6\ \text{Pa}=44.4\ \text{MPa}$$

$$\tau=\frac{T_1}{\alpha hb^2}=\frac{200\ \text{N}\cdot\text{m}}{0.208\times(30\times 30^2\times 10^{-9}\ \text{m}^3)}=35.6\times 10^6\ \text{Pa}=35.6\ \text{MPa}$$

上式中，α 可查表 5-1 得到。按第三强度理论得

$$\sigma_{r3}=\sqrt{\sigma^2+4\tau^2}=\sqrt{(44.4\ \text{MPa})^2+4\times(35.5\ \text{MPa})^2}=83.9\ \text{MPa}<[\sigma]$$

截面 2—2 只发生扭转变形，最大扭转切应力为

$$\tau=\frac{T_2}{\alpha hb^2}=\frac{400\ \text{N}\cdot\text{m}}{0.208\times(30\times30^2\times10^{-9}\ \text{m}^3)}=71.2\times10^6\ \text{Pa}=71.2\ \text{MPa}$$

按第三强度理论得

$$\sigma_{r3}=2\tau=142.4\ \text{MPa}<[\sigma]$$

故两个截面都是安全的。

习题

9-1 箱形截面悬臂梁受力如图所示，试计算固定端截面上 A、B、C 三点的正应力。

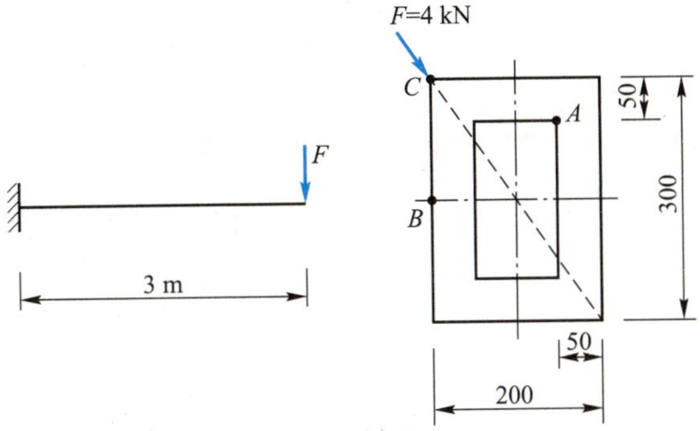

题 9-1 图

9-2 图示悬臂梁在两个不同截面上分别受有水平力 F_1 和铅垂力 F_2 作用。若 $F_1=800$ N，$F_2=1\ 650$ N，试求以下两种情况下梁内的最大正应力及其作用位置。

(1) 梁的截面为矩形，其宽和高分别为 $b=9$ cm，$h=18$ cm；

(2) 梁的截面为圆形，其直径 $d=13$ cm。

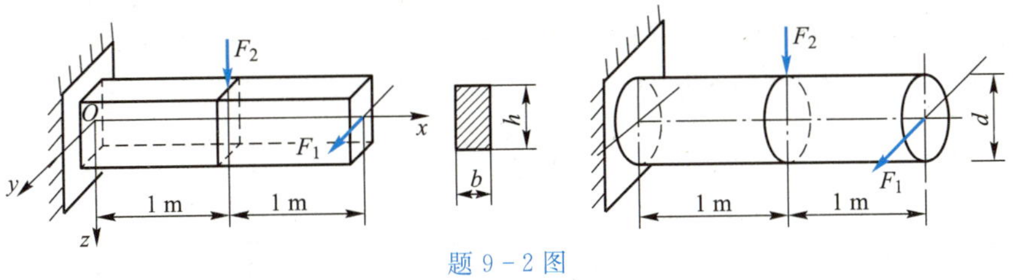

题 9-2 图

9-3 矩形截面木檩条置于倾角为 26°34′的斜面上，其两端为铰链约束，跨度 $l=4$ m，载荷及截面尺寸如图所示。木材的许用应力为$[\sigma]=12$ MPa，弹性模量 $E=9$ GPa，许用挠度为$\frac{l}{200}$。试校核该檩条的强度与刚度。

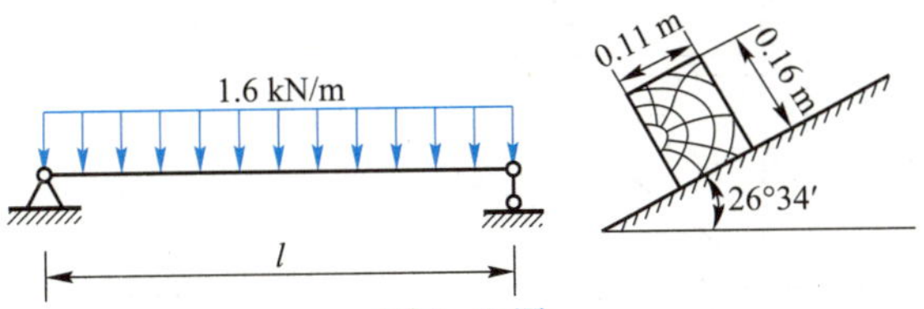

题 9-3 图

9-4 悬臂梁受集中力 F 作用，如图所示。已知横截面的直径 $D=120$ mm，小孔直径 $d=30$ mm，材料的许用应力为$[\sigma]=160$ MPa。试求中性轴的位置，并根据强度要求确定梁的许可载荷。

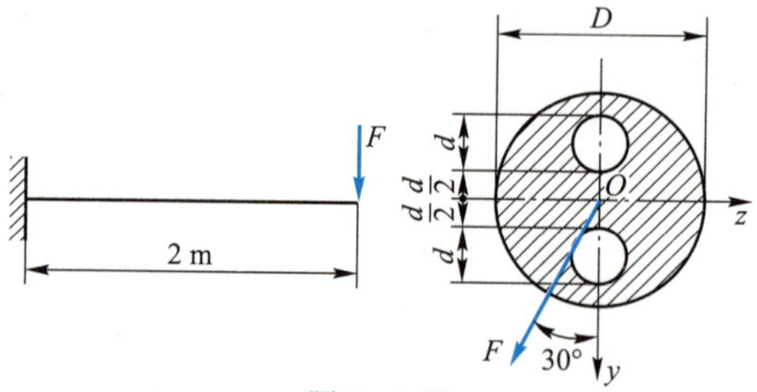

题 9-4 图

9-5 图示起重机的最大起吊重量(包括行走小车等)为 $P=40$ kN,横梁 AC 由两根 18 号槽钢组成,材料许用应力$[\sigma]=120$ MPa。试校核横梁的强度。

9-6 拆卸工具的爪由钢制成,其许用应力$[\sigma]=180$ MPa。试按爪的强度确定工具的最大顶压力 F。

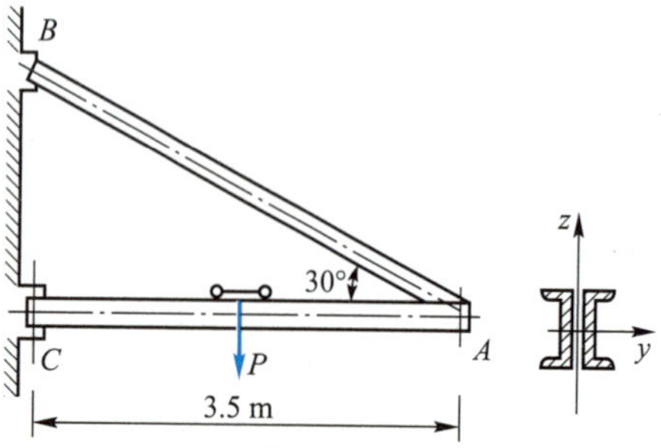

题 9-5 图

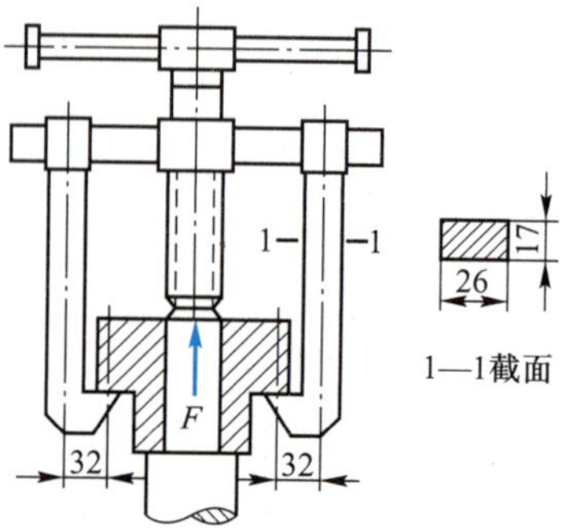

题 9-6 图

9-7 图示钻床的立柱由铸铁制成,许用拉应力$[\sigma^+]=35$ MPa。若 $F=15$ kN。试确定立柱所需直径 d。

9-8 承受偏心载荷的矩形截面杆如图所示。今用实验方法测得杆左、右两侧面的纵向应变分别为 ε_1 和 ε_2,试证明偏心距 e 和 ε_1、ε_2 满足下列关系式:

$$e=\frac{\varepsilon_1-\varepsilon_2}{\varepsilon_1+\varepsilon_2}\cdot\frac{h}{6}$$

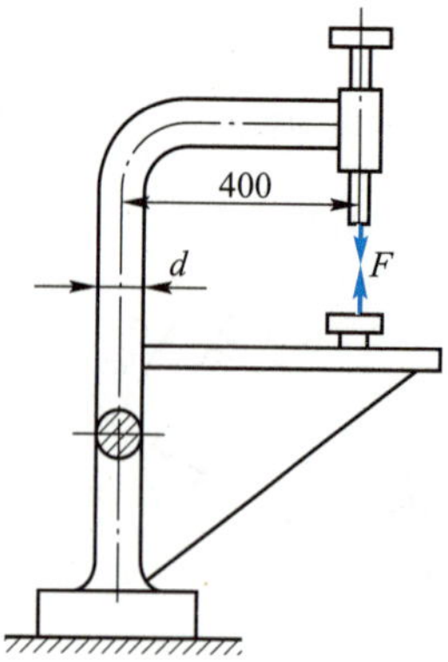

题 9-7 图

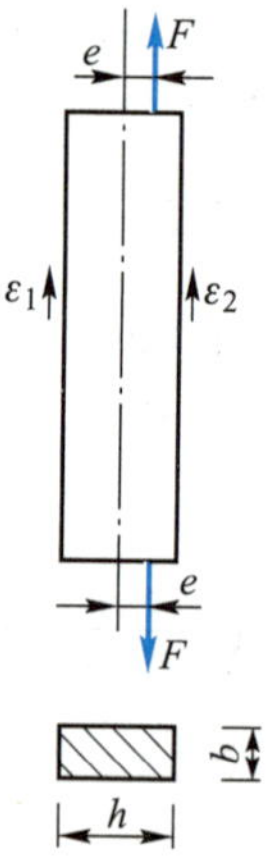

题 9-8 图

9-9 图示杆件,同时承受横向力与偏心压力作用,材料的许用拉应力$[\sigma^+]=30$ MPa,许用压应力$[\sigma^-]=90$ MPa。试确定载荷 F 的许用值。

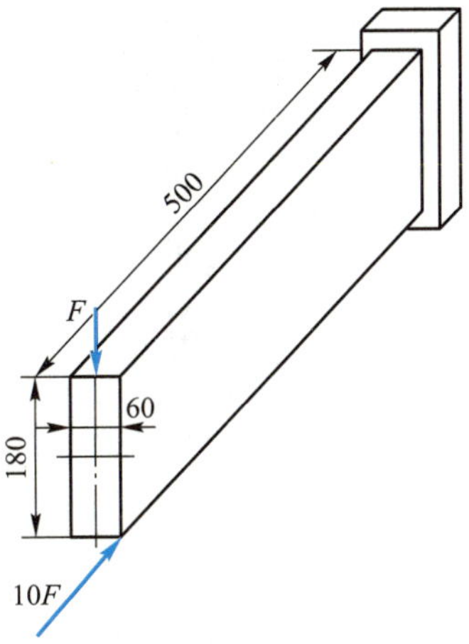

题 9 - 9 图

9 - 10 受拉构件形状如图所示。已知矩形横截面尺寸为 40 mm×5 mm，通过轴线的拉力 $F=12$ kN。拉杆开有切口，如不计应力集中影响，当材料的许用应力$[\sigma]=100$ MPa 时，试确定切口的许用最大深度，并绘制切口截面的应力分布图。

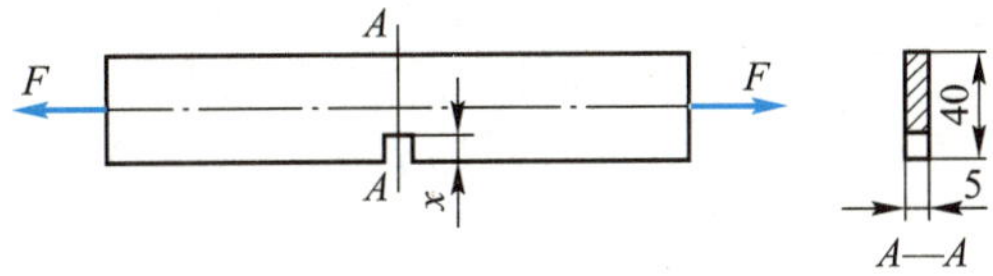

题 9 - 10 图

9 - 11 一圆截面直杆受偏心拉力作用，其偏心距 $e=20$ mm，杆的直径为 70 mm，许用拉应力$[\sigma]=120$ MPa，试求此杆承受的偏心拉力的许用值。

9 - 12 手摇式提升机如图所示，轴的直径 $d=30$ mm，材料许用应力$[\sigma]=80$ MPa，试按第三强度理论求该提升机的最大起吊重量 P。

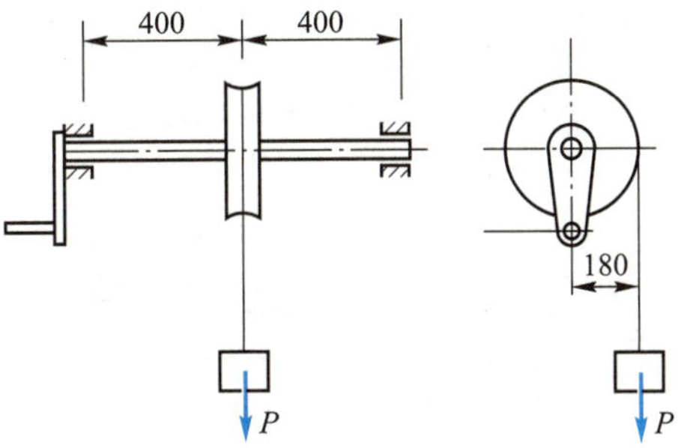

题 9 - 12 图

9 - 13 图示为某型号水轮机主轴的示意图。水轮机组的输出功率为 $N=37\ 500$ kW，转速 $n=150$ r/min。已知轴向推力 $F_x=4\ 800$ kN，转轮的重量 $P_1=390$ kN，主轴的内径 $d=34$ cm，外径 $D=75$ cm，自重 $P=285$ kN，主轴材料许用应力$[\sigma]=80$ MPa，试按第四强度理论校核该主轴的强度。

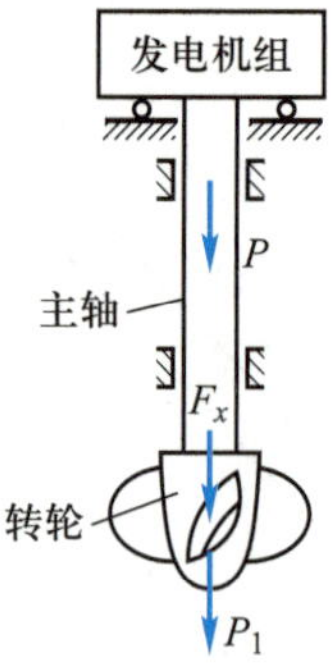

题 9-13 图

9-14 图示为某精密磨床砂轮轴的示意图，已知电动机功率 $N=3$ kW，转子转速 $n=1\ 400$ r/min，转子的重量 $P_1=101$ N，砂轮直径 $D=250$ mm，砂轮重量 $P_2=275$ N，磨削力 $F_y:F_z=3:1$，砂轮轴径 $d=5$ cm，材料许用应力$[\sigma]=60$ MPa。(1) 试用单元体表示出危险点的应力状态，并求出主应力和最大切应力；(2) 试用第三强度理论校核轴的强度。

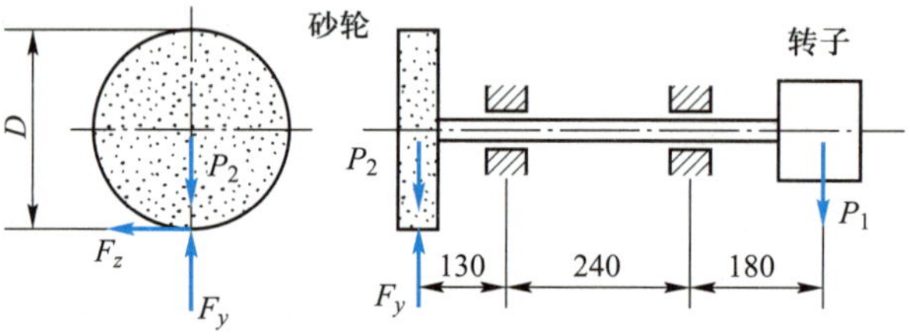

题 9-14 图

9-15 图示曲柄轴，承受载荷 $F=10$ kN 作用，试问 θ 为何值时，对截面 $A—A$ 的强度最不利？试求出相应的第三强度理论相当应力。

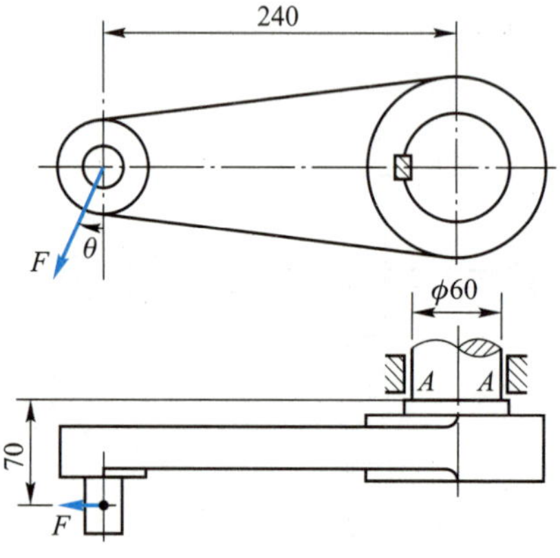

题 9-15 图

9-16 一实心圆轴同时承受扭矩 M_n 和弯矩 M_w 作用，且 $kM_n=M_w$，试用 k 表示最大主应力和最大切应力之比。当此轴的直径为 50 mm，$k=0.4$，最大切应力为 75 MPa，且轴以 300 r/min 旋转时，试求它所传递的功率。

9-17 铸钢曲柄如图所示，已知材料的许用应力$[\sigma]=70$ MPa，$F=30$ kN，试用第四强度理论校核曲柄的强度。

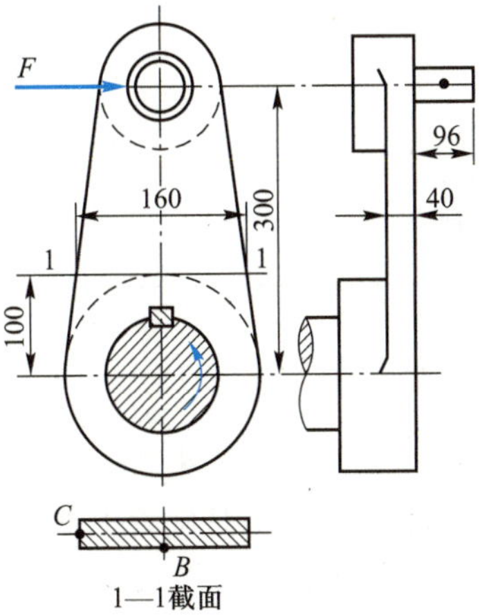

题 9-17 图

9-18 直径 $d=30$ mm 的圆轴，承受扭转力矩 M_1 及水平面内的力偶矩 M_2 的联合作用，为了测定 M_1 与 M_2，今在轴表面图示轴线方向及与轴线成 45°方向贴上电阻应变片。若测得应变值分别为 $\varepsilon_0=500\times10^{-6}$，$\varepsilon_{45^\circ}=426\times10^{-6}$，已知材料的弹性模量 $E=210$ GPa，$\mu=0.28$，试求 M_1 和 M_2。

9-19 图示钢制拐轴，承受铅垂载荷 F 作用。已知 $F=20$ kN，材料的许用应力$[\sigma]=160$ MPa，试按第三强度理论确定轴 AB 的直径。

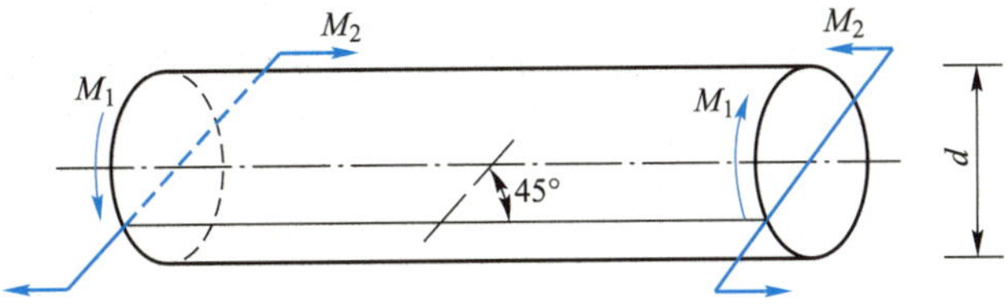

题 9-18 图

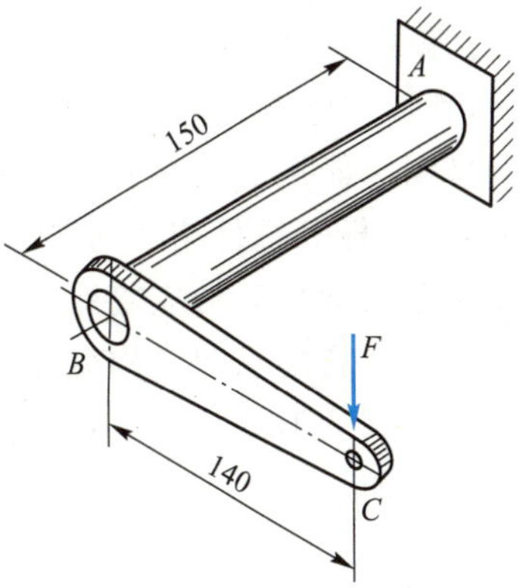

题 9-19 图

9-20 一个等截面的实心圆轴要驱动一船舶推进器，此轴因而必须同时承受推力和扭矩作用。推力的大小与扭矩之间可以用简单的关系 $F=kT$ 来联系（式中 F 表示推力的大小，T 表示扭矩的大小，而 k 为一常量），同时此轴上还将有弯矩产生。假定计算的要求是此轴中的最大切应力在任何地方均不超过某一个用 τ 表示的值，试证明允许的最大弯矩表达式为

$$M=\left(\sqrt{\frac{\tau^2\pi^2R^6}{4T^2}-1}-\frac{kR}{4}\right)T$$

式中，R 为实心圆轴横截面的半径。

9-1 第9章习题答案

第10章 能量法

变形固体在外力作用下发生形变，这必将引起外力在其作用方向上的位移，从而使外力在相应的位移上做功。同时，变形固体内部各点的相对位置也发生改变而达到新的平衡状态。变形固体在达到并维持新的平衡状态时，内部就有了势能，也就是前面提到的应变能。当变形固体上的外力由零开始缓慢增加到最终值，物体的变形也由零开始缓慢增加到最终值。在整个变形过程中，除应变能外，其他形式的能量都非常小，可忽略不计。根据能量守恒定律，外力做的功 W 全部转化为物体内部的应变能 V_ε，因而在数值上应有

$$V_\varepsilon=W \tag{10-1}$$

这就是应变能原理。它可表述为：在整个加载过程中，物体的应变能在数值上等于外力做的功。在弹性范围内，解除外力后，物体的变形也随之消失，应变能转化为外力做功而释放出来。这是弹性应变能的可逆性。例如机械钟表的发条，拧紧时其在外力偶作用下产生变形，内部储存了应变能。解除外力后发条由旋紧状态逐渐恢复原状，应变能转化为功而释放出来。在超出弹性范围后，变形固体内将保留部分不可恢复的能量，应变能中则只有一部分转化为功释放出来。

采用与能量的概念有关的定理和原理来解决问题的方法，统称为能量法。利用能量法研究刚架、曲杆等杆件结构的变形或位移，包括超静定结构的求解，都是非常有效的。本章从杆件发生基本变形时的应变能出发，分析应变能的主要特性，给出杆件应变能的普遍表达式，进而讨论用应变能求解结构变形或位移的几种有效方法，以及利用能量法研究构件在动载荷作用下应力和变形的相关内容。由于篇幅所限，本章所讨论的内容，仅限于弹性范围，应变能即弹性应变能。

10.1 杆件应变能的计算

1. 杆件发生基本变形时的应变能

现在来研究杆件在几种基本变形下的应变能计算。

(1) 轴向拉伸或压缩

对于等直杆件的轴向拉伸或压缩，在线弹性范围内，外力与杆件的轴向变形量呈线性关系。当外力由零逐渐增加至最终值 F 时，杆件的轴向变形量也由零逐渐增加至最终值 Δl，如图 10-1 所示。在 4.3 节中已证明，在整个加载过程中，外力做的功即为三角形 OAB 的面积，即

$$W=\frac{1}{2}F\Delta l \tag{10-2}$$

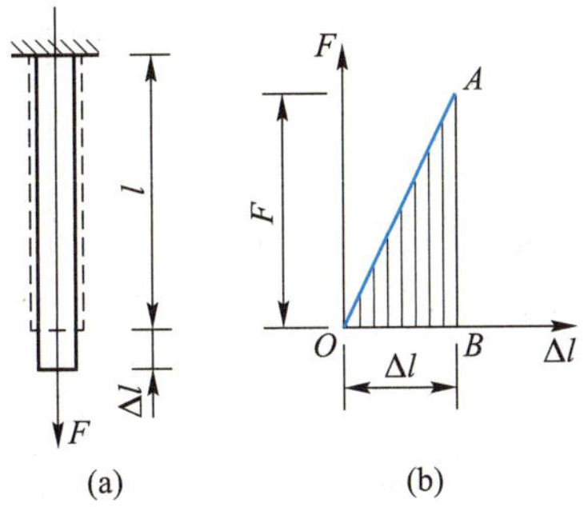

图 10-1

由式(10-1)可知，此功等于储存于杆件内的应变能。在杆件只在两端受拉力或压力作用时，$F_N=F$，$\Delta l=\dfrac{F_N l}{EA}$，$EA$ 为拉伸(压缩)刚度，这样杆件的应变能可写为

$$V_\varepsilon=W=\frac{1}{2}F\Delta l=\frac{F_N^2 l}{2EA}=\frac{EA}{2l}(\Delta l)^2 \tag{10-3a}$$

若内力沿杆件的轴线连续变化，即 $F_N=F_N(x)$，为计算整个杆件的应变能，可以先计算轴线长度为 dx 的微段内的应变能 dV_ε，然后沿杆件长度对 dV_ε 进行积分，此时杆件的应变能为

$$V_\varepsilon=\int_l dV_\varepsilon=\int_l \frac{F_N^2(x)}{2EA}dx \tag{10-3b}$$

若内力是呈阶梯形变化的，可以先计算出各杆件的应变能，然后再通过求和得到整个结构的应变能

$$V_\varepsilon=\sum_{i=1}^{m}V_{\varepsilon i}=\sum_{i=1}^{m}\frac{F_{Ni}^2 l_i}{2E_iA_i} \tag{10-3c}$$

式中，m 为组成结构的拉压杆件的数目。

拉压杆件的单位体积内的应变能(比能或能密度)为

$$v_\varepsilon=\frac{\sigma^2}{2E}=\frac{1}{2}\sigma\varepsilon=\frac{E}{2}\varepsilon^2 \tag{10-4}$$

(2) 圆轴扭转

对于圆轴的扭转，当外力偶矩由零开始逐渐增加至最终值 M_e 时，扭转角也由零逐渐增加至最终值 φ。在线弹性范围内，M_e 与 φ 也呈线性关系，如图 10-2 所示。

在变形过程中，扭转外力偶矩所做的功可由三角形 OAB 的面积来表示，即

$$W=\frac{1}{2}M_e\varphi \tag{10-5}$$

根据式(10-1)，此功等于储存于圆轴中的扭转应变能。圆轴只在两端受外力矩作用时，扭矩与转角分别为

$$T=M_e,\quad \varphi=\frac{Tl}{GI_p}$$

式中，GI_p 为圆轴的扭转刚度。于是，圆轴的扭转应变能可写为

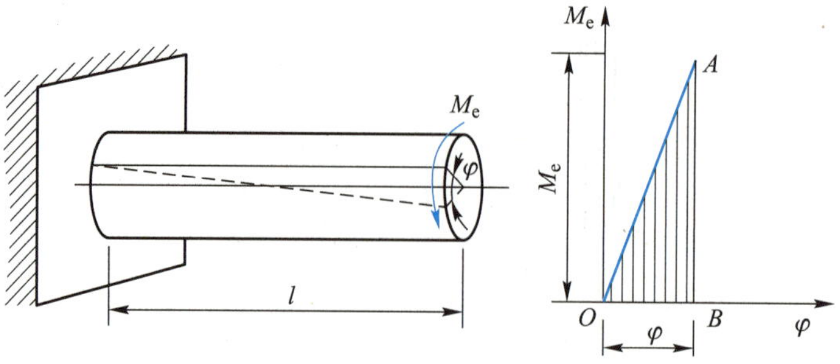

(a) (b)

图 10-2

$$V_\varepsilon = W = \frac{1}{2}M_e\varphi = \frac{T^2 l}{2GI_p} = \frac{GI_p}{2l}\varphi^2 \tag{10-6a}$$

若内力偶矩沿圆轴的轴线连续变化，即 $T=T(x)$，可以先计算轴线长度为 dx 的微段内的应变能 dV_ε，然后沿轴线对 dV_ε 进行积分，从而得到整个圆轴的应变能为

$$V_\varepsilon = \int_l dV_\varepsilon = \int_l \frac{T^2(x)}{2GI_p}dx \tag{10-6b}$$

若内力偶矩沿轴线阶梯形变化，则可以先求出各段的应变能，然后通过求和得到整个圆轴的应变能为

$$V_\varepsilon = \sum_{i=1}^{m} V_{\varepsilon i} = \sum_{i=1}^{m} \frac{T_i^2 l_i}{2G_i I_{pi}} \tag{10-6c}$$

圆轴单位体积内的应变能，即纯剪切状态下的比能为

$$v_\varepsilon = \frac{1}{2}\tau\gamma = \frac{\tau^2}{2G} = \frac{G}{2}\gamma^2 \tag{10-7}$$

(3) 平面弯曲

对于直梁的平面弯曲，以自由端受到集中力偶矩的等直悬臂梁为例。当集中力偶矩从零开始逐渐增加至最终值 M_e 时，悬臂梁自由端的转角也从零逐渐增加至最终值 θ(图 10-3a)。在线弹性范围内，应用第 6 章中求弯曲变形的方法可以求出 $\theta=\frac{M_e l}{EI}$，EI 为梁的弯曲刚度，因而 θ 与 M_e呈线性关系。集中力偶矩 M_e 在悬臂梁变形过程中所做的功可以用三角形 OAB 的面积来表示(图 10-3b)，即

$$W = \frac{1}{2}M_e\theta \tag{10-8}$$

由于在纯弯曲状态下，梁横截面上的弯矩 $M=M_e$，因此由式(10-1)可知，纯弯曲梁的应变能为

$$V_\varepsilon = W = \frac{1}{2}M_e\theta = \frac{M^2 l}{2EI} = \frac{EI}{2l}\theta^2 \tag{10-9}$$

对于直梁的横力弯曲情况，可以从梁的 x 处取出一长为 dx 的微段(图 10-4a)，微段两侧分别作用有弯矩和剪力(图 10-4b)。一般来说，弯矩与剪力应是截面位置坐标 x 的函数，由于

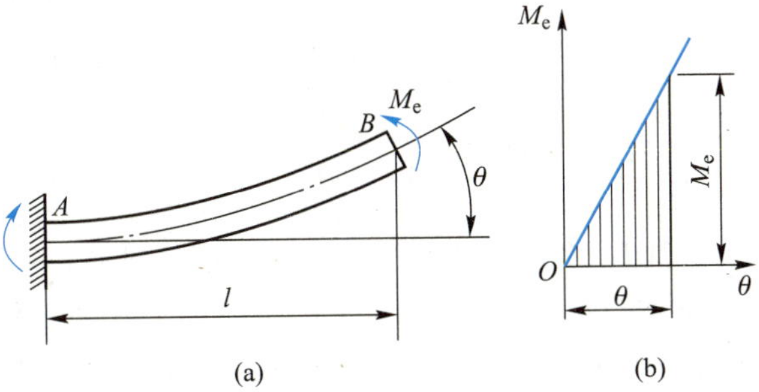

图 10-3

$M(x)$和 $F_S(x)$分别使微段两侧的横截面发生相对转动和相对错动,因而梁内分别储存有弯曲应变能和剪切应变能。但对于细长梁,剪切应变能比弯曲应变能小得多,可以略去不计。所以,在计算横力弯曲梁的应变能时,通常不考虑剪力对变形的影响。于是对于图 10-4b 所示微段,利用式(10-9)可以求出其应变能为

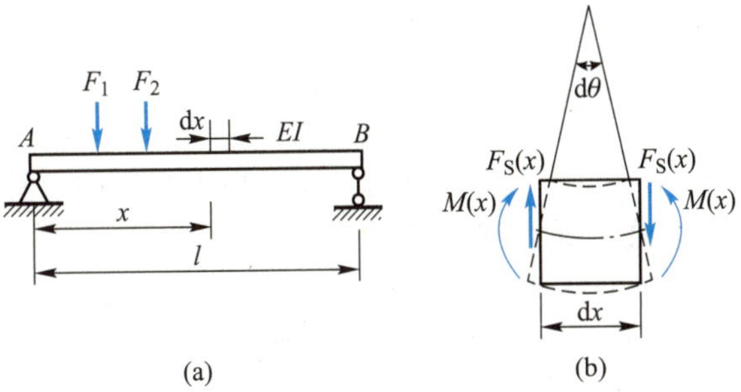

图 10-4

$$dV_\varepsilon = \frac{M^2(x)}{2EI}dx \tag{10-10}$$

对 dV_ε 沿整个梁长度积分便可得到全梁的应变能为

$$V_\varepsilon = \int_l dV_\varepsilon = \int_l \frac{M^2(x)}{2EI}dx \tag{10-11}$$

综上所述,杆件的应变能在数值上等于杆件变形过程中外力所做的功。在线弹性范围内,且在静载荷情况下,由式(10-2)、式(10-5)和式(10-8)表示的杆件应变能可统一表示成

$$V_\varepsilon = W = \frac{1}{2}F\Delta \tag{10-12}$$

式中,F 和 Δ 分别表示广义力和与其相对应的广义位移。即当 F 表示力时,Δ 表示线位移;当 F 表示力偶矩时,Δ 表示角位移。对于弹性体,广义力与广义位移之间的关系是线性的。

2. 弹性应变能的主要特征

由上述讨论可以看出,弹性应变能是杆件的广义内力或广义位移的二次函数。若用 M_1 和 M_2分别表示由外力 F_1 和 F_2 单独作用时梁横截面上的弯矩,那么当 F_1 和 F_2 共同作用时,根据叠

加原理，合成弯矩应为 $M=M_1+M_2$。于是由式(10－11)可求出梁的应变能为

$$V_\varepsilon=\int_l \frac{M^2(x)}{2EI}\mathrm{d}x=\int_l \frac{M_1^2(x)}{2EI}\mathrm{d}x+\int_l \frac{M_2^2(x)}{2EI}\mathrm{d}x+\int_l \frac{M_1(x)M_2(x)}{2EI}\mathrm{d}x$$

$$=V_{\varepsilon1}+V_{\varepsilon2}+\int_l \frac{M_1(x)M_2(x)}{2EI}\mathrm{d}x \tag{10－13}$$

式中，$V_{\varepsilon1}$ 和 $V_{\varepsilon2}$ 分别代表 F_1 和 F_2 单独作用时引起的应变能。显然，$V_\varepsilon \neq V_{\varepsilon1}+V_{\varepsilon2}$，故**一般情况下，应变能不能叠加**。但在某些情况下，应变能可以叠加。如果杆件上作用若干载荷，而任一载荷在其他载荷引起的变形或位移上不做功，即任一载荷引起的应变能是独立的，在这种情况下，杆件的总应变能等于上述每一载荷单独引起的应变能的叠加总和。

弹性应变能的另一主要特征是**弹性应变能与加载的次序无关**，而完全取决于载荷和位移的最终值。假如弹性体的应变能与加载次序有关，则按两种不同次序对弹性体进行加载，而按同一次序卸载，就将在其中一种次序的循环中使弹性体内增加或减少一些能量，这就违背了能量守恒定律。

另外，由于弹性应变能是弹性体内储存的势能，当外力解除后，弹性体释放势能对外做正功，因此**弹性应变能总是正的**。这一点从上面杆件在各种基本变形下的应变能的表达式也可看出。

3. 应变能的普遍表达式

上面给出了杆件在几种基本变形下的应变能，现在将应变能的计算推广到一般情况。由于应变能与加载次序无关，只取决于外力与位移的最终值，因此可假定各载荷同比例由零逐渐增加至最终值。若材料是线弹性的，且变形微小，则结构的变形和外力之间也是线弹性关系，它们也将与外力按同一比例由零逐渐增加至最终值。如图 10－5 所示，Δ_i 表示广义力 F_i 作用点沿其作用方向上的广义位移，Δ_i 可以写成

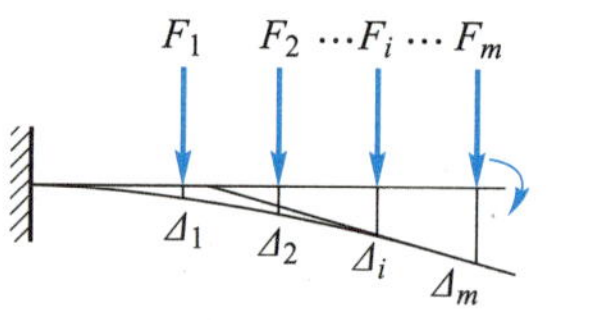

图 10－5

$$\Delta_i=\Delta_{i1}+\Delta_{i2}+\cdots\Delta_{ii}+\cdots+\Delta_{im}$$

$$=\beta_1F_1+\beta_2F_2+\cdots+\beta_iF_i+\cdots+\beta_mF_m$$

$$=F_i\left(\beta_1\frac{F_1}{F_i}+\beta_2\frac{F_2}{F_i}+\cdots+\beta_i\frac{F_i}{F_i}+\cdots+\beta_m\frac{F_m}{F_i}\right) \tag{10－14}$$

式中，Δ_{i1} 代表由广义力 F_1 引起的广义力 F_i 的作用点沿 F_i 作用方向上的广义位移，余下类同。而 $\beta_1,\cdots,\beta_m$ 为与结构有关的常数。在按比例加载过程中，$\frac{F_1}{F_i},\cdots,\frac{F_m}{F_i}$ 也是常数，所以 Δ_i 与 F_i 也呈线性关系。于是 F_i 所做的功为 $\frac{1}{2}\Delta_iF_i$，各载荷所做的功之和在数值上等于结构的应变能，即

$$V_\varepsilon=W=\sum_{i=1}^{m}\frac{1}{2}\Delta_iF_i \tag{10－15}$$

这一结论称之为**克拉珀龙原理**(Clapeyron theorem)，它可叙述为：线弹性体的应变能等于每一外力与其相应位移乘积的二分之一的总和。克拉珀龙原理通常用来计算线弹性结构的应变能和功，**它只适用于线性弹性结构**，其原因在于非线性结构中的广义力 F_i 和广义位移 Δ_i 之间的关系是非线性的，F_i 所做功不等于 $\frac{1}{2}\Delta_iF_i$。

4. 杆件发生组合变形时的应变能

利用应变能的普遍表达式(10－15)，可得到承受弯曲、扭转和轴向拉伸(或压缩)联合作用的杆件的应变能。现于杆件中截取一长度为 $\mathrm{d}x$ 的微段(图 10－6)，若两端横截面上的轴力、弯矩和扭矩分别 $F_{\mathrm{N}}(x)$、$M(x)$和 $T(x)$[对微段 $\mathrm{d}x$ 而言，$F_{\mathrm{N}}(x)$、$M(x)$和 $T(x)$应看成外力]，两个端横截面间的相对轴向位移、相对转角和相对扭转角分别为 $\mathrm{d}(\Delta l)$、$\mathrm{d}\theta$ 和 $\mathrm{d}\varphi$。

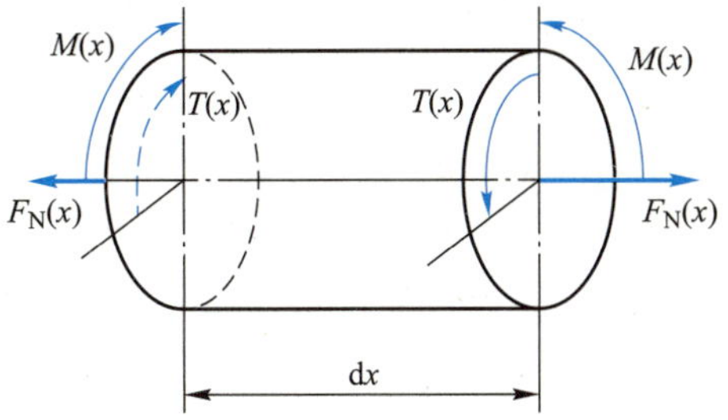

图 10－6

由于 $F_{\mathrm{N}}(x)$、$M(x)$和 $T(x)$各自引起的变形是相互独立的，那么按式(10－15)，微段 $\mathrm{d}x$ 内的应变能应为

$$\mathrm{d}V_{\varepsilon}=\frac{1}{2}F_{\mathrm{N}}(x)\mathrm{d}(\Delta l)+\frac{1}{2}M(x)\mathrm{d}\theta+\frac{1}{2}T(x)\mathrm{d}\varphi=\frac{F_{\mathrm{N}}^{2}(x)}{2EA}\mathrm{d}x+\frac{M^{2}(x)}{2EI}\mathrm{d}x+\frac{T^{2}(x)}{2GI_{\mathrm{t}}}\mathrm{d}x$$

于是整个杆件的应变能为上式的积分，即

$$V_{\varepsilon}=\int_{l}\mathrm{d}V_{\varepsilon}=\int_{l}\frac{F_{\mathrm{N}}^{2}(x)}{2EA}\mathrm{d}x+\int_{l}\frac{M^{2}(x)}{2EI}\mathrm{d}x+\int_{l}\frac{T^{2}(x)}{2GI_{\mathrm{t}}}\mathrm{d}x \qquad (10-16)$$

式中，GI_{t} 为杆件的扭转刚度。若为圆截面杆，则 I_{t} 应代以极惯性矩 I_{p}。

例 10－1 试求图 10－7 所示的正方形桁架结构的应变能，并求 A、C 两点的相对位移。已知各杆的拉伸(压缩)刚度 EA 相同。

解 首先求出图中各杆的轴力为

$$F_{\mathrm{N}AB}=F_{\mathrm{N}BC}=F_{\mathrm{N}CD}=F_{\mathrm{N}AD}=\frac{\sqrt{2}F}{2}$$

$$F_{\mathrm{N}BD}=-F$$

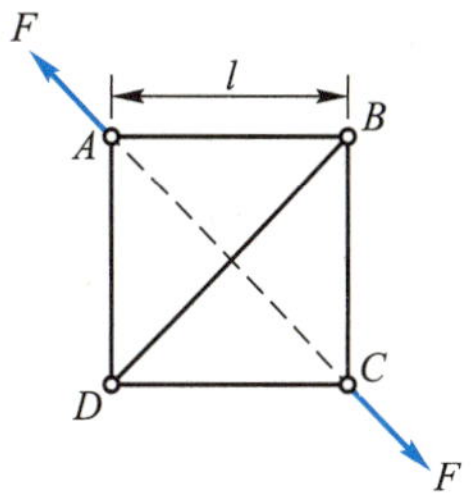

图 10－7

整个结构的应变能可按式(10－3c)计算，即

$$V_{\varepsilon}=\sum_{i=1}^{5}\frac{F_{\mathrm{N}i}^{2}l_{i}}{2EA}=4\frac{F_{\mathrm{N}AB}^{2}l_{AB}}{2EA}+\frac{F_{\mathrm{N}BD}^{2}\sqrt{2}\,l_{AB}}{2EA}=\left(1+\frac{\sqrt{2}}{2}\right)\frac{F^{2}l}{EA}$$

在计算 A、C 两点的相对位移时，可假定 C 点不动，那么 A、C 两点的相对位移 Δ_{AC} 即是 A 点沿力 F 作用线的位移。于是在结构的变形过程中，外力做的功为

$$W=\frac{1}{2}F\Delta_{AC}$$

由于 $V_{\varepsilon}=W$，故有

$$\frac{1}{2}F\Delta_{AC}=\left(1+\frac{\sqrt{2}}{2}\right)\frac{F^{2}l}{EA}$$

由此可以求出

$$\Delta_{AC}=(2+\sqrt{2})\frac{Fl}{EA}$$

在工程中经常会遇到由两根或两根以上杆件组成的框架形式结构。在这种结构中，如果杆与杆之间连接处不发生相对转动，或连接杆间的夹角在变形前后保持不变，即杆与杆之间是所谓的刚性连接，这种结构称为**刚架**。刚性连接点称为**刚节点**，有时用小黑角表示。图 10-8 所示即是一个简单刚架，B 点为刚节点。因为用刚节点连接的两杆，在该节点处不发生相对转动，因而刚节点处的内力除了力以外还有力偶矩。各杆的轴线在同一平面内，且该平面即是各杆的形心主惯性平面，这种刚架称为平面刚架。如外力都作用于上述平面内，则刚架发生的弯曲变形一定是平面弯曲。

例 10-2 图 10-8 为一平面刚架，其 C 端固定，A 端作用一竖直向下的集中力 F。已知刚架的弯曲刚度与拉伸(压缩)刚度分别为 EI 和 EA(二者都是常量)，试求 A 端的竖直位移 Δ_A。

解 首先由截面法求刚架各段的内力值。轴力以拉伸为正，压缩为负，而弯矩不规定正负。由图 10-8 可以知 AB 段：

$$M(x_1)=Fx_1,\quad F_N(x_1)=0$$

BC 段：

$$M(x_2)=Fa,\quad F_N(x_2)=-F$$

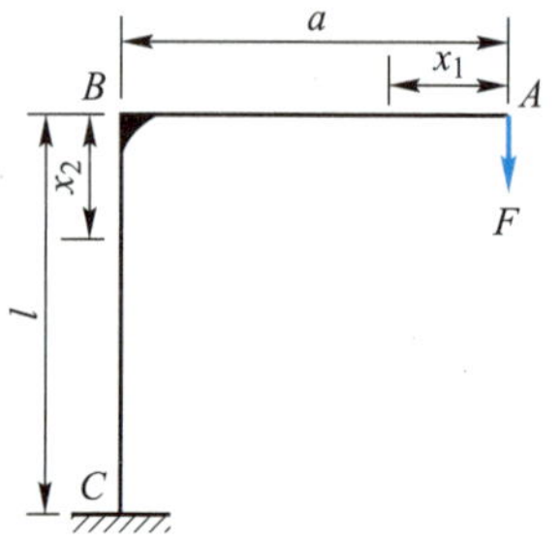

图 10-8

整个刚架的应变能可按式(10-16)分段计算，然后求和，即

$$\begin{aligned}V_\varepsilon&=\int_0^a\frac{M^2(x_1)}{2EI}dx_1+\int_0^l\frac{M^2(x_2)}{2EI}dx_2+\int_0^l\frac{F_N^2(x_2)}{2EA}dx_2\\&=\int_0^a\frac{(Fx_1)^2}{2EI}dx_1+\int_0^l\frac{(Fa)^2}{2EI}dx_2+\int_0^l\frac{F^2}{2EA}dx_2\\&=\frac{(Fa)^2}{2EI}\left(l+\frac{a}{3}\right)+\frac{F^2l}{2EA}\end{aligned}$$

刚架变形过程中，A 端的集中力 F 所做的功应等于刚架的应变能，即

$$W=\frac{1}{2}F\Delta_A=V_\varepsilon=\frac{(Fa)^2}{2EI}\left(l+\frac{a}{3}\right)+\frac{F^2l}{2EA}$$

由此求出 A 端的竖直位移为

$$\Delta_A=\frac{Fa^2}{EI}\left(l+\frac{a}{3}\right)+\frac{Fl}{EA}$$

上式中的第一项对应着刚架弯曲变形引起的位移，第二项对应着刚架轴向拉压变形引起的位移。若 $a=l$，且各杆横截面为直径为 d 的圆，$l=10d$，则

$$\Delta_A=\frac{4}{3}\frac{Fl^3}{EI}+\frac{Fl}{EA}=\frac{4}{3}\frac{Fl^3}{EI}\left(1+\frac{3I}{4Al^2}\right)=\frac{4}{3}\frac{Fl^3}{EI}\left(1+\frac{3}{6\ 400}\right)$$

上式括号内的第二项小于 0.05%，故在求解弯曲杆件结构的变形或位移时，一般可以不考虑轴力的影响。

例 10-3 轴线为半圆形的平面曲杆如图 10-9a 所示。自由端 A 处作用有垂直于轴线所在平面的集中力，试求 A 端的竖直位移。

解 任意截面 $m—m$ 的位置可由圆心角来确定。由图 10-9b 可以看出，截面 $m—m$ 上的扭矩和弯矩分别为

$$T=FR(1-\cos\varphi),\quad M=FR\sin\varphi$$

而截面 $m—m$ 处长度为 $Rd\varphi$ 的微段内的应变能为

$$dV_\varepsilon=\frac{T^2R}{2GI_p}d\varphi+\frac{M^2R}{2EI}d\varphi=\frac{F^2R^3(1-\cos\varphi)^2}{2GI_p}d\varphi+\frac{F^2R^3(\sin\varphi)^2}{2EI}d\varphi$$

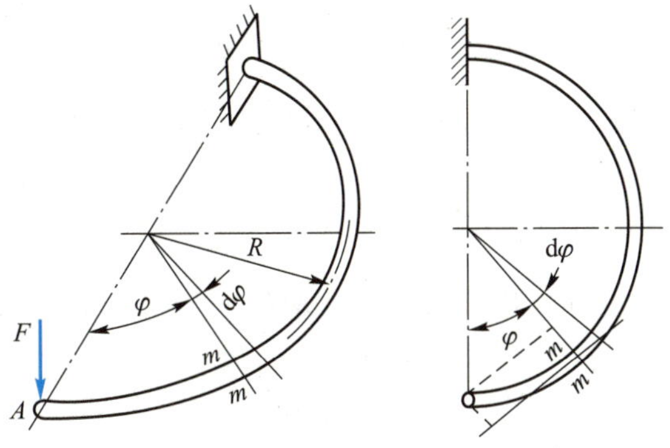

(a) (b)

图 10-9

对上式积分可求出整个曲杆的应变能

$$V_\varepsilon=\int_l \mathrm{d}V_\varepsilon=\int_0^\pi \frac{F^2R^3(1-\cos\varphi)^2}{2GI_\mathrm{p}}\mathrm{d}\varphi+\int_0^\pi \frac{F^2R^3(\sin\varphi)^2}{2EI}\mathrm{d}\varphi=\frac{3F^2R^3\pi}{4GI_\mathrm{p}}+\frac{F^2R^3\pi}{4EI}$$

设力 F 作用点 A 的竖直位移为 Δ_A，在变形过程中，外力所做的功在数值上等于曲杆的应变能，即

$$W=\frac{1}{2}F\Delta_A=V_\varepsilon=\frac{3F^2R^3\pi}{4GI_\mathrm{p}}+\frac{F^2R^3\pi}{4EI}$$

由此求得

$$\Delta_A=\frac{3FR^3\pi}{2GI_\mathrm{p}}+\frac{FR^3\pi}{2EI}$$

10.2 莫尔定理

莫尔定理(Mohr theorem)是一种能够求解在复杂载荷作用下的结构任一处广义位移的有效工具，又被称为莫尔法，也被称为单位力法或单位载荷法。现在以梁为例，利用应变能的概念和特性来导出莫尔定理。

假设梁在外力 $F_1,F_2,\cdots$ 作用下发生弯曲变形，如图 10-10a 所示。今要确定在上述外力作用下，梁上任意一点 C 的挠度 w。

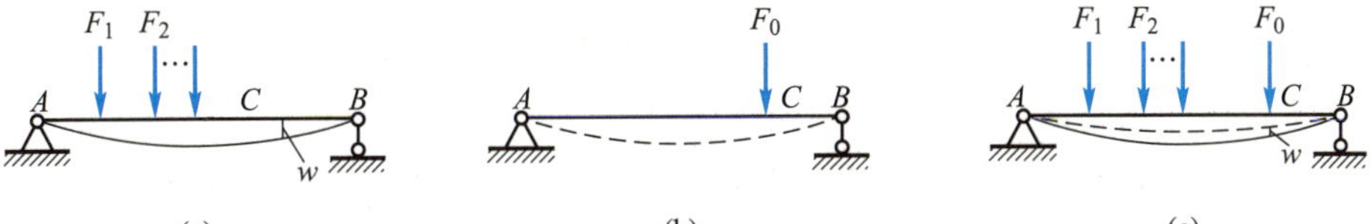

(a) (b) (c)

图 10-10

首先由外力可求出梁的弯矩 $M(x)$，进而按式(10-16)求得 $M(x)$ 引起的应变能为

$$V_\varepsilon=\int_l \frac{M^2(x)}{2EI}\mathrm{d}x \tag{10-17}$$

然后设想将梁上的载荷卸去，而在 C 点沿挠度方向作用一个单位力 $F_0=1$(图 10-10b)，此时梁的弯矩为 $\overline{M}(x)$，而梁内储存的应变能为

$$\overline{V}_\varepsilon=\int_l \frac{[\overline{M}(x)]^2}{2EI}\mathrm{d}x \tag{10-18}$$

最后在图 10-10b 的基础上将 $F_1,F_2,\cdots$ 重新加到梁上。在 $F_1,F_2,\cdots$ 重新加载的过程中，单位力 F_0 又做了数值为 $F_0 w$ 的功。于是在图 10-10c 的情况下，梁的应变能为

$$V_{\varepsilon 1}=V_\varepsilon+\overline{V}_\varepsilon+F_0 w \tag{10-19}$$

因为在 F_0 和 $F_1,F_2,\cdots$ 共同作用下的弯矩为 $M(x)+\overline{M}(x)$，所以还可以表示为

$$V_{\varepsilon 1}=\int_l \frac{[M(x)+\overline{M}(x)]^2}{2EI}\mathrm{d}x \tag{10-20}$$

式(10-19)和式(10-20)表示的应变能是相等的，即

$$V_\varepsilon+\overline{V}_\varepsilon+F_0 w=\int_l \frac{[M(x)+\overline{M}(x)]^2}{2EI}\mathrm{d}x$$

将式(10-17)和式(10-18)代入上式左端，并考虑 $F_0=1$ 可得

$$F_0 w=w=\int_l \frac{M(x)\,\overline{M}(x)}{EI}\mathrm{d}x \tag{10-21}$$

这就是**莫尔定理**，因其位移表达式是以积分形式给出的，因而也称莫尔积分。莫尔积分表达式中，由单位力引起的梁的弯矩 $\overline{M}(x)$ 的符号规定与 $M(x)$ 相同。

莫尔积分表达式(10-21)并不限于求梁上某截面的挠度。如果要求图 10-10 中截面 C 的转角，只需将截面 C 的单位力换成一单位力偶矩，然后按照上面相同的步骤进行推导，仍可得到莫尔积分表达式(10-21)。只不过此时式中 $\overline{M}(x)$ 表示由单位力偶矩引起的梁的弯矩，而由此得到的 w 表示所求截面 C 的转角。因而公式(10-21)中的位移 w 是广义的。用莫尔定理求解结构位移的方法也称单位力法或单位载荷法，这里的单位力或单位载荷也是广义的。

莫尔定理还可以求解平面曲杆的弯曲变形，对于小曲率曲杆(曲杆轴线的曲率半径与曲杆横截面高度之比大于 5)，若忽略剪力和轴力对变形的影响(影响非常小)，可把求直梁变形的莫尔积分推而广之，得到求曲杆弯曲变形的莫尔积分

$$\Delta=\int_s \frac{M(s)\,\overline{M}(s)}{EI}\mathrm{d}s \tag{10-22}$$

式中，Δ 既可以是曲杆的挠度，也可以是转角；s 为曲杆轴线的弧长坐标，$M(s)$ 和 $\overline{M}(s)$ 分别表示荷载和广义单位力作用下的曲杆横截面上的弯矩。

利用莫尔定理计算桁架结构的节点位移也是非常方便的。桁架结构是由许多受轴向拉伸或压缩的杆件组成的，各杆的轴力沿杆长不变，整个桁架结构的应变能可由式(10-3a)计算。若要计算结构中某节点沿某一方向的位移，可在该节点作用一个指向该方向的单位力，然后按照前述方法得出计算桁架节点位移的公式

$$\Delta=\sum_{i=1}^{m}\frac{F_{\mathrm{N}i}\,\overline{F}_{\mathrm{N}i}\,l_i}{E_i A_i} \tag{10-23}$$

式中，$\overline{F}_{\mathrm{N}i}$ 表示由单位力引起的桁架第 i 根杆的轴力，m 为组成桁架的杆件的数目。

下面把莫尔定理计算结构变形(位移)的公式推广到一般情况，得到计算组合变形结构位移

的莫尔公式：

$$\Delta=\sum_{i=1}^{m}\int_{l}\frac{M_i(x)\overline{M}_i(x)}{E_iI_i}\mathrm{d}x+\sum_{i=1}^{m}\int_{l}\frac{T_i(x)\overline{T}_i(x)}{G_iI_{ti}}\mathrm{d}x+\sum_{i=1}^{m}\int_{l}\frac{\overline{F}_{Ni}F_{Ni}}{E_iA_i}\mathrm{d}x \quad (10-24)$$

例 10-4 受均布载荷作用的悬臂梁如图 10-11a 所示。已知梁的弯曲刚度 EI 为常量，试用莫尔定理计算自由端 A 截面的挠度和转角。

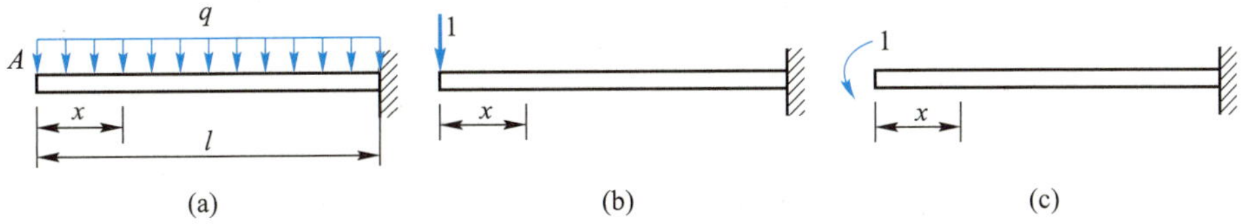

图 10-11

解 首先按图 10-11a 所取的坐标，求得悬臂梁在均布载荷作用下的弯矩方程为

$$M(x)=-\frac{qx^2}{2}$$

在计算截面 A 的挠度时，于该截面作用一单位力，如图 10-11b 所示。由单位力引起的弯矩为

$$\overline{M}(x)=-x$$

由莫尔定理得截面 A 的挠度为

$$w_A=\int_0^l\frac{M(x)\overline{M}(x)}{EI}\mathrm{d}x=\int_0^l\left(-\frac{qx^2}{2}\right)(-x)\frac{1}{EI}\mathrm{d}x=\frac{ql^4}{8EI}$$

w_A 为正值，表示其与单位力的方向相同，即截面 A 挠度方向向下。

在计算截面 A 的转角时，应在该截面上作用一单位力偶矩，如图 10-11c 所示。由单位力偶引起的弯矩为 $\overline{M}(x)=-1$，由莫尔定理得截面 A 的转角为

$$\theta_A=\int_0^l\frac{M(x)\overline{M}(x)}{EI}\mathrm{d}x=\frac{1}{EI}\int_0^l\left(-\frac{qx^2}{2}\right)(-1)\mathrm{d}x=\frac{ql^3}{6EI}$$

θ_A 为正值，表示 θ_A 与单位力偶的方向相同，即截面 A 的转角为逆时针方向。

例 10-5 圆截面刚架受力如图 10-12a 所示，整个刚架的扭转刚度和弯曲刚度分别为 GI_p 和 EI，若不计剪力对变形的影响，试求刚架 C 截面沿竖直方向的位移 Δ_C。

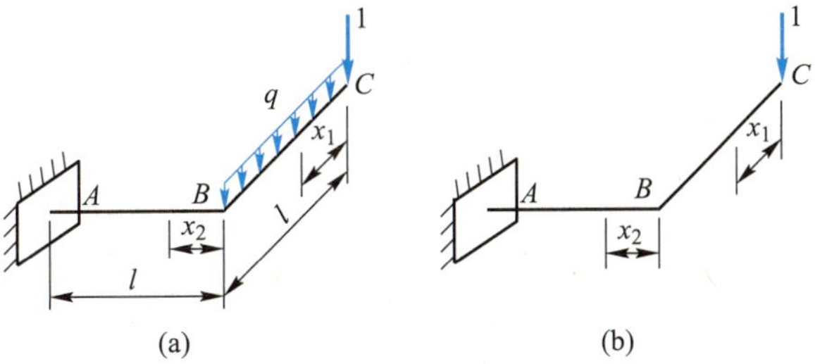

图 10-12

解 要求截面 C 的竖直位移，需在截面 C 上沿竖直方向作用一个单位力(图 10-12b)。按图 10-12a、b 所取的坐标，可计算出刚架各段在载荷与单位力单独作用时的内力。在计算刚架内力时，各段内力的正负可仍遵循杆件在各种基本变形下的内力的符号规定，于是 BC 段：

$$M(x_1)=-\frac{qx_1^2}{2},\quad \overline{M}(x_1)=-x_1$$

AB 段：

$$M(x_2)=-qlx_2,\quad T(x_2)=-\frac{ql^2}{2}$$

$$\overline{M}(x_2)=-x_2,\quad \overline{T}(x_2)=-l$$

利用式(10-24)可以求得截面 *C* 的竖直位移为

$$\begin{aligned}\Delta_C&=\int_0^l\frac{M(x_1)\overline{M}(x_1)}{EI}\mathrm{d}x_1+\int_0^l\frac{M(x_2)\overline{M}(x_2)}{EI}\mathrm{d}x_2+\int_0^l\frac{T(x_2)\overline{T}(x_2)\mathrm{d}x_2}{GI_p}\\&=\int_0^l\frac{\left(-\dfrac{qx_1^2}{2}\right)(-x_1)}{EI}\mathrm{d}x_1+\int_0^l\frac{(-qlx_2)(-x_2)}{EI}\mathrm{d}x_2+\int_0^l\frac{\left(-\dfrac{ql^2}{2}\right)(-l)\mathrm{d}x_2}{GI_\mathrm{p}}\\&=\frac{11ql^4}{24EI}+\frac{ql^4}{2GI_\mathrm{p}}\end{aligned}$$

计算结果表明，截面 *C* 的竖直位移方向向下。

例 10-6 试求图 10-13a 所示的半圆弧小曲率杆自由端 *A* 的竖直位移及转角。弯曲刚度 *EI* 为常量。

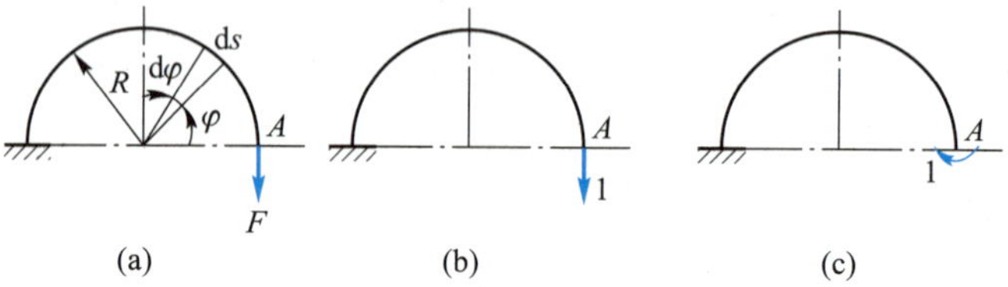

图 10-13

解 平面曲杆上的内力，一般有轴力、剪力和弯矩。但轴力和剪力对变形的影响很小，可以忽略不计，只需考虑弯矩的影响。按图 10-13a 所取的坐标，可以求出曲杆上由载荷引起的弯矩为

$$M(\varphi)=FR(1-\cos\varphi)$$

在求自由端 *A* 的竖直位移时，应在其上作用一个竖直方向的单位集中力(图 10-13b)，求出曲杆相应的弯矩为

$$\overline{M}(\varphi)=R(1-\cos\varphi)$$

然后利用式(10-22)，求出自由端 *A* 的竖直位移为

$$\begin{aligned}\Delta_A&=\int_l\frac{M(s)\overline{M}(s)}{EI}\mathrm{d}s=\int_0^\pi\frac{M(\varphi)\overline{M}(\varphi)R}{EI}\mathrm{d}\varphi\\&=\frac{1}{EI}\int_0^\pi FR^2(1-\cos\varphi)^2R\,\mathrm{d}\varphi=\frac{3\pi FR^3}{2EI}\end{aligned}$$

计算结果表明，自由端 *A* 的竖直位移方向向下。

在计算自由端 *A* 的转角时，应在其上施加一单位力偶矩(图 10-13c)，可求出 $\overline{M}(\varphi)=1$。利用式(10-22)求得

$$\theta_A=\int_s\frac{M(s)\overline{M}(s)}{EI}\mathrm{d}s=\int_0^\pi\frac{M(\varphi)\overline{M}(\varphi)R}{EI}\mathrm{d}\varphi=\int_0^\pi\frac{FR(1-\cos\varphi)\cdot 1R}{EI}\mathrm{d}\varphi=\frac{\pi FR^2}{EI}$$

计算结果表明，自由端 *A* 的转角是顺时针方向的。

根据上面的讨论和分析，现将应用莫尔定理求解结构位移时的注意事项总结如下：

(1) 莫尔定理只适用于材料服从胡克定律且变形很小的线弹性结构。

(2) 在计算结构中某处沿某个方向上的广义位移时，应在该处沿该方向单独作用一个与所求位移相应的广义单位力；若计算结构中某两点的广义相对位移，应在这两点所求位移方向各作用一个与所求位移相应的广义单位力，且这一对单位力方向相反(对于相对角位移的计算，可见

10.3 节中例 10－9 中的讨论)。

(3) 在计算莫尔积分时，如载荷或单位力引起的内力函数是分段连续光滑的，积分也应以分界点为限分段进行，各段内对于由载荷及单位力引起的内力函数所取的坐标必须一致。

10.3 计算莫尔积分的图形互乘法

在计算莫尔积分时，大多数遇到的是等截面直杆的情况。对于梁的弯曲变形，在这种情况下，弯曲刚度 EI 为常量，于是式(10－21)变为

$$w=\frac{1}{EI}\int_l M(x)\ \overline{M}(x)\mathrm{d}x \tag{10－25}$$

由于式中的$\overline{M}(x)$是由单位力引起的内力，因而$\overline{M}(x)$必须由直线或折线组成。设在荷载与单位力作用下的一段长度为 l 的直杆，其 $M(x)$和$\overline{M}(x)$图分别如图 10－14 所示。

其中$\overline{M}(x)$图为一段斜直线，此直线方程为

$$\overline{M}(x)=kx+b$$

将上式代入式(10－25)得

$$w=\frac{1}{EI}\int_l M(x)\ \overline{M}(x)\mathrm{d}x=\frac{1}{EI}\left[k\int_l M(x)x\mathrm{d}x+b\int_l M(x)\mathrm{d}x\right] \tag{10－26}$$

若用 ω 表示 $M(x)$图形的面积，用 x_C 表示 $M(x)$图的形心位置横坐标，则式(10－26)成为

$$w=\frac{1}{EI}(k\omega x_C+b\omega)=\frac{\omega}{EI}(kx_C+b) \tag{10－27}$$

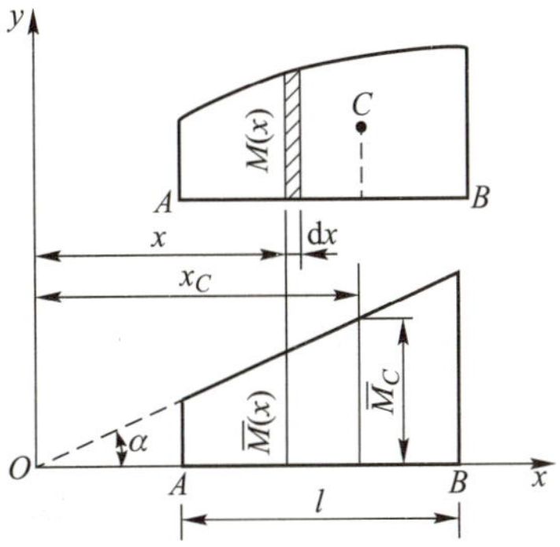

图 10－14

式中，kx_C+b 实际上是$\overline{M}(x)$图中与 $M(x)$图的形心 C 相对应的纵坐标，若用$\overline{M}_C$ 来表示，那么根据式(10－27)，莫尔积分表达式(10－21)可写成

$$w=\int_l \frac{M(x)\ \overline{M}(x)}{EI}\mathrm{d}x=\frac{\omega\,\overline{M}_C}{EI} \tag{10－28}$$

这种将计算等直杆变形的莫尔积分运算简化为图形间的代数运算的方法称为**图形互乘法**，简称图乘法。

在应用图乘法计算结构的位移时，应该**注意**以下几点：

(1) 式(10－28)中的 ω 代表 $M(x)$图形的面积；$\overline{M}_C$ 为$\overline{M}(x)$图中与 $M(x)$图的形心相对应的坐标值，而不是$\overline{M}(x)$图自身的形心坐标值。

(2) ω 与$\overline{M}_C$都是代数量，其正负号分别同 $M(x)$与$\overline{M}(x)$一致。

(3) 如果 $M(x)$为分段光滑的曲线，或者$\overline{M}(x)$为折线，则应以相应的分界点为限，分段使用图乘法公式，然后求代数和。另外，图乘法的使用也不仅限于弯曲变形，只要是求等直杆(包括分段等直杆)的变形或位移，都可以使用图乘法。

(4) 在图乘法的实际应用中，经常要计算一些图形的面积和形心的位置，常见的几种图形的

面积和形心的位置如图 10－15 所示。

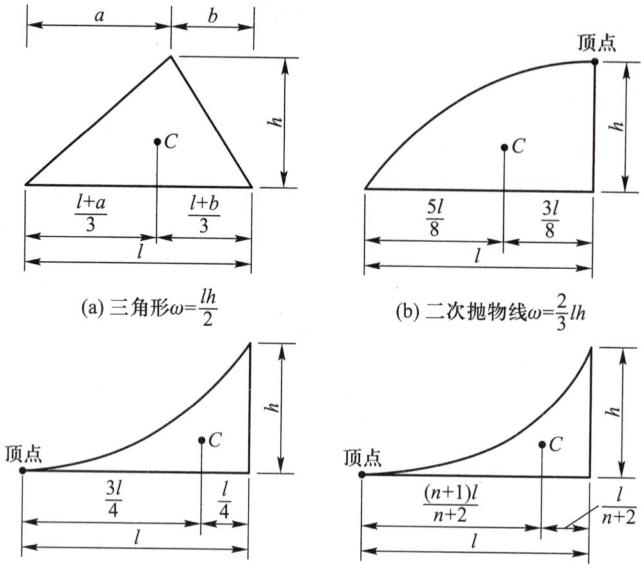

(a) 三角形$\omega=\frac{lh}{2}$ (b) 二次抛物线$\omega=\frac{2}{3}lh$

(c) 二次抛物线$\omega=\frac{1}{3}lh$ (d) n次抛物线$\omega=\frac{1}{n+1}lh$

图 10－15

例 10－7 外伸梁受载荷情况如图 10－16a 所示。若弯曲刚度 EI 为常量，试求外伸端 C 的挠度。

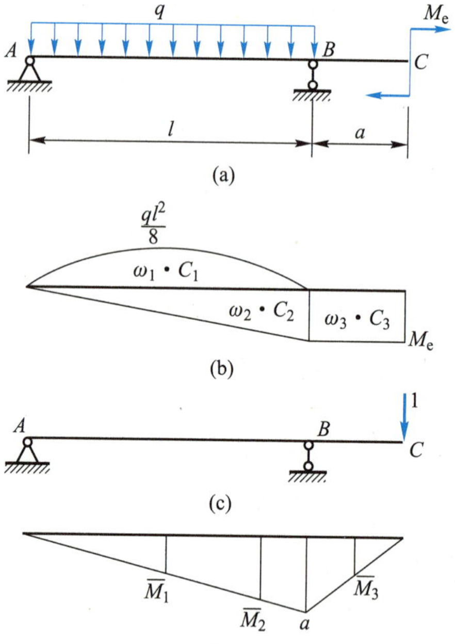

图 10－16

解 为了便于计算弯矩图的面积和形心位置，可以用叠加法画外伸梁在荷载作用下的弯矩图，其如图 10－16b 所示。其中面积为 ω_1 的抛物线部分是由均布载引起的，面积为 ω_2 和 ω_3 的折线部分是由集中力偶引起的。由单位力作用引起的$\overline{M}(x)$图由图 10－16d 给出，图中三部分$M(x)$图的形心对应的$\overline{M}_C$的值，可利用线段之间的比例关系求出。分段应用图乘法公式(10－28)，然后求代数和，可求得外伸端C的挠度为

$$
\begin{aligned}
w_C&=\frac{1}{EI}(\omega_1\overline{M}_1+\omega_2\overline{M}_2+\omega_3\overline{M}_3)\\
&=\frac{1}{EI}\left[\frac{2}{3}\frac{ql^2}{8}l\left(-\frac{a}{2}\right)-\frac{1}{2}M_e l\left(-\frac{2a}{3}\right)-M_e a\left(-\frac{a}{2}\right)\right]\\
&=\frac{M_e a}{EI}\left(\frac{l}{3}+\frac{a}{2}\right)-\frac{qal^3}{24EI}
\end{aligned}
$$

例 10－8　弯曲刚度EI为常量的刚架如图 10－17a 所示，BC段受集度为q的均布载荷作用。若不考虑剪力和轴力对变形的影响，试求截面A的竖直位移。

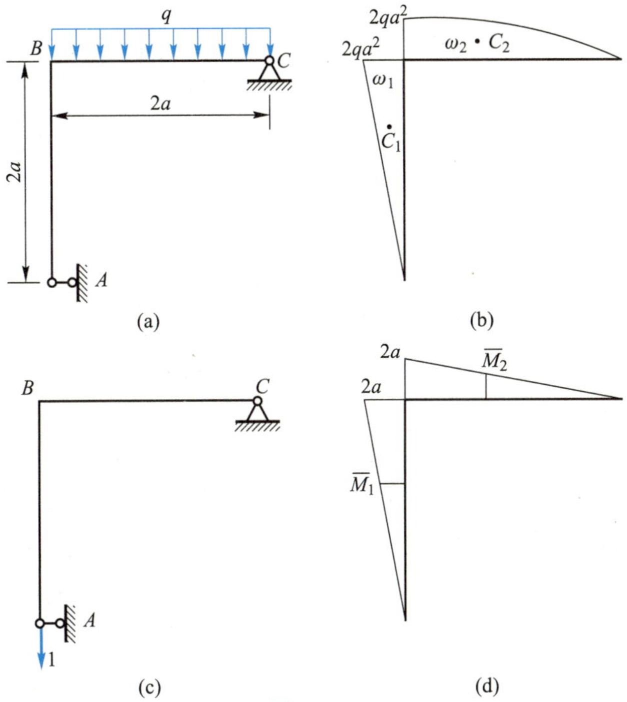

图 10－17

解　首先画出刚架在载荷作用下的弯矩图，其如图 10－17b 所示。计算截面A的竖直位移，需要在截面A上作用一个竖直方向的单位力(图 10－17c)，然后画出相应的$\overline{M}(x)$图，如图 10－17d 所示，利用图 10－15 中相应的公式，可以求出AB和BC两段的弯矩图面积分别为

$$
\omega_1=\frac{1}{2}\cdot 2a\cdot 2qa^2=2qa^3,\quad \omega_2=\frac{2}{3}\cdot 2qa^2\cdot 2a=\frac{8}{3}qa^3
$$

在图 10－17d 中与ω_1和ω_2的形心对应的$\overline{M}_C$为

$$
\overline{M}_1=\frac{4}{3}a,\quad \overline{M}_2=\frac{5}{4}a
$$

于是由式(10－28)可求出截面A的竖直位移为

$$
\begin{aligned}
\Delta_A&=\frac{\omega_1\overline{M}_1}{EI}+\frac{\omega_2\overline{M}_2}{EI}\\
&=\frac{1}{EI}\left(2qa^3\cdot\frac{4}{3}a+\frac{8}{3}qa^3\cdot\frac{5}{4}a\right)=\frac{6qa^4}{EI}
\end{aligned}
$$

例 10-9 带中间铰的静定梁(也称为子母梁)结构受载荷情况如图 10-18a 所示。已知弯曲刚度 EI 为常量,试求中间铰 C 两侧截面的相对转角。

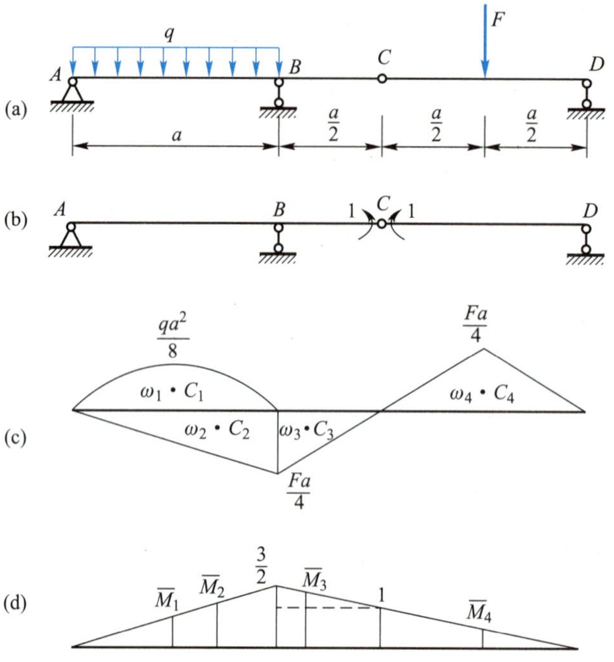

图 10-18

解 利用莫尔定理计算中间铰 C 两侧截面的相对转角,应该在铰 C 的两侧截面上各作用一个单位力偶矩,且方向相反(图 10-18b)。这是因为中间铰 C 两侧截面的相对转角,即铰 C 两侧截面的转角之和,在数值上等于上述的一对单位力偶矩在各自角位移(转角)上所做的功之和。由荷载引起的子母梁的弯矩已按叠加法画成图 10-18c 的形式,而由单位力偶矩引起的$\overline{M}(x)$图,则在图 10-18d 中给出。于是可由计算莫尔积分的图乘法公式(10-28)求得铰 C 两侧截面的相对转角为

$$\theta_C = \frac{1}{EI}(\omega_1\overline{M}_1 + \omega_2\overline{M}_2 + \omega_3\overline{M}_3 + \omega_4\overline{M}_4)$$

$$= \frac{1}{EI}\left[\frac{2}{3}\cdot\frac{qa^2}{8}\cdot a\cdot\frac{3}{4} - \frac{1}{2}\cdot\frac{Fa}{4}\cdot a\cdot 1 - \frac{1}{2}\cdot\frac{Fa}{4}\cdot\frac{a}{2}\cdot\left(1+\frac{1}{2}\cdot\frac{2}{3}\right) + \frac{1}{2}\cdot\frac{Fa}{4}\cdot a\cdot\frac{1}{2}\right]$$

$$= \frac{1}{EI}\left(\frac{qa^3}{16} - \frac{7Fa^2}{48}\right)$$

10.4 卡氏定理

1. 卡氏定理及其证明

卡氏定理也是计算线弹性结构变形的有效工具之一。

下面举例说明。设一弯曲刚度为 EI 的等直悬臂梁的自由端 A 受集中力 F 作用(如图 10-19 所示),不难求出悬臂梁内储存的应变能为

$$V_\varepsilon=\int_l \frac{M^2(x)}{2EI}\mathrm{d}x=\int_0^l \frac{F^2x^2}{2EI}\mathrm{d}x=\frac{F^2l^3}{6EI}$$

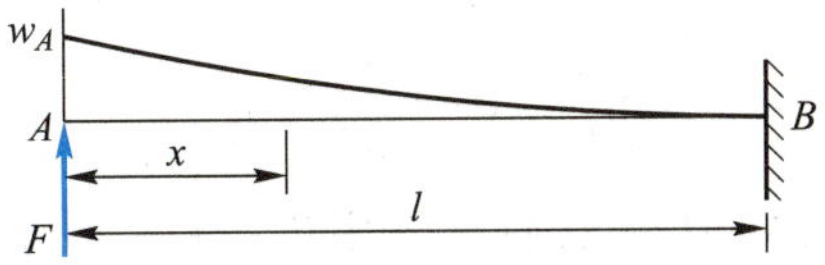

图 10-19

该梁内的应变能在数值上等于外力所做的功 W，即

$$V_\varepsilon=W=\frac{1}{2}Fw_A$$

由此求出悬臂梁自由端的挠度为

$$w_A=\frac{Fl^3}{3EI}$$

若将该梁的应变能 V_ε 对截面 A 处的集中力 F 求偏导数，则有

$$\frac{\partial V_\varepsilon}{\partial F}=\frac{\partial}{\partial F}\left(\frac{F^2l^3}{6EI}\right)=\frac{Fl^3}{3EI}$$

这正好等于其自由端挠度，因此

$$\frac{\partial V_\varepsilon}{\partial F}=w_A$$

即梁的应变能对集中力 F 的偏导数等于力 F 作用点沿力 F 作用方向的位移。对例 10-3 中曲杆的应变能求关于载荷 F 的偏导数，也可以得出相同的结论。这些结论并不是偶然的巧合，而是反映了一个普遍规律，此即为**卡氏定理**(Castigliano's theorem)。

卡氏定理可以叙述为：弹性体内的应变能对任一载荷的偏导数等于该载荷作用点沿载荷作用方向的位移，即

$$\Delta_n=\frac{\partial V_\varepsilon}{\partial F_n} \tag{10-29}$$

上式也称卡氏第二定理。

现在以梁为例来证明这一定理。设作用在梁上的一组静载荷 $F_1,F_2,\cdots,F_n$ 使梁发生弹性变形。与这些载荷相对应的位移为 $\Delta_1,\Delta_2,\cdots,\Delta_n$。如图 10-20a 所示。

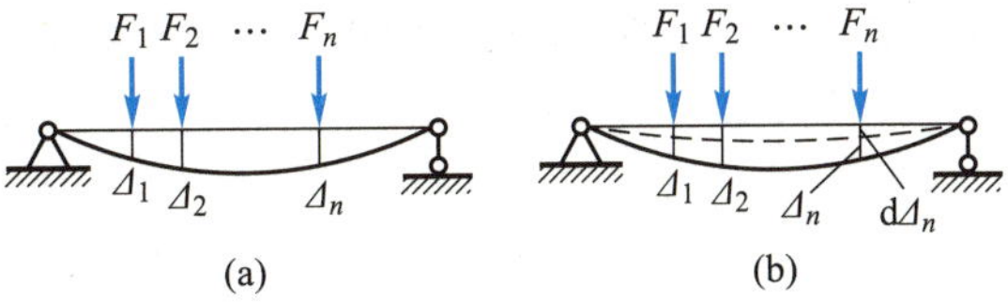

图 10-20

在变形过程中，上述载荷所做的功等于梁内储存的应变能，即应变能 V_ε 为载荷 $F_1,F_2,\cdots,F_n$ 的函数，可以表示为

$$V_\varepsilon=V_\varepsilon(F_1,F_2,\cdots,F_n) \tag{10-30}$$

如果给上述载荷中的某一个 F_n 以增量 dF_n，则应变能 V_ε 也将有一增量 $\frac{\partial V_\varepsilon}{\partial F_n}dF_n$，这样梁的弹性应变能可以写成

$$V_{\varepsilon 1}=V_\varepsilon+\frac{\partial V_\varepsilon}{\partial F_n}dF_n \tag{10-31}$$

改变加载次序，首先在梁上加 dF_n，然后再作用 $F_1,F_2,\cdots,F_n$。当材料服从胡克定律且变形很小时，各外力引起的变形是独立的，互不影响。首先在加 dF_n 时，dF_n 引起的其作用点沿着与其同方向的位移为 $d\Delta_n$，此时梁内的应变能应为 $\frac{1}{2}dF_n\cdot d\Delta_n$。而后在作用载荷 $F_1,F_2,\cdots$ 过程中，由于 F_n 在 dF_n 方向上引起了位移 Δ_n，因此 dF_n 在位移 Δ_n 上做的功为 $dF_n\cdot\Delta_n$。而由载荷 $F_1,F_2,\cdots$ 引起的应变能仍为式(10-30)，于是在上述改变次序的加载全部完成后，梁内储存的应变能应为

$$V_{\varepsilon 2}=\frac{1}{2}dF_n\cdot d\Delta_n+dF_n\cdot\Delta_n+V_\varepsilon \tag{10-32}$$

因为弹性体内的应变能只取决于载荷与变形的最终值，而与加载次序无关，所以由式(10-31)和式(10-32)表示的两种不同加载次序引起的弹性体的应变能应该相等，即 $V_{\varepsilon 1}=V_{\varepsilon 2}$

$$V_\varepsilon+\frac{\partial V_\varepsilon}{\partial F_n}dF_n=\frac{1}{2}dF_n\cdot d\Delta_n+dF_n\cdot\Delta_n+V_\varepsilon$$

忽略二阶微量，可得

$$\Delta_n=\frac{\partial V_\varepsilon}{\partial F_n}$$

这正是卡氏定理的表达式(10-29)。

上面的证明虽然是以梁为例给出的，但其中并没有涉及弯曲变形的特点，因此卡氏定理同样适合于发生其他变形的杆件结构。式(10-29)中的载荷 F_n 和位移 Δ_n，也可以分别表示力偶矩和与之相应的角位移，因而是广义的。卡氏定理的适用范围，可以从上面的推导过程中看出。因为在计算应变能时，曾假定材料服从胡克定律，所以卡氏定理只适用于小变形、线弹性结构。

2. 卡氏定理的特殊形式

下面来看看卡氏定理的表达式在不同杆件的几种变形下的具体形式。

(1) 桁架

对于桁架结构，各杆件的变形均是单向拉伸或压缩。若整个桁架由 m 根杆组成，那么整个结构的应变能可用式(10-3c)计算，即

$$V_\varepsilon=\sum_{i=1}^{m}\frac{F_{Ni}^2 l_i}{2E_iA_i}$$

按照卡氏定理有

$$\Delta_n=\frac{\partial V_\varepsilon}{\partial F_n}=\sum_{i=1}^{m}\frac{F_{Ni}l_i}{E_iA_i}\frac{\partial F_{Ni}}{\partial F_n} \tag{10-33}$$

(2) 直梁

对于发生平面弯曲的直梁，应变能可以用式(10-11)计算，即

$$V_\varepsilon=\int_l \frac{M^2(x)}{2EI}\mathrm{d}x$$

应用卡氏定理得

$$\Delta_n=\frac{\partial V_\varepsilon}{\partial F_n}=\frac{\partial}{\partial F_n}\left(\int_l \frac{M^2(x)}{2EI}\mathrm{d}x\right)$$

上式中只有弯矩 $M(x)$ 与载荷 F_n 有关，积分变量 x 和 F_n 无关，因而可以将被积函数先对 F_n 求偏导数，然后再积分。

$$\Delta_n=\frac{\partial V_\varepsilon}{\partial F_n}=\int_l \frac{M(x)}{EI}\frac{\partial M(x)}{\partial F_n}\mathrm{d}x \tag{10-34}$$

(3) 平面小曲率曲杆

平面小曲率曲杆，其应力分布与直梁很相似。弯曲应变能可以写成

$$V_\varepsilon=\int_s \frac{M^2(s)}{2EI}\mathrm{d}s$$

按照卡氏定理有

$$\Delta_n=\frac{\partial V_\varepsilon}{\partial F_n}=\int_s \frac{M(s)}{EI}\frac{\partial M(s)}{\partial F_n}\mathrm{d}s \tag{10-35}$$

(4) 组合变形杆件

对于承受拉伸(压缩)、弯曲和扭转联合作用的杆件，应变能可以由式(10-16)写出，即

$$V_\varepsilon=\int_l \mathrm{d}V_\varepsilon=\int_l \frac{F_\mathrm{N}^2(x)}{2EA}\mathrm{d}x+\int_l \frac{M^2(x)}{2EI}\mathrm{d}x+\int_l \frac{T^2}{2GI_\mathrm{t}}\mathrm{d}x$$

应用卡氏定理有

$$\Delta_n=\frac{\partial V_\varepsilon}{\partial F_n}=\int_l \frac{F_\mathrm{N}(x)}{EA}\frac{\partial F_\mathrm{N}(x)}{\partial F_n}\mathrm{d}x+\int_l \frac{M(x)}{EI}\frac{\partial M(x)}{\partial F_n}\mathrm{d}x+\int_l \frac{T(x)}{GI_\mathrm{t}}\frac{\partial T(x)}{\partial F_n}\mathrm{d}x \tag{10-36}$$

上式也适用于小曲率杆的变形计算，将长度坐标 x 换成轴线弧长坐标 s 即可。

例 10-10 简支梁承受载荷情况如图 10-21 所示，若弯曲刚度 EI 为常量，试求左端截面 A 的转角和中点 C 的挠度。

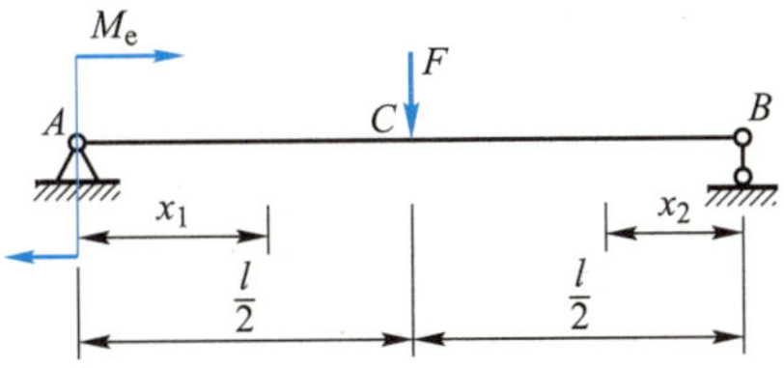

图 10-21

解 由于在简支梁左端截面 A 作用有集中力偶矩 M_e，在跨度中点 C 作用有集中力 F，故可以直接应用卡氏定理求解截面 A 的转角和截面 C 的挠度。首先应分段建立梁的弯矩方程 $M(x)$，并求出弯矩对载荷 M_e 和 F 的偏导数，然后分别代入公式(10-34)进行积分。按图 10-21 中所取的坐标，AC 段：

$$M(x_1)=M_e+\left(\frac{F}{2}-\frac{M_e}{l}\right)x_1$$

$$\frac{\partial M(x_1)}{\partial M_e}=1-\frac{x_1}{l},\quad \frac{\partial M(x_1)}{\partial F}=\frac{x_1}{2}$$

BC 段：

$$M(x_2)=\left(\frac{F}{2}+\frac{M_e}{l}\right)x_2$$

$$\frac{\partial M(x_2)}{\partial M_e}=\frac{x_2}{l},\quad \frac{\partial M(x_2)}{\partial F}=\frac{x_2}{2}$$

分别带入式(10-34)进行积分，可以求出截面 A 的转角和截面 C 的挠度分别为

$$\theta_A=\frac{\partial V_\varepsilon}{\partial M_e}=\int_l \frac{M(x)}{EI}\frac{\partial M(x)}{\partial M_e}dx=\frac{1}{EI}\int_0^{\frac{l}{2}}\left[\left(\frac{F}{2}-\frac{M_e}{l}\right)x_1+M_e\right]\left(1-\frac{x_1}{l}\right)dx_1+\frac{1}{EI}\int_0^{\frac{l}{2}}\left(\frac{F}{2}+\frac{M_e}{l}\right)x_2\frac{x_2}{l}dx_2=\frac{M_e l}{3EI}+\frac{Fl^2}{16EI}$$

$$w_C=\frac{\partial V_\varepsilon}{\partial F}=\int_l \frac{M(x)}{EI}\frac{\partial M(x)}{\partial F}dx=\frac{1}{EI}\int_0^{\frac{l}{2}}\left[\left(\frac{F}{2}-\frac{M_e}{l}\right)x_1+M_e\right]\frac{x_1}{2}dx_1+\frac{1}{EI}\int_0^{\frac{l}{2}}\left(\frac{F}{2}+\frac{M_e}{l}\right)x_2\frac{x_2}{2}dx_2=\frac{M_e l^2}{16EI}+\frac{Fl^3}{48EI}$$

上述计算结果皆为正号，表明他们的方向分别与 M_e 和 F 的方向相同。

3. 卡氏定理的特殊处理

通过卡氏定理的表现形式及上面的分析讨论可知，用卡氏定理计算结构某处沿某一方向的广义位移，该处需要有与所求广义位移的形式及方向相应的广义外力。如例 10-10 中需要求简支梁左端截面 A 的转角和中点 C 的挠度，而在这两个截面处恰好有相应的集中力偶和集中力。如果在所求广义位移处并没有与之相应的广义力，则不能直接应用卡氏定理求结构的位移，而需要采用**附加力法**，即设想在所求的广义位移处附加一个与所求位移相应的广义力，然后再应用卡氏定理进行求解。下面通过例题来具体阐述这种方法。

例 10-11 试求图 10-22 所示刚架 B 点的水平位移和 C 截面的转角。

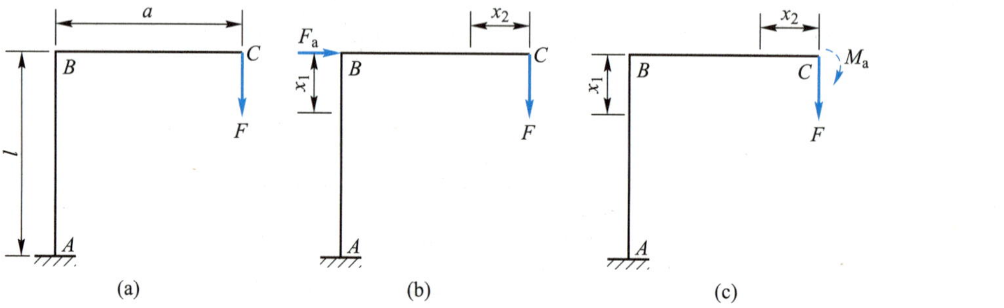

图 10-22

解 计算 B 点的水平位移时，因 B 点无水平集中力作用，无法直接应用卡氏定理。为此设想在 B 点附加一水平力 F_a(图 10-22b)，然后求出刚架在原有外力与 F_a 共同作用下的弯矩及其对 F_a 的偏导数，AB 段：

$$M(x_1)=(Fa+F_a x_1)$$

$$\frac{\partial M(x_1)}{\partial F_a}=x_1$$

BC 段：

$$M(x_2)=Fx_2$$

$$\frac{\partial M(x_2)}{\partial F_a}=0$$

应用卡氏定理计算刚架在图 10－22b 所示情况下 B 点的水平位移为

$$\Delta_B=\int_l \frac{M(x)}{EI}\frac{\partial M(x)}{\partial F_a}dx=\frac{1}{EI}\int_0^l (Fa+F_a x_1)x_1 dx_1+\frac{1}{EI}\int_0^a Fx_2\cdot 0dx_2=\frac{Fal^2}{2EI}+\frac{F_a l^3}{3EI} \quad (10-37)$$

这里求出的 B 点的水平位移是原有载荷与 F_a 共同作用的结果，无论 F_a 为何值，都是正确的。因为在实际的刚架中并没有 F_a 这个力，所以只要令式(10－37)中的 F_a 等于 0，即可求出在原有载荷作用下 B 点的水平位移，其为

$$\Delta_B=\frac{Fal^2}{2EI}$$

在计算 C 截面的转角时，可在 C 处附加一个集中力偶矩 M_a(图 10－22c)，然后求出刚架在原有载荷与 M_a 共同作用下的弯矩及其对 M_a 偏导数，AB 段：

$$M(x_1)=(Fa+M_a),\quad \frac{\partial M(x_1)}{\partial M_a}=1$$

BC 段：

$$M(x_2)=(Fx_2+M_a),\quad \frac{\partial M(x_2)}{\partial M_a}=1$$

应用卡氏定理，并在积分前令 M_a 等于 0，求得 C 截面的转角为

$$\theta_C=\int_l \frac{M(x)}{EI}\frac{\partial M(x)}{\partial M_a}dx=\frac{1}{EI}\int_0^l (Fa)\cdot 1dx_1+\frac{1}{EI}\int_0^a Fx_2\cdot 1dx_2=\frac{Fal}{EI}+\frac{Fa^2}{2EI}$$

Δ_B 和 θ_C 为正值，说明其方向与附加力、附加力偶矩方向相同。

例 10－12 轴线为四分之一圆周的平面曲杆，如图 10－23a 所示，曲杆的 A 端固定，自由端 B 上作用有竖直集中力 F，求 B 点的竖直和水平位移。已知弯曲刚度 EI 为常量。

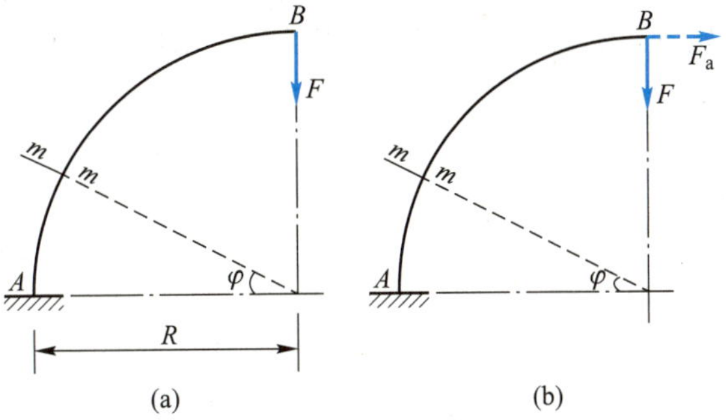

图 10－23

解 首先计算 B 点的竖直位移 Δ_{BV}。由图 10－23a 所取的坐标，可得到曲杆任意横截面 $m—m$ 上的弯矩为

$$M=FR\cos\varphi$$

所以

$$\frac{\partial M}{\partial F}=R\cos\varphi$$

利用计算曲杆变形的卡氏定理表达式(10－35)得

$$\Delta_{BV}=\int_s \frac{M}{EI}\frac{\partial M}{\partial F}ds=\frac{1}{EI}\int_0^{\frac{\pi}{2}} FR\cos\varphi\cdot R\cos\varphi\cdot Rd\varphi=\frac{FR^3\pi}{4EI}$$

由于 B 点无水平载荷，在计算 B 点的水平位移时，需要在 B 点附加一水平力 F_a，如图 10-23b 所示，此时曲杆的任意截面 $m—m$ 上的弯矩及其对 F_a 的偏导数分别为

$$M=FR\cos\varphi+F_aR(1-\sin\varphi)$$

$$\frac{\partial M}{\partial F_a}=R(1-\sin\varphi)$$

应用卡氏定理，代入 $F_a=0$，有

$$\Delta_{BH}=\int_s\frac{M}{EI}\frac{\partial M}{\partial F_a}\mathrm{d}s=\frac{1}{EI}\int_0^{\frac{\pi}{2}}FR\cos\varphi\cdot R(1-\sin\varphi)R\mathrm{d}\varphi=\frac{FR^3}{2EI}$$

关于卡氏定理，应该注意如下几点：

(1) 卡氏定理只适用于线弹性且变形很小的结构。

(2) 用卡氏定理求结构某处的广义位移时，该处需要有与所求位移相应的广义力；若该处没有相应的广义力，则需采用附加力法。

(3) 在采用附加力法计算结构的位移时，最好在求出内力对附加载荷的偏导数后，即令相应的表达式中的附加载荷为零，这样可以使计算过程得到简化。

莫尔定理与卡氏定理的比较：

都用来求解线弹性杆件结构的变形或位移，两者实质上是相同的。就梁的弯曲变形来说，用卡氏定理求解位移的表达式为

$$\Delta_n=\int_l\frac{M(x)}{EI}\frac{\partial M}{\partial F_n}\mathrm{d}x$$

莫尔积分表达式为

$$\Delta=\int_l\frac{M(x)\overline{M}(x)}{EI}\mathrm{d}x$$

用莫尔定理和卡氏定理计算杆件结构的位移各有其优越性，当结构所求广义位移处有与之相应的广义力时，用卡氏定理进行求解比较方便；当结构所求广义位移处没有与之相应的广义力时，采用莫尔定理则比较简便。

10.5 功的互等定理和位移互等定理

1. 功的互等定理

图 10-24 所示梁在支座约束下无刚体位移，并设 1、2 为梁上的任意两个点。单独作用于 1 点的载荷 F_1，引起 1 点的位移是 Δ_{11}，引起 2 点的位移是 Δ_{21}（图 10-24a）；单独作用于 2 点的载荷 F_2 引起 1 点的位移是 Δ_{12}，引起 2 点的位移是 Δ_{22}（图 10-24b）。位移 Δ_{ij} 的第一个下标 i 表示位移发生在 i 点，且沿着载荷 F_i 的方向；第二个下标 j 表示位移由作用于 j 点的载荷 F_j 引起。

先将 F_1 按静载荷方式加到梁上，再将 F_2 也按静载荷方式加到梁上，最后达到静力平衡位置，如图 10-24c 所示。在线弹性、小变形条件下，载荷 F_1、F_2 引起的变形是各自独立的，叠加原理可以应用。在作用 F_1 的过程中，F_1 所做的功为 $\frac{1}{2}F_1\Delta_{11}$，而后在作用 F_2 的过程中，F_1 又做了大小为 $F_1\Delta_{12}$ 的功，F_2 则做了大小为 $\frac{1}{2}F_2\Delta_{22}$ 的功。因而在达到最终平衡位置时，梁内储存的应

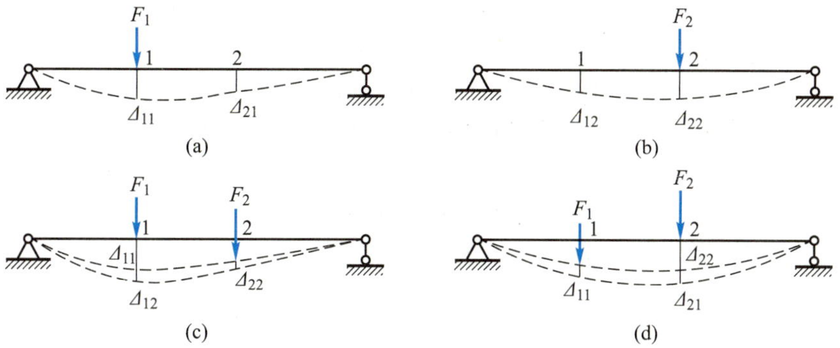

图 10-24

变能为

$$V_{\varepsilon 1}=\frac{1}{2}F_1\Delta_{11}+F_1\Delta_{12}+\frac{1}{2}F_2\Delta_{22}$$

改变加载次序，按静载荷方式先加 F_2，再加 F_1（图 10-24d 所示），最终平衡时，梁内储存的应变能为

$$V_{\varepsilon 2}=\frac{1}{2}F_2\Delta_{22}+F_2\Delta_{21}+\frac{1}{2}F_1\Delta_{11}$$

因为弹性应变能与加载次序无关，上两式应相等，于是得

$$F_1\Delta_{12}=F_2\Delta_{21} \tag{10-38}$$

这就是功的互等定理，可以叙述为：载荷 F_1 在由载荷 F_2 引起的相应位移上所做的功，等于载荷 F_2 在由载荷 F_1 引起的相应的位移上所做的功。功的互等定理也称为贝蒂(E. Betti)互换定理。

2. 位移互等定理

如果令功的互等定理[式(10-38)]中 $F_1=F_2$，则可得到

$$\Delta_{12}=\Delta_{21} \tag{10-39}$$

这就是位移互等定理，可以叙述为：1 点由作用于 2 点的载荷引起的与 1 点的载荷相应的位移，等于 2 点由作用于 1 点的同一数值的载荷引起的与 2 点的载荷相应的位移。位移互等定理由麦克斯韦(J. C. Maxwell)在 1864 年提出，也称为麦克斯韦互换定理。

在推导功的互等定理和位移互等定理时，并未涉及载荷与位移的形式，因此式(10-38)和式(10-39)中的位移和载荷都是广义的。如把集中力换成集中力偶矩，线位移相应地换成角位移，以及把 1、2 两个载荷作用点换成同一点的两个不同方向，结论仍然成立。又因为在两个互等定理的推导过程中并未涉及过哪一种具体变形的特点，所以两个互等定理也适用于刚架、曲杆、桁架及组合变形结构等。另外，从公式的推导过程中不难看出，两个互等定理的适用范围仅限于变形很小的线弹性结构。

10.6 构件受冲击时的应力和变形计算

前述章节在研究变形体的强度和刚度时，认为载荷从零开始缓慢增加，在加载过程中变形体

内部各点加速度很小，可忽略不计，此即为**静载荷**(static load)。

在实际问题中，一些构件，如锻压汽锤的锤杆、紧急制动的转轴等，在非常短的时间内速度会发生急剧变化；此外，一些构件会因工作条件而引起振动，大量的机械零件会长期在周期性变化的载荷下工作，这些载荷都属于**动载荷**(dynamic load)。构件中由动载荷引起的应力称为**动应力**(dynamic stress)。实验结果表明，只要动应力不超过材料的比例极限，胡克定律仍适用于动载荷下应力、应变的计算，弹性模量与静载荷下的数值相同。

本节采用能量法计算冲击载荷下的应力和变形。

1. 计算假设

当某物体以一定的速度撞击另一静止物体时，后者使前者在瞬间停止运动，两物体间产生冲击作用。运动的物体称为**冲击物**，受到撞击的物体称为**被冲击物**，两者间产生的作用力称为**冲击载荷**或**冲击力**(impact force)。例如工程中的打桩、锻造、高速转动的飞轮或砂轮突然刹车等都是冲击的实例，动力机械中许多构件都存在冲击问题。

冲击问题由能量守恒原理进行简化计算，并以下列假设为基础：

(1) 冲击物是有质量的刚体，被冲击物是无质量的弹性体，忽略冲击接触表面可能产生的局部塑性变形，认为冲击过程中材料服从胡克定律，且弹性模量与静载条件下相同。

(2) 在冲击瞬间，被冲击物内的应力及变形由冲击点快速传播到物体各部分，且同时达到最大值；不计冲击过程的能量损耗。

(3) 不考虑冲击物的回跳和被冲击物的振动，假设冲击物与被冲击物接触后相互附着成一体，当被冲击物的变形达到最大时，冲击物的速度随之减小为零。

基于上述假设，根据能量守恒定律，冲击物在冲击过程中减少的动能 T 和位能 V 全部转化成被冲击物的弹性应变能 $V_{\varepsilon d}$，即

$$\Delta(T+V)=V_{\varepsilon d} \tag{10-40}$$

显然，不计能量损耗得到的应变能大于实际的应变能，因此，基于上述假设计算所得的结果是偏安全的。

2. 自由落体冲击

以弹簧代表一受冲击的构件，如图 10－25a 所示。在实际问题中，一个受冲击的梁(图 10－25b)、杆(图 10－25c)，或其他受冲击的弹性构件都可以看作是一个弹簧，只是各种情况的刚度系数不同而已。设重量为 P 的重物从距弹簧顶端为 h 的高度自由落下，当重物与弹簧一起运动的速度为零时，弹簧达到受冲击的最大变形位置。若能求出这时构件的变形 Δ_d，根据在弹性范围内应力、载荷与变形成正比的关系就可以求出构件上所承受的冲击载荷 F_d，以及构件内发生的冲击应力 σ_d。

利用式(10－40)，现计算冲击物的能量改变和被冲击物的应变能。

在图 10－25 所示的情况下，冲击物所减少的位能是

$$\Delta V=P(h+\Delta_d) \tag{10-41}$$

因为冲击物初速度和最终速度都为零，无动能变化，即

$$\Delta T=0 \tag{10-42}$$

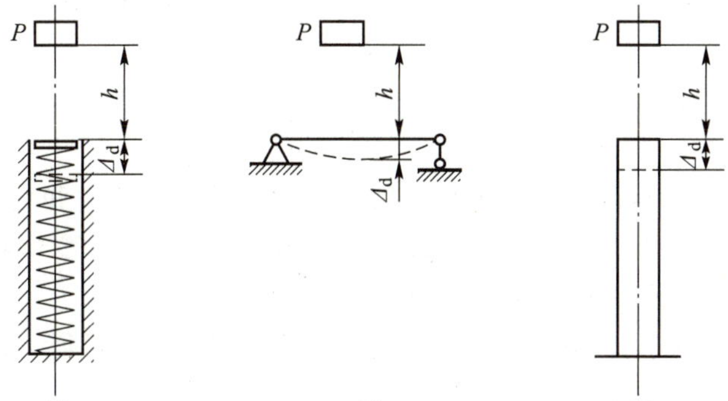

图 10-25

被冲击构件的应变能 $V_{\varepsilon d}$ 等于冲击载荷 F_d 在冲击过程中所做的功。冲击过程中，F_d 及 Δ_d 都是由零开始增加到最终数值，在材料服从胡克定律的条件下，F_d 及 Δ_d 的关系仍然是线性的，所以 F_d 所做的功应为

$$V_{\varepsilon d}=\frac{1}{2}F_d\Delta_d \tag{10-43}$$

将式(10-41)、式(10-42)和式(10-43)代入式(10-40)，得

$$P(h+\Delta_d)=\frac{1}{2}F_d\Delta_d \tag{10-44}$$

设重物按静载的方式作用于构件上时，构件的静变形为 Δ_{st}，静应力为 σ_{st}。在冲击载荷 F_d 作用下，构件相应的变形和应力分别为 Δ_d 和 σ_d。在线弹性范围内，变形、应力和载荷成正比，故有

$$\frac{F_d}{P}=\frac{\Delta_d}{\Delta_{st}}=\frac{\sigma_d}{\sigma_{st}}$$

或者写成

$$F_d=P\frac{\Delta_d}{\Delta_{st}} \tag{10-45a}$$

$$\sigma_d=\sigma_{st}\frac{\Delta_d}{\Delta_{st}} \tag{10-45b}$$

将式(10-45a)代入式(10-44)，得

$$P(h+\Delta_d)=\frac{1}{2}P\frac{\Delta_d^2}{\Delta_{st}}$$

解得

$$\Delta_d=\Delta_{st}\left(1+\sqrt{1+\frac{2h}{\Delta_{st}}}\right) \tag{10-46}$$

引用记号

$$K_d=\frac{\Delta_d}{\Delta_{st}}=1+\sqrt{1+\frac{2h}{\Delta_{st}}} \tag{10-47}$$

K_d称为**冲击动荷因数**(impact factor),式(10-45)、式(10-46)可改写为

$$\left.\begin{aligned} F_d&=K_d P \\ \sigma_d&=K_d\sigma_{st} \\ \Delta_d&=K_d\Delta_{st} \end{aligned}\right\} \tag{10-48}$$

可见,只要求出冲击动荷因数 K_d,即可求得冲击时的载荷、应力和变形。这里 F_d、Δ_d和 σ_d 是指受冲击构件到达最大变形位置,冲击物速度为零时的瞬时载荷、变形和应力。此后,构件将出现振动。在有阻尼的情况下,振动幅度逐渐减小,最终消失。

载荷突然作用于弹性体上,相当于 $h=0$ 的情况,由式(10-47)可得 $K_d=2$,即在突加载荷作用下,应力和变形皆为静载荷作用下的两倍。

若已知的条件不是冲击物的高度 h,而是冲击瞬间冲击物的速度 v,则 h 可用$\dfrac{v^2}{2g}$代替,此时冲击动荷因数可表达成

$$K_d=1+\sqrt{1+\frac{v^2}{g\Delta_{st}}} \tag{10-49}$$

若已知冲击开始时冲击物具有的动能为 T_0,因 $T_0=\dfrac{Pv^2}{2g}$,所以式(10-49)中

$$\frac{v^2}{g\Delta_{st}}=\frac{\dfrac{Pv^2}{2g}}{\dfrac{P}{2g}g\Delta_{st}}=\frac{T_0}{V_\varepsilon}$$

从而得冲击时的冲击动荷因数为

$$K_d=1+\sqrt{1+\frac{T_0}{V_\varepsilon}} \tag{10-50}$$

式中,V_ε 是被冲击物受静载 P 作用时的应变能。

3. 水平冲击

重量为 P 的冲击物以速度 v 水平运动,冲击被冲击物(杆),如图 10-26 所示。冲击后冲击物的速度变为零,动能变化为 $\Delta T=\dfrac{1}{2}\dfrac{P}{g}v^2$,其位能没有变化。被冲击物的应变能为 $V_{\varepsilon d}=\dfrac{1}{2}F_d\Delta_d=\dfrac{F_d^2 l}{2EA}$,根据能量守恒定律有

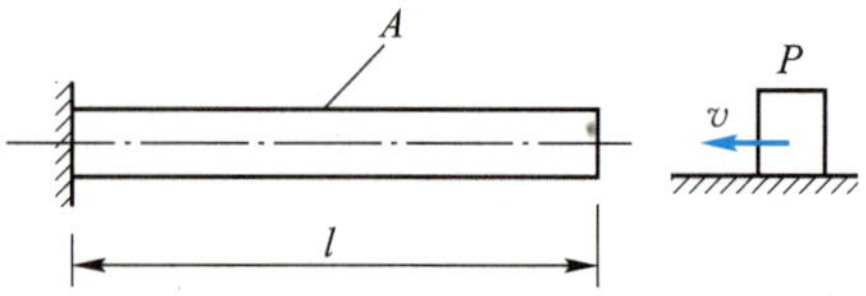

图 10-26

$$\frac{1}{2}\frac{P}{g}v^2=\frac{F_d^2 l}{2EA} \tag{10-51}$$

若杆件为等截面杆,杆内的动应力是均匀的,故有 $F_d=\sigma_d A$,代入上式,整理后有

$$\sigma_d=\sqrt{\frac{EPv^2}{gAl}} \tag{10-52}$$

对于图 10-26 所示杆件,当有大小为 P 的水平静载荷作用于杆端时,有

$$\sigma_{st}=\frac{P}{A},\quad \Delta_{st}=\frac{Pl}{EA}$$

于是式(10－52)变为

$$\sigma_d=\sigma_{st}\sqrt{\frac{v^2}{g\Delta_{st}}}$$

或

$$\sigma_d=K_d\sigma_{st}$$

即冲击动荷因数为

$$K_d=\sqrt{\frac{v^2}{g\Delta_{st}}} \tag{10-53}$$

水平冲击问题与自由落体冲击问题的处理方法是相同的，即采用能量守恒定律求动载荷，但水平冲击没有势能改变。

例 10－13 重量为 P 的物体自由下落于图 10－27 所示刚架的 C 点，设材料的弹性模量 E、截面惯性矩 I 和弯曲截面系数 W 均已知，试求冲击时刚架内的最大正应力(不考虑轴力影响)。

解 由能量法求得 C 点的静位移为

$$\Delta_{st}=\frac{4Pa^3}{3EI}$$

冲击动荷因数为

$$K_d=1+\sqrt{1+\frac{2h}{\Delta_{st}}}=1+\sqrt{1+\frac{3EHI}{2Pa^3}}$$

静载作用下，对应的最大弯矩与最大正应力分别为

$$M_{max}=Pa,\quad \sigma_{max}=\frac{Pa}{W}$$

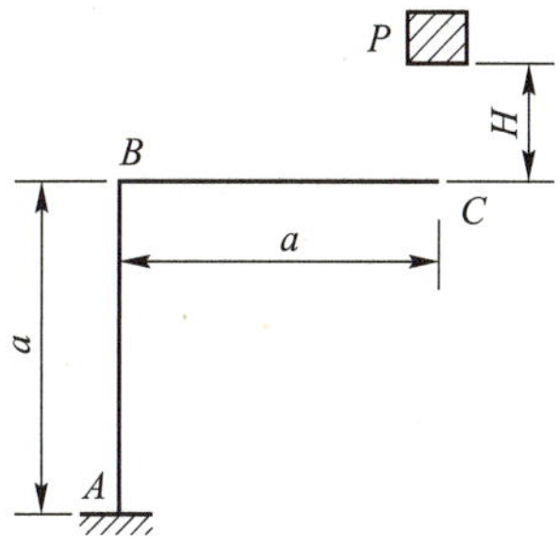

图 10－27

故冲击时刚架内的最大正应力为

$$\sigma_{dmax}=K_d\frac{Pa}{W}=\left(1+\sqrt{1+\frac{3EIH}{2Pa^3}}\right)\frac{Pa}{W}$$

例 10－14 在水平平面内的杆 AC，绕通过 A 点的垂直轴以匀角速度 ω 转动，俯视图如图 10－28a 所示。杆 AC 的 C 端有一重量为 P 的集中质量，如因发生故障在 B 点卡住而突然停止转动(图 10－28b)，试求杆 AC 内的最大冲击应力。AC 杆的质量不计。

解 杆 AC 因突然停止转动而受到冲击，发生弯曲变形。C 端集中质量的初速度为 $v=\omega l$，在冲击过程中，最终变为零，损失的动能为

$$\Delta T=\frac{1}{2}\frac{P}{g}(\omega l)^2$$

因集中质量在水平平面内运动，势能不发生变化，即 $\Delta V=0$。若 C 端受到的冲击力为 F_d，冲击产生的位移为 Δ_d(图 10－28b)，则杆 AC 的弯曲应变能为

$$V_{\varepsilon d}=\frac{1}{2}F_d\Delta_d$$

根据能量守恒定律，C 端集中质量的能量改变等于杆 AC 的弯曲应变能，即 $\Delta T=V_{\varepsilon d}$，于是有

$$\frac{P}{2g}\omega^2l^2-\frac{1}{2}F_d\Delta_d \tag{a}$$

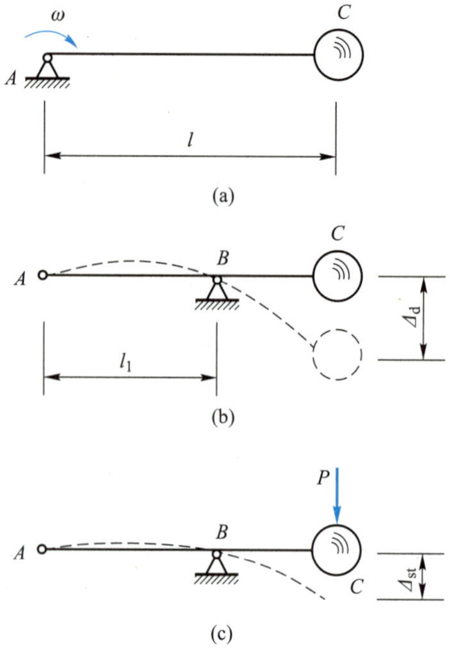

图 10 - 28

若按静载荷方式将大小为 P 的水平力作用于C 端(图 10 - 28c),C 端的静变形为Δ_{st}。因冲击发生在弹性范围,变形与载荷成正比,故有

$$\Delta_d=\frac{F_d}{P}\Delta_{st} \tag{b}$$

将式(b)代入式(a),整理后得

$$F_d=P\omega l\sqrt{\frac{1}{g\Delta_{st}}} \tag{c}$$

由弯曲变形知识可以求出 C 端作用静载荷 P 时 C 点的静挠度为

$$\Delta_{st}=\frac{Pl(l-l_1)^2}{3EI} \tag{d}$$

将式(d)代入式(c),得

$$F_d=\frac{\omega}{(l-l_1)}\sqrt{\frac{3EIlP}{g}} \tag{e}$$

截面 B 的最大弯矩值为

$$M_{dmax}=F_d(l-l_1)=\omega\sqrt{\frac{3EIlP}{g}}$$

最大冲击应力为

$$\sigma_{dmax}=\frac{M_{dmax}}{W}=\frac{\omega}{W}\sqrt{\frac{3EIlP}{g}}$$

例 10 - 15 在轴 AB 的 B 端有一个质量很大的飞轮(图 10 - 29)。与飞轮相比,轴的质量可以忽略不计,轴的另一端 A 装有刹车离合器。飞轮的转速 $n=100$ r/min,转动惯量为 $J_x=0.5$ kN · m · s^2,轴 AB 的长度 $l=1$ m,直径 $d=100$ mm,材料的切变模量为 $G=80$ GPa。若轴 AB 在 A 端突然刹车(即 A 端突然停止转动),试求轴内的最大动应力。

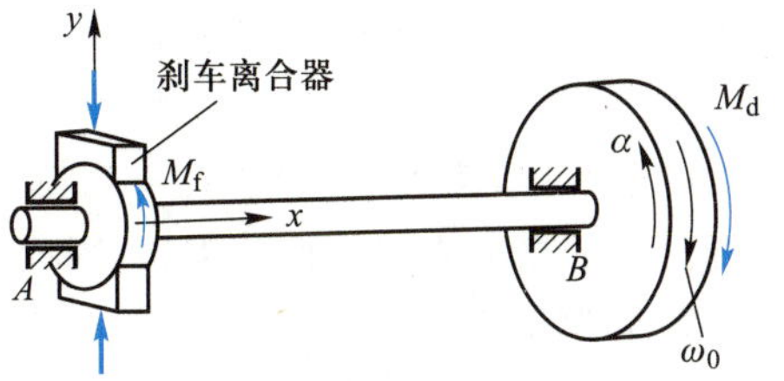

图 10-29

解 当 A 端突然刹车时，B 端飞轮具有动能。因而轴 AB 受到冲击，发生扭转变形。在冲击过程中，飞轮的角速度最后降低为零，它的动能全部转变为轴 AB 的应变能。

飞轮与轴 AB 的转动角速度为

$$\omega_0=\frac{n\pi}{30}=\frac{10\pi}{3}\ \text{rad/s}$$

飞轮动能的改变量为

$$\Delta T=\frac{1}{2}J_x\omega_0^2$$

轴 AB 的扭转应变能为

$$V_{\varepsilon d}=\frac{1}{2}T_d\varphi_d=\frac{T_d^2 l}{2GI_p}$$

其中 T_d 为扭矩，故有

$$\frac{1}{2}J_x\omega_0^2=\frac{T_d^2 l}{2GI_p}$$

$$T_d=\omega_0\sqrt{\frac{J_xGI_p}{l}}$$

轴 AB 内的最大冲击切应力为

$$\tau_{d\max}=\frac{T_d}{W_t}=\omega_0\sqrt{\frac{J_xGI_p}{lW_t^2}}$$

对于圆轴，有

$$\frac{I_p}{W_t^2}=\frac{\pi d^4}{32}\left(\frac{16}{\pi d^3}\right)^2=\frac{2}{\frac{\pi d^2}{4}}=\frac{2}{A}$$

于是得

$$\tau_{d\max}=\omega_0\sqrt{\frac{2GJ_x}{Al}}$$

可见扭转冲击时，轴 AB 内最大动应力 $\tau_{d\max}$ 与轴的体积 Al 有关。体积 Al 越大，$\tau_{d\max}$ 越小，把已知数据代入上式，得

$$\tau_{d\max}=1\ 057\ \text{MPa}$$

对于常用钢材，扭转切应力多为 $[\tau]=80\sim100$ MPa。上面求得的 $\tau_{d\max}$ 已经超过了许用切应力，所以对保证轴的安全来说，冲击载荷是十分有害的。

4. 提高构件抗冲击能力的措施

对于承受冲击的构件，在求得冲击中的最大动应力 $\sigma_{d\max}$ 后，即可建立强度条件

$$\sigma_{d\max}=K_d\sigma_{st\max}\leqslant[\sigma] \tag{10-54}$$

由式(10－54)可以看出，在静应力不变的情况下，要提高构件的抗冲击能力，应降低冲击动荷因数 K_d 值。

由式(10－47)和式(10－53)可以看出，增大静位移 Δ_{st} 可以降低冲击动荷因数，从而减小冲击载荷和冲击应力。这是因为静位移的增大表明构件较柔软，因而能更多地吸收冲击物的能量。但是，增加静变形 Δ_{st} 时应尽可能避免增加静应力 σ_{st}，否则，降低了冲击动荷因数 K_d，却又增加了 σ_{st}，结果动应力未必会降低。某些机器或零件上加上橡皮坐垫或垫圈，汽车大梁与轮轴之间安装叠板弹簧等，都是为了既增大静变形 Δ_{st}，又不改变构件的静应力。

由式(10－52)及例 10－15 可知，冲击动应力与杆件的体积有关。杆件体积越大，则冲击动应力越小。因此，把承受冲击的汽缸盖螺栓由短螺栓(图 10－30a)改为长螺栓(图 10－30b)，增加螺栓的体积，可达到提高抗冲击能力的目的。

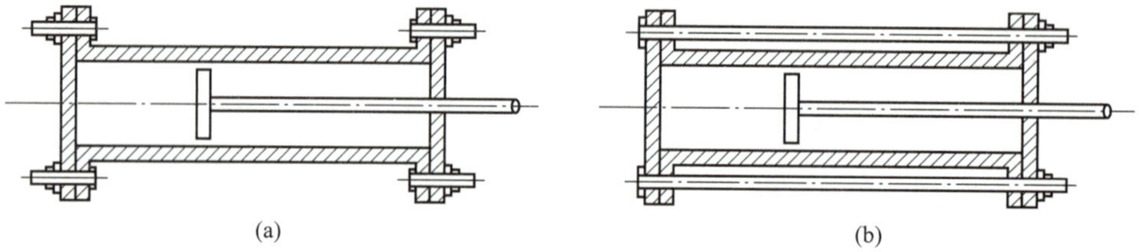

图 10－30

变截面杆(图 10－31a)和等截面杆(图 10－31b)同样受到重量为 P、速度为 v 的重物冲击，通过分析可知两杆的冲击动应力分别为

$$\sigma_{d\max}^{a}=\frac{F_{d}^{a}}{A_2}=\frac{P}{A_2}\sqrt{\frac{v^2}{g\Delta_{st}^{a}}} \tag{10-55}$$

$$\sigma_{d\max}^{b}=\frac{F_{d}^{b}}{A_2}=\frac{P}{A_2}\sqrt{\frac{v^2}{g\Delta_{st}^{b}}} \tag{10-56}$$

由于 $\Delta_{st}^{a}<\Delta_{st}^{b}$，故 $\sigma_{d\max}^{a}>\sigma_{d\max}^{b}$。此外，从式(10－55)和轴向拉压杆件变形公式还可看出，变截面杆的削弱长度 s 越小，变截面杆的静变形 Δ_{st}^{a} 越小，冲击动应力 $\sigma_{d\max}^{a}$ 越大。因此，应尽可能避免将受冲击杆件设计成变截面杆。对于螺钉这类零件，不能避免某些部分要削弱，则应尽量增加被削弱部分的长度。例如一些承受冲击的螺钉往往不采取图 10－32a 的形式，而是使光杆部分的直径与螺栓的内径接近相等，如图 10－32b、c 所示，这样接近一个等截面，Δ_{st} 增加，而 σ_{st} 不变，从而降低了动应力。

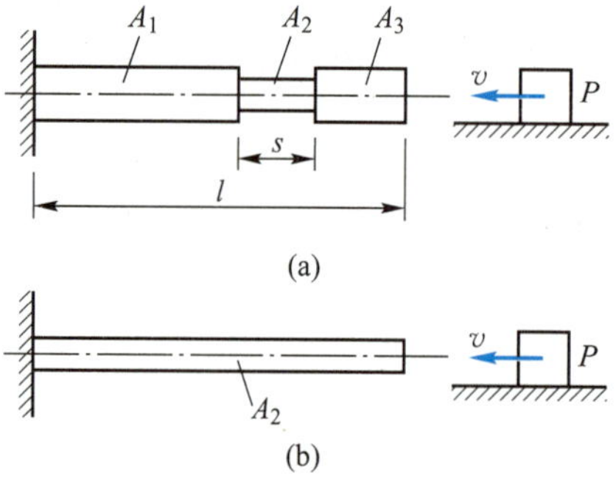

图 10－31

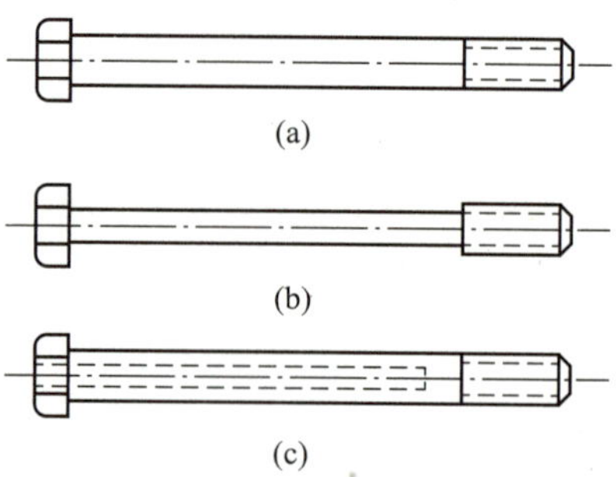

图 10－32

由弹性模量较低的材料制成的杆件，静变形较大，因此用其代替弹性模量较高的材料，也有利于降低冲击应力。但低弹性模量材料往往许用应力也低，所以使用时应注意其是否能满足强度条件。

习题

10-1 图示两根圆截面直杆的材料相同，试比较它们的应变能。

10-2 图示桁架中各杆的 EA 相同，试求在 C 点的力 F 作用下该桁架的应变能。

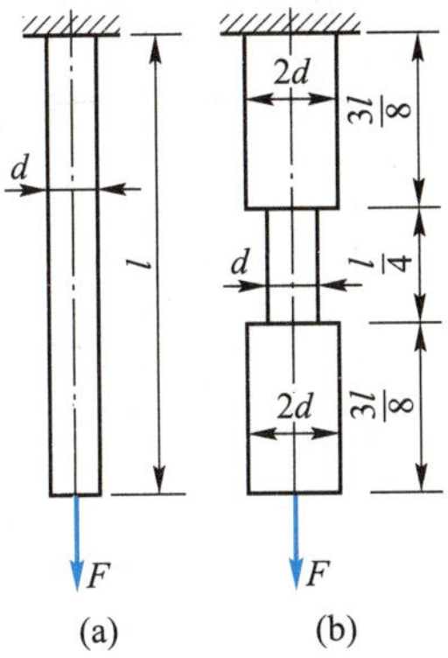

题 10-1 图

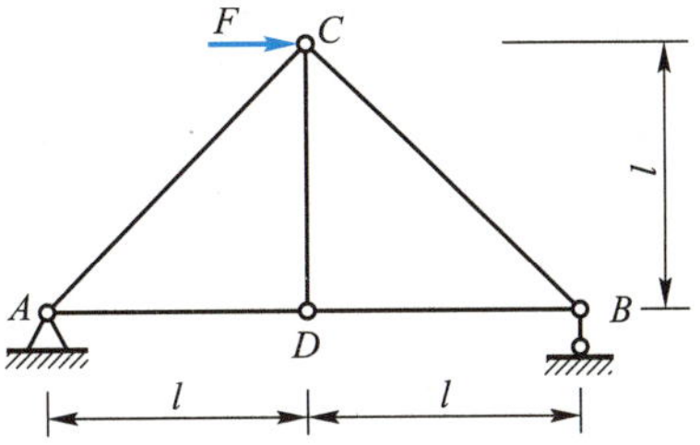

题 10-2 图

10-3 计算图示各杆件结构的应变能。

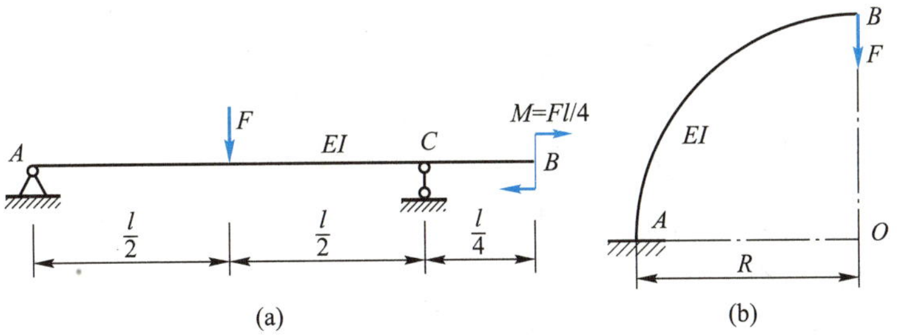

题 10-3 图

10-4 试求图示各梁 A 点的挠度和转角。

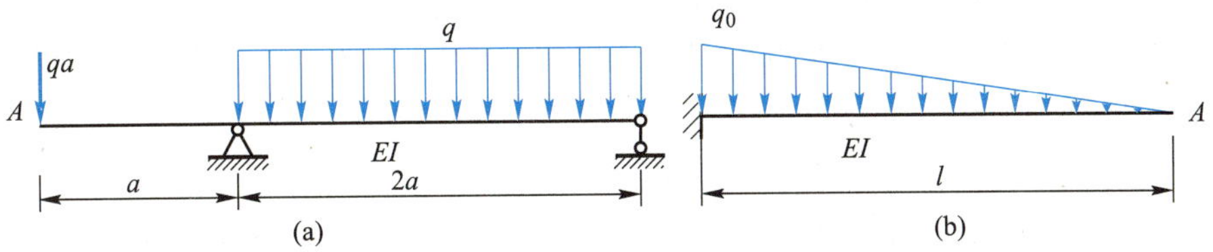

题 10-4 图

10-5 试求图示阶梯截面梁在力 F 作用下截面 A 的转角和截面 B 的挠度，弹性模量 E 已知。

10-6 试求图示各刚架上 A 点的竖直位移，已知刚架中各杆的 EI 相等。

10-7 图示正方形桁架中各杆的 EA 相同，试求节点 C 处的水平位移和竖直位移。

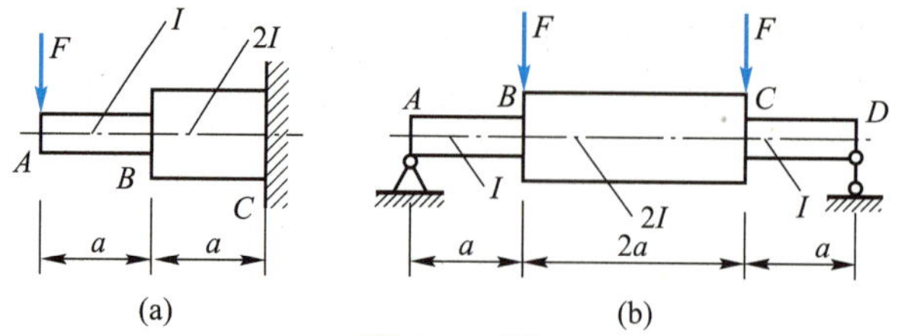

题 10-5 图

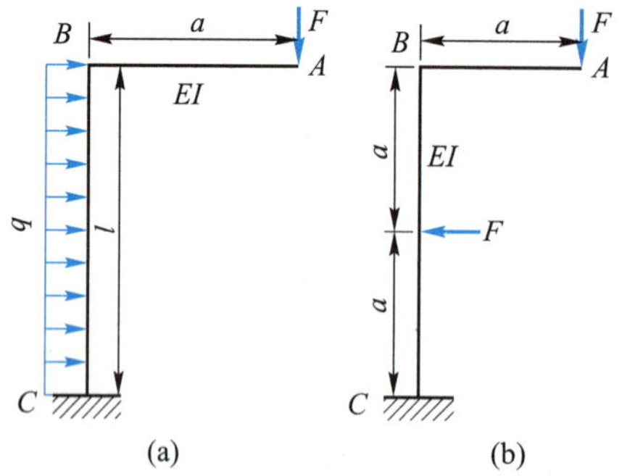

题 10-6 图

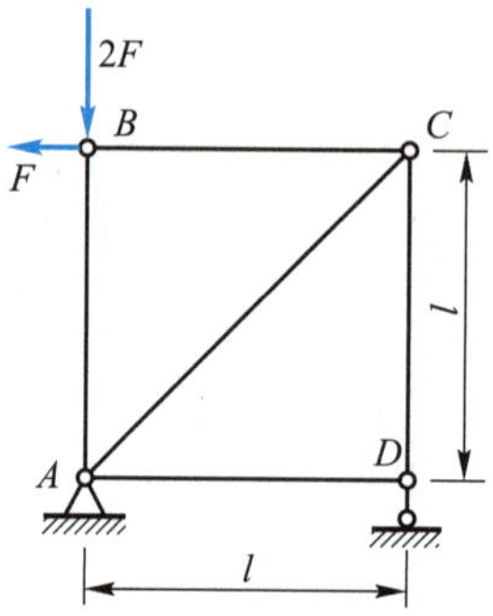

题 10-7 图

10-8 图示正方形桁架中各杆的 EA 相同，试求在载荷 F 作用下，节点 B 和 D 之间的相对位移。

10-9 如图所示，轴线为四分之一圆周的平面曲杆位于水平面内。A 端固定，自由端 B 受竖直力 F 作用。设 EI 和 GI_p 为常量，试求截面 B 在竖直方向上的位移。

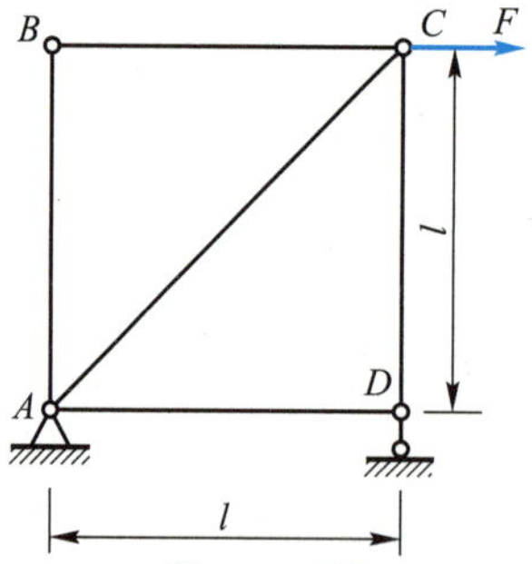

题 10-8 图

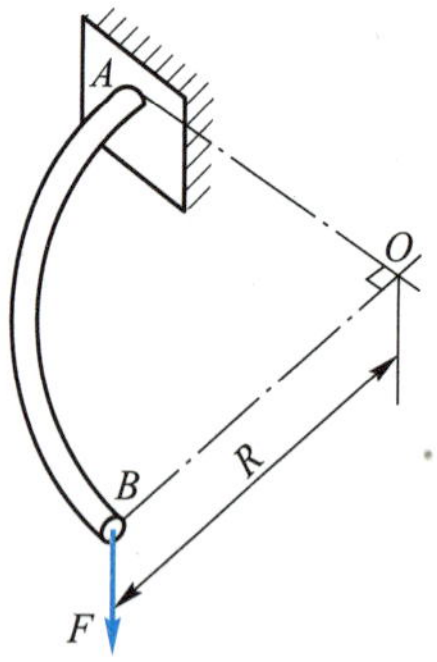

题 10-9 图

10-10 试求图示半圆形平面曲杆上 B 点的水平位移。EI 为常量。

10-11 图示位于水平面内的刚架由圆截面折杆组成，转折处均为直角，求 A 点沿竖直集中力 F 方向上的位移。EI 和 GI_p 已知。

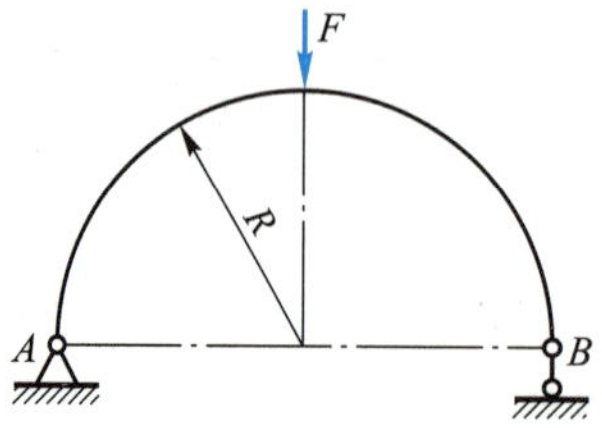

题 10-10 图

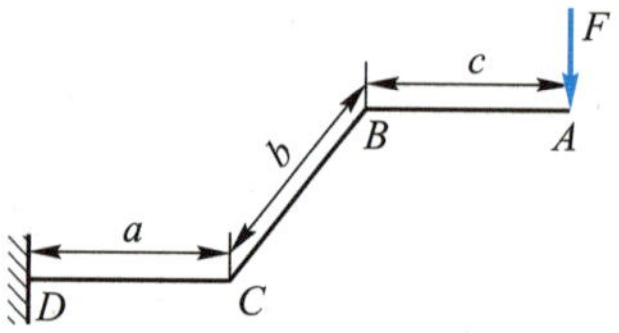

题 10-11 图

10-12 如图所示，有切口的平均半径为 R 的细圆环，横截面为直径为 d 的圆形。试求在两个力 F 作用下切口 AB 的张开量。弹性模量 E 已知。

10-13 图示直角刚架 $CEOD$ 各杆的弯曲刚度相等。A、B、C、D 均为铰。试求在一对水平集中力 F 作用下，节点 A、B 之间的相对位移。

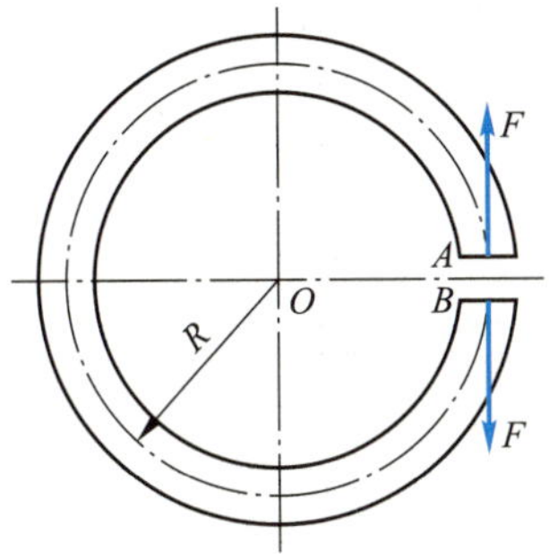

题 10-12 图

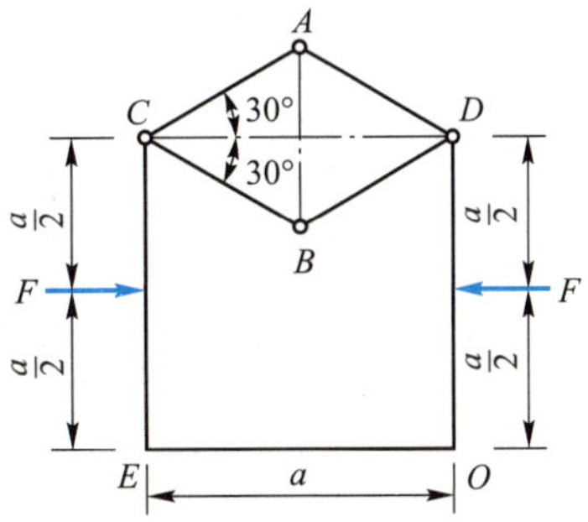

题 10-13 图

10-14 图示等截面平面曲杆轴线为四分之三圆周，AB 杆为刚性杆。试求作用于曲率中心的集中力 F 引起的截面 B 的水平位移及竖直位移（力 F 在曲杆平面内）。

10-15 子母梁以中间铰 C 相连。试求该梁在图示载荷作用下铰 C 的竖直位移和铰 C 两侧截面的相对转角。

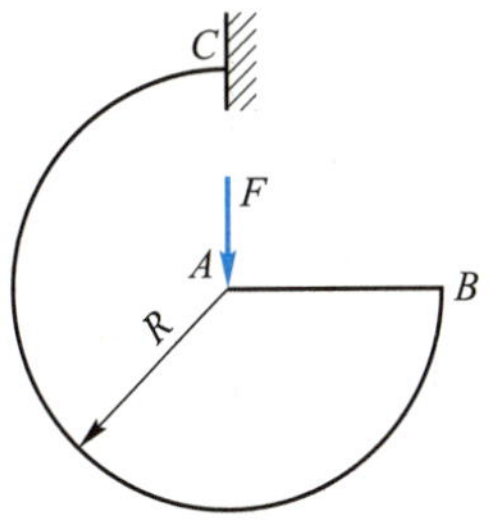

题 10-14 图

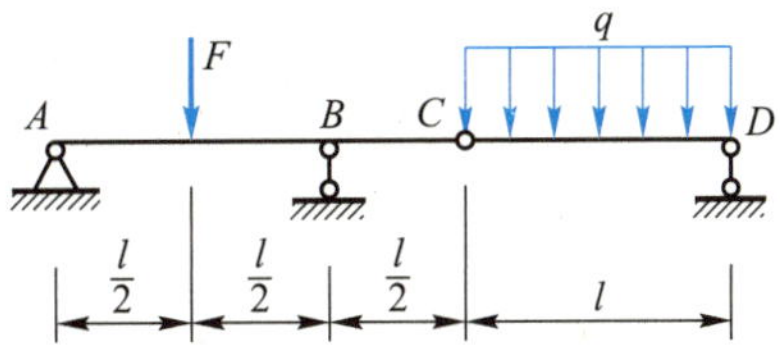

题 10-15 图

10-16 图示直角刚架中各杆的弯曲刚度 EI 相同，扭转刚度 GI_p 也相等。试求在力 F 作用下，截面 A 与截面 C 的水平位移。

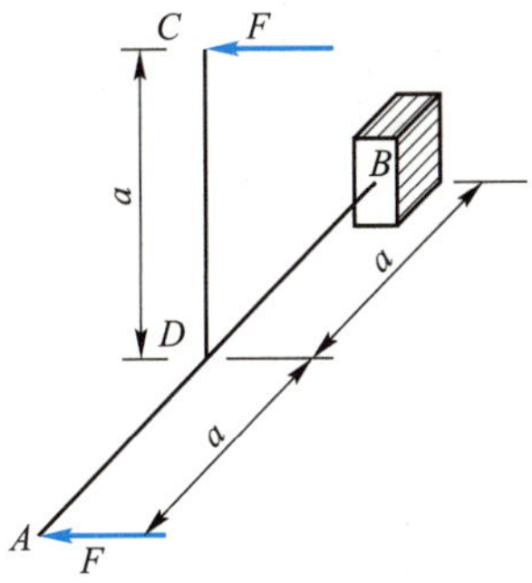

题 10-16 图

10-17 图示正方形刚架各部分的弯曲刚度 EI 与扭转刚度 GI_p 均相等。DC 中点 E 处有一切口，在一对垂直于刚架平面的水平力 F 作用下，试求切口两侧的相对水平位移 Δ。

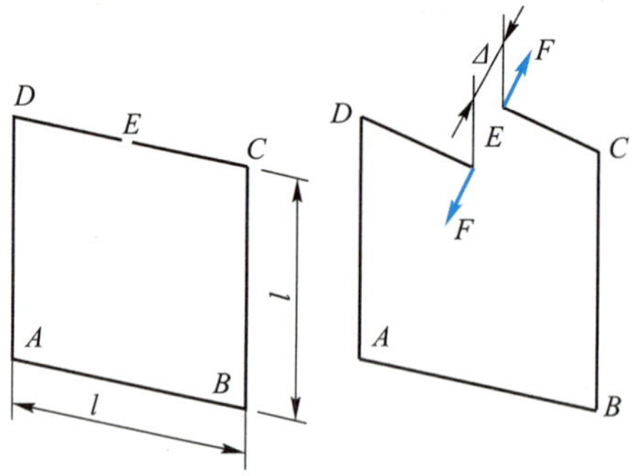

题 10-17 图

10-18 图示 AB 杆下端固定，长度为 l。在 C 点受到沿水平运动的物体的冲击，物体的重量为 P，当其与杆件接触时，速度为 v。设杆件的 E、I 及 W 皆为已知量，试求杆 AB 内的最大应力。

10-19 图示钢杆的下端有一固定圆盘，盘上放弹簧。弹簧在 1 kN 的静载荷作用下缩短 0.062 5 cm。钢杆的直径 $d=4$ cm，$l=4$ m，许用应力$[\sigma]=120$ MPa，$E=200$ GPa。若有重量为 15 kN 的重物自由落下，求其许可高度 H。又若没有弹簧，求许可高度 H。

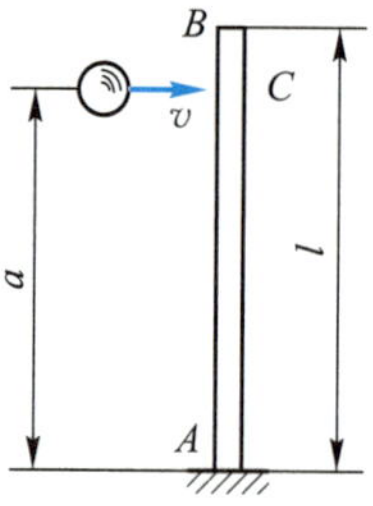

题 10-18 图

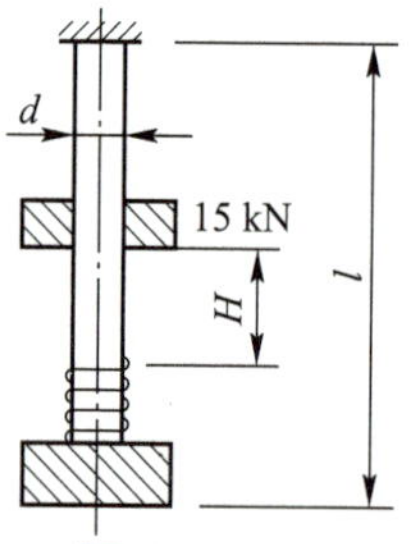

题 10-19 图

10-20 图示钢吊索的下端悬挂一重量为 $P=25$ kN 的重物，并以速度 $v=100$ cm/s 下降。当钢吊索长度为 $l=20$ m 时，滑轮突然被卡住，试求钢吊索所受到的冲击载荷 F_d。设钢吊索的横截面面积 $A=4.14\ \text{cm}^2$，弹性模量 $E=170$ GPa，滑轮和钢吊索的质量可略去不计。

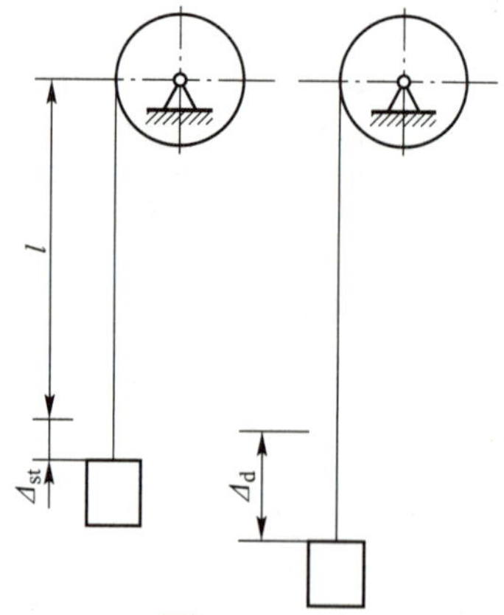

题 10-20 图

10-21 图示重量为 P 的重物自高度 H 下落冲击于梁上的 C 点，设梁的 E、I 及弯曲截面系数 W 皆为已知量，试求梁内最大正应力及梁跨度中点的挠度。

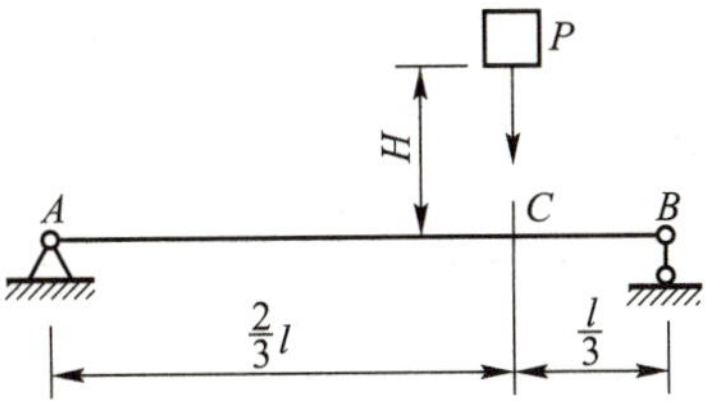

题 10-21 图

10-22 图示摆锤的钢杆长度为 1 m，截面为 3 cm×3 cm 的正方形，杆端锤的重量为 60 N，杆与半径 $R=$ 20 cm 的圆轴固定在一起，并以转速 $n=10$ r/min 绕轴 AB 旋转，试求当轴 AB 突然停止转动时杆内的最大正应力和最大挠度。杆的自重不计，材料的 $E=200$ GPa。

10-23 图示一直角 L 形折杆，A、B、C 三点在同一水平面内，折杆自重不计，AB 段为圆截面，直径为 d；BC 段为边长为 a 的方形截面，设有一重量为 P 的物体在高度 H 处自由落到 C 点，试求危险点的位置及该点的应力，材料的 E、G 已知。

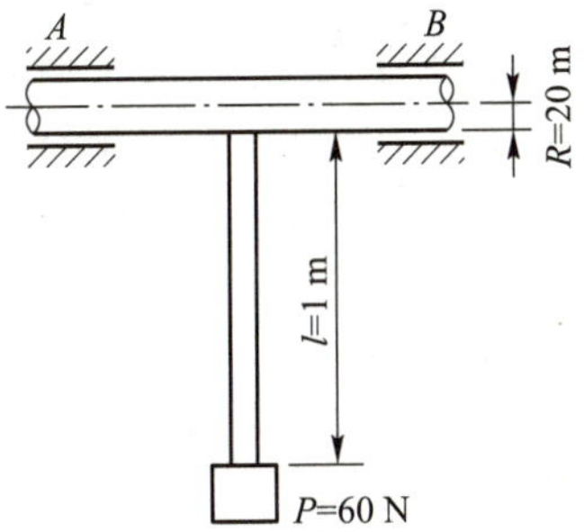

题 10-22 图

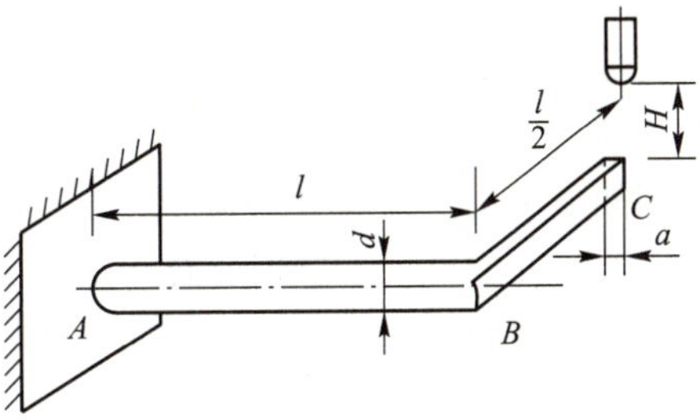

题 10-23 图

10-1 第 10 章习题答案

第11章 超静定结构分析

11.1 概 述

在前面讨论基本变形的章节中，曾介绍了超静定问题的概念与分析简单超静定问题的方法。对于较复杂的超静定问题，例如超静定刚架、超静定曲杆等，仅靠前面所介绍的方法尚不易求解。本章以能量法为基础，进一步介绍超静定问题的分析原理与方法。

当工程结构（梁、刚架、桁架、拱等）的未知力个数超过其有效平衡方程个数时，仅由平衡方程已不能完全求解出全部未知力，这类结构称为**超静定结构**(statically indeterminate structure)。例如，图 11-1 所示的平面刚架，其两个固定端处共有 6 个未知支座约束力，而平面问题的静力平衡方程只有 3 个，不足以求出全部未知约束力，故此刚架为超静定刚架。超静定结构中未知力个数与有效平衡方程个数的差值称为**超静定次数**(degree of statically indeterminate)。图 11-1 所示的平面刚架属于 3 次超静定结构。

图 11-2 所示静定梁在固定端处有 3 个约束力，限制了梁平面内的 3 个自由度，梁只可能发生由变形引起的位移，$x-y$ 平面内任何的刚性位移都不可能发生，这种特性称为**几何不变性**。上述 3 个约束力所代表的约束，都是保持梁几何不变所必需的。与静定结构不同，超静定结构中一些支座往往不是维持其几何不变所必需的，例如解除图 11-1 所示刚架的支座 B 后，结构仍然是几何不变的，这类约束称为**多余约束**(redundant restraint)，相应的约束力称为**多余约束力**(redundant reaction)。

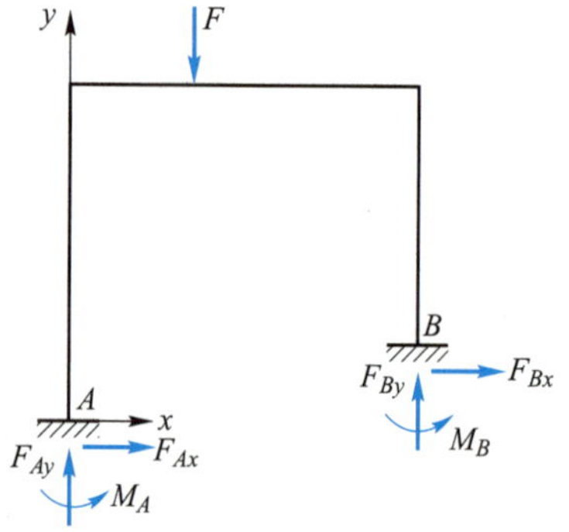

图 11-1

图 11-2

根据多余约束的特点，超静定结构大致分为三类：① 仅在结构外部存在多余约束，即仅支座约束力是超静定的，此类结构称为**外力超静定结构**，如图 11-1 所示刚架。② 仅在结构内部存在多余约束，即仅内力是超静定的，此类结构称为**内力超静定结构**。例如，桥式起重机大梁在工作时，为减小变形往往在大梁的下侧增加一根拉杆(图 11-3)，这时，支座 A、B 的约束力可由静力平衡方程求出，但由于增加了拉杆 CD，大梁弯矩的求解成为超静定问题，因此桥式起重机大梁变为了内力超静定结构。闭合曲杆、封闭框架等结构都属于内力超静定结构。③ 在结构外部与内部都存在多余约束，即支座约束力和内力都是超静定的，此类结构称为**混合超静定结构**。

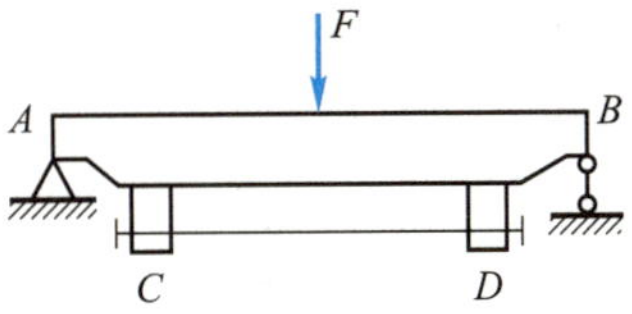

图 11-3

分析超静定问题的基本方法有两种：力法和位移法。力法以多余约束力为基本未知量；位移法以结构的某些位移为基本未知量。本章只介绍力法在求解超静定问题中的应用。

11.2 用力法分析超静定结构

用力法分析超静定问题的要点是：将超静定结构的多余约束解除，用相应的多余约束力代替其作用。解除多余约束后的静定结构称为原结构的**基本结构**；将载荷和多余约束力作用于基本结构上，得到原超静定结构的**相当系统**(equivalent system)；利用相当系统在多余约束处所应满足的变形协调条件建立补充方程(由载荷与多余约束力表示)，由补充方程确定多余约束力，并通过相当系统计算原超静定结构的内力、应力和位移等。

应用力法求解超静定问题，建立变形协调条件是关键。由于多余约束力的数目等于超静定的次数，因而为解出全部多余约束力，建立的**变形协调条件的数目应等于结构的超静定次数**。

由变形协调条件建立补充方程，可以利用能量法来完成。下面通过例题来说明用力法求解超静定问题的过程。

例 11-1 三支座等直梁受集度为 q 的均布载荷作用(图 11-4a)。试画出该梁的弯矩图。

解 首先将支座 B 看作多余约束，解除其约束后代以多余约束力 F_{RB}，得到图 11-4b 所示的相当系统。由于支座 B 处的挠度为零，故变形协调条件为

$$\Delta_B=0 \tag{a}$$

下面利用莫尔积分由式(a)建立补充方程。

在基本结构的 B 点处作用一竖直单位力(图 11-4c)。由图 11-4b和图 11-4c 可分别得到基本结构在 q 和 F_{RB} 作用下的弯矩 $M(x)$ 及在单位力作用下的弯矩 $\overline{M}(x)$，AB 段：

$$M(x_1)=qlx_1-\frac{qx_1^2}{2}-\frac{F_{RB}x_1}{2},\quad \overline{M}(x_1)=-\frac{x_1}{2}$$

BC 段：

$$M(x_2)=qlx_2-\frac{qx_2^2}{2}-\frac{F_{RB}x_2}{2},\quad \overline{M}(x_2)=-\frac{x_2}{2}$$

根据莫尔积分，梁在 q 和 F_{RB} 共同作用下的 B 点挠度为

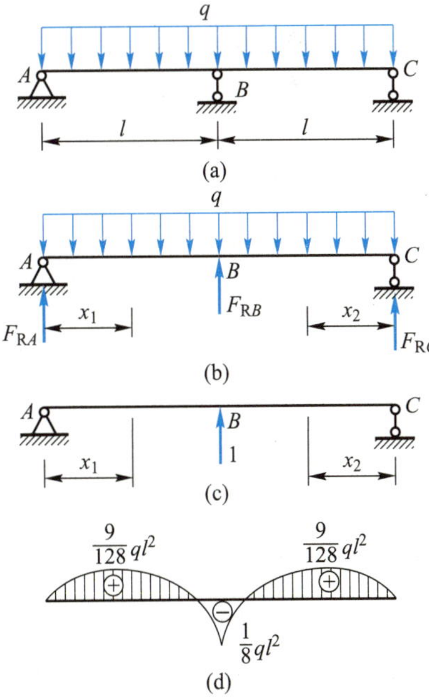

图 11-4

$$\Delta_B=\int_l \frac{M(x)\overline{M}(x)}{EI}\mathrm{d}x=2\int_0^l \frac{1}{EI}\left(qlx_1-\frac{qx_1^2}{2}-\frac{F_{RB}x_1}{2}\right)\left(-\frac{x_1}{2}\right)\mathrm{d}x_1=\frac{1}{EI}\left(\frac{F_{RB}l^3}{6}-\frac{5ql^4}{24}\right)$$

由式(a)得

$$\frac{1}{EI}\left(\frac{F_{RB}l^3}{6}-\frac{5ql^4}{24}\right)=0$$

于是求得

$$F_{RB}=\frac{5ql}{4}$$

解出 F_{RB}后，由静力平衡方程可以求出支座 A、C 的约束力为

$$F_{RA}=F_{RC}=\frac{3ql}{8}$$

根据求得的约束力作弯矩图，如图 11-4d 所示。

例 11-2 超静定刚架承受载荷情况如图 11-5a 所示。若弯曲刚度 EI 为常量，试作出该刚架的弯矩图。

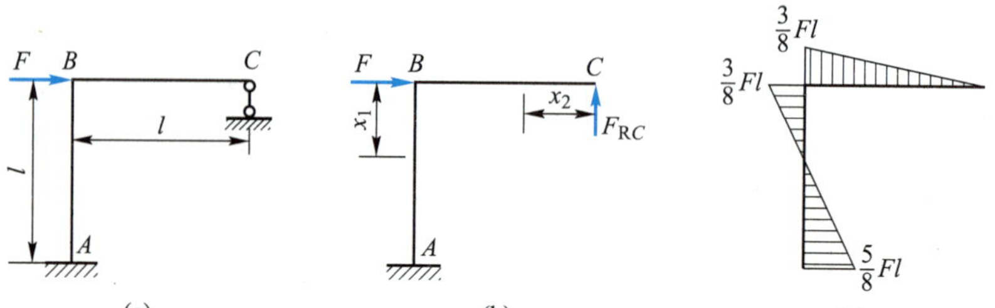

图 11-5

解 首先将支座 C 看作多余约束，解除后代以多余约束力 F_{RC}，得到相当系统如图 11-5b 所示。由于支座 C 处的竖直位移为零，故变形协调条件为

$$\Delta_C=0 \tag{b}$$

现利用卡氏定理由式(b)建立补充方程。由图 11-5b 可得各杆的弯矩及其对 F_{RC}的偏导数，AB 段：

$$M(x_1)=F_{RC}l-Fx_1,\quad \frac{\partial M(x_1)}{\partial F_{RC}}=l$$

BC 段：

$$M(x_2)=F_{RC}x_2,\quad \frac{\partial M(x_2)}{\partial F_{RC}}=x_2$$

由卡氏定理，刚架在 C 处的竖直位移为

$$\begin{aligned}\Delta_C&=\int_l \frac{M(x)}{EI}\frac{\partial M(x)}{\partial F_{RC}}\mathrm{d}x\\&=\frac{1}{EI}\int_0^l (F_{RC}l-Fx_1)l\,\mathrm{d}x_1+\frac{1}{EI}\int_0^l F_{RC}\,x_2\,x_2\mathrm{d}x_2\\&=\frac{1}{EI}\left(\frac{4F_{RC}\,l^3}{3}-\frac{Fl^3}{2}\right)\end{aligned}$$

由式(b)得

$$F_{RC}=\frac{3}{8}F$$

刚架 A 端的约束力可由静力平衡方程求出。刚架的弯矩图如图 11-5c 所示。在画刚架的弯矩图时，约定将弯矩图画在杆件受压的一侧。如 BC 杆段的上侧受压，所以弯矩图画在上侧。

例 11-3 轴线为半圆形的等截面平面曲杆如图 11-6a 所示，其 A、B 两端均为固定铰支座，求支座的约束力。

解 A、B 两端的约束力共有 4 个。由 3 个静力平衡方程可以求得

$$F_{RA}=F_{RB}=\frac{F}{2},\quad F_{HA}=F_{HB} \tag{c}$$

曲杆为 1 次超静定结构。若将支座 B 的水平约束看作多余约束，解除后代以多余约束力 F_{HB}，则可得到图 11-6b 所示的相当系统。B 处原为固定铰支座，故其水平位移应为 0，于是得到变形协调条件为

$$\Delta_{Bx}=0 \tag{d}$$

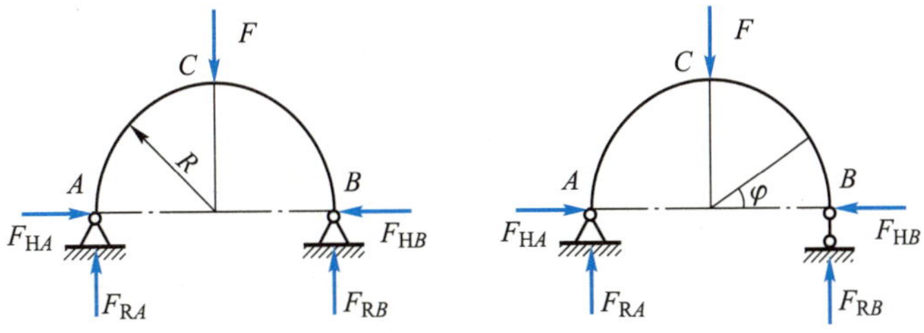

图 11-6

由图 11-6b 和式(c)可得曲杆 BC 段的弯矩及其对 F_{HB} 的偏导数为

$$M(\varphi)=F_{HB}R\sin\varphi-\frac{FR}{2}(1-\cos\varphi),\quad \frac{\partial M(\varphi)}{\partial F_{HB}}=R\sin\varphi$$

利用卡氏定理及结构的对称性，得 B 点的水平位移为

$$\begin{aligned}\Delta_{Bx}&=2\int_0^{\frac{\pi}{2}}\frac{M(\varphi)}{EI}\frac{\partial M(\varphi)}{\partial F_{HB}}R\mathrm{d}\varphi\\&=\frac{2}{EI}\int_0^{\frac{\pi}{2}}\left[F_{HB}R\sin\varphi-\frac{FR}{2}(1-\cos\varphi)\right]R\sin\varphi\cdot R\mathrm{d}\varphi\\&=\frac{1}{EI}\left(\frac{\pi F_{HB}R^3}{2}-\frac{FR^3}{2}\right)\end{aligned}$$

由式(d)可求得

$$F_{HA}=F_{HB}=\frac{F}{\pi}$$

例 11-4 图 11-7a 所示桁架承受载荷 F 作用，各杆的拉伸(压缩)刚度 EA 相同。求所有杆件的内力。

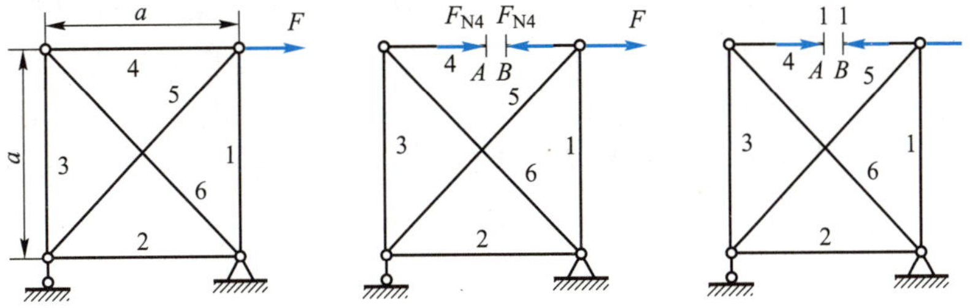

图 11-7

解 桁架的支座约束力可以由静力平衡方程求出，但各杆的轴力只用平衡方程不能求出，这是一个内力超

静定结构。结合第10章的图10－7，可以看出图11－7a所示桁架内部多一个约束杆件，为一次超静定结构。

将杆4作为多余约束，设想将其切开，切口两侧截面A、B的相互作用以轴力F_{N4}代替，得到图11－7b所示的相当系统。由于杆4实际上是连续的，因而切口两侧截面A、B的相对位移应等于零，于是得变形协调条件为

$$\Delta=0 \tag{e}$$

由图11－7b求出基本结构在载荷与多余约束力作用下的各杆轴力，列入表11－1。为计算Δ，在基本结构的截面A、B上作用一对反向单位集中力(图11－7c)，单位集中力引起的基本结构上各杆轴力也列入表11－1。应用莫尔定理得

$$\Delta=\sum\frac{F_{Ni}\bar{F}_{Ni}l_i}{EA_i}=\frac{2}{EA}(1+\sqrt{2})(2F_{N4}-F)a$$

于是，由变形协调条件式(e)可以解出

$$F_{N4}=\frac{F}{2}$$

表11－1

杆件编号	F_{Ni}	$\bar{F}_{Ni}$	l_i	实际内力
1	$F_{N4}-F$	1	a	$-F/2$
2	$F_{N4}-F$	1	a	$-F/2$
3	F_{N4}	1	a	$F/2$
4	F_{N4}	1	a	$F/2$
5	$\sqrt{2}(F-F_{N4})$	$-\sqrt{2}$	$\sqrt{2}a$	$F/\sqrt{2}$
6	$-\sqrt{2}F_{N4}$	$-\sqrt{2}$	$\sqrt{2}a$	$F/\sqrt{2}$

求出F_{N4}后，由平衡方程可求出桁架中各杆的实际内力，列于表11－1的最后一列。

11.3 力法的正则方程

在应用力法进行求解时，为使概念清楚，方程规范化，往往把建立的补充方程写成标准形式。这种具有标准形式的补充方程称为**正则方程**。下面以梁为例，说明建立力法正则方程的方法。

图11－8a为具有三支座的1次超静定梁。若将B支座看作多余约束予以解除，并将相应的多余约束力记为X_1，则可以得到图11－8b所示的相当系统。由于原结构B处有可动铰支座，故此处竖直位移为零。以Δ_{1X_1}表示基本结构在X_1单独作用下B点沿X_1方向上的位移，以Δ_{1F}表示基本结构在原有载荷作用下B点沿X_1方向上的位移。对于线弹性材料，利用叠加法得到梁的变形协调条件为

$$\Delta_1=\Delta_{1X_1}+\Delta_{1F}=0 \tag{a}$$

式中，Δ_1表示基本结构在原载荷和多余约束力X_1共同作用下，B点沿X_1方向上的位移。位移记号Δ_{1X_1}或Δ_{1F}的第一个下标表示位移发生的位置，也表示位移的方向，第二个下标则表示引起位移的广义力。

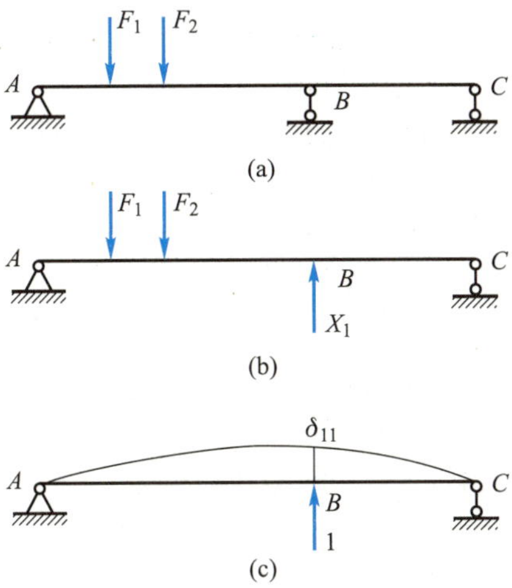

图 11-8

为计算 Δ_{1X_1}，可在基本结构上沿 X_1 方向作用一单位力，并将由此单位力引起的 B 点沿 X_1 方向的位移记作 δ_{11}(图 11-8c)。对于线弹性材料，由叠加原理可知

$$\Delta_{1X_1}=\delta_{11}X_1 \tag{b}$$

将式(b)代入式(a)，得

$$\delta_{11}X_1+\Delta_{1F}=0 \tag{11-1}$$

这就是用力法求解 1 次超静定结构的**正则方程**。求出 δ_{11} 和 Δ_{1F} 后，即可由式(11-1)解出多余约束力 X_1。

例 11-5 图 11-9a 所示圆截面直角折杆 ABC 位于水平面内，载荷 F 沿竖直方向作用于 B 点，求 C 端的约束力。

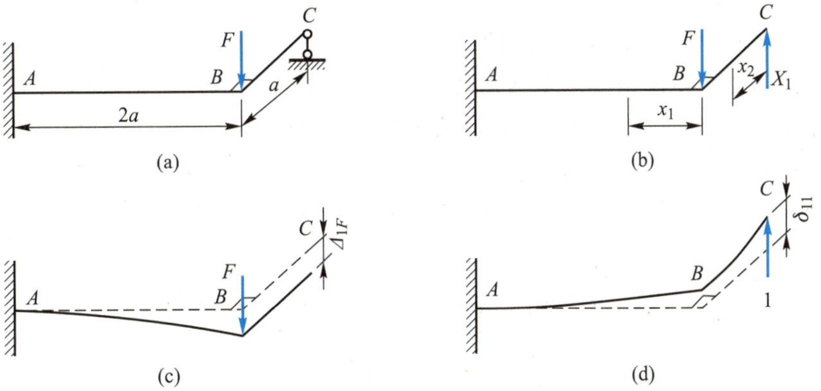

图 11-9

解 图示折杆为 1 次超静定结构。将支座 C 看作多余约束，解除后代以多余约束力 X_1，得到如图 11-9b 所示的相当系统。静定悬臂折杆 ABC 为原超静定结构的基本结构，基本结构在力 F 单独作用下(图 11-9c)，其 C 端沿 X_1 方向的位移为 Δ_{1F}，在单位力 $X_1=1$ 单独作用下(图 11-9d)，其 C 端沿 X_1 方向的位移为 δ_{11}。忽略剪力影响。基本结构当只有力 F 作用时(图 11-9c)，得到两段杆上的弯矩，AB 杆：

$$M(x_1)=-Fx_1 \quad (0\leqslant x_1\leqslant 2a)$$

CB 杆：

$$M(x_2)=0 \quad (0\leqslant x_2\leqslant a)$$

基本结构上只作用单位力 $X_1=1$ 时(图 11-9d)，AB 杆上的弯矩和扭矩同时存在，得到两段杆上的内力，AB 杆：

$$\left.\begin{aligned}\overline{M}(x_1)=x_1\\ \overline{T}(x_1)=a\end{aligned}\right\}\quad (0\leqslant x_1\leqslant 2a)$$

CB 杆：

$$\overline{M}(x_2)=x_2 \quad (0\leqslant x_2\leqslant a)$$

根据莫尔定理，有

$$\Delta_{1F}=\sum\int\frac{M(x)\,\overline{M}(x)}{EI}\mathrm{d}x=\int_0^{2a}-\frac{Fx_1\cdot x_1}{EI}\mathrm{d}x_1=-\frac{8Fa^3}{3EI}$$

$$\begin{aligned}\delta_{11}&=\sum\int\frac{\overline{M}(x)\overline{M}(x)}{EI}\mathrm{d}x+\sum\int\frac{\overline{T}(x)\overline{T}(x)}{GI_p}\mathrm{d}x\\&=\int_0^{2a}\frac{x_1^2}{EI}\mathrm{d}x_1+\int_0^{a}\frac{x_2^2}{EI}\mathrm{d}x_2+\int_0^{2a}\frac{a^2}{GI_p}\mathrm{d}x_1\\&=\frac{3a^3}{EI}+\frac{2a^3}{GI_p}\end{aligned}$$

将 Δ_{1F} 和 δ_{11} 代入式(11-1)，得

$$X_1=-\frac{\Delta_{1F}}{\delta_{11}}=\frac{8F}{3\left(3+\dfrac{2EI}{GI_p}\right)}$$

考虑到圆截面杆的极惯性矩 I_p 是形心轴惯性矩 I 的 2 倍，上式可简化为

$$X_1=\frac{8F}{3\left(3+\dfrac{E}{G}\right)}$$

对于 2 次以上的超静定结构，也可写出对应的正则方程。下面以图 11-10a 所示的 3 次超静定刚架为例说明其形式。以 B 端的约束作为多余约束，解除后用多余约束力 X_1、X_2、X_3(X_3 为一力偶)代替其作用，原结构的基本结构为图 11-10b 所示悬臂刚架，其相当系统如图 11-10c 所示。由于原结构的 B 端为固定端约束，因此其竖直位移(沿 X_1 方向)应为零。用 δ_{11}、δ_{12}、δ_{13} 分别表示当多余约束力 X_1、X_2、X_3 为单位力，且单独作用于基本结构时引起的 B 点沿 X_1 方向的位移，那么在载荷及三个多余约束力共同作用下，B 点沿 X_1 方向的位移为

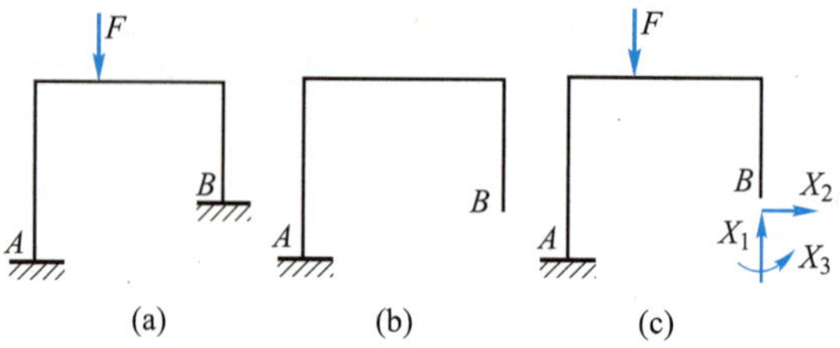

图 11-10

$$\Delta_1=\delta_{11}X_1+\delta_{12}X_2+\delta_{13}X_3+\Delta_{1F}$$

于是变形协调条件可写为

$$\delta_{11}X_1+\delta_{12}X_2+\delta_{13}X_3+\Delta_{1F}=0$$

按照与上面完全相同的过程和位移表示方法，还可写出 B 点沿 X_2 方向位移为零、沿 X_3 方向转角为零的变形协调条件。最后得到一组关于多余约束力 X_1、X_2、X_3 的非齐次线性方程组：

$$\left.\begin{aligned}\delta_{11}X_1+\delta_{12}X_2+\delta_{13}X_3+\Delta_{1F}=0\\ \delta_{21}X_1+\delta_{22}X_2+\delta_{23}X_3+\Delta_{2F}=0\\ \delta_{31}X_1+\delta_{32}X_2+\delta_{33}X_3+\Delta_{3F}=0\end{aligned}\right\}\tag{11-2}$$

上式即为3次超静定问题的**力法正则方程**。其中，$\delta_{ij}(i,j=1,2,3)$ 表示基本结构上由 X_j 方向的广义单位力引起的 X_i 处沿 X_i 方向的广义位移。由位移互等定理可知 $\delta_{ij}=\delta_{ji}(i,j=1,2,3)$。因此，正则方程(11-2)的独立系数只有6个。

根据上述原理，用力法求解 n 次超静定问题的正则方程可由式(11-2)推广得到，即

$$\left.\begin{aligned}\delta_{11}X_1+\delta_{12}X_2+\cdots+\delta_{1n}X_n+\Delta_{1F}=0\\ \delta_{21}X_1+\delta_{22}X_2+\cdots+\delta_{2n}X_n+\Delta_{2F}=0\\ \cdots\\ \delta_{n1}X_1+\delta_{n2}X_2+\cdots+\delta_{nn}X_n+\Delta_{nF}=0\end{aligned}\right\}\tag{11-3}$$

表示成矩阵形式，则为

$$\begin{bmatrix}\delta_{11}&\delta_{12}&\cdots&\delta_{1n}\\ \delta_{21}&\delta_{22}&\cdots&\delta_{2n}\\ \vdots&\vdots&\ddots&\vdots\\ \delta_{n1}&\delta_{n2}&\cdots&\delta_{nn}\end{bmatrix}\begin{Bmatrix}X_1\\ X_2\\ \vdots\\ X_n\end{Bmatrix}+\begin{Bmatrix}\Delta_{1F}\\ \Delta_{2F}\\ \vdots\\ \Delta_{nF}\end{Bmatrix}=0\tag{11-4}$$

显然，正则方程式(11-3)或式(11-4)中的系数也有 $\delta_{ij}=\delta_{ji}(i,j=1,2,3,\cdots,n)$。因此，式(11-4)中的系数矩阵是对称的。另外，根据莫尔积分可知：计算 $\delta_{ii}(i=1,2,3,\cdots)$ 的积分算式中，单位载荷引起的内力是以平方形式出现的。例如，对弯曲变形有

$$\delta_{ii}=\int_l\frac{\overline{M}_i\overline{M}_i}{EI}\mathrm{d}x=\int_l\frac{(\overline{M}_i)^2}{EI}\mathrm{d}x$$

由于被积函数是恒正的，故 δ_{ii} 总为正。

11.4 对称与反对称超静定问题分析

在工程实际中，很多超静定结构是对称的，利用结构的对称性可使超静定结构的求解大为简化。

结构的对称条件是：具有对称的形状、尺寸与约束条件，而且处在对称位置的构件具有相同的弹性常数。作用在对称结构上的载荷可能是各种各样的。如果作用在对称位置的载荷，数值相等，方位与指向均对称，称为**对称载荷**；如果作用在对称位置的载荷，数值相等、方位对称，但指向反对称，称为**反对称载荷**。对于对称结构上作用对称载荷的情况，如图11-11a所示，其对称截面 C 两侧的内力可表示成图11-11b的形式。显然，弯矩 M 和轴力 F_N 为对称内力，而剪力 F_S 为反对称内力。由于结构和载荷均对称，所以对称截面两侧的内力一定是对称的，反对称内力 F_S 等于零。对于对称结构上作用反对称载荷的情况，如图11-11c所示，其对称截面 C 两侧

的内力也可表示成图 11－11b 的形式。由于载荷是反对称的，对称截面 C 两侧的内力也一定是反对称的，故对称内力（弯矩 M 和轴力 F_N）应该为零。因此可以得出如下结论：**对称结构上受对称载荷作用时，对称截面上的反对称内力等于零；对称结构上受反对称载荷作用时，对称截面上的对称内力等于零。**

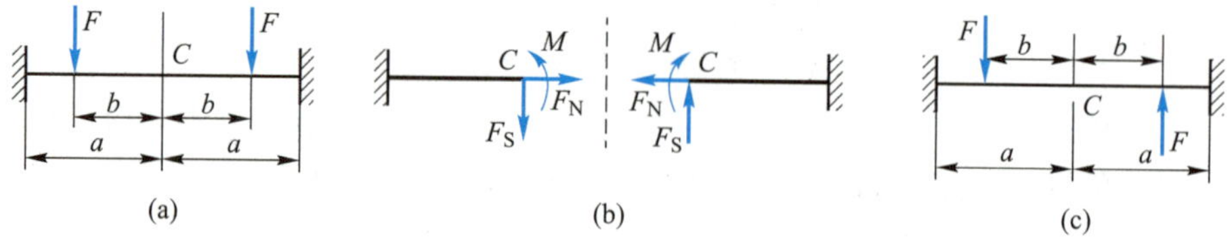

图 11－11

作用于对称结构上的一般载荷（图 11－12a），可以转化成对称载荷与反对称载荷的叠加（图 11－12b、c）。当分别求出在对称载荷与反对称载荷作用下的解后，两者叠加即为原一般载荷作用下的解。这种叠加方法往往比直接求解简便。例如图 11－12a 所示的结构若直接求解，无论怎样选择相当系统，都是 3 次超静定问题。若采用叠加方法，对于图 11－12b，解除 C 截面处的约束，利用对称性可知：C 截面上只有对称的轴力和弯矩，无反对称的剪力；对于图 11－12c，解除 C 截面处的约束，利用反对称性可知：C 截面上只有反对称的剪力，无对称的轴力和弯矩。这样，就把一个 3 次超静定问题转化为了一个 1 次超静定问题和一个 2 次超静定问题的叠加。与直接求解相比，叠加方法的计算量相对减少。对于超静定次数较高的对称结构，其优越性更为明显。

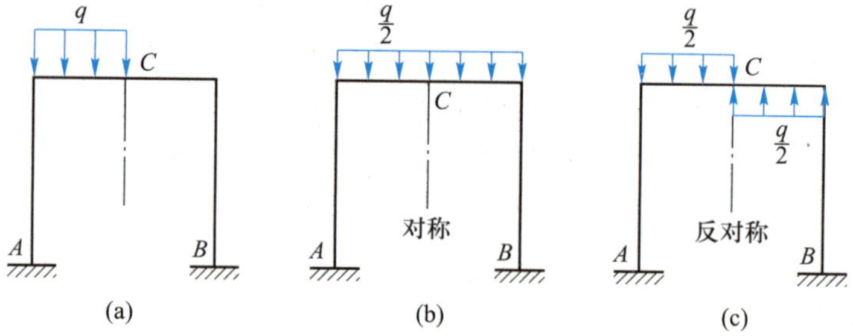

图 11－12

例 11－6 图 11－13a 所示等截面对径受拉圆环，其弯曲刚度为 EI。求在力 F 作用下，力作用点 A、B 沿 AB 连线方向的相对线位移。

解 封闭圆环为内力超静定结构，其任意截面的三个内力（轴力、剪力和弯矩）一般不能由平衡方程直接求出，故其超静定次数为 3 次。若利用对称性，可以简化求解过程。现从水平直径处把圆环截成上、下对称的两部分。由于结构和载荷的对称性，故对称截面 C、D 上的反对称剪力为零（图 11－13b）。再考虑圆环结构和载荷的左右对称性，利用平衡方程不难求出截面 C、D 的轴力 $F_N=\dfrac{F}{2}$。通过上述分析可知，圆环只有一个内力（弯矩 M）无法由静力平衡方程求出，因而圆环的超静定次数降为 1 次。将弯矩看作多余约束力，并改用 X_1 表示。根据对称性，圆环的竖直与水平直径处的四个对称截面 A、B、C、D 都不会发生转动，故可只取 1/4 圆环进行分析，相当系统如图 11－13c 所示。变形协调条件为 D 截面的转角为零，用正则方程可表示为

$$\delta_{11}X_1+\Delta_{1F}=0 \tag{c}$$

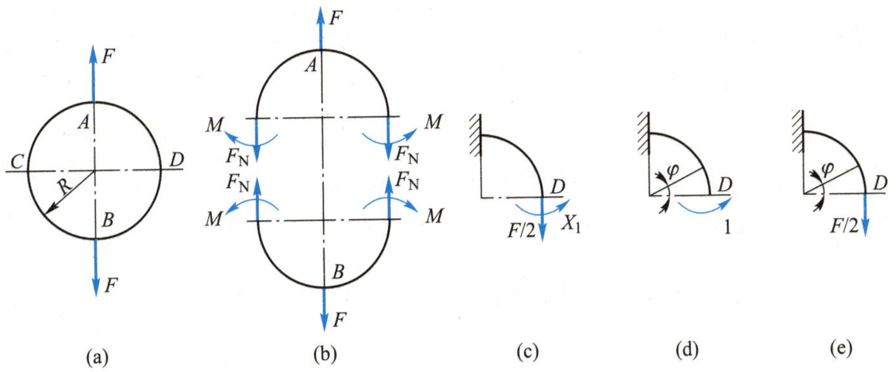

图 11-13

式中，δ_{11} 为单位力偶矩 $X_1=1$ 单独作用于 1/4 悬臂圆环(图 11-13d)引起的 D 截面沿 X_1 方向的转角；Δ_{1F} 为轴力 $\frac{F}{2}$(这里应该看作载荷)单独作用于 1/4 悬臂圆环(图 11-13e)引起的 D 截面沿 X_1 方向的转角。$\frac{F}{2}$ 和 $X_1=1$ 引起的 1/4 悬臂圆环各截面弯矩分别为

$$M=\frac{FR}{2}(1-\cos\varphi),\quad \overline{M}=-1$$

由莫尔积分可得

$$\delta_{11}=\int_0^{\frac{\pi}{2}}\frac{\overline{M}\,\overline{M}}{EI}R\,\mathrm{d}\varphi=\frac{\pi R}{2EI}$$

$$\begin{aligned}\Delta_{1F}&=\int_0^{\frac{\pi}{2}}\frac{M\overline{M}}{EI}R\,\mathrm{d}\varphi=\frac{R}{2EI}\int_0^{\frac{\pi}{2}}FR(1-\cos\varphi)(-1)\,\mathrm{d}\varphi\\&=-\left(\frac{\pi}{2}-1\right)\frac{FR^2}{2EI}\end{aligned}$$

代入式(c)，可解出

$$X_1=FR\left(\frac{1}{2}-\frac{1}{\pi}\right)$$

于是得 1/4 圆环的弯矩方程为

$$M(\varphi)=\frac{FR}{2}(1-\cos\varphi)-FR\left(\frac{1}{2}-\frac{1}{\pi}\right)=FR\left(\frac{1}{\pi}-\frac{\cos\varphi}{2}\right) \tag{d}$$

为求解在力 F 作用下作用点 A、B 的相对线位移，可令图 11-13a 中的力 F 为单位力，并利用式(d)求出单位力作用下环内的弯矩为

$$\overline{M}(\varphi)=M(\varphi)\big|_{F=1}=R\left(\frac{1}{\pi}-\frac{\cos\varphi}{2}\right)$$

于是利用莫尔积分得

$$\begin{aligned}\delta_{AB}&=4\int_0^{\frac{\pi}{2}}\frac{M(\varphi)\,\overline{M}(\varphi)}{EI}R\,\mathrm{d}\varphi=\frac{4FR^3}{EI}\int_0^{\frac{\pi}{2}}\left(\frac{1}{\pi}-\frac{\cos\varphi}{2}\right)^2\mathrm{d}\varphi\\&=\left(\frac{\pi}{4}-\frac{2}{\pi}\right)\frac{FR^3}{EI}\approx 0.149\,\frac{FR^3}{EI}\end{aligned}$$

δ_{AB} 符号为正，表明圆环的直径增大。

例 11-7 图 11-14a 所示刚架的弯曲刚度为 EI，求在集中力 F 作用下支座的约束力。

解 对于本题的对称刚架结构，如解除支座 A 或 B 的约束，将会面临求解 3 次超静定问题。但若沿 C 截面将其分为两部分，则可使问题简化。现取包含 C 截面的微段(图 11-14b)，由对称性及微段的静平衡可求得 C' 截面、C''截面的剪力都是$\dfrac{F}{2}$，而轴力 X_1、弯矩 X_2是未知的，如图 11-14c 所示，于是刚架结构被简化为 2 次超静定问题。取左半部分作为相当系统。变形协调条件分别为 C'截面的水平位移和转角为零，用正则方程表示为

$$\left.\begin{aligned}\Delta_1=\delta_{11}X_1+\delta_{12}X_2+\Delta_{1F}=0\\ \Delta_2=\delta_{21}X_1+\delta_{22}X_2+\Delta_{2F}=0\end{aligned}\right\} \tag{e}$$

式中，系数和常数项可应用莫尔积分的图乘法求得。由图 11-14d、e 和 f 分别得到

$$\Delta_{1F}=\frac{1}{EI}\left(0+\frac{Fl^2}{4}\times\frac{l}{2}\right)=\frac{Fl^3}{8EI}$$

$$\Delta_{2F}=\frac{1}{EI}\left(-\frac{Fl^2}{16}\times1-\frac{Fl^2}{4}\times1\right)=-\frac{5Fl^2}{16EI}$$

$$\delta_{11}=\frac{1}{EI}\left(0+\frac{l^2}{2}\times\frac{2l}{3}\right)=\frac{l^3}{3EI}$$

$$\delta_{12}=\delta_{21}=\frac{1}{EI}\left(0-\frac{l}{2}\times l\right)=-\frac{l^2}{2EI}$$

$$\delta_{22}=\frac{1}{EI}\left(\frac{l}{2}\times1+l\times1\right)=\frac{3l}{2EI}$$

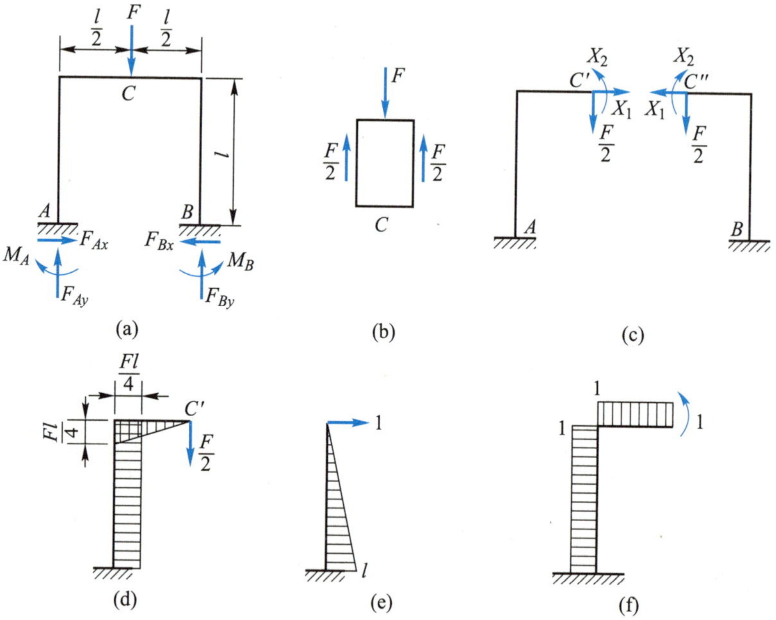

图 11-14

将以上系数代入式(e)，简化后可得

$$\left.\begin{aligned}\frac{l}{3}X_1-\frac{1}{2}X_2+\frac{Fl}{8}=0\\ l\,X_1-3\,X_2+\frac{5Fl}{8}=0\end{aligned}\right\}$$

联立解出

$$X_1=-\frac{F}{8},\quad X_2=\frac{Fl}{6}$$

X_1 为负值，表示实际轴力与图示方向相反。进一步可由平衡方程求解其他约束力分别为

$$F_{Ax}=F_{Bx}=\frac{F}{8},\quad F_{Ay}=F_{By}=\frac{F}{2},\quad M_A=M_B=\frac{Fl}{24}$$

方向如图 11-14a 所示。

例 11-8 求图 11-15a 所示刚架的支座约束力。

解 刚架 A、B 端的两个固定铰支座共有四个约束力，因而该结构属于 1 次超静定结构。由于结构对称而载荷反对称，故结构的对称截面 C 两侧的对称内力（弯矩和轴力）都为零，只有反对称的剪力不为零。于是刚架可简化为图 11-15b 所示的情况，此时可由平衡方程直接求解出刚架的未知约束力为

$$F_{Cy}=\frac{M}{a},\quad F_{Ax}=F_{Bx}=0,\quad F_{Ay}=-F_{By}=\frac{M}{a}$$

支座约束力的方向如图 11-15b 所示。

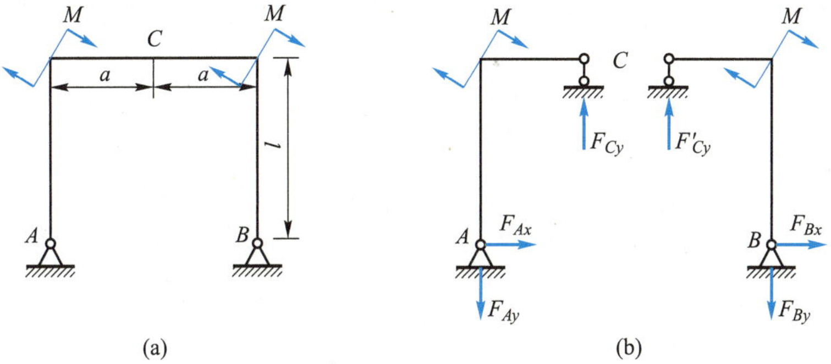

图 11-15

习题

11-1 判断图示各结构的超静定次数。

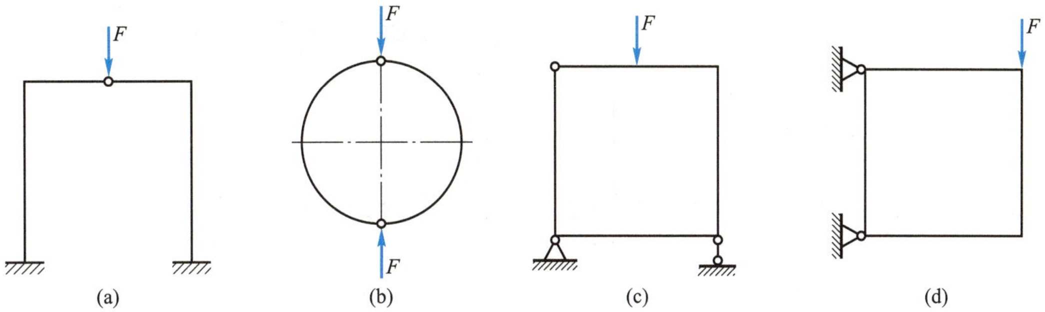

题 11-1 图

11-2 图示悬臂梁 AB 和 CD 由铰链 E 连接，它们的弹性模量均为 $E=200$ GPa。梁 AB 的惯性矩为 $I_1=20\times10^6\ \text{mm}^4$，梁 CD 的惯性矩为 $I_2=30\times10^6\ \text{mm}^4$。试求铰链 E 的约束力。

11-3 图示悬臂梁的自由端用一根拉杆加固。若拉杆横截面为直径 $d=10$ mm 的圆形，悬臂梁的截面惯性矩为 1 130 cm^4，拉杆与悬臂梁的弹性模量均为 $E=200$ GPa。试求拉杆的正应力。

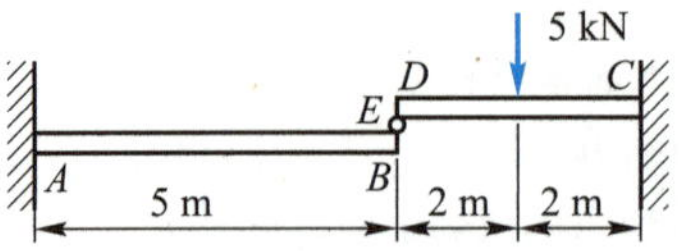

题 11 - 2 图

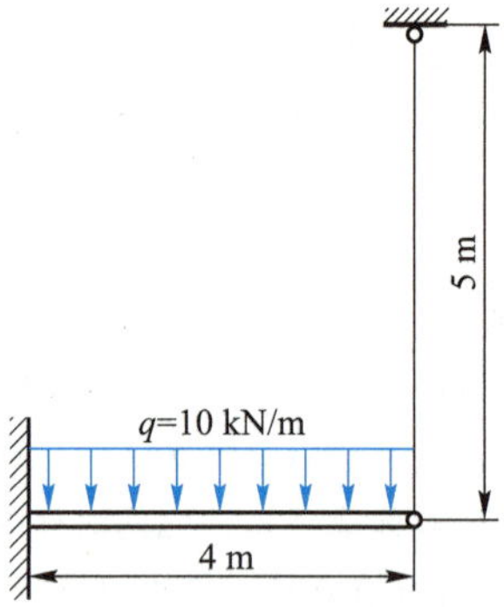

题 11 - 3 图

11 - 4 设图示刚架中各杆的弯曲刚度 EI 相同，试求刚架支座 A 和 C 处的约束力，并画出刚架的弯矩图。

11 - 5 图示圆弧形小曲率杆的弯曲刚度为 EI。试求支座约束力，并计算截面 A 的水平位移。

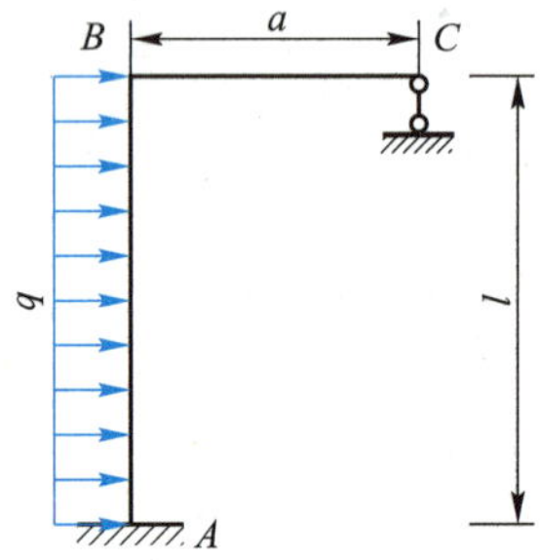

题 11 - 4 图

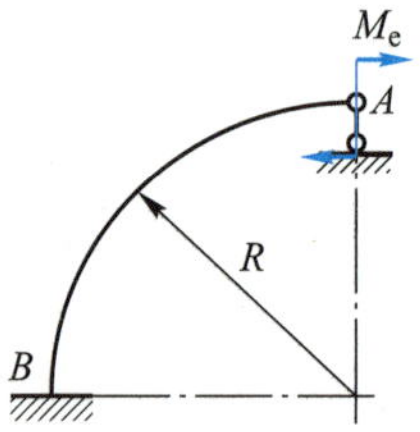

题 11 - 5 图

11 - 6 若图示桁架中各杆的拉伸(压缩)刚度相同，试求桁架各杆的内力。

11 - 7 结构刚度如图所示，试求杆 BC 的轴力。

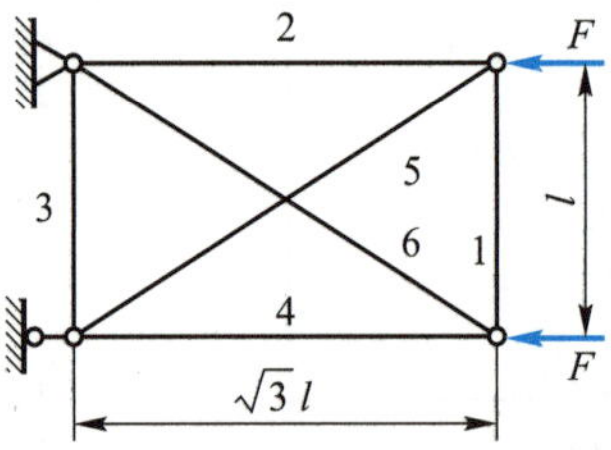

题 11 - 6 图

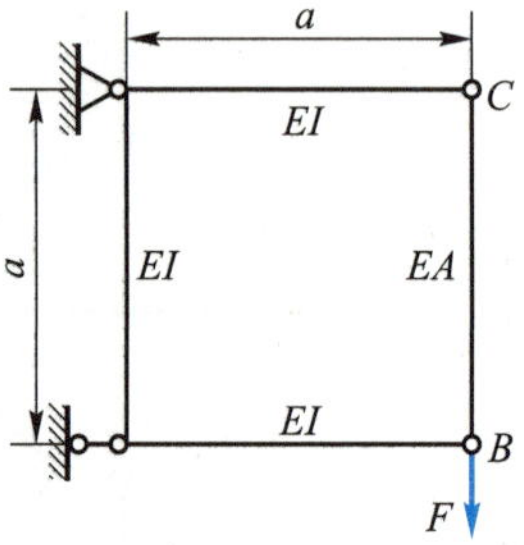

题 11 - 7 图

11 - 8 若图示超静定刚架中各杆的弯曲刚度相同，试求支座 A、B 处的约束力。

11 - 9 圆环受力如图所示，试利用结构和载荷的对称性求圆环内 A 点的弯矩。

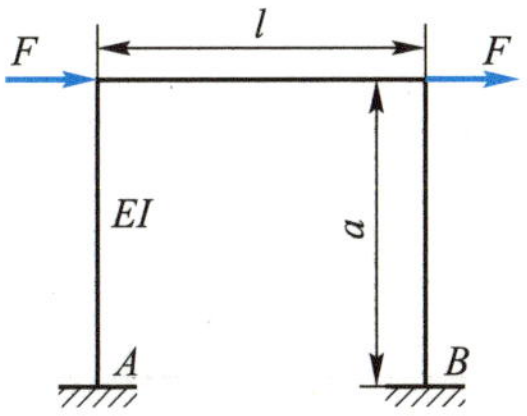

题 11－8 图

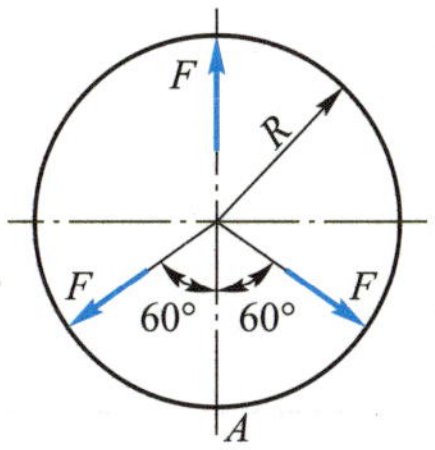

题 11－9 图

11－10 封闭刚架受力如图所示。试计算截面 A、B 沿 AB 连线方向的相对线位移。

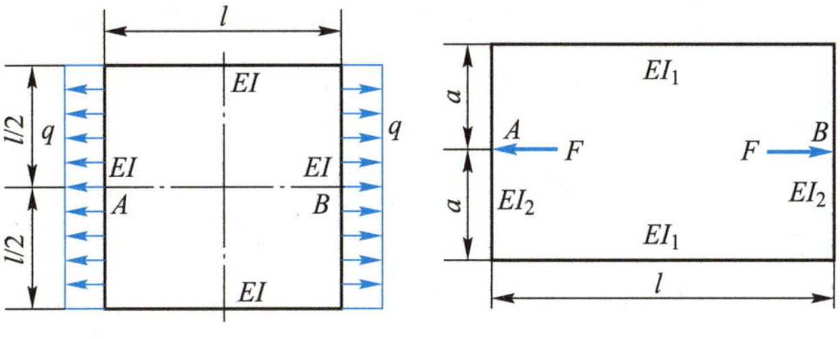

(a) (b)

题 11－10 图

11－11 图示折杆横截面为圆形，直径 $d=20\ \text{mm}$，$l=1\ \text{m}$，$a=0.2\ \text{m}$。$F=650\ \text{N}$，$E=200\ \text{GPa}$，$\mu=0.25$。试求力 F 作用点的竖直位移。

11－12 图示桁架，承受载荷 $F=80\ \text{kN}$ 作用，各杆的拉伸（压缩）刚度均为 EA。试求杆 BC 的角位移。

11－13 图示圆环形曲杆横截面为圆形，其弯曲刚度 EI 为常量。试计算截面 A、B 沿 AB 连线方向的相对线位移。

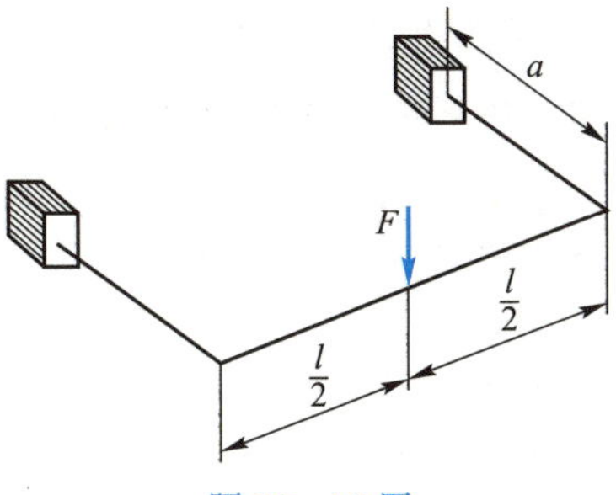

题 11－11 图

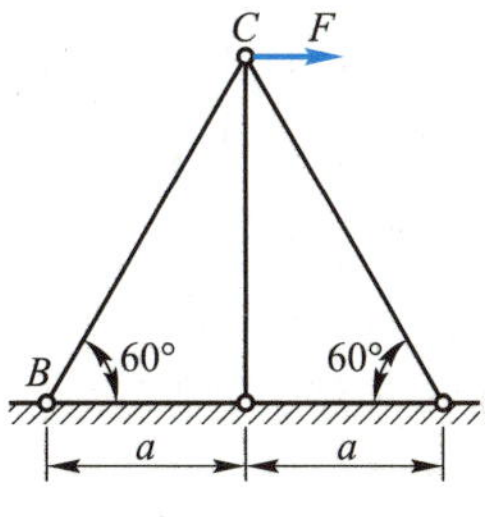

题 11－12 图

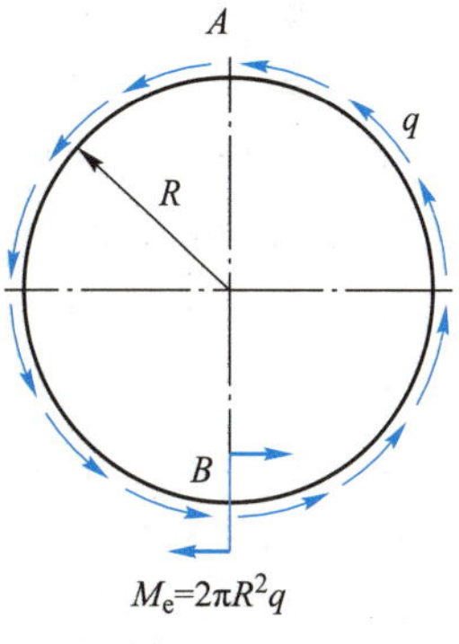

题 11－13 图

11－1
第 11 章
习题答案

参考文献

[1] 李俊峰.理论力学[M].3版.北京:清华大学出版社,2021.

[2] 哈尔滨工业大学理论力学教研室.理论力学:Ⅰ,Ⅱ[M].9版.北京:高等教育出版社,2023.

[3] 孙毅,程燕平,张莉.理论力学习题全解:配哈工大版《理论力学》(第9版)[M].北京:高等教育出版社,2023.

[4] 陈建平,范钦珊.理论力学[M].3版.北京:高等教育出版社,2018.

[5] 李鸿,夏培秀,郭晶.理论力学[M].哈尔滨:哈尔滨工程大学出版社,2021.

[6] 盖尔,古德诺.材料力学[M].王一军,译.北京:机械工业出版社,2016.

[7] 欧贵宝,朱加铭.材料力学[M].哈尔滨:哈尔滨工程大学出版社,1992.

[8] 单辉祖.材料力学:Ⅰ,Ⅱ[M].4版.北京:高等教育出版社,2016.

[9] 孙训方,方孝淑,关来泰.材料力学:Ⅰ,Ⅱ[M].6版.北京:高等教育出版社,2019.

[10] 刘鸿文.材料力学:Ⅰ,Ⅱ[M].6版.北京:高等教育出版社,2017.

[11] 苟文选.材料力学[M].北京:科学出版社,2018.

[12] 胡益平.创新基础力学:材料力学卷[M].成都:四川大学出版社,2016.

[13] 杨在林.材料力学[M].哈尔滨:哈尔滨工业大学出版社,2016.

[14] 杨在林.工程力学[M].哈尔滨:哈尔滨工程大学出版社,2010.

[15] 齐汝藩.工程力学[M].哈尔滨:哈尔滨工程大学出版社,2002.

[16] 张正国.静力学及材料力学[M].哈尔滨:哈尔滨船舶工程学院出版社,1991.

[17] CALLISTER W. D., RETHWISH D. G. Materials Science and Engineering An Introduction[M].10th ed.[s.l.]:Wiley,2018.

[18] 刘智恩.材料科学基础[M].西安:西安工业大学出版社,2019.

[19] 余永宁.材料科学基础[M].北京:高等教育出版社,2012.

[20] 张联盟.材料科学基础[M].武汉:武汉理工大学出版社,2008.

[21] 谢希文.材料科学基础[M].北京:北京航空航天大学出版社,2005.

[22] 郑子樵.材料科学基础[M].长沙:中南大学出版社,2013.

[23] 张晓燕.材料科学基础[M].北京:北京大学出版社,2014.

[24] 吴梵,朱锡,梅志远,等.船舶结构力学[M].北京:国防工业出版社,2016.

附录　型钢表

附表 1　热轧等边角钢(GB/T 706—2016)

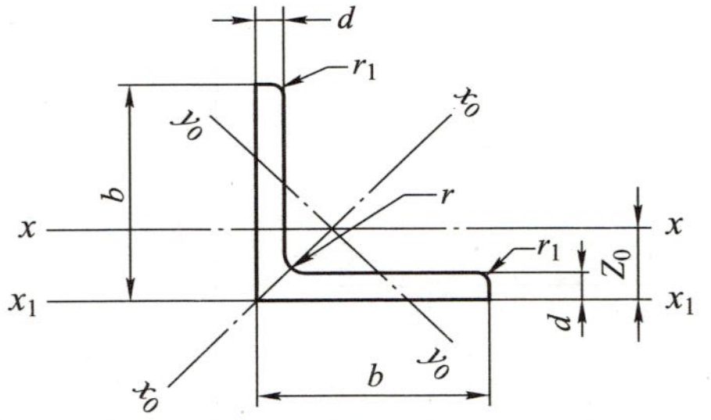

符号意义：

b——边宽度；

d——边厚度；

r——内圆弧半径；

r_1——边端圆弧半径；

Z_0——重心距离。

型号	截面尺寸/mm			截面面积/cm²	理论重量/(kg/m)	外表面积/(m²/m)	惯性矩/cm⁴				惯性半径/cm			截面模数①/cm³			重心距离/cm
	b	d	r				I_x	I_{x1}	I_{x0}	I_{y0}	i_x	i_{x0}	i_{y0}	W_x	W_{x0}	W_{y0}	Z_0
2	20	3	3.5	1.132	0.89	0.078	0.40	0.81	0.63	0.17	0.59	0.75	0.39	0.29	0.45	0.20	0.60
		4		1.459	1.15	0.077	0.50	1.09	0.78	0.22	0.58	0.73	0.38	0.36	0.55	0.24	0.64
2.5	25	3		1.432	1.12	0.098	0.82	1.57	1.29	0.34	0.76	0.95	0.49	0.46	0.73	0.33	0.73
		4		1.859	1.46	0.097	1.03	2.11	1.62	0.43	0.74	0.93	0.48	0.59	0.92	0.40	0.76
3.0	30	3	4.5	1.749	1.37	0.117	1.46	2.71	2.31	0.61	0.91	1.15	0.59	0.68	1.09	0.51	0.85
		4		2.276	1.79	0.117	1.84	3.63	2.92	0.77	0.90	1.13	0.58	0.87	1.37	0.62	0.89
3.6	36	3		2.109	1.66	0.141	2.58	4.68	4.09	1.07	1.11	1.39	0.71	0.99	1.61	0.76	1.00
		4		2.756	2.16	0.141	3.29	6.25	5.22	1.37	1.09	1.38	0.70	1.28	2.05	0.93	1.04
		5		3.382	2.65	0.141	3.95	7.84	6.24	1.65	1.08	1.36	0.7	1.56	2.45	1.00	1.07

① 本书称为弯曲截面系数。

续表

型号	截面尺寸/mm			截面面积/cm^2	理论重量/(kg/m)	外表面积/(m^2/m)	惯性矩/cm^4				惯性半径/cm			截面模数/cm^3			重心距离/cm
	b	d	r				I_x	I_{x1}	I_{x0}	I_{y0}	i_x	i_{x0}	i_{y0}	W_x	W_{x0}	W_{y0}	Z_0
4	40	3	5	2.359	1.85	0.157	3.59	6.41	5.69	1.49	1.23	1.55	0.79	1.23	2.01	0.96	1.09
		4		3.086	2.42	0.157	4.60	8.56	7.29	1.91	1.22	1.54	0.79	1.60	2.58	1.19	1.13
		5		3.792	2.98	0.156	5.53	10.7	8.76	2.30	1.21	1.52	0.78	1.96	3.10	1.39	1.17
4.5	45	3		2.659	2.09	0.177	5.17	9.12	8.20	2.14	1.40	1.76	0.89	1.58	2.58	1.24	1.22
		4		3.486	2.74	0.177	6.65	12.2	10.6	2.75	1.38	1.74	0.89	2.05	3.32	1.54	1.26
		5		4.292	3.37	0.176	8.04	15.2	12.7	3.33	1.37	1.72	0.88	2.51	4.00	1.81	1.30
		6		5.077	3.99	0.176	9.33	18.4	14.8	3.89	1.36	1.70	0.80	2.95	4.64	2.06	1.33
5	50	3	5.5	2.971	2.33	0.197	7.18	12.5	11.4	2.98	1.55	1.96	1.00	1.96	3.22	1.57	1.34
		4		3.897	3.06	0.197	9.26	16.7	14.7	3.82	1.54	1.94	0.99	2.56	4.16	1.96	1.38
		5		4.803	3.77	0.196	11.2	20.9	17.8	4.64	1.53	1.92	0.98	3.13	5.03	2.31	1.42
		6		5.688	4.46	0.196	13.1	25.1	20.7	5.42	1.52	1.91	0.98	3.68	5.85	2.63	1.46
5.6	56	3	6	3.343	2.62	0.221	10.2	17.6	16.1	4.24	1.75	2.20	1.13	2.48	4.08	2.02	1.48
		4		4.39	3.45	0.220	13.2	23.4	20.9	5.46	1.73	2.18	1.11	3.24	5.28	2.52	1.53
		5		5.415	4.25	0.220	16.0	29.3	25.4	6.61	1.72	2.17	1.10	3.97	6.42	2.98	1.57
		6		6.42	5.04	0.220	18.7	35.3	29.7	7.73	1.71	2.15	1.10	4.68	7.49	3.40	1.61
		7		7.404	5.81	0.219	21.2	41.2	33.6	8.82	1.69	2.13	1.09	5.36	8.49	3.80	1.64
		8		8.367	6.57	0.219	23.6	47.2	37.4	9.89	1.68	2.11	1.09	6.03	9.44	4.16	1.68
6	60	5	6.5	5.829	4.58	0.236	19.9	36.1	31.6	8.21	1.85	2.33	1.19	4.59	7.44	3.48	1.67
		6		6.914	5.43	0.235	23.4	43.3	36.9	9.60	1.83	2.31	1.18	5.41	8.70	3.98	1.70
		7		7.977	6.26	0.235	26.4	50.7	41.9	11.0	1.82	2.29	1.17	6.21	9.88	4.45	1.74
		8		9.02	7.08	0.235	29.5	58.0	46.7	12.3	1.81	2.27	1.17	6.98	11.0	4.88	1.78

续表

型号	截面尺寸/mm			截面面积/cm²	理论重量/(kg/m)	外表面积/(m²/m)	惯性矩/cm⁴				惯性半径/cm			截面模数/cm³			重心距离/cm
	b	d	r				I_x	I_{x1}	I_{x0}	I_{y0}	i_x	i_{x0}	i_{y0}	W_x	W_{x0}	W_{y0}	Z_0
6.3	63	4	7	4.978	3.91	0.248	19.0	33.4	30.2	7.89	1.96	2.46	1.26	4.13	6.78	3.29	1.70
		5		6.143	4.82	0.248	23.2	41.7	36.8	9.57	1.94	2.45	1.25	5.08	8.25	3.90	1.74
		6		7.288	5.72	0.247	27.1	50.1	43.0	11.2	1.93	2.43	1.24	6.00	9.66	4.46	1.78
		7		8.412	6.60	0.247	30.9	58.6	49.0	12.8	1.92	2.41	1.23	6.88	11.0	4.98	1.82
		8		9.515	7.47	0.247	34.5	67.1	54.6	14.3	1.90	2.40	1.23	7.75	12.3	5.47	1.85
		10		11.66	9.15	0.246	41.1	84.3	64.9	17.3	1.88	2.36	1.22	9.39	14.6	6.36	1.93
7	70	4	8	5.570	4.37	0.275	26.4	45.7	41.8	11.0	2.18	2.74	1.40	5.14	8.44	4.17	1.86
		5		6.876	5.40	0.275	32.2	57.2	51.1	13.3	2.16	2.73	1.39	6.32	10.3	4.95	1.91
		6		8.160	6.41	0.275	37.8	68.7	59.9	15.6	2.15	2.71	1.38	7.48	12.1	5.67	1.95
		7		9.424	7.40	0.275	43.1	80.3	68.4	17.8	2.14	2.69	1.38	8.59	13.8	6.34	1.99
		8		10.67	8.37	0.274	48.2	91.9	76.4	20.0	2.12	2.68	1.37	9.68	15.4	6.98	2.03
7.5	75	5	9	7.412	5.82	0.295	40.0	70.6	63.3	16.6	2.33	2.92	1.50	7.32	11.9	5.77	2.04
		6		8.797	6.91	0.294	47.0	84.6	74.4	19.5	2.31	2.90	1.49	8.64	14.0	6.67	2.07
		7		10.16	7.98	0.294	53.6	98.7	85.0	22.2	2.30	2.89	1.48	9.93	16.0	7.44	2.11
		8		11.50	9.03	0.294	60.0	113	95.1	24.9	2.28	2.88	1.47	11.2	17.9	8.19	2.15
		9		12.83	10.1	0.294	66.1	127	105	27.5	2.27	2.86	1.46	12.4	19.8	8.89	2.18
		10		14.13	11.1	0.293	72.0	142	114	30.1	2.26	2.84	1.46	13.6	21.5	9.56	2.22
8	80	5		7.912	6.21	0.315	48.8	85.4	77.3	20.3	2.48	3.13	1.60	8.34	13.7	6.66	2.15
		6		9.397	7.38	0.314	57.4	103	91.0	23.7	2.47	3.11	1.59	9.87	16.1	7.65	2.19
		7		10.86	8.53	0.314	65.6	120	104	27.1	2.46	3.10	1.58	11.4	18.4	8.58	2.23
		8		12.30	9.66	0.314	73.5	137	117	30.4	2.44	3.08	1.57	12.8	20.6	9.46	2.27
		9		13.73	10.8	0.314	81.1	154	129	33.6	2.43	3.06	1.56	14.3	22.7	10.3	2.31
		10		15.13	11.9	0.313	88.4	172	140	36.8	2.42	3.04	1.56	15.6	24.8	11.1	2.35

续表

型号	截面尺寸/mm			截面面积/cm^2	理论重量/(kg/m)	外表面积/(m^2/m)	惯性矩/cm^4				惯性半径/cm			截面模数/cm^3			重心距离/cm
	b	d	r				I_x	I_{x1}	I_{x0}	I_{y0}	i_x	i_{x0}	i_{y0}	W_x	W_{x0}	W_{y0}	Z_0
9	90	6	10	10.64	8.35	0.354	82.8	146	131	34.3	2.79	3.51	1.80	12.6	20.6	9.95	2.44
		7		12.30	9.66	0.354	94.8	170	150	39.2	2.78	3.50	1.78	14.5	23.6	11.2	2.48
		8		13.94	10.9	0.353	106	195	169	44.0	2.76	3.48	1.78	16.4	26.6	12.4	2.52
		9		15.57	12.2	0.353	118	219	187	48.7	2.75	3.46	1.77	18.3	29.4	13.5	2.56
		10		17.17	13.5	0.353	129	244	204	53.3	2.74	3.45	1.76	20.1	32.0	14.5	2.59
		12		20.31	15.9	0.352	149	294	236	62.2	2.71	3.41	1.75	23.6	37.1	16.5	2.67
10	100	6	12	11.93	9.37	0.393	115	200	182	47.9	3.10	3.90	2.00	15.7	25.7	12.7	2.67
		7		13.80	10.8	0.393	132	234	209	54.7	3.09	3.89	1.99	18.1	29.6	14.3	2.71
		8		15.64	12.3	0.393	148	267	235	61.4	3.08	3.88	1.98	20.5	33.2	15.8	2.76
		9		17.46	13.7	0.392	164	300	260	68.0	3.07	3.86	1.97	22.8	36.8	17.2	2.80
		10		19.26	15.1	0.392	180	334	285	74.4	3.05	3.84	1.96	25.1	40.3	18.5	2.84
		12		22.80	17.9	0.391	209	402	331	86.8	3.03	3.81	1.95	29.5	46.8	21.1	2.91
		14		26.26	20.6	0.391	237	471	374	99.0	3.00	3.77	1.94	33.7	52.9	23.4	2.99
		16		29.63	23.3	0.390	263	540	414	111	2.98	3.74	1.94	37.8	58.6	25.6	3.06
11	110	7	12	15.20	11.9	0.433	177	311	281	73.4	3.41	4.30	2.20	22.1	36.1	17.5	2.96
		8		17.24	13.5	0.433	199	355	316	82.4	3.40	4.28	2.19	25.0	40.7	19.4	3.01
		10		21.26	16.7	0.432	242	445	384	100	3.38	4.25	2.17	30.6	49.4	22.9	3.09
		12		25.20	19.8	0.431	283	535	448	117	3.35	4.22	2.15	36.1	57.6	26.2	3.16
		14		29.06	22.8	0.431	321	625	508	133	3.32	4.18	2.14	41.3	65.3	29.1	3.24

续表

型号	截面尺寸/mm			截面面积/cm²	理论重量/(kg/m)	外表面积/(m²/m)	惯性矩/cm⁴				惯性半径/cm			截面模数/cm³			重心距离/cm
	b	d	r				I_x	I_{x1}	I_{x0}	I_{y0}	i_x	i_{x0}	i_{y0}	W_x	W_{x0}	W_{y0}	Z_0
12.5	125	8	14	19.75	15.5	0.492	297	521	471	123	3.88	4.88	2.50	32.5	53.3	25.9	3.37
		10		24.37	19.1	0.491	362	652	574	149	3.85	4.85	2.48	40.0	64.9	30.6	3.45
		12		28.91	22.7	0.491	423	783	671	175	3.83	4.82	2.46	41.2	76.0	35.0	3.53
		14		33.37	26.2	0.490	482	916	764	200	3.80	4.78	2.45	54.2	86.4	39.1	3.61
		16		37.74	29.6	0.489	537	1 050	851	224	3.77	4.75	2.43	60.9	96.3	43.0	3.68
14	140	10		27.37	21.5	0.551	515	915	817	212	4.34	5.46	2.78	50.6	82.6	39.2	3.82
		12		32.51	25.5	0.551	604	1 100	959	249	4.31	5.43	2.76	59.8	96.9	45.0	3.90
		14		37.57	29.5	0.550	689	1 280	1 090	284	4.28	5.40	2.75	68.8	110	50.5	3.98
		16		42.54	33.4	0.549	770	1 470	1 220	319	4.26	5.36	2.74	77.5	123	55.6	4.06
15	150	8		23.75	18.6	0.592	521	900	827	215	4.69	5.90	3.01	47.4	78.0	38.1	3.99
		10		29.37	23.1	0.591	638	1 130	1 010	262	4.66	5.87	2.99	58.4	95.5	45.5	4.08
		12		34.91	27.4	0.591	749	1 350	1 190	308	4.63	5.84	2.97	69.0	112	52.4	4.15
		14		40.37	31.7	0.590	856	1 580	1 360	352	4.60	5.80	2.95	79.5	128	58.8	4.23
		15		43.06	33.8	0.590	907	1 690	1 440	374	4.59	5.78	2.95	84.6	136	61.9	4.27
		16		45.74	35.9	0.589	958	1 810	1 520	395	4.58	5.77	2.94	89.6	143	64.9	4.31
16	160	10	16	31.50	24.7	0.630	780	1 370	1 240	322	4.98	6.27	3.20	66.7	109	52.8	4.31
		12		37.44	29.4	0.630	917	1 640	1 460	377	4.95	6.24	3.18	79.0	129	60.7	4.39
		14		43.30	34.0	0.629	1 050	1 910	1 670	432	4.92	6.20	3.16	91.0	147	68.2	4.47
		16		49.07	38.5	0.629	1 180	2 190	1 870	485	4.89	6.17	3.14	103	165	75.3	4.55
18	180	12		42.24	33.2	0.710	1 320	2 330	2 100	543	5.59	7.05	3.58	101	165	78.4	4.89
		14		48.90	38.4	0.709	1 510	2 720	2 410	622	5.56	7.02	3.56	116	189	88.4	4.97
		16		55.47	43.5	0.709	1 700	3 120	2 700	699	5.54	6.98	3.55	131	212	97.8	5.05
		18		61.96	48.6	0.708	1 880	3 500	2 990	762	5.50	6.94	3.51	146	235	105	5.13

续表

型号	截面尺寸/mm			截面面积/cm²	理论重量/(kg/m)	外表面积/(m²/m)	惯性矩/cm⁴				惯性半径/cm			截面模数/cm³			重心距离/cm
	b	d	r				I_x	I_{x1}	I_{x0}	I_{y0}	i_x	i_{x0}	i_{y0}	W_x	W_{x0}	W_{y0}	Z_0
20	200	14	18	54.64	42.9	0.788	2 100	3 730	3 340	864	6.20	7.82	3.98	145	236	112	5.46
		16		62.01	48.7	0.788	2 370	4 270	3 760	971	6.18	7.79	3.96	164	266	124	5.54
		18		69.30	54.4	0.787	2 620	4 810	4 160	1 080	6.15	7.75	3.94	182	294	136	5.62
		20		76.51	60.1	0.787	2 870	5 350	4 550	1 180	6.12	7.72	3.93	200	322	147	5.69
		24		90.66	71.2	0.785	3 340	6 460	5 290	1 380	6.07	7.64	3.90	236	374	167	5.87
22	220	16	21	68.67	53.9	0.866	3 190	5 680	5 060	1 310	6.81	8.59	4.37	200	326	154	6.03
		18		76.75	60.3	0.866	3 540	6 400	5 620	1 450	6.79	8.55	4.35	223	361	168	6.11
		20		84.76	66.5	0.865	3 870	7 110	6 150	1 590	6.76	8.52	4.34	245	395	182	6.18
		22		92.68	72.8	0.865	4 200	7 830	6 670	1 730	6.73	8.48	4.32	267	429	195	6.26
		24		100.5	78.9	0.864	4 520	8 550	7 170	1 870	6.71	8.45	4.31	289	461	208	6.33
		26		108.3	85.0	0.864	4 830	9 280	7 690	2 000	6.68	8.41	4.30	310	492	221	6.41
25	250	18	24	87.84	69.0	0.985	5 270	9 380	8 370	2 170	7.75	9.76	4.97	290	473	224	6.84
		20		97.05	76.2	0.984	5 780	10 400	9 180	2 380	7.72	9.73	4.95	320	519	243	6.92
		22		106.2	83.3	0.983	6 280	11 500	9 970	2 580	7.69	9.69	4.93	349	564	261	7.00
		24		115.2	90.4	0.983	6 770	12 500	10 700	2 790	7.67	9.66	4.92	378	608	278	7.07
		26		124.2	97.5	0.982	7 240	13 600	11 500	2 980	7.64	9.62	4.90	406	650	295	7.15
		28		133.0	104	0.982	7 700	14 600	12 200	3 180	7.61	9.58	4.89	433	691	311	7.22
		30		141.8	111	0.981	8 160	15 700	12 900	3 380	7.58	9.55	4.88	461	731	327	7.30
		32		150.5	118	0.981	8 600	16 800	13 600	3 570	7.56	9.51	4.87	488	770	342	7.37
		35		163.4	128	0.980	9 240	18 400	14 600	3 850	7.52	9.46	4.86	527	827	364	7.48

注：截面图中的 $r_1=1/3d$ 及表中 r 的数据用于孔型设计，不做交货条件。

附表 2 热轧不等边角钢(GB/T 706—2016)

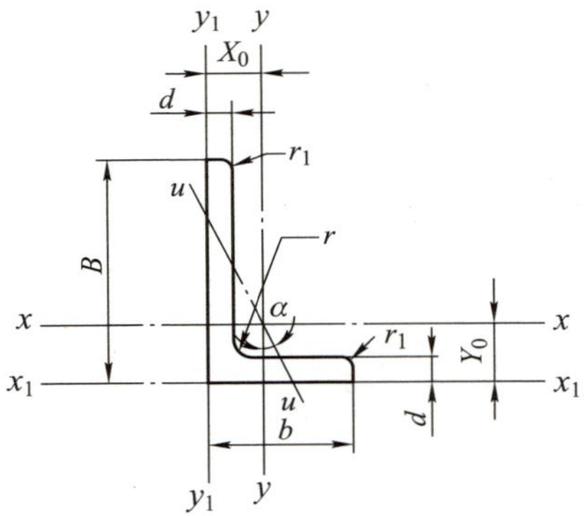

符号意义：

B——长边宽度；

b——短边宽度；

d——边厚度；

r——内圆弧半径；

r_1——边端圆弧半径；

X_0——重心距离；

Y_0——重心距离。

型号	截面尺寸/mm				截面面积/cm²	理论重量/(kg/m)	外表面积/(m²/m)	惯性矩/cm⁴					惯性半径/cm			截面模数/cm³			tan α	重心距离/cm	
	B	b	d	r				I_x	I_{x1}	I_y	I_{y1}	I_u	i_x	i_y	i_u	W_x	W_y	W_u		X_0	Y_0
2.5/1.6	25	16	3	3.5	1.162	0.91	0.080	0.70	1.56	0.22	0.43	0.14	0.78	0.44	0.34	0.43	0.19	0.16	0.392	0.42	0.86
			4		1.499	1.18	0.079	0.88	2.09	0.27	0.59	0.17	0.77	0.43	0.34	0.55	0.24	0.20	0.381	0.46	0.90
3.2/2	32	20	3		1.492	1.17	0.102	1.53	3.27	0.46	0.82	0.28	1.01	0.55	0.43	0.72	0.30	0.25	0.382	0.49	1.08
			4		1.939	1.52	0.101	1.93	4.37	0.57	1.12	0.35	1.00	0.54	0.42	0.93	0.39	0.32	0.374	0.53	1.12
4/2.5	40	25	3	4	1.890	1.48	0.127	3.08	5.39	0.93	1.59	0.56	1.28	0.70	0.54	1.15	0.49	0.40	0.385	0.59	1.32
			4		2.467	1.94	0.127	3.93	8.53	1.18	2.14	0.71	1.36	0.69	0.54	1.49	0.63	0.52	0.381	0.63	1.37
4.5/2.8	45	28	3	5	2.149	1.69	0.143	4.45	9.10	1.34	2.23	0.80	1.44	0.79	0.61	1.47	0.62	0.51	0.383	0.64	1.47
			4		2.806	2.20	0.143	5.69	12.1	1.70	3.00	1.02	1.42	0.78	0.60	1.91	0.80	0.66	0.380	0.68	1.51
5/3.2	50	32	3	5.5	2.431	1.91	0.161	6.24	12.5	2.02	3.31	1.20	1.60	0.91	0.70	1.84	0.82	0.68	0.404	0.73	1.60
			4		3.177	2.49	0.160	8.02	16.7	2.58	4.45	1.53	1.59	0.90	0.69	2.39	1.06	0.87	0.402	0.77	1.65
5.6/3.6	56	36	3	6	2.743	2.15	0.181	8.88	17.5	2.92	4.7	1.73	1.80	1.03	0.79	2.32	1.05	0.87	0.408	0.80	1.78
			4		3.590	2.82	0.180	11.5	23.4	3.76	6.33	2.23	1.79	1.02	0.79	3.03	1.37	1.13	0.408	0.85	1.82
			5		4.415	3.47	0.180	13.9	29.3	4.49	7.94	2.67	1.77	1.01	0.78	3.71	1.65	1.36	0.404	0.88	1.87

续表

型号	截面尺寸/mm				截面面积/cm²	理论重量/(kg/m)	外表面积/(m²/m)	惯性矩/cm⁴					惯性半径/cm			截面模数/cm³			tan α	重心距离/cm	
	B	b	d	r				I_x	I_{x1}	I_y	I_{y1}	I_u	i_x	i_y	i_u	W_x	W_y	W_u		X_0	Y_0
6.3/4	63	40	4	7	4.058	3.19	0.202	16.5	33.3	5.23	8.63	3.12	2.02	1.14	0.88	3.87	1.70	1.40	0.398	0.92	2.04
			5		4.993	3.92	0.202	20.0	41.6	6.31	10.9	3.76	2.00	1.12	0.87	4.74	2.07	1.71	0.396	0.95	2.08
			6		5.908	4.64	0.201	23.4	50.0	7.29	13.1	4.34	1.96	1.11	0.86	5.59	2.43	1.99	0.393	0.99	2.12
			7		6.802	5.34	0.201	26.5	58.1	8.24	15.5	4.97	1.98	1.10	0.86	6.40	2.78	2.29	0.389	1.03	2.15
7/4.5	70	45	4	7.5	4.553	3.57	0.226	23.2	45.9	7.55	12.3	4.40	2.26	1.29	0.98	4.86	2.17	1.77	0.410	1.02	2.24
			5		5.609	4.40	0.225	28.0	57.1	9.13	15.4	5.40	2.23	1.28	0.98	5.92	2.65	2.19	0.407	1.06	2.28
			6		6.644	5.22	0.225	32.5	68.4	10.6	18.6	6.35	2.21	1.26	0.98	6.95	3.12	2.59	0.404	1.09	2.32
			7		7.658	6.01	0.225	37.2	80.0	12.0	21.8	7.16	2.20	1.25	0.97	8.03	3.57	2.94	0.402	1.13	2.36
7.5/5	75	50	5	8	6.126	4.81	0.245	34.9	70.0	12.6	21.0	7.41	2.39	1.44	1.10	6.83	3.3	2.74	0.435	1.17	2.40
			6		7.260	5.70	0.245	41.1	84.3	14.7	25.4	8.54	2.38	1.42	1.08	8.12	3.88	3.19	0.435	1.21	2.44
			8		9.467	7.43	0.244	52.4	113	18.5	34.2	10.9	2.35	1.40	1.07	10.5	4.99	4.10	0.429	1.29	2.52
			10		11.59	9.10	0.244	62.7	141	22.0	43.4	13.1	2.33	1.38	1.06	12.8	6.04	4.99	0.423	1.36	2.60
8/5	80	50	5		6.376	5.00	0.255	42.0	85.2	12.8	21.1	7.66	2.56	1.42	1.10	7.78	3.32	2.74	0.388	1.14	2.60
			6		7.560	5.93	0.255	49.5	103	15.0	25.4	8.85	2.56	1.41	1.08	9.25	3.91	3.20	0.387	1.18	2.65
			7		8.724	6.85	0.255	56.2	119	17.0	29.8	10.2	2.54	1.39	1.08	10.6	4.48	3.70	0.384	1.21	2.69
			8		9.867	7.75	0.254	62.8	136	18.9	34.3	11.4	2.52	1.38	1.07	11.9	5.03	4.16	0.381	1.25	2.73
9/5.6	90	56	5	9	7.212	5.66	0.287	60.5	121	18.3	29.5	11.0	2.90	1.59	1.23	9.92	4.21	3.49	0.385	1.25	2.91
			6		8.557	6.72	0.286	71.0	146	21.4	35.6	12.9	2.88	1.58	1.23	11.7	4.96	4.13	0.384	1.29	2.95
			7		9.881	7.76	0.286	81.0	170	24.4	41.7	14.7	2.86	1.57	1.22	13.5	5.70	4.72	0.382	1.33	3.00
			8		11.18	8.78	0.286	91.0	194	27.2	47.9	16.3	2.85	1.56	1.21	15.3	6.41	5.29	0.380	1.36	3.04
10/6.3	100	63	6	10	9.618	7.55	0.320	99.1	200	30.9	50.5	18.4	3.21	1.79	1.38	14.6	6.35	5.25	0.394	1.43	3.24
			7		11.11	8.72	0.320	113	233	35.3	59.1	21.0	3.20	1.78	1.38	16.9	7.29	6.02	0.394	1.47	3.28
			8		12.58	9.88	0.319	127	266	39.4	67.9	23.5	3.18	1.77	1.37	19.1	8.21	6.78	0.391	1.50	3.32
			10		15.47	12.1	0.319	154	333	47.1	85.7	28.3	3.15	1.74	1.35	23.3	9.98	8.24	0.387	1.58	3.40

续表

型号	截面尺寸/mm				截面面积/cm^2	理论重量/(kg/m)	外表面积/(m^2/m)	惯性矩/cm^4					惯性半径/cm			截面模数/cm^3			tan α	重心距离/cm	
	B	b	d	r				I_x	I_{x1}	I_y	I_{y1}	I_u	i_x	i_y	i_u	W_x	W_y	W_u		X_0	Y_0
10/8	100	80	6	10	10.64	8.35	0.354	107	200	61.2	103	31.7	3.17	2.40	1.72	15.2	10.2	8.37	0.627	1.97	2.95
			7		12.30	9.66	0.354	123	233	70.1	120	36.2	3.16	2.39	1.72	17.5	11.7	9.60	0.626	2.01	3.00
			8		13.94	10.9	0.353	138	267	78.6	137	40.6	3.14	2.37	1.71	19.8	13.2	10.8	0.625	2.05	3.04
			10		17.17	13.5	0.353	167	334	94.7	172	49.1	3.12	2.35	1.69	24.2	16.1	13.1	0.622	2.13	3.12
11/7	110	70	6	10	10.64	8.35	0.354	133	266	42.9	69.1	25.4	3.54	2.01	1.54	17.9	7.90	6.53	0.403	1.57	3.53
			7		12.30	9.66	0.354	153	310	49.0	80.8	29.0	3.53	2.00	1.53	20.6	9.09	7.50	0.402	1.61	3.57
			8		13.94	10.9	0.353	172	354	54.9	92.7	32.5	3.51	1.98	1.53	23.3	10.3	8.45	0.401	1.65	3.62
			10		17.17	13.5	0.353	208	443	65.9	117	39.2	3.48	1.96	1.51	28.5	12.5	10.3	0.397	1.72	3.70
12.5/8	125	80	7	11	14.10	11.1	0.403	228	455	74.4	120	43.8	4.02	2.30	1.76	26.9	12.0	9.92	0.408	1.80	4.01
			8		15.99	12.6	0.403	257	520	83.5	138	49.2	4.01	2.28	1.75	30.4	13.6	11.2	0.407	1.84	4.06
			10		19.71	15.5	0.402	312	650	101	173	59.5	3.98	2.26	1.74	37.3	16.6	13.6	0.404	1.92	4.14
			12		23.35	18.3	0.402	364	780	117	210	69.4	3.95	2.24	1.72	44.0	19.4	16.0	0.400	2.00	4.22
14/9	140	90	8	12	18.04	14.2	0.453	366	731	121	196	70.8	4.50	2.59	1.98	38.5	17.3	14.3	0.411	2.04	4.50
			10		22.26	17.5	0.452	446	913	140	246	85.8	4.47	2.56	1.96	47.3	21.2	17.5	0.409	2.12	4.58
			12		26.40	20.7	0.451	522	1 100	170	297	100	4.44	2.54	1.95	55.9	25.0	20.5	0.406	2.19	4.66
			14		30.46	23.9	0.451	594	1 280	192	349	114	4.42	2.51	1.94	64.2	28.5	23.5	0.403	2.27	4.74
15/9	150	90	8		18.84	14.8	0.473	442	898	123	196	74.1	4.84	2.55	1.98	43.9	17.5	14.5	0.364	1.97	4.92
			10		23.26	18.3	0.472	539	1 120	149	246	89.9	4.81	2.53	1.97	54.0	21.4	17.7	0.362	2.05	5.01
			12		27.60	21.7	0.471	632	1 350	173	297	105	4.79	2.50	1.95	63.8	25.1	20.8	0.359	2.12	5.09
			14		31.86	25.0	0.471	721	1 570	196	350	120	4.76	2.48	1.94	73.3	28.8	23.8	0.356	2.20	5.17
			15		33.95	26.7	0.471	764	1 680	207	376	127	4.74	2.47	1.93	78.0	30.5	25.3	0.354	2.24	5.21
			16		36.03	28.3	0.470	806	1 800	217	403	134	4.73	2.45	1.93	82.6	32.3	26.8	0.352	2.27	5.25

续表

型号	截面尺寸/mm				截面面积/cm^2	理论重量/(kg/m)	外表面积/(m^2/m)	惯性矩/cm^4					惯性半径/cm			截面模数/cm^3			tan α	重心距离/cm	
	B	b	d	r				I_x	I_{x1}	I_y	I_{y1}	I_u	i_x	i_y	i_u	W_x	W_y	W_u		X_0	Y_0
16/10	160	100	10	13	25.32	19.9	0.512	669	1 360	205	337	122	5.14	2.85	2.19	62.1	26.6	21.9	0.390	2.28	5.24
			12		30.05	23.6	0.511	785	1 640	239	406	142	5.11	2.82	2.17	73.5	31.3	25.8	0.388	2.36	5.32
			14		34.71	27.2	0.510	896	1 910	271	476	162	5.08	2.80	2.16	84.6	35.8	29.6	0.385	2.43	5.40
			16		39.28	30.8	0.510	1 000	2 180	302	548	183	5.05	2.77	2.16	95.3	40.2	33.4	0.382	2.51	5.48
18/11	180	110	10	14	28.37	22.3	0.571	956	1 940	278	447	167	5.80	3.13	2.42	79.0	32.5	26.9	0.376	2.44	5.89
			12		33.71	26.5	0.571	1 120	2 330	325	539	195	5.78	3.10	2.40	93.5	38.3	31.7	0.374	2.52	5.98
			14		38.97	30.6	0.570	1 290	2 720	370	632	222	5.75	3.08	2.39	108	44.0	36.3	0.372	2.59	6.06
			16		44.14	34.6	0.569	1 440	3 110	412	726	249	5.72	3.06	2.38	122	49.4	40.9	0.369	2.67	6.14
20/12.5	200	125	12		37.91	29.8	0.641	1 570	3 190	483	788	286	6.44	3.57	2.74	117	50.0	41.2	0.392	2.83	6.54
			14		43.87	34.4	0.640	1 800	3 730	551	922	327	6.41	3.54	2.73	135	57.4	47.3	0.390	2.91	6.62
			16		49.74	39.0	0.639	2 020	4 260	615	1 060	366	6.38	3.52	2.71	152	64.9	53.3	0.388	2.99	6.70
			18		55.53	43.6	0.639	2 240	4 790	677	1 200	405	6.35	3.49	2.70	169	71.7	59.2	0.385	3.06	6.78

注：截面图中的 $r_1=1/3d$ 及表中 r 的数据用于孔型设计，不做交货条件。

附表 3　热轧工字钢(GB/T 706—2016)

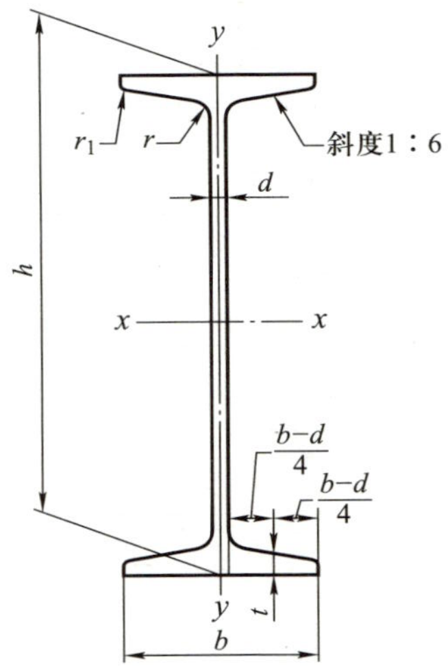

符号意义：

h——高度；

b——腿宽度；

d——腰厚度；

t——腿中间厚度；

r——内圆弧半径；

r_1——腿端圆弧半径。

型号	截面尺寸/mm						截面面积/cm²	理论重量/(kg/m)	外表面积/(m²/m)	惯性矩/cm⁴		惯性半径/cm		截面模数/cm³	
	h	b	d	t	r	r_1				I_x	I_y	i_x	i_y	W_x	W_y
10	100	68	4.5	7.6	6.5	3.3	14.33	11.3	0.432	245	33.0	4.14	1.52	49.0	9.72
12	120	74	5.0	8.4	7.0	3.5	17.80	14.0	0.493	436	46.9	4.95	1.62	72.7	12.7
12.6	126	74	5.0	8.4	7.0	3.5	18.10	14.2	0.505	488	46.9	5.20	1.61	77.5	12.7
14	140	80	5.5	9.1	7.5	3.8	21.50	16.9	0.553	712	64.4	5.76	1.73	102	16.1
16	160	88	6.0	9.9	8.0	4.0	26.11	20.5	0.621	1 130	93.1	6.58	1.89	141	21.2
18	180	94	6.5	10.7	8.5	4.3	30.74	24.1	0.681	1 660	122	7.36	2.00	185	26.0
20a	200	100	7.0	11.4	9.0	4.5	35.55	27.9	0.742	2 370	158	8.15	2.12	237	31.5
20b		102	9.0				39.55	31.1	0.746	2 500	169	7.96	2.06	250	33.1
22a	220	110	7.5	12.3	9.5	4.8	42.10	33.1	0.817	3 400	225	8.99	2.31	309	40.9
22b		112	9.5				46.50	36.5	0.821	3 570	239	8.78	2.27	325	42.7

续表

型号	截面尺寸/mm						截面面积/cm^2	理论重量/(kg/m)	外表面积/(m^2/m)	惯性矩/cm^4		惯性半径/cm		截面模数/cm^3	
	h	b	d	t	r	r_1				I_x	I_y	i_x	i_y	W_x	W_y
24a	240	116	8.0	13.0	10.0	5.0	47.71	37.5	0.878	4 570	280	9.77	2.42	381	48.4
24b		118	10.0				52.51	41.2	0.882	4 800	297	9.57	2.38	400	50.4
25a	250	116	8.0				48.51	38.1	0.898	5 020	280	10.2	2.40	402	48.3
25b		118	10.0				53.51	42.0	0.902	5 280	309	9.94	2.40	423	52.4
27a	270	122	8.5	13.7	10.5	5.3	54.52	42.8	0.958	6 550	345	10.9	2.51	485	56.6
27b		124	10.5				59.92	47.0	0.962	6 870	366	10.7	2.47	509	58.9
28a	280	122	8.5				55.37	43.5	0.978	7 110	345	11.3	2.50	508	56.6
28b		124	10.5				60.97	47.9	0.982	7 480	379	11.1	2.49	534	61.2
30a	300	126	9.0	14.4	11.0	5.5	61.22	48.1	1.031	8 950	400	12.1	2.55	597	63.5
30b		128	11.0				67.22	52.8	1.035	9 400	422	11.8	2.50	627	65.9
30c		130	13.0				73.22	57.5	1.039	9 850	445	11.6	2.46	657	68.5
32a	320	130	9.5	15.0	11.5	5.8	67.12	52.7	1.084	11 100	460	12.8	2.62	692	70.8
32b		132	11.5				73.52	57.7	1.088	11 600	502	12.6	2.61	726	76.0
32c		134	13.5				79.92	62.7	1.092	12 200	544	12.3	2.61	760	81.2
36a	360	136	10.0	15.8	12.0	6.0	76.44	60.0	1.185	15 800	552	14.4	2.69	875	81.2
36b		138	12.0				83.64	65.7	1.189	16 500	582	14.1	2.64	919	84.3
36c		140	14.0				90.84	71.3	1.193	17 300	612	13.8	2.60	962	87.4
40a	400	142	10.5	16.5	12.5	6.3	86.07	67.6	1.285	21 700	660	15.9	2.77	1 090	93.2
40b		144	12.5				94.07	73.8	1.289	22 800	692	15.6	2.71	1 140	96.2
40c		146	14.5				102.1	80.1	1.293	23 900	727	15.2	2.65	1 190	99.6
45a	450	150	11.5	18.0	13.5	6.8	102.4	80.4	1.411	32 200	855	17.7	2.89	1 430	114
45b		152	13.5				111.4	87.4	1.415	33 800	894	17.4	2.84	1 500	118
45c		154	15.5				120.4	94.5	1.419	35 300	938	17.1	2.79	1 570	122

续表

型号	截面尺寸/mm						截面面积/cm^2	理论重量/(kg/m)	外表面积/(m^2/m)	惯性矩/cm^4		惯性半径/cm		截面模数/cm^3	
	h	b	d	t	r	r_1				I_x	I_y	i_x	i_y	W_x	W_y
50a	500	158	12.0	20.0	14.0	7.0	119.2	93.6	1.539	46 500	1 120	19.7	3.07	1 860	142
50b		160	14.0				129.2	101	1.543	48 600	1 170	19.4	3.01	1 940	146
50c		162	16.0				139.2	109	1.547	50 600	1 220	19.0	2.96	2 080	151
55a	550	166	12.5	21.0	14.5	7.3	134.1	105	1.667	62 900	1 370	21.6	3.19	2 290	164
55b		168	14.5				145.1	114	1.671	65 600	1 420	21.2	3.14	2 390	170
55c		170	16.5				156.1	123	1.675	68 400	1 480	20.9	3.08	2 490	175
56a	560	166	12.5				135.4	106	1.687	65 600	1 370	22.0	3.18	2 340	165
56b		168	14.5				146.6	115	1.691	68 500	1 490	21.6	3.16	2 450	174
56c		170	16.5				157.8	124	1.695	71 400	1 560	21.3	3.16	2 550	183
63a	630	176	13.0	22.0	15.0	7.5	154.6	121	1.862	93 900	1 700	24.5	3.31	2 980	193
63b		178	15.0				167.2	131	1.866	98 100	1 810	24.2	3.29	3 160	204
63c		180	17.0				179.8	141	1.870	102 000	1 920	23.8	3.27	3 300	214

注：表中 r、r_1 的数据用于孔型设计，不做交货条件。

附表 4 热轧槽钢(GB/T 706—2016)

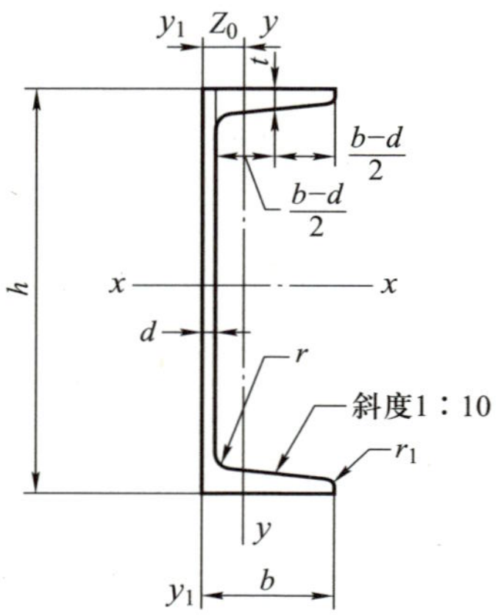

符号意义：

h——高度；

b——腿宽度；

d——腰厚度；

t——腿中间厚度；

r——内圆弧半径；

r_1——腿端圆弧半径；

Z_0——重心距离。

型号	截面尺寸/mm						截面面积/cm²	理论重量/(kg/m)	外表面积/(m²/m)	惯性矩/cm⁴			惯性半径/cm		截面模数/cm³		重心距离/cm
	h	b	d	t	r	r_1				I_x	I_y	I_{y1}	i_x	i_y	W_x	W_y	Z_0
5	50	37	4.5	7.0	7.0	3.5	6.925	5.44	0.226	26.0	8.30	20.9	1.94	1.10	10.4	3.55	1.35
6.3	63	40	4.8	7.5	7.5	3.8	8.446	6.63	0.262	50.8	11.9	28.4	2.45	1.19	16.1	4.50	1.36
6.5	65	40	4.3	7.5	7.5	3.8	8.292	6.51	0.267	55.2	12.0	28.3	2.54	1.19	17.0	4.59	1.38
8	80	43	5.0	8.0	8.0	4.0	10.24	8.04	0.307	101	16.6	37.4	3.15	1.27	25.3	5.79	1.43
10	100	48	5.3	8.5	8.5	4.2	12.74	10.0	0.365	198	25.6	54.9	3.95	1.41	39.7	7.80	1.52
12	120	53	5.5	9.0	9.0	4.5	15.36	12.1	0.423	346	37.4	77.7	4.75	1.56	57.7	10.2	1.62
12.6	126	53	5.5	9.0	9.0	4.5	15.69	12.3	0.435	391	38.0	77.1	4.95	1.57	62.1	10.2	1.59
14a	140	58	6.0	9.5	9.5	4.8	18.51	14.5	0.480	564	53.2	107	5.52	1.70	80.5	13.0	1.71
14b		60	8.0				21.31	16.7	0.484	609	61.1	121	5.35	1.69	87.1	14.1	1.67

续表

型号	截面尺寸/mm						截面面积/cm²	理论重量/（kg/m）	外表面积/（m²/m）	惯性矩/cm⁴			惯性半径/cm		截面模数/cm³		重心距离/cm
	h	b	d	t	r	r_1				I_x	I_y	I_{y1}	i_x	i_y	W_x	W_y	Z_0
16a	160	63	6.5	10.0	10.0	5.0	21.95	17.2	0.538	866	73.3	144	6.28	1.83	108	16.3	1.80
16b		65	8.5				25.15	19.8	0.542	935	83.4	161	6.10	1.82	117	17.6	1.75
18a	180	68	7.0	10.5	10.5	5.2	25.69	20.2	0.596	1 270	98.6	190	7.04	1.96	141	20.0	1.88
18b		70	9.0				29.29	23.0	0.600	1 370	111	210	6.84	1.95	152	21.5	1.84
20a	200	73	7.0	11.0	11.0	5.5	28.83	22.6	0.654	1 780	128	244	7.86	2.11	178	24.2	2.01
20b		75	9.0				32.83	25.8	0.658	1 910	144	268	7.64	2.09	191	25.9	1.95
22a	220	77	7.0	11.5	11.5	5.8	31.83	25.0	0.709	2 390	158	298	8.67	2.23	218	28.2	2.10
22b		79	9.0				36.23	28.5	0.713	2 570	176	326	8.42	2.21	234	30.1	2.03
24a	240	78	7.0	12.0	12.0	6.0	34.21	26.9	0.752	3 050	174	325	9.45	2.25	254	30.5	2.10
24b		80	9.0				39.01	30.6	0.756	3 280	194	355	9.17	2.23	274	32.5	2.03
24c		82	11.0				43.81	34.4	0.760	3 510	213	388	8.96	2.21	293	34.4	2.00
25a	250	78	7.0				34.91	27.4	0.722	3 370	176	322	9.82	2.24	270	30.6	2.07
25b		80	9.0				39.91	31.3	0.776	3 530	196	353	9.41	2.22	282	32.7	1.98
25c		82	11.0				44.91	35.3	0.780	3 690	218	384	9.07	2.21	295	35.9	1.92
27a	270	82	7.5	12.5	12.5	6.2	39.27	30.8	0.826	4 360	216	393	10.5	2.34	323	35.5	2.13
27b		84	9.5				44.67	35.1	0.830	4 690	239	428	10.3	2.31	347	37.7	2.06
27c		86	11.5				50.07	39.3	0.834	5 020	261	467	10.1	2.28	372	39.8	2.03
28a	280	82	7.5				40.02	31.4	0.846	4 760	218	388	10.9	2.33	340	35.7	2.10
28b		84	9.5				45.62	35.8	0.850	5 130	242	428	10.6	2.30	366	37.9	2.02
28c		86	11.5				51.22	40.2	0.854	5 500	268	463	10.4	2.29	393	40.3	1.95
30a	300	85	7.5	13.5	13.5	6.8	43.89	34.5	0.897	6 050	260	467	11.7	2.43	403	41.1	2.17
30b		87	9.5				49.89	39.2	0.901	6 500	289	515	11.4	2.41	433	44.0	2.13
30c		89	11.5				55.89	43.9	0.905	6 950	316	560	11.2	2.38	463	46.4	2.09

续表

型号	截面尺寸/mm						截面面积/cm²	理论重量/(kg/m)	外表面积/(m²/m)	惯性矩/cm⁴			惯性半径/cm		截面模数/cm³		重心距离/cm
	h	b	d	t	r	r_1				I_x	I_y	I_{y1}	i_x	i_y	W_x	W_y	Z_0
32a	320	88	8.0	14.0	14.0	7.0	48.50	38.1	0.947	7 600	305	552	12.5	2.50	475	46.5	2.24
32b		90	10.0				54.90	43.1	0.951	8 140	336	593	12.2	2.47	509	49.2	2.16
32c		92	12.0				61.30	48.1	0.955	8 690	374	643	11.9	2.47	543	52.6	2.09
36a	360	96	9.0	16.0	16.0	8.0	60.89	47.8	1.053	11 900	455	818	14.0	2.73	660	63.5	2.44
36b		98	11.0				68.09	53.5	1.057	12 700	497	880	13.6	2.70	703	66.9	2.37
36c		100	13.0				75.29	59.1	1.061	13 400	536	948	13.4	2.67	746	70.0	2.34
40a	400	100	10.5	18.0	18.0	9.0	75.04	58.9	1.144	17 600	592	1 070	15.3	2.81	879	78.8	2.49
40b		102	12.5				83.04	65.2	1.148	18 600	640	1 140	15.0	2.78	932	82.5	2.44
40c		104	14.5				91.04	71.5	1.152	19 700	688	1 220	14.7	2.75	986	86.2	2.42

注：表中 r、r_1 的数据用于孔型设计，不做交货条件。